"十二五"国家重点图书

先进钢铁材料技术丛书

低成本生产洁净钢的实践

马春生 编著

北 京

冶 金 工 业 出 版 社

2022

内 容 简 介

本书共分 11 章,在简要介绍了洁净钢生产的相关概念、背景、意义和途径之后,详细阐述了非金属夹杂物及有害元素对洁净钢的影响,重点介绍了生产洁净钢的工艺技术及相关措施,如提高连铸坯质量、选用合适耐火材料等。在此基础上,结合实践经验,介绍了高级别管线钢、轴承钢、IF 钢、帘线钢等钢种的生产工艺与技术。最后,简要介绍了炼钢的主要成本、炼钢厂的循环经济等内容。

本书可供炼钢厂工程技术人员和现场操作者参考,也可以作为职业技术培训教材。

图书在版编目(CIP)数据

低成本生产洁净钢的实践/马春生编著 . —北京:冶金工业出版社,2016.2(2022.6 重印)

(先进钢铁材料技术丛书)

"十二五"国家重点图书

ISBN 978-7-5024-7166-8

Ⅰ.①低… Ⅱ.①马… Ⅲ.①超纯钢—炼钢 Ⅳ.①TF762

中国版本图书馆 CIP 数据核字(2016)第 024081 号

低成本生产洁净钢的实践

出版发行	冶金工业出版社	**电 话**	(010)64027926
地 址	北京市东城区嵩祝院北巷 39 号	**邮 编**	100009
网 址	www. mip1953. com	**电子信箱**	service@ mip1953. com

责任编辑 李培禄 美术编辑 吕欣童 版式设计 孙跃红
责任校对 石 静 责任印制 李玉山
北京虎彩文化传播有限公司印刷
2016 年 2 月第 1 版,2022 年 6 月第 3 次印刷
710mm×1000mm 1/16;29 印张;561 千字;443 页
定价 89.00 元

投稿电话 (010)64027932 投稿信箱 tougao@cnmip. com. cn
营销中心电话 (010)64044283
冶金工业出版社天猫旗舰店 yjgycbs. tmall. com
(本书如有印装质量问题,本社营销中心负责退换)

序言

钢铁材料具有资源丰富、生产规模大、品种规格多、性能稳定且多样化等特点，并易于加工、价格低廉。钢铁材料既方便使用，又便于回收，是人类从铁器时代就开始使用的材料，目前也是工业生产和人民生活中最广泛使用的材料。在可以预见的未来，还没有哪一种材料能够全面取代钢铁材料的作用。钢铁材料是人类社会进步的重要物质基础。

我国经济和社会持续不断地发展，钢产量持续快速增长，自1996年以来，粗钢产量连续十多年保持世界首位。但是，金属矿产资源、能源、交通运输和环境等方面却难以支撑不断增长且数量庞大的钢材生产和使用的需求。在技术进步和各种材料的竞争条件下，人们提出了钢铁材料合理生产和创新发展的问题。那么，中国需要什么样的钢铁材料呢？

进入21世纪，一方面，国民经济各个部门都需要高性能、高精度和低成本的先进钢铁材料，如高层建筑、海洋设施、大跨度重载桥梁、高速铁路、轻型节能汽车、石油开采和长距离油气输送管线、大型储存容器、工程机械、精密仪器、大型民用船舶、军用舰艇、航空航天和国防装备等都需要专业用途的先进钢铁材料；另一方面，社会的发展对钢铁的生产、加工、使用和回收等环节又提出了节约能源、节省金属矿产资源、保持环境等要求。因此，从科学发展观来看，我们现在和未来的经济建设和社会发展迫切需要的先进钢铁材料，应该是采用先进技术生产的高技术含量的钢铁材料，是具有高性能、高精度、低成本、绿色化为特征的钢铁材料，如高强度、高韧性、长寿命的高性能化；高形状尺寸精度和高表面质量的高精度化；低合金含量和优化工艺流程的低成本化；易于回收和再利用的绿色化。

近年来，在国家发改委、国防科工委和科技部的大力支持下，国内的科研院所、高校和企业的研发人员承担了国家工程研究中心、重点工程配套材料、国家支撑计划、国家"973"规划、国家"863"计划等国家重要科技项目工作，开展了先进钢铁材料的研发，在基础理论、工艺技术、产品应用等方面都取得了很好的成绩。为了促进钢铁材料发展，满足市场需要，先进钢铁材料技术国家工程研究中心、中国金属学会特殊钢分会和冶金工业出版社共同发起，并由先进钢铁材料技术国家工程研究中心和中国金属学会特殊钢分会负责组织编写了《先进钢铁材料技术丛书》。先进钢铁材料技术国家工程研究中心专家委员会专家和中国金属学会特殊钢分会的专业人员组成本套丛书的编辑委员会。本套丛书的编写与出版具有时代意义。丛书编委会将组织国内钢铁冶金和材料领域的知名学者分别撰写，努力反映先进钢铁材料的科研、生产和应用的最新进展。期望本套丛书能够在推动先进钢铁材料的研究、生产和应用等方面发挥积极作用。本套丛书的出版可以为钢铁材料生产和使用部门的技术人员提供先进钢铁材料生产和使用的技术基础、也可为相关大专院校师生提供教学参考。我们组织编写《先进钢铁材料技术丛书》尚属首次。本套丛书将分册撰写，陆续出版。书中存在的疏漏和不足之处，欢迎读者批评指正。

《先进钢铁材料技术丛书》编委会

前言

优质、低耗、经济地生产洁净钢已经成为国内外冶金界的共识。特别是在目前我国钢铁行业竞争日益激烈、钢材市场持续低迷、生产成本不断增加、钢铁企业处于微利甚至亏损的情况下，优质、环保、低耗、经济的钢铁生产日益受到人们的重视。面对钢铁产能过剩、竞争激烈的市场，经营管理者的目光自然更多地放在降低生产成本上，希望获得低成本生产洁净钢的"金点子"，以降低成本，脱困解危。因此，近几年出现了不少低成本生产洁净钢的著作与论文。

谈到成本，需认识到经营成本包括生产成本和经营管理成本（管理费用、财务费用、其他费用等）。其中生产成本与单位产品消耗及生产率有关，而经营管理成本则与企业的体制、机制及管理水平有关。在"产能过剩"竞争激烈的市场中，存在着无序的"恶性"竞争，优质不优价，因此需要建立"按质论价"正常的市场秩序。

我国钢铁业与国际先进水平的差距主要表现在劳动生产率及质量上。按吨钢消耗工时计算，欧洲和日本等地区和国家为5h/t，美国为3h/t，我国高于20h/t。劳动生产率低下是我国钢企普遍存在的问题，加上能耗比日本等国高20%左右，因此我国钢铁企业低劳动力成本的竞争优势无法体现。

在全球钢材需求持续萎靡、利润率不断下滑的大环境下，国际先进的钢企并未"坐以待毙"，他们致力于不断提高产品的附加值，下大力气研发具有竞争力的产品，并迅速调整结构与布局（关闭、整合、出售处于亏损或盈利能力弱的企业），以求得新的发展。例如，2015年二季度，浦项钢铁公司发布销售额为65760亿韩元，同比下降11.4%，但由于高附加值产品销售量却同比增加21.3%，公司营业利润率比上年同期增长9.2%，利润同比增长7.6%。

降成本是系统工程，尤其需要注重管理。在公司财务结构正常的情况下，钢铁企业热轧产品的生产成本的组成一般是：铁前成本占经营成本的70%～80%，炼钢环节为10%～20%，轧钢为10%左右。因此，降低生产成本首先是要降低铁前成本，为炼钢生产提供经济、优质的铁水，其次更重要的是注重钢铁生产过程中物料及二次能源的综合回收利用，发展循环经济。目前，我国钢铁企业在这方面与国外先进水平还存在差距。此外，企业的体制成本也不容忽视。

在钢铁"产能过剩"竞争激烈的市场环境中，钢厂要想求得生存发展，强化管理、提高质量、降低消耗、保护环境成为当务之急。从长远的观点看，钢厂更需优化产品结构，调整产业结构，适应国家经济转型发展的大局。

近年来，笔者在许多炼钢厂都遇到过不少工作在生产一线的工程技术人员、管理人员和操作者，他们都渴望能有一本系统介绍高效、低成本生产洁净钢方法的书籍供他们参考，并希望此书通俗易懂，可操作性强，具有实际指导意义。

带着同行们的希冀，在近十年来，笔者围绕如何能优质、高效、低耗、经济生产洁净钢问题，研究和学习了大量国内外专家学者们已出版的书籍、刊物、论文和相关国际和国家标准。因此可以说，本书的撰写过程实质上就是笔者自己学习的过程。本书中的许多论证和数据都是前辈和同行们研究实践的结晶，由于笔者从中受益匪浅，故将其系统化后推荐给读者。

笔者在生产实践中和同行们一起围绕开发品种、提高质量、降低成本的问题进行了深入的研究和实践，开发了一些新的炼钢材料和工艺，通过大量的试验和生产的应用，取得了较好的工艺效果，显著地降低了钢的生产成本、提高了钢的洁净度。笔者将在实践中积累的数据、经验及据此制定的工艺规程提供给读者参考，如有成效将倍感幸之。

本书重点阐述了转（电）炉洁净钢的生产工艺与技术装备，详细介绍了铁水预处理、转（电）炉炼钢、炉外精炼、连（模）铸钢坯（锭）生产流程中，提高钢水洁净度及防止二次污染的有效措施，对原材料的选择提出了建议，并介绍一些降低工序成本和提高钢质量的有效方法。

第1章重点阐述高效、低耗生产洁净钢的理念及效率、质量与成本之间关系的处理。

第2章重点论述各种夹杂物对钢性能的危害及各生产工序控制夹

杂物数量、形态、分布和尺寸的工艺技术。

第3章介绍当今世界上有利于低成本生产洁净钢的先进的炼钢工艺技术，如铁水预处理技术、复吹转炉炼钢新技术、电弧炉炼钢新技术、钢水炉外精炼技术和洁净钢连铸新技术。

第4章重点探讨连铸工艺对铸坯质量的影响及提高铸坯质量的新工艺技术。

第5章介绍了炼钢用耐火材料的生产工艺、质量标准、使用方法、延长使用寿命及减少对钢水污染的工艺措施。

第6~9章较详细地介绍高级别的管线钢、轴承钢、IF钢和帘线钢四个较有代表性典型钢种的特点、国内外生产质量状况及推荐的具体生产工艺。

第10章介绍钢铁料消耗和能源消耗对炼钢成本的影响，并提出降低炼钢生产成本的工艺措施。

第11章阐述炼钢厂循环经济的主要内容。

本书的撰写，力求适于生产一线的工程技术人员和实际操作者的应用，偏于实践，通俗易懂，可操作性强。

本书在现场试验、数据收集方面得到许多炼钢厂的支持，在此表示衷心感谢。

东北特殊钢集团有限责任公司王伟先高级工程师参与第2、3、7、11章的编写和修订，并组织了有关提高高档轴承钢产品质量的大量试验；北京科技大学的吴华杰教授、东北特殊钢集团有限责任公司的李彬工程师参与了第7章的编写和修订，参与了有关提高高档轴承钢产品质量的现场试验及数据收集整理；本溪钢铁集团有限责任公司刘军、刘洪亮、薛文辉、赫英利高级工程师分别参与了第4、6、8、9章的起草和审定。

本书在撰写过程中得到本溪钢铁公司的林东、李秉强和韩永德等多位专家学者的帮助和支持，在此一并表示衷心感谢。

由于笔者的技术水平和经验有限，书中不妥之处，恳请诸位同行批评指正，本人将衷心感谢。

笔 者
2015年11月

目 录

1 绪 论

随着科学技术的不断进步，先进高端质量的工业产品日益增多，用户对钢制品的品质和性能提出了越来越高的要求。节能、环保、高效率、低成本地生产出优质洁净钢已经成为当今世界钢铁生产发展的主流。

提高洁净度是当代钢铁材料发展的重要方向。随着洁净钢生产工艺与装备技术的发展，满足高品质钢的生产要求已不存在更大的技术困难，但如何降低洁净钢生产成本、实现洁净钢大批量稳定高效的生产仍是亟待解决的技术问题。因此，建设高效低成本洁净钢平台已成为市场发展的要求，是当前炼钢工作者的重要责任，也是洁净钢生产面临的技术挑战。

洁净钢（clean steel）的概念是 1962 年 Kieshng 在给英国钢铁学会起草的报告中首次提出的，概念泛指钢中的 O、S、P、H、N、Pb、As、Cu、Zn 等杂质元素以及夹杂物的含量低。提出洁净钢的概念是为了在不增加合金成本的前提下，能够高效率、低成本、成批地生产出满足用户要求的优质商品钢材。在随后的 50 多年时间里，随着钢铁冶炼技术、炉外精炼技术、连铸技术及耐火材料等技术的发展，洁净钢生产技术日趋完善。目前，钢中 P、C、S、N、TO、H 等总量已降低到 50×10^{-6} 的水平，非金属夹杂物的数量、分布和形态都有很大改善，钢的性能与质量大幅提升。

所谓洁净钢，通常指非金属夹杂物（主要是各类氧化物、硫化物和氮化物等）含量少的钢。也有人认为，洁净钢是指钢中 S、P、H、O、N 含量极低的钢。多用钢中的总氧含量 TO 表示钢的洁净度，总氧含量包括自由氧和固定氧（夹杂物所含的氧），降低钢液的 TO 含量可以说是生产洁净钢的根本保证。

当前，钢材的洁净度已经成为评价钢铁生产企业整体技术水平的重要指标。可以预见，在今后较长时间内，高效率、低成本洁净钢生产技术将是钢铁生产企业科技创新中具有普遍性、基础性，事关钢厂生产效率、质量、成本的共性关键技术。

国外一些钢铁厂生产洁净钢采取的主要技术措施有：

（1）高铁水比炼钢，减少废钢用量，降低钢的 [N] 含量。

（2）铁水预处理（脱硫、脱磷、脱硅），减少钢渣量。

（3）转炉顶底复合吹炼，炉渣改性处理，挡渣出钢。

（4）炉外精炼（RH、LF、CAS、VOD 等）。

（5）连铸采用保护浇注、中间包加热、电磁搅拌、轻压下等技术保证和提高铸坯质量。

高效、经济生产洁净钢的关键是根据不同钢种的性能，正确、合理地选择先进技术与装备，制定科学、可靠的工艺流程保证钢种质量。更为重要的是，多钢种的生产组织较为复杂，应根据钢种的性能，合理组织实现专业化生产，专业化生产组织是现代工业的基本特征。

在推进洁净钢生产技术过程中，我国的冶金科技工作者在实践中积极探索"一罐到位"、"一吹到底"、"一次精炼"等新技术、新工艺，取得了一定的成效，且日臻完善。

1.1　洁净钢

钢中有害元素和非金属夹杂物的数量、形态、尺寸和分布对钢的机械加工和使用性能有直接影响，在很大程度上决定钢产品的质量。也就是说，钢中有害元素和非金属夹杂物的数量越少、形态（可塑性）越合理、尺寸越小和分布越均匀，该钢产品的洁净度就越高。

1.1.1　洁净钢的定义

为了满足用户对钢制品生产和使用性能的高要求，钢材生产单位必须提供优质的材料。而优质钢的品质都与钢的洁净度有关，也就是说要想提供优质钢材，首先必须生产出优质的洁净钢。

顾名思义，洁净钢的洁净度就是指钢中有害元素的含量及非金属夹杂物的数量、形态、尺寸和分布状态。钢材用途的不同对钢的洁净度要求也不同。因此洁净钢的定义应该是：当钢中的非金属夹杂物和有害杂质直接或间接影响钢的生产性能和使用性能时，该钢就不是洁净钢。如果钢中夹杂物和有害杂质的数量、形态、尺寸和分布对产品的生产性能和使用性能都没有影响，那么这种钢就可以被认为是洁净钢。所以，钢的洁净度是一个相对的概念，没有一个固定的数量值，它是根据不同产品的加工和使用性能来决定的。加工和使用性能不同，要求钢的洁净程度是不一样的。

钢中的有害杂质一般是指 [N]、[H]、[O]、[S]、[P] 等有害元素（包括特殊钢种所不希望的元素，如轴承钢对 [Ti] 含量要求苛刻）及非金属夹杂物。夹杂物在钢材中存在的数量、颗粒大小、结构形态及分布直接影响着钢材的质量和加工、使用性能。可以说，提高钢材质量的关键就是解决钢中有害元素和非金属夹杂物的问题。显然，钢中有害杂质和非金属夹杂物的数量、尺寸、性状、分布是反映钢质量优劣的重要标志。关于钢中有害元素和非金属夹杂物对钢性能的影响将在第 2 章中详述。

1.1.2 经济洁净度的概念

不能把"洁净钢"与"纯净钢"混为一谈，洁净钢不是纯净钢，绝对纯净的钢是不存在的，钢材也不是越纯越好。洁净钢生产概念的提出，不是为了制造样品，而是为了能够高效率、低成本、连续地生产出可以稳定地满足用户加工和使用要求的优质商品钢材。

因此，洁净钢的概念适合于所有钢材。也就是说，无论是普通产品还是高档产品乃至尖端产品在钢材的生产过程中都必须建立洁净钢的概念。

不同用途的钢铁产品由于其加工和使用条件的不同对钢材的洁净度要求也不同，如表 1-1 所示。

表 1-1 典型钢种洁净度的建议控制水平

钢材类型		杂质元素控制					夹杂物控制
		$w[S]/\%$	$w[P]/\%$	$w[N]/\%$	$w[H]$ $(\times 10^{-6})$	$w[TO]/\%$	
棒材	普通建筑用	≤0.030	≤0.035	—	—	≤0.004	—
	齿轮、轴件等①	0.002~0.025	≤0.012	≤0.008	—	≤0.0012	B、D 类
	轴承①	0.005~0.010	≤0.012	≤0.007	≤2	≤0.0008	B、D 类和 TiN
线材	普通建筑用	≤0.030	0.035	—	—	≤0.004	—
	硬线①	≤0.008	≤0.015	≤0.008	—	≤0.0025	尺寸不大于 25μm
	弹簧①	≤0.012	≤0.012	≤0.008	≤2	≤0.0012	B、D 类
冷轧板	超低碳钢 ($w[C]≤25\times10^{-6}$)	≤0.012	≤0.015	≤0.003	—	≤0.0025	尺寸不大于 100μm
	低碳铝镇静钢	≤0.012	≤0.015	≤0.004		≤0.0025	尺寸不大于 100μm
	无取向电工钢	≤0.003	≤0.04	≤0.002		≤0.0025	—
热轧板	普通碳钢	≤0.008	≤0.02	≤0.008		≤0.003	
	低合金钢	≤0.005	≤0.015	≤0.008		≤0.003	A、B 类
	管线 高强度管①	≤0.002	≤0.015	≤0.005		≤0.002	A、B 类
	管线 抗 HIC 管①	≤0.001	≤0.007	≤0.005		≤0.002	A、B 类
普通碳钢	造船板、桥梁板等①	≤0.005	≤0.015	≤0.007		≤0.0025	A、B 类
	管线 高强度厚壁管①	≤0.002	≤0.012	≤0.005	≤2	≤0.002	A、B 类
	管线 低温管线①	≤0.002	≤0.012	≤0.005	≤2.5	≤0.002	A、B 类
	管线 抗 HIC 管线	≤0.001	≤0.007	≤0.005	≤2	≤0.002	A、B 类
	海洋平台①	≤0.002	≤0.005	≤0.005	≤2	≤0.002	A、B 类

①要求严格控制连铸坯中心偏析。

生产不同洁净度的钢材，其生产路径、技术难度、技术含量、原材料的投入不同，从而造成成本上的差异。用高端乃至尖端产品的洁净度要求去生产普通商品钢材，必将为"多余的洁净度"付出"多余的成本"，降低经济效益，这显然违背了低成本的原则。因此，人们提出了"经济洁净度"的概念。

经济洁净度的含义是：所生产的产品易于实现生产的高效率、低成本、特别是质量的稳定性等要求，对于用户而言，就是钢厂生产的商品钢材可以满足其加工过程和使用过程中的各类要求，同时这些商品钢材的性能是稳定的，交货是及时的，价格是合理的。

1.1.3 洁净度要求的特殊性

1.1.3.1 有害的相对性

前述的有害杂质 N、H、O、S、P 及非金属夹杂物的有害程度，是由钢制品的使用条件来决定的。一般来说，杂质 N、H、O、S、P 及非金属夹杂物对钢的质量是有害的，但对于某些特殊产品它们可能还有好的作用。例如：钢中 [O] 在钢的凝固过程中析出大量气泡而使后来的轧制变得容易（沸腾钢）；钢中的 [P] 可以增加钢的耐腐蚀性；钢中 [N] 与钢中 [Ti]、[Al] 形成 TiN、AlN，可以起到细化晶粒、提高材料强度的作用；钢中均匀分布的 MnS 夹杂是易切削钢不可缺少的"润滑剂"；等等。但是，对一般钢种来说，因为上述杂质和夹杂物的存在降低了钢产品的强度、韧性、耐蚀性，产生失效作用，缩短了产品的使用寿命，故被定为有害。本书所讨论的是 N、H、O、S、P 及非金属夹杂物对钢质量的危害、产生原因及相应对策。

1.1.3.2 钢中夹杂物要求的特殊性

不同钢种的不同使用条件，决定其对钢中有害元素及钢中非金属夹杂物要求的特殊性。如表 1-1 所示，轴承钢承受反复应变力的作用，对强度和耐磨性要求高，故对 B 类、D 类和 DS 类（尤其是 DS 类）夹杂物要求严格；管线钢必须有较强的抗氢致裂纹、抗腐蚀能力，故对钢中的 A 类夹杂及 [H] 含量要求严格；IF 钢多轧制成薄的汽车板，故对钢中 B 类夹杂要求严格；帘线钢多拉拔成直径为 0.15mm 的钢丝并合股，为防止断丝，不但不允许纯氧化铝和铝酸钙夹杂存在，还要求钢中夹杂物的最大尺寸不大于 10μm。可见，在这些钢种的生产过程中必须具体问题具体分析，根据产品对洁净度不同要求的特殊性采用不同的工艺措施。

1.2 低成本的意义

受国际大气候的影响，我国的经济发展处于"回归常态"时期。房地产业、机械和汽车制造业、基建、交通等行业在进行较大幅度的调整，导致钢材需求锐减。特别是我国钢产量的迅速攀升造成钢产量的严重过剩，进一步加剧了钢材市场竞争的残酷性。据有关部门统计，2014 年我国有统计的粗钢产量为 8.227 亿吨，生产能力接近 10 亿吨。而且随着钢铁项目投资的不断增加，钢材市场竞争的残酷性有增无减，日趋恶化。铁矿石、燃油、煤炭（焦炭）价格变动较大，电力、运输、人工的价格不断上涨，钢材的销售价格不停下跌，导致钢铁生产成本急剧升高，盈利额减少甚至出现钢铁企业的大面积亏损。

近年来为了满足越来越高的环保要求，各钢铁企业在环境治理方面都投入了大量的资金，增加了运行费用，加重了成本负担。

因此，要想在目前钢材市场的激烈竞争中求得生存，只能靠努力开发高附加值钢种，在提高产品质量的前提下，提高生产效率、降低生产成本。

1.3 洁净钢的高效、低成本生产

低成本生产洁净钢是钢生产全系统的工作，是一个完整的系统工程，必须是炼铁、炼钢、精炼、铸造、压力加工及轧（锻）后处理等钢铁生产全过程的装备、工艺、技术、管理、操作的综合体现，而绝不是仅依靠某一台先进的设备、一个先进的工艺、一种新型材料或者一项先进的技术所能实现的。

普遍认为，"在钢铁联合企业中，降低成本靠炼铁，提高质量靠炼钢"。这种说法有一定的道理，但是具有片面性。钢的总成本中炼铁部分确实占很大的比例，根据钢种和后续生产工艺的不同占 70% ~ 80%。但是随着新钢种、新工艺的开发，炼钢部分的生产成本占钢生产总成本的比例越来越高。因此在重视炼铁成本的同时必须也要重视炼钢的成本。

炼钢工序不断开发和应用的新工艺、新技术、新装备都为改善和提高钢的质量创造了良好的条件。优秀的铁水质量（如较高的物理热、较低的磷硫含量、合适的化学热（硅含量）、少的带渣量）和及时的铁水供应等，都将为降低炼钢成本、提高钢的质量提供可靠的保证。

在炼钢内部的每一个工序中的工艺、设备、操作等都影响生产的成本和产品的质量。必须从全局出发，把低成本生产洁净钢作为一个系统工程来抓。为此建议做好确定合理的生产路径、编制合理的甘特图、强化信息流管理、推广标准化操作等工作。

1.3.1 确定合理的生产路径

进入 21 世纪以来，世界的钢铁工业得到了突飞猛进的发展，粗钢产量从 2000 年的 8.36 亿吨增长到 2013 年的 16.07 亿吨。随着产量的增长，为满足不同的钢材加工和使用的要求而开发和应用了许多新的工艺、装备。这些工艺和装备的应用无疑为提高钢的品质提供了便利的条件，但是同时也必然会增加设备的投资和生产费用，增加企业的负担，增加钢的生产成本。因此确定出合理的工艺路径十分重要。

工艺路径的选择应能够保证高效率、低成本、连续地生产洁净钢。其选择原则是：这个工艺路径应该是最短的、高效的，且没有过剩功能；确保生产出的产品能达到所要求的洁净度；能源及原材料的消耗是最少的；产品的质量是稳定的；对环境是友好的。

目前，炼钢工序可分为铁水预处理、炼钢、精炼、铸钢等四大部分，每一部分的主要设施如图1-1所示。应结合本厂、本地区的资源条件和生产产品的不同，选择不同的工艺设施，进行有效的组合，确定其工艺路径。我国的钢铁工业突飞猛进，不但在钢产量上而且在钢铁生产技术上也成为了真正的钢铁大国，开发出了许多新钢种、新材料和新工艺，提出了许多炼钢的新思路。

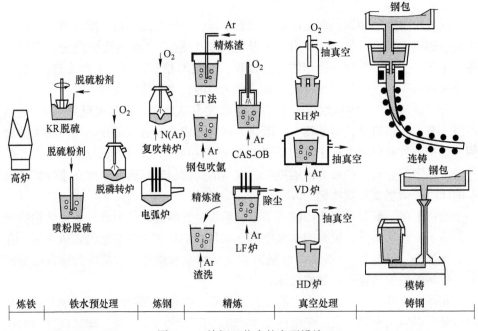

图1-1 炼钢工艺中的主要设施

随着科学技术和炼钢工艺的发展，炼钢工艺流程在选择工艺因素和技术条件方面面临着越来越多的可选择性，但是如何选择经济的、合理的、符合自身实际的工艺流程则需要考虑较多工艺因素和技术条件。如某炼钢厂根据产品种类和自身条件制定的选择工艺路径的原则是：

（1）生产不同的钢种选择不同的工艺流程，前提是满足用户，兼顾成本。

（2）同一钢种要考察工艺流程优化与成分体系优化各自对成本质量的影响，在满足用户质量的前提下执行成本最低原则。

（3）根据用户对产品对规格和性能的要求可选择不同工艺路线，以稳定质量、控制异议。

（4）分规格细化成分体系，将钢种减量化生产控制细化至同钢种不同规格。

（5）在满足用户要求的条件下，实行短流程炼钢，充分利用预处理脱硫（脱磷）、预置脱磷剂、钢包精炼渣、顶渣改质剂和中间包精炼渣等工艺技术。

总之，工艺流程优化是保证产品质量、控制生产成本的关键因素。常见的优化工艺技术如下所述：

（1）提倡"一罐到底"工艺。混铁炉是高炉与炼钢炉之间的调节装置，但它的存在拉长了工艺流程，增加了设备维护和作业人员，增加了能源和耐火材料消耗，增加了铁水温度的耗散，增加了生产成本。而且，混铁炉作为炼铁与炼钢之间的活套，其调节的功能有限，调节铁量少（700～1300t）。因此，提倡取消混铁炉的"一罐到底"工艺。

（2）选择性应用铁水预处理脱硫工艺。铁矿粉中硫含量高、炼铁用焦炭中硫含量较高或钢产品硫含量要求极低的企业，为了减轻高炉的负担，降低生产成本，应该设置铁水预处理脱硫设施。目前普遍应用的是以石灰为脱硫剂的 KR 脱硫和以镁基材料为脱硫剂的复合喷吹脱硫。对于铁水中硫含量不是太高（≤0.050%）的企业，如果配有 LF 精炼炉，也可以不增设铁水预处理脱硫装置。

（3）脱磷转炉技术的开发。近年来日本开发并应用了"脱磷转炉"这一铁水预处理脱磷新工艺，我国某些企业也开始应用该工艺。据使用者评价，该工艺可显著减轻脱碳转炉的负荷，充分利用脱碳转炉的炉渣，降低炼钢的石灰消耗。对于铁水磷含量高的新建厂，该工艺是一个可以选择的方案。但是，这等于新建一台复吹转炉，投资额度较大，由于增加了一次兑铁、出半钢工序，铁水温降和铁耗将会增加。因此，对于铁水磷含量不是太高（≤0.13%）的老企业在选择该工艺时应综合考虑，全面评价。为减轻炼钢炉的脱磷负担，可应用预置脱磷剂的脱磷工艺。

（4）开发 SGRS 工艺。以首钢为代表的一些炼钢厂正在开发和应用 SGRS 工艺，即"留渣＋双渣"工艺。应用结果表明，应用 SGRS 工艺可以反复充分利用转炉炉渣，显著降低转炉炼钢的石灰消耗。

（5）精炼工艺的选择。目前应用的炉外精炼方式很多，如钢包渣洗、吹氩、LT 精炼技术、CAS－OB、LF 精炼炉等，其装备建设的投资额度和运行费用依次增加，相差很大。LF 炉的主要功能是对钢水进行深脱氧、深脱硫、去除非金属夹杂物；而钢包吹氩、渣洗、LT 精炼技术、CAS－OB 四种工艺在均匀成分、均匀温度、脱氧、脱硫及促进钢中夹杂物上浮方面也有较好的工艺效果，且建设投资和运行费用较 LF 炉低得多。应该根据产品对洁净度的要求由易到难依次选择，力争既满足质量要求又降低成本，切忌大马拉小车造成功能过剩。

（6）脱气装置的应用。脱气装置主要是 HD、VD、RH，其中又以 VD、RH 为主，其目的是进一步脱掉钢液中的气体。国内的电弧炉炼钢厂，特别是 80t 以下的炼钢厂以 VD 脱气装置为多。但是 VD 真空处理虽然能将钢中的氢脱到 2×10^{-6} 以下，但由于 VD 真空处理时钢包中渣、钢强烈搅拌而造成钢中非金属夹杂物量增加。因此，那些对气体含量没有严格要求的钢种就不要进行 VD 真空处理，对钢中气体要求严格而又必须进行真空脱气处理的钢，在应用 VD 炉处理时，应严格控制底吹氩气的流量。新建 80t 以上真空处理装置时应优先选择 RH 真空处理装置。

（7）铸钢方式的选择。由于连铸工艺的不断进步，大多数钢种的坯材都可以通过连铸来获得。一些特殊的钢种或大型的锻材必须通过模铸来完成，铸钢方式应该根据产品加工的具体情况决定。

1.3.2　编制合理的甘特图

在炼钢厂生产过程中，物质流始终与能量流相伴而行。不论是液态的物质流（铁水、钢水）还是固态的物质流（钢坯、钢锭、钢材），在运行过程中都伴随着能量（温度、碳、硅等）的增加、转化和耗散，使物质、能量发生变化。这种变化的程度必将引起钢生产成本、钢洁净度和碳排放等方面的改变。

从铁水到钢坯（锭）是属于"液态物流"向"固态物流"转变的连续生产过程，因此，工序之间的衔接至关重要。任何时间上的拖延都将会造成物质（铁水、钢水、锭坯）的热能耗散，打乱生产节奏，形成无序作业。其后果是降低了生产效率，增加了能源消耗，恶化了产品质量，提高了生产成本。

从高炉出铁（包括废钢运进）到钢坯（锭）入加热炉的全流程均应编制详细的甘特图，生产组织人员协调各工序按甘特图的设置有次序、有节奏地进行生产活动。不应依靠（设置）生产"活套"。也就是说，炼钢工艺流程要实行"冶炼时刻表"制度。为了保证冶炼时刻表的运行，必须做到以下 4 点：

（1）优化炉机匹配，保证各工序工艺时间参数分配的科学性和合理性。转炉冶炼周期与对应钢种的精炼周期往往是影响炉机匹配的主要因素，同时在既定钢种、铸坯断面及工艺流程的前提下，合理选择浇注速度、确定浇注周期是时间流优化的依据和关键。

（2）简化生产组织、优化调度职能。简化生产组织主要是尽量减少生产过程中的交叉作业，尽量实现一炉（转炉）对一机（连铸机）的生产模式化调度职能，主要是提高作业效率，要求做到生产组织统一安排、有序执行、时间最短。

（3）稳定设备运行，控制非稳态冶炼生产，提高作业效率。在正常生产过程中的设备突发故障，将会打乱生产秩序、破坏冶炼时刻表、增加能源及耐火材料的消耗、影响钢的质量，严重时甚至会酿成重大事故。因此，稳定设备运行、强化设备管理、控制非稳态冶炼生产是保证冶炼时刻表正常运行的一项至关重要的工作。

（4）缩短辅助时间。缩短辅助时间是实现高效化生产的一个举措。通常转炉冶炼周期包括吹炼时间和辅助时间（兑铁、出钢、溅渣、等待等）两部分。长期以来，国内钢厂偏重于提高供氧强度来缩短吹炼时间，忽视了缩短辅助时间的重要性。日本转炉吹炼时间与辅助时间之比基本上为1∶1，而我国传统转炉冶炼周期中吹炼时间和辅助时间之比长达1∶（1.3～1.5）。今后国内转炉应进一步压缩辅助操作时间、缩短转炉冶炼周期、提高作业率。这就必须加强对生产设备的改进和维护，提高转炉的倾动速度、天车和钢包车的行走速度以及吊装速度。同时，应进一步优化工艺操作，提高操作水平，达到缩短出钢、兑铁、加废钢等辅助操作时间的目的。

1.3.3　强化信息流管理

信息流主要是指数据的采集、固定、传送、加工处理、存储、提取、控制、利用和消除等。其核心环节是信息的获取、表示和加工处理。对于现场生产最重要的是准确、及时。

信息流不仅应用于生产过程中数据的管理与分析，同时也是建立公司信息化平台的基础。当前信息化已成为炼钢生产管理系统中不可缺少的一项，对提升管理水平、提高生产效率、保证产品质量和降低生产成本有重大意义。

炼钢厂生产过程中信息的量大，其作用也是十分重要的。主要信息包括原材料（铁水、废钢、造渣材料、铁合金、脱氧剂等）及主流物质（铁水、钢液、钢坯、钢锭）的成分、质量，在各节点处的温度，各介质（氧气、氮气、氩气、煤气、烟气、压缩空气）的温度、压力和流量，物质流的速度等。用这些信息可以表征物质和能量的结构、状态、行为、功能等属性。

这些信息可能由上一道工序提供，也可能来源于现场仪表的检测。操作者将根据信息进行生产的调控。因此，试样采取、分析检验、仪器仪表检测应及时，数据应完备、准确、可靠，信息流应畅通、及时。

1.3.4　推广标准化作业

标准化作业可稳定冶炼作业，提高钢水冶炼质量，保证冶炼时刻表的正常运行。标准化作业是在丰富的生产实践经验的基础上，结合现代的生产管理理论，制定出一套合理的、科学的、可操作的标准化作业制度，让操作者严格按照标准化作业制度进行操作，以达到提高生产效率、稳定产品质量、稳定作业时间、控制生产成本的目的。为推广标准化操作，必须做好以下工作：

（1）制定炼钢用原材料的采购标准。根据各种原材料的功能要求，设定其物理化学指标和相应的技术条件，采购性价比合理的原材料，并在应用实践中进行考核、鉴定。在原材料采购前必须对供应厂家的原料条件、技术力量、生产能力、装备水平、经营业绩进行全面的考察、评估，经试用合格后方可正式应用。

在使用中必须按批量进行检查验收，定期进行评价，根据使用情况随时进行调整。应避免片面执行"低价中标"的政策。尽量不采购没有生产能力的中间商的产品。

（2）制定合理的工艺制度。通过大量的生产实践确立合理的生产工艺。树立工艺制度的法律地位，一旦形成了工艺就必须认真贯彻，坚决执行，任何人都无权随意改动。需要调整、改变工艺规程时也必须通过生产试验并经过认真讨论和仔细研究后决定。

（3）强化操作人员培训。对现场操作者进行培训，操作人员掌握操作标准并能熟练操作后方可上岗。

综上所述，高效、低成本生产洁净钢是一个完整的系统工程。

1.4　效率、质量和成本关系的处理

炼钢生产过程中效率、质量和成本是矛盾的对立统一体，既相互制约又相互促进。因此，在工艺选择、原材料应用方面必须三者同时兼顾，任何一方面的偏激都会影响其他两个方面。

（1）正确处理成本和质量的关系。全面理解经济洁净度的概念，钢的品种和用途不同，要求的洁净度不同，生产成本也不同。既不能为了降成本而取消必要的原材料投入和必要的工艺路径，更不能不考虑经济洁净度而一味追求新材料和新工艺。本书第3章中所推荐应用的工艺技术就是为了在保证经济洁净度的同时又能降低生产成本。

例如：根据成品钢对含硫量的要求确定铁水预处理脱硫的深度；根据生产轴承钢的级别确定加入铬铁的型号；根据成品钢的全氧含量要求确定精炼（如 LF 炉）时间；根据成品钢的用途确定合金元素的目标值等。钢中酸溶铝含铝过低时钢中氧含量就高，但是钢中酸溶铝含铝过高时钢中 Al_2O_3 夹杂物就多，影响钢的洁净度增加铝的消耗，增加生产成本。

（2）选择简洁有效的精炼工艺。现阶段钢水二次精炼的工艺很多，如钢包吹氩、合成渣精炼、顶渣改质、LT 技术、LF 炉精炼、VD 脱气、RH 脱气等。各工艺功能不同，投入的成本差异很大。在保证钢经济洁净度的前提下尽可能选择操作简单、不占工序时间且（能源、材料）消耗较低的工艺。以深冲板生产为例，生产低于或等于 SPHC 级别的钢种时，应用合成渣精炼和顶渣改质或 LT 技术完全可以满足经济洁净度的要求，没有必要再去进行耗资费时的 LF 精炼。

对于某些钢种并不是应用越高级的精炼工艺越好,有时恰恰相反,增加成本的同时反而降低了钢的洁净度。例如:生产含稀土的钢种时,应用 VD 真空脱气工艺反而会显著增加连铸的"絮水口"现象;生产含铝含硫钢时过分的喂钙线处理,也会显著增加连铸的"絮水口"现象。

(3) 提高品种钢炼成率。品种钢的炼成率直接影响效率、质量和成本。炼成率是反映工艺和质量连续性和稳定性的一个重要指标。生产过程中,特别是在后续工艺(如连铸)中,由于成分、夹杂物、表面质量、性能、规格、过渡坯质量等方面出现问题而被迫改钢种、降级别、判废(包括用户异议)等原因,造成了高级别产品的投入却生产出低级别产品的结果,高级别钢种的合同不能按时完成,低级别的产品还需另寻销路,影响产品的市场信誉。

(4) 正确处理耐火材料的使用寿命与产品质量的关系。当前,大部分炼钢厂在耐火材料的采购上执行"功能承包"方法,钢厂按钢的生产量支付耐火材料使用费用。炼钢厂往往忽视耐火材料的质量和损耗,而耐火材料生产厂家往往把降低耐火材料的生产成本作为提高经济效益的重点。强度差和熔点低的廉价耐火材料在使用过程中大量脱落熔损造成钢中耐火材料夹杂物增多,降低了钢的洁净度。因此,在执行"功能承包"的同时必须重视耐火材料对钢洁净度的影响。

1.5 创建低成本生产洁净钢平台

洁净钢平台不是一个单纯的技术名词,而是集设备、工艺、生产管理与质量控制于一体的生产实体。洁净钢也并非特指某一类具体钢材,而是反映该生产实体或制造平台所具备的钢材洁净度制造水平。

20 世纪 90 年代中期,日本炼钢工作者首次提出了"建设大批量低成本超纯净钢制造平台"的技术理念。学习借鉴日本先进的工艺技术与理念,在国内建设高效低成本洁净钢制造平台应明确以下三个目标:一是实现转炉大批量、稳定生产洁净钢,控制钢中全部杂质元素总量 $w(S + P + TO + N + H) \leqslant 100 \times 10^{-6}$;二是进一步提高转炉生产效率,缩短冶炼周期,加快生产节奏,使一座转炉的产量达到传统工艺两座转炉的生产能力;三是降低洁净钢生产成本,与传统流程生产普通钢的生产成本基本持平。

必须指出,高效低成本洁净钢平台中,高效、低成本与洁净钢三个基本理念是相互依存、共同发展的。如在以铁水预处理为主体的洁净钢生产新流程中存在着脱碳炉热量不足的矛盾,只有通过加快生产节奏、缩短辅助时间、减少炉衬散热和实现少渣冶炼才能完全解决,而少渣冶炼又成为降低洁净钢生产成本、减少铁耗的关键技术。

加快国内钢厂高效低成本洁净钢平台的建设,国内一些专家认为应该注意以下几个方面:

(1) 加快转变技术理念。建设高效低成本洁净钢平台不单纯是设备与工艺的改变，更重要的是洁净钢生产的指导思想、工艺理念和生产运行观念须发生较大改变。需要进一步加强对于少渣冶炼、高速吹炼、加快生产节奏以及质量、成本和原材料要求等方面的宣传和引导工作，力求突破传统观念的束缚，从更新、更高的角度全方位考察洁净钢生产工艺，探索洁净钢生产的新工艺方法。

(2) 树立典型，抓好样板。目前首钢京唐钢铁公司炼钢厂已采用洁净钢生产的新流程，但限于传统观念的束缚，许多技术指标尚未达到日本先进钢厂的水平。今后应该进一步转变观念，认真细致做好各项技术工作，真正为国内树立起洁净钢生产新流程的示范样板，促进新工艺在国内的推广和应用。

(3) 鼓励技术创新。洁净钢生产新流程在日本已经获得广泛应用，韩国也开始加强这一领域的研究开发和推广工作。相比之下，国内的技术水平和认识程度还存在较大的差距，在新工艺推广和应用中由于国情不同，工艺、设备和原料均有较大差距，不可能完全照搬国外的先进经验。因此，必须大力提倡技术创新，通过不断的实践与创新开发出具有中国特色的洁净钢生产新工艺流程。

(4) 今后新建的钢厂应大胆采用洁净钢生产新工艺流程，将研究开发、工程设计与生产运行等方面的技术人才有机结合起来，按照洁净钢平台建设的技术条件与标准建设新钢厂，不断优化工艺与设备设计，为洁净钢生产打下良好的基础。

参 考 文 献

[1] 殷瑞钰. 洁净钢平台集成技术——现代炼钢技术进步的重要方向 [J]. 钢铁，2009，44 (7)：1~6.

2 钢中非金属夹杂物及有害元素

钢中的有害元素（除特殊钢种以外）是指氧、氢、氮、硫、磷（包括本钢种不希望的元素），钢中非金属夹杂物主要是钢液凝固后存在于钢中的氧化物、硫化物和氮化物等。有害元素的数量和分布以及夹杂物的数量、尺寸、形状、分布直接影响钢的加工和使用性能，因此是钢洁净度的标志。在讨论高效、低成本生产洁净钢时，首先要讨论钢中的有害元素和非金属夹杂物。

2.1 钢中非金属夹杂物的分类

钢中非金属夹杂物可以按来源、组成、变形能力和尺寸大小进行分类。

2.1.1 按照夹杂物的来源分类

非金属夹杂物按来源可划分为外来夹杂物和内生夹杂物。

外来夹杂物是冶炼到浇注生产过程中由外部进入钢液的耐火材料或熔渣等留在钢中而造成的。一般外来夹杂物的特征是外形不规则、尺寸比较大和分布不均匀。外来夹杂物多对应钢包顶渣、耐火材料、结晶器保护渣等的成分。

内生夹杂物是在液态或固态钢内，由于脱氧或凝固过程中进行的物理化学反应而生成的。从数量上讲，钢中的内生夹杂物大部分是在脱氧和凝固过程中生成的，即主要是一次氧化产物和二次氧化产物。内生夹杂物在钢中的分布情况，相对来说是比较均匀的，尺寸与数量呈正比关系。内生夹杂物的颗粒一般比较细小。如果夹杂物形成的时间较晚，而且是以固态形式出现在钢液中，则这样的夹杂物在固态钢中将保持其固有的结晶形态；如果夹杂物是以液态的异相形式存在于钢液中，则夹杂物呈球形。较晚（结晶过程中）形成的夹杂物多沿初生晶粒的晶界分布，按照夹杂物对晶界润湿情况的不同，或呈颗粒状（如 FeO），或呈薄膜状（如 FeS）。从组成来看，内生夹杂物可能是简单组成，也可能是复杂组成；可以是单相的，也可以是多相的。

2.1.2 按照夹杂物的化学成分分类

非金属夹杂物按化学成分可分为氧化物夹杂、硫化物夹杂和氮化物夹杂。

（1）氧化物夹杂。氧化物夹杂分为简单氧化物、复杂氧化物、硅酸盐和氧化物固溶体等。

简单氧化物如 FeO、MnO、SiO_2、Fe_2O_3、Al_2O_3、Cr_2O_3 以及 TiO_2 等。其中，在镇静钢中，用硅和铝脱氧时，SiO_2 和 Al_2O_3 比较常见。

复杂氧化物包括尖晶石类型和各种钙铝酸盐。尖晶石类氧化物常用化学式 $MeO - R_2O_3$ 表示（其中 Me 代表二价金属如 Fe、Mn、Mg 等，R 代表三价金属如 Fe、Cr、Al 等）。属于这类的夹杂物有 $FeO \cdot Fe_2O_3$、$FeO \cdot Al_2O_3$、$MnO \cdot Al_2O_3$、$MgO \cdot Al_2O_3$、$FeO \cdot Cr_2O_3$ 等，它们由于具有尖晶石（$MgO \cdot Al_2O_3$）的八面晶体结构而得名。这类夹杂物中的二价或三价金属可以被其他金属置换，因此实际上可能具有多相组织。又因 $MeO - R_2O_3$ 内可以溶解相当数量的 Me 和 R_2O_3，故其成分可以在相当广的范围内变动，实际成分多偏离化学式。这类夹杂物的熔点高，在炼钢温度下呈固态存在，热轧时不易变形，冷轧时会使较薄产品表面受到损伤。钙虽然也是二价金属，但因离子半径太大，所以它的氧化物不生成尖晶石而生成钙铝酸盐。

硅酸盐的成分可以用通式 $x\text{FeO} \cdot y\text{MnO} \cdot z\text{Al}_2\text{O}_3 \cdot p\text{SiO}_2$ 表示。其成分复杂而且常为多相组织或过冷液体。属于这一类型的夹杂物有 $2\text{FeO} \cdot \text{SiO}_2$、$2\text{MnO} \cdot \text{SiO}_2$、$3\text{MnO} \cdot \text{Al}_2\text{O}_3 \cdot 2\text{SiO}_2$ 等。

氧化物之间可能形成固溶体，成为氧化物固溶体，如 FeO - MnO、FeO - FeS 等。

（2）硫化物夹杂。钢中硫化物主要是以 FeS、MnS、（Fe，Mn)S 和 CaS 等形式存在。低碳钢中硫化物为（Fe，Mn)S，其成分随钢中 Mn 和 S 的比值而变。随着 Mn 和 S 比值的增大，FeS 越来越少，MnS 越来越多，此时，少量的 FeS 溶解于 MnS 中。当向钢中加入稀土元素时，可形成稀土硫化物如 La_2S_3、Ce_2S 等。当铝的加入量大时，会有 Al_2S_3 形态的夹杂物出现。在合金钢中还会有 Ti、Cr 和 Ni 的硫化物。

（3）氮化物夹杂。当在钢中加入与氮亲和力较大的元素时会形成 AlN、TiN、ZrN、VN、BN、Si_3N_4、Fe_4N、Fe_2N 等氮化物。钢中 AlN 的颗粒通常很小，TiN 或 ZrN 在钢中实际不溶。一般脱氧前转炉钢中含氮量不高，故成品钢中氮化物不多。但如钢中含有 Al、Ti、Zr 等元素，在出钢、浇注过程中钢流和空气接触，空气中的氮将向钢中溶解，钢液凝固后氮化物（特别是 TiN 和 AlN）的数量将显著增多。

2.1.3　按照夹杂物的变形能力分类

钢材在加工变形时，夹杂物的变形性能对于钢的性能有很大的影响。所以有时按照夹杂物变形性能的好坏（即塑性的大小），把夹杂物分为脆性、塑性和点状不变形夹杂物三类。

脆性夹杂物是指完全不具有塑性的夹杂物,当钢进行热加工时不会变形,但夹杂物会沿加工方向破碎成串。Al_2O_3、Cr_2O_3 和尖晶石以及 V、Ti、Zr 的氮化物和其他高熔点、高硬度的夹杂物属于此类。

塑性夹杂物在钢材进行热加工时沿加工方向延伸成条带状。FeS、MnS 以及含 SiO_2 较低(40% ~ 60%)的铁、锰硅酸盐属于此类。

点状不变形夹杂物在铸态呈点状,当钢经热加工变形后,夹杂物不变形,仍然呈点状。属于这一类的有石英玻璃(SiO_2)、含 SiO_2 大于70%的硅酸盐、钙和镁的铝酸盐以及高熔点的稀土氧化物和硫化物,如 RE_2O_3、RE_2O_2 及 CaS 等。点状不变形夹杂物对于某些特殊钢(如轴承钢、硬线钢、轨道等)的疲劳寿命和拉伸变形等性能影响特别显著,因此这些钢对点状不变形夹杂物要求特别严格。

习惯上往往把脆性夹杂物用氧化物来代表,而把塑性夹杂物用硫化物来代表。

2.1.4 按照夹杂物尺寸分类

钢中夹杂物按其尺寸大小分类的标准有多种。有的按夹杂物的尺寸大小将夹杂物分为超显微夹杂物($\leqslant 1\mu m$)、显微夹杂物($1 \sim 100\mu m$)和宏观夹杂物($> 100\mu m$)三大类;也有的按夹杂物的尺寸大小将夹杂物分为显微夹杂物($< 1\mu m$)、微观夹杂物($1 \sim 50\mu m$)和宏观夹杂物($> 50\mu m$)三种。因为 $50\mu m$ 的夹杂肉眼难以发现,一般认为前一种划分较合理。

显微夹杂物和微观夹杂物多为内生的脱氧、脱硫产物或二次脱氧产物,大型夹杂物多为混入钢液中的熔渣、耐火材料、水口结瘤物或絮凝长大的一次脱氧产物。

2.1.5 按照夹杂物标准分类

根据 GB/T 10561—2005,钢中夹杂物按其成分和形态可以分为 A、B、C、D、DS 五类。

(1)A 类夹杂物(硫化物类):具有高的延展性,有较宽范围的形态比(长度/宽度)的单个灰色夹杂物,一般端部呈圆形,为钢中的硫化物,主要是 FeS、MnS 等。

(2)B 类夹杂物(氧化铝类):大多数没有变形,带角,形态比小(<3),黑色或带蓝色的颗粒,沿轧制方向排成一行(至少三个颗粒)。

(3)C 类夹杂物(硅酸盐类):具有高的延展性,有较宽范围形态比(≥3)的单个呈黑色或深灰色夹杂物,一般端部呈锐角。

(4)D 类夹杂物(球状氧化物类):不变形,带角或圆形,形态比小(<3),黑色或带蓝色无规则分布的颗粒,主要是 TiN、Al_2O_3、MgO、CaO 及 CaS 等。

（5）DS 类夹杂物（单颗粒球状类）：圆形或近圆形、直径不小于 13μm 的单颗粒夹杂，一般为 Al – Mg – Ca 的复合氧化物夹杂。

A、B、C、D 类夹杂物可按其直径分为粗、细两组，即 A 粗、A 细；B 粗、B 细；C 粗、C 细；D 粗、D 细。

A、B、C 三类夹杂物，宽度在 2~4μm 的为细组，4~12μm 的为粗组；D 类夹杂物，直径在 3~8μm 的为细组，8~13μm 的为粗组；直径大于 13μm 的 D 类夹杂成为 DS 夹杂物。

每一组夹杂物按其长度（个数）分为 0.5、1.0、1.5、2.0、2.5、3.0 六个级别。

"类"表示夹杂物的组成；"组"表示夹杂物的宽度（直径）；"级"表示夹杂物的长度（个数）。

夹杂物的级别评定标准如表 2 – 1 所示，表中 A、B、C、DS 类数值为该级别夹杂物的最小长度，D 类的数值表示该级别夹杂物的最少个数。

表 2 – 1　各类夹杂物的评级限界（最小值）

评　级	A 类/μm	B 类/μm	C 类/μm	D 类/个	DS 类/μm
0.5	37	17	18	1	13
1	127	77	76	4	19
1.5	261	184	176	9	27
2	436	343	320	16	38
2.5	649	555	510	25	53
3	808	822	746	35	76

2.1.6　钢中的气体

由于炼钢吹氧、出钢、吹氩等工艺过程中钢液与气体（氧、氮、空气）或水分（氢）直接接触，因此钢的成品中总会残留一些气体。

氧气主要是以溶解氧和氧化物的形式存在于钢材中，对钢材的性能有很大的影响。除沸腾钢和易切削钢等以外，钢材中的含氧量越少越好，它是评判钢质量的一个重要指标。

氮气主要是以溶解氮或氮化物的形式存在于钢中。在某些钢中氮可以起到细化晶粒、提高屈服强度、提高耐磨性能、提高钢的耐晶间腐蚀和电腐蚀的能力的作用，通过渗氮法还可以改善钢的表面耐磨性、抗蚀性和疲劳性能。此外，在钢中形成细小分散的 AlN、TiN 等颗粒，还能阻止钢材加热时奥氏体的长大，进而得到细晶粒奥氏体钢。但是对绝大部分钢种来说，氮有时效作用，AlN、TiN 等影响钢的性能，因此氮是有害元素。

氢在钢液中是以原子状态存在，而在固态的钢材中则以分子状态存在。在钢的凝固过程中氢由原子状态转变为分子状态，体积膨胀，氢分子的体积占据了钢的空间，故易形成白点等缺陷，对钢的质量有严重影响。氢是钢中的有害元素。

2.2 非金属夹杂物及杂质元素对钢性能的影响

在某些特殊场合下，夹杂物也能起到好的作用。例如，细小的 Al_2O_3 夹杂能够细化晶粒，硫化物夹杂能够改善钢的切削性能等。但是总体来讲，非金属夹杂物对钢的危害相对要大得多。

非金属夹杂物降低钢的塑性、韧性和疲劳性能，使钢的冷、热加工性能乃至某些物理性能变坏。

夹杂物对于钢性能的影响取决于一系列因素。在考虑钢中夹杂物对钢性能影响的时候，应该注意夹杂物的数量、颗粒大小、形态和分布、夹杂物与钢的基体联结能力、夹杂物的塑性和弹性系数以及线膨胀系数、硬度、熔点等多方面的因素。

夹杂物的线膨胀系数是其影响钢材质量的一个重要标志，在 $0 \sim 800 ℃$ 范围内各种夹杂物的线膨胀系数如表 2-2 所示。

表 2-2 各种夹杂物的线膨胀系数

夹杂物类型	成 分	线膨胀系数($\times 10^{-6}$) $/m \cdot (m \cdot ℃)^{-1}$	泊松比
钢基体	—	12.5	0.29
硫化物	MnS	18.1	0.3
	CaS	14.7	—
钙铝酸盐	$CaO(Al_2O_3)_6$	8.8	—
	$CaO(Al_2O_3)_2$	5	0.23
	$CaO(Al_2O_3)$	6.6	—
	$12CaO \cdot 7(Al_2O_3)$	7.6	—
	$CaO_3(Al_2O_3)$	10.1	—
尖晶石	$MgO \cdot Al_2O_3$	8.4	—
	$MnO \cdot Al_2O_3$	—	0.26
	$FeO \cdot Al_2O_3$	—	—
刚 玉	Al_2O_3	8	0.25
	Cr_2O_3	7	—
硅酸盐	$(Al_2O_3)_2 \cdot (SiO_2)_2$	5	0.24
	$(MnO)_2 \cdot (Al_2O_3)_2 \cdot (SiO_2)_2$	2	—

夹杂物类型	成　分	线膨胀系数(×10⁻⁶)/m · (m · ℃)⁻¹	泊松比
氮化物	TiN	9.4	0.192
氧化物	MnO	14.1	0.306
	MgO	13.5	0.178
	CaO	13.5	0.21
	FeO	14.2	—
	Fe₂O₃	12.3	—
	Fe₃O₄	16.3	0.26

由表 2 - 2 可以看出，大部分单质氧化物夹杂（MnO、MgO、CaO、FeO、Fe_2O_3、Fe_3O_4 等）、硫化物（MnS、CaS）的线膨胀系数比金属基体的线膨胀系数稍大一些；而钙铝酸盐、尖晶石、刚玉、硅酸盐、氮化物等的线膨胀系数则比金属基体的线膨胀系数小得多。

2.2.1　夹杂物与裂纹的形成

均质材料在承受单向拉伸时，在与拉伸方向相垂直的横截面上，应力的分布是均匀的。如果在材料中有非金属夹杂物，则应力分布不再是均匀的，会出现应力集中现象，即在与夹杂物相毗邻的金属基体上，应力急剧升高，使非金属夹杂物破碎而生成空隙。也就是说，钢中非金属夹杂物的存在，破坏了金属材料的连续性。由于基体金属与夹杂物的线膨胀系数不同，可在钢中夹杂物的周围引起应力集中，结果在某些夹杂物周围形成了复杂的应力场或无负荷应力场。所以夹杂物常被视为显微裂纹的发源地，而从材料屈服到断裂的过程则可看做是显微裂纹的长大过程。

由于线膨胀系数不同，可出现下列三种情况。

当钢中的非金属夹杂物线膨胀系数比钢小时，如三氧化二铝、钙铝酸盐及尖晶石等，在加热过程中，在夹杂物的周围可能形成空洞，产生较大的机械应力场。

当钢中的非金属夹杂物线膨胀系数比钢大时，如硫化锰及硫化钙，冷却后在线膨胀系数大的夹杂物的周围要出现空洞，也会产生机械应力集中。

线膨胀系数与钢相等的夹杂，如氧化锰等，则对基体影响不大。

由此可见，在夹杂物附近实际上形成了所谓预破坏区，这对断裂的发生和发展起着决定性的作用。裂纹产生的过程如图 2 - 1 所示。

当材料进行塑性加工的时候，比较容易变形的金属在难以变形的非金属夹杂

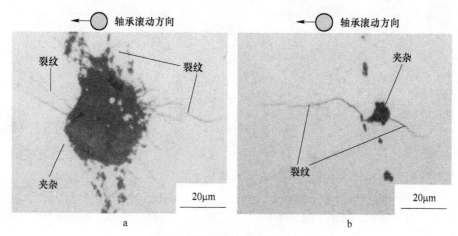

图 2 – 1 夹杂物引起裂纹的过程
a—2.1 × 10^6 周期；b—6.3 × 10^6 周期

物周围流动的时候，由于产生很大的张力而使金属 – 非金属夹杂物界面的联结断裂，形成空隙。这种空隙也是裂纹的起源地。

2.2.2 夹杂物对钢材的塑性和韧性的影响

2.2.2.1 夹杂物对钢材塑性的影响

钢材受力时，内部发生的塑性变形和断裂这两个基本过程决定着钢材的多种力学性能。

夹杂物对于金属材料抵抗塑性变形能力的一系列强度指标，如抗张强度、屈服强度等不产生很大影响。但是由于热加工时夹杂物要发生形变（如成为条带），因此会使材料的横向和纵向力学性能发生明显的差异，即增大了材料力学性能的各向异性。

对 Cr – Ni – Mo 钢的研究表明，当一个视场内夹杂物的平均数目增加时，钢材的横向断面收缩率明显下降，如图 2 –2a 所示。当仅考虑条带状硫化物夹杂的数目时，对断面收缩率的影响尤为突出，如图 2 –2b 所示。

2.2.2.2 夹杂物对钢材韧性的影响

冲击韧性代表钢材抵抗冲击破坏的能力。许多金属和合金具有低温变脆的趋势，在冲击下会发生断裂现象。所谓断裂是指材料在力的作用下分为两个或两个以上部分的现象。

断裂可以分为两类。低碳钢在低温拉伸，经过足够的延伸和颈缩之后发生断裂，断口灰暗无光呈纤维状。这种断裂称为韧性断裂。这种破坏是材料在滑移面上做大量滑移之后发生的，故又称为剪切断裂。

低碳钢在室温之下相当低的温度拉伸时，在没有延伸更没有颈缩的情况下突

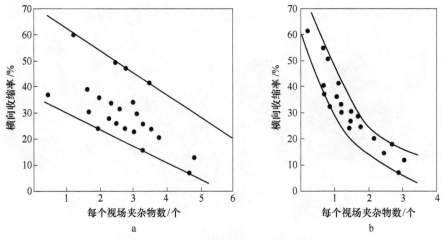

图 2-2　夹杂物对横向断面收缩率的影响

　　然发生断裂，这种在几乎没有经过塑性变形情况下的破断现象称为脆性断裂。脆性断裂的断口为闪闪发光的结晶状，这种断裂是沿着特定的结晶面发生和发展的，故又称为解理断裂。典型的脆性断裂是正断，即断裂的方向和最大正应力的方向相垂直。

　　研究表明，脆性断裂过程是裂纹的产生和发展过程，在此过程中，非金属夹杂物往往作为显微裂纹的起源而起重要作用。大量事实表明，金属材料断裂时，首先形成微裂纹或者以原有的微裂纹、空洞或夹杂物作为破坏源，在力的作用下，裂纹或破坏源缓慢地扩大到某一临界尺寸（临界裂纹尺寸）时，瞬时发生脆性断裂。

　　韧性断裂也是显微裂纹或空洞的形成和长大过程。如在拉伸断裂中，在发生大量塑性变形之后，首先在脆性夹杂物上或者夹杂物与基体界面上形成显微空洞，然后是显微空洞的长大和聚合，直至断裂。

　　随着试验温度的下降，韧性断裂可以转变为脆性断裂。这种现象称为韧性－脆性的转移。通常将整个断面上出现 50% 纤维状断口的温度称为脆性转折温度。为了防止脆断，工程上希望得到脆性转折温度低的钢。

　　夹杂物对韧性断裂的影响表现为对冲击值的影响，而对脆性断裂的影响则表现为对脆性转折温度的影响。

　　夹杂物对钢材韧性转变的影响，是通过它对韧性断裂过程的影响而起作用的。如前所述，韧性断裂过程是通过钢材的不断塑性变形而逐渐发展起来的。由于大多数夹杂物与基体金属的弹性和塑性有相当大的差别，因此在金属的变形过程中，夹杂物不能随基体相应地发生变形，于是在其周围产生越来越大的应力集中，使夹杂物破碎或使夹杂物同基体的联结遭到破坏，二者脱离而产生微裂纹。

变形不断进行，微裂纹不断发生，进而发展为空洞并不断扩大进而相互联通，最终导致断裂。

沿轧制方向延伸呈条带状的 MnS，对横向性能产生严重的影响。对钢材进行扩散退火能使长条状夹杂物碎断和球化，减轻其危害。加入稀土元素 Ce、La 可以使硫化物球化而提高冲击韧性值，加入 Ti、Zr、Ca 等元素也起到相同的作用。

夹杂物对脆性断裂的过程以及对脆性转变温度的影响比较复杂。一方面，作为应力集中的起源，夹杂物有加速脆性断裂过程发生的作用；另一方面，它又可以促使韧性断裂过程提前发生，松弛了应力（例如，夹杂物与基体脱离造成显微空隙，从而阻碍了脆性断裂过程的发生）。

夹杂物按照其对脆性转折温度的影响可以分成两类：一类是长条状的 MnS 夹杂，这类夹杂由于在钢材变形过程中易于和基体脱开，因而要同时考虑其促进和阻碍脆性断裂这两方面的作用。如图 2 - 3 所示，在低硫量时，硫化物夹杂使转变温度升高，但当硫含量高到一定程度时，则降低脆性转变温度。另一类是颗粒状夹杂物，钢中的氧化物、氮化物以及不变形的高熔点变质硫化物属于这一类。这类夹杂物往往作为应力集中的起源，在降低冲击值的同时，使脆性转变温度升高。一般地说，由于它对产生完全的脆断不发生影响，因而使转变的温度范围加宽。

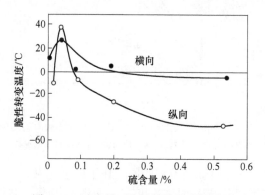

图 2 - 3 硫含量对脆性转变温度的影响

2.2.3 夹杂物对疲劳性能的影响

材料承受一定的重复或者交变应力，经过多次循环后发生破裂的现象称为疲劳。材料因疲劳而破坏的过程是：首先发生局部的应力集中，然后生成疲劳裂纹且裂纹逐渐发展，最后当裂纹发展到一定程度时，材料疲劳破坏。

2.2.3.1 夹杂物对疲劳寿命的影响

疲劳裂纹可分为三类：发生在夹杂物周围的疲劳裂纹、夹杂物本身断裂导致的裂纹和夹杂物与基体边界剥离引起的疲劳裂纹。一般说来以第三类最为常见。

在疲劳试验后期，尺寸小于 $20\mu m$ 的夹杂物通常也是裂纹源。但在疲劳试验的初期，位于主要裂纹前方或附近的这些夹杂物，则可能成为显微裂纹源，并对裂纹的扩展产生影响。

夹杂物影响疲劳寿命降低的程度由强到弱的顺序是：大尺寸点状不变形夹杂物、刚玉（Al_2O_3）、点状不变形夹杂物、半塑性硅酸盐夹杂物、塑性硅酸盐夹杂物和硫化物。

研究发现，对于同一类型的 Al_2O_3 夹杂来说，随着 Al_2O_3 数量的增加，钢的疲劳极限下降；当其他条件相同时，夹杂颗粒越大，不利影响越大；多角形夹杂物比球状夹杂物的危害性大；钢的强度水平越高，夹杂物对其疲劳极限所产生的不利影响越显著，如图 2-4 所示。

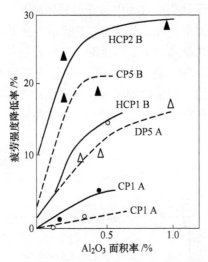

图 2-4　氧化铝夹杂的数量、大小对疲劳极限的影响
（夹杂物尺寸 1~10μm；A—球形夹杂；B—多角形夹杂）

产生夹杂物对疲劳寿命影响差别的原因在于以下三点：

（1）夹杂物在钢的热变形加工温度下的塑性的影响。如果夹杂物在钢的热加工温度下无塑性，则在金属基体相对于上述夹杂物发生塑性流动时，这些不变形的夹杂物能够把金属基体划伤，并与基体脱离。刚玉、尖晶石和钙的铝酸盐在加工温度无塑性，有些硅酸盐具有一定的塑性，而硫化物则具有较好的塑性。

（2）基体与夹杂物的变形的影响。室温时，零件（如轴承）在交变应力作用下运转时，如果基体发生了变形而夹杂物却不变形，便为二者的脱离和裂纹的形成创造了条件。

（3）线膨胀系数差值的影响。当钢由高温冷却时，如果金属基体和夹杂物的线膨胀系数相差很大，便在夹杂物附近产生附加应力。线膨胀系数小于金属基体的夹杂物，在冷却过程中收缩程度较小，由于它的支撑作用，在周围基体上产生附加的张力,促进了疲劳裂纹的发生和发展。淬火时刚玉和尖晶石型的夹杂物往往会出现上述情况。与此相反,硫化物的线膨胀系数比金属基体大,故冷却时会产生界面孔洞,但无残余应力。

2.2.3.2 夹杂物的大小和分布对于疲劳极限的影响

有关裂纹的扩展机理文献认为,最初先在主裂纹形成前的区域内形成空洞,而后在二次拉应力作用下,空洞迅速增大,之后两者汇合后,按塑性机理,也会形成显微裂纹,最后剩余部分聚集起来,使这一断裂表面呈凹坑状与主裂纹区相连。文章的作者把这种断裂情况称之为"凹坑和缺口区交替断裂机理",并用下述公式表示裂纹扩展的宏观速度 $d(2L)/dN$。

$$d(2L)/dN = (AK)^n/M$$

式中　L——裂纹长度之半,mm;

　　N——周期数;

　　AK——与施加应力变化范围相对应的应力强度变化范围;

　　n——变量指数,波动范围是 1.4 ~ 7.7,与淬火和回火温度有关;

　　M——钢的常数。

从上式可看出,裂纹扩展的宏观速度(mm)周期是应力强度系数变化范围的函数。

2.2.4 硫对钢性能的影响

硫在钢中以 FeS 形式存在,当钢中含锰高或有其他元素存在时也可形成其他硫化物,如 MnS、ZrS、TiS、NbS 和 VS 等。硫化物对钢性能的影响主要表现如下:

(1)硫使钢的热加工性能变坏。由 Fe-FeS 系状态图可知,在液态时两组元可以无限互溶,但 FeS 在固态纯铁中的溶解度仅为 0.015% ~ 0.020%。钢液在凝固过程中,由于选分结晶的结果,硫在未凝固的钢液中逐渐浓聚。这种被隔离在各枝晶间的钢液最后冷却时就会析出 FeS。

FeS 熔点仅为 1190℃,与 Fe 形成共晶时熔点更低(985℃),并最后析集凝固在原生晶界上,形成连续的或不连续的网状组织。它们破坏了金属的连续性。当钢在热加工的加热过程中(一般加热温度为 1250 ~ 1350℃),只要超过 1100℃左右,富集于晶界处的低熔点硫化物及其共晶体会在晶粒边界处呈脆性或熔融状态。这种钢锭或钢坯在轧制或锻造中,将出现断裂,这种现象称为热脆。

当钢液中含氧量高时,钢液凝固过程中析出的 FeO 会与 FeS 形成熔点更低(940℃)的共晶体富集在晶界周围。同样,轧制(锻造)时加热温度超过 940℃,富集于晶界处的低熔点硫化物及其共晶体会使晶粒边界处呈脆性或熔融状态,这种钢锭或钢坯在轧制或锻造中,将出现断裂。

含硫钢在 950~1050℃ 附近有一个脆性区域，称为"红脆区"，在 1300℃ 附近再次出现一个脆性区域，称为"白脆区"。红脆是由于硫化物在晶界上存在，白脆是由于硫化铁在晶界上已经熔融的缘故。

有些研究认为，在钢中含锰量不高时，含硫量达 0.09% 左右钢就不能进行热加工。

研究表明，硫化物及其共晶体包围最后凝固的晶粒，热加工时也易引起钢的热脆现象，从而加剧了硫的有害作用。

以前，变形加工后的钢材在使用过程中很少经受垂直于最大延伸方向的应力。对于硫印图上可以看到的、常明显地平行于应力方向的纤维状组织，通常也认为是有利的。

目前工业中广泛采用的焊接、模锻、顶锻、对接等金属加工方法中，多次延伸的夹杂物要经受垂直于它的应力，会因夹杂物延伸量加大而导致金属塑性恶化。钢锭重量加大，总延伸量随之增大，控制轧制新工艺的变形温度较低等。

研究表明，热加工过程中夹杂物的变形特性是决定金属断裂条件的主要因素。除强度性能外，结构钢的韧性和可变形性对不同的应用领域也起重要作用，特别是最高缺口冲击功和作为钢的韧性量度的断面收缩率等，受氧化物和硫化物夹杂的数量、大小及分布的严重影响。降低钢中硫化物含量对改善钢的洁净度和韧性是十分必要的。

(2) 硫对钢的力学性能的影响。钢中含硫高时，硫化物夹杂增加。许多硫化物夹杂在热加工时，随钢材延伸而伸长，因而使钢材横向力学性能降低，即横向延伸率和断面收缩有所下降。

硫对钢材力学性能的有害影响除与钢中平均含硫量有关外，还与硫在钢坯（锭）中的偏析程度有关。虽然有时钢坯（锭）中平均含硫量不高，但由于硫在钢锭最后凝固部位（钢锭中心、上部及柱状晶间或铸坯中心）富集，钢的宏观组织不均匀，往往有带状偏析组织，这会影响钢板在板厚方向的使用性能。

众所周知，钢的塑性随夹杂物变形量增大而降低。由于硫化锰夹杂在钢加工时的延伸，加工后的钢材产生韧性的各向性能差别，冲击韧性与硫化物含量及分布密切相关。由于在纵向上的硫化物不形成裂纹，所以断裂功大，冲击韧性高，脆性断裂的比例较横向及径向的小得多。对于硫含量非常低（小于 0.005%）的钢，氧化物夹杂对韧性的影响显著。在这种情况下，当硫含量相同时，氧含量增高，钢的断裂功会降低，即钢的韧性要降低。可见，在钢中硫含量很低的情况下，还必须注意脱氧及促进非金属夹杂物的上浮，以降低钢中的氧含量。

断面收缩率是钢材塑性指标之一，良好的塑性是顺利进行压力加工的重要条件。钢中硫含量及硫化物的形状及分布对断面收缩率的影响如图 2-5 所示。由图可见，降低硫含量及控制夹杂物形状能大大地提高钢材的断面收缩率。

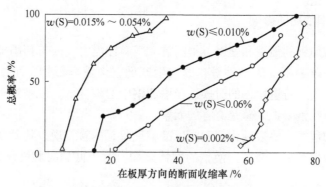

图 2 - 5 硫含量对钢断面收缩率的影响

含硫钢材焊接时往往出现高温龟裂，其影响程度随钢中碳、磷的存在而加大。同时焊接过程中硫易于氧化，生成 SO_2 气体而逸出，以致在焊缝金属中产生很多气孔和疏松，降低了焊接部位的机械强度。

含硫量大于 0.003% 时，钢板在低温（-100 ~ 40℃）的冲击韧性明显下降。

硫化物夹杂物很软，在钢热加工过程中容易形变，沿轧制方向伸长，形成条纹状夹杂物，使钢材的横向冲击值明显下降，即各向异性增强。

（3）恶化耐腐蚀性。当钢中硫含量超过 0.06% 时，钢的耐腐蚀性能显著恶化。

（4）增大磁滞损失。纯铁或硅钢随着硫含量的提高，磁滞损失增加。

（5）改善钢的电磁性和易切削性能。利用 MnS 作为有利夹杂可获得有良好电磁性能的取向性硅钢片。

易切削钢中硫含量可高达 0.08% ~ 0.30%，硫化锰增加钢的脆性，使切屑容易断裂，使切屑和刀具的接触面积减小，因而摩擦阻力和切削阻力变小，提高了机床效率和刀具寿命。

当然，硫的危害性也可以通过钢中的某些元素的存在而得到抑制，如锰能抑制硫的有害作用。因为钢中锰能与硫形成较稳定的 MnS，熔点（1620℃）远高于热加工温度，因而可以消除热脆现象。研究证明镇静纯铁 $w[Mn]/w[S] \geqslant 10$ 时便可防止轧裂。

但是，过多的 MnS 存在也会带来其他的许多问题。主要是钢在热加工过程中硫化锰等要发生变形并延伸成条状。这种条状的硫化物破坏了钢材的连续性，降低了钢材的性能，使钢材出现各向性能差别，特别是使钢材横断面塑性大幅度下降。

钢中含有钛或锆等元素时，它们能和硫形成高熔点硫化物，在钢液凝固过程中能以颗粒状夹杂物均匀分布于晶粒内部，或在晶界处形成不连续的网状组织，故使"热脆"现象减轻。

2.2.5　磷对钢性能的影响

磷可以增加钢的强度和硬度、提高抗大气腐蚀能力、改善切削加工性能、增加钢的脆性、改善钢的流动性等，故在生产低碳镀锡薄板钢、耐蚀钢、易切削钢、炮弹钢及离心铸造用钢的时候适当增加钢中的磷含量。但是对于绝大多数钢种，特别是特殊钢来说，磷是有害的元素。

磷对钢的危害主要表现为使钢产生冷脆现象。试验发现，随着钢中磷含量的增加，钢的塑性和韧性降低，使钢的脆性增加，由于低温时脆性增加更为严重，所以称为冷脆。

造成冷脆现象的原因是，磷能显著扩大固液相之间的两相区，使磷在钢液凝固结晶时偏析很大，先结晶的等轴晶中磷含量较低，而大量的磷在最后凝固的晶界处以 Fe_2P 析出，形成高磷脆性夹层，使钢的塑性和冲击韧性大大降低。

磷是易偏析元素，磷的存在影响钢成分的均匀性，从而影响钢性能的均匀性。

钢的冲击韧性与磷含量、温度之间的关系如图 2－6a 所示。由图 2－6a 可见，温度一定时，钢的冲击值随含磷量增加而减小；含磷量一定时，钢的冲击值随温度的降低而减小。

由于磷在固体钢中的扩散速度极小，为此因磷高而造成的冷脆，即使采用扩散退火也难以消除。

另外，钢中磷含量高时，还会使钢的焊接性能变坏，冷弯性能变差。随着钢中 [C]、[N]、[O] 含量的增加，磷的这种有害作用随之加剧。

鉴于磷对钢性能的不良影响，按照用途不同，对钢的磷含量做了严格限制。随着生产的发展，各行业对钢质量的要求越高，某些特殊用途的钢中，甚至要求钢中的磷含量小于 0.001% 或更低一些。

2.2.6　气体对钢质量的影响

2.2.6.1　氧对钢质量的影响

在初炼炉（电炉或转炉）中进行的化学反应都是氧化反应，通过向炉内吹入氧气或加入氧化剂（如氧化铁等）并与碳、硅等氧化、沸腾，达到升温和去除不需要的元素和杂质的目的。在初炼炉出钢的时候，钢液中的含氧量是很高的，根据温度和含碳量的不同，钢中含氧量一般为 $100 \times 10^{-6} \sim 1200 \times 10^{-6}$。因此，出钢及以后的时间里必须对钢水进行脱氧，并在后续的操作中尽量避免钢液增氧。

出钢脱氧以后，由于钢液有与空气接触的机会，因此钢液有可能增氧。随着钢液温度的降低，钢液中氧的溶解度下降还会有自由氧析出，自由氧会与钢中的

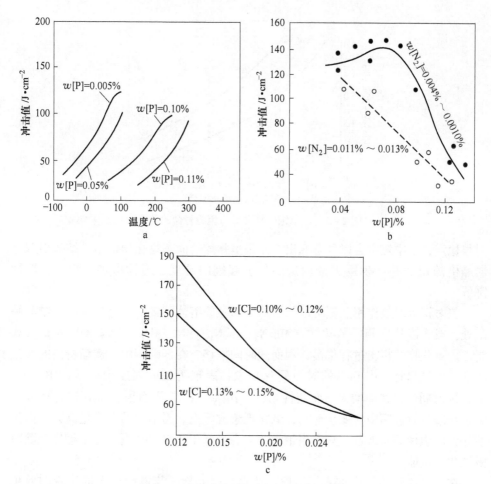

图 2 - 6 钢的冲击值与磷含量之间的关系

a—钢的冲击值与磷含量、温度之间的关系；b—碳钢的冲击值与磷含量、
氮含量之间的关系；c—铬镍钢中磷、碳含量对冲击值的影响

易氧化元素（如 Ca、Al、Ti、Si、Mn、Fe、Cr 等）发生氧化反应，生成 Al_2O_3、TiO_2、SiO_2、MnO、Cr_2O_3、FeO 等氧化物夹杂。钢中的氧含量越高，产生的氧化物就越多。这些氧化物排不出去而留在钢中将成为氧化物夹杂，影响钢的性能。钢中总氧含量包括自由氧和氧化物中氧含量的总和，它是钢材质量的一个重要指标。一些特殊钢甚至要求钢中的总氧含量低于 5×10^{-6}。图 2 -7 为轴承钢中氧含量与疲劳寿命的关系。

2.2.6.2 氮对钢质量的影响

对绝大部分钢种来说，氮是有害元素。氮在钢液中的溶解度远高于其在室温下的溶解度，因此，钢中的氮含量高时，在低温下呈过饱和状态。氮化物在低温

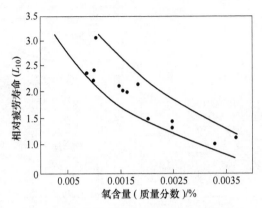

图 2 - 7　轴承钢中氧含量与疲劳寿命的关系

时很稳定，钢中氮不会以气态逸出，而是呈弥散的固态氮化物析出，结果引起金属晶格的扭曲并产生巨大的内应力，引起钢的硬度、脆性增加，塑性、韧性降低。

氮对钢有时效作用。氮可以与铁形成间隙固溶体而集中在空位及其他结晶缺陷处，或者以独立相—氮化物（Mn_5N_2、Si_3N_4、VN、AlN、TiN、ZrN 等）形式析出。氮化物的析出过程很慢，因而随时间推移，在低碳钢中，逐渐析出的氮产生前述的氮化物，引起钢的时效硬化现象，表现为钢的强度指标（HRB、σ_b、σ_s）随时间的推移而增大，而塑性指标（δ、ψ、a_K）则有所下降，这种现象称为老化或时效。钢中含氮量愈高，老化现象愈严重。当钢中的磷含量高时，由氮所导致的脆性倾向加剧。只有当钢中的氮含量低于 0.0006% 时，才能彻底免除时效硬化的可能。

在脱氧良好的钢中加入铝、硼、钛、钒等元素，与氮能结合成稳定的氮化物，使固溶在 Fe 中的氮含量大大降低，从而可减轻甚至消除氮的时效作用。

氮会引起钢的回火脆性。钢中氮含量高时，会使钢发生第一类回火脆性，即淬过火的钢在 250 ~ 400℃ 间回火后，a_K 值不仅不增大，反而下降。这类回火脆性是不可逆的，即脆性一经产生便不能消除。钢回火到上述温度范围时呈蓝色，故这种脆性又称为蓝脆。

氮影响钢的表面质量。氮和氢的综合作用会使镇静钢锭产生结疤和皮下气泡，因而在轧制中产生裂纹、翘皮和发纹。

此外，钢中氮还会恶化钢的焊接性能，降低磁导率、电导率，并能增大矫顽力和磁滞损失等。因此，生产中应尽量减少钢中的氮含量，有些钢种要求其 $w[N]$ 达到（15 ~ 20）× 10^{-6} 的水平。

2.2.6.3　氢对钢质量的影响

氢在钢液中的溶解度远大于它在固态钢中的溶解度，所以在钢液凝固过程中，氢会和 CO、氮等一起析出，造成皮下气泡，促进中心缩孔和显微间隙（疏松）的形成。

在固态钢冷却和相变过程中，氢还会继续通过扩散而析出。由于固相中氢的扩散速度很慢，因此只有少量的氢能达到钢坯（锭）表面，而多数扩散到显微孔隙和夹杂附近或晶界上的小孔中，形成氢分子，增大了体积。因为氢分子较大，它不具备穿过晶格继续扩散的能力，因此，在其析出的地方不断地进行着氢分子的聚集，直至氢的分压与固态钢中氢达到平衡为止。随着氢分子的聚集，氢气在钢中的分压也越来越大，并在钢中产生应力。如果这种应力加上热应力、相变应力超过了钢的抗张强度，就会产生裂纹。以上原因可能使钢材产生以下缺陷：

（1）白点。所谓白点，是指钢材试样纵向断面上圆形或椭圆形的银白色的斑点，而在横向酸蚀面上呈辐射状的极细裂纹。白点的实质是一种内裂纹。白点的直径一般波动在 0.3 ~ 10mm，长度在 10 ~ 30mm 之间。

白点在结构钢中经常出现，它是一种不允许的缺陷。当钢坯或轧材断面上产生大量白点时，试样的横向强度极限降低 1/2 ~ 2/3，断面收缩率和伸长率降低 5/6 ~ 7/8，这将造成金属脆断。因此，产生了白点的钢材应判为废品。为了防止它的出现，在轧制或锻造后需要采取特殊的热处理手段，使制造程序复杂，增加生产成本。

白点一般在大断面的碳钢轧制件或锻制件上形成，尤其是在珠光体、珠光体-马氏体和马氏体合金钢中易于形成，在奥氏体、铁素体和莱氏体钢中并不常出现。

关于白点形成的原因，一般认为是由于氢含量高所致。当钢自高温从奥氏体冷却下来转变成珠光体时，由于温度下降而产生热应力，由于发生相变而产生组织应力。当钢从奥氏体急冷而形成过饱和固溶体——马氏体时，情况尤其如此。这些应力统称为钢的内应力。与此同时，在降温和发生相变时（由前述氢的溶解度与温度的关系可知），氢在钢中的溶解度将会下降。过量的原子状态的氢将发生扩散，并从固体钢中析出。原子氢的自由扩散可以在金属的晶间空隙、超显微非金属夹杂物、晶界上的晶间薄膜等所破坏的地方终止。在这些地方氢原子聚集时可能结合成分子，分子氢的进一步扩散是不可能的。在分子所占据的空隙中，氢的原子继续扩散进去，而且也结合成分子。

由于局部聚集气体的结果，分子氢的排出压力在“空隙”容积为 0.1cm³ 的时候，可能达到 18MPa。对于多数钢来说，这样的应力超过了强度极限，因而不可避免地促使晶粒间细裂纹的形成。

钢中存在的氢所造成的应力和钢中内应力是白点形成的重要原因，不具备其中任何一个原因的钢是不能形成白点的。

对于上述白点形成的原因和过程，大部分冶金专家的看法是一致的，但有些冶金专家认为，白点的生成和钢中的非金属夹杂物有很大关系。尽管目前对白点的形成过程尚有不同看法，但一致认为钢中的氢含量过高是产生白点的主要原因之一。

白点的形成温度在室温到200℃之间。白点在钢中不是短时间内形成的，而是在金属冷却一段时间后才出现，也就是有一个孕育期。孕育期的存在说明过程的进行具有扩散的特性。有人通过生产数据统计得出，断面大于150mm×150mm的珠光体钢制件的孕育期为10~25h，珠光体-马氏体钢制件达2~3周，马氏体钢为3~6个月。

氢含量高的钢以及铬钢和铬镍钢（这些钢中氢的扩散系数小），在浇注后和轧制后的冷却速度应是含氢不多的钢的1/2。

原子氢的扩散和从固体金属中逸出对于防止白点形成有重大意义。它可以在正常的温度下进行，但如将钢加热到200~300℃能使扩散过程显著加速。在很低的温度（-197℃，用液态空气处理钢），由于氢的溶解度改变，扩散也会加速。有的资料指出，铝脱氧钢在200~300℃回火，保持6h20min后塑性有所提高，说明在这种处理条件下，会有大量的氢放出。白点的形成不仅是由于炼钢原因产生的，而且与钢种及钢坯（锭）的保温、回火和轧制工艺也有一定的关系。

（2）氢脆。随着氢含量增加钢的塑性下降的现象，称为氢脆。氢脆是氢对钢力学性能的重要不良影响之一，主要表现在使钢的伸长率和断面收缩率降低。一般说来，氢脆随着钢的强度增高而加剧。因此，对于高强度钢，氢脆的问题更加突出。氢脆属于滞后性破坏，表现为在一定应力作用下，经过一段时间后，钢材突然发生脆断。

（3）发纹和氢腐蚀。将试样加工成不同直径的塔形台阶，塔形台阶经酸浸后沿着轴向呈现细长、状如发丝一样的裂纹称为发纹。研究发现，钢中的夹杂物和气体是产生发纹的主要原因。发纹缺陷的主要危害是降低钢材疲劳强度，导致零件的使用寿命大大降低。

在高温、高压下，氢与钢中的碳形成甲烷（CH_4）。氢腐蚀的破坏作用是脱碳和生成甲烷的共同结果。甲烷通常在晶界聚集，生成网状裂纹，甚至于开裂鼓泡。在氮和氢同时存在时，氢腐蚀往往更加激烈，这是由于生成比碳化物更稳定的氮化物，使碳从碳化物中分解出来，从而加速了氢和碳的反应。

（4）鱼眼。鱼眼是在一些普通低合金建筑用钢的纵向断口处常出现的一种缺陷。它由于是一些银亮色的圆斑，中心有一个黑点，外形像鱼眼而得名。试验证实，鱼眼缺陷主要是氢聚集在钢或焊缝金属中夹杂的周围，发生氢脆造成的。钢材在使用过程中，该处易于脆裂。

（5）层状断口。层状断口是钢坯或钢材经热加工后出现的缺陷，它会使钢的冲击韧性和断面收缩率降低即横向力学性能变坏。研究发现，钢坯经过热加工后，其中表面吸附有夹杂物的氢气泡沿加工方向延伸成层状结构。层状断口缺陷与钢中气体、非金属夹杂物、组织应力等因素有关。

基于上述原因，生产中应尽量减少钢中的氢含量。不同用途的钢对氢含量的要求不同，一般为 2×10^{-6} 或更低。

2.3 夹杂物及有害元素的来源、原因及其影响因素

2.3.1 炼钢过程中的夹杂物及有害元素的来源

2.3.1.1 氧化物夹杂的来源

（1）由炼钢原材料带入的夹杂。转炉（电炉）炼钢的铁水的磷、硫及高炉炉渣进入炼钢炉；使用的废钢、生铁等含有不同程度的磷、硫、钛、铅、锡等有害元素；造渣材料中也可能含有磷、硫及其他杂质；铁合金、脱氧剂中也会含有一些炼钢所不希望的杂质。这些杂质在炼钢过程中若不能有效去除，均构成钢中有害物质和非金属夹杂物的来源。

炼钢过程中向炉内加入石灰、白云石、矿石、锰矿、球团、萤石等造渣材料，熔化后形成含有 CaO、SiO_2、MnO、FeO、Al_2O_3、CaF_2、MgO、S 等成分的炉渣，这些炉渣与钢液混合有可能成为钢中夹杂物的来源。

（2）炼钢过程的反应生成物形成夹杂。炼钢炉内都是碳、硅、锰、磷、钛的氧化反应。反应式如下：

$$2C + O_2 === 2CO$$
$$C + O_2 === CO_2$$
$$Si + O_2 === SiO_2$$
$$2Mn + O_2 === 2MnO$$
$$4P + 5O_2 === 2P_2O_5, \quad P_2O_5 + 3CaO === Ca_3(PO_4)_2$$
$$2Fe + O_2 === 2FeO$$
$$4Fe + 3O_2 === 2Fe_2O_3$$

其中的 SiO_2、MnO、P_2O_5、FeO、Fe_2O_3 成为炉渣成分与钢液混合有可能成为氧化物夹杂物来源。

耐火材料的熔损形成夹杂。在炼钢炉内，由于高温（>1600℃）熔损、氧化性炉渣的侵蚀、加废钢及兑铁水所产生的机械冲刷，炉衬和修补材料（含 MgO 或 Al_2O_3）进入炉渣，可能成为夹杂物的来源。

2.3.1.2 氮气的来源

（1）铁水带入的氮。氮在铁水中的溶解度很高，在1600℃铁水的含氮量可达0.004% ~0.01%。但是，随着炼钢过程中碳的不断氧化，熔池沸腾，大量的溶解氮溢出，钢中含氮量呈降低趋势。转炉炼钢尽管吹入的氧气中含有少量的

氮，但冶炼终点时钢中的含氮量可控制在 0.0020% ~0.0030% 。而电弧炉炼钢就不同了，由于高温电弧将空气电离，若埋弧不好，钢水吸氮严重，出钢时钢中氮含量可达 0.007% ~0.012% ，高碳钢中氮含量更高。

（2）其他原材料带入的氮气。废钢、矿石、石灰等原材料的表面或缝隙中吸附空气，进入钢中也会增氮。铁合金中只有一部分氮是处于溶解的状态，合金中（锰铁、硅铁和铬铁等）氮大部分是以空气的形态存在其缝隙中。

出钢及后续生产过程中，钢液裸露与空气接触，吸入大量的空气，增加了钢中的氮和氧的含量。出钢时间越长，钢液裸露机会越多，增氮量就越大。

（3）转炉底吹氮气。用氮气作为转炉底吹搅拌气体使钢中含氮量增高，若吹炼后期氩气搅拌强度不够或强搅时间过短，氮气没有充分外溢，钢中含氮量就高。

（4）空气中氮气进入钢液。由于炼钢炉倒炉、提枪等原因导致钢液与空气直接接触，空气进入钢液，造成钢液大量增氮。

（5）电弧电离空气增氮。LF 炉精炼时，由于埋弧不好，空气被高温电弧电离后，钢中的氮气含量增加。

2.3.1.3　氢气的来源

在常压下进行钢的冶炼，氢主要是从炉气和炉料进入钢液。炉气中氢的分压力很低，大气中氢的分压约为 5.3×10^{-2} Pa，因此，氢的含量是由炉气中水蒸气的分压力来决定的。而炉气中水蒸气的分压力受到下列因素影响：

（1）原材料带入的氢。有关资料给出了常温下一些炼钢原材料的含氢量：100g 铁水的含氢量可达 $3.0 \sim 7.0 cm^3$；100g 废钢的含氢量为 $3.0 \sim 7.0 cm^3$；石灰中通常含水分 4% ~6% 。铁合金的含水量取决于生产工艺、化学成分、生产铁合金时的原材料的质量、破碎程度以及储存和操作技术等。如 100g 锰铁中含水 $20 \sim 30 cm^3$；100g 硅锰中含水 $30 \sim 50 cm^3$。虽然铁合金中气体含量较高，但如加入量少，一般不会改变钢中的气体含量，可是在生产高合金钢时，其影响就不能忽略。必须将铁合金事先充分烘烤以尽可能地去除其所含水分。

废钢的铁锈和泥、矿石、石灰、轻烧白云石、增碳剂及其他炉料表面的吸附水分都增加炉气中水汽的分压力。

（2）新耐火材料增氢。使用新炉衬时会使钢液的含氢量增高（沥青中含氢量达 8% ~9% ）。浇注时使用的盛钢桶及浇钢耐火材料表面吸附水分等都是钢中氢的来源。

（3）空气水分带入的氢。当钢液裸露时，空气中的水分会进入钢中，成为钢中氢的来源，特别是在空气湿度较大的夏天或雨季，这种现象更为严重。水分进入炉内，在高温下分解成氢气和氧气，加钢中的氢含量。

（4）冷却水进入炉内增氢。设备（转炉的氧枪、炉口、烟罩，电弧炉的炉门氧枪、水冷炉盖、水冷电极把持器、水冷炉壁等）发生漏水时，水进入钢中增加钢中氢含量。

2.3.2 出钢过程中夹杂物及有害元素增加的原因

2.3.2.1 夹杂物增加的原因

炼钢炉出钢过程中使钢液中夹杂物增加的原因有：

（1）炼钢炉渣进入钢包。不管采取什么样的出钢挡渣措施（电弧炉的偏心底出钢、转炉的前期挡渣帽、后期挡渣出钢装置），由于出钢过程中钢流的巨大旋涡作用及冲击作用，造成钢、渣的强烈混合，总有一些前期炉渣和后期炉渣进入钢包，其量大于 4kg/t（钢包内渣层厚度大于 50mm）。

（2）加入炉料时带入的夹杂。出钢过程中加入的合金、渣料、增碳剂等可能将一些杂质、有害元素带入钢中。

（3）脱氧产物。炼钢炉出钢时一般都进行脱氧操作，加入的铝、硅、锰等脱氧材料将与钢中氧反应生成 Al_2O_3、SiO_2、MnO 等，成为钢中夹杂物的来源，这也是钢中非金属夹杂物主要来源之一。

（4）出钢脱氧过程中钢包顶渣中 P_2O_5 还原。如果炼钢炉的炉渣较多地进入钢包，在钢液脱氧时炉渣中的 P_2O_5 将被还原，使钢中的磷含量增加。

（5）钢包耐火材料熔损。钢包耐火材料经钢流、底吹氩气流的冲刷、顶渣的侵蚀而进入钢中，成为钢中耐火材料夹杂物的来源。

（6）钢包吹氩量过大造成卷渣。钢包吹氩是为了让钢液形成有序循环，从而达到均匀钢液成分和温度、促进钢中气体和非金属夹杂物的上浮、改善钢水洁净度的目的，但吹氩量过大，会造成钢水大翻，使钢包顶渣重新卷入到钢液中去，增加了钢中的夹杂物。

2.3.2.2 氮、氧、氢增加的原因

出钢过程中由于钢流较长时间（4~8min）与大气接触，大量的空气进入钢液中，造成钢液增氮、增氧、增氢。出钢时间过长或出钢散流时增加量会更大。

出钢后如果吹氩量过大而钢液大翻，钢液面裸露，大量空气进入钢中，造成钢液增氮、增氧、增氢。

原材料含水分或空气湿度较大，出钢过程中也会增加钢液中的氢含量。

2.3.3 LF炉精炼过程中夹杂物及有害元素增加的原因

钢水炉外精炼是改善钢的质量，特别是提高钢洁净度的重要工艺措施。以LF炉为例，它可以深脱氧、脱硫、去除钢中的非金属夹杂物。在精炼过程中，钢中的非金属夹杂物有进有出，处于动态向平衡发展的状态。只有努力减少非金属夹杂物的增量，增加非金属夹杂物的去除量才能实现提高钢洁净度的工艺

效果。

2.3.3.1　LF 炉精炼夹杂物增加的原因

在 LF 炉精炼过程中，通过炉渣脱氧和底吹氩搅拌，可以降低钢中的含氧量，促进钢中脱氧产物 Al_2O_3 等夹杂物的上浮，减少钢中 Al_2O_3 等夹杂的含量，提高钢的洁净度。但是如果操作不当，反而会增加钢中的夹杂物，降低 LF 炉精炼的工艺效果。

（1）LF 炉精炼过程中喂铝线会使钢中 Al_2O_3 夹杂物量增加。LF 炉的脱氧是采用扩散脱氧工艺。扩散脱氧与沉淀脱氧相比，其脱氧产物 Al_2O_3 是在顶渣中产生，不污染钢液。但是，如果在生产铝脱氧镇静钢时不采用出钢过程中的沉淀脱氧工艺或沉淀脱氧不充分，热衷于在 LF 炉工位大量喂铝线以达到对钢液脱氧和提高钢中铝含量的目的，此时生成的脱氧产物 Al_2O_3 存在钢液中，且呈固相、尺寸小、絮凝困难、上浮慢，增加了 LF 炉的精炼负担，造成钢中夹杂 Al_2O_3 相对较多。

（2）二次（或三次）脱氧产物增加了钢中脱氧产物。钢包吹氩时氩气量过大，或 LF 炉精炼时炉渣埋弧性能不好造成钢水裸露，吸收空气中氧，增加钢中自由氧含量。氧在钢中的溶解度是随钢液温度的降低而降低，在钢液温度下降过程中钢液中的自由氧增加。这些增加自由氧必然与钢中的铝、钛、硅、锰等反应，增加了钢中 Al_2O_3、TiO_2、SiO_2、MnO 等夹杂物的量。

（3）钢包耐火材料的熔损增加了钢中的夹杂物。LF 炉的底吹氩气流的搅拌以及顶渣的涌动对处于高温状态下的钢包耐火材料内衬有冲刷作用，增加了耐火材料的脱落；高温的电弧和顶渣（特别是低减度顶渣）加剧了钢包渣线耐火材料的熔损，增加了钢中的耐火材料夹杂。

（4）LF 炉增碳操作。在 LF 炉工位增碳过多将造成大量空气进入钢液，导致钢中氧（氮）含量的急剧增加。

2.3.3.2　氮含量增加的原因

LF 炉精炼过程中增氮量是特别大的，有时钢中的氮含量可高达 70×10^{-6} ~ 100×10^{-6}，甚至更高。因此控制钢中的氮含量工作主要是在 LF 炉工位。增氮的原因就是系统密封不好，顶渣埋弧功能差，空气被电弧电离而进入钢中，大量增氮。

钢包底吹搅拌过强，钢水大翻裸露，吸收空气中氮，也会使钢液增氮。

同样，在 LF 炉工位增碳过多将造成大量空气进入钢液，导致钢中氮含量的急剧增加。

2.3.3.3　氢含量增加的原因

与电弧炉炼钢一样，原材料、合金不加热，都会使其中的水分进入钢中，造成钢中氢含量增加。设备（水冷炉盖、水冷电极把持器等）漏水时，水进入钢中，可能造成钢中氢含量增加。钢液裸露与潮湿空气接触也可能造成钢中氢含量增加。

2.3.4 脱气工艺对夹杂物及有害元素的影响

目前普遍采用的脱气装置有 RH、VD 两种，是通过真空（实质是 67Pa）处理脱除钢液中的氢、氮、氧。

2.3.4.1 RH 真空处理对钢中夹杂物的影响

RH 真空处理时由于只是钢液通过吸嘴在钢包和真空室之间循环，顶渣并不参加循环，故不存在顶渣进入钢液而增加外来夹杂的担心。但是，吸嘴下部若无挡渣帽，仍会有少量顶渣进入循环，而且，钢包、吸嘴、真空室下部槽耐火材料的熔损增加钢中夹杂的可能性还是存在的。所以说，RH 真空处理可以降低钢中氮、氢、氧的含量，通过氮、氢、氧含量的减少可能减少钢中氧化物夹杂，也有可能增加钢中耐火材料夹杂。

对于不同的钢种真空精炼的功能重点是不一样的。生产 IF 钢时，由于多数工厂在 RH 炉深脱碳的后期钢中的含氧量为 $200 \times 10^{-6} \sim 300 \times 10^{-6}$，必须用铝进行脱氧，这将大量地增加钢中 Al_2O_3 夹杂的含量，然后需通过其他工艺去除。有人认为在生产轴承钢时，在高碱度顶渣的前提下，延长 RH 精炼时间，可以最大限度地降低钢中的氧含量，降低钢中 Al_2O_3、MgO、CaO 的含量，以达到减少钢中 D 类、DS 类夹杂、提高高档轴承钢的目的，但尚未见到试验的数据。

2.3.4.2 VD 真空处理对钢中夹杂物的影响

VD 真空处理装置是通过钢包底吹氩的方式使钢液循环，在真空状态下脱除钢中的氮、氢、氧。钢液的循环也可促进钢中非金属夹杂物的上浮和去除。但是，在去除非金属夹杂物方面有时事与愿违，大都是因为吹氩量过大，钢液大翻，钢、渣严重混合，造成经 VD 处理的钢液夹杂物含量增加，铝脱氧镇静钢中 [Al] 含量降低。

在真空处理之后，钢水需要在钢包中镇静（或称软吹）一段时间，采用低流量吹氩搅拌工艺促进钢中夹杂物上浮，以提高钢的洁净度。

2.3.5 铸锭工序对夹杂物及有害元素的影响

模铸的浇注工序对钢锭的洁净度的影响是很大的。非金属夹杂物的来源有浇钢砖的熔损、钢锭模内表面杂物的熔解、保护渣的卷入和钢液二次氧化产物等。

浇钢砖的耐火度低、致密度低、高温强度低等会造成耐火材料被冲刷及熔损严重，这些被冲刷及熔损的耐火材料可能成为钢中非金属夹杂物的来源。

预置模内下部的保护渣，在钢水进入钢锭模瞬间可能被卷入钢液里，由于锭模和底盘温度相对较低，钢液凝固较快，被包裹保护渣可能凝固其中，形成非金属夹杂物。

钢锭模内壁粘有残渣、残钢和氧化铁皮等异物，若浇注前不对钢锭模内壁进行认真清理，异物将会包裹在钢中形成非金属夹杂物或钢锭结疤。

如果钢包水口注流保护（吹氩或耐火密封带）不好或保护渣铺展性不好，导致注流或钢液面直接与大气接触，必然造成钢液增氧、增氮，使钢液产生二次氧化，增加钢中的氧化物夹杂或氮化物夹杂。

钢锭模、浇钢砖、保护渣、发热剂、覆盖剂未经烘烤而吸收空气中水分，和钢液接触后会使钢液增氢、增氧。

2.3.6　中间包工序对夹杂物及有害元素的影响

2.3.6.1　系统的密封程度对钢中非金属夹杂物的影响

钢包滑动水口板间处、钢包下水口与保护管（长水口）结合处、中间包滑动水口板间处、中间包下水口与浸入式水口结合处等部位如果没有进行良好的密封（填加耐火纤维垫或氩气密封），在浇注过程中，高速的注流会从缝隙中吸入空气，导致钢液中继续发生二次氧化，增加钢中氧化物夹杂和氮的含量。

2.3.6.2　中间包覆盖剂选择

中间包覆盖剂应该具有保温、隔绝空气、吸附夹杂和侵蚀包衬耐火材料轻的功能。不同钢种对其成分、碱度、黏度、熔点有不同的严格要求。

中间包内衬、堰、坝和冲击槽的耐火度和高温强度较低时会加剧这些耐火材料的脱落和熔损，将会增加钢中耐火材料夹杂。

中间包覆盖剂对中间包耐火材料的侵蚀将会增加钢中耐火材料夹杂；中间包覆盖剂的熔点过高，在使用过程中会发生结壳并开裂，使钢液与空气接触，将会增加钢中氧和氮含量，从而也就增加钢中氧化物和氮化物的量。

生产不同的钢种应有不同的中间包覆盖剂组成，以防止污染钢水，有利于吸附中间包里上浮起来的非金属夹杂物。生产铝脱氧镇静钢（轴承钢）应采用高碱度、高 Al_2O_3 含量的覆盖剂，以有效地吸附钢中 Al_2O_3 夹杂；生产帘线钢时应采用低 Al_2O_3 含量的酸性中间包覆盖剂，以有利于吸附钢中的 SiO_2 夹杂，避免钢中生成 D 类和 DS 类夹杂。

2.3.6.3　中间包结构对夹杂物的影响

（1）中间包的流场。如果中间包内不设置稳流器、挡渣堰、挡渣坝等改变钢液流场的设施，就不能为夹杂物的上浮创造良好的动力学条件，钢水将发生"短路"，增加钢中的非金属夹杂物。

（2）中间包液面高度。提倡大容量中间包的目的除强化均匀钢液的成分和温度、提供夹杂物上浮以足够的时间以外，主要是保证足够的中间包液面深度。液面深度低可能导致覆盖剂的熔化层被钢流旋涡抽引进入结晶器，未上浮的将成为钢中非金属夹杂物。随着对钢洁净度要求的提高，也要求中间包液面高度能尽量控制得高一些。根据铸机型号的不同，中间包液面高度取 900~1100mm，更换钢包时中间包钢水液面高度最低不低于 700mm。

2.3.6.4 中间包中的残余气体

开浇前中间包内充满空气，开浇后这些空气将进入钢液增加钢液中的含氮量和含氧量，导致钢液中继续发生二次氧化，增加钢中氧化物夹杂的数量。为此，开浇前应向中间包内注入氩气，驱除残余空气。

2.3.7 连铸工序对夹杂物及有害元素的影响

（1）结瘤物进入结晶器。钢液中脱氧产物 Al_2O_3 或硫化钙等没有被充分排出，在浇钢过程中聚集在中间包上、下水口或浸入式水口内，形成水口结瘤现象。这些结瘤物一旦被冲刷掉进入结晶器，如果不上浮，会在铸坯中形成大颗粒的夹杂物。

（2）保护渣卷入。非稳态浇注（钢水过热度过高或过低、注速频繁变化）引起结晶器流场变化或保护渣的熔点高、熔速慢等原因可导致结晶器卷渣，由于弯月面的作用很难上浮，留在铸坯中形成夹杂物。

（3）浸入式水口插入深度过浅。浸入式水口插入深度过浅，从结晶器流出的上升钢流会搅动结晶器内保护渣，造成保护渣卷入，增加钢中的非金属夹杂物。

2.3.8 气体及非金属夹杂物来源的判定

要制定降低钢中非金属夹杂物含量措施，必须首先确定这些非金属夹杂物的来源。

2.3.8.1 气体来源的判定

钢中氮、氢、氧的来源，可按工序节点取样分析的结果来判定。如表 2-3 所示，后项减去前项的差值就是该工序钢中气体含量变化值，当发现异常时可根据 2.4 节中所述的内容通过排除法逐项确定。

表 2-3 气体取样分析示意表

工序节点	炼钢炉	LF 炉前	LF 炉后	真空前	真空后	中间包	铸坯
连 铸	m1	m2	m3	m4	m5	m6	m7
模 铸	m1	m2	m3	m4	m5		（钢锭）m7

注：表中 m 为试样序号。

2.3.8.2 夹杂物来源的判定

将钢中的夹杂物取样分析其化学组成，以确定其与耐火材料、炉渣、脱氧产物、保护渣中的哪一种物质相近。当发现异常时可根据 2.4 节中所述的内容通过排除法逐项确定。

　　由上述可知，钢中夹杂物的数量、尺寸、分布和形态是钢洁净度的标志，是钢质量的决定性因素之一。而降低钢中夹杂物的数量，控制其尺寸、分布、形态等工作又是一个从炼铁到钢材出厂全过程的系统工程。仅靠某一个先进设备的应用或某一个先进工艺的应用是不能生产出洁净钢的。

2.4　减少钢中夹杂物的有效措施

2.4.1　减少原材料中的非金属夹杂物的含量

　　(1) 选用优质铁水。合理选择和搭配使用各品位矿粉、熔剂和燃料，保证高炉铁水有较低的有害杂质 P($\leq 0.13\%$)、S($\leq 0.05\%$)、有害元素 (Pb、Sn、As、Te、Sb) 以及某些特殊钢种所不希望的元素 (如生产轴承钢不希望有 Ti 元素) 的含量，铁水包中少带铁渣 ($\leq 0.5\%$)。当铁水中 [P]、[S] 过高时，可采用铁水预处理脱磷、脱硫工艺。

　　(2) 选择合适的冷料。选用块度合适、含非金属夹杂物量少的冷料 (废钢、生铁及铸件)，分批检验冷料中的磷、硫、锌等有害元素含量，防止爆炸物、密封件、冰块 (北方冬季) 及其他杂物进入炉中。冷料按其单重和块度分为重料、普料、轻薄料三种，合理搭配、合理装料。重料的单重和尺寸应根据炉容不同确定不同的上限，一般情况下，单重不大于 1000kg/块，长度不大于 1m，最大厚度不大于 500mm。

　　(3) 选择合适的造渣料。渣料中含水量不大于 0.5%，粒度 50~80mm；严格控制其磷、硫含量；钢包中使用的渣料除严格控制其磷、硫含量以外，还要严格控制其氧化铁、二氧化硅的含量及某些特殊钢种所不希望的元素 (如生产轴承钢不希望有 Ti 元素) 的含量。

　　(4) 强化合金管理。合金应分批管理，每批合金应清晰表明其成分、产地；严格控制合金中磷、硫及特殊钢种所不希望的元素的含量；合金必须经过烘烤后才能使用，必须根据钢液成分化验结果，按中下限计算结果，称重加入。

2.4.2　保持系统设备运行正常

　　严防炼钢系统设备 (电炉、转炉、余热锅炉、电极水冷夹套、氧枪等) 冷却水或蒸汽泄漏。严格控制气源 (N、O、Ar、压缩空气等) 的含水量。保持炉体表面清洁，及时清理电弧炉、转炉炉体上的残钢、残渣、灰尘及异物，防止在出钢过程中由于炉体的倾动积存在炉体上的这些杂物落入钢包而形成夹渣 (杂)。

2.4.3　降低初炼钢水的含氧量

　　炼钢炉冶炼终点碳含量适中，即中低碳钢考虑合金增碳后钢中含碳量达到成品要求的中下限，高碳钢应尽可能提高初炼炉冶炼终点的钢水含碳量，从而降低钢中的氧含量。这样，就可以减少加入脱氧剂用量，减少合金的氧化量，减少一次脱氧产物（如 MnO、SiO_2、Al_2O_3 等）生成量，从源头上降低钢中脱氧产物夹杂的含量。

减少出钢增碳量，同样减少进入钢液的增碳剂中非金属夹杂物量。这是低成本生产洁净钢的第一个关键环节。为此要做到以下几点：

（1）转（电）炉出钢时必须严格按钢种含碳量的要求拉碳，减少或杜绝后吹，避免低碳或过氧化出钢，尽可能降低钢中的氧含量。

（2）转（电）炉炼钢采取有效的前期脱磷（预加脱磷剂）工艺，避免倒炉时因磷含量高而被迫采取高温、高氧化渣脱磷的工艺，可以避免因后期脱磷而造成钢液含碳量低和钢水过氧化。

（3）在电弧炉炼钢末期降低供氧强度或不吹氧，靠造泡沫渣和大电流对钢液升温，以便保持钢中合适的碳含量，降低钢中的含氧量。

（4）强化转炉复吹炼钢的底吹制度、造渣制度和供氧制度的管理，做好加料和供氧的配合，造好渣，均匀升温。避免冶炼后期出现钢水温度低，后期升温将造成钢液过氧化；也应避免炼钢炉冶炼终点钢水温度高，钢水温度越高，钢中溶解氧含量越高。

（5）转炉用挡渣设施，电炉采用偏心底出钢及留渣、留钢操作，尽可能减少出钢带渣，减轻高氧化性炉渣对钢包钢液的氧化作用。

2.4.4 减少二次氧化

人们把离开炼钢炉并经过出钢脱氧以后钢水中再发生的氧化反应称为二次氧化。显然，这是由于钢水中自由氧增加和钢液中的脱氧剂等合金元素再发生的氧化反应。而钢液中自由氧的增加来自于两个渠道：

（1）随着钢液温度的下降，氧在钢中的溶解度降低，导致部分溶解氧析出，钢中自由氧含量增加。这只能依靠不出高温钢适当减少，无法根本避免。

（2）出钢后的工艺过程中钢液有和大气直接接触的机会。大气与高温钢液接触，特别是与流速很高的钢液接触时会造成钢液中大量增氧，增氧的同时必然增氮。

研究减少二次氧化的措施重点是解决系统密封，尽可能避免或减少钢液与大气接触的机会，这是减少二次氧化的关键，也是降低钢中含氮量的关键。减少二次氧化的措施如下：

（1）控制炼钢炉的出钢时间。出钢时间越长，钢流与大气接触时间越长，钢液增氧、增氮越多，出钢脱氧的负担越重，脱氧剂的消耗越多，钢中的夹杂物越多。要控制炼钢炉出钢口的直径，特别是新换出钢口的直径，确保出钢时间为

4～6min。应该随时维护出钢口，保持其形状规整，使出钢钢流圆滑，减少钢液增氧、增氮。

（2）保证钢包顶渣厚度。保证出钢后钢包有一定厚度的顶渣，避免钢液表面与大气接触。为此，可在出钢时向钢包中加入精炼渣、出钢后向钢包加入顶渣改质剂。如果没有上述两项措施，出钢后向钢包加入覆盖剂。

（3）控制钢包吹氩的强度。严格控制钢包底吹氩的流量，避免渣面大翻造成钢液面过度裸露，使钢液大量增氧、增氮，同时也避免顶渣卷入钢中。

（4）强化 LF 炉操作。由于 LF 炉高温电弧区的空气电离、钢液面裸露和空气进入而导致的钢液增氮量和增氧量是惊人的。增氧就增加了 LF 炉精炼负担，延长精炼时间，增加电耗。氮气一旦进入钢液，很难排除，而且真空处理时氮气的排出量也是有限的。为此，应该控制 LF 炉精炼时底吹氩流量，避免钢液大翻；强化 LF 炉系统密封（钢包盖与钢包沿之间），控制除尘风机吸力（系统微正压），防止大量空气进入系统；造好埋弧渣，保证顶渣有良好、持续的发泡埋弧功能，保护钢液不裸；减少在 LF 炉工位加碳粉增碳，LF 炉工位大量增碳会导致钢液增氧、增氮。

（5）强化连铸系统的密封。钢包与中间包之间安装保护管（长水口）密封；钢包下水口与保护管之间用纤维毡或氩气密封；采用合适的中间包覆盖剂隔绝空气；有条件的更可以采用中间包盖密封措施；中间包注入钢水前吹入氩气驱走空气；强化中间包滑动水口板间、滑动水口下水口与浸入式水口之间的密封。总之，采取一切可以采取的措施防止浇钢系统中钢液与空气接触。

对模铸钢，必须做好钢包滑动水口板间氩气密封、钢包下水口与中注管之间的密封，采用保护渣、发热剂和覆盖剂等强化对钢锭模内钢液面的保护，避免模注过程中钢液与大气的任何接触。

2.4.5　促进钢中非金属夹杂物上浮

当钢液进入钢包以后，会有大量脱氧产物和各种夹杂物混在钢液中，同时，随着时间的推移，还会发生二次氧化物、熔损或被冲刷掉的耐火材料进入钢液及各种原因造成的卷渣等使夹杂（渣）再次进入钢中。为了满足铸坯（锭）质量的要求，必须在钢液浇注前将钢中上述的夹杂物尽可能从钢液中去除。因此促进钢中非金属夹杂物上浮并进入耐材或顶渣中，是生产洁净钢的重要工作内容。

在探讨钢中非金属夹杂物上浮时，重点讨论钢中非金属夹杂物与钢液的润湿程度对夹杂物去除的影响、非金属夹杂物受到浮力对去除的影响、钢液运动的动力学条件（钢液搅拌）对去除的影响和顶渣与非金属夹杂物的吸附能力对去除的影响。有关各工序减少夹杂物的措施这里只做简单介绍，后续章中将详细阐述。

2.4.5.1　钢中非金属夹杂物与钢液的润湿程度对夹杂物去除的影响

非金属夹杂物与钢液的接触角越大，就越不易被钢液润湿，因此，一旦这些夹杂物到达界面（例如，钢液–气体或钢液–顶渣），就有很大的驱动力使其分离出去并且不再进入钢液。也就是说，夹杂物和钢液接触角越大越容易彻底去除。不同固体夹杂物与钢液的接触角如表2–4所示。

表2–4　不同固体夹杂物与钢液的接触角

固态夹杂物	温度/℃	接触角/(°)	固态夹杂物	温度/℃	接触角/(°)
Al_2O_3	1600	135	SiC	1500	60
SiO_2	1600	115	TiN	1550	132
CaO	1600	132	BN	1550	112
TiO_2	1600	84	CaS	1550	87
Cr_2O_3	1600	88	MnO	1550	113
ZrO_2	1550	122	$CaO–MgO–SiO_2$	1450	104~120
MgO	1600	125	$CaO–SiO_2–Al_2O_3$	1450	96~114

合适的覆盖（顶）渣为夹杂物从钢–渣界面去除提供了热力学条件。固态夹杂物在钢液–耐火材料界面上也是稳定的，如果夹杂物能够和耐火材料表面或以前的沉积物烧结在一起就能够彻底从钢液中去除。这层烧结剂能够确保夹杂物和耐火材料连接到一起，并且防止夹杂物重新进入钢液。反应后的液态夹杂物或冷却析出的固态物质也可以和耐火材料黏结使夹杂物去除，固态夹杂物的表面层有助于夹杂物烧结到耐火材料上。

表2–5所示为钢液与不同液态夹杂物的接触角。从表2–4和表2–5可以看出：固态夹杂物与钢液的接触角都偏大，不容易被钢液润湿，容易排除；液态夹杂物与钢液的接触角偏小，容易被钢液润湿，不容易被排除。因此，一旦液态夹杂物到达界面，就很快蔓延开。

表2–5　不同液态夹杂物与钢液的接触角

液态夹杂物	组成比例	温度/℃	接触角/(°)	液态夹杂物	组成比例	温度/℃	接触角/(°)
$CaO–Al_2O_3$	36:64	1600	65	$CaO–SiO_2$	58:42	1600	29
$CaO–Al_2O_3$	50:50	1600	58	$CaO–SiO_2$	50:50	1600	31
$CaO–Al_2O_3$	58:42	1600	54	$CaO–SiO_2$	5:95	1600	47
$CaO–Al_2O_3–SiO_2$	44:45:11	1600	43	$CaO–CaF_2–Al_2O_3$	11:87:2	1600	36
$CaO–Al_2O_3–SiO_2$	40:40:20	1600	40	$CaO–CaF_2–Al_2O_3$	14:71:15	1600	28
$CaO–Al_2O_3–SiO_2$	33:33:33	1600	36	$CaO–CaF_2–Al_2O_3$	15:56:30	1600	34
$CaO–Al_2O_3–SiO_2$	26:26:49	1600	13	$CaO–CaF_2–Al_2O_3$	45:8:47	1600	41

对于 $CaO - Al_2O_3 - SiO_2$ 渣系来说，液态夹杂物的蔓延速度为 $30 \sim 80m/s$。然而，从动力学角度来看液态夹杂物和界面分离相对较缓慢，夹杂物需要一定的时间进入界面并被覆盖（顶）渣吸收。在钢液和气体界面接触角较小时夹杂物分开较为容易。然而，液态夹杂物在和钢液彻底分离前很容易再次进入钢液。

2.4.5.2 浮力对非金属夹杂物上浮的影响

非金属夹杂物在钢水中受到钢液的浮力，其浮力大小原则上也遵守阿基米德定律，即所受浮力与夹杂物的体积有关，体积越大所受浮力越大。

$$f_浮 = \rho_金 V_夹$$

式中 $f_浮$——非金属夹杂物在钢中所受浮力；

$\rho_金$——钢液密度；

$V_夹$——非金属夹杂物体积。

但是，钢液与非金属夹杂物之间存在着由于不同的润湿状态而形成的不同的黏附力，非金属夹杂物受到的浮力克服该黏附力后剩余的部分才能促使夹杂物上浮。

把钢液看成是一种黏性不可压缩的流体，可以用纳维·斯托克斯（Navier Stokes）方程来计算钢中非金属夹杂物运动时所受到的黏滞阻力。

$$f_黏滞 = 6\pi\eta rv$$

式中 $f_黏滞$——非金属夹杂物运动时所受到的黏滞阻力；

η——钢液对于夹杂物的黏滞系数；

r——非金属夹杂物的半径；

v——非金属夹杂物的运动速度。

上式说明非金属夹杂物在钢中运动时受到的黏滞阻力与其大小、运动速度及和钢液间的黏滞系数有关。在生产实践中计算起来相当困难。

固态夹杂物在钢液中的上浮速度可用斯托克斯公式计算：

$$v_{固夹杂} = \frac{2gr^2}{9\eta_钢}$$

式中 $v_{固夹杂}$——固体夹杂在钢液中上浮速度，m/s；

$\eta_钢$——钢液的黏度，$Pa \cdot s$；

g——重力加速度，取 $9.81m/s^2$；

r——夹杂物半径，m。

从上式可以看出：上浮速度与钢液黏度成反比，与金属和夹杂物的密度差值成正比，与夹杂物半径的平方成正比。

当钢液黏度小于夹杂物黏度时，液态夹杂物和固态夹杂物的上浮速度公式相同。一般在出钢过程中加入脱氧剂后 $1 \sim 2min$ 钢中氧就会变成氧化物，开始从钢液中排除。大量的生产实践测定表明，Al_2O_3 夹杂的去除速度快于 SiO_2 夹杂，主

要是因为 Al_2O_3 和钢液间的界面张力很大，易聚集为群体。夹杂物群的上浮速度可用下式计算：

$$v_{群} = \frac{gD_{平}(\rho_{钢} - \rho_{夹杂})}{18\eta_{钢}}$$

式中　　g——重力加速度，取 $9.81m/s^2$；

$\rho_{钢}$, $\rho_{夹杂}$——钢液和夹杂物的密度，kg/m^3；

$D_{平}$——夹杂物群平均半径，m。

所以，促使夹杂上浮，首先应设法让它们形成低密度、大直径的夹杂物簇群。而钢液中非金属夹杂物的上浮是很困难的，需要足够的时间，特别是直径较小的夹杂物，上浮的效率是很低的。

日本 K. Komamura 等人的研究表明：直径为 $100\mu m$ 的 Al_2O_3 夹杂物从钢液表面下 2.5m 上浮到钢液表面需要 4.8min；直径为 $20\mu m$ 的夹杂物，上浮时间增加到 119min。显然，二次氧化产物、后期卷入钢液的夹杂（渣），产生的时机较晚，絮凝、上浮的机会更少，在浇注之前是很难全部上浮的。

由上述可知，为了促进钢液中非金属夹杂物的上浮，可设法强化夹杂物的絮凝、增大其直径，从而增大浮力，提高上浮速度。通过搅拌等外力作用，提高夹杂物的上浮速度。

2.4.5.3　改善夹杂物上浮的动力学条件

吹氩和电磁搅拌都能起到搅拌钢液的作用，使钢液在钢包内做有规律的循环运动，从而改善夹杂物上浮的动力学条件。

通过吹氩搅拌钢液，当吹入氩气的压力和流量合适时，在气泡泵的作用下，钢液在包内做有规律的循环运动，依靠钢液中夹杂物与气泡之间的黏滞力作用将夹杂物带到钢渣界面，被顶渣吸附。

从钢包底部吹入的气泡捕获更多的夹杂物，固态夹杂物如 Al_2O_3、SiO_2 和 MgO 等能够通过黏附到小气泡上，再上浮到钢渣界面。夹杂物的直径越大，气泡越小，接触角越小，钢液表面张力越小，夹杂物去除的效率就越高。

普通液态夹杂物也是通过黏附到上浮的气泡上来去除。大多数的黏附方式为夹杂物成球形黏附到气泡内部。有效去除夹杂物的最佳气泡直径为 2~15mm，但是由于气泡在钢液内的上浮过程中迅速膨胀，因此很难达到最佳尺寸。夹杂物可以随气泡尾流中上浮去除。夹杂物去除的基本机理是由大气泡的尾流捕捉夹杂物而不是由非常小的气泡直接捕捉到夹杂物上浮去除。

搅拌作用增加了夹杂物相互碰撞的机会，促进夹杂物的相互碰撞、絮凝、长大，使其所受浮力增大而加大了上浮的速度。

一般来说，电磁搅拌比气体搅拌更容易准确地控制，对于不同的工艺状况更容易调整。但和气体搅拌相比，电磁搅拌对钢渣界面的搅动强度还不够大。电磁搅拌使钢液的流动比较稳定、均衡，在垂直方向上，特别是钢渣界面更容易促进夹杂物的去除。它还可以避免钢渣界面上钢水流速过大导致的卷渣发生。电磁搅拌的缺点是不能提供促使夹杂物上浮的气泡，且投资和运行费用较高。

2.4.5.4　提高顶渣吸附夹杂物的能力

影响顶渣吸附从钢液中上浮起的夹杂物能力的因素很多，有顶渣的成分、熔点、黏度及与夹杂物之间的表面张力等。吸附不同的夹杂物应对应有不同的顶渣要求。因此在生产实际中必须根据不同的钢种、不同的生产工艺及不同的脱氧产物（夹杂物）选择不同的钢包精炼渣、LF 炉精炼渣、中间包覆盖渣及结晶器保护渣。这将在后续的章节中详细介绍。

2.4.5.5　强化夹杂物上浮的工艺措施

（1）促进一次脱氧产物上浮。炼钢炉出钢时一般采用沉淀脱氧工艺，很少一部分钢种采用硅锰系脱氧剂进行沉淀脱氧，绝大部分钢种采用铝或铝基复合脱氧剂进行沉淀脱氧。

采用铝或铝基复合脱氧剂进行沉淀脱氧时，产生的小颗粒（50μm 以下）固相脱氧产物 Al_2O_3 悬浮在钢液中。这些脱氧产物如不能及时去除，最终将会对钢的质量产生极其恶劣的影响，因此，采取有效措施促进钢中一次脱氧产物的絮凝和上浮是出钢工艺环节的一项重要任务。其主要措施是，采用出钢过程集中脱氧的工艺，辅以钢包吹氩，添加合成钢包精炼渣和顶渣改质剂，促进一次脱氧产物尽快上浮进入顶渣中。

（2）提高 LF 炉去除钢中夹杂物的能力。适当的钢包底吹氩流量促进精炼期间钢中非金属夹杂物的上浮，根据钢种造合适碱度、组成、黏度、低氧化性的炉渣，对上浮的夹杂物有较强的吸附能力。

（3）VD 处理前应适当倒出部分顶渣。控制底吹氩的流量，降低 VD 处理时顶渣的卷入。

（4）浇注前软吹。无论是模铸还是连铸，对于钢中非金属夹杂物要求相对严格的钢种，在浇注前都必须低氩气量软吹 20~25min，促使钢包钢液中的较小颗粒非金属夹杂物在钢包中做最后一次上浮。

（5）中包冶金。相对炼钢的其他工序，钢液在中间包里停留的时间是较长的（为浇钢时间的 1/6~1/3），这是对钢液进行净化的大好时机，因此提出了"中包冶金"的概念。在此工位可采取冲击槽、挡渣堰、挡渣坝，气幕挡墙、塞棒吹氩等措施促进钢中非金属夹杂物进一步絮凝、长大、上浮和去除。

2.4.6　防止卷渣

所谓卷渣，是指浮渣在外力作用下重新进入钢液，不能重新上浮的部分将留在钢中，成为非金属夹杂物。这种卷入钢中的夹杂（渣）往往颗粒尺寸较大，

数量虽然不一定很多但对钢的性能危害性极大。因此在生产洁净钢过程中,防止卷渣是一个重要的课题。主要是注意以下几点:

(1) 严格控制钢包底吹氩的氩气流量。如前所述,钢包底吹氩是一种简单、易行、有效的精炼工艺,利用氩气气泡上浮的动力使包中钢液有序循环,达到均匀钢液的成分、温度,促进钢中非金属夹杂物上浮,提高钢洁净度的目的。但是,当吹氩量大时会造成液面大翻,液面液体流动速度大于卷渣的临界剪切流速时,顶渣会以渣滴或固体颗粒形式卷入钢水之中。因此在各工序的钢包吹氩都必须认真控制底吹氩气的流量,万万不可出现钢液面大翻的情况。应将流量调节到使钢液裸露面在很小的范围以内(100 ~ 150t 钢包裸露面为 ϕ100 ~ 150mm,150 ~ 250t 钢包裸露面为 ϕ150 ~ 300mm)。

(2) 控制 VD 精炼处理时钢包的吹氩量。VD 精炼工艺发明的最初,除脱气以外,更重要的功能是脱硫,即利用真空状态下底吹氩对钢液的强烈搅拌,使具有脱硫能力的顶渣与钢液充分混合,达到快速深脱硫的目的。随着铁水预处理脱硫、LF 精炼等工艺的应用,VD 的脱硫功能基本丧失,真空脱气成了唯一的主业。

真空下底吹氩搅拌时渣面翻腾十分严重,因此,在 VD 处理前都必须将包中的顶渣倒出很多,以防"冒渣"现象发生,由此可见 VD 处理时渣面翻腾的严重程度。毫无疑问,这种"翻腾"必定造成大量卷渣,而 VD 处理后很快就要浇注,由于时间短,卷入的夹杂物很难全部上浮,势必增加钢中的非金属夹杂物含量。经 VD 处理的钢中大颗粒夹杂,有很大一部分是由于这种卷渣造成的。所以,在 VD 操作中必须严格控制底吹氩的气体流量,随时在窥视孔观察,不许渣面翻腾。

(3) 防止旋涡卷渣。保证钢包留钢量,防止钢包渣进入结晶器。保证中间包液面高度,防止中间包渣进入结晶器。

(4) 避免中间包水口结瘤物进入结晶器。水口结瘤物一旦被钢流冲掉并进入结晶器后,就很难上浮,其留在钢中将成为危害性极大的大型非金属夹杂物,可能导致产品报废。为此,在炼钢过程中应该自始至终把去除非金属夹杂物当做重点工作,减少水口结瘤。

(5) 减少结晶器保护渣卷入。通过非金属夹杂物的成分分析可知,某些夹杂物中含有钾、钠等保护渣的成分,证明是浇注过程中保护渣卷入所致。减少保护渣卷入的措施有:杜绝非稳态浇注;保证浸入式水口的插入深度;保证结晶器内流场的正态化;控制水口、塞棒、滑板的吹氩量;保证水口对中及采用结晶器电磁搅拌等。

2.4.7 耐火材料的使用要求

钢包、中间包耐火材料对钢的洁净度有很大的影响,在使用中要注意以下几个方面：

（1）减轻机械冲刷。钢包耐火材料受到钢液、吹氩气流和顶渣的激烈冲刷，颗粒脱落，进入钢中，增加了钢中的非金属夹杂物。为此，应采取以下措施：

1）控制钢包底吹氩的氩气流量，严防钢液面大翻，减少氩气流、钢液及顶渣对钢包耐火材料的冲刷。

2）改善钢包在出钢过程中钢流严重冲击迎面包壁的耐火材料，应在受冲击部位采用特殊的耐火材料。

3）为提高顶渣的黏度，缓解炉渣的冲击力和侵蚀性，在出钢以后的操作中尽可能不加萤石。

（2）减少化学侵蚀。钢包盛钢时间较长，一般为 2~3h。中间包盛钢时间更长，根据连浇次数的不同可长达十几小时到几十小时。顶渣和渣线耐火材料长时间接触将会发生化学反应，使该部位部分耐火材料熔损，进入钢中，形成钢中的非金属夹杂物。渣的碱度越低、黏度越低、氧化性越强，侵蚀就越严重。为减少耐火材料的侵蚀，应注意以下几点：

1）提高耐火材料的质量。钢包的镁碳砖含 MgO 不小于 80%、含 C 不小于 14%、含 SiO_2 不大于 1.5%，渣线部位含金属铝约为 2%，体积密度不小于 2.9g/cm³，常温耐压强度不小于 40MPa，高温抗折强度为 10~12MPa。钢包、中包耐火材料中不稳定物质（如 H_2O、FeO、SiO_2）含量要低。

2）控制顶渣碱度。保证出钢后钢包顶渣碱度 $R \geq 3$，$w(FeO + MnO) \leq 5\%$，减轻顶渣对耐火材料的侵蚀。选用碱性中包覆盖剂，减缓覆盖剂对中包衬耐火材料的侵蚀。

3）控制钢中易氧化元素的含量。采用喂钙线的方法防止水口结瘤，但当钢液中钙含量较高时会将钢包耐火材料中 MgO 中的 Mg 置换出来，在钢液中生成含 CaO、MgO、Al_2O_3 的固相夹杂。

同理，在生产含钛钢时，当钢液中钛含量较高时也会将钢包耐火材料中 MgO 中的 Mg 置换出来。在钢液中生成尖晶石和富含 Al_2O_3 和 TiO_2 的液相夹杂。

当钢液中铝含量较高（≥0.030%）时，特别是在真空状态下会将耐火材料中 MgO 中的 Mg 置换出来，置换出来的 Mg 又可能会与钢中的氧生产 MgO。这时将会在钢液中生成高熔点的镁铝尖晶石夹杂。这可能是钢中 DS（大颗粒点状不变形夹杂物）形成的原因之一。因卷渣和冲刷而进入钢液的 MgO 也是生成镁铝尖晶石夹杂的主要来源。

这些元素置换镁的化学其反应式如下：

$$MgO + Ca \Longrightarrow CaO + Mg$$
$$2MgO + Ti \Longrightarrow 2Mg + TiO_2$$
$$3MgO + 2Al \Longrightarrow 3Mg + Al_2O_3$$

同样，耐火材料中的不稳定氧化物（如 H_2O、FeO、SiO_2）也容易被钙、钛、铝等活泼元素还原，增加钢中非金属夹杂物的含量。

（3）保证钢包清洁。钢包浇注完毕翻渣以后要及时清理钢包中的残钢和残渣。否则，如果相邻两炉钢成分不同，可能造成下一炉钢水被污染，甚至会因成分超限而报废。残渣可能成为下一炉钢中夹杂物的来源。

（4）强化生产调度。毫无疑问，钢包盛钢时间越长，钢液和钢渣对钢包耐火材料的侵蚀越严重。因此，必须尽可能缩短钢包的盛钢时间。

1）要根据浇钢的需要做好生产安排，按设计好的甘特图组织生产，防止钢水在钢包中长时间等待，以减少钢包盛钢时间。

2）确保钢包按次序使用，提高钢包操作的连贯性。电炉钢模铸时两包周转，电炉、转炉钢连铸是三包周转。

3）确保红包受钢。要求钢包要连续使用，在线烘烤，保证受钢时包壁温度不低于800℃。红包受钢可以降低出钢温度，减少钢中非金属夹杂物含量。

参 考 文 献

[1] 张承武. 炼钢学（上册）[M]. 北京：冶金工业出版社，1991.
[2] 张鉴. 炉外精炼的理论与实践 [M]. 北京：冶金工业出版社，1999.
[3] 姜敏，陈斌，王新华，等. 耐火材料对超低氧特殊钢中低熔点夹杂物生成的影响 [C]. 炼钢年会，2014.
[4] 刘根来. 炼钢原理与工艺 [M]. 北京：冶金工业出版社，2004.
[5] Cramb A W, Jimbo I. Interfacial Considerasions in Continuous Casting [J]. I & SM, 1989, 6 (7)：43～55.
[6] 雷亚，杨治立，任正德，等. 炼钢学 [M]. 北京：冶金工业出版社，2010.

3 生产洁净钢的重点工艺技术

殷瑞钰院士在《洁净钢平台集成技术》一文中指出，洁净钢平台技术是集成了现代炼钢过程中基础科学、技术科学的研究成果并在此基础上以新的学术观点组合集成的工程科学命题。也就是将研究的重点从"点空间"命题（例如冶金反应的物理化学研究）、"位空间"命题（例如反应器内的传输现象）推进到"流空间"工程科学命题即流程工程或过程工程的新命题。

也就是说，研究高效低成本生产洁净钢是一个完整的系统工程，不可能仅靠研究某一个点空间的工艺改变或某一个位空间的设备更新就能完成的。应该是从炼钢的全部物质流（全部工艺流程）出发，剖析所有物质流所伴随的能源流、时间流和信息流，对物质流中的每一个节点和每一个相邻节点的"界面"进行仔细研究，制定出优秀的生产路径、设备型号、工艺制度、原材料标准、操作规程及管理模式。其实质是用许多支撑技术构建一个完整的高效低成本生产洁净钢的平台。

当然，由于钢产品的不同，需要构建具有不同特色的制造平台，各炼钢厂应该根据自己生产的产品特点选择合适的工艺路径，即选择适合本厂生产实际的构建制造平台的支撑技术。本章主要介绍的高效低成本生产洁净钢的重点工艺技术有铁水预处理技术、复吹转炉炼钢技术、钢水炉外精炼技术和高效连铸技术。

3.1 铁水预处理技术

随着转炉和连铸工艺的问世，世界炼钢工艺发生了巨大的变化，炼钢技术得到了飞跃的发展，特别是各种炉外精炼工艺和技术的开发应用，促进了许多高品质钢的开发和生产。

以连铸为中心是被普遍认可的炼钢生产组织准则。这就要求炼钢生产工序中各节点的质量、时间和效率必须满足连铸的要求，以保证整个炼钢生产的物质流能够层流式前进。

随着科学技术的进步和发展，各行各业对钢材特别是对高品质钢材的洁净度要求越来越高。除某些特殊钢种以外，一般磷和硫在钢中都是有害元素，各钢种，特别是高品质的特殊钢种对钢中磷、硫的含量要求越来越苛刻。不同用途的钢对其［S］、［P］含量的要求如表 3－1 所示。

表 3-1 不同用途钢对 [S]、[P] 含量的要求 （%）

钢 种	$w[S]$	$w[P]$
普通碳素钢	0.050	0.045
优质碳素钢	0.040	0.035
高级优质钢	0.030~0.020	0.030
特殊用途钢	0.010	0.015
极特殊用途钢（石油管线钢、海洋用钢、超低温钢、超深冲钢、硅钢等）	0.005	0.010

为此，人们开发许多铁水预处理新工艺技术，力求将转炉（电炉）原来的脱硫、脱磷以至于脱硅任务前移，集中或分别由新增设的铁水预处理工序完成。将原始的炼钢工艺解析优化为铁水预处理—复吹转炉（电炉）—炉外精炼—连铸（模铸），力图实现：

（1）可适当放宽铁矿粉和铁水条件，减轻高炉的工艺负担和成本压力。

（2）炼钢厂高效快节奏运行和钢水温度、质量、冶炼周期与高效连铸机匹配运行，大幅提高炼钢生产效率。

（3）实现少渣冶炼、低温出钢，降低金属料和石灰等辅料的消耗。

（4）减轻低硫钢生产过程中 LF 炉的精炼脱硫负担，缩短精炼时间，提高钢的洁净度，降低生产成本。

（5）改善钢水的可浇性，减少连铸废品，提高连连浇次数，提高生产效率。

综上所述，铁水预处理是构建洁净钢平台的重要技术支撑。

3.1.1 铁水预处理脱硫

铁水中的硫主要是来源于高炉冶炼时所用的燃料和原料。据统计，铁水中 [S] 含量的 60%~80% 来源于焦炭，20%~30% 来源于矿粉，剩余的来源于熔剂等。由炉料带入的总硫量为 4~8kg/t。

矿石（粉）和烧结用煤中的硫大部分在烧结过程中被烟气带走，在生产炼钢生铁时焦炭中的硫有 5%~20% 随高炉煤气带走，其余大部分硫进入炉渣，进入高炉渣中的硫量随着高炉的温度和炉渣的碱度变化而变化。

3.1.1.1 钢铁冶金过程各阶段脱硫的利弊分析

当前，钢铁冶金的典型主流程如图 3-1 所示。

在这个流程中，高炉、出铁沟、预处理、CAS-OB、LF 炉、VD 炉、RH 真空处理等都可以实现不同程度的脱硫。

大部分电弧炉由于已经把还原期转移到 LF 炉，因此不具备强脱硫能力。

受到生产成本、钢的质量、现场操作和环境保护等因素的影响，现在基本不在出铁沟、VD 炉、RH 炉、CAS-OB 等工序进行脱硫，主要依赖高炉、转炉、

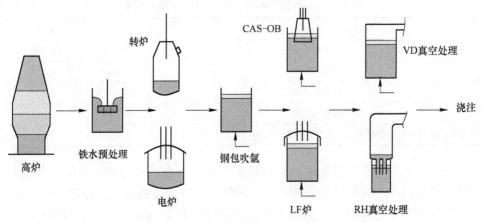

图 3 - 1　钢铁冶金典型主流程

LF 炉进行脱硫。

（1）高炉脱硫。脱硫是高炉冶炼的一项重要任务。高炉内渣铁之间的脱硫反应在初渣生成后即开始，在炉腹或滴落带中较多进行，在炉缸中最终完成。高炉中的脱硫有两种可能：一是当铁水滴下穿过渣层时，在渣层中脱硫，这时渣、铁接触面积大，脱硫反应进行很快；二是在渣－铁界面上进行脱硫，这时渣、铁接触面积虽不如前者大，但接触时间较长，可保证脱硫反应充分进行，最终完成炉内生铁脱硫过程。高炉铁水中碳高、氧低，渣铁中硫的分配系数大（5~6），对脱硫有利。

高炉渣碱度高、炉渣流动性好、渣量大、炉缸温度高，高炉脱硫率就高。显然，过度地增加高炉的脱硫负荷，必须提高高炉渣碱度、增加渣量、提高焦比、影响高炉顺行、增加成本和降低生产效率。如果能适当放宽高炉炼钢铁水的[S]含量标准将对高炉节能减排和降低铁的成本具有重大意义。

（2）炼钢炉脱硫。转炉（电弧炉）冶炼过程全部是氧化气氛，转炉脱硫需要炉渣有高的碱度、良好的流动性、大的渣量和很高的熔池温度。因此，转炉脱硫往往是在冶炼后期才进行。由于这时炉中氧含量高、碳含量低，硫的活度相对较低，渣、钢间硫的分配系数较小，因此转炉脱硫效率较低，成本较高。特别是在铁水硫含量较高时转炉冶炼低硫钢是困难的。

（3）LF 炉脱硫。LF 炉的问世为生产低硫、超低硫钢提供了可能。LF 炉的炉渣碱度高（$R \geqslant 3$）、含氧量低、温度高，为深脱硫创造了良好的条件，最低能将钢水中[S]脱到 10^{-6} 级。

先脱氧后脱硫，LF 炉是扩散脱氧，时间较长。当进入站钢水[S]含量较高时，脱硫所需要的渣量大，时间长，电耗较高，成本高。因此用 LF 炉生产低硫、超低硫钢时希望入站时钢中[S]含量为 0.020% ~ 0.030%。

（4）铁水预处理脱硫。由于上述三点原因，冶金工作者从20世纪70年代开始研发并广泛应用了铁水预处理工艺（脱磷、脱硅、脱硫）。其中铁水预处理脱硫工艺已成为现代钢铁企业优化工艺流程的重要组成部分。铁水预处理脱硫的主要优点是：铁水中含有大量的硅、碳和锰等还原性的元素，在使用各种脱硫剂时，脱硫剂的烧损少，利用率高，脱硫效率高；铁水中的碳、硅能显著提高铁水中硫的活度系数，改善脱硫的热力学条件，使硫较易脱到较低的水平；铁水中含氧量较低，提高渣铁中硫的分配系数，有利于脱硫；铁水预处理脱硫时铁水的温度相对转炉炼钢的钢水温度低，耐火材料及处理装置的使用寿命比较高。

有人做过统计，在高炉、预处理、转炉、炉外精炼装置中脱除 1kg 硫，其费用比值为 2.6:1:16:6.1，可见铁水预处理脱硫与前三种脱硫相比脱硫的成本最低，因此采用铁水预处理脱硫工艺是合理的。但是生产不同 [S] 含量要求的钢种时应做不同的脱硫处理。

高炉尽可能降低原燃材料的硫含量，利用低碱度炉渣，保证铁中的 [S] 不大于 0.050%，不必过分强调"低硫"，避免提高炼铁的成本。

对于铁水 [S] 含量较高（≥0.050%）或生产低硫、超低硫钢种的炼钢厂应该根据本单位的实际情况增设铁水预处理脱硫及 LF 炉精炼设施。要根据转炉原材料现状和钢水 [S] 含量的要求确定合理的脱硫量，不是越低越好。

转炉表观脱硫率较低，甚至出现增硫的现象，这是因为炼钢原材料带入硫或上一炉脱硫渣去除不净所致。总之，在有 LF 炉的情况下，生产低硫、超低硫钢种时出钢 $w[S] \leqslant 0.020\%$ 就基本满足要求。

3.1.1.2 铁水预处理脱硫工艺

铁水预处理脱硫工艺很多，按其脱硫剂的投入方式可分为铺撒法（出铁沟撒草达灰）、转鼓法（石灰、焦炭）、摇包法（石灰、焦炭）、沉降法（焦炭、镁粉）、搅拌法（石灰粉、萤石粉、碳粉）和喷射冶金法（石灰粉、电石粉、镁粉、石灰粉 + 镁粉）等。目前流行的有机械搅拌法和喷吹法，分别应用于铁水包脱硫和鱼雷罐脱硫。

A KR 机械搅拌法脱硫

机械搅拌法是将搅拌器（也称搅拌桨）沉入铁水中旋转，在铁水包中央形成锥形旋涡，使投入的脱硫剂与铁水充分混合，促进脱硫反应的进行。KR 法、DORA 法、RS 法和 NP 法等都属于机械搅拌法，目前普遍采用的是 KR 法。

a KR 法脱硫的设备组成

KR 法是 20 世纪初起源于日本新日铁株式会社釜石炼钢厂，KR 是"釜石"和"旋转"两词的英文字头。其主要设备有搅拌器驱动系统、搅拌器、脱硫剂储存输送系统和扒渣机等组成。系统结构如图 3 - 2 所示。

脱硫剂由输送车经气体输送到储料仓，储料仓下有一溜槽对向铁水罐，中间

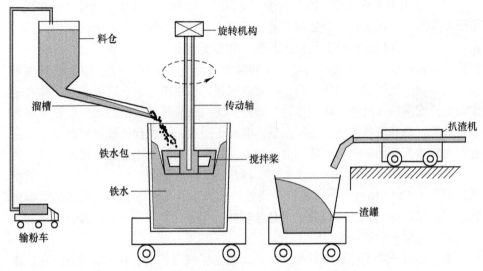

图 3 - 2　KR 铁水预处理脱硫工艺流程

有阀门控制。当需要铁水预处理脱硫时，先将搅拌器以 70 ~ 100r/min 速度旋转搅动铁水，1 ~ 1.5min 后铁水包内铁水形成旋涡，从上部逐渐投入脱硫剂，高速（90 ~ 120r/min）搅拌 15 ~ 20min，取样分析，当铁水 [S] 含量达到预定目标时停止加脱硫剂，然后停止搅拌桨的旋转，最后扒去全部脱硫渣，全部处理周期为30 ~ 35min。

b　KR 搅拌法铁水预处理脱硫常用的脱硫剂

KR 搅拌法铁水预处理脱硫常用的脱硫剂有碳化钙粉或石灰粉。

CaC_2 脱硫能力非常强，理论上在 1350℃ 下用其处理过的铁水平衡硫含量可达 4.9×10^{-6}，实际脱硫后能达到的最低硫含量约为 0.001% 以下。

减小 CaC_2 粒度、加强搅拌和提高铁水温度、加入约 10% 的 $CaCO_3$ 或 $MgCO_3$、加入 5% 碳粉等可促进脱硫反应，提高 CaC_2 的利用率。CaC_2 的脱硫效果稳定，脱硫速度快而且对耐火材料侵蚀少。但是由于 CaC_2 脱硫成本较高，易吸水，运输和存储时安全性较差，对环境污染较大，排放困难，进入 20 世纪 90 年代以后，使用量逐渐减少。

针对 CaC_2 系脱硫剂存在的缺点，人们又开发了以 CaO 粉为基本组成的复合脱硫剂。纯 CaO 的脱硫效率比 CaC_2 低、脱硫剂消耗量大、脱硫速度慢、效果不稳定。为此，人们向 CaO 中添加 Na_2O、BaO、Al_2O_3、CaF_2 等添加剂，以提高 CaO 的脱硫效率和利用率。这是因为 CaO 脱硫产物中有游离氧，易与铁水中硅发生反应而在石灰表面生成薄而致密的 $2CaO \cdot SiO_2$，从而阻碍硫向石灰粒内部的扩散，使脱硫反应速度减慢。

CaF_2 没有脱硫的作用，但是它的加入不影响石灰的活性，能改变渣的黏度，改善脱硫反应的动力性条件。CaF_2 能与 CaO 形成低熔点 $CaF_2 - CaO$ 共晶熔体，对 CaO 颗粒表面的脱硫产物 CaS 有溶解作用，加速了反应物的扩散，改善反应的动力学条件，使脱硫反应能够继续进行。CaF_2 可以破坏和防止 $2CaO \cdot SiO_2$ 的生成，加速脱硫反应的进行，加入 5% ~10% 的 CaF_2 可使 CaO 反应速度常数提高。

在石灰粉中加入少量的铝渣（大部为 Al_2O_3 和 AlN），也能改善脱硫效果，这是因为铝渣除具有脱氧的作用外，还可以优先于 SiO_2 与 CaO 生成熔点较低（1539℃）的 $3CaO \cdot Al_2O_3$ 及熔点更低的铝酸钙，如钙长石钙黄长石等，抑制高熔点的 $2CaO \cdot SiO_2$ 生成，从而改善了脱硫反应的动力学条件。但是反应生成铝酸钙会降低 [S] 的活度，降低渣碱度，因此，用铝灰量过大时反而会降低渣的脱硫率。

向脱硫剂中加入含 CO_3^{2-} 材料强化搅拌作用，使反应速度常数由 0.3 提高到 1.2。

向脱硫剂中额外加入 5% 的碳粉可以提高硫的反应活度，强化 CaO 脱硫反应。

KR 法脱硫使用的无碳脱硫剂技术指标如表 3 - 2 所示。

表 3 - 2　无碳脱硫剂技术指标

组成(充分混匀)		理　化　指　标							
石灰粉	萤石粉	CaO	CaF_2	S	P	SiO_2	粒　度	含水	灼减
90%	10%	≥80%	≥5% ~7%	≤0.05%	≤0.05%	≤5%	1 ~1.5mm（小于1mm 和大于 1.5mm 者各不大于8%）	≤0.5%	≤2%

KR 法脱硫使用的含碳脱硫剂的成分是：石灰粉 90%，萤石粉 5%，含碳量 5%。

石灰粉脱硫剂上述指标中 CaO 含量和含水分（≤0.5%）是硬指标。为此必须采用优质石灰（$w(CaO) \geq 90\%$）和优质的萤石（$w(CaF_2) \geq 70\%$）配制脱硫剂。为了防潮，石灰粉必须用硅油进行钝化处理。钝化的结果是使硅油均匀地将石灰颗粒包裹，避免其与空气中的水分接触而发生潮解。石灰粉一旦潮解，不但影响脱硫效率，还会因板结而影响脱硫剂的输送。因此脱硫剂应采用氮封储存，随用随进，储存期小于 3 天。

c　搅拌桨

搅拌桨是 KR 脱硫工艺中的重要器具，其内部是带有锚固沟的钢结构骨架，外部捣制 90 ~150mm 厚的高铝质耐火材料，如图 3 - 3 所示。振动成型后在通风干燥的地方自然养生、脱模、加热烘干备用。为防止耐火材料受潮粉化，备用的搅拌桨最好储存在干燥室内。

搅拌桨用耐火材料分基质和骨料两大部分。

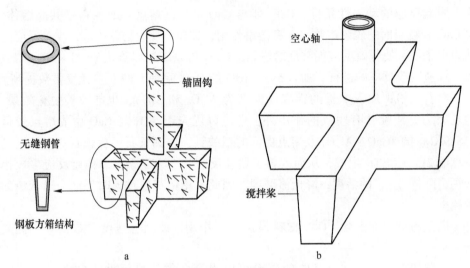

图 3 - 3　搅拌桨

a—钢结构骨架；b—浇筑耐材后成品

　　基质部分占 70% ~ 75%，主要由微刚玉粉、硅微粉、莫来石微粉及纯铝酸盐水泥等组成。为了提高抗震性还需要添加 3% ~ 5% 的耐热钢纤维、防爆纤维、分散剂等。

　　骨料占 25% ~ 30%，主要有电熔白刚玉、红柱石及天然莫来石等，其粒度按 15 ~ 25mm、5 ~ 8mm、3 ~ 5mm、0 ~ 3mm 四级配比，其中 ≥5mm 的为 30% ~ 50%，< 0.1mm 的为 15% ~ 30%。

　　某厂制定的搅拌桨的耐火材料物理性能见表 3 - 3。

表 3 - 3　某厂搅拌桨耐火材料物理性能

性能名称	条　件	性能数值
抗折强度	110℃ × 24h	≥9.2MPa
	1500℃ × 3h	≥14MPa
耐压强度	110℃ × 24h	≥55MPa
	1500℃ × 3h	≥250MPa
体积密度	110℃ × 24h	≥2.88g/cm³
显气孔率	1500℃ × 3h	≤8.3%
线变化率	1500℃ × 3h	约 +0.35%

　　为提高搅拌桨的使用寿命，首次使用时必须在铁水中静止烧结 5min。使用中发生耐火材料少量脱落时，可进行局部修补，烘干后继续使用。若大面积脱落甚至钢骨架受损则必须更新或维修。搅拌桨的使用寿命为 350 ~ 500 次。

d 影响 KR 法脱硫效率的因素

影响 KR 法脱硫效率的因素有很多，主要是原始硫含量、目标硫含量、铁水硅含量、铁水温度、粉剂质量、旋转速度、搅拌桨插入深度、脱硫粉剂的投入量和粉剂的质量等。通常情况下，脱硫剂的用量根据铁水原始硫含量及目标硫含量的不同为 3~10kg/t。影响 KR 脱硫效率的因素如图 3-4 所示。

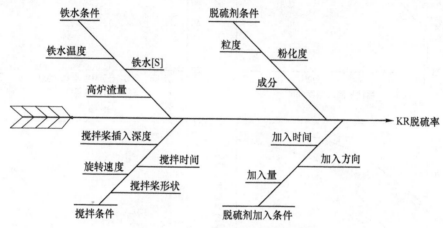

图 3-4 影响 KR 脱硫效率因果图

铁水硫含量高时脱硫较易，脱硫率较高，这是因为反应物浓度较高，促进反应向正方向进行。相反，铁水中硫含量较低时，脱硫率较低，如图 3-5b 所示。

搅拌桨的插入深度对脱硫率的影响（200t 铁水罐）如图 3-5a 所示。由图可见，当搅拌桨插入深度小于 500mm 时，插入深度越浅，形成的铁水旋涡越浅，搅拌能越低，下部铁水运动速度越慢，脱硫剂与铁水接触越不充分，脱硫率越低；当搅拌桨插入深度大于 700mm 时，插入深度越深，形成有序的铁水旋涡越困难，铁水运动越紊乱，同样，搅拌能越低，脱硫剂与铁水接触越不充分，脱硫率越低；只有搅拌桨的插入深度为 550~650mm 时脱硫效率最高。

铁水温度越高，铁水流动性越好，改善脱硫反应的动力学条件，故脱硫效率高，如图 3-5c 所示。

铁水带高炉渣多，脱硫效率低。因为高炉渣的碱度为 1.1~1.2，降低了脱硫渣的碱度；高炉渣中硫含量较高，增加了预处理渣中的硫含量，降低了渣的硫容量。高炉渣中的 SiO_2 会与石灰生成高熔点的硅酸二钙（$2CaO \cdot SiO_2$），在石灰表面形成致密层，阻碍硫向石灰中扩散，影响脱硫反应进行。

脱硫剂的粒度小，与铁水接触面积大，脱硫率高，但是脱硫剂的粒度太小时不但环境污染严重，而且粉剂漂浮不易与铁水接触，降低脱硫剂的利用率。

脱硫剂的主要构成物是石灰，要求石灰的活性应不小于 350，CaO 含量要高，SiO_2 含量要低；萤石的 CaF_2 含量要高，SiO_2 含量要低。这样才能有高的脱硫率。

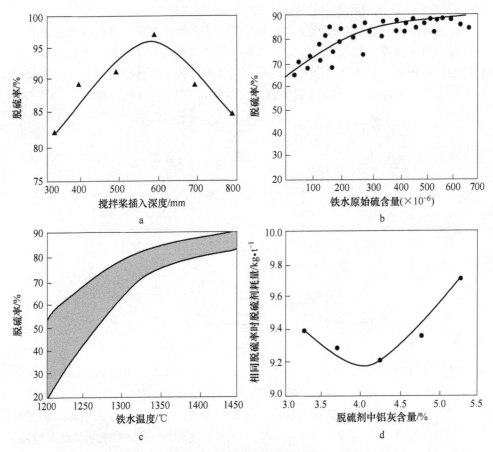

图 3 - 5　影响脱硫率的因素

a—搅拌桨插入深度对 KR 法脱硫率的影响；b—铁水原始硫含量对 KR 法脱硫率的影响
c—铁水温度对 KR 法脱硫率的影响；d—铁水中滤渣含量对 KR 法脱硫率的影响

搅拌速度大，强化了脱硫剂与铁水的接触，提高脱硫率，但是速度过高会造成喷溅。

搅拌时间长，脱硫效率高，但时间过长不但降低生产效率还会造成铁水降温过大，故搅拌时间不应超过 20min。

搅拌桨的形状影响搅拌效果，生产过程中必须保存搅拌桨有完整的几何形状。

脱硫剂的加入量、加入时间、加入方向等也影响脱硫效果，应在生产实践中根据本厂条件来确定。

e　KR 铁水脱硫法的特点

KR 铁水脱硫法的优点是：投资少；对铁水温度要求高（1350℃）；搅拌力大，脱硫反应的动力学条件好；脱硫效果较好，可以将铁水中［S］脱到

0.001%；脱硫期间几乎没有喷溅；搅拌时间短（15～20min）；脱硫渣易于扒出。

KR铁水脱硫法的缺点是：脱硫剂耗量较大（4～10kg/t），渣量大，扒渣铁耗多（0.5～4kg/t），降温大（30～40℃）；搅拌头费用高（2.2～3.0元/t）；脱硫剂成本较低（10～25元/t）。

B　喷吹法铁水预处理脱硫

喷吹法铁水预处理脱硫是20世纪90年代国外开发的铁水炉外脱硫方法，美国、荷兰、德国、日本都有这种工艺，20世纪末由本溪钢铁公司首次将该项技术引入我国，并得以推广。

喷吹法脱硫的基本原理是以一定压力和流量的干燥空气或惰性气体（如氮气）为载体与脱硫剂混合后经过喷枪吹入铁水中，使脱硫剂与铁水充分混合进行脱硫反应，同时载气和脱硫剂的冲击与上浮能够带动铁水流动，起到搅拌作用，提高脱硫效率。

以前喷吹法铁水预处理脱硫主要是应用电石粉、石灰粉、铝灰等作为脱硫粉剂。20世纪90年代末期，人们开始大量应用金属镁作为铁水脱硫粉剂。其根据喷入粉剂的不同分为单喷法（喷入纯镁粉）和复合喷吹法（喷入镁基复合脱硫粉剂）。

众所周知，镁与CaO、CaC_2、$NaHCO_3$这些传统的脱硫剂相比，与［S］的亲和力大，反应速度快，脱硫效果好，能将铁水［S］脱到10×10^{-5}以下，这是以往各种脱硫剂所无法比拟的。

a　单喷法

单喷镁的铁水脱硫法由乌克兰发明，故又称为乌克兰法。它是以纯金属镁作为脱硫剂，主要设备有储粉罐、喷粉罐、喷粉枪、扒渣机等。

（1）单喷法的理论及工艺流程。该工艺流程是先将粒度为0.5～1.6mm的颗粒金属镁经钝化处理后送到密闭的储粉仓储存，随时向喷粉罐中补充。预处理脱硫时由喷粉罐将镁粉经带有"汽化室"的喷枪由铁水罐下部（距罐底200～300mm）喷入铁水中。喷粉处理后将顶渣全部扒掉。

镁在铁水中的溶解度很小，其沸点是1088℃，故在铁水温度下以气态存在，为了防止镁在铁水中瞬间汽化而引起铁水喷溅，在喷枪出口处设计了汽化室。

镁脱硫的化学反应式如下：

$$Mg_{(g)} + [S] \Longrightarrow MgS_{(s)}, \Delta H^{\ominus} = -404700 + 169.6T(J/mol) \quad (3-1)$$

$$\{Mg\} + [S] \Longrightarrow MgS_{(s)}, \Delta H^{\ominus} = -308700 + 91.75T(J/mol) \quad (3-2)$$

因为铁水中的［O］含量约为0.0016%，当金属镁蒸汽与铁水接触时必然先脱氧而后脱硫，有可能发生如下反应：

$$Mg_{(g)} + [O] \Longrightarrow MgO_{(s)}, \Delta H^{\ominus} = -6165001 + 208.9T(J/mol) \quad (3-3)$$

$$MgS_{(s)} + [O] \Longrightarrow MgO_{(s)} + [S], \Delta H^{\ominus} = -210900 + 39.3T(J/mol) \quad (3-4)$$

镁粉进入铁水后首先汽化，然后镁气泡逐渐溶解到铁水中。由于铁水中氧含量较低，所以式（3-3）的反应将很快结束。式（3-1）和式（3-2）两个脱硫反应同时进行。许多研究的统计数据表明，镁的蒸汽泡只能脱去铁水中硫的3%~8%。因此脱硫反应还是以式（3-2）为主。

研究指出，用于脱氧消耗的镁约为喷入镁量的10%。

（2）单喷法的主要设备。单喷法的主要设备有储粉仓、喷粉罐、喷粉枪、扒渣机等，如图3-6所示。

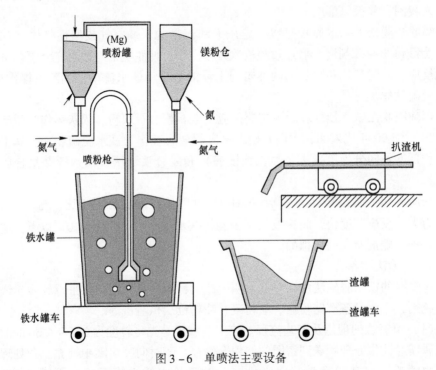

图 3-6　单喷法主要设备

（3）单喷法的工艺参数。单喷法的工艺参数见表3-4。

表 3-4　单喷法的工艺参数

	气　源	天然气或氮气
喷吹载气	压　力	1.2MPa
	流　量	$30 \sim 60 m^3/h$
喷镁粉速度		$6 \sim 15 kg/min$

金属镁的技术指标参照"复合喷吹法"中金属镁的技术指标。

b　复合喷吹法

从欧洲开始的以镁基复合材料为脱硫剂，采用复合喷吹法的铁水预处理脱硫工艺越来越受到人们的青睐。这种工艺由于具有脱硫速度快、效率高，综合成本低，并能实现其他材料所无法实现的深脱硫（10×10^{-6}以下）的特点而显示出极其旺盛的生命力。它不仅在欧洲得以普及，而且很快在亚洲被应用。

（1）复合喷吹法的原理。根据前面介绍的应用金属镁进行铁水预处理脱硫的原理可知，加快镁气泡向铁水中溶解的速度、提高铁水中镁的溶解度是关系到镁脱硫效果的关键。为了提高镁的利用率、缩小镁气泡的直径、减缓气泡的上浮速度，可以配加一定量的石灰粉。

加入的石灰粉可以起到镁粉的分散剂作用，避免大量的镁瞬间汽化造成喷溅，还可以成为大量气泡的形成核心，从而减小镁气泡的直径，降低镁气泡上浮速度，强化镁向铁水中的溶解，提高镁的利用率。而且当喷吹前期铁水中硫含量相对较高时，先喷吹入的石灰粉同样有较好的脱硫效果。

（2）复合喷吹法的工艺流程。复合喷吹法的工艺流程与单喷法基本相同，只不过是增加了一套喷吹石灰粉的系统。开始时先打开石灰粉喷吹罐阀门，下枪单独喷入石灰粉30s后，再打开镁粉喷吹罐阀门，按 CaO 和 Mg 之比为 2.0 ~ 3.5 进行复合喷吹。喷吹结束前30s先关闭镁粉喷吹罐阀门，单独喷入石灰粉30s后提枪，为了防止铁水进入喷枪而发生堵塞，必须在喷粉枪提出渣面后关闭石灰喷吹罐阀门。其主要装备如图3－7所示。

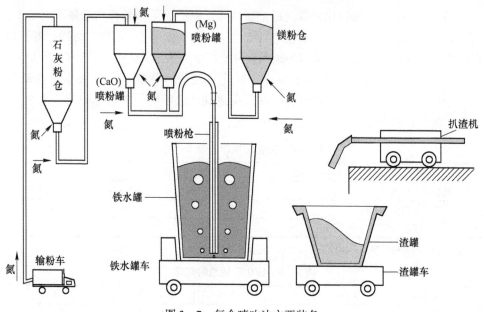

图 3－7　复合喷吹法主要装备

（3）复合喷吹法主要工艺参数。以150t铁水罐为例，复合喷吹法主要工艺参数如表3－5所示。

表 3 – 5　复合喷吹法主要工艺参数

参数名称	参数数值	参数名称	参数数值
氮气总管压力	1.2MPa	喷石灰粉速度	25 ~ 50kg/min
氮气总管流量	1260m³/h	喷镁粉速度	8 ~ 20kg/min
氮气露点	-40℃	石灰粉/镁粉	2 ~ 3.5
石灰粉喷吹罐压力	450 ~ 650kPa	粉气比	1 : (7 ~ 9)
镁粉喷吹罐压力	280 ~ 450kPa	处理周期	36min

（4）脱硫粉剂的技术指标。某厂制定的复合喷吹脱硫用石灰粉的技术指标如表 3 – 6 所示，石灰粉剂粒度应符合表 3 – 7 规定。

表 3 – 6　石灰粉剂的化学成分　　　　　　　　　（%）

成　分	CaO	SiO₂	P	S	烧减
含　量	≥92	≤2.5	≤0.05	≤0.05	≤1.0

注：如能满足使用要求，经使用者认可后，可做适当调整。

表 3 – 7　石灰粉剂的粒度

粒度/mm	≤1.18	≤0.30	≤0.18	≤0.15	≤0.06	≤0.075	≤0.044
比例/%	100	99.8	99.2	98.4	95.5	92.5	88

注：如能满足使用要求，经使用者认可后，可做适当调整。

石灰粉必须经硅油钝化处理（硅油量约为 0.8%），石灰粉自然堆角不大于 5°；石灰粉应随到随用，防止因吸潮板结而堵枪；必须严格控制石灰粉的烧碱，若石灰粉的烧碱过高，预处理时可能因为碳酸钙分解产生大量二氧化碳而导致喷溅。

制镁粉的镁锭含镁量不小于 99%。钝化后镁粉含镁量不小于 96%，含硫量不大于 0.002%。某厂制定的复合喷吹脱硫用钝化镁粉的物理指标应符合表 3 – 8 规定，钝化后镁粉粒度应符合表 3 – 9 规定。

表 3 – 8　钝化后镁粉的物理指标

项　目	指　标	项　目	指　标
安息角（IC 角）/(°)	<30	高温阻燃时间（1000℃）/s	≥15
松（散）装密度/g·cm⁻³	0.75	颗粒形状	球形
燃点/℃	≥600		

注：如能满足使用要求，经使用者认可后，可做适当调整。

表 3 – 9　钝化后镁粉的粒度

粒度/mm	0.85 ~ 0.63	0.62 ~ 0.50	0.49 ~ 0.21	<0.21
比例/%	0 ~ 15	55 ~ 65	25 ~ 35	0 ~ 5

（5）影响镁基脱硫剂脱硫效果的因素。

1）CaO/Mg 值的影响。CaO/Mg 值低的情况下，CaO 主要是起到分散剂的作用。因为相对于 CaO 来说，Mg 与硫的亲合力大，故同时向铁水中喷吹入石灰粉和镁粉时，当然是镁粉先与硫反应。而 CaO 粉只有在铁水初始硫含量很高、喷镁粉量很小、当反应式（3-3）大量存在或喷吹刚刚开始的情况下，其脱硫效果比较明显。因此，在正常情况下，镁粉起主要脱硫作用，相反石灰粉的直接脱硫作用不明显。

通过大量生产数据处理也可以看出，在 CaO/Mg 值在 2~4 的范围内，吨铁耗镁量与脱硫量之间是正比例关系，其相关系数为 0.6 左右，而吨铁耗石灰粉量与脱硫量之间关系不明显。CaO/Mg 值大于 9 时，随着 CaO/Mg 值增高，大量的石灰粉参与了脱硫反应，也就是说，由于粉剂中镁含量较少，脱硫的任务多半是由石灰粉来完成的。但是在这种情况下就会出现喷吹时间长、粉剂耗量大、温降多、铁耗多的现象，也很难实现深脱硫，从而丧失了本工艺的特点。

综上所述，作者认为 CaO/Mg 值取 2.5 左右较为适宜。这是与国际惯例值 3 有所不同，需要根据各厂实际条件通过大量试验来确定。

2）铁水初始硫含量对脱硫效果的影响。数据分析表明，铁水初始硫含量越高，其脱硫率越高，单位脱硫量所耗的镁粉量较低。铁水中初始硫含量在 $100 \times 10^{-6} \sim 900 \times 10^{-6}$ 范围时，在相同的喷吹工艺参数和相同的脱硫剂耗量下，脱硫率随着铁水初始硫含量增加而升高。在硫含量高的铁水脱硫时，脱硫剂利用率高是因为铁水初始硫含量越高，硫的活度越大，故脱硫反应越易进行。

在一定温度下，铁水中的 [S]·[Mg] 之积（溶度积）为一常数，当 [S] 高时与 [S] 平衡所需的 [Mg] 就少，故溶解到铁水中的 [Mg] 就有足够量与 [S] 反应，其脱硫率高。

铁水硫含量在 $800 \times 10^{-6} \sim 1000 \times 10^{-6}$ 范围时脱硫率达到最大值。铁水初始硫含量高于 1000×10^{-6} 时，脱硫率随着铁水硫含量的升高而降低。这是因为尽管铁水初始硫含量高了，脱硫效果好，脱硫量大，但由于脱硫率为脱硫量与初始硫含量的比值的关系，初始硫过高其脱硫效率反而下降。

3）铁水温度对脱硫率的影响。铁水温度高，镁的气泡上升速度快，从气泡脱硫角度看不利于气相脱硫。又由于铁水温度高，镁溶解度降低，也不利于液相脱硫。但是由于温度对硫在铁水中的扩散和传质影响较大，温度升高、扩散传质系数增加，从反应的动力学条件看，高温又有利于脱硫。温度对脱硫效果的影响有待于进一步研究。

4）喷吹速度对脱硫率的影响。生产实践表明，喷吹速度对脱硫率的影响不太明显。在一定的喷吹条件下，尽管喷吹速度的增加幅度相同，脱硫率的升高幅度并不相同。

喷吹速度增加，单位时间内喷入金属镁量增加，脱硫剂在铁水中分散性不好，脱硫反应不充分，靠提高喷吹速度来提高脱硫率不是最好的方法。喷吹速度过高，降低了镁的利用率。喷吹速度太低，虽然能提高镁的利用率，但喷吹时间延长，铁水温降大、生产率低下，工艺上也是不可取的。所以，合适的喷吹速度既能提高镁的利用率，又不至于使脱硫时间过长。喷吹速度在 40~60kg/min 较合适。

（6）脱硫过程对铁水温度的影响。采用 CaO 或 CaC_2 粉剂进行铁水脱硫时，如果把 [S] 从 0.05% 脱到 0.001% 时，其铁水温降为 30~45℃，而且粉剂喷入越多，则温降越大。

但采用镁基脱硫剂脱硫时则不同，喷粉量的大小及喷吹时间的长短对铁水温降没有明显影响。通过大量生产数据统计可知，处理过程的温降均在 10~20℃ 之间。这是因为尽管喷入的石灰粉对铁水有冷却作用，喷吹的时间内铁水有自然降温，但是由于喷入的镁粉有部分与铁水中的氧反应，或未来得及反应的镁与渣中的氧反应生成 MgO 而放热，弥补了铁水温降，这也是应用镁基脱硫剂的优越性，可以减少温降、节约能源。

（7）复合喷吹脱硫的铁耗。经现场 1000 炉试验表明，应用镁基脱硫粉剂铁水脱硫铁耗为 1.0%~1.5%，这和脱硫渣的状态及扒渣操作水平有直接关系。因此，脱硫后向渣面添加稀渣剂改善渣的流动性、提高扒渣操作的水平以减少带铁、强化粒铁回收，是减少铁损、增加效益的有效措施。

（8）喷粉枪。铁水预处理脱硫用喷粉枪是由钢结构骨架和耐火材料两大部分组成，有可更换的套管（喷粉管）、骨架、加强筋、锚固钩、耐火材料及法兰、吊钩、管路接头等部分。单喷法用带有汽化室喷枪，复合喷吹法用直筒式喷枪。二者的钢结构和耐火材料组成如图 3-8 所示。

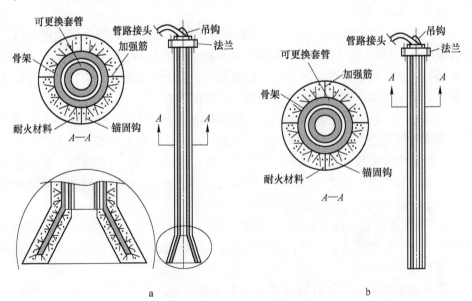

图 3-8　铁水预处理喷枪结构

a—单喷法喷枪；b—复合喷吹喷枪

耐火材料按下述配比搅拌后浇筑成型、自然干燥、脱模、烘烤后备用。其典型配方如表 3 – 10 所示。

表 3 – 10　耐火材料典型配比　　　　　　　　　（%）

材　料		配　比
骨　料	白刚玉	65 ~ 68
	蓝晶石	2 ~ 4
	电熔尖晶石	8 ~ 10
基　质	白刚玉粉	7 ~ 9
	氧化铝微粉	2 ~ 4
	硅微粉	3 ~ 5
添加剂	高铝水泥	1 ~ 3
	分散剂	0.1 ~ 0.3
	钢纤维	3 ~ 4
	防爆纤维	0.3 ~ 0.5

上述配比可根据各厂铁水条件及脱硫实际进行适当调整。其物理指标可参考搅拌桨。

3.1.1.3　三种脱硫工艺的对比

(1) KR 法的特点。KR 法脱硫投资额度较小；运行费用较低；脱硫效果比较稳定（脱后 [S] 可以达到 10×10^{-5} 以下）；渣量最大、铁损最多、温降最大；扒渣相对容易；在炼钢炉回硫现象较少。

(2) 单喷法的特点。单喷法脱硫投资额度较大；运行费用较低；金属镁利用率较高；脱硫效果比较稳定（脱后 [S] 可以达到 10×10^{-6}）；渣量少、铁损少；温降少。其缺点是由于扒渣不易彻底，在炼钢炉回硫现象时有发生。

(3) 复合喷吹法的特点。复合喷吹法脱硫投资额度较大；运行费用较低；金属镁利用率较高；脱硫效果比较稳定（脱后 [S] 可以达到 10×10^{-6} 以下）；渣量比单喷法大，故铁损较多；温降较少（10 ~ 20℃）。金属镁利用率高；随高炉铁水硫含量不同，脱硫剂耗量不同，镁 0.25 ~ 0.5kg/t、钝化石灰 1.0 ~ 2.0kg/t；处理时有时发生喷溅，脱硫渣稀、散，不好扒，有时需加稠渣剂等。

综合上述各种脱硫工艺的特点，有人将三种脱硫工艺对比归纳如表 3 – 11 所示。

表 3 – 11　各种脱硫方法的特点对比

脱硫方式	KR 法	单喷法	复合喷吹法
脱硫剂	$CaO + CaF_2$	球状钝化颗粒镁	钝化石灰 + 钝化颗粒镁
喷　枪	搅拌桨	带汽化室喷枪	直筒式喷枪

脱硫方式	KR 法	单喷法	复合喷吹法
终点 [S]/%	0.002 ~ 0.005	0.002 ~ 0.005	0.002 ~ 0.005
脱硫渣量/kg·t^{-1}	20	1.08	5.85
铁损/kg·t^{-1}	4.035	0.486	2.663
喷溅	小	大	中
扒渣	易	难	较易
铁水温降/℃	28	12	15
脱硫剂耗量/kg·t^{-1}	4.03	0.54	石灰粉 2.333，镁粉 0.667
脱硫成本/元·t^{-1}	17.42	20.28	23.03

表 3 - 11 只是在其特定生产条件下的统计数据。由于各厂的铁水原始 [S] 含量不同、脱硫粉剂技术指标及操作水平不同等因素的影响，统计的数据会有较大的差异。

3.1.1.4　影响铁水预处理脱硫成本的因素

铁水预处理脱硫的成本主要是由脱硫剂的用量、耐火材料（喷枪及搅拌桨）消耗、铁损三项组成。前两项与脱硫的效率和铁水脱硫的绝对值有关，最后一项则与脱硫渣的状态、扒渣的方式及扒渣操作水平有关。建议采用以下措施降低铁水预处理脱硫的成本。

（1）提供优质的炼钢铁水。铁水预处理脱硫可以减轻高炉的脱硫负担，这不等于放开对高炉铁水 [S] 含量的要求，还应该加强高炉用焦炭硫含量的控制，造弱碱度渣，保证高炉铁水 [S] 含量在 0.05% 以下。

（2）确定合理的脱硫量。脱硫绝对值越大，脱硫剂消耗越多，耐火材料消耗越多，成本越高。必须根据所生产钢种硫含量的要求及炼钢炉、LF 炉的脱硫能力来确定经济合理的脱硫目标值，切忌一味追求低硫铁水入炉。在冶炼低硫、超低硫钢时，入炼钢炉铁水 [S] 含量控制在 0.020% 左右即可。对于冶炼一般钢种时，入炼钢炉铁水 [S] 含量在 0.030% ~ 0.050% 时，可以不进行预处理脱硫。

（3）强化脱硫剂的管理和应用。应用 CaO 系列脱硫剂时，其 SiO$_2$ 的含量应越低越好。严格控制石灰的烧减、防水、防潮，以免降低脱硫效率或因发生喷溅而影响生产。

强化脱硫剂的管理，采用镁质脱硫剂时，应注意真实的镁含量。因为用轻烧镁粉作为镁粉的钝化剂时，其真实金属镁含量应是从检测值中减去轻烧镁中的镁含量。

金属镁储存时应防止燃烧，一旦燃烧坚决不能用水灭火，否则将发生激烈燃烧，使事故扩大化，可用干燥的砂、土等压盖，隔绝空气来灭火。

（4）降低耐火材料的消耗。铁水预处理脱硫的成本中耐火材料消耗占有很大的比例。必须努力提高搅拌桨、喷枪的使用寿命。认真跟踪耐火材料的配方及生产工艺，确保产品质量。备用品防水、防潮，出现损伤及时修补。优化喷枪耐火材料组成。制造喷枪、搅拌桨时，可在耐火材料中加入少量红柱石、采用热膨胀性不同的骨料，提高其抗热振性。

（5）减少铁损。提高扒渣操作水平，尽可能减少扒渣带铁。用 CaF_2 等调整脱硫渣的流动性，减少扒渣带铁。试验用捞渣工艺替代扒渣工艺，据河北某厂应用实践，可减少铁损 60% ~ 70%。

3.1.2 铁水预处理脱磷

铁水预处理脱磷可以适当放宽炼铁的原料条件，减少炼钢炉的脱磷负担，降低炼钢的石灰消耗，从而降低生产成本。常用的铁水预处理脱磷方法有喷粉脱磷、脱磷转炉及预装脱磷剂三种。其中预装脱磷剂法是在炼钢炉中进行，但由于是冶炼的早期进行脱磷，故在此论述。

3.1.2.1 喷粉法

喷粉法是利用类似铁水预处理脱硫喷吹法的装备（如图 3-6 所示）以空气或富氧空气为载体将脱磷剂喷入铁水包或混铁车的铁水中进行脱磷。其脱磷剂的成分如表 3-12 所示。

表 3-12 脱磷剂组成

脱磷剂	组成（质量分数）/%			
	CaO	Fe_2O_3	CaF_2	Al_2O_3
A	42	46	12	
B	40	44	6	10

由于铁水中［Si］先于［P］与脱硫剂中 Fe_2O_3 进行如下反应：

$$3[Si] + 2Fe_2O_3 === 4[Fe] + 3(SiO_2)$$

当脱磷反应进行时［Si］已大量氧化，然后进行如下脱磷反应：

$$6[P] + 5Fe_2O_3 === 3(P_2O_5) + 10[Fe]$$

因此，预处理脱磷是在脱硅反应之后进行的。

喷吹脱磷对铁水温度要求较高（≥1300℃），但过程中喷入的脱磷剂造成铁水温降较大，使进入炼钢炉的铁水物理热和化学热都低，给炼钢炉的温度控制带来了很大的困难。脱磷后必须扒渣，渣量大，铁耗增加，有时发生喷溅。鉴于以上原因，铁水预处理脱磷工艺应用不广。

3.1.2.2 脱磷转炉

针对喷粉脱磷存在的问题，20 世纪 80 年代日本开始研究用专用的冶炼设备进行脱磷，到本世纪已有多个炼钢厂应用了脱磷转炉的预处理脱磷工艺，我国京唐公司率先引进该技术，并取得一定的工艺效果。

　　该工艺的优点在于能提高生产效率，可以利用脱碳转炉的炉渣作为脱磷转炉的渣料，降低炼钢的石灰消耗（约50%），减轻了脱碳转炉冶炼负担，为缩短脱碳转炉炼钢周期和生产洁净钢发挥了重要作用。

　　首钢京唐公司根据连续100炉脱磷转炉生产数据统计和分析得出了以下结论。

　　A　脱磷转炉的工艺（以首钢京唐公司的320t脱磷转炉为例）

　　氧枪供氧强度（标态）：约1.4$m^3/(min \cdot t)$；

　　炉底设有16个双环缝式喷口吹入氮气进行搅拌，底吹气体流量（标态）：约0.25$m^3/(min \cdot t)$；

　　废钢比控制在8%左右；

　　石灰用量、炉渣碱度、处理结束铁水碳含量等数据见表3–13。

表3–13　脱磷预处理转炉冶炼终点相关数据（统计炉次：2720~2820炉）

铁水 $w[P]/\%$		冶炼结束 $w[C]/\%$		石灰用量/$kg \cdot t^{-1}$		炉渣碱度		炉渣 $w(TFeO)/\%$	
平均值	标准差	平均值	标准差	平均值	标准差	平均值	标准差	平均值	标准差
0.111	0.0095	3.25	0.19	12.82	3.24	2.111	0.297	12.64	5.71

　　B　影响脱磷效果的因素分析

　　（1）石灰耗量与脱磷率关系。图3–9所示为石灰耗量与脱磷率的关系。当石灰用量低于10kg/t时，脱磷率随石灰用量增加呈增加的趋势，但当石灰用量在10kg/t以上时，石灰用量对脱磷转炉脱磷率影响不大。

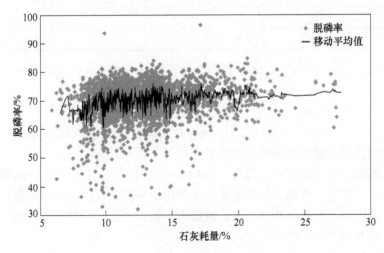

图3–9　脱磷转炉脱磷率与石灰耗量的关系
（统计炉数：2715炉）

（2）半钢温度对脱磷效果的影响。图3-10所示为半钢温度对脱磷效果的影响。由图可知，随温度升高，半钢脱磷率先增加后减小，磷分配比呈现逐渐减小的趋势，但在考察温度范围内，分配比总体变化较小。其中，半钢温度为1290～1320℃时，脱磷率较高。

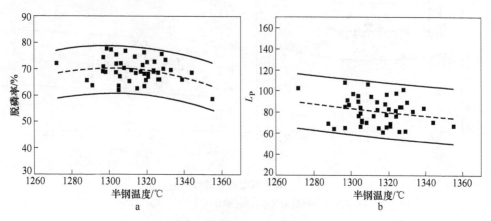

图3-10 半钢温度对脱磷效果的影响

a—脱磷率与半钢温度的关系；b—磷分配比与半钢温度的关系

大量理论研究表明，当半钢温度小于1320℃时，碳磷竞争氧化反应的ΔH<0，铁水中的磷优先于碳氧化，故双渣法脱磷过程中，为保持半钢较高的碳含量，温度宜控制在1320℃以下。转炉预处理脱磷冶炼热力学条件与双渣法类似，试验确定的半钢温度维持在1290～1320℃，进一步降低半钢温度不利于脱磷率的提高。这主要是因为：一方面脱磷过程是强放热反应，升高温度将导致脱磷反应平衡常数K_P值的减小，从而引起磷分配比降低，对磷从金属向脱磷渣中的转移不利；另一方面炉内铁水温度还要保证半钢流动性和满足渣料快速熔化的要求，半钢温度较小则难于获得碱度高、流动性好的均匀渣，温度升高能够降低炉渣黏度，加速高钙活性石灰的熔解，从而有利于改善磷从金属相向脱磷渣转移的动力学条件。

脱磷过程是一个复杂的综合过程，温度过低不仅对后续脱碳炉的升温和终点温度控制不利，而且影响脱磷炉内炉渣碱度和脱磷动力学条件的提高。

在转炉脱磷冶炼过程中，根据原料铁水的温度不同时期要采用不同的操作制度，前期温度的调节主要以枪位和冷却剂为主，保证脱磷温度在适宜的范围之内，促进石灰熔解，提高化渣速度，增加渣中（FeO）的含量，后期随着脱磷反应的进行，若铁水温度过高，主要以配加废钢及生铁块的方式降温，尽可能延长低温区的运行时间。

（3）脱磷渣碱度对脱磷效果的影响。图3-11所示为脱磷渣碱度对脱磷效果的影响。由图可知，当脱磷渣碱度在1.36～2.84范围内，随着碱度的增加，磷在渣/半钢之间的分配比逐渐增大，而脱磷率基本保持不变；当碱度为 2.0 左右时，磷分配比存在略有降低的现象。

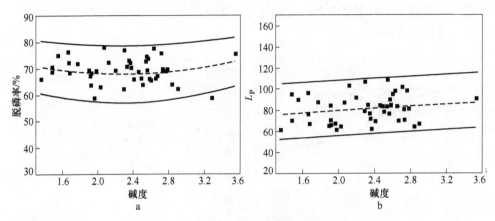

图 3 - 11　脱磷渣碱度对脱磷效果的影响
a—脱磷率与碱度的关系；b—磷分配比与碱度的关系

炉渣碱度是表征炉渣冶金性能的重要参数，是影响复吹转炉脱磷效果的一个重要因素。在常用的转炉脱磷渣中的主要碱性氧化物有 CaO、MgO、MnO 和 FeO，其中 CaO 的碱性最大，脱磷能力最强，MgO 次之，而 MnO 和 FeO 较弱。随着脱磷渣碱度的提高，石灰的活度也逐渐增加，从而有利于进一步深脱磷。

渣中大量存在的 CaO 是降低 P_2O_5 活度系数 $\gamma_{P_2O_5}$ 的主要因素，增加 CaO 量可以增大渣中 CaO 的活度，降低 P_2O_5 的活度，使磷在脱磷渣/半钢间的分配比 L_P 提高。研究表明，高碱度、高氧化铁的炉渣能使铁水中的磷呈现强烈的氧化趋势，CaO 将与 P_2O_5 结合成稳定的磷酸钙，因此，提高脱磷渣碱度可以有效地提高脱磷效果。

但是脱磷渣碱度越高，需配加的石灰量越大，从而引起脱磷渣量增加且炉渣黏度变大，化渣受阻，部分高钙石灰颗粒不能完全熔化，导致炉渣的流动性减弱，反而不利于脱磷。此外，炉渣碱度与氧化铁的活度也有关系，过高碱度会减少氧化铁的活度，从而影响脱磷效率。所以，对于脱磷过程，过高或过低的炉渣碱度对脱磷都有不利的影响。综合考虑脱磷终点对半钢磷含量的要求，应该保持脱磷渣碱度在 1.9 ~ 2.5 之间。

（4）$w[C]/w[P]$ 对脱磷效果的影响。针对首钢京唐钢铁公司铁水条件，其半钢 $w[C]/w[P]$ 比值对脱磷效果的影响如图 3 - 12 所示。由图可知，半钢 $w[C]/w[P]$ 比值与脱磷率和磷分配比存在较好的相关性，随着半钢 $w[C]/w[P]$ 比的升高，磷在渣/半钢的分配比逐渐增加，脱磷率呈现先快速后缓慢增加并逐渐稳定的趋势。

转炉脱磷前期炉渣氧化性较高、流动性好、化渣快，在适当的底吹强度下，

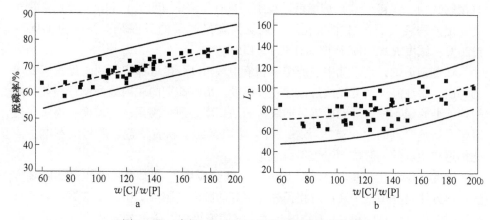

图 3-12 半钢 $w[\mathrm{C}]/w[\mathrm{P}]$ 比对脱磷效果的影响

a—脱磷率与 $w[\mathrm{C}]/w[\mathrm{P}]$ 的关系；b—磷分配比与 $w[\mathrm{C}]/w[\mathrm{P}]$ 的关系

碳在渣钢间的间接氧化（吸热反应）程度较大，半钢温度相对较低，同时渣、钢存在一定的乳化现象，均有利于脱磷过程的进行。因此，控制好脱磷渣性质、半钢温度和渣、钢的活动状态是控制脱磷的关键技术。

在脱磷工艺前期适当地促进部分碳氧化，有利于提高熔池温度，减少化渣时间，并能保证渣、钢间有一定程度的乳化而增大渣、钢反应界面。半钢 $w[\mathrm{C}]/$ $w[\mathrm{P}]$ 比值可定量衡量半钢温度和渣、钢活动状态对脱磷效果的影响，同时也能够反映出脱磷渣的脱磷性能。因此，有效控制好半钢 $w[\mathrm{C}]/w[\mathrm{P}]$ 比是解决好脱磷的关键操作。按京唐公司经验，半钢 $w[\mathrm{C}]/w[\mathrm{P}]$ 比应控制大于 120，同时保证半钢碳质量分数在 3.3% ~ 3.5%。

C 脱磷效果

铁水磷含量在 0.080% ~0.145% 之间（平均为 0.111%），经脱磷转炉冶炼，铁水磷绝大多数降低至 0.02% ~ 0.05%（平均为 0.033%），表观脱磷率（$(w[\mathrm{P}]_{初始} - w[\mathrm{P}]_{终点})/w[\mathrm{P}]_{初始} \times 100\%$）平均为 70.3%。脱磷结束时铁水平均 $[\mathrm{C}]$ 含量为 3.25%，平均石灰用量为 12.82kg/t。脱磷转炉吹炼时间在 7min 左右，冶炼周期平均为 22.8min。

脱磷转炉的应用还刚刚开始，一些数据和经验需要进一步积累，一些理论需要进一步探讨。例如，如何保证脱碳转炉的出钢温度，如何计算增加兑铁和出（半）钢的次数而造成的铁水物理热量耗散量等问题需要进一步探讨。

3.1.2.3 （在炼钢炉）预装脱磷剂脱磷

如前所述，喷吹脱磷对铁水温度要求较严（1290~1320℃）、铁水温降较大、渣量大、铁耗增加、有时发生喷溅，而脱磷转炉的投资费用大，一般企业一时难以接受。对于一些现有的电弧炉及转炉炼钢厂有必要开发新的铁水脱磷方式。

脱磷反应是放热反应，温度、炉渣中（CaO）和（FeO）含量对脱磷率有着直接的影响。在转（电）炉炼钢过程中，只有当渣中（SiO$_2$）和（FeO）含量达到一定的程度时石灰才能熔化。一般认为良好脱磷的条件是：温度为 1290 ~ 1320℃；碱度 $R \geq 2.0$；渣中 $w(FeO) \geq 13\%$。

在炼钢炉中，当熔池中炉渣碱度和渣中（FeO）含量都增加到满足脱磷要求的时候，熔池温度就可能超过最佳脱磷温度，冶炼前期的脱磷效率就低。如果炼钢炉前期脱磷不好，等到冶炼后期脱磷的话，就必须是高温、高碱度、高氧化性脱磷。冶炼终点的"三高"状态，将会对炼钢成本和质量造成恶劣的影响，因此都追求冶炼前期脱磷。

为此，作者在某些电（转）炉炼钢厂试验应用了"预装脱磷剂"的脱磷方法。该方法是在炼钢炉装料时将预先配制好的脱磷剂装入炉中，增加熔池处于低温区时渣中（CaO）和（FeO）的含量，促使炼钢炉在碳激烈氧化之前的低温阶段完成脱磷任务。

A 选择脱磷剂的原则

脱硫剂应具备熔点低、氧化性强的特点，以达到促进化渣、脱磷效果好的目的。预装脱磷剂有很多种，如铁酸钙、钾钠铁酸钙、石灰粉＋氧化铁皮、返回精炼渣＋氧化铁皮等，其价格和功能效果均有不同，可根据当地的资源条件及工艺特点选择。

铁酸钙是人们普遍认为良好的脱磷剂，工业纯铁酸钙（CaO·Fe$_2$O$_3$）的熔点为 1250 ~ 1280℃。预熔的铁酸钙成分为：Fe$_2$O$_3$（FeO）约 50%，CaO 约 40%，轻烧白云石粉 2% ~ 6%，CaF$_2$ 3% ~ 6%，SiO$_2$ 越低越好。铁酸钙熔点低，能迅速成渣，是很好的脱磷剂。但其价格与烧结矿相近，生产成本较高。某厂使用的铁酸钙成分分析如表 3 - 14 所示。

表 3 - 14 某厂电炉炼钢用预熔型铁酸钙的成分

成　分	CaO	Fe$_2$O$_3$	FeO	SiO$_2$	Al$_2$O$_3$	MgO	P$_2$O$_5$
含量/%	35 ~ 45	33 ~ 43	11 ~ 20	≤5	≤5	≤3	≤0.5

钾钠铁酸钙是用除尘灰、石灰粉和轻烧白云石等回收物质配制的干燥球状物，其成分为：Fe$_2$O$_3$ 50% ~ 70%，CaO 20% ~ 30%，轻烧白云石粉 5% ~ 8%，钾长石粉 2% ~ 5%，钠长石粉 2% ~ 5%，SiO$_2$ 低于 6%，Al$_2$O$_3$ 低于 5%，由于原料中有钾、钠，因此熔点更低，促进化渣效果更好。其成本较烧结铁酸钙低，并能促进循环经济。

石灰粉＋氧化铁皮混合脱磷剂是以石灰粉（石灰筛下物）和氧化铁皮为主经过搅拌后的混合物。石灰粉中可以掺入少量的轻烧镁粉、精炼后的炉渣、电渣炉炉渣等废弃物。氧化铁皮可取自加工铁沫、干式除尘灰、干燥后的湿法除尘泥浆、干燥后的连铸氧化铁皮、轧钢氧化铁皮、加热炉氧化铁皮等。根据原材料成分的分析结果，按 $CaO:Fe_2O_3(FeO)$ 为 2:1（质量比）进行配制。这种脱磷剂的原料几乎全部来源于钢铁厂生产过程中所产生的下脚料，制作简单、成本低廉，而且更有利于环保和循环经济。

由于成本的原因，铁酸钙预制脱磷剂在国内应用较少，钾钠铁酸钙脱磷剂还处于开发之中。而作者推荐的预置石灰粉 + 氧化铁皮混合脱磷剂的工艺方法先后在电炉、转炉炼钢中进行了试验和应用，大生产应用实践表明，效果良好，很受欢迎。

B 石灰粉 + 氧化铁皮混合脱磷剂的加入方法及加入量

将按比例混合好的石灰粉 + 氧化铁皮混合脱磷剂，以设定数量装入做好防漏处理的废钢料斗的最前端，装料时放入炉底。也可以预先装在吨袋中，装料前预先置于炉底。

根据铁水、生铁、废钢等原料中磷含量的不同，石灰粉 + 氧化铁皮混合脱磷剂的加入量为 15～20kg/t。

C 石灰粉 + 氧化铁皮混合脱磷剂的使用效果

作者在某 100t 转炉生产轴承钢时 100 炉的试验结果如表 3 - 15 所示。

表 3 - 15 100t 转炉应用石灰粉 + 氧化铁皮混合脱磷剂效果统计

脱磷剂加入量/kg·t^{-1}	$w[P]/\%$		出钢 $w[C]/\%$	出钢温度/℃
	铁水	冶炼终点		
14～22/18.5	0.08～0.11/0.09	0.004～0.012/0.01	0.08～0.53/0.35	1590～1620/1613

注：表中数据为波动范围/平均值；统计炉数连续 100 炉。

作者在某 50t（50%铁水 + 50%废钢）电炉生产轴承钢、合金结构钢时应用石灰粉 + 氧化铁皮混合脱磷剂 50 炉的应用效果统计如表 3 - 16 所示。

表 3 - 16 50t 电炉应用石灰粉 + 氧化铁皮混合脱磷剂效果统计

脱磷剂加入量/kg·t^{-1}	$w[P]/\%$		出钢 $w[C]/\%$	出钢温度/℃
	铁水	出钢		
15～20/17.5	0.08～0.11/0.09	0.004～0.010/0.009	0.08～0.50/0.33	1585～1620/1610

注：表中数据为波动范围/平均值；统计炉数连续 50 炉。

作者在某 40t 纯用废钢的电炉生产轴承钢、合结钢应用石灰粉 + 氧化铁皮混合脱磷剂 50 炉效果统计如表 3 - 17 所示。

表 3 - 17 40t 电炉应用石灰粉 + 氧化铁皮混合脱磷剂效果统计

脱磷剂加入量/kg·t^{-1}	$w[P]/\%$		出钢 $w[C]/\%$	出钢温度/℃
	40%铸铁件	出钢		
18～20/19.5	0.10～0.17/0.15	0.002～0.012/0.006	0.07～0.35/0.17	1620～1640/1626

注：表中数据为波动范围/平均值；统计炉数连续 50 炉。

3.2　复吹转炉炼钢新技术

转炉炼钢从 1952 年诞生至今已有六十余年历史。六十多年突飞猛进的发展使转炉炼钢成为炼钢行业的主力军,转炉炼钢技术也日臻完善。人们围绕转炉的高效、优质、低耗、环保等方面开发出许多新工艺、新材料、新设备和新技术,促进了转炉炼钢系统的整体进步,为钢铁工业的发展做出了巨大的贡献。在钢铁工业面临残酷的市场竞争、严苛的环保要求的今天,开发和应用转炉炼钢的新技术是企业走出困境的制胜法宝。本节介绍的复吹转炉炼钢新技术有转炉高效低成本造渣技术、转炉复合吹炼技术、转炉出钢挡渣技术和转炉出钢脱氧合金化技术。

3.2.1　转炉高效低成本造渣技术

3.2.1.1　加速石灰熔化

转炉炼钢造渣的主要材料是石灰,讨论转炉炼钢造渣工艺必须首先讨论石灰的熔化过程。转炉冶炼的化渣速度直接影响转炉炼钢的效率、消耗和钢的质量,因此,提高转炉炼钢的效率,从某种意义上讲就是制定好的造渣制度和加快化渣速度,而造渣过程的研究重点实质上是加快石灰熔化的研究。

转炉开吹后,由于氧气流股的作用,Si、P、Mn、Fe 等元素被氧化生成 SiO_2、P_2O_5、MnO、FeO、Fe_2O_3 等氧化物,加之白云石造渣或炉衬砖的 MgO 被侵蚀,MgO 也进入渣中,从而形成其含量很高的铁锰镁橄榄石($2FeO \cdot SiO_2$、$2MnO \cdot SiO_2$、$2MgO \cdot SiO_2$)和玻璃体,形成最初的酸性氧化渣。大量的冷态石灰加入后,立即在石灰块表面生成一层渣壳。渣壳熔化后,石灰块的表面层开始与液态渣相接触并发生反应,石灰块表面的 FeO 将会与石灰中原有的组分(如 CaO、SiO_2 等)形成熔点远低于 CaO 熔点(2600℃)的固溶体或共晶体。这一过程并非仅仅发生在石灰块的表面,当使用软烧石灰,气孔率很大,特别是当干灰块上有许多裂缝或孔隙时,熔渣会沿着这些裂缝、孔隙和晶界向石灰块的内部渗透,SiO_2、Fe^{2+} 等将向石灰深度扩散,置换结点上的 Ca 并形成低熔点相。

所以,石灰的熔解不是因高温熔化,而是石灰中的 CaO 与渣中的 FeO、SiO_2 等形成新相低熔点化合物而熔解。反应产物离开反应区,通过扩散边界层向炉渣熔体中传递,使石灰表面形成新相低熔点化合物的反应继续进行。

如果由于枪位较低或因为氧化反应的进行,渣相中的 MnO、FeO 的浓度降低,石灰尚未全部熔化,此时炉渣碱度在 2 以下。石灰块表层附近渣相中钙镁橄榄石中 FeO 和 MnO 被 CaO 置换,便会形成 $2CaO \cdot SiO_2$。$2CaO \cdot SiO_2$ 的熔点很高(2130℃),而且结构致密,石灰块表面包覆一层这样的组织时,Fe^{2+} 等向石灰块中的渗透将会遇到困难,因而严重地阻碍着石灰块的继续熔解。当熔渣碱度继续上升到 2.8 ~ 3.2 时，渣中的 $2CaO \cdot SiO_2$ 达到过饱和状态而成弥散固相析出。这一时刻由于炉内温度的升高，脱碳速度往往达到峰值，快速的脱碳反应消耗了炉渣中的（FeO），若处理失当，渣中（TFeO）锐减，熔渣熔点上升，而这时的熔池温度不高于 1600℃，这样在弥散析出的 $2CaO \cdot SiO_2$ 和渣中原有未熔颗粒的共同作用下，熔渣的黏度剧增，这就是返干现象。

但是如果熔渣中 RO 的浓度很高，例如在采用高枪位吹炼时的情况，那么在石灰块表面附近的渣相充其量只会由 CaO 含量低的橄榄石变化为含 CaO 较高的橄榄石，不会形成纯的 $2CaO \cdot SiO_2$。这时石灰块表面的渣膜熔点没有纯 $2CaO \cdot SiO_2$ 那么高，而且质地是疏松的，无碍于石灰的继续熔解。这实际上是处理炉渣返干时提枪向渣中迅速补充 FeO 的吊吹方法。

在吹炼的最后阶段，脱碳速度高峰已过，（TFeO）增高，加之熔池温度已接近出钢温度，石灰的熔解速度增大。

根据多相反应的动力学条件，石灰在熔渣中的熔解过程由"外部传质"和"内部传质"两个环节组成。

外部传质指的是 FeO、MnO、SiO_2 和其他氧化物向石灰块表面的扩散传质和已溶 CaO 向渣相深处的传质。这一环节受熔渣黏度、浓度梯度、熔池搅拌程度以及石灰 – 熔渣接触面积大小的影响。

内部传质指的是熔渣沿石灰块的孔隙、裂缝和晶界面的传质以及 Me^{2+} 在石灰晶格中的进一步扩散以形成比 CaO 熔点低的共晶化合物或固溶体。

转炉吹炼后期的条件都有利于内部传质和内部传质的改善，所以石灰的熔化加快。

炼钢就是炼渣，只有在熔池中迅速地形成熔点、黏度、成分合适的炉渣，才能使转炉顺利地完成脱磷、脱硫、脱碳及去除夹杂的任务。

A　影响石灰熔化的因素

影响石灰熔解速度的主要因素有石灰质量、炉渣成分、熔池温度、熔池搅拌强度和人工合成造渣剂的应用等。

（1）温度的影响。当温度升高时，渣中（CaO）含量向着增大的方向移动。熔池温度高于熔渣熔点以上，可以使熔渣黏度降低，加速熔渣向石灰块的渗透，使生成在石灰块外壳上的化合物迅速熔融而脱落成渣。故吹炼前期，采用热行的温度制度是必要的。但是吹炼前期快速升温会使熔池的温度迅速越过脱磷的最佳温度，对转炉脱磷不利。

（2）熔渣组成的影响。对于钢铁生产中常见的熔渣系统而言，石灰在渣中的熔解速度和熔渣组成之间的关系如下所述。

渣中（FeO）对于石灰的渣化速度有重要作用，原因是在各种有关组元中，FeO 能够最大限度地降低熔渣的黏度，因而有力地改善石灰熔解过程中的外部传质条件。在碱性渣系中，FeO 属于表面活性物质，可以改善熔渣对石灰块的润湿和熔渣向石灰块缝隙中的渗透。FeO 离解后生成的离子半径不大（$r_{Fe^{2+}}$ = 0.083nm，$r_{O^{2-}}$ = 0.132nm），而且 FeO 与 CaO 同属立方晶格，所以它在石灰晶格中的迁移、扩散、置换和生成低熔点相都比较容易。如前所述，当（FeO）含量高时在石灰块表面生成的 2(MeO)·SiO_2 熔点低而且质地疏松。

渣中（MnO）对石灰熔解所起的作用比 FeO 差，仅在（FeO）足够的情况下，MnO 才能有效地帮助石灰熔解，而当（MnO）超过 26% 后，如果（FeO）不足，反而会延滞石灰的熔解。

渣中的（MgO）对于石灰的熔解是复杂的，见 3.2.1.3 节所述。

渣中（SiO_2）对石灰熔解所起的作用也具有极值性。在渣中其他组元含量的比例不变时，增加（SiO_2）含量，在没超过 20% 的范围内，可以使熔渣的熔点下降，黏度值下降，使熔渣对石灰块的润湿情况有所改善，从而导致 $w(CaO)$ 的增大和熔渣对于石灰吸收活性的提高，强化渗透。当（SiO_2）超过 20% 时，由于形成大量的复合硅氧阴离子而使熔渣的黏度数值显著增加，不利于石灰的熔化。

渣中（CaO）对化渣的影响是复杂的。石灰被炉渣吸收的速度（J_{CaO}）与渣中 CaO 含量之间存在极值关系。J_{CaO} 随炉渣碱度和渣中 CaO 含量的增大而提高，超过一定限度后就成反比例关系，这与炉渣黏度发生变化有关。在 CaO 含量增加到 30% ~ 35% 之前，随 CaO 含量的增高，炉渣黏度是下降的，此时炉渣结构和流动单元发生了变化。而当 CaO 含量大于 40% 时，已接近形成炉渣的多相状态，此时石灰熔解的热力学推动力 $w(CaO)_{饱} - w(CaO)_{实}$ 已经减小了。石灰的质量（石灰的反应能力）对化渣影响较大，由于石灰的反应能力与石灰的反应表面积成正比，所以石灰的粒度越小，孔隙率越高（越疏松），比表面积越大，则石灰的反应能力越高，在炉渣中熔化越快。活性石灰具有这种特点。

（3）比渣量的影响。比渣量（已熔炉渣和未熔石灰量之比）的大小对化渣速度影响较大。比渣量越大，石灰的熔化速度越快。生产实践表明，采用留渣法，"少量多批"加入石灰的方法都会提高熔渣比，促进石灰熔解。

（4）熔池搅拌强度的影响。熔池搅拌强烈而均匀是石灰熔解的重要动力学条件。加强熔池搅拌，可以显著改善石灰熔解的传质过程，增加反应界面，改善石灰熔解的动力学条件，提高石灰熔解速度。在顶吹转炉中，熔池的搅拌强度主要取决于脱碳速度，脱碳速度越快，熔池沸腾越激烈，对炉渣的搅拌效果越好。因此，在顶吹转炉冶炼前期往往搅拌效果较差，中期搅拌效果较好，后期搅拌效果又较差。复吹转炉的底吹能强化熔池的搅拌，提高底部的供气量可以提高熔池的搅拌强度，显著改善熔池化学反应的动力学条件，加速石灰熔化，提高脱碳速度，缩短冶炼时间。

B 加速石灰熔化（成渣）的措施

转炉炼钢的基本特点是速度快、周期短、吞吐量大，目前大转炉的纯吹氧时间为 15~18min，要在这短短的十几分钟时间内保证冶炼正常进行，必须加速化渣。因而提高成渣速度是制定转炉炼钢造渣制度的主要原则之一。从前面的讨论可知，加速石灰熔解的具体措施主要有以下几个方面。

a 采用活性石灰造渣

石灰是转炉炼钢的主要造渣剂。随着炼钢的技术进步和新产品的不断开发，对石灰质量的要求越来越高。从要求石灰的氧化钙含量提升到要求石灰的有效氧化钙含量，现在提高到要求石灰的活性。质量和加入量已经成为高效低成本生产洁净钢平台的重要支撑技术。

活性石灰与普通石灰相比，有更高的反应能力，表面沉积的 C_2S 外壳不致密、易剥落，可加速石灰的熔解。粒度越细小，石灰的活性度越高；质地越疏松，孔隙率越高；比表面积越大，反应能力也越强，吹炼中成渣速度越快。

（1）国内外炼钢石灰质量。我国虽然有活性石灰的标准，但是与国外炼钢石灰的质量标准差距很大，而国内一些炼钢厂所用石灰连国内的标准都达不到，这成为高效低成本生产洁净钢的瓶颈。因此，有必要把对石灰质量的认识提到一个新的高度。国内外炼钢石灰质量的标准如表 3-18 和表 3-19 所示。

表 3-18 国内炼钢石灰质量标准

	级别	$w(CaO)$ $(\geqslant)/\%$	$w(SiO_2)$ $(\leqslant)/\%$	$w(P)$ $(\leqslant)/\%$	$w(S)$ $(\leqslant)/\%$	生过烧率 $(\leqslant)/\%$	活性度 $(\geqslant)/mL$	粒度/mm
普通石灰	优质品	85	3.5	0.04	0.10	8	280	10~50
	合格品	75	5.5	0.05	0.15	10	240	10~50
活性石灰	一级品	92	1.0	0.03	0.03	4	360	10~50
	二级品	89	1.2	0.04	0.04	6	330	10~50
	合格品	86	1.5	0.05	0.05	8	300	10~50
精炼石灰		90	1.0	0.04	0.050	6	330	5~10

表 3-19 国外炼钢石灰质量标准

国 别	$w(CaO)/\%$	$w(SiO_2)/\%$	$w(P)/\%$	$w(S)/\%$	灼减/%	粒度/mm
美 国	>96	≤1	≤0.035	≤0.035	≤2.0	7~30
日 本	>92	≤2	≤0.020	≤0.020	≤3.0	4~30
德 国	87~95		<0.04	<0.04	<3.0	8~40

石灰的含水量必须控制在 0.5% 以下，以防止其潮解。

（2）炼钢石灰各指标的意义。

1）CaO 及 SiO_2 含量。CaO 含量越高和 SiO_2 含量越低，则石灰越好。若转炉炼钢的终渣碱度按 3 计算，炼钢石灰中每含有 1 个单位的 SiO_2，则需要有 3 个单位的 CaO 与之中和。如果石灰中 SiO_2 含量高，就降低了石灰中有效 CaO 含量，使石灰消耗量增大，渣量增大，金属收得率下降。一般认为，石灰中 SiO_2 含量增大 3%，金属收得率相应降低 1%。此外，SiO_2 在炉内与 CaO 反应，直接生成 $2CaO \cdot SiO_2$，在生石灰表面形成很厚的膜层而妨碍快速化渣。为了充分考虑 SiO_2 的影响，一般是用"有效 CaO"的概念来描述石灰的品质。其表达式为：

$$w(CaO)_{有效} = w(CaO) - Rw(SiO_2)$$

式中，R 为转炉冶炼追求的终渣碱度。

显然 SiO_2 含量的多少是石灰质量的重要标志。石灰中 SiO_2 含量取决于石灰石中 SiO_2 的含量，烧成石灰中 SiO_2 含量约是石灰石中 SiO_2 含量的一倍。

2）硫和磷含量。炼钢主要目的之一就是去除钢中硫和磷，只有石灰中硫、磷含量低才能使金属中的硫、磷最大限度地转移到渣中。石灰中硫、磷含量高则意味着石灰脱硫、脱磷能力降低，甚至反而增加钢中硫含量。有资料表明，石灰中硫含量在 0.05% ~ 0.1% 时，钢水硫含量增加不大于 0.001%，而石灰硫含量超过 0.1% 时，钢水硫含量增加就在 0.002% ~ 0.005% 之间。因此，减少石灰硫、磷含量是提高炼钢脱硫和磷效果、减少钢水中硫和磷含量的重要因素。由此可见，如果石灰本身带入较高的硫、磷含量，将会降低钢的质量，或导致石灰消耗量增加。石灰中的含硫量除了与石灰石中的含硫量有关外，更取决于烧石灰时所用燃料的含硫量。

3）MgO 含量。转炉冶炼前期的低熔点、高氧化铁阶段，渣中 MgO 可以降低炉渣的熔点加速早期炉渣形成，提高渣中 MgO 的含量可以减少炉渣从炉衬中夺走 MgO，从而提高炉衬寿命。采用轻烧白云石造渣就是保护炉衬的一例。石灰中 MgO 含量取决于石灰石矿石中的 MgO 含量。

4）生过烧。生烧是指石灰石没被烧透，残留有未分解的 $CaCO_3$。残留的 $CaCO_3$ 含量高就等于减少了 CaO 含量，残留的 $CaCO_3$ 在转炉内要发生分解反应而吸热，消耗转炉内的热量，减少加废钢的比例。

过烧是指窑温过高，将部分石灰石中低熔点物质熔化再结晶后形成的褐色硬块，过烧石灰的反应性极差，影响化渣。

生过烧的多少和石灰烧成工艺有关。石灰由碳酸钙沉积岩煅烧而成，用于烧石灰的碳酸钙依其晶体结构、化学成分、强度、烧成石灰的性能等因素确定其可用性和烧制方法。碳酸钙在窑内发生分解反应（开始分解温度为 882 ~ 910℃），生成氧化钙和二氧化碳。$CaCO_3$ 的分解反应过程是：$CaCO_3$ 微粒破坏，在 $CaCO_3$ 中生成 CaO 过饱和溶体；过饱和溶体分解，生成 CaO 晶体；CO_2 气体解析，随后向表面扩散。

影响烧成石灰质量的因素很多,如石灰石的化学成分、晶体结构及物理性质、装入煅烧窑的石灰石块度、煅烧窑类型、煅烧温度及其作用时间、所用燃料的类型和数量等。煅烧温度和时间对 $CaCO_3$ 分解速度及石灰质量有重要影响。

煅烧温度高于分解温度越多,$CaCO_3$ 分解越快,生产率越高,但石灰质量明显变差。煅烧温度较低时,烧成的 CaO 密度小,晶体结构中存在大量缺陷。煅烧温度达 900~1200℃时,石灰结构逐渐密结,强度增大,孔隙度减小,晶粒增大。当煅烧温度升至 1200~1400℃时,发生晶体重结晶,结构越来越致密,气孔被包围,晶体不断长大,有畸变的晶体逐渐长好。煅烧温度继续提高,有缺陷的、不完备的、不平衡的晶体逐渐长好,变为正常的完整晶体,活性显著下降。

实践表明,延长高温区煅烧时间也会导致同样结果。因此,要获得优质石灰,必须选择合适的煅烧温度和缩短高温煅烧期的停留时间。图 3-13 所示为石灰的比表面积、粒度、气孔率、体积密度等与煅烧温度的关系。

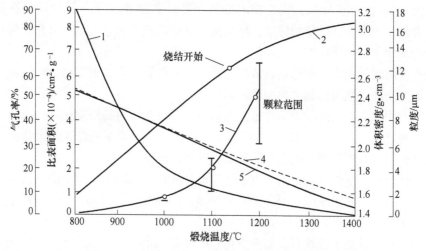

图 3-13 石灰的煅烧温度与各物理性质参数的关系
1—比表面积;2—体积密度;3—平均粒度;4—气孔率(计算);5—气孔率(测)

研究表明,在石灰煅烧过程中,CaO 的晶粒大小、气孔率、反应速度等各项性质之间有密切的关系。若在窑内的停留时间相同,提高温度可导致 CaO 晶体长大,而比表面积和气孔率则减小。煅烧温度比煅烧持续时间对石灰质量的影响更大,对每一个煅烧温度都各有一个在窑内的最佳停留时间。

生产中石灰煅烧程度可分为轻烧、中烧和硬烧。

轻烧石灰晶体小、比表面积大、总气孔体积大、体积密度小,绝大部分由最大为 1~2μm 的小晶体组成,绝大部分气孔直径为 0.1~1μm。轻烧石灰熔解速度快,反应能力强,又称为活性石灰,是转炉炼钢理想的造渣材料。

中烧石灰晶体强烈聚集,晶体直径为 3~6μm,气孔直径为 1~10μm。中烧石灰作为转炉造渣材料使用效果较差。

硬烧石灰大多由致密 CaO 聚集体组成，晶体直径远大于 10μm，气孔直径有的大于 20μm。硬烧石灰不适用于转炉炼钢。

轻烧、中烧、硬烧灰的物理性质差别较大，不同煅烧度石灰的物理性质如表 3－20 所示。

表 3－20　不同煅烧度石灰的物理性质

物　　性	轻　烧	中　烧	硬　烧
体积密度/g·cm^{-3}	1.5~1.8	1.8~2.2	>2.2
总气孔率/%	46~55	34~46	<34
BET 比表面积/m^2·g^{-1}	>1.0	0.3~1.0	<0.3
活性度（4mol HCl 滴定 10min 时）/mL	>350	150~350	<150

5）活性度。近年来，人们对石灰质量的认识越来越高，早期只把石灰中 CaO 含量作为衡量其质量的标准，后来提出有效 CaO 的概念，现在又把活性作为判定石灰质量的主要标准。

石灰的活性决定转炉炼钢造渣的过程，因此与炼钢速度密切相关。石灰高活性是加速造渣、快速炼钢的决定性因素之一。

通常用水与石灰的反应速度来近似地反映石灰在炉内的渣化速度，所以石灰的水活性已经列为衡量石灰质量的重要指标之一。现在是采用盐酸滴定法测定石灰的活性，并且列为常规的石灰质量检验项目。

活性石灰的活性度通常大于 300mL（4mol HCl、40℃±1℃、10min 的滴定值）以上，CaO 含量大于 90%，Σ（$SiO_2 + Fe_2O_3 + Al_2O_3$）含量小于 2%，残余 CO_2 含量一般不超过 2%。

活性石灰有别于普通石灰的特点是 CaO 矿物结晶细小、气孔率高、体积密度小、比表面积大。

活性石灰是铁水预处理、钢水炉外脱硫、炉外精炼以及所有炼钢炉用的良好造渣剂。它对于强化冶炼过程、降低炉料消耗和改进质量都有重要作用。

但是，石灰的活性越高，在运输和储存中越容易发生破碎和粉化，使用时石灰面子的量较多，因此活性石灰的运输和保管是应该有严格规定的。

6）粒度。炼钢时石灰熔化速度与生石灰粒度密切相关，即粒度小则快，大则慢。这是因为粒度小，与铁水接触的表面积大，反应速度快的缘故。

粒度过大，熔化很慢，甚至到炼钢终点还来不及熔化，变为炉渣中的游离 CaO，石灰不能及时充分发挥作用。

粒度过小，在向转炉加料时容易被烟气带走，既损失了石灰又危害环境，更严重的是增加除尘净化系统的负荷，增加除尘污水中 Ca^{2+} 浓度，易形成管壁结垢甚至堵塞系统管路，造成生产事故。因此除了运输和保管上的注意以外，入厂后的石灰必须经过严格筛分后方可使用。合适的石灰粒度为 50~80mm，石灰粒度小于 5mm 的部分不能超过 5%。

b 避免在石灰块表面沉积 C_2S

从 $CaO - SiO_2 - FeO$ 三元相图上可以看出：沿着 $w(FeO)/w(SiO_2) > 2$ 的路线提高炉渣碱度，可避开 C_2S 的沉积区，加快石灰的熔化。具体来说，可采取以下措施：

在一定供氧量和枪位下，铁水含硅量低的初渣，$w(FeO)/w(SiO_2)$ 较高。就一定炉渣碱度而言，铁水含硅量低的渣量少，因而喷溅的可能性小，可采用较高枪位操作，提高过程渣中的 $w(FeO)/w(SiO_2)$ 比值。铁水中含硅量过高会使 (SiO_2) 超过上节所介绍的适当数值，导致冶炼前期 a_{CaO} 和 a_{FeO} 减小，从而恶化了前期去磷、硫的热力学和动力学条件。但是铁水中的硅含量过低，铁水的化学热少，很难保证转炉冶炼的终点温度。熔渣中的 SiO_2 含量过低，由于渣量过少，熔渣的物理化学性能也差，也会恶化石灰熔解和去除磷、硫的条件。为了在冶炼的最后三分之一的时间内能够迅速熔解石灰并形成有较好流动性的熔渣，渣中 SiO_2 的含量应该在 15%~18% 的范围内。根据生产实践经验，普通转炉炼钢铁水的 [Si] 含量为 0.4%~0.6% 为宜。因为高炉渣中 (SiO_2) 含量为 40%~50%，所以为减少转炉渣中的 (SiO_2) 含量，应避免高炉渣进入转炉。

c 选择合理的成渣途径

氧气顶吹转炉吹炼高炉铁水时，由初渣过渡到终渣的过程根据 (TFeO) 含量的不同可以分为高氧化铁成渣途径（铁质成渣途径）和低氧化铁成渣途径（钙质成渣途径）两种。

钙质成渣途径发生在低枪位操作中。沿着这一途径成渣时，由于 (TFeO) 很低，熔渣的熔点高，渣质黏稠，石灰块表面容易生成 $2CaO \cdot SiO_2$，于吹炼中期严重返干，稠渣被氧射流吹向炉壁，氧射流与金属直接作用，烟尘中含铁多，吹损大，氧枪喷头和烟罩等黏钢严重。显然，这种熔渣的去除磷、硫的能力很低。

当采用高枪位操作时，成渣过程沿着铁质途径进行。渣子成分在易熔区内变化。因为 (TFeO) 高，石灰块表面的 CaS 质地疏松，加入的石灰能够速熔，碱度值上升快，返干现象得以减轻或者根本消除。这种渣在吹炼的前期便有很好的去除磷、硫的能力。

d 合理地控制熔渣的氧化性和脱碳速度

脱碳速度 v_C 与熔渣的氧化性 (TFeO) 密切相关，二者都对石灰的熔解起关键性的作用，而二者又取决于枪位（更确切地说都取决于射流的动压头）。上述因素对石灰熔解速度的影响是复杂的。提高枪位可以提高熔渣的氧化性，对石灰熔解是有利的，但是这会降低 v_C，减小射流对熔池的搅拌功率，使石灰熔解的动力学条件变坏。

吹炼各阶段应该有适宜的（TFeO）和 v_C 的比例关系。到吹炼中期（全程的 30% ~ 70%），v_C 常常超过合理数值，强烈地消耗（TFeO），使（TFeO）达不到理想值。应该根据各阶段的温度条件，按照一定的程序改变枪位，使二者都接近合理的数值，以获得最大的石灰熔解速度。

e　石灰的用量的确定

为了满足脱磷、脱硫及提高炉衬使用寿命的需要，炉渣的简单碱度应 $R \geq 3$。炉渣中的（SiO_2）含量取决于铁水中的［Si］含量。［Si］要氧化成（SiO_2），相对分子质量增大为 2.14 倍。为保证炉渣碱度为 3，加入石灰量为：

$$G = 1000 \times 3 \times \frac{2.14w[Si]}{w(CaO)_{有效}} - G_1 - G_2$$

式中　　　G——石灰加入总量，kg/t；

3——炉渣碱度；

2.14——SiO_2 与 Si 相对分子质量的比值；

$w(CaO)_{有效}$——石灰有效氧化钙含量，%；

G_1——轻烧白云石中的石灰含量，kg/t；

G_2——合成渣中的石灰含量，kg/t。

在加入含氧化钙的炉料（轻烧白云石、合成渣等）时，应按带入氧化钙（G_1、G_2）的量，适当减少石灰加入量。对于铁水中磷、硫含量较高的炉次，需要适当地增加石灰的加入量。

根据计算（见表 3 - 21），可以简单认为石灰的加入量与关系铁水硅含量是，每增加 0.1%，石灰消耗增加 10kg/t。

表 3 - 21　铁水硅含量与石灰单耗的关系

铁水硅含量/%	0.6	0.7	0.8	0.9	1.0	1.1	1.2	1.3
石灰单耗/kg·t⁻¹	60	70	80	90	100	110	120	130

f　影响炼钢石灰消耗的因素

（1）铁水的质量对石灰的加入量影响。铁水的质量对石灰的加入量影响很大，故要求尽可能降低铁水［Si］（0.40% ~ 0.60%）、［P］（≤0.050%）、［S］（≤0.050%）含量，减少铁水带渣量（≤0.5%）等。这都可以降低石灰的消耗。

（2）石灰质量的影响。选用好的石灰石矿源，降低石灰中 SiO_2 含量（≤2%）；采用气烧工艺提高石灰活性（≥300mL）；合理的粒度（50 ~ 80mm），减少石灰中粒度不大于 5mm 的粉状物比率（≤5%）等措施可以降低石灰消耗。

（3）采用新工艺降低石灰消耗。开发、试验、应用人工合成复合造渣材料、石灰石造渣工艺、二次造渣工艺、留渣＋双渣工艺等新造渣工艺技术降低石灰消耗。

（4）稳定工艺操作。做好前期脱磷，供氧和加料严密配合，头批料化好化透，减少溢渣和喷溅，降低渣中游离（CaO）含量，提高石灰的利用率，降低石灰消耗。

3.2.1.2 复合造渣剂的应用

通过前面的论述可知，石灰的熔点 2600℃左右，它在炼钢炉的温度下是不可能靠加热熔化的，只有靠转炉中石灰与 FeO、MnO、SiO_2 等形成低熔点化合物才能熔化。

转炉开始吹炼时，先是 Si、Mn、P 氧化，随后才是 Fe 氧化，只有炉渣中生成足够量的（FeO）之后，才能促使石灰熔化。这一段时间约为 3min，不仅成渣时间长、铁耗多，而且低碱度的炉渣对炉衬的耐火材料侵蚀也很严重。因此，冶金工作者采用添加复合造渣剂的方法来缩短成渣时间、减少铁的消耗、减轻前期炉渣对炉衬耐火材料的侵蚀、降低石灰消耗。

A 复合造渣剂的制作

复合造渣剂又称为合成造渣剂，是预先在炉外制成的低熔点造渣材料，用于转炉内造渣。即把炉内的石灰块造渣过程部分地移到炉外进行。组成合成造渣剂的物质有含铁废料、氧化锰粉、石灰和轻烧白云石、萤石粉筛下物等。可用两种或几种粉状料按一定的配比均匀地混合在一起烧结成低熔点的烧结状物体。

这种预制的低熔点材料进入转炉后迅速熔化，增加了熔池中（FeO）、（CaO）、（SiO_2）的含量，促进石灰迅速熔化。

为了降低生产成本，可以将复合造渣剂各种原料粉碎后按配比（$w(FeO) \approx 40\%$，$w(CaO) \approx 40\%$，$w(SiO_2) = 10\% \sim 15\%$，$w(CaF_2) = 5\% \sim 10\%$）混合、加密、挤压、成型、干燥后备用。这虽然不是预熔材料，但是由于是细粉充分均匀混合压密制成球形，也能起到快速熔化的效果。复合造渣剂没有严格的技术指标，根据各厂的工艺及废弃物现状来确定。其原则是 FeO 含量尽可能要高、SiO_2 含量要低、CaO 含量高、水分少、有一定强度。某厂执行标准如表 3-22 所示。

表 3-22 复合造渣剂标准

名 称	化学成分（质量分数）/%					
	CaO + MgO	SiO_2	TFe	S	P	水分
造渣剂	≤40	<4	≥40	<0.08	<0.07	<1

注：粒度 40～60mm；<40mm 的量不大于 5%。强度大于 24MPa，自由落下高度为 2m，落到大于 20mm 钢板上不碎为合格。不得混入外来杂物，清洁、干燥、无杂质，夏季不带水、冬季无冻块。

复合造渣剂的制作工艺如图 3 – 14 所示。

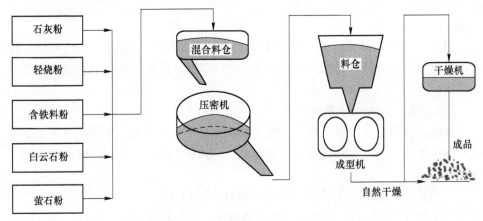

图 3 – 14　复合造渣剂生产工艺流程

B　复合造渣剂的应用效果

某 120t 转炉炼钢厂使用结果表明，当复合造渣剂的加入量为 20kg/t 时，可取得如下效果：

（1）缩短转炉冶炼时间。复合造渣剂的加入促进了石灰的熔化，缩短了前期成渣时间，从而缩短了转炉冶炼时间。化渣时间可以缩短 30～35s/炉。

（2）降低钢铁料消耗。在不用复合造渣剂时，必须依靠铁水中铁成分的氧化生成（FeO）促进石灰的熔化。加入复合造渣剂时直接带入了（FeO），减少了铁的氧化量，减少了铁水的消耗。同时加入的复合造渣剂中铁元素大部分能得到回收。转炉钢铁料消耗降低 1.0～2.0kg/t。

（3）提高转炉炉衬使用寿命。加入复合造渣剂缩短了成渣时间，也就是减少了低碱度、高氧化铁炉渣对炉衬的侵蚀时间，可以提高炉衬的使用寿命。

（4）促进冶炼前期脱磷。如果按照铁酸钙的成分配制复合造渣剂，转炉开吹后随首批料加入炉内，可以在熔池低温状态下（1300～1350℃）形成高（FeO）、高碱度的炉渣，使脱磷反应迅速进行，促进冶炼前期脱磷。近年来日本的炼钢界极力推崇铁酸钙造渣工艺，并在铁酸钙中加入 3%～5% 的钾或钠等低熔点物质，预熔渣的熔点降到 900～1100℃，取得了良好的冶金效果。

（5）降低石灰消耗。因为复合造渣剂中含有 CaO，故可以降低石灰的消耗。石灰消耗降低 3～5kg/t。

（6）促进了循环经济。炼钢生产中产生的许多废弃物资都可以用来制作复合造渣剂，如除尘灰、除尘泥浆、加热炉氧化铁皮、轧钢铁皮、连铸泥浆、切割铁末等含铁料以及石灰筛下物、轻烧白云石筛下物、萤石筛下物、石灰石筛下物等都可以作为制作复合造渣剂的原料使用，既降低成本又有利于循环经济。

C　复合造渣剂的加入量

根据入炉的铁水温度和废钢的加入量可以适当调整复合造渣剂的加入量。一般情况下复合造渣剂的加入量为 10 ~ 20kg/t。

3.2.1.3　轻烧白云石造渣工艺

轻烧白云石造渣是 20 世纪末开发并应用的强化转炉造渣的新工艺。它对加快转炉化渣速度、提高炉衬寿命起到了积极作用，是转炉造渣工艺中的重要组成部分。

转炉渣的主要成分是 CaO、MgO、SiO_2 和 FeO 等。随着吹炼过程的进行，石灰逐渐熔化渣量不断增加。MgO 在渣的溶解度是随炉渣的温度、碱度、（TFeO）的变化而变化。当初期渣 $R = 1 ~ 2$，渣中（FeO）含量 10% ~ 40% 时，MgO 饱和溶解度较高。而且这时 MgO 含量的增大可降低炉渣的熔点。当渣中 $R = 2.0$，渣中（FeO）为 30% 时，加入 10% MgO 可使熔渣熔点下降 100℃。随着炉渣碱度升高、氧化铁含量下降，氧化镁在渣中的溶解度下降。炉渣不同碱度时渣中（MgO）浓度对炉渣熔点的影响如图 3 - 15 所示。

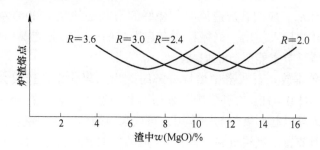

图 3 - 15　渣中不同碱度含量时 $w(MgO)$ 对炉渣熔点的影响

由图 3 - 15 可知，当炉渣处于低碱度、高氧化状态时，炉渣中（MgO）溶解度高。吹炼前期加入 MgO 可以降低炉渣熔点并促进化渣。在吹炼后期由于炉渣碱度提高到 3 以上时，氧化铁降低，炉渣中（MgO）溶解度降低，如果炉渣中（MgO）含量大于 8%，将有固相 MgO 析出，使炉渣变干。

吹炼前期炉渣处于低碱度、高氧化状态时，炉渣中（MgO）溶解度高。当炉渣中（MgO）含量低时，就要从转炉衬中夺取炉衬中的 MgO 来达到炉渣中（MgO）的平衡，使炉衬侵蚀加剧。因此，吹炼前期随头批料加入轻烧白云石，既能促进化渣，又能减轻炉渣对炉衬的侵蚀，提高转炉使用寿命。

轻烧白云石是由生白云石经较低温度（约 1000℃）焙烧而成，其中的 CaCO_3、$MgCO_3$ 大部分分解为 CaO 和 MgO，但仍有一部分 CO_3^{2-} 存在。各炼钢厂由于地理条件的不同，所用轻烧白云石的理化指标也不同，主要是要求 MgO 含量大于 30%，SiO_2 含量越低越好。某厂采用轻烧白云石标准如表 3 - 23 所示。

表 3 - 23   某厂采用轻烧白云石的标准   （%）

成分（质量分数）	CaO（≥）	MgO（≥）	SiO$_2$（≤）	烧减（<）	水分（<）
一级	40	30	3	15	0.5
二级	30	25	4	20	0.5

注：粒度 20～80mm，<20mm 与 >80mm 的量之和不大于 10%，最大粒度不大于 100mm。

轻烧白云石的烧减值以 15% 为宜，防潮保存，储存时间为 3 天。

氧气转炉炼钢使用轻烧白云石造渣，是提高炉龄、促进化渣的一项有效措施，已为国内外实践所证明。在确定石灰加入量时一定要考虑轻烧白云石的加入量，认真调整枪位，防止炉渣返干。轻烧白云石的加入量一般为 15～20kg/t。

3.2.1.4 石灰石造渣工艺

近年来，北京科技大学李宏教授等展开了转炉炼钢用石灰石造渣的试验研究，一些转炉炼钢厂开始用部分石灰石替代石灰作为造渣剂使用，替代比率为 25%～80%，取得成效。

A   应用石灰石造渣的工艺效果

（1）节省能源。应用石灰造渣时，烧好的石灰必须从 1300℃ 左右冷却到室温才能运送到转炉投入使用，烧好石灰自身携带的这一部分能源白白地浪费掉。利用石灰石造渣可节省能源 2000kJ/kg。

（2）减少碳排放。石灰窑中焙烧分解时放出二氧化碳，造成大气污染，每烧成 1kg 石灰减排 0.41kg 二氧化碳。采用石灰石造渣工艺，石灰在转炉内分解产生的二氧化碳可以起到氧化剂的作用，与铁水中的硅、磷、锰、碳、铁等发生氧化反应，不但节省了氧气（约 8%），生成的一氧化碳还能增加回收煤气的热值，如图 3 - 16 所示。

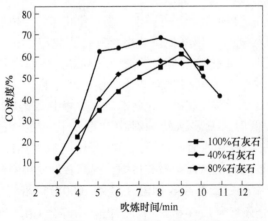

图 3 - 16   回收煤气 CO 含量随石灰石加入比率不同的变化

（3）脱磷效果较好。由于加入的石灰石分解时吸收了热量，熔池升温速度较慢，有利于冶炼前期脱磷反应的进行，转炉脱磷效果较好，如表3-24所示。

表3-24 不同石灰石加入量脱磷率的变化 (%)

石灰石量	$w[P]$	$w[S]$	脱磷率	脱硫率
0	0.015	0.021	83.7	44.7
40	0.009	0.026	90.3	50.0
60	0.012	0.026	86.7	25.7
80	0.009	0.026	90.2	50.7

（4）加快石灰成渣的速度。石灰石块加入转炉后首先是表面受热，随着由表面向里的传热，无论是石灰石的表面还是内部，只要温度达到420℃以上，$CaCO_3$即可能发生分解。随着温度升高，分解的趋势增大，在800℃左右分解趋势达到最大。在高温分解时产生每一个CO_2分子都是一个爆炸源，推动外部的CaO分子飞向渣中，表面的石灰也呈多孔（活性态），可以加快化渣速度。

（5）避免增加除尘系统的负荷。石灰在生产、破碎、运输、储存过程中由于撞击和粉化作用会产生很多石灰面，这些不大于5mm的石灰面在加入转炉时会被除尘系统抽走，不但不能进入炉内参加化学反应，反而会产生大量的粉尘，增加了烟气净化系统的负荷，增加了湿法除尘浊环水的碱度，加剧管路结垢。石灰石在运输和储存过程中不易破碎和粉化。

（6）降低生产成本。据统计，应用石灰石替代石灰造渣可以降低生产成本0.22元/t。

B 应用石灰石造渣的工艺调整

（1）石灰石加入时机。三种加入方式对比，即：开吹后全部石灰石随第一批料加入；开吹后50%石灰石随第一批料加入，剩余50%随第二批料多次加入；全部石灰石随第二批料多次加入。从化渣、脱磷、煤气回收等方面综合考虑，"开吹后50%石灰石随第一批料加入，剩余50%随第二批料多次加入"的方案为好。

（2）供氧的变化。转炉吹炼前期要采用高枪位吊枪，增加渣中FeO含量，以便迅速形成高碱度、高氧化性、低熔点的熔渣，有利于脱磷。

（3）冷却剂的调整。由于石灰石分解吸收大量的热，所以采用石灰石替代石灰造渣时一定要确认铁水的物理热和化学热能否满足吹炼终点的温度要求。根据热力学计算，石灰石冷却效应是废钢冷却效应的2.017倍。也就是说，每加入1t石灰石替代石灰造渣，就要减少1.50t的废钢加入量。所以，确定加入炉内的石灰石量时必须计算转炉内富余热量与石灰石分解吸收热量的差值。具体的石灰石加入量要根据本厂的铁水条件来确定。石灰石替代石灰的比例一般以20% ~ 60%为宜。

C　石灰石造渣工艺的选择性应用

当入转炉铁水温度低（≤1200℃）或铁水含硅量低（≤0.4%）时少用或不宜采用石灰石造渣工艺，避免因为石灰石的降温而影响出钢温度。

在炼钢铁水供应不足又要增加产量时，为了增加废钢比，应该少用或不用石灰石造渣工艺。

在废钢价格相对于铁水价格低时，为了多加废钢降低成本，也应该少用或不用石灰石造渣工艺。

3.2.1.5　二次造渣工艺

在铁水含磷量很高或成品钢磷含量要求极低的情况下，为了提高转炉脱磷率，采用二次造渣工艺。

吹炼开始到4~5min时铁水中的一部分磷已被脱出进入渣中，为了减低渣中P_2O_5的浓度，促进脱磷反应的继续进行，将一部分炉渣倒出，然后再向炉内加入石灰，继续进行脱磷。通过二次造渣工艺可以将熔池中的磷脱到较低（≤0.0010%）的程度。

当然，二次造渣脱磷显著地增加了石灰消耗。

3.2.1.6　留渣+双渣工艺

减少转炉炉渣渣量是降低钢铁料消耗、降低炼钢成本的重要途径。近几年，新日铁陆续报道了MURC留渣+双渣工艺开发和使用的相关情况，降低石灰消耗40%以上。国内钢铁行业为了降低石灰消耗，也采用了留渣或"留渣+双渣"模式，如济钢第三炼钢厂120t转炉、鞍钢鲅鱼圈钢铁分公司260t转炉和武钢120t转炉都采用了留渣操作工艺。

北科大、首钢总公司等单位先后在迁安（5×210t转炉）、秦皇岛（3×100t转炉）开发了转炉炼钢"留渣+双渣"工艺。该工艺因为能够显著减少炼钢渣量的特点，而被命名SGRS（Slag Generation Reduced Steelmaking）转炉炼钢工艺。到2013年初，迁安和首秦采用SGRS工艺的比例分别达到60.03%和81.10%，循环周期为7~8炉，取得了良好的工艺效果和经济效益。

A　SGRS工艺概况

"留渣+双渣"法的关键是"留渣"，而"双渣"并非二次加料造渣。与原来转炉炼钢工艺相比，SGRS工艺发生了两点变化：一是将出渣时间由原来溅渣护炉后改为吹炼开始后4~5min；二是将石灰加入时机由原来开吹后改为新工艺的出渣后。其目的是充分利用转炉上一炉冶炼后期的高碱度、高氧化性、P_2O_5含量比较低的炉渣在下一炉开吹后的低温状态下进行脱磷，虽然这后期炉渣在高温状态下脱磷能力较差，但在下一炉的低温状态下还有一定的脱磷能力。吹炼开始后4~5min时（温度对脱磷反应开始变为不利之时）将P_2O_5含量较高的炉渣倒掉，再加入石灰重新造渣脱碳，一炉一炉，如此往复运行。但是运行几炉或十几炉之后，由于终点炉渣中的 P_2O_5 含量积累得越来越高，后期留渣脱磷能力变差，故需出钢后彻底出渣，重新开始进行下一个周期循环。"留渣＋双渣"造渣工艺流程如图 3-17 所示。

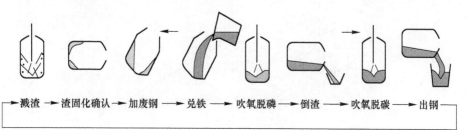

$\rightarrow$ 溅渣 $\rightarrow$ 渣固化确认 $\rightarrow$ 加废钢 $\rightarrow$ 兑铁 $\rightarrow$ 吹氧脱磷 $\rightarrow$ 倒渣 $\rightarrow$ 吹氧脱碳 $\rightarrow$ 出钢 $\rightarrow$

图 3-17 SGRS 转炉炼钢工艺

B SGRS 转炉造渣工艺的核心技术

从图 3-17 可见，SGRS 转炉炼钢工艺的技术要点有炉渣的固化和确认技术、前期高效脱磷技术、脱磷后迅速倒渣技术和紧凑型组织生产技术等。

a 炉渣固化及确认技术

根据生产钢种的不同，转炉冶炼终点炉渣中（TFeO）含量为 15%～25%。如果在炉渣处于熔融状态兑铁，将会发生激烈的碳氧反应，这种反应是瞬间发生的，会导致发生强烈的爆发性喷溅，严重威胁设备和人身安全。因此，溅渣护炉后迅速降低炉渣的温度并使其固化是安全地应用 SGRS 转炉造渣工艺的首要条件。炉渣降温固化后，对脱磷也有好处。为此，应做到转炉出钢时尽量不要剩钢；快速溅渣护炉，按"高—低—高—低"控制枪位，加大顶吹氮气流量（3.0～4.0m³/(min·t)，标态），适当延长吹氮时间，强化炉渣冷却；溅渣护炉后立刻向炉内加入轻烧白云石（镁碳球或石灰）固化炉渣；来回反复摇炉，确认炉渣已固化，方可加废钢、兑铁。

b 冶炼前期快速脱磷技术

能否实现一次倒渣前快速脱磷是推行 SGRS 转炉炼钢工艺的关键。

$$2[P] + 5[O] \xrightarrow{\quad\quad} P_2O_5, \Delta H^\ominus = -832384 + 632.65T \quad\quad (3-5)$$

$$\lg K = \lg[a_{P_2O_5}/(a_{P_2O_5}^2 \cdot a_{[O]}^5)] = 43443/T - 33.2 \quad\quad (3-6)$$

转炉脱磷反应方程式见式（3-5）。由式（3-6）可知，1350℃ 的脱磷反应的平衡常数 K_P 比 1650℃ 时高 10^6 倍，显然低温状态下脱磷反应容易进行。如图 3-18 所示。

与常规工艺相比，采用 SGRS 工艺脱磷的难度增大，因为上炉所留炉渣中已含 1.5% 以上的 P_2O_5，而且为了快速足量倒渣需在脱磷阶段造低碱度炉渣，不利于脱磷。SGRS 工艺磷含量控制的关键在于脱磷阶段磷尽量进入炉渣并倒出，这样才能够保证转炉终点磷含量的控制。

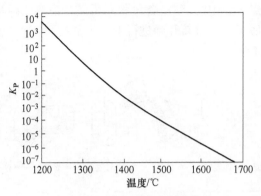

图 3 – 18　K_P 与熔池温度的关系

　　为了解决转炉底吹强度弱对脱磷动力学不利的问题，开发了低枪位、高供氧强度吹炼工艺。与常规工艺相比，该工艺吹炼前期枪位降低 100 ~ 200mm，供氧强度控制在 3.0m³/(min·t) 以上。通过加强顶吹氧气流对熔池搅拌促进磷向渣 – 铁界面传输。

　　采用低枪位操作，脱磷结束时钢中磷含量明显低于高枪位操作。采用低枪位、高供氧强度吹炼工艺后，在脱磷阶段炉渣中（FeO）含量较低。为此，采用增加铁矿石等含 FeO 的材料以提高炉渣（FeO）含量，促进脱磷。

　　在整体降低枪位的基础上，针对铁水不同硅含量在脱磷阶段应用不同的枪位曲线。当铁水硅含量较高时，采用前低后高的枪位曲线操作：前期低枪位操作快速脱硅，快速提高温度达到快速成渣的目的；后期高枪位操作，配合矿石加入，提高炉渣 FeO 含量。当铁水硅含量较低时，采用前高后低的枪位曲线操作：前期采用较高枪位，弥补热量，减少矿石等含 FeO 料加入量；脱磷后期采用低枪位操作，加强搅拌，促进脱磷反应。

　　除此之外，降低脱磷阶段加入石灰的粒度，促进在脱磷阶段较短的时间内石灰快速熔化、快速成渣。某厂生产实践表明：脱磷结束时炉渣中 P_2O_5 含量明显高于转炉终点炉渣中 P_2O_5 含量；脱磷阶段结束（吹炼 4.5min 左右）金属熔池 [P] 含量降低至平均 0.0293%，脱磷率平均为 59.6%；脱碳阶段终点钢水 [P] 含量最低可达到 0.0060%，平均为 0.0096%；能够满足除少数超低磷钢种（如抗酸管线钢）外绝大多数钢种磷含量的要求。其前期脱磷工艺为：

　　（1）供氧制度。脱磷期供氧制度为低枪位、大流量（标态下为 3.0 ~ 3.5m³/(min·t)）。整个脱磷期时间为 3.5 ~ 4.5min。利用氧气射流击碎炉渣，增大渣与钢水的接触面积，提高脱磷效率。

　　（2）炉渣碱度的控制。从 $CaO – SiO_2 – FeO$ 系相图可以看出，当炉渣碱度达到 1.3 时，炉渣中开始析出大量的高熔点的 $3CaO·2SiO_2$ 和 $2CaO·SiO_2$，此时炉内反应正处在脱硅期结束后脱磷期中期阶段，应提高枪位并补入部分矿石等冷料，通过增加渣中的（FeO）避免炉渣返干现象发生。在 SGRS 转炉造渣工艺中脱磷期不能采用高碱度炉渣，高碱度炉渣黏度大，无法实现倒渣。故脱磷时的炉渣碱度应控制在 1.2 ~ 1.8。

（3）脱磷期的温度控制。脱磷期结束的温度应控制在 1350 ~ 1400℃。过低的温度会造成炉渣过黏，不易倒出且有黏枪现象；过高的温度不利于脱磷而且炉内翻滚严重，冲刷炉衬且增加倒渣的难度。

（4）倒渣时机的确定。吹炼初期铁水中 [P] 含量迅速降低，当吹氧量达到一定值后铁水中 [P] 含量减少缓慢。试验表明，在吹氧量达到（标态）13 ~ 15m³/（min·t）、熔池温度为 1350 ~ 1400℃、$w(P) < 0.045\%$、钢水中 $w[C] \approx 3.0\%$ 时即可倒渣。

c 脱磷结束快速足量倒渣技术

采用 SGRS 工艺生产的循环炉次越多，转炉终渣重复使用的比例越大，原辅料消耗降低的幅度越大，而影响循环炉次的主要因素取决于脱磷结束的倒渣量，如倒渣量不足，会出现炉内渣量逐炉蓄积，碱度不断增加，倒渣越来越困难的情况，最后导致 SGRS 工艺无法接续，循环被迫停止。此时，炉渣流动性会逐炉变差，渣中裹入的金属铁珠量大，钢铁料消耗增加。同时倒渣困难会增加冶炼时间，炉内渣量波动也会对吹炼过程控制稳定性造成很大影响。

能否快速足量地倒出前期脱磷炉渣，主要取决于炉渣的流动性控制。影响炉渣流动性的主要因素包括炉渣的化学组成和温度以及炉渣熔化程度。

炉渣碱度和（MgO）含量是影响炉渣流动性的最主要原因。炉渣半球点温度随碱度和（MgO）含量增加而增加，采用低碱度、低（MgO）含量操作是保证 SGRS 工艺顺利倒出脱磷渣的必要条件。因此应当综合考虑炉渣碱度、（MgO）含量与温度对脱磷阶段结束快速足量倒渣的影响。

倒渣量随碱度、（MgO）含量降低而增加，当脱磷阶段炉渣碱度控制在 1.3 ~ 1.5，（MgO）含量小于 7.5% 时，河北某两厂转炉的倒渣量分别可以大于 8.0t、5.0t，保证了 SGRS 工艺顺利稳定运行。因此，应用 SGRS 工艺时轻烧白云石的加入量和加入时机应进行适当调整。

此外，为了保证炉渣良好流动性，还需要适当控制合适的脱磷阶段铁水温度。对于快速、足量倒渣，存在一最佳温度范围。在 1330 ~ 1400℃ 范围，倒渣量随温度提高而增加。当温度超过 1400℃ 后，随着温度进一步提高，由于脱碳反应加强造成炉渣（FeO）含量降低，倒渣量反而随温度提高而减少。在倒渣过程后期，渣流量逐渐减小，在实际生产过程中，在快速足量倒渣的基础上，为了提高生产效率，不过分追求每炉次的倒渣量，可以采取以下措施：根据实际情况，连续生产若干炉次后，在出钢后倒出部分炉渣维持炉内渣量的相对稳定；或者根据钢种变化、转炉修补等实际情况终止 SGRS 循环，在转炉出钢后全部倒出炉渣。通过上述工艺后，脱磷结束炉渣中金属铁含量得到有效控制。一般在循环生产6、7炉次之后，在转炉出钢结束倒渣，重新进行下一个SGRS工艺循环。

为了实现快速足量倒渣，强化倒渣操作，保持炉口形状完好，摇炉操作平稳、准确，做到不洒钢多出渣，某厂的经验是：在脱磷结束时，提高枪位以增加渣中表面活性组元（FeO）含量，加强炉渣泡沫化程度有利于快速倒渣。在倒渣过程中，加快摇炉速度，倒渣开始后一步即将炉体倾动至75°~80°位置，在该角度保持3~5s后，再缓慢摇炉至近乎水平位置。采用该方式摇炉，不仅能够在炉渣泡沫化状态下倒渣，而且有意识的停顿增加了渣铁分离的机会，避免快速倒渣的时候炉渣裹挟铁珠。为了适应此快速倒渣模式，首秦公司对炼钢平台做了改动，将平台与炉口间隙增加至1400mm。此外，为防止泡沫化炉渣从渣罐中溢出，还开发了以C+SiO_2为主要成分的专用压渣剂，对快速倒渣起到了重要作用，脱磷阶段结束后倒渣时间由SGRS工艺初期的5~6min缩短至4~5min。

由于倒渣时炉渣的碱度和流动性合适、操作平稳，渣中带出铁珠就少，降低钢铁料消耗。

d　强化生产组织技术

因为SGRS转炉炼钢工艺比原转炉炼钢工艺多了一个倒渣工艺环节，占时间4.0~4.5min，为了不降低生产效率，必须精心组织、合理调度，压缩辅助时间，如表3-25所示。

表3-25　常规工艺与SGRS工艺的时间对比

项　目	常规工艺	SGRS工艺
溅渣护炉	4min40s	5min04s
装废钢	1min29s	1min30s
兑铁水	2min36s	2min32s
吹　氧	14min28s	脱磷 4min10s
		倒渣 4min10s
		脱碳 10min08s
副枪测定	56s	57s
出　钢	6min48s	6min48s
倒　渣	30s	
其　他	8min29s	8min21s
总　计	39min56s	43min40s

e　SGRS造渣工艺效果

A、B两厂应用"留渣+双渣"工艺与原始工艺效果的对比如表3-26所示。

表 3-26 "留渣+双渣" 工艺与原始工艺效果对比 (平均值)

厂别	石灰消耗/%	轻烧消耗/%	总渣量/%	前期脱磷率/%	终点脱磷率/%	时间	成本/元·t^{-1}
A	-41.8	-55.0	-35	69.6		+3min54s	
B	-35	-55	-30	45~50	70~80		-7.63

A厂还因为总渣量的减少和终渣 (TFeO) 的降低,钢铁料消耗降低了 8.25kg/t。因为倒出的脱磷渣不含游离氧化钙,渣处理比较方便。

应用"留渣+双渣"工艺时,因为吹炼中间有一次倒渣环节,故影响转炉煤气回收量,对于采用转炉烟气干法除尘的工厂更应严防"泄爆"。

3.2.2 转炉顶部吹氧、底部吹入惰性气体搅拌技术

早在20世纪40年代后半期,欧洲就开始研究从炉底吹入辅助气体以改善氧气顶吹转炉炼钢法的冶金特性。自1973年奥地利人伊杜瓦德 (Dr. Eduard) 等研发转炉顶底复合吹氧炼钢后,世界各国普遍开始了对转炉复吹的研究工作,出现了各种类型的复合吹炼法,其中大多数已于20世纪80年代初投入工业性生产。复吹法由于在冶金上、操作上以及经济上具有比顶吹法和底吹法都要好的一系列优点,加之改造现有转炉比较容易,仅仅几年时间就在全世界范围内普及。一些国家如日本早已淘汰了单纯顶吹法。目前我国大部分转炉钢厂都不同程度地采用了复合吹炼技术,设备不断完善,工艺不断改进,技术经济效果不断提高。转炉顶底复合吹炼工艺的开发是转炉炼钢的一次技术革命。

氧气转炉顶底复合吹炼是综合了顶吹氧气转炉与底吹氧气转炉炼钢方法的冶金特点之后的必然结果。现在的顶底复合吹炼炼钢法就是从顶部吹入氧气的同时从底部吹入少量惰性气体,以增强金属熔池和炉渣的搅拌并控制熔池内气相中CO的分压,因而克服了顶吹氧流搅拌能力不足 (特别在碳低时) 的弱点,使炉内反应接近平衡,铁损失减少,同时又保留了顶吹法容易控制造渣过程的优点,具有比顶吹和底吹更好的技术经济指标。某厂统计了两种工艺的成本状况,顶底复合吹炼与顶吹相比:铁的收得率增加了 0.4%~0.8%;石灰消耗降低了 1.6kg/t;铁矿石消耗降低了 6.7kg/t;铁合金消耗:纯锰降低了 0.6kg/t,纯硅降低了 0.1kg/t,纯铝降低了 0.04kg/t;气体消耗:氧气降低了 1.6m^3/t,氩气降低了 1.6m^3/t,氮气降低了 1.6m^3/t;回收煤气增加了 2.0m^3/t。

虽然各厂的生产工艺条件不同,技术经济效果也不同,但是技术经济指标都有很大的改善,故顶底复合吹炼成为近年来氧气转炉炼钢的主流工艺。

3.2.2.1 底吹供气元件

A 供气元件的种类

转炉底吹供气元件是顶底复合吹炼技术的关键之一。它有多种结构形式,如

双层套管式、狭缝式、集管式、环缝式、弥散式等，如图3-19所示。

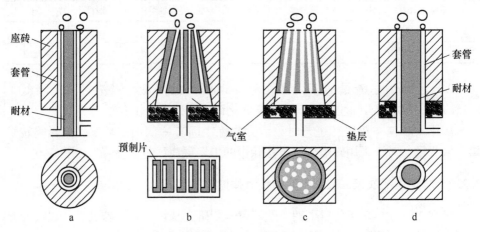

图3-19　复吹底部供气元件

a—双层套管式；b—狭缝式；c—集管式；d—环缝式

（1）双层套管式底部供气元件。双层套管式底部供气元件（见图3-19a）由三层耐热不锈钢管组成，中心钢管用耐火材料填充。内层环缝通入底吹气体，外层环缝通入冷却介质。底吹气体有氮气、氩气、一氧化碳、二氧化碳、氧气。考虑到底吹吹氧、"通堵"时吹氧或以底吹一氧化碳，为避免氧气或一氧化碳在高温状态下将不锈钢管氧化熔损，在外环缝通入冷却介质，如柴油等。我国于1982年采用双层套管，但随着底部吹氧的逐渐减少，双层套管式底部供气元件也逐渐减少，我国目前仅有少数采用一氧化碳为底吹气源的炼钢厂应用双层套管式底部供气元件。

（2）狭缝式底部供气元件。狭缝式底部供气元件由奥镁公司发明。是由预制的[型高铝质耐火材料拼制而成，如图3-19b所示。后来又出现了利用塑料片高温下汽化的原理而通过振动成型、高温烧成的狭缝式透气元件。这种透气元件在转炉上用得较少，多用作钢包吹氩的透气元件。

（3）集管式底部供气元件。集管式底部供气元件是20世纪90年代我国顶底复吹转炉普遍采用的底部供气元件。其结构是将若干2~4mm的无缝钢管与气室连通，周围用铁壳固定，铁壳与细无缝钢管之间充填高铝质耐火材料，如图3-19c所示。但随着环缝式底部供气元件的发展，集管式底部供气元件的应用越来越少。

（4）环缝式底部供气元件。环缝式底部供气元件（见图3-19d）由两层耐热不锈钢管组成，内管用高级别电熔镁砂粉（MgO含量98%以上）充填。从结构上看环缝最简单。环缝比其他透气元件的流量调节范围大，控制稳定，不会倒灌钢水。套管的外边镶有高等级的镁碳砖，也称为座砖，是当今应用最广的转炉底吹透气元件。

B 底部供气元件的布置

底部供气元件的数量和布置有多种形式。布置的形式有一字形、菱形、矩形等，如图 3 - 20 所示。

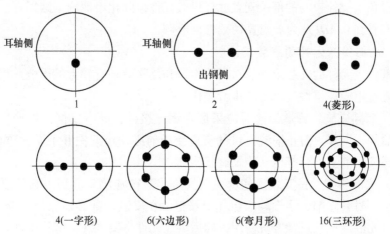

图 3 - 20 顶底复吹转炉供气元件布置形式

底部供气元件的布置应根据转炉炉型、装入量、氧枪结构、冶炼钢种及溅渣要求采用不同的方案，主要目的是为了获得良好的冶金效果，即：保证在加大熔池搅拌能力的同时吹炼过程平稳，能获得良好的冶金效果；底吹气体辅助溅渣以获得较好的溅渣效果；保持底部供气元件较高的寿命。

底部供气元件的布置对吹炼工艺的影响很大，气泡从炉底喷嘴喷出上浮，抽引钢液随之向上流动，从而使熔池得到搅拌。喷嘴的位置不同，其与顶吹氧射流共同产生的综合搅拌效果也有差异。因此，底部供气喷嘴布置的位置和数量不同，得到冶金效果也不同。从搅拌效果来看，底部气体应处于顶枪搅拌较弱的部位。

在最佳冶金效果的条件下，使用喷嘴的数目最少为最经济。若从冶金效果来看，并考虑非吹炼期如在倒炉测温、取样、等成分化验结果时，供气喷嘴最好露出液面，供气元件一般都排列于耳轴连接线上，或在此线附近。

C 底部供气元件的数量和布置形式的确定

80 ~ 100t 转炉为 2 ~ 4 支，120 ~ 200t 转炉为 4 ~ 6 支，250t 以上转炉为 8 支以上，最多的 16 支。如：鞍钢、本钢 180t 转炉用 6 支；日本京滨 250t 转炉用 6 支；武钢 250t 转炉用 6 支。具体支数可根据自身转炉的炉容比、冶炼品种、工艺特点选择。

元件数量多时，底部供气比较平稳，不易喷溅，个别供气元件发生堵塞或断管时，不影响大局，但是管路及控制系统复杂，建设费用和运行费用高，事故率高。元件的数量少时，底部供气不太平稳，个别供气元件发生堵塞或断管时，影响吹炼效果，但是建设费用和运行费用低。所以要综合考虑。

确定底部供气元件位置时应注意躲开顶枪的火点中心区域，以免熔池内形成驻点，影响钢液循环。供气元件应离开炉壁一定距离，避免底吹气流对炉壁的冲刷。选择顶吹搅拌较弱的部位安置底部供气元件，强化熔池内钢液循环。透气元件通常布置在 $0.4D$（D 为炉膛直径）的同心圆上。

D　底部供气元件的安装及维护

底部供气元件的安装及砌筑对复吹寿命和复吹效果有较大的影响。因此，在安装和砌筑上应严格按技术要求进行操作。

（1）管路安装。管道焊接时应采用专用连接件，同时要保证焊接质量，无虚焊、脱焊、漏焊，防止漏气；供气管道使用前必须经酸洗并干燥，防止锈蚀；供气管道使用前要进行打压试验及试气吹扫。

（2）底部供气元件安装。底部供气元件出厂前应测定其压力与流量的相关函数，出厂时其端部、尾管均应包扎或覆盖，在安装之前必须保持干净、干燥。底部供气元件经试气正常方可使用，砌后供气元件也要试气，试验正常后下部连接管密封，等待接通管路。

砌筑底部透气元件时，将供气管道在炉底钢结构中铺设并固定好，然后封口，以镁砖（底部永久层采用镁砖砌筑）、捣打料铺设炉底永久层并找平，从中心向外砌镁炭砖。砌到有透气元件保护砖的环时，先安装透气元件保护砖，沿透气元件保护砖两侧环砌，再从外部向内插入套管式供气元件，下部以刚玉料填实。

供气元件安装后进行试气，系统测试合格后，将供气元件出口用盖帽封好，开炉之前撤出封闭盖帽。

（3）底部供气元件的使用和维护。为了保证复吹的工艺效果及复吹与炉龄同步，必须正确地使用透气元件并做好日常巡检和维护工作。

设备维护人员定期检查并确认管道、阀门、接头是否漏气，发现问题报告领导、及时处理。将问题和处理结果向炉前操作人员通报并记录。

仪表维护人员定期检查并确认计算机、压力表、流量表、各种阀类是否正常。发现问题报告领导、及时处理。将问题和处理结果向炉前操作人员通报并记录。

每一炉出钢后转炉操作班长必须向前摇平转炉，认真观察炉底透气元件位置颜色的变化情况。如果透气元件位置的炉底很快变黑（1~2min），且黑色较深，边缘清晰，面积局限于透气元件位置的很小面积，证明透气元件的透气性良好。如果透气元件位置的炉底变黑的速度很慢（≥4min），黑色较浅，面积较大，边界不清，则证明透气元件的透气性不良。如果透气砖位置的炉底长时间不变黑，证明透气元件已经不透气了。

E 透气性不好的主要原因

底吹透气元件透气性不好的原因较多，需逐项排查。

检查仪表系统运行是否正常，手动、电动阀门开启和关闭是否正常。

检查从阀室至转炉耳轴及耳轴至透气塞之间的管路是否有泄漏、破损的现象。如有泄漏则透气塞不出气，但系统压力不升高。

由于采用溅渣护炉工艺后炉底上涨，当上涨到一定高度时从透气元件出来的气体呈弥散状，对钢液的搅拌效果变差；炉底继续上涨时，由于凝固的渣层太厚，气体无法散出，只好反向从砖缝渗向炉壳，底吹气体对钢液的搅拌作用彻底消失。此时的表征现象是系统无泄漏，出完钢后炉底不变色，系统压力升高、流量减少。

透气元件堵塞是一种常见的且危害性较大的故障。发生这种事故的主要原因是在透气元件处于钢（渣）液面之下时，供气压力突然变小或停气而造成透气元件出气孔处产生负压将液态的钢（渣）液吸入吹气通道瞬间凝固。发生透气元件堵塞时应努力抢救，转炉兑铁后加大底吹气量，降低顶枪高度，促使透气元件上表面接触凝钢部位熔化、透气。如果堵塞部位较深，只能依靠更换透气元件恢复底吹。

F 复吹转炉炉底高度的控制

在没有溅渣护炉工艺之前，转炉炼钢过程中经常发生炉底下降，即炉底耐火材料被严重熔损的现象，甚至发生炉底烧穿漏钢的重大事故。因此出现过"补炉底"、"垫炉底"等维护炉底耐火材料的工艺。操作者十分重视炉底的厚度变化，宁高勿低。

有了溅渣护炉工艺以后，由于溅起的含有氧化镁较高或高碱度的液态炉渣不停地向下流淌聚集在炉底，没有及时倒渣便凝固在炉底，使测量的炉底标高增加。炉炉溅渣，炉炉积渣，转炉炉底迅速增厚。一般都增厚500mm左右，最高可达1000mm以上。有一些转炉冶炼10000次停修时要经过数次"洗炉"才能见到炉底耐火材料，拆炉时发现炉底的耐火材料衬砖及底吹透气元件都完整如初、毫发未损。

a 炉底上涨的危害

炉底上涨（耐火材料的堆积）影响底吹透气量，严重时使底吹失去功能。如果能维持炉底高度在±200mm范围内波动，就能使底吹与炉龄同步并保持良好的底吹效果。

炉底上涨使转炉的炉容比减小，导致溢渣、喷溅频发，造成温度损失，增加了造渣材料消耗和钢铁料消耗，同时也会导致烟罩黏渣（钢），易发生烟罩漏水，不仅影响钢的质量，还增加热停时间和焊补作业，既降低生产效率，又增加了生产成本。

　　b　防止炉底上涨的措施

　　强化操作管理，溅渣护炉后及时倒出炉底处的积渣。制定严格的交接班制度，交接班时炉底上涨高度应不大于200mm，确保底吹透气元件透气性良好。当炉底上涨高度大于200mm时应进行洗炉，其方法是出钢后炉内留渣（或少加萤石）较低枪位供氧3~5min，然后将炉渣倒出。如果未洗到位可重复进行。

　　为防止炉底上涨，可加大冶炼末期底吹气体的流量（标态下为0.08~0.1m³/(min·t)）进行强搅，或降低顶枪高度（100~150mm）进行短时间强搅，两种方法均可以减缓炉底上涨的速度。

3.2.2.2　底吹气体

　　转炉顶底复合吹炼工艺底部供气的目的是强化熔池搅拌，强化冶炼，也可以供给作为热补偿的燃气。所以，在选择气源时应考虑其冶金行为、操作性能、制取、价格等因素，要求对钢质量无害、安全，冶金行为良好并有一定的冷却效应，对炉底的耐火材料无损伤等。

　　作为底部气源的有氮气、氩气、氧气、CO_2和CO，也有采用空气的。目前我国大部分顶底复吹转炉用氮气和氩气切换的方式作为底吹气体。因此，本节对于除氮、氩之外的底吹气源就不做介绍。

　　氮气是惰性气体，是制氧的副产品，也是惰性气体中价格最低廉又最容易制取的气体。氮气作为底部供气气源，无需采用冷却介质对供气元件进行保护。所以，底吹氮气供气元件结构简单，对炉底耐火材料蚀损影响也较小，是目前被广泛采用的气源之一。但是，如果全程吹氮会使钢中氮含量增加，影响钢的质量，即使供氮强度很小，钢中也会增氮0.0030%~0.0040%。

　　氩气是最为理想的气体，不仅能达到搅拌效果，而且对钢质无害。氩气在空气中的比例很小，制取氩气的费用昂贵，所以氩气价格高，且钢包吹氩还要消耗大量氩气，因此全程吹氩不但资源有限，而且对钢的生产成本影响很大。所以在复合吹炼工艺中，除特殊要求采用全程吹入氩气外，一般只在吹炼后期用氩搅拌熔池。生产实践表明，若在吹炼前期和中期底吹供给氮气，吹炼后期底吹供给氩气，出钢前底部大气量供氩搅拌，转炉炼钢终点钢中氮含量可控制在0.0020%~0.0030%范围之内。

3.2.2.3　顶底复合吹炼工艺

　　一般转炉顶底复合吹炼底吹供气强度的设计能力为（标态）0.03~0.10m³/(min·t)，根据冶炼不同钢种确定不同的供气模型。某厂150t转炉各种含碳量钢详细底吹供气强度规定如表3-27所示。

表 3 – 27 某厂 150t 转炉各种含碳量钢详细底吹供气强度

模式	钢种 $w[C]/\%$	供 气	装料	吹炼期 1	吹炼期 2	吹炼期 3	吹炼期 4	测温取样	点吹	测温取样	出钢	溅渣	倒渣	等待
A	< 0.05	流量（标态）/m³·h⁻¹	600	1190	800	1290	1790	800	1790	600	800	1580	1580	600
		强度（标态）/m³·(min·t)⁻¹	0.03	0.06	0.04	0.065	0.09	0.04	0.09	0.03	0.04	0.08	0.08	0.03
B	0.05~0.10	流量（标态）/m³·h⁻¹	600	1190	800	1230	1690	990	1680	600	800	1580	1580	600
		强度（标态）/m³·(min·t)⁻¹	0.03	0.06	0.04	0.063	0.085	0.05	0.085	0.03	0.04	0.08	0.08	0.03
C	0.10~0.15	流量（标态）/m³·h⁻¹	600	1190	800	1190	1580	990	1580	600	800	1580	1580	600
		强度（标态）/m³·(min·t)⁻¹	0.03	0.06	0.04	0.06	0.08	0.05	0.08	0.03	0.04	0.08	0.08	0.03
D	0.15~0.20	流量（标态）/m³·h⁻¹	600	1190	800	1090	1390	990	1390	600	800	1580	1580	600
		强度（标态）/m³·(min·t)⁻¹	0.03	0.06	0.04	0.055	0.07	0.05	0.07	0.03	0.04	0.08	0.08	0.03
E	0.20~0.25	流量（标态）/m³·h⁻¹	600	1190	800	990	1190	780	1180	600	800	1580	1580	600
		强度（标态）/m³·(min·t)⁻¹	0.03	0.06	0.04	0.05	0.06	0.04	0.06	0.03	0.04	0.1	0.08	0.03
F	0.25~0.30	流量（标态）/m³·h⁻¹	600	1190	800	900	990	790	990	600	800	1580	1580	600
		强度（标态）/m³·(min·t)⁻¹	0.03	0.06	0.04	0.045	0.05	0.04	0.05	0.03	0.04	0.08	0.08	0.03
G	> 0.30	流量（标态）/m³·h⁻¹	600	1190	800	800	800	790	790	600	800	1580	1580	600
		强度（标态）/m³·(min·t)⁻¹	0.03	0.06	0.04	0.04	0.04	0.04	0.04	0.03	0.04	0.08	0.08	0.03
时间/min			4	5.5	5.5	2	2	3	1	3	4+1	3	2	合计 36
气源种类			N_2	N_2	N_2	Ar	Ar	Ar	Ar	Ar	Ar	N_2	N_2	N_2

某厂 150t 转炉复吹典型供气模型如图 3-21 所示。

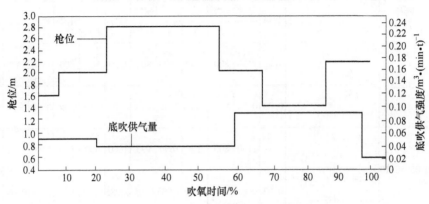

图 3-21 150t 转炉复吹供气模型

也有的炼钢厂按低碳钢、中碳钢、高碳钢设定 A、B、C 三种供气强度。如某转炉厂冶炼高、中、低碳钢的底吹供气强度如表 3-28 所示。

表 3-28 某厂冶炼碳钢底吹供气强度

供气模式	终点 $w[C]/\%$	前期供 N_2 强度（标态） $/m^3 \cdot (min \cdot t)^{-1}$	后期供 Ar 强度（标态） $/m^3 \cdot (min \cdot t)^{-1}$	生产钢种
A	<0.10	0.03~0.04	0.11	低碳镇静钢
B	0.10~0.25	0.03~0.04	0.06	中碳镇静钢
C	≥0.25	0.03~0.04	0.03	高碳镇静钢

由图 3-21 可见，底部供气量与顶枪枪位正好相反，顶枪枪位高时底枪供气量小，顶枪枪位低时底部供气量大。

吹炼前期 20% 时间供气量为（标态）0.045m^3/(min·t)，加强搅拌，改善熔池内化学反应的动力学条件，提高化学反应速度，促进化渣。当进入返干期时将底枪供气量降到（标态）0.04m^3/(min·t)，减缓底部搅拌，防止喷溅。当吹炼到 70% 时进行氮氩切换，底部氩供气量提高到（标态）0.08~0.09m^3/(min·t)，进行强力搅拌，即后搅。因为吹炼后期熔池中含碳量很低了，碳氧反应不易进行，强力后搅可以促进脱碳反应的继续进行，同时，由强力后搅能促使钢中的氮和氧尽可能地排出。在冶炼低碳、超低碳钢时钢中的氧含量和渣中的氧化铁含量较纯顶吹转炉明显降低。后搅还能在一定程度上减轻炉底上涨。

为了节省气源并保持底部供气原件的畅通，在非供氧期间（出钢、等待、装料、兑铁等）改吹氮气并降低底部供气量（0.02m^3/(min·t) 以下，标态）。

某 150t 复吹转炉经过 600 炉顶吹与复吹的对比试验，钢中碳氧积的变化如图 3-22 所示。复吹效果的评价主要是看碳氧积的变化。可见，复吹吹炼终点的钢中碳氧积较顶吹有很大下降。

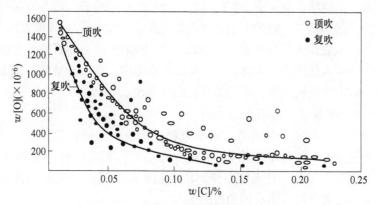

图 3 - 22　顶吹与复吹钢中碳氧积平衡图

某厂 120t 转炉 600 多炉次复合吹炼与纯顶吹对比试验得出的工艺效果如表 3 - 29 所示。

表 3 - 29　某厂 120t 转炉顶吹与复吹转炉炼钢工艺效果对比

项目	渣（TFeO）	钢中 [O]（×10⁻⁶）	石灰消耗	时间	氧耗（标态）	钢铁料消耗	炉龄	碳氧积	残锰
单位	%		kg/t	min/炉	m³/t	kg/t	次		%
纯顶吹	16.78	551	55.02	15.9	63	1092.95	8735	0.0027	0.1
复吹	12.45	467	52.1	15.1	56.98	1089	9425	0.0023	0.11
比较	-4.23	-88	-2.92	-0.8	-6.02	-3.95	+890	-0.0004	+0.01

由表 3 - 29 可见，复合吹炼与纯顶吹对比，吹炼终点钢中碳氧积降低 0.0004；终点渣中（TFeO）降低了 4.23%；终点钢中 [O] 降低 0.010%；钢中残锰增加 0.01%；钢铁料消耗降低 3.95kg/t；石灰消耗降低 2.92kg/t；氧气消耗降低 6.02m³/t。现场统计数据表明，脱氧剂消耗降低 0.31kg/t；回收煤气增加 12m³/t；回收蒸汽增加 3.11m³/t。炉衬侵蚀有所减缓，经长时间观察，转炉炉龄可提高 10%。

3.2.3　转炉出钢挡渣技术

电弧炉出钢过程中，由于炉渣的密度小于钢水而浮于钢面上，因此电弧炉出钢时的下渣包括前期渣、涡旋卷渣和后期渣三部分（电炉偏心底出钢时前期渣较少）。

转炉出钢也一样，炉身倾动，使渣面首先接触出钢口，一部分炉渣先从出钢口出来进入钢包，称为前期渣。随着转炉继续倾动，渣面越过出钢口时钢液面接触到出钢口则不再出渣而开始出钢。出钢末期可观察到钢水的涡旋效应，钢渣混出，即卷渣。出钢结束前由于渣面已接近出钢口的水平位置，将会有部分炉渣进入钢包，这就是后期渣。转炉出钢时进入钢包的渣量中，前期渣量大体占 30%，涡旋效应从钢水表面带下的渣量约为 30%，后期渣约 40%。前期渣可以依靠出钢前向出钢口插入铁质或耐火材料质挡渣帽挡在炉内；涡旋卷渣依靠后期挡渣时机来调整；后期炉渣则依靠一系列挡渣措施来解决。

3.2.3.1　初炼炉炉渣的危害

（1）增加钢中的夹杂物含量。出钢过程中炉渣进入钢包悬浮在钢液中，依靠镇静、吹氩搅拌，使其相互碰撞、絮凝、长大并上浮到顶渣中去。但是，炉渣不可能百分之百上浮，一旦不能上浮而留在钢中，在钢坯（锭）浇注凝固时便成为钢中非金属夹杂物，影响钢的洁净度。

（2）增加铁合金和脱氧剂。众所周知，由于在初炼炉中一直是进行强烈的氧化反应，因此在冶炼终点时炉渣中的氧含量及炉渣的氧化性很高。一般初炼炉炉渣的成分为，$w(CaO) = 45\% \sim 55\%$；$w(SiO_2) = 15\% \sim 20\%$；$w(TFeO) = 12\% \sim 25\%$。高氧化性炉渣进入钢包必然给钢的后续脱氧、精炼、浇注带来许多麻烦，不仅严重影响钢的质量，而且影响生产成本和生产效率。

以用金属铝脱氧为例，加入的脱氧剂主要是为了脱掉钢中的游离氧，当初炼炉炉渣进入钢包时渣中的（FeO）也会与脱氧剂发生如下反应：

$$3FeO + 2Al = Al_2O_3 + 3Fe$$

假设下渣量为 5kg/t，渣中（FeO）含量为 20%，则脱渣中氧消耗的铝量为 0.25kg/t，产生的脱氧产物 Al_2O_3 为 0.5kg/t。显然出钢带渣量越多，消耗的脱氧剂量越大，成本越高，产生脱氧产物 Al_2O_3 的量就越多。

渣中的（FeO）还会与加入的合金材料发生反应，如：

$$2(FeO) + [Si] = (SiO_2) + 2[Fe]$$
$$FeO + Mn = MnO + Fe$$
$$2(FeO) + [Ti] = (TiO_2) + 2[Fe]$$

上述化学反应的结果是降低了合金的收得率，增加了钢中 SiO_2、MnO、TiO_2 等氧化物夹杂的数量。

（3）钢水回磷。初炼炉渣中含有大量脱磷产物 P_2O_5，如果大量炉渣进入钢包，出钢脱氧过程中易发生下述还原反应：

$$3(P_2O_5) + 10[Al] = 5(Al_2O_3) + 6[P]$$

反应的结果，造成钢中磷含量增加。这就是所谓的出钢回磷现象。

（4）增加后续精炼炉的工作负荷。LF 炉精炼是对钢水进一步深度脱氧、脱硫和去除钢中的非金属夹杂物，精炼一般钢种时需要造高碱度的还原渣。含有大量二氧化硅的初炼炉渣进入钢包，增加了 LF 炉加入的石灰量；大量的氧化铁增加了 LF 炉脱氧剂的用量；为了促进这些夹杂物上浮、去除，增加了 LF 炉的精炼负担，延长 LF 炉精炼时间。

总之，初炼炉炉渣进入钢包降低生产效率，降低钢的洁净度，增加生产成本，是影响高效低成本生产洁净钢的重大危害。因此，出钢挡渣是高效低成本生产洁净钢的重要工艺措施。

3.2.3.2 转炉出钢挡渣的方法

为了防止初炼炉炉渣进入钢包，冶金工作者采取了很多措施。电弧炉采用了偏心底留渣留钢出钢工艺取得了较好的效果，转炉炼钢从 20 世纪 80 年代开始相继开发应用了多种挡渣出钢的工艺装备。

避免前期渣进入钢包的方法有快速摇炉法、挡渣帽法和滑板挡渣法。

快速摇炉法就是在摇炉出钢时，摇炉工认真观察，在渣面接近出钢口的瞬间加快摇炉速度，让渣面快速地越过出钢口，减少炉渣进入钢包。这种方法虽然有一定效果，但难以操作。如果摇炉速度太快，容易导致炉渣甚至钢水从炉口淌出，轻者大炉口下渣，重者钢水和炉渣浇到包沿或台车，酿成生产事故。因此，很少有人使用本法。

用厚度为 2~3mm 的废铁皮按照出钢口的内径大小卷成圆锥形铁帽或用耐火材料制成的杯形体，称为挡渣帽。兑铁后将挡渣帽从炉后尖朝里插入出钢口并用力顶实，挡渣帽靠本身的弹性张力及吹炼时溅起炉渣的凝固牢牢地挤在出钢口内。出钢时，当渣面接触到出钢口时由于挡渣帽的阻挡，炉渣不能从出钢口漏出，随后钢水接触到出钢口时钢液将铁质挡渣帽熔化或靠钢水重力将耐火材料质挡渣帽挤出，顺利出钢。这就是挡渣帽法。此法简单易行且行之有效。

滑板挡渣是在出钢口位置安装有滑动水口，出钢时炉渣越过出钢口后才打开滑板，防止出钢前期转炉渣进入钢包。

出钢末期，由于出钢口处的旋涡作用，钢水尚未出净时就开始钢、渣混出，钢水越来越少，炉渣越来越多，而且钢和渣之间没有明显的分界线，导致大量炉渣在出钢末期进入钢包。为了防止炉渣进入钢包，人们开发了多种挡渣方法，如出钢前造黏渣挡渣法、挡渣球挡渣法、气动挡渣法、红外线挡渣法、滑动水口挡渣法、挡渣锥挡渣法等。各种挡渣法的原理如图 3-23 所示。

（1）挡渣球挡渣法。挡渣球是铁芯外部包裹耐火材料的球状物。为了能将出钢口挡严，其直径是出钢口内径的 1.6~2 倍。密度应为 $4.3~4.7kg/cm^3$，外部耐火材料的耐火度应大于 1790℃。挡渣球的制造过程是：确定直径—按密度计算配料—振动成型—养生—烘烤—入库。

待出钢到 2/3 时用长臂机械手将挡渣球送入炉内，在出钢口的正上方放下，使其漂浮在钢渣界面上。出钢后期挡渣球在出钢口处旋涡作用下在出钢口上方不停地旋转，减少了出钢口处旋涡对炉渣的抽引力，钢水快出净时挡渣球落到出钢

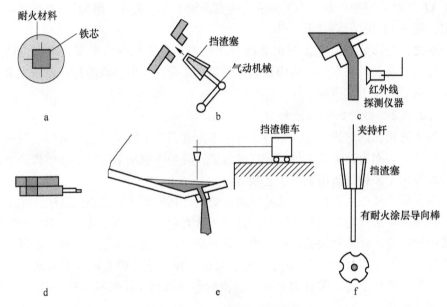

图 3 – 23   各种挡渣法的原理
a—挡渣球挡渣法；b—气动挡渣法；c—红外线挡渣法；
d—滑动水口挡渣法；e—挡渣锥挡渣法；f—挡渣塞挡渣法

口内侧，将炉渣挡住。

该方法问世最早，操作简单易行，有一定挡渣效果。但是要求炉渣的流动性要好，以便挡渣球能准确地旋转到出钢口内侧；必须经常维护出钢口保证其圆形，如果出钢口变成了椭圆形，即使挡渣球落到了出钢口内壁，炉渣仍然会进入钢包。我国在 20 世纪 80 年代首先开始用挡渣球挡渣法。近年来由于制球成本较高，挡渣效果有限，此法逐渐被其他挡渣法所代替。

（2）气动挡渣法。气动挡渣法是奥钢联最早发明和应用的转炉挡渣方法。在出钢末期通过安装在外出钢口的检测线圈检测通过出钢口的炉渣，当炉渣通过量达到一定值时指令气动装置动作，迅速地将挡渣塞堵在出钢口外侧，避免炉渣进入钢包。

该方法设备投资昂贵，且由于设备是安装在炉壳上，吹炼时的喷溅等原因对设备的损伤严重，维护量大，维修费用高，故尚未普及。

（3）红外线挡渣法。红外线挡渣法是利用红外线对钢流观测，发现下渣时立即抬炉，防止下渣。该方法投资相对较少，操作方便。但是，由于观察和人为动作的滞后，抬炉时已经有不少炉渣进入钢包，挡渣效果不理想，往往是配合其他挡渣方法使用。目前，红外线检测炉渣的技术多与滑板挡渣配合使用。

（4）挡渣锥挡渣法。挡渣锥（又称为挡渣塞）挡渣法是目前转炉炼钢最流行的出钢挡渣方法，系统由挡渣锥车和挡渣锥组成。挡渣锥由锥体、长杆组装而成，结构如图 3－24 所示。

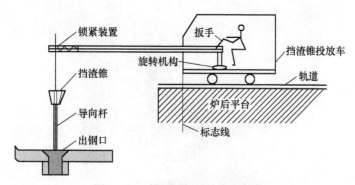

图 3－24　挡渣锥投放小车的结构

挡渣锥由耐火材料捣制成型，锥体外围有四个沟槽，密度应大于 4.0kg/m³，耐火度大于 1790℃，养生干燥后备用。长杆是一根直径为 15~20mm 的螺纹钢，下部导向部分的外层涂有耐火材料，上部是被夹持部分。挡渣锥不能受潮，使用前必须烘烤好，以免在炉内发生炸裂。某厂制定的挡渣锥的技术标准如表 3－30 所示。

表 3－30　某炼钢厂制定的挡渣锥质量标准

项　目		锥　体	导向杆
$w(MgO)/\%$		≥85	≥88
体积密度/kg·m⁻³		≥2.5	≥2.6
耐压强度/MPa	110℃×24h	≥40	≥40
	1500℃×3h	≥60	≥50
耐火度/℃		≥1790	≥1790

上一炉出钢后，将挡渣锥夹持在长杆前端并用锁簧锁紧，开动小车把挡渣锥送入炉内出钢口正上方，标定小车位置，然后开动小车将挡渣锥移出炉外待命。当出钢到 2/3 时（按标定位置）开动小车将挡渣锥送入炉内，在到达出钢口上方时扳动小车上的开关松开锁簧，将挡渣锥投放出钢口上方的熔池中。随着钢液面下降，挡渣锥逐渐下沉，在旋涡的作用下导杆插入出钢口中，起到破坏旋涡、减轻钢渣混出的作用。当出钢殆尽之时挡渣锥落入出钢口内侧达到挡渣的目的。

（5）滑动水口挡渣法。滑动水口挡渣法是将钢包滑动水口系统移植到转炉出钢口上（见图 3－25），原理类似于钢包滑动水口控流系统，安装在转炉出钢口本体外部，出钢口、炉衬砖及滑动水口的砌筑安装程序和方法如图 3－26 所示。通过液压驱动系统和红外线自动挡渣检测系统控制滑动水口滑板的自动开启和关闭，实现少渣或无渣出钢的目的。

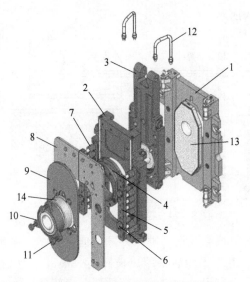

图 3 - 25　转炉挡渣滑动水口的装配

1—安装板；2—门框；3—滑动框；4—顶紧套；5—弹簧压板；6—面压螺栓；7—弹簧；8—固定隔热板；

9—活动隔热板；10—顶紧器；11—螺栓；12—空冷管；13—滑板砖；14—外水口砖

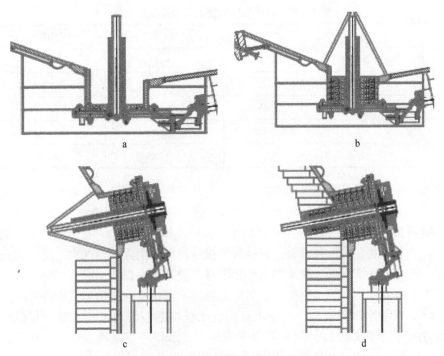

图 3 - 26　转炉滑板挡渣出钢口及炉衬砖砌筑

a—安装出钢口；b—安装座砖，砌筑出钢口；

c—砌筑炉衬；d—去除角钢，继续砌筑炉衬利用滑动水口挡渣时,在炉内渣面越过出钢口后再开启滑板,可以完全挡住前期渣。当出钢末期根据红外线测定的钢流中的渣量发出指令信号,滑动水口立即关闭,阻挡炉渣进入钢包。该方法的挡渣效果最好。

滑动水口挡渣操作有两种方式,即手动操作和自动操作。手动操作时,滑板采用手持操控器控制。在出钢快结束时,由炉长密切关注钢流,发现下渣,立即按下操作器上的关闭滑板按钮,进行抬炉和开钢包车操作。出钢结束后抬炉至约70°位置时,打开滑板,让出钢口内残留的钢渣流出,并检查滑板状况。自动控制时,下渣检测运行正常炉次,在出钢过程合金加完、检测画面清晰后,摇炉工选择下渣检测控制面板上的自动控制按钮,在出钢结束,下渣检测系统检测到下渣后发出信号自动关闭滑板,同时摇炉工进行抬炉和开钢包车操作。

检测系统的灵敏度对挡渣效果有直接影响。国外的下渣检测系统价格昂贵,国内开发的滑动水口挡渣用下渣检测系统经使用证明效果良好,可以满足生产需要。

滑动水口挡渣法设备投资额大、运行费用较高、对转炉操作要求严格。大量试用数据表明,一台转炉需要备置4套滑动水口挡渣设备,滑板、外水口使用寿命为15~25次,每次更换时间为15~30min。因为挡渣效果好,许多炼钢厂在生产高级别钢时都开始应用该工艺。

3.2.3.3 挡渣效果的标定

宝钢、攀钢、三明钢厂及法国阿塞罗集团钢铁研究院等做过不同挡渣法下渣量的统计,如表3-31~表3-34所示。

表3-31 宝钢统计不同挡渣工艺的挡渣效果

挡渣方法	挡渣成功率/%	钢包内渣厚/mm	合金收得率/%
挡渣球挡渣	60	100~120	85
气动方式挡渣	60~70	70~100	90
挡渣标挡渣	90	40~70	95
滑动水口挡渣	95	≤40	96~97

表3-32 攀钢统计不同挡渣工艺的挡渣效果

挡渣方法	挡渣成功率/%	钢包内渣厚/mm
挡渣球挡渣	60	100~120
气动方式挡渣	60	90~100
挡渣塞 + 挡渣标挡渣	80	70~80
滑动水口挡渣	99	≤40

表 3 - 33　三明钢厂统计不同挡渣工艺的挡渣效果

挡渣方法	渣层厚度/mm	下渣量/kg·t^{-1}	Q235 回磷 （×10^{-6}）
滑动水口	27.3	5	13.6
挡渣塞	33.1	6.5	17
挡渣球	47.6	8.2	40

表 3 - 34　阿塞罗统计不同挡渣工艺的挡渣效果

设　备	挡渣方法	下渣量/kg·t^{-1}	
		平均值	波动范围
电弧炉	滑　板	< 2.5	
	偏心炉底	5	2 ~ 8
转　炉	无挡渣，出钢时间小于 5min	11	6 ~ 19
	无挡渣，出钢时间大于 5min	8	4 ~ 15
	留钢操作	2	1 ~ 6
	挡渣球	6	1 ~ 10
	挡渣锥	4	3 ~ 8
	气动挡渣 + IRIS	2.5	2 ~ 4
	滑　板	< 2.5	
钢　包	扒　渣		3 ~ 5

3.2.4　出钢脱氧合金化技术

出钢脱氧合金化是钢生产过程中的重要环节，它直接影响钢的最终产品的质量和生产成本。沸腾钢、半镇静钢、镇静钢要求浇注时的含氧量是不一样的，但不管什么钢在初炼炉后都需要进行脱氧合金化。其目的是去除钢中的氧；调整钢中的合金元素的含量以满足钢种的要求；排除钢中的非金属夹杂物和脱氧产物；为后续操作创造良好的钢水和顶渣条件。本节只探讨镇静钢的出钢脱氧合金化有关事宜。

3.2.4.1　脱氧的目的

无论采用哪种炼钢方法（电炉或氧气顶吹转炉），都是通过吹入熔池的氧与钢液中硅、锰、磷、碳、铁等各种元素的氧化反应进行升温和去除杂质的。所以在初炼炉冶炼结束时钢液中都溶有大量的氧，而且总是 $w[O]_{实际} > w[O]_{平衡}$，即钢液的实际氧含量总是超过 C - O 反应达到平衡时的氧含量。根据钢中含碳量的不同，初炼炉出钢时钢液中的含氧量为 （200 ~ 1200）×10^{-6}。

按照熔渣结构的离子理论，氧是按照如下方式进入金属的：

$$(Fe^{2+}) + (O^{2-}) = Fe_m + [O]$$

氧原子分布在铁原子之间，氧原子和铁原子之间具有一定的引力，一般认为它是以 FeO 的形式溶于钢液中。在向金属中直接吹氧时，会发生如下过程：

$$1/2\{O_2\} = [O]$$

氧在铁中的溶解度不大，在 1519 ~ 1700℃ 的范围内，氧在铁中的最大溶解度与温度接近于直线关系，如图 3 – 27 所示，随温度的上升而增大，其关系如下：

$$lgw[O]_{max} = -6320/T + 2.734$$

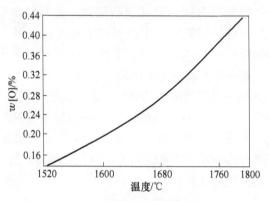

图 3 – 27　氧在铁中的溶解度

启普曼测得在纯氧化铁渣下，温度为 1600℃ 时，$w[O] = 0.23\%$。镇静钢的质量要求钢中的氧含量应该越低越好，因此，出钢后钢水脱氧应该越彻底越好。

如第 2 章叙述，出钢后随着时间的推移钢液温度不断下降，氧在钢液中的溶解度不断下降，钢中自由氧含量在增加；同时由于钢液与大气有接触的机会，同样会造成钢液中自由氧含量增加。这些氧会与钢中易与氧结合的元素（如 Ca、Mg、Al、Si、Mn、Fe 等）反应生成氧化物（如 CaO、MgO、Al_2O_3、SiO_2、MnO、FeO 等）。这些氧化物如果留在钢中必将成为钢中的非金属夹杂物，会对钢的质量造成严重的影响。某些特殊钢对其氧含量的要求特别严格，如高档轴承钢要求钢中氧和氧化物夹杂中氧的总和不大于 5×10^{-6}。

在浇注过程中，随着温度的下降，钢液中氧的溶解度降低，因而促使 C – O 反应继续进行，钢液的沸腾，也会给浇注造成困难。

根据选分结晶的原理，在连铸坯或模铸钢锭凝固过程中，后凝固的钢液含氧量越来越高，C – O 反应也就进一步加强，这不仅会使铸成的钢锭含有大量 CO 气泡，还会彻底破坏正常钢锭应有的结晶组织，使之报废。

氧在固体钢中的溶解度很小，例如，室温下 γ 铁中氧的溶解度低于 0.0003%。所以，如不进行脱氧，在钢的凝固过程中，氧将会与钢中的金属元素发生氧化反应，以氧化物的形式大量析出，这就会严重地降低钢的抗拉强度、比例极限和冲击韧性等。特别是当钢中的氧含量和硫含量都很高时，有害作用尤其严重。脱氧的目的就是要降低钢液中的氧含量。

3.2.4.2　脱氧剂的种类

常用的脱氧剂有单质脱氧剂、复合脱氧剂和其他脱氧剂。选择脱氧剂的原则如下：与氧的亲和能力强；易于保管和使用；脱氧产物比较容易从钢液中排除；功能价格合理。也就是说既要考虑脱氧效果，又要考虑生产成本。要针对不同的脱氧方法选择不同的脱氧剂。

A　单质脱氧剂

目前常用的单质脱氧剂有钛、铝（包括铝铁、铝基复合脱氧剂）、硅、钡、锰、碳、钒、铬、电石等，脱氧能力由强到弱依次为钛、铝、钡、硅、碳、锰、钒、铬。随着对钢的质量要求越来越高，大部分优质钢多采用铝作为脱氧剂使用，个别建筑材料及高硅、高锰钢还沿用硅、锰脱氧。

（1）铝。铝是炼钢中常用的极强的脱氧元素，其脱氧反应为

$$2[Al] + 3[O] \Longrightarrow (Al_2O_3), \Delta H^{\ominus} = -1200.822 + 0.395T(kJ/mol)$$

1600℃与[Al]平衡的钢中[O]如表3-35所示，可见铝的脱氧能力之强。由于铝的脱氧能力几乎强于所有脱氧元素的脱氧能力，所以它常被用为终脱氧剂，以便达到彻底脱氧的目的。

表3-35　钢中氧和铝在1600℃时的平衡浓度　　　　　　　（%）

$w[Al]$	0.1	0.05	0.01	0.005	0.002	0.001
$w[O]$	0.0003	0.0004	0.0013	0.002	0.0037	0.0059

当钢液中铝的化学当量超过氧时，产物即为纯 Al_2O_3，所以铝有时不单独作为脱氧剂使用。钢中加入适量的铝除了作为脱氧剂外，还可以起到降低失效倾向性和细化晶粒作用。铝脱氧在钢中生成细小而高度弥散的 AlN 和 Al_2O_3，它们作为结晶核心，可使晶粒细化。在其后钢的加热过程中，这些细小颗粒又可以防止奥氏体晶粒长大，从而获得细晶粒钢，提高钢的屈服强度和冲击韧性。有的钢为了获得细晶粒钢，铝的加入量高达0.06% ~0.12%。

铝能与氮形成稳定的 AlN，因而可以防止氮化铁的生成，降低钢的时效倾向性。

（2）硅。硅是一种较强的脱氧元素，普通碳钢和建筑材料钢等高硅钢可用硅进行终脱氧。其脱氧反应为：

$$[Si] + 2[O] \Longrightarrow (SiO_2), \Delta H^{\ominus} = -593.84 + 0.233T(kJ/mol)$$

1600℃与0.1% Si相平衡的钢中氧含量为0.017%，与0.3% Si相平衡的钢液含氧量为0.01%，而与1.0% Si相平衡的钢液含氧量低至0.007%。硅的脱氧能力随温度下降而升高。

（3）锰。锰是常用的脱氧剂，它的脱氧反应为：

$$[Mn] + [O] \Longrightarrow (MnO), \Delta H^\ominus = -244.53 + 0.109T(kJ/mol)$$

1600℃与0.05% Mn平衡的氧为0.06%。

可见,在上述的单质脱氧剂中铝的脱氧能力最强。但铝的价格昂贵,脱氧产物 Al_2O_3 熔点高、颗粒小、上浮去除难,易成为钢中的非金属夹杂物,对钢的性能危害大。应综合考虑钢种脱氧深度的要求、钢中夹杂物的要求及生产成本来选择脱氧剂。

B 复合脱氧剂

复合脱氧指向钢水中同时加入两种或两种以上的脱氧元素。脱氧元素可以是单质也可以是合金。

以铝脱氧时,为了调整合金成分还要加入硅铁或锰铁,那么,加入的锰、硅也会起到一些脱氧作用。这时就很难分清是单质脱氧还是复合脱氧。实际上脱氧合金化过程中合金所谓被烧损的那一部分就是去完成脱氧任务了。

现在所说的复合脱氧是指多种脱氧元素预先制成合金方式进行脱氧。常见的复合脱氧剂有 Si - Al - Fe、Si - Al - Ba - Fe、Al - Mn - Fe、Al - Mn - Ti - Fe、Al - Ca - Fe、Al - Mg - Ca - Fe、Al - Mn - Ca - Fe、Al - Mn - Mg - Fe 等。因为承担脱氧任务的主要元素是金属铝,故又称为铝基复合脱氧剂。

a 复合脱氧剂的脱氧机理

以铝钙铁(或铝镁钙铁)为例讨论复合脱氧剂的脱氧机理。Ca 和 Al 结合进行脱氧时,$\Delta H^\ominus$ 负值最大,而且比单质铝与氧反应的 $\Delta H^\ominus$ 负值大得多。

$$2/3Al + [O] \Longrightarrow 1/3Al_2O_3, \Delta H^\ominus = -446245 + 112T(J/mol)$$

$$1/4Ca + 1/2Al + [O] \Longrightarrow 1/4(CaO \cdot Al_2O_3), \Delta H^\ominus = -507272 + 129.02T(J/mol)$$

$$1/2Ca + 1/3Al + [O] \Longrightarrow 1/6(3CaO \cdot Al_2O_3), \Delta H^\ominus = 56667 + 650.01T(J/mol)$$

$$1/4Mg + 1/2Al + [O] \Longrightarrow 1/4(MgO \cdot Al_2O_3), \Delta H^\ominus = -466858 + 113.71T(J/mol)$$

复合脱氧剂的最佳元素组合是 Ca 和 Al,它们之间的相互作用可使脱氧能力更加提高。在炼钢温度下 $\Delta H^\ominus$ 值达到了 $-289.6 \sim -274.5kg/mol$,比其他元素组合能力强。Ca 提高了 Al 的脱氧能力,即达到相同的脱氧效果时减少了铝在钢中的溶解度(消耗量),同时 Al 也减少了强脱氧元素 Ca 的脱氧消耗和 Ca 的挥发损失(单质挥发,复合不挥发)。为提高 Ca - Al 复合脱氧剂的脱氧效果和脱硫能力,细化晶粒提高产品性能,可在 Ca - Al 复合脱氧剂中加入适量的 Mg。Mg 原子半径大,在铁液中溶解度低,溶解速度慢,但与氧反应速度快,易先生核,促进 Ca、Al 的脱氧,降低 [Al]、[Ca] 的溶解度。

Al - Ca - Fe(或 Al - Mg - Ca - Fe)比纯铝密度大,沉淀脱氧时不易上浮与空气中氧燃烧,利用率高。

复合脱氧剂的脱氧产物是低熔点的复杂氧化物团,呈液态、易聚合、长大和上浮。在这种氧化物团中每一种脱氧产生的氧化物的活度下降,脱氧能力增强。例如,铝、钙复合脱氧剂易生成部分低熔点脱氧产物 $7Al_2O_3 \cdot 12CaO$，如图 3 - 28 所示。

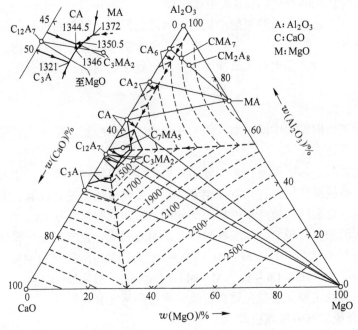

图 3 - 28　Al_2O_3 - CaO - MgO 三相图

由 Al_2O_3 - CaO - MgO 三相图可知，$7Al_2O_3 \cdot 12CaO$ 中当 $w(MgO) \leqslant 4\%$ 时其熔点不高于 1400℃，此状态下的夹杂物仍为液态。因此，加入 4% 以下镁，生成脱氧产物在 Al_2O_3 - CaO - MgO 系渣中不会提高其熔点，不影响夹杂物聚合、长大和上浮，净化钢液，还可以减少浇注时水口结瘤的现象。

复合脱氧可以提高脱氧元素的脱氧能力的原因可以总结如下：脱氧元素共存相互降低了对方在钢液中的分压，也就降低了溶解度，提高了各脱氧剂脱氧能力；铝基复合脱氧剂应含有铁、锰的成分，体积密度比纯铝体积密度大，有利于沉淀脱氧；脱氧产物是熔点较低的复杂氧化物团，活度低，反应速度快，熔点低，有利于脱氧产物的絮凝、长大、上浮和去除。

b　采用铝锰钙铁复合脱氧剂的效果

某 150t 转炉炼钢厂应用铝铁和铝钙铁脱氧效果对比如表 3 - 36 所示。

表 3 - 36　某厂应用铝铁和铝钙铁脱氧效果对比

脱氧剂	终点 $w[C]/\%$	终点 $w[O]$ $(\times 10^{-6})$	脱氧剂耗量 $/kg \cdot t^{-1}$	脱氧后 $[O]$ $(\times 10^{-6})$	钢水残铝量/%
Al - Fe	0.048	815	3.35	63	0.014
Al - Ca - Fe	0.035	827	3.10	23	0.030
对比值	- 0.03	+ 12	- 0.25	- 40	+ 0.016

某炼钢厂120t转炉用铝锰铁和铝镁钙铁脱氧效果对比如表3-37所示。

表3-37 某厂应用铝锰铁和铝镁钙铁脱氧效果对比

脱氧剂	硫化物	硅酸盐	晶粒度/级	魏氏组织	LF后钢中 $w[O]$ ($\times 10^{-6}$)
Al-Mn-Fe	0.5	3.0	9.5~10	1.5	46
Al-Mg-Ca-Fe	0.5	0.5	10	0.5	21

c 复合脱氧剂标准

某厂常用复合脱氧剂标准如下：

铝钙铁合金： $w(Al) = 43\% \sim 50\%$; $w(Ca) = 5\% \sim 10\%$; $w(P) \leqslant 0.030\%$; $w(S) \leqslant 0.030\%$; 余量为Fe。

铝镁钙铁合金： $w(Al) = 42\% \sim 48\%$; $w(Ca) = 5\% \sim 8\%$; $w(P) \leqslant 0.030\%$; $w(S) \leqslant 0.030\%$; $w(Mg) = 3\% \sim 5\%$; 余量为Fe。

硅锰铁（Ⅰ）： $w(Mn) = 60\% \sim 67\%$; $w(Si) = 17\% \sim 20\%$; $w(P) \leqslant 0.10\%$; $w(S) \leqslant 0.04\%$; 余量为Fe。

铝锰钛铁： $w(Al) = 48\% \sim 52\%$; $w(Mn) = 8\% \sim 12\%$; $w(Ti) = 1\% \sim 3\%$; $w(P) \leqslant 0.030\%$; $w(S) \leqslant 0.030\%$; 余量为Fe。

铝锰铁： $w(Al) = 48\% \sim 52\%$; $w(Mn) = 6\% \sim 10\%$; $w(S) \leqslant 0.030\%$; $w(P) \leqslant 0.030\%$; 余量为Fe。

硅铝铁： $w(C) \leqslant 0.6\%$; $w(Al) \geqslant 48\%$; $w(Si) \geqslant 18\%$; $w(S) \leqslant 0.030\%$; $w(P) \leqslant 0.030\%$; 余量为Fe。

硅铝钡锶钙铁： $w(Si) = 45\% \sim 50\%$; $w(Al) = 6.0\% \sim 10.0\%$; $w(Ba + Sr) = 2.0\% \sim 16.0\%$; $w(Ca) = 2.0\% \sim 4.0\%$; $w(S) \leqslant 0.030\%$; $w(P) \leqslant 0.030\%$; 余量为Fe。

C 碳质脱氧剂

CaC_2 （电石）是一种很好的脱氧剂，既可用于沉淀脱氧又可用于扩散脱氧。其脱氧反应方程式如下：

$$CaC_2 + 3[O] \Longrightarrow CaO + 2CO$$

尽管电石的脱氧能力不如金属铝，但是作为沉淀脱氧剂与铝一起使用时优点比较突出。保证电石的纯度不小于80%时，可顶替本身重量50%的金属铝，而成本仅为金属铝的1/3，有利于降低生产成本；电石脱氧的脱氧产物是CaO和 CO_2 ，对钢水没有污染，生成的CaO有可能与铝的脱氧产物 Al_2O_3 生成低熔点的铝酸钙，有利于夹杂上浮；生成的 CO_2 可以对钢液起到搅拌作用，促进 Al_2O_3 等夹杂物上浮；对钢水有脱硫作用，其脱硫率可达17%~40%。

一般情况下，电石与钢包合成精炼渣及石灰配合使用，电石加入量为0.5~1.0g/t。

有人担心，在生产轴承钢时使用电石脱氧会导致成品 D 类夹杂物级别升高。作者参与利用部分电石（0.8kg/t）配合铝进行终脱氧的连续生产 20 炉高档轴承钢试验，经成品夹杂物检验表明，与不加电石脱氧的产品相比，D 类夹杂物的级别未见增长。

3.2.4.3　脱氧方法

常用的脱氧方法有沉淀脱氧、扩散脱氧和物理法脱氧。喂铝线脱氧是一种近些年才开始应用的脱氧方法，此法既不是沉淀脱氧也不是扩散脱氧。

A　沉淀脱氧

直接向钢液中加入与氧亲和力大于铁的元素，夺取钢液中的自由氧或以 FeO 形式存在的氧，并生成不溶于钢液中的简单化合物或复杂化合物，然后从钢液中上浮并排入顶渣中，这种脱氧方法称为沉淀脱氧。其反应可以用如下通式表达：

$$x[Me] + y[O] = (Me_xO_y)$$
$$x[Me] + y[FeO] = (Me_xO_y) + y[Fe]$$

沉淀脱氧方法是目前各种炼钢炉出钢时普遍采用的一种脱氧方法，各种脱氧元素以纯金属、铁合金或复合合金的形式直接加入炉内或出钢时加入钢包内。

出钢过程中进行沉淀脱氧时可以利用出钢钢流的巨大冲击和搅拌作用加剧脱氧剂和钢液的接触，加快脱氧反应的进行，同时增加脱氧产物相互碰撞的机会，加快其絮凝、长大和上浮的速度。沉淀脱氧方法的优点是操作简便，不占工序时间，过程迅速，脱氧彻底，生产成本低。其最大缺点是脱氧产物在钢液中产生，如果脱氧产物（如 Al_2O_3、MnO、SiO_2 等）在钢凝固之前来不及上浮而留在钢中，不可避免地会污染钢液，影响钢的洁净度，降低钢的各种性能。目前绝大多数炼钢厂生产铝脱氧镇静钢时，在出钢过程中都采用投入铝锭或铝基复合脱氧剂进行沉淀脱氧，因此如何促进脱氧产物（Al_2O_3）上浮，一直是冶金工作者研究的重要课题。

B　扩散脱氧

扩散脱氧是指脱氧剂与炉渣中的氧化铁进行反应，渣中的氧化铁浓度降低导致钢中的氧化铁逐渐向渣中扩散，达到钢中含氧（氧化铁）量降低的目的。

扩散脱氧的优点是脱氧产物不是在钢液中生成而是在渣相中生成，对钢水没有污染。其缺点是脱氧过程依靠氧化铁自钢液向渣相扩散进行，过程极其缓慢，耗时、耗能。

关于扩散脱氧将在 3.4.5.2 节中详细介绍。

C　喂线脱氧

喂线脱氧是采用喂线机将铝线高速插入钢包内的钢水中，以完成脱氧任务。这是喂线机问世以后出现的新脱氧方法。对于脱氧来说，这不是一个好的方法。铝线插入钢液 1m 深以内已经全部熔化，分布极为不均，脱氧速度较慢，部分铝液可能上浮到渣面，甚至被空气氧化。脱氧产物全部在钢液中，没有出钢钢流的巨大搅拌作用，脱氧产物（Al_2O_3）不易絮凝、长大、上浮和去除。实践证明，采用喂铝线方法脱氧效果不好，成品钢中（Al_2O_3）夹杂量较多，钢中［Al］含量波动较大。但作为微调钢中铝含量采用喂铝线的方法是可行的。

D 物理方法脱氧

物理方法脱氧就是不利用脱氧剂进行脱氧，而是利用亨利定律的原理通过降低［O］在钢液中的分压来去除钢中的氧。

亨利定律认为，在一定的温度和压力下，溶解过程达到平衡时，气体的溶解度与其平衡分压成正比。所有气体分压的总和等于系统的压力。即

$$p_a = KC_a$$

$$p = p_{CO} + p_O + p_N + \cdots + p_{Ar}$$

式中　　　　　p_a——a 物质的平衡分压；

　　　　　　　C_a——a 物质的溶解度；

　　　　　　　K——亨利常数；

p_{CO}，p_O，p_N，p_{Ar}——［CO］、［O］、［N］、［Ar］的平衡分压。

在系统压力不变的条件下，如果往钢液吹入惰性气体（如 Ar），就增加了它在钢液中的分压，降低氧气分压，也就是降低了它在钢液中的溶解度，使降低了溶解度而析出的氧气随上升的氩气泡逸出钢液，起到脱氧的作用。这就是钢包吹氩能脱氧的原理。

当钢液暴露在真空（67Pa）状态下，系统的压力极低，各种气体在钢液中的平衡分压及溶解度也极低，绝大部分气体逸出被系统抽走。这就是真空脱气的原理。经 RH 或 VD 真空处理后的钢其氧含量甚至可以降到 5×10^{-6} 以下。

3.2.4.4 脱氧剂加入量的计算

计算铝脱氧镇静钢用脱氧剂的加入量时应考虑钢中的含氧量、进入钢包的炉渣消耗的脱氧剂量、脱氧后钢中［Al］目标含量这三个重要因素。以铝作为脱氧剂时计算方法如下：

（1）脱钢水氧用铝计算。钢中氧含量可以通过吹炼终点钢水定氧仪测得，也可以根据本厂标定的碳氧曲线或按终点含碳量来估算钢水的含氧量。其脱氧铝消耗为：

$$2Al + 3[O] \Longrightarrow (Al_2O_3) \tag{3-7}$$

$$2 \times 27 : 3 \times 16$$

$$54 : 48 : 102$$

$$1.12 : 1$$

可见，每脱掉 100×10^{-6} 氧需要 0.112kg/t 金属铝，考虑到铝的纯度及意外损耗，可简单认为每脱 100×10^{-6} 氧需要 0.12kg/t 金属铝。

某厂对应不同终端 $w[C]$ 时用于脱掉钢液中氧的脱氧剂用量如表 3 - 38 所示。

表 3 - 38　根据终点 $w[C]$ 估算 $w[O]$ 及脱氧合金用量

$w[C]/\%$	< 0.05	0.05 ~ 0.10	0.11 ~ 0.20	0.21 ~ 0.30	0.31 ~ 0.40	> 0.41
$w[O](\times 10^{-6})$	700	500	400	250	150	100
脱氧铝/kg·t^{-1}	0.84	0.6	0.48	0.30	0.18	0.12

(2) 脱渣中氧用铝计算。根据 3.2.3 节所述，基于不同的挡渣设施下渣率为 4.5 ~ 8kg/t，以下渣量 5kg/t 为例，计算脱掉渣中氧时所需要脱氧剂的用量。按渣中 (FeO) 含量 15% 计算（忽略 MnO 的含量）。

$$2Al　+　3(FeO) === (Al_2O_3) + 3[Fe]$$
$$54　:　216$$
$$0.187　:　5 \times 0.15$$

脱渣中氧需消耗金属铝约为 0.187kg/t。也就是说，每下渣 1kg/t，需消耗金属铝 0.038kg/t。当使用顶渣改质剂时脱渣中氧的任务由顶渣改质剂完成，故计算脱氧剂铝用量时，可不考虑这部分脱氧用铝量。

(3) 成品钢中 [Al] 含量。为了保证钢的脱氧进行得彻底，产品钢中应有一定的 [Als] 含量。试验表明，对于轴承钢、合金结构钢、合金工具钢及其他一般钢种（不包括帘线钢），当成品钢中 [Als] 含量为 0.015% ~ 0.020% 时，其夹杂物的量最少。因此如果用户没有特殊要求，上述钢成品中 [Als] 含量以 0.020% 为宜。考虑到精炼前后的二次氧化和钢液裸露增氧，出钢后钢中 [Als] 含量控制在 0.030% ~ 0.040% 为好。显然，为保证钢中 [Als] 含量而添加的金属铝为 0.35 ~ 0.40kg/t。

综合上述三项金属铝的用量，并根据钢液中含氧量与含碳量的对应关系，推荐出钢脱氧用纯铝加入量，如表 3 - 39 所示。

表 3 - 39　出钢脱氧铝用量与终点钢中含碳量的关系

出钢 $w[C]/\%$	< 0.05	0.05 ~ 0.10	0.11 ~ 0.20	0.21 ~ 0.30	0.31 ~ 0.40	> 0.4
脱氧铝/kg·t^{-1}	1.0 ~ 1.24	0.80 ~ 1.00	0.65 ~ 0.88	0.50 ~ 0.70	0.40 ~ 0.58	0.35 ~ 0.50

当然，由于转炉复吹效果、初炼炉出钢时下渣量、出钢温度、出钢时间、顶渣改质剂的加入量等因素的变化，脱氧剂的加入量应该根据实际情况进行适当的调整。

3.2.4.5　脱氧产物的排除

铝及铝基合金已经成为当今脱氧剂的主流，如何使一次脱氧产物 Al_2O_3 从钢液中排除是洁净钢生产的关键。

由铝氧反应式可知，每加 1kg/t 脱氧剂铝，将产生脱氧产物 Al_2O_3 1.89kg/t，浓度为 0.189%。它是熔点 2050℃、密度 3.6g/cm³、尺寸小于 50μm 的固相颗粒。这些夹杂必须在出钢过程及后续精炼过程中从钢液中上浮去除。在生产时刻表里，出钢是钢水距离浇注时间最长的工序，此时采取工艺措施能够给一次脱氧产物最长的上浮时间。普遍认为，一次脱氧产物排除的多少是决定钢中总氧含量高低的主要因素。

关于钢中非金属夹杂物上浮的理论已经在第 2 章中进行了介绍。近年来围绕促进炼钢脱氧产物 Al_2O_3 夹杂上浮和去除进行了大量的研究和试验，开发了不少新的工艺，取得了良好的效果。

（1）促进出钢脱氧产物 Al_2O_3 夹杂絮凝。铝脱氧产生的 Al_2O_3 是细小固体颗粒（<50μm），受到的浮力很小，需要很长时间才能上浮，且固相颗粒之间不太容易相互吸附、长大。为此应采取以下措施促进其絮凝长大：

1）钢流冲击。利用出钢钢流巨大的冲击能量将钢液、脱氧剂、精炼渣等强烈搅拌混合，促进脱氧反应，促进夹杂物之间相互碰撞、絮凝、长大。

2）脱氧剂集中加入。沉淀脱氧应是在出钢 1/5 时，一次性将脱氧剂加入包内。在保证迅速熔化的前提下脱氧剂的单重越大越好（约 20kg/块），有条件的情况下将铝锭捆绑为一体，一次性投入。集中加入时产生的脱氧产物 Al_2O_3 比较集中，有利于相互碰撞、絮凝、长大。

3）配加钢包精炼渣。渣中含有 $CaCO_3$，进入钢液后立即分解出 CO_2，有搅拌作用，有利于脱氧产物 Al_2O_3 相互碰撞、絮凝、长大。

钢包精炼渣的基体是低熔点的 $7Al_2O_3 \cdot 12CaO$，进入钢液后呈液态，能有效地吸附脱氧产物 Al_2O_3，并促使它转变为液态的铝酸钙，加速上浮。当然，钢包精炼渣还有附加脱氧、脱硫等作用，有关钢包精炼渣的开发与应用将在后续章节中介绍。

4）配加脱氧剂电石。电石除脱氧以外也有发泡功能，有利于脱氧产物 Al_2O_3 相互碰撞、絮凝、长大。

5）用复合脱氧剂。采用复合脱氧剂进行沉淀脱氧时产生的脱氧产物是低熔点的复合氧化物，较单质氧化物夹杂容易絮凝长大。

（2）促进夹杂物上浮。钢中夹杂物的上浮速度主要取决于夹杂物在钢液中受到的浮力和与钢液之间黏滞力之差，颗粒大的夹杂物容易上浮。如果能给夹杂物以上浮的动力也能促进其上浮，如出钢钢流的搅拌、加入电石分解的 CO_2 气体的搅拌、加入的 $CaCO_3$ 分解出 CO_2 气体的搅拌、电磁搅拌以及钢包底吹氩的搅拌等。其中底吹氩气搅拌去除钢中夹杂物的作用最为明显。但是，必须严格控制底吹氩的流量，避免因渣面翻腾而造成钢液增氧或顶渣重新卷入钢液。

（3）顶渣对夹杂物的吸附。因为出钢时有初炼炉渣进入钢包，这些炉渣中

含 SiO_2 17% ~ 20% ，为此，出钢过程中需向钢包中添加石灰和顶渣改质剂。其中一个重要的目的就是将顶渣组成调整为，$w(CaO) = 35\% ~ 45\%$；$w(SiO_2)$ <10%；$w(Al_2O_3) = 20\% ~ 30\%$；$w(MgO) = 6\% ~ 8\%$；$w(TFeO + TMnO)$ <5%，以利于吸附脱氧产物 Al_2O_3 夹杂。

3.2.4.6　降低初炼炉终点钢水含氧量的意义

钢中含氧量的多少直接关系到脱氧剂的使用量、合金的回收率及一次脱氧产物量的多少。初炼炉终点钢水含氧量越高，需要加入的脱氧剂量就越多，合金的回收率就越低，生产成本就越高，生产的一次脱氧产物的量就越大，后续精炼过程中去除夹杂物的负担就越重，生产效率就越低。

初炼炉中碳和氧是呈双曲线关系，随着熔池温度升高，曲线上移，如图 3 – 29 所示。由于初炼炉内的碳氧反应只能逐渐向平衡方向靠近，但永远达不到平衡状态，所以钢液中实际的含氧量要比平衡曲线上的数值高得多。可见，钢中的含碳量越低，钢液中含氧量就越高；出钢温度越高，钢液中含氧量就越高。控制冶炼终点钢水含氧量的关键就是避免出现高温钢，合理地控制冶炼终点钢水的含碳量，杜绝低碳出钢。

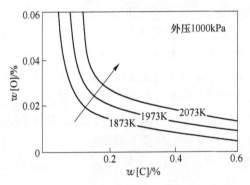

图 3 – 29　常压下碳、氧浓度之间的关系

3.2.4.7　合金化

铁、碳、硅、锰、磷、硫是组成钢的基本元素，其中硫、磷是有害杂质（除对磷、硫有特殊要求的钢种以外）。在钢中加入数量甚微的某种元素，或者调整钢中某些元素的含量，都可以使钢的性能发生较大的变化。利用这一现象，有目的地在钢中加入某些元素，便可获得具备某种特性的钢。为了保证钢制品良好的性能，必须将钢中各元素的含量调整到标准规定的范围之内。这项任务主要是在出钢"合金化"过程中完成。

这些用来调整钢材性质而加入钢中的元素，称为合金添加剂。由于纯元素（金属或非金属）生产的工艺过程一般都较复杂，价值昂贵，而生产它们的铁合金则比较简单而且价格相对于纯元素低，同时铁本身又是钢中最基本的元素，对钢无害，又能增大密度、降低熔点，所以，钢中的合金元素多以铁合金状态加入。

铁合金是除碳以外的非金属或金属元素与铁组成的合金的总称。其按照元素种类不同，有硅铁、锰铁、铬铁、钛铁、钨铁、钼铁、钒铁、磷铁、锰硅合金和硅钙合金等。铁合金本身很脆，不能承受各种加工变形。

在铸铁中，也常用铁合金来调整成分和组织，进行变质处理、球化处理，或作为合金铸件的合金剂。因此，铁合金在钢铁工业生产中起着重要的作用。

炼钢对铁合金的要求比较严格，要求成分稳定合适、夹杂物含量低、块度适中、价格公平，运输及保管时要防止破碎、混料、受潮。

一般情况下炼钢过程中的脱氧和合金化是同时进行的，往往难以严格划分界限。在老三期电弧炉生产时脱氧合金化是在电弧炉内进行，而现代电炉和转炉炼钢脱氧合金化均在出钢过程中完成。个别极易氧化元素（如镁、硼、稀土等）也有在连铸结晶器或钢锭模内添加。

脱氧剂加入钢中绝大部分消耗于钢的脱氧，作为脱氧产物而排出，一少部分脱氧剂（如铝、硅等）留在钢中起合金化作用。加入钢中的合金元素则绝大部分起合金化作用，与氧亲和力较强的元素有极少部分消耗于脱氧。这就出现了合金收得率的概念，也有称合金元素吸收率。

A 合金收得率

合金收得率的高低直接影响合金的加入量，因为合金的价格都是很高的，是炼钢，特别是炼特殊钢成本的重要组成部分。影响合金收得率的因素有钢水的终点含氧量、钢水温度、合金的状态及加入方式等。

钢水终点含氧量高、脱氧剂量不足、出钢带渣量大、出钢温度高、合金粒度小或粉量大时，合金收得率降低。

B 合金加入量的计算

首先标定出本厂各种合金的收得率，按钢中各元素成分标准的中下限值确定合金的加入量。

$$合金加入量 = \frac{w_1 - w_2 - w_3}{\eta} \times 出钢量$$

式中 w_1——该元素成分标准中下限；

　　　w_2——该元素钢中残余量；

　　　w_3——其他合金带入该元素量；

　　　η——该合金收得率。

C 铁合金的保管及使用

铁合金的运输和保管必须有明确的规定。铁合金按品种的不同，分为堆装和包装两种。包装方式又分铁桶包装、木箱包装、袋包装或集装箱包装。具体采用哪种包装，按相应标准执行。产品入库应分品种、分批号存放，如露天存放须用毡布盖好，严防渗水或混入杂物等。

铁合金产品发运要用棚车，当用敞车装运时，必须用毡布盖好。合金堆装发运，必须随车皮在明显处附有质量证明书。

不同牌号合金装在同一车皮发运时，必须采取隔离措施，保证不发生混号。

每一包件的表面均须注有不掉包的标记，包件内应有标签、标记。表面标记有冶炼厂名称、合金名称、牌号及级别、批号、净重。标签内容有冶炼厂名称、合金名称、批号、牌号及化学成分、出厂日期。

每批交货的产品需附有证明符合于订货合同和标准要求的质量证明书。质量证明书应详细标明冶炼厂名称、冶炼炉名称、合金牌号、必测元素的实际化学成分（堆装发运时，注明主要元素的加权平均数和最大、最小值，其他元素注明范围）、批号、件数、发运车皮号净重及基准重、质量检查员代号、出厂或生产日期、标准编号。

铁合金在使用前要求预先烘烤（去除水分，防止增氢）。熔点较低和易氧化的合金，如钒铁、钛铁、硼铁和稀土金属等可在低温（200℃）下烘烤。熔点高和不易氧化的合金，如硅铁、铬铁、锰铁等应在高温（800℃）下烘烤。

铁合金在加入时要计算准确、计量准确。对于不同的钢种要根据性价比选择不同牌号的合金，以求降低成本。

需要加入炼钢炉内难熔的合金时一定要有充分的熔炼时间，保证合金全部融化。

3.2.4.8　铝脱氧镇静钢出钢脱氧合金化顺序

出钢过程加料顺序及数量（可根据本厂工艺水平调整）如下：

脱氧铝锭：出钢 1/5 时加入，其加入量参考表 3-39；

电石：出钢 1/5 时加入，其加入量为 0.5~0.8kg/t；

合成精炼渣：出钢 2/5 时加入，其加入量为 2.0~4.0kg/t；

合金：出钢 2/5 时加入，加入顺序为钼、镍、铌、铬、锰、钒、钛、硅、碳；

石灰：出钢 3/5 时加入，其加入量为 3~5kg/t；

顶渣改质剂：出完钢加在渣面上，其加入量为 0.5~2kg/t。

3.3　电弧炉炼钢新技术

电弧炉炼钢具有悠久的历史。从 20 世纪中叶开始尽管转炉替代平炉成为炼钢的主力，但是电弧炉炼钢仍然在许多特殊钢的生产中占主导地位。

据世界钢协统计，2013 年，世界粗钢产量 16.07 亿吨，其中电炉钢的产量占 32%~35%；中国的粗钢产量 7.79 亿吨，电炉钢产量约占 10%；其他国家（日本、巴西、俄罗斯、韩国、美国、印度、土耳其）电炉钢占粗钢产量比例为

23.2% ~74%。

　　我国电弧炉炼钢工艺装备是以冶炼合金钢为主而发展起来的。从 20 世纪 90 年代起，大容量、超高功率电弧炉在我国获得了较快发展，电弧炉总座数有所减少，炉容趋向大型化，在淘汰落后电弧炉工艺装备和设备大型化方面已取得较大进步。据不完全统计，2007 年 50t 以上（包括 50t）电弧炉产能约占电弧炉钢总产能的 83.5%，成为我国电弧炉钢生产的主体设备，100t 以上（包括 100t）电弧炉产能占电弧炉钢总产能的比例也接近 45%。

　　近年来，由于电弧炉炼钢应用了一系列新技术、新工艺、新装备，在新产品的开发、质量的提高、能源的节省、成本的下降和减少碳排放方面取得较大成绩，增加了它在特殊钢生产领域中的竞争力。

　　随着中国钢铁工业向"常态化"转型及高铁、军工、核电、航空、航天工业的迅速发展，废钢量的日益增加，电炉钢的生产展现出良好的前景。因此讨论电炉炼钢的质量和成本有着重要的现实意义。

3.3.1　电弧炉炼钢技术的发展

　　电弧炉炼钢的工艺技术发生了根本性的变革，主要表现在以下几个方面：

　　（1）超高功率电炉。各等级功率电弧炉吨钢变压器功率匹配为：

低功率电弧炉 100 ~200kV·A/t；

中功率电弧炉 200 ~400kV·A/t；

高功率电弧炉 400 ~700kV·A/t；

超高功率电弧炉不小于 700kV·A/t。

20 世纪 80 年代开始，大部分常规电炉被超高功率电炉所代替。为了适应超高功率电弧炉的需要，人们先后开发了电弧炉大容量技术、水冷炉壁（盖）技术、水冷电极技术、直接导电电极臂技术、氧燃烧嘴、二次燃烧技术和偏心底留钢留渣出钢等工艺技术。随着电弧稳定性、电弧闪烁、三相功率不平衡等工艺难题的逐渐解决，超高功率电炉的生产工艺越来越成熟，取得了良好的冶金效果，生产效率提高约 1 倍，吨钢电耗降低 20% ~40%。

　　（2）冶炼功能的简化。以前的电弧炉炼钢要完成熔化、氧化、还原三个任务，即分为熔化期、氧化期、还原期，故被称为"老三期"电弧炉。由于 LF 炉的广泛应用，现在的电弧炉只完成熔化和氧化两项任务，还原期的钢水精炼任务转移到 LF 炉去完成，从而减轻了电弧炉的负担，提高了生产效率。

　　（3）氧化剂的改变。电弧炉炼钢氧化期的主要任务是氧化钢（铁）水中的硅、磷、碳等，并通过氧化沸腾效应去除钢中的夹杂。从前采用铁矿石等作为氧化剂，虽然可以回收部分铁矿石中的铁，但是矿石熔化将会吸收大量的热，降低钢水的温度，氧化速度较慢，冶炼时间长，电耗较高。

　　随着制氧机的大量应用,人们开始用纯氧气替代铁矿石作为电炉炼钢氧化剂使用。通过炉壁(或炉门)氧枪向电弧炉中供氧,使氧直接和钢水中的硅、磷、碳等进行氧化反应,而且还有强烈的助熔作用,废钢熔化快,氧化速度快,沸腾效果好,电耗降低,冶炼时间缩短。

　　(4)原料条件改变。在有铁水的炼钢厂,电弧炉炼钢的原料逐渐由纯废钢转变为铁水+废钢。兑入铁水的比例根据铁水条件和生产品种决定,但是都在20%以上,有的厂最高达到77%~88%,有高炉直供铁水的炼钢厂一般为50%~60%。电弧炉炼钢兑入部分铁水后可以充分利用铁水的物理热和化学热(硅、碳等),电耗、电极消耗明显下降,氧气消耗、石灰消耗增幅不大,钢的质量、生产效率明显提高。我国西部某厂应用结果如表3-40所示。

表3-40　铁水比例与各项消耗的关系

铁水比例/%	初炼电耗/kW·h·t^{-1}	初炼电极消耗/kg·t^{-1}	氧耗(标态)/m^3·t^{-1}	石灰消耗/kg·t^{-1}
65.79	116.17	0.9	50.03	56.7
82.97	29.5	0.54	55.6	58.58

　　注:该厂冶炼时向炉内吹入天然气(标态)70~150m^3/h。

　　(5)偏心底出钢技术。为了防止出钢时氧化性炉渣进入钢包,采用偏心底出钢技术。但是,由于受炉体回倾速度的限制,难免在出钢末期有部分炉渣进入钢包,为此配加留钢留渣工艺。这不仅从根本上解决了出钢下渣问题,而且还达到充分利用炉渣的物理热和促进化渣、节约渣料的目的。

　　(6)电弧炉余热回收废钢加热连续输送技术。余热回收利用一直是人们研究电弧炉炼钢节能环保的重要内容,国外也曾试验过异地加热、炉上料斗、双炉壳等工艺措施,但因为运送距离、加热场地、厂房高度等因素,没有得到广泛的应用。近年来我国自行研究开发了"DP系列废钢预热输送成套设备"的废钢预热工艺。该工艺的特点是设置一套"废钢预热输送成套设备",采用电炉余热对废钢预热并连续向炉内输送、高温烟尘净化和系统智能控制等一系列先进技术,实现电弧炉余热全封闭连续化预热废钢,并同时实现(不揭炉盖)向电弧炉连续加料。该工艺已在国内部分电弧炉炼钢厂应用,取得了显著的经济效益和环保效益。据研发生产DP系列废钢预热输送成套设备的公司介绍,其应用效果是:废钢预热温度600℃以上;废钢输送能力120~350t/h;出钢量提高10%以上;冶炼周期缩短10~15min;每吨钢节电80~100kW·h;电极消耗减少0.5%~0.8%;耐火材料消耗减少5%;吨钢排放的CO$_2$量减少20%~30%;生产现场含尘量减少10mg/m^3;二噁英、CO达标排放及烟尘排量减少30%。

3.3.2　电弧炉炼钢的注意事项

3.3.2.1　废钢料的配比及装入

在20世纪普遍认为:电弧炉炼钢钢铁料的配碳量应高于理想终点含碳量的

0.3% ~0.4%，利用这一部分碳和矿石反应生成一氧化碳而产生沸腾效应去除钢中的夹杂。近年来，由于大量新钢种的开发，对钢的质量要求越来越严格，特别是高功率、超高功率电炉的问世及吹氧助熔工艺的应用，低的原料配碳量的规定已经不能满足现代电弧炉炼钢工艺的需要。

在全部用废钢的电弧炉炼钢过程中，助熔氧气主要是通过和废钢铁中的硅、锰、磷、碳、铁等元素反应放出热量，其中硅、碳氧化反应放出的热量远比铁氧化放出的热量大。一般废钢和生铁（铁水）中的硅含量为 0.30% ~0.60%，因此，必须有足够的碳进行氧化反应才能产生足够的热量，才能节省电能。配碳量低可能造成以下不良影响：

（1）碳氧化量不足，产生的热量少，达不到大量节省电能的目的。

（2）吹炼后期增加了铁的氧化，造成渣中（FeO）含量增高，降低了钢铁料的回收率。

（3）氧化期沸腾时间短，不利于钢中非金属夹杂物的上浮，影响初炼钢水的洁净度。

（4）容易造成低碳出钢，增加钢和渣中含氧量，增加脱氧剂和合金的消耗、增加钢中的夹杂物含量，增加 LF 炉的精炼负担。

因此电弧炉炼钢配料时应使其含碳量高于理想冶炼终点含碳量1%左右。计算方法如下：

$$w[C]_{配料} = 0.1\% + w[C]_{成品下限} - w[C]_{合金带入量}$$

3.3.2.2 钢铁料比例及块度的确定

大块钢铁料都装在炉底部位，炉底部位温度相对较低，距电弧较远，处于热传导的远端，受热条件较差，熔化速度最慢。当料块单重超过 1.0t 时，特别是最小厚度超过 500mm 时熔化时间更长，消耗电能（或氧气）更多，不仅增加能耗而且还延长冶炼时间。个别时甚至会出现出钢时废钢尚未全部熔化的现象，无奈强化吹氧，造成低碳出钢。

料块长度超过 1000mm 时会给装料操作带来困难，容易损坏炉衬耐火材料，熔化塌料时有损坏电极的可能。某些炼钢厂为了节省废钢的加工费用，减少了加工量，造成入炉废钢铁的块度太大，大幅度地延长冶炼时间、增加电耗、增加脱氧剂和合金料的消耗，由此造成的经济损失比废钢加工费用多几倍。

3.3.2.3 吹氧助熔

吹氧助熔的目的就是通过氧气与熔池中的硅、磷、锰、碳、铁等元素发生氧化反应放出热量使熔池温度升高。

无论是铁水还是废钢，其中硅、磷、锰的含量是较低的，主要是依靠碳的氧化来获取热能。只有在炉内已经形成熔池的状态下氧化反应才能随着温度的逐渐上升依次进行。首先是硅氧化，促进炉渣形成，然后是磷氧化、锰氧化。当熔池温度升到约1400℃时碳才开始激烈氧化。随着温度的不断上升，碳的氧化反应更加激烈，温度升高的梯度加大。当高温熔池中碳含量较低时铁的氧化加剧。因此，吹氧助熔必须注意以下几点：

（1）吹氧时机的选择。只用生铁和废钢的电弧炉，应该在炉内形成熔池后才开始吹氧。多次装料时，每次装料之后不要马上吹氧，待呈现熔池后再吹氧。使用铁水、废钢炼钢时，根据兑入铁水量的多少，确定开始吹氧时间，其原则是见到熔池后方可吹氧。

当熔池的含碳量达到终点目标值时一定要停止吹氧，以避免铁的大量氧化和低碳出钢，此时应采用大电流供电，迅速升温。

（2）吹氧流量的控制。根据现场生产的经验，纯用生铁废钢为原料的电弧炉炼钢吹氧流量为 $50 \sim 60 \mathrm{m}^3/(\mathrm{t} \cdot \mathrm{h})$（标态），兑入 50% 左右铁水时吹氧流量为 $75 \sim 90 \mathrm{m}^3/(\mathrm{t} \cdot \mathrm{h})$（标态）。

3.3.2.4　前期脱磷技术

在 3.1.2 节中已经阐述了炼钢炉脱磷的原理，因此，提出了"预置脱磷剂"的脱磷工艺。这实质上就是保证在炼钢炉冶炼前期熔池温度约1350℃时形成高氧化性（渣中 $w(\mathrm{FeO}) \geqslant 14\%$）、高碱度（$R \geqslant 2.0$）、流动性良好的炉渣，促进脱磷反应的进行。

3.3.2.5　造长效泡沫渣

电弧中心的温度高达10000℃，依靠它传导钢水的热量将熔池升温。如果高温电弧暴露在炉内空间就会产生两个后果：一是将大量空气电离，导致钢液增氮，二是电弧的热能大量散失在空间，降低向熔池传导的热效率。为此，必须造泡沫渣覆盖钢液，以起到保温、隔绝空气及覆盖作用，使其热量尽可能多的通过炉渣传到熔池中，从而提高钢的质量，缩短冶炼时间，降低生产成本。

在吹氧过程中，钢液中的碳氧反应产生大量的一氧化碳（或二氧化碳）进入渣中，形成持续的泡沫渣。在停止供氧只靠电升温的冶炼后期要不断地向炉内加入含碳材料（焦粉、碳粉等）使其与炉渣中的（FeO）反应，生成一氧化碳（或二氧化碳），保持炉渣的发泡状态。这样，还可以降低渣中的（FeO）含量，减少铁耗，降低钢中含氧量，减少脱氧剂的消耗，提高合金的收得率。

3.4　钢水炉外精炼技术

钢水炉外精炼又称为钢的二次冶金，是指炼钢炉出钢之后，直到钢水凝固为止的整个过程中对钢水进行冶金处理的各类工艺，其目的是进一步改善钢水的物理、化学性能，优化工序衔接匹配。

炉外精炼早在 20 世纪 30、40 年代就显示出了它在提高质量、扩大品种方面的作用。从 50 年代连铸技术的诞生开始，炉外精炼技术除了继续满足产品性能优化，钢材质量提高的各种要求以外，更成为炼钢厂各工序优化衔接匹配特别是连铸生产稳定的必要手段。几十年来的发展，现在炉外精炼已成为钢铁生产流程中，特别是洁净钢生产中不可缺少的工艺环节。炉外精炼技术以自身的不断完善优化，不断推进钢厂生产的高效化、紧凑化，也不断推进产品质量与结构的优化和连铸生产的发展。它在当前推行"高效率、低成本"洁净钢生产的过程中，更是重要。近年来，我国炉外精炼技术得到了迅速的发展，一般炼钢厂都不同程度地应用了钢水炉外精炼技术。

炉外精炼工艺方法种类繁多，基本上分为非真空和真空精炼两大类。非真空类主要包括出钢合成渣精炼、钢包吹氩精炼工艺（LT）、LF（钢包炉）精炼工艺、CAS 或 IR – UT 浸渍罩吹氩精炼工艺等。真空类有 VD 真空精炼工艺、RH 真空精炼工艺、VOD 真空吹氧精炼工艺、AOD 氩氧精炼工艺、ASEA – SKF 真空电弧加热 + 电磁搅拌工艺等。

在上述的精炼方法中，钢包吹氩精炼和合成渣精炼是经过历史考验的工艺简单、省时、省力、效果显著、成本低廉的炉外精炼工艺，特别是在提高钢的洁净度方面，有投入少、收效大的优势，不能因为它们没有庞大的装备而被排斥在精炼工艺之外。它们在高效低成本生产洁净钢上是不可忽视的精炼工艺。

常见的炉外精炼工艺有钢包吹氩、合成渣精炼、CAS – OB、LF 炉精炼、RH 真空处理、VD 真空处理等，主要功能对比如表 3 – 41 所示。

表 3 – 41 主要炉外精炼工艺功能比较

炉外精炼方法	钢包吹氩（LT）	CAS 或 IR – UT	LF	RH	VD
深脱碳	×	×	×	◉	△
还原性炉渣	×/○	×	◉	×	△
脱　硫	×/○	×	◉	△	◉
温度补偿	×	△	◉	△	×
夹杂物聚合上浮分离	○	○	○	◉	△
防止炉渣卷入钢液	△	○	△	◉	×
减少耐火材料熔损	○	○	○	○	×

注：◉—效果显著；○—效果较好；△—效果小；×—无效果。

表 3 – 41 给出了钢包吹氩、CAS、LF、RH 和 VD 五种主要精炼工艺方法的功能特点，可以看到，不同的精炼工艺都具有各自特点和相对优势。因此必须根据钢厂的产品特点（[S]、[P]、[O]、夹杂物的要求及生产节奏等）选择适用的精炼方法。

3.4.1 钢包吹氩技术

钢包吹氩是 20 世纪 80 年代开始应用的一种简单易行、效果显著的钢包精炼工艺，可以促进钢包内钢水成分和温度均匀，能促进钢中非金属夹杂物的碰撞、絮凝和上浮，在钢包盛钢的全过程合理吹氩能显著地改善钢的洁净度。

吹氩方式分为顶吹和底吹两种方式。顶吹方式是利用氩枪向钢包内吹氩。氩枪的结构比较简单，中心为一个通氩气的钢管，外衬为一定厚度的耐火材料。氩气出口有直孔和侧孔两种，小容量钢包用直孔型，大包用侧孔型。氩枪插入钢液的深度距包底 300mm 左右。顶吹方式可以实现在线吹氩，缩短时间，但需设置固定的吹氩站，钢包移动过程不能吹氩，设备投资较大，易增加钢中耐火材料夹杂。除 LT 工艺以外，采用顶吹氩工艺的不多。

底吹方式是在钢包底部安装供气元件（狭缝式、细金属集管式和环缝式等），氩气由管道经底部的供气元件吹入钢液。透气元件除有一定透气性能外，还必须能承受钢水冲刷，具有一定的高温强度和较好的耐急冷急热性能，一般用高铝材料制成。透气元件的个数依据钢包的大小可采用单个和多个布置，透气孔的直径为 2~3mm。一般设有两个或多个底吹氩操作点。采用底吹氩可以随时（全程）吹氩，搅拌钢液效果好，操作方便，可以配合其他精炼工艺（LF 炉、VD 炉等），因此一般都采用底部吹氩的方法。本节主要介绍底吹氩方法。

3.4.1.1　钢包吹氩的设备组成和原理

A　钢包吹氩的设备组成

钢包底吹氩主要由气源、透气元件和调节系统三部分组成。

（1）钢包吹氩的气源。钢包吹氩的气源为氩气。氩气来源于制氧的副产品。钢包吹氩用的氩气的纯度为 99%；接点压力一般为 1.4~2.0MPa；设计最大流量根据钢包大小来确定，一般取 35~60m³/min（标态）。

（2）透气元件。透气元件是钢包吹氩的关键技术之一。其形式多种多样，有双层套管式、集管式、环缝式、弥散式、直缝式等。最常用的透气元件是直缝式，又称为狭缝式。

直缝式透气元件的优点是透气量较大且稳定；安装使用方便；耐火材料使用寿命高；只要安装、维护得当，不易发生漏钢。但其制造工艺比较复杂，有固定塑料片、振动成型、养生、烧成、组装等五个步骤，如图 3-30 所示。

透气元件没有国家规定的统一标准。某炼钢厂钢包吹氩透气元件质量标准如表 3-42 和表 3-43 所示。

（3）钢包吹氩调节系统。钢包吹氩调节系统由压力表、截止阀、调节阀、流量表及控制系统组成，如图 3-31 所示，可根据不同的吹氩阶段调节底吹气体的压力及流量。

B　钢包吹氩的原理

用喷吹气体所产生的气泡来提升液体的原理称为气泡泵原理。目前，气泡泵原理已广泛应用于化工、热能动力、冶金等领域。钢包吹氩的原理就是利用了气泡泵原理。气泡泵也称气力提升泵，其工作原理如图 3-32 所示。

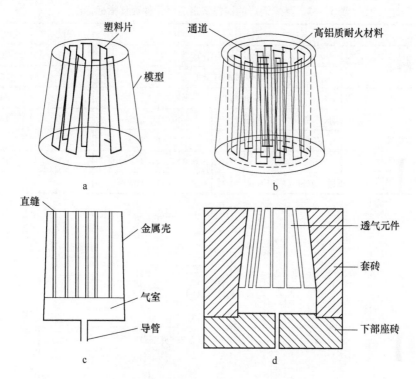

图 3 - 30 直缝式钢包吹氩透气元件的制造安装

a—固定塑料片；b—振动成型；c—养生、烧成后装外壳；d—炉内组装

表 3 - 42 某炼钢厂的钢包吹氩透气元件几何尺寸标准

项 目		指 标	
		砖 芯	座 砖
尺寸允许偏差/mm	内 径	—	$^{+3}_{0}$
	外 径	$^{0}_{-3}$	—
	高 度	±5	±5
	长度和宽度	—	±4
缺棱、缺角长度 $(a+b+c)$/mm		—	≤60
熔洞直径/mm		≤3	≤3
裂纹长度/mm	宽度小于 0.10	≤10	不限制
	宽度为 0.11~0.25	不准有	≤50
	宽度为 0.26~0.50	不准有	≤20
	宽度大于 0.50	不准有	不准有

表 3 – 43　某炼钢厂的钢包吹氩透气元件理化指标标准

项目			砖芯	座砖
化学成分	$w(Al_2O_3 + Cr_2O_3)(\geqslant)/\%$		90	85
	$w(MgO)(\geqslant)/\%$		6	6
物理性能	耐压强度（$\geqslant$）/MPa		90	80
	体密（$\geqslant$）/g·cm^{-3}	1600℃×3h	2.9	2.8
	高温抗折（$\geqslant$）/MPa	1400℃×0.5h	5	5
	荷重软化温度（>）/℃	0.2MPa×0.6%形变	170	170
	透气流量（标态）/m³·h^{-1}	0.1~1.0MPa	15~45	—

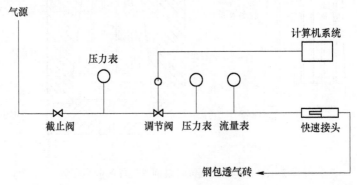

图 3 – 31　钢包吹氩调节系统

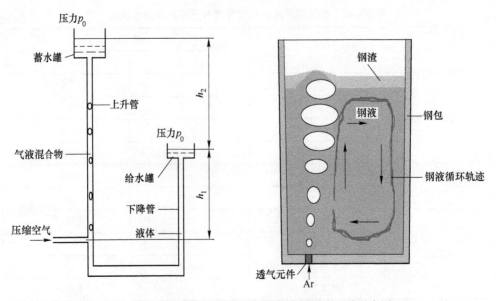

图 3 – 32　气泡泵原理图及钢包底部吹氩钢液运动示意图

设在不同高度的给水罐和蓄水罐,有连通管连接,组成一U形连通器。在上升管底部低于给水罐处设有一气体喷入口。当无气体喷入时,U形连通器的两侧水面是平的,即两侧液面差 $h_2 = 0$。一旦喷入气体,气泡在上升管中上浮,使上升管中形成气液两相混合物,由于其密度小于纯液相密度,所以气液混合物被提升一定高度 (h) 并保持,下式成立:

$$\rho'g(h_2 + h_1) = \rho g h_1$$

式中 ρ'——气液两相混合物的密度,kg/m³;

   ρ——液相的密度,kg/m³;

   h_1——给水罐液面与气体喷入口之间的高度差,m;

   h_2——蓄水罐与给水罐高度差,m;

   g——重力加速度,取 9.81m/s^2。

当气体流量大于某临界流量时,液体将从上升管顶部流出,造成抽吸作用。上述液体被提升的现象,也可以理解为上升气泡等温膨胀所做的功,使一部分液体位能 (mgh_2) 增加。

3.4.1.2 气体搅拌钢包内钢液的运动

很多研究者对气体搅拌钢包内钢液的混合现象进行了研究,试图建立相应的模型,以定量描述钢包内钢液运动的规律。肖泽强等人提出的全浮力模型,是至今最接近实际的模型。钢包底部吹气时,包内钢液的运动可用图 3 – 33 描述。

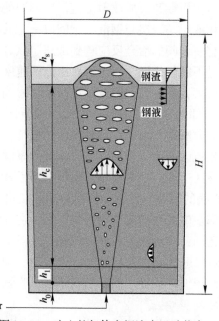

图 3 – 33   吹入的气体在钢液中运动状态

A　流动区域的划分

根据钢包内钢液的循环流动情况，钢包内大致可划分为以下几个主要流动区域：

（1）两相区。位于喷嘴上方的气液两相流区是气泡推动钢液循环的启动区（h_1、h_c 区）。在此区内气泡、钢液相互之间进行着充分的混合和复杂的冶金反应。由于钢包吹气搅拌的供气强度较小（远小于底吹转炉或 AOD 炉），因此可以认为，在喷口处气体的原始动量可忽略不计。当气体流量较小时（小于 10L/s），气泡在喷口直接形成，以较稳定的频率（10 个/s）脱离喷口而上浮。当气体流量较大时（约 100L/s），在喷口前形成较大的气泡或气袋。实验观察指出，这些体积较大的气泡或气袋，在流体力学上是不稳定的，在金属中，必定在喷口上方不远处破裂而形成大片气泡。有人测量了氮气喷入水银中气泡上升时的尺寸分布，指出气泡在喷口上方 12cm 范围内形成。理论上在液体中能稳定存在的最大尺寸与液体的表面张力和密度存在一定的比例关系。因此，可以认为，在喷口附近形成的气泡很快变成大小不等的蘑菇状，在该区内尺寸不同的气泡大致按直线方向上浮。大气泡产生的紊流将小气泡推向一侧，且上浮过程中气泡体积不断增大。这样，流股尺寸不断加大，气泡的作用向外缘扩大，所以 h_c 区呈上大下小的喇叭形。每一个气泡有个力作用于钢液上，使得该区的钢液随气泡而向上流动，从而推动了整个钢包内钢液的运动。

（2）顶部水平流区。气液流股上升至顶面以后，气体逸出而钢液在重力的作用下形成水平流，向四周散开。成放射形流散向四周的钢液与钢包中顶面的浮渣形成互不相溶的两相液层，渣层与钢液层之间以一定的相对速度滑动。渣钢界面的不断更新，使所有渣钢间的冶金反应得到加速。该区流散向四周的钢液，在钢包高度方向的速度是不同的，图 3-33 示意出该区速度的分布状况，与渣相接触的表面层钢液速度最大，向下径向速度逐渐减小，直到径向速度为零。

（3）钢包侧壁和下部的金属液流向气液区的回流区。水平径向流动的钢液在钢包壁附近，转向下方流动。由于钢液是向四周散开，且在向下流动过程中又不断受到轴向气液两相流区的力的作用，所以该区的厚度与钢包直径相比是相当小的。图 3-33 画出该区速度的径向分布。在包壁不远处，向下流速达到最大值后，随 r（至钢包中心线的距离）的减小而急剧减小。沿钢包壁返回到钢包下部的钢液以及钢包中下部在气液两相流区附近的钢液，在气液两相流区抽引力的作用下，由四周向中心运动，并再次进入气液两相流区，从而完成液流的循环。为了增加 r 值一般都把底部透气元件安装在直径 2/3 处（如图 3-32 所示），形成一个大循环的空间，改善循环效果。循环周期越短，吹氩效果越好。

B　搅拌对混匀度的影响

考虑到钢液的搅拌是由于外力做功的结果，所以单位时间内，输入钢液内引起钢液搅拌的能量在一定范围内愈大，钢液的搅拌将愈剧烈。常用单位时间内，向1t钢液（或1m³钢液）提供的搅拌能为描述搅拌特征和质量的指标，称为比搅拌功率，用W/t或W/m³来表示。

根本的混匀是指成分或温度在精炼设备内处处相同，但这几乎是做不到的。一般说来，成分相对均匀时，温度也一定是相对均匀的，可以通过测量成分的均匀度来确定混匀时间。混匀时间τ是另一个较常用的描述搅拌特征的指标。它是这样定义的：在被搅拌的熔体中，从加入示踪剂到它在熔体中均匀分布所需的时间。钢液的混匀除了受搅拌功率的影响之外，还受熔池直径、透气元件个数等因素的影响。生产中要求混匀时间越短越好。

3.4.1.3 钢包吹氩的作用

钢包吹氩的作用是均匀包中钢液温度、成分；部分地脱掉钢液中的气体；在脱硫时促进钢、渣间的化学反应，提高脱硫效率；促进钢液中非金属夹杂物相互碰撞、絮凝和上浮；利用氩气逸出钢包时的保护作用（LT工艺），避免或减少钢液与空气接触而造成的二次氧化等。

经钢包吹氩处理的钢，质量有较大的改善，在一定程度上减少了因中心疏松、偏析、皮下气泡、夹杂等缺陷造成的废品，同时又提高了钢的致密度。钢包吹氩可以提高金属的收得率，降低生产成本。

（1）均匀钢液温度和成分。未吹氩前，钢包上、中、下部的钢水成分和温度是有差别的。由前述可知，氩气泡在上浮过程中推动钢液上下运动，搅拌钢液，促使其成分和温度均匀。特别是在LF炉精炼过程中，由于电弧的加热作用，钢包上部和下部钢液的温度差很大，适量的吹氩搅拌，可以尽量使包内钢液温度均匀。

（2）部分地脱掉钢液中的气体。氩气是一种惰性气体，吹入钢液内的氩气既不参与化学反应，也不溶解于钢液。由制氧机空分塔生产出的氩气纯度较高（99.99%），内含氢、氮、氧等量很少。可以认为吹入钢液内的氩气泡对于溶解在钢液内的其他气体来说就像一个小的真空室，在这个小气泡内其他气体的分压力几乎等于零。根据西华特定律，"在一定温度下，气体的溶解度与该气体在气相中分压力的平方根成正比"，钢中的其他气体不断地向氩气泡内扩散（特别是钢液中的氢在高温下扩散很快），气泡内的分压力增大，但是气泡在上浮过程中不断长大，因而其他气体（氮气、氢气、氧气等）的分压力仍然保持在较低的水平，继续被氩气泡吸收，最后随氩气泡逸出钢液而被去除。

又因为吹入钢液的氩气降低了钢中其他气体（如氢、氮、氧）的分压，也就是降低了它们在钢液中的溶解度，所以又促进了这些气体的排除。

有的论文提到，经钢包吹氩精炼后，最好的效果可去除钢中的氢气5%～15%、氧气23%～39%、氮气15%～20%。

（3）促进钢液中夹杂物上浮。在没有钢包吹氩的条件下，钢液中非金属夹杂物依靠自身的浮力上浮，其上浮的速度取决于该非金属夹杂物的体积和它与钢液之间的黏滞力。由于非金属夹杂物体积较小，特别是脱氧产物刚刚生成时的尺寸只有 $20 \sim 50 \mu m$，受到钢液浮力很小，各种非金属夹杂物与钢液之间的黏滞力较大，所以非金属夹杂物在钢包中自然上浮的速度很慢。

在钢包底吹氩的条件下，吹入氩气的动力作用促进了非金属及夹杂物的上浮。其原因是气泡对夹杂物的黏附作用和循环带动夹杂物上浮。

底吹氩条件下，钢液中夹杂物的去除主要依靠气泡的浮选作用。夹杂物与气泡碰撞并依靠二者之间润湿而形成的表面张力黏附在气泡壁上，然后随气泡上浮而被去除。

钢包底吹氩的搅拌作用，可以使包内钢液做连续的循环运动。由于钢液与非金属夹杂物之间的黏滞作用，上升的钢水可以将夹杂物带到钢液表面，在钢流改变方向做水平运动时与渣层之间以一定的相对速度滑动，钢液中的夹杂物就容易被顶渣吸附。

底吹氩去除钢中夹杂物的效率主要取决于氩气泡和夹杂物的尺寸以及吹入钢液的气体量。大颗粒夹杂物比小颗粒夹杂物更容易被气泡捕获而去除。小直径的气泡捕获夹杂物颗粒的概率比大直径气泡高。增加底吹透气砖的面积和透气砖数量，或在有限的吹氩时间内成倍地增加吹入钢液的气泡数量，可以降低透气砖出口处氩气表观流速，从而减小透气砖出口处氩气泡的脱离尺寸。

钢包弱搅拌和适当延长低强度吹氩时间，更有利于去除钢中的夹杂物颗粒；对于大钢包（200t 以上）使用双透气砖甚至多块透气砖，可以达到高搅拌功率和缩短精炼时间的目的。

生产实践证明，脱氧良好的钢液经钢包吹氩精炼后，如果吹氩工艺正确，顶渣具有吸附夹杂物的能力，夹杂总量尤其是大颗粒夹杂量有明显降低。

（4）利用氩气的保护作用。利用氩气的保护作用可进一步避免或减少钢液的二次氧化。如果钢包上面加盖，吹氩时可在钢包渣面上形成惰性气体氛围，减轻钢液的二次氧化。钢包上面加盖，保护效果明显，钢包上面不加盖，保护效果不明显，这就是 LT 工艺受到人们青睐的原因。

（5）强化钢包脱硫反应。如果加入石灰、萤石混合物（$CaO - CaF_2$）等活性渣，同时高速吹入氩气加剧渣 - 钢反应，可以取得明显的脱硫效果。

加大吹氩量可以促进钢液和渣料的混合，在 LF 炉脱硫和 VD 炉脱硫时适当提高吹氩强度可以改善脱硫反应的动力学条件，促进脱硫反应进行。

3.4.1.4　影响钢包吹氩效果的主要因素

钢包吹氩精炼应根据钢液的熔炼状态、精炼目的、出钢量等选择合适的吹氩工艺参数，如吹氩压力、流量与吹氩时间及气泡大小等。

A 氩气流量的影响

根据气泡泵的原理可知,只有在进入钢包的氩气泡数量多、直径小、连续时才能使钢液产生良好的有序循环。

当钢包底部透气元件通气截面积一定时,随着单个透气孔孔径的增大,气泡直径越来越大;随着氩气流量的增加,小气泡相互碰撞变成了大气泡,气泡的数量越来越少,气泡的直径越来越大,气泡的连续性越来越强。

当钢包底部供气流量小时,气泡直径小,但气泡数量少,且不连续。此时不能形成气泡泵的作用,不能使钢液形成良好有序的循环,不能去除钢中的夹杂物。

当钢包底部供气流量达到形成气泡泵所需的临界流量值时,进入钢包氩气泡的数量多,直径小且连续,故能产生气泡泵的作用,使钢液形成良好有序的循环,加强了夹杂物之间的碰撞、絮凝和上浮。如果顶渣的成分和黏度具有吸附夹杂的能力,即可将上浮的夹杂物捕获并融入顶渣中。当钢包底部供气流量继续增大时,进入钢包氩气泡由于相互之间的碰撞变成了大气泡,气泡的数量减少,气泡的直径变大,连续性变强,甚至变成气柱或射流,不但不能使钢液形成良好有序的循环而去除钢中的夹杂物净化钢液,反而会使钢中的小颗粒夹杂物沿着钢液的环流往复运动而不上浮进入顶渣。

吹氩流量大时,由于气柱或射流的作用冲开渣面,使钢液较大面积裸露在大气中,导致钢液增氮和二次氧化;同时使钢、渣强烈混合,钢渣大量进入钢液中,增加钢中大颗粒夹杂物的数量;射流对钢包壁的耐火材料冲刷也降低了钢包的使用寿命,增加钢中耐火材料夹杂物的数量;吹氩流量大,还会使钢液的温度下降得较多。

在系统不漏气的情况下,氩气流量是指进入包中的氩气量,它与透气砖的透气度、截面积等有关。因此,氩气流量既表示进入钢包中的氩气消耗量,又反映了透气砖的工作性能。在一定的压力下,如增加透气砖个数和尺寸,氩气流量就大,钢液吹氩处理的时间可缩短,精炼效果反而增加。据资料介绍,透气砖孔隙直径在 1.0 ~ 2.6mm 范围时为最佳,如孔隙再减小,透气性变差、阻力变大;大于 2.6mm,增加了渗钢的危险性。

在实际生产中往往出现透气元件组合系统漏气现象,这时氩气有可能不通过透气砖而由缝隙直接进入钢中。在这种情况下,钢包里的钢液就要冒大气泡,后果是精炼作用下降,得不到预期的脱氧、去气、去除夹杂等效果。因此,应及时解决完善组合系统的密封问题。

当钢包底吹氩的流量一定时,透气元件的截面积大且单孔孔径小,进入钢包的氩气泡数量多、直径小且连续,去除夹杂物净化钢液的效果就好。所以,对于不同的钢包透气元件、不同容量的钢包和透气元件数量不同的钢包,底吹氩最佳流量的选择是不同的。各厂应根据本单位的钢包大小、透气元件的数量和参数选择自己的最佳流量。

同一个钢包，同样的透气元件，底吹氩的目的不同，最佳流量的选择也是不同的。一般情况下，去除钢中的夹杂物净化钢液时的底吹氩流量较小，称为软吹；调整成分、化渣、熔化合金及强化脱硫等钢渣反应（如 VD 深脱硫）时，底吹氩气流量要适当大一些。

J. Wikstroem 认为，65t 钢包软吹底吹氩供气流量为 90～150L/min 时，对 10～30μm 夹杂物的去除效果最好。

Pvalentin 认为，70t 钢包软吹底吹氩供气流量为 60～80L/min 时，对 40μm 以上夹杂物的去除效果最好。

有人就 100t 钢包软吹氩去除夹杂物净化钢液进行了研究，得出了底吹氩气流量与钢中夹杂物指数的对应关系，如图 3－34 所示。夹杂物指数是指小于 2.0 级夹杂物所占的比例。指数为 1 时最好，说明钢中夹杂物均在 2.0 级以下。该试验结果认为，钢包底吹氩的流量在 80～110L/min 时钢中的夹杂物指数在 0.97～1.0 之间。当钢包底部吹氩流量大于 120L/min 或小于 60L/min 时，钢中的夹杂物指数均低，表明去除夹杂物的效果不好。

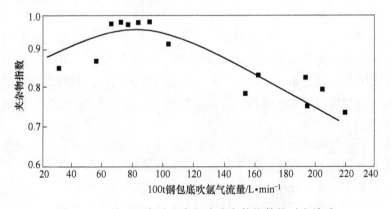

图 3－34　底吹压气流量与钢中夹杂物指数的对应关系

作者在 120t 钢包上做过试验，认为底吹氩流量在 70～100L/min 时去除夹杂物净化钢液的效果最好；均匀钢水温度成分、化渣、熔化合金时，底吹氩供气流量为 150～250L/min 最好；脱硫等强搅时，底吹氩供气流量为 200～300L/min 最好。

当无法确定流量值时，可根据钢包液面状态判断，即观察钢液面裸露的圆形直径大小来确定。

底吹氩流量小时，氩气泡不连续，钢液不能形成有序的循环，放去气效率低且不够稳定，对于促进改善夹杂物的上浮作用也不大。这种状态的表观现象是渣面上微微露出钢水或没露钢水。如图 3 - 35a 所示。

良好的吹氩状态钢包液面裸露直径（见图 3 - 35b）如下：80 ~ 120t 钢包液面裸露直径为 100 ~ 150mm；100 ~ 120t 钢包液面裸露直径为 150 ~ 200mm；150 ~ 180t 钢包液面裸露直径为 200 ~ 250mm；200 ~ 300t 钢包液面裸露直径为 2 × （150 ~ 200mm）（双底吹）。

钢包底吹氩流量过大时形成气柱或射流，液面裸露太大，翻腾严重，如图 3 - 35c 所示。

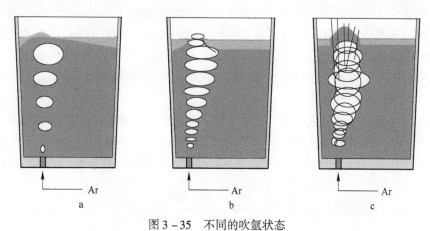

图 3 - 35 不同的吹氩状态

B 吹氩压力的影响

在现实生产中，由于吹氩管路和透气元件都是固定的，因此，吹氩流量的大小是通过调整吹氩压力来控制的。在通气截面积相同的条件下，讨论吹氩压力实质上还是讨论流量的问题。

在一定的透气元件工况条件下，吹氩压力越大，氩气流量就越大，搅动力越大，气泡上升越快。但吹氩压力过大，氩气流涉及范围反而变小，甚至形成连续气泡柱，形成图 3 - 35c 的状态。压力过小，气泡不连续，不能形成气泡泵的作用，搅拌能力弱，吹氩时间长了，甚至造成透气砖堵塞，形成图 3 - 35a 的状态。所以压力过大、过小都不好。理想的吹氩压力是使氩气流连续且氩气泡在钢液内呈均匀分布，形成图 3 - 35b 的状态。如能够人为地造成氩气流在钢包中压力分布不均，使气泡流在包中呈涡流式的回旋，不仅可以增加反应的接触面积，延长氩气流上升的路程和时间，而且更主要是在中心造成了一个负压，使钢液中的有害气体及夹杂能够自动流向氩气流的中心，并被卷升到渣面上，无疑会提高精炼效果。

必须指出，一般吹氩压力是指钢包吹氩时的实际操作表压，它不代表钢包中压力，但它应能克服各种压力损失及熔池静压力。通常，氩气气源压力应稳定在 0.5 ~ 0.7MPa。氩气的精炼作用是由钢包内氩气流本身的流量、压力决定的，这中间还存在温度因素的作用。因为氩气以低温状态从管道通过透气元件进入包中，温度剧增几百倍，这时氩气的压力和体积均发生很大的变化，极易造成猛烈的沸腾与飞溅。这将加剧对耐火材料的冲刷，造成钢水温度的下降、钢液的二次氧化等。因此还要注意开吹压力不宜过大，以防造成很大的沸腾和飞溅。压力小一些，氩气经过透气元件形成的氩气泡小一些，增加气泡与钢液接触面积，有利于精炼。

通过以上分析可知，为了提高氩气精炼钢液效果，加大氩气压力不如在保持一定的低压氩气水平下，尽量加大氩气流量，如增加透气元件个数、加大透气元件截面积等更行之有效。一般要根据钢包内的钢液量、透气元件孔洞大小、塞头孔径大小和氩气输送的距离等因素，来确定开吹的初始压力，然后再根据钢包液面翻滚程度来调整，以控制渣面有波动起伏、小翻滚或偶露钢液为宜。

　　C　吹氩时间的影响

在合理的底吹氩流量条件下，底吹氩的时间越长，去除夹杂物净化钢液的效果越好。但是底吹氩的时间越长，钢水的温降越大，工序时间越长，工序衔接越麻烦。王文军等人对吹氩（软吹）时间与钢中夹杂物的数量的关系做了统计，如图 3 - 36 所示。

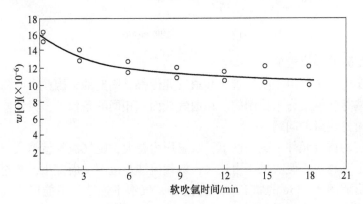

图 3 - 36　吹氩（软吹）时间与钢中夹杂物的数量的关系

图 3 - 36 表明，吹氩开始后 9min 之内钢中夹杂物的数量急剧降低，此后降低速度变缓，15min 以后不再变化。

同一个试验是将钢中不同的夹杂物折合成 10μm 大小的夹杂物个数，在吹氩过程中的不同时间，在钢液表面下 500mm 出取样分析夹杂物的个数，其对应关系如图 3 - 37 所示。

从图 3 - 37 看出，当钢包底吹氩到 15min 的时候，距钢液表面 500mm 处的夹杂物的个数最多，以后就逐渐减少。这可以认为是在钢包底吹氩到 15min 时钢中夹杂物不断碰撞、聚集、长大、上浮到取样位置的结果。

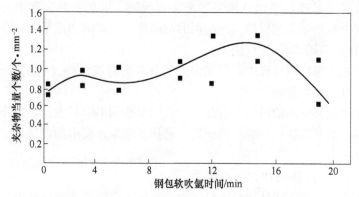

图 3-37　吹氩时间与钢液上部夹杂物个数的关系

因此，如果为了去除夹杂物净化钢液，钢包底吹氩（软吹）时间至少需要 15min。

由于钢包底吹氩的目的、钢包容量和生产钢种的不同，底吹氩的时间也不尽相同，一般为 3~15min。

荷兰霍高文钢厂和德国迪林根炼钢厂的试验表明，随吹氩时间延长，夹杂得到上浮除去，软吹 10min 时去除夹杂物的效果很好，再长时间效果就不再明显，而降温的效果比较显著，时间过长的话可能增加钢中的非金属夹杂物数量。因此，一般都将软吹的时间规定为 15min 左右。

增加透气元件的数量或增大透气元件的截面积都可以缩短吹氩时间。

某些钢厂虽然应用了钢包吹氩工艺，但重视不够，认为该工艺只能用于生产质量要求较低的钢种。许多钢厂吹氩精炼站没有渣料仓、合金料仓，氩流量也不能进行较准确控制，大部分吹氩强度过大。

3.4.2　合成渣精炼工艺技术

在电弧炉炼钢工艺问世以后，为了提高钢的质量和性能，冶金工作者开发并应用了炉外合成渣精炼工艺。在没有任何精炼装置的当年，利用合成渣炉外精炼工艺实现了对钢水进一步脱氧、脱硫、改变夹杂物形态、去除钢中夹杂等改善和提高钢性能的目的，为大量开发航空、航天、军工等领域的高科技钢做出了巨大的贡献。但是，随着 CAS-OB、LF 炉、RH、VD 等一系列炉外精炼设施的应用，人们在钢的生产过程中逐渐淡忘甚至抛弃了合成渣炉外精炼技术。随着高效低成本生产洁净钢概念的提出，人们才又开始重视合成渣炉外精炼技术的开发与应用。

实际上，合成渣炉外精炼技术历史悠久，操作简单、适用性广、无需专用设施、不占工序时间，与其他精炼工艺（LF、RH、VD）相比显著降低生产成本及节约工序时间。在生产某些钢种时完全可以利用合成渣渣洗（顶渣改质）等工艺手段部分或全部替代其他精炼装置来实现脱硫、脱氧、改变钢中夹杂物的形态、去除钢中夹杂等工艺目的，提高钢的洁净度，改善钢的质量，减少了其他精炼装置的负担，降低钢的生产成本。

在 LF、RH 等精炼过程中应用预先人工合成的造渣材料（合成渣），以加快精炼速度、改善精炼效果。

近年来预制合成渣的研究不断深入，应用的范围不断扩大，显现出可喜的技术经济效果。本节对各种合成渣的作用、选择及精炼过程中的物理化学行为进行初步的探讨。

3.4.2.1　合成渣的理化性能要求

合成渣是指人工合成的预制渣料，在冶炼的不同阶段选择性地加入冶金容器内，以起到不同的冶金作用，实现降低生产成本、提高生产效率、改善钢的洁净度等目的。合成渣的种类较多，在铁水预处理中应用的各种脱硫合成渣、在炼钢初炼炉中应用的脱磷合成渣、促进化渣的合成渣等属于铁水预处理及初炼炉用渣料。初炼炉出钢以后加入钢水的渣料属于合成渣精炼用渣料，如钢包渣洗用合成渣、钢包顶渣改质剂、LF 炉用精炼渣和埋弧渣、中包精炼渣等。根据合成渣功能要求确定其元素组成和理化性能及生产工艺。决定合成渣性能的主要指标有成分、碱度、熔点、流动性、表面张力、还原性等。

A　碱度

根据炼钢造渣的性质不同，合成渣的碱度选择也不同。生产对 DS 夹杂有极其严格要求的钢种（如帘线钢）时，在 LF 炉多采用酸性渣精炼，此时所用精炼渣为 $R = 0.71 \sim 1.10$ 的酸性渣或 $R = 0.8 \sim 1.2$ 的中性渣。生产对钢中含氧量要求极其严格的钢种（如轴承钢）时，在 LF 炉多采用高碱度渣进行精炼，因此，需要 $R = 4 \sim 7$ 的高碱度精炼渣。

B　熔点

希望精炼渣的熔点越低越好，以便迅速熔化，迅速进行化学反应，减少钢水热量损失，提高精炼效果。合成渣的熔点，可根据渣的成分利用相应的相图来确定。

不同元素对不同渣系熔点的影响是不一样的。

对于主要成分是 CaO 和 SiO_2 的渣系，可利用如图 3-38 所示的 $CaO - SiO_2$ 二元相图来进行解释。

该渣系在熔融状态有两个稳定的化合物：$CaSiO_3$ 和 Ca_2SiO_4。相图中主要组元和稳定化合物的熔点分别是：CaO，2600℃；SiO_2，1713℃；$CaSiO_3$，1540℃；Ca_2SiO_4，2130℃。

在炼钢温度范围内（1550～1650℃），当这类渣的碱度大于 2 时，它不可能成为液态。而含 SiO_2 为 60% 左右的酸性渣可以是液态，它的熔化温度为 1500℃

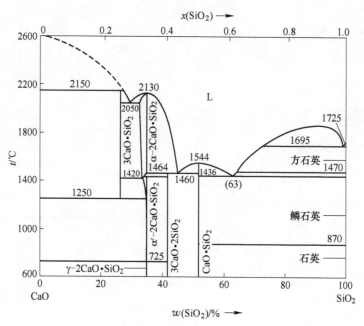

图 3 - 38　CaO - SiO₂ 二元相图

左右。所以单纯的 CaO 和 SiO₂ 的渣系不适于当做合成渣使用，必须添加其他组元，以求降低其熔点。

CaO - Al₂O₃ 系精炼渣的熔点可参阅图 3 - 39。在该图中有四个化合物。由图可以看出，所有 Al₂O₃ 和 CaO 的化合物都不如硅酸钙那么稳定。在 CaO - Al₂O₃ 系中，当 Al₂O₃ 含量为 48% ~ 56% 和 CaO 含量为 52% ~ 44% 时，其熔点最低（1350 ~ 1400℃）。这种组成的铝酸钙被称为七铝十二钙（7Al₂O₃·12CaO）。但是随着组成的改变，渣的熔点都会迅速升高，当渣中 CaO 含量大于 60% 或 Al₂O₃ 含量大于 60% 时成为固相，很难参与化学反应。

当这种铝酸钙渣中存在少量 SiO₂ 和 MgO 时，其熔点还会进一步下降。SiO₂ 含量对 CaO - Al₂O₃ 系熔点的影响不如 MgO 来得明显。该渣系不同成分炉渣的熔点见表 3 - 44。当 $w(CaO)/w(Al_2O_3) = 1.0 ~ 1.15$ 或 $n_{CaO}/n_{Al_2O_3} = 1.77 ~ 2.1$ 时，渣的精炼能力最好。

CaO - SiO₂ - Al₂O₃ 系合成渣可利用 CaO - SiO₂ - Al₂O₃ 相图研究其熔点，见图 3 - 40。

该系除了有二元化合物（CaSiO₃、Ca₂SiO₄、CaO·Al₂O₃、3Al₂O₃·2SiO₂ 等）以外，还有两个三元化合物：钙长石（CaO·Al₂O₃·2SiO₂）和弹性地腊（2CaO·Al₂O₃·2SiO₂），其熔点分别为 1600℃ 和 1593℃。熔点为 1500℃ 左右的均质渣具有较低的碱度（$R < 1.2$），而高碱度渣的熔点却高达 1600℃ 或更高一

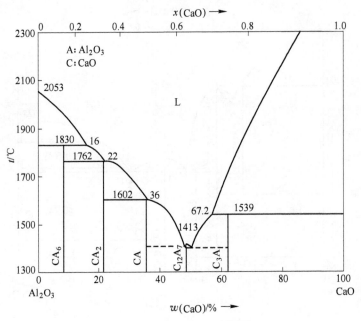

图 3-39　CaO – Al$_2$O$_3$ 相图

些，所以不适用于炉外精炼。CaO – Al$_2$O$_3$ – SiO$_2$ 三元系中加入 6% ~ 12% 的 MgO 时，其熔点可以降到 1500℃ 甚至更低一些，加入 CaF$_2$、Na$_3$AlF$_6$、Na$_2$O、K$_2$O 等也能降低其熔点。

CaO – SiO$_2$ – Al$_2$O$_3$ – MgO 系合成渣是应用范围较广的精炼渣。由于 Al$_2$O$_3$、SiO$_2$ 等大部分与 CaO、MgO 等矿物共生，制造成本较低，渣的熔点比较容易控制。其不同组成渣的熔点如表 3-44 所示。

表 3-44　CaO – SiO$_2$ – Al$_2$O$_3$ – MgO 渣系熔点

成分（质量分数）/%						熔点/℃
CaO	MgO	CaO + MgO	SiO$_2$	Al$_2$O$_3$	CaF$_2$	
58	10	68.0	20	5.0	7.0	1617
55.3	9.5	65.8	19.0	9.5	6.7	1540
52.7	9.1	61.8	18.2	13.7	6.4	1465
50.4	8.7	59.1	17.4	17.4	6.1	1448

为了得到这种渣，可用石灰和废黏土砖块及氧化镁做原料。前苏联学者邱依科早在四十年就研究了这类炉渣，表明这类炉渣有较强的脱氧、脱硫和吸附夹杂的能力。当黏度一定时，这种渣的熔点随渣中（CaO + MgO）总量的增加而提高。

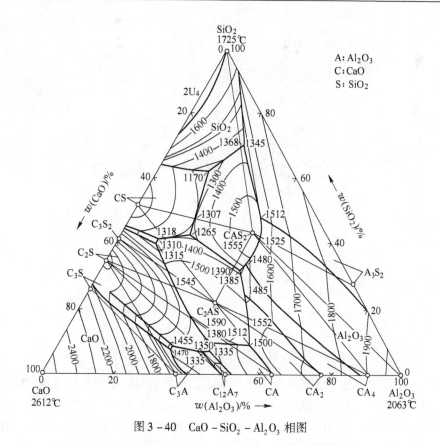

图 3-40　CaO-SiO₂-Al₂O₃ 相图

　　但是，随着对钢质量要求越来越高，特别是大量低硅钢的问世，除硅脱氧镇静钢以外，都希望钢包顶渣中硅的含量越低越好，从而 CaO-MgO-Al₂O₃ 三元渣系受到铝脱氧镇静钢生产者的青睐。

　　含氧化镁的铝酸钙（CaO-MgO-Al₂O₃）渣系近来应用得较多。特别是 7Al₂O₃·12CaO 由于熔点低并具有较强吸附 Al₂O₃ 夹杂物能力的特点，在生产铝脱氧镇静钢的精炼渣中得到广泛应用。为了降低精炼渣的熔点，应将渣中 MgO 含量控制在10%以内。因为铝酸钙渣中 MgO 含量超过10%以后，每增加1%，精炼渣的熔点就提高15.5℃。为了得到熔点不超过1400℃的渣，$w(MgO)$ 不应大于8%。CaO-MgO-Al₂O₃ 相图如图 3-41 所示。

　　C　流动性

　　用作渣洗的合成渣，要求有较好的流动性。渣的良好的流动性可以提供良好的化学反应动力学条件，也是影响渣在钢液中乳化的重要因素之一。在相同的温度和混冲条件下，提高合成渣的流动性，可以减小乳化渣滴的平均直径，从而增大渣钢接触界面。

　　在 CaO-Al₂O₃ 渣系中，随着 SiO₂ 含量的提高，渣的流动性变好，也就是黏

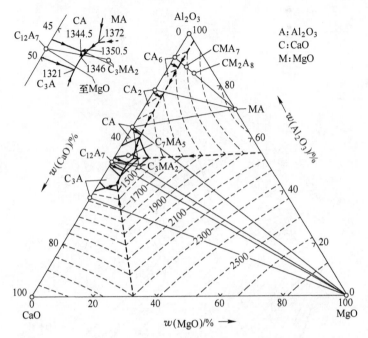

图 3 - 41　　$CaO - MgO - Al_2O_3$ 相图

度降低。在炼钢温度下，其黏度小于 0.2Pa·s。随着 Al_2O_3 含量的增加、CaO 含量的减少，炉渣的黏度降低，如图 3 - 42 所示。温度为 1490~1650℃，CaO 含量为 54%~56%，$w(CaO)/w(Al_2O_3) = 1.2$ 时，渣的黏度最小。加入不超过 10% 的 CaF_2 和 MgO，也能降低渣的黏度。

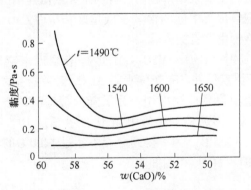

图 3 - 42　　$CaO - Al_2O_3$ 渣系的黏度变化

对于 $CaO - MgO - SiO_2 - Al_2O_3$ 渣系（该渣系的各种物质的化学成分为 20%~25% SiO_2、5%~11% Al_2O_3，$R = 2.4~2.5$），在 1600℃ 时，黏度与（CaO + MgO）总量之间有着明显的对应关系，如图 3 - 43 所示。当（CaO + MgO）含量为 63%~65% 和 MgO 含量为 4%~8% 时，渣的黏度最小（0.05~0.06Pa·s）。随

着 MgO 含量的增加，黏度急剧上升。当 MgO 含量为 25% 时，黏度达 0.7Pa·s。

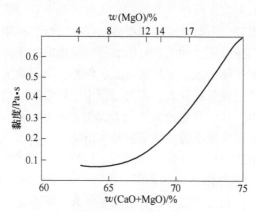

图 3-43　1600℃时 CaO-SiO₂-Al₂O₃-MgO 渣系黏度与（CaO+MgO）含量的关系

D　表面张力

表面张力也是合成渣的一个重要的物理指标。在渣洗等处理过程中，虽然直接起作用的是钢渣之间的界面张力和渣与夹杂之间的界面张力（钢渣间的界面张力决定了乳化渣滴的直径和渣滴上浮的速度，而渣与夹杂间的界面张力的大小影响着悬浮于钢液中的渣滴吸附和同化非金属夹杂的能力），但是界面张力的大小是与每一相的表面张力直接有关的。表面张力越小，润湿性越好，越有利于反应和夹杂物富集上浮。

表面张力是温度的函数，随着温度升高而下降。

合成渣的组成中 SiO₂ 和 MgO 会降低渣的表面张力。在 CaO（56%）-Al₂O₃（44%）渣中含有 9% 的 MgO 时，表面张力由原来的 60~62.4Pa 降低到 52~55Pa。SiO₂ 对表面张力的影响就更为明显。例如，在上述组成 CaO-Al₂O₃ 渣中，当 SiO₂ 含量为 3% 时，表面张力为 44~44.8Pa。

E　还原性

要求渣完成的精炼任务决定了渣洗所用的精炼渣都是还原性的，渣中 FeO 和 MnO 含量都应该很低，一般都不大于 0.5%。故在精炼渣配制过程中应尽量减少氧化铁和氧化锰的含量。

3.4.2.2　合成渣的种类

合成渣按其制作方法大致可以分为电弧炉预熔液态渣、电弧炉预熔固态渣、熔化炉预熔固态渣、压密机混成型渣和简单机混渣五种类型。

（1）电弧炉预熔渣。电弧炉预熔渣分为两种，一种是液态预熔渣，一种是固态预熔渣。

液态预熔渣是为炼钢炉专门配置炼渣的电弧炉，按合成渣的成分要求将配好的原矿材料（如石灰石、生石灰、铝矾土、硅石及萤石等）经电弧炉加热熔化成熔融状态,在出钢过程中将熔融的合成渣与钢水混冲,强化钢、渣之间的接触和反应,以求达到对钢水进行精炼的目的。这种熔融合成精炼渣的优点是成分稳定、准确,精炼效果好,不会造成钢液温降。在 20 世纪 70 年代之前,大部分电弧炉生产的优质钢都是采用这种工艺对钢水进行精炼的。钢水液态渣洗工艺为许多优质特殊钢的开发和制造做出了巨大贡献。但是,应用该工艺时必须在炼钢炉前配置专用的炼渣炉,设备投资大,炼渣过程中电耗较高(约 $500kW \cdot h/t$),电极、耐火材料消耗也较高,故生产成本负担太重。所以,在出现 LF 炉等精炼工艺以后,这种电弧炉预熔液态渣渣洗工艺基本被淘汰了。

固态电弧炉预熔渣是利用设置在异地的电弧炉生产预熔渣,并经冷却、凝固后加工成一定粒度,运到炼钢现场备用。这种合成渣的成分稳定,精炼效果较好,易于保存运输。但是生产这种合成渣耗电量大、成本高、精炼过程中会使钢液温降,故应用较少。

(2)冲天炉预熔固态渣。根据合成渣的成分要求将原料(如石灰石、生石灰、铝矾土、硅石及萤石等)按一定配比,通过冲天炉(化渣炉)利用焦炭作为热源进行熔化,经水淬、干燥后按需要投入钢水中。这种渣料经过预熔已经形成多元相,其成分比较接近设计目标,熔点较低,在钢液中溶化速度快,反应迅速。但是由于焦炭经燃烧后的灰分绝大部分是 Al_2O_3 和 SiO_2,加之炉膛耐火材料的熔损,最终成分很难达到理想状态,特别是生产低 SiO_2、低 C、低 S 含量的渣料时,采用该方法生产是难以实现的。这种精炼渣消耗能源较多,故生产成本高。

(3)机混型渣。将各种原材料制成块状(15～30mm),根据合成渣成分要求,按比例投入混合器,混合均匀,装袋备用。这种机混型渣,多以石灰、石灰石、铝矾土、铝灰和萤石等简单配置,每一种物质的熔点都很高,故在钢包中熔化速度较慢,造成钢液降温值大,成分极不均匀,工艺效果不稳定。但其制造工艺简单,生产成本低,而且这种合成渣未经过熔化,可直接配加脱氧剂元素(如金属铝)和发气材料(如电石、CO_3^{2-}),日本在生产超低碳钢时所用顶渣改质剂就是这样配制的。

(4)压密机混成型渣。根据合成渣成分要求,将所有原料制成小于 3mm 的粉状,再按一定的比例混匀,加入一定量的结合剂,经压密机压密后通过挤压方式制成小球状,并通过烘干去掉水分后备用。其制造工艺流程如图 3 - 44 所示。

成型渣是由细小颗粒的物质经过充分混匀、压密而挤压成型,相比机混型渣,熔化和反应速度快,成分均匀。但是它毕竟没有变成多元相,与熔融后形成多元相的合成渣相比,其熔点较高,融化速度和反应速度较慢,对钢液降温值较大。

压密混机成型渣可以根据不同的用途对组成进行灵活的调整,还可以添加脱

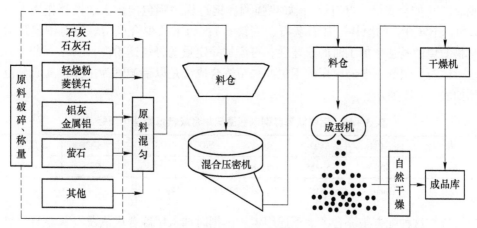

图 3－44 压密机混成型合成精炼渣生产工艺流程

氧材料或发气材料，完全适应于各种类型的钢包冲洗精炼合成渣、顶渣改质剂及 LF 炉精炼埋弧渣的生产。特别是近年来低熔点的 $7Al_2O_3 \cdot 12CaO$ 的大量应用，在降低合成渣的熔点上取得较大进展。对于含有大量脱氧剂铝的压密混机成型合成渣（包括顶渣改质剂和缓释脱氧剂），因为脱氧材料包裹在渣球中间，减少了脱氧剂的损耗，提高了利用率。压密混机成型合成渣中多含有碳酸根材料，碳酸根高温下迅速分解，提高了合成渣的融化速度，放出的二氧化碳又能起到搅拌作用。因此，现在应用的合成渣绝大部分为压密机混成型渣。

3.4.2.3 常用的合成渣

本节主要介绍铝脱氧镇静钢用的钢包冲洗精炼渣、顶渣改质剂、缓释脱氧剂三种合成渣。

A 钢包冲洗精炼渣

顾名思义，钢包冲洗精炼渣就是在初炼炉出钢过程中将合成渣加入钢包中，利用钢流的动能进行搅拌，使钢液和合成渣充分混合，达到辅助脱氧、脱硫或去除夹杂物等作用。现在应用的钢包冲洗精炼合成渣多为压密机混成型渣。

a 冲洗精炼合成渣组成的设计

根据生产的钢种及精炼渣的功能来设计精炼合成渣的理化性能，根据理化性能确定成分组成，根据成分组成制定原料配比。

精炼合成渣的共性条件是必须有较低的熔点、合适的黏度、良好的流动性。

根据生产钢种对合成精炼渣的不同功能要求（辅助脱氧、脱硫，去除脱氧产物夹杂等）确定合成精炼渣的碱度和组成。

如果强调脱氧、脱硫，就要采用高碱度精炼渣，就要严格控制合成精炼渣中 SiO_2 的含量，提高 CaO 含量；为了降低高碱度合成精炼渣的熔点，应适当增加 Al_2O_3 和 CaF_2 的含量；如果要进一步强化脱氧和脱硫效果，还可以配加一定量的脱氧剂（如金属铝、电石等）；如果强调出钢过程中钢包内钢水的搅拌作用，可以加入含 CO_3^{2-} 的原料（如石灰石、菱镁石）；为了减少合成精炼渣对钢包耐火材料的侵蚀及强化加工时的成球性，可添加一定量的轻烧镁粉。

铝脱氧镇静钢普遍应用的钢包冲洗精炼合成渣是以铝酸钙为主体，其成分范围如表 3－45 所示。

表 3－45　铝脱氧镇静钢钢包渣洗用合成精炼渣理化指标

成　分	CaO	Al_2O_3	MgO	SiO_2	CaF_2	烧减	金属 Al
含量/%	40～60	5～15	5～8	2～6	4～6	6～8	0～10

注：粒度 15～20mm；含水分不大于 0.5%；可外加电石 0.8～1kg/t。

选择这种配方是综合考虑下述因素：出钢时加入精炼合成渣及石灰能与脱氧产物形成接近 $7Al_2O_3 \cdot 12CaO$ 的组分，熔点低，易吸附脱氧产物 Al_2O_3；碱度高又含铝，有利于深脱氧脱硫；Al_2O_3 和 CaF_2 的加入能改善合成精炼渣的熔点和流动性；MgO 的存在改善合成精炼渣熔点的同时减缓渣对钢包包衬的侵蚀；烧减（即碳酸根）进入钢液后可分解出大量的二氧化碳，对钢液有搅拌作用，促进夹杂物碰撞、絮凝、长大和上浮。

如果生产帘线钢类对 DS 类夹杂要求极为苛刻的硅脱氧钢种，就要严格控制钢中的 [Als] 和渣中（Al_2O_3）的含量。而且合成精炼渣的主要功能是辅助脱硫和吸附脱氧产物（SiO_2），这就要求合成精炼渣的碱度在 0.6～1.1 之间，不能含金属铝，合成渣渣中（Al_2O_3）的含量要控制在不大于 8%，适当调整 MgO 和 CaF_2 的含量有助于改善合成精炼渣的熔点和黏度，碳酸根的存在促进钢包中钢液的搅拌作用，有利于化学反应及脱氧产物夹杂上浮。这类精炼合成渣的典型组成如表 3－46 所示。

表 3－46　帘线钢类合成精炼渣典型组成

组　成	CaO	SiO_2	Al_2O_3	MgO	CaF_2	烧减
含量/%	30～40	30～40	≤8	6～8	4～6	6～8

在现实生产中铝脱氧镇静用合成精炼渣的应用非常广泛，而后一种帘线钢类用合成精炼渣的应用较少。因此下面的讨论主要是针对生产铝脱氧镇静钢用合成精炼渣。

b　钢包渣洗用合成渣原料的选择

$7Al_2O_3 \cdot 12CaO$ 是生产合成渣首选的主料，还原提浆法生产金属钙的副产品（钙渣）的组成基本上就是 $7Al_2O_3 \cdot 12CaO$。利用它可以显著降低合成渣的熔点。如果钙渣资源充足，可以钙渣为基体配加石灰或石灰石。比如：当合成渣中要求 Al_2O_3 含量为 20% 时，可配加钙渣 40%，合成渣中的 Al_2O_3 全部从钙渣中获得，剩余的 CaO 可通过加入石灰面及石灰石面来补充。所以 $7Al_2O_3 \cdot 12CaO$ 是钢包渣洗用合成精炼渣的首选原料。

对于没有 $7Al_2O_3 \cdot 12CaO$（钙渣）资源的地方可以通过加入铝矾土或铝灰来获得 Al_2O_3 成分。铝矾土中含有 SiO_2 较多，影响合成渣的碱度，铝矾土的熔点较高，影响合成渣的熔化、反应速度和钢水温度。铝矾土中含有 TiO_2，在冶炼轴承钢时要慎用。

铝灰中含有部分金属铝，故脱氧能力较强，但是由于铝灰中含有约 30% 的 AlN 和约 50% 的 Al_2O_3，因此，用铝灰制成的钢包渣洗用合成精炼渣熔点较高，熔化速度较慢，对钢水降温较多，还可能造成钢水中氮含量增加，在生产要求含氮量低的钢种时慎用以铝灰做原料的产品。含铝灰的合成渣加入钢包时产生较大烟尘，污染环境。同样要注意铝灰中含有 TiO_2，在冶炼轴承钢时要慎用。关于铝灰在精炼过程中的应用将在后面介绍。

MgO 是通过加入轻烧白云石来获得的。轻烧白云石粉还有较强的黏合力，有利于制造合成渣时的成型作用。

CaF_2 是通过加入优质萤石来获得的。

烧碱是通过加入的石灰石、菱镁石或轻烧白云石中的碳酸根分解来获得的。碳酸根是一种发气材料，在合成渣球进入钢水瞬间，由于钢水高温的作用，合成渣球中的碳酸根很快分解放出 CO_2，从而促使合成渣球炸开、迅速熔化，产生的 CO_2 气体有搅拌作用。

金属铝是配加的金属铝丝，加入丝状的铝损耗小，成型性能好。

所有的合成精炼渣都必须具有良好的还原性，因此原材料 FeO（Fe_2O_3）、MnO 含量必须尽可能低，生产高碱度合成精炼渣时原料中的 SiO_2 含量要尽可能低。当然，任何原材料必须是磷、硫含量都低的。

c 钢包合成精炼渣的作用

钢包冲洗合成渣的主要功能是对钢水进一步脱氧、脱硫、促进夹杂物（脱氧产物）上浮及改变钢包顶渣成分。

（1）钢包冲洗合成精炼渣的脱氧作用。合成精炼渣的脱氧是以两种方式进行的。一种是在合成渣中加入一定量的具有脱氧能力的物质，使其与钢中的氧直接反应进行脱氧，如 CaC_2、Al 等。另一种是通过加入合成渣后，破坏钢中原来 Mn、Si、Al、C 等脱氧反应的平衡，促进了 Mn、Si、Al、C 等脱氧反应的进一步进行。

随着出钢过程合成渣的加入，钢液温度下降，降低了渣中（SiO_2）、（MnO）、（Al_2O_3）、（CO）等的浓度，也就是使脱氧反应生成物浓度降低，脱氧反应继续进行。由此也可以断定，如果合成渣的碱度越大，其脱氧的效果就越好。

实际上，出钢过程中用铝脱氧时，由于脱氧产物（Al_2O_3）来不及全部从钢液中排出，钢中氧是不可能脱得很低的，通常是在 $20 \times 10^{-6} \sim 50 \times 10^{-6}$ 的范围内波动。但是，加入 $CaO + CaF_2$ 后，[O] 浓度可降到 10×10^{-6}。若向上述混合物里加铝粉，[O] 浓度可降到 4×10^{-6}。熔融 $CaO + CaF_2$ 混合物中 Al_2O_3 活度 $(a_{Al_2O_3})$ 很小，所以如果向钢液中喷入含铝粉的石灰、萤石混合粉剂，或者加入合成渣，可进一步促进铝的脱氧反应并使脱氧产物渣化并上浮到钢液面上。

在石灰 – 氧化铝渣中，由于存在反应 $CaO + Al_2O_3 = CaO \cdot Al_2O_3$ 而使 $a_{Al_2O_3}$ 减小，从而使铝的脱氧能力提高。表 3 – 47 列出 1600℃时，$CaO - Al_2O_3$ 渣中 a_{CaO} 和 $a_{Al_2O_3}$ 值。

表 3 – 47　$CaO - Al_2O_3$ 渣中各组元活度值

$w(Al_2O_3)/\%$	39.0	46.5	50	57	60	68
$n_{CaO}/n_{Al_2O_3}$	2.34	2.1	1.82	1.37	1.18	0.855
a_{CaO}	1.0	0.60	0.40	0.20	0.12	0.03
$a_{Al_2O_3}$	0.1	0.2	0.3	0.5	0.6	1.0

用合成渣精炼时，渣中 Al_2O_3 通常是在 25% ~ 35% 的范围内波动，活度 $a_{Al_2O_3}$ 在 0.1 ~ 0.2 的范围内波动。因 [O] 浓度与 $(a_{Al_2O_3})^{1/3}$ 成比例，由于 $a_{Al_2O_3}$ 值的降低，所以 [O] 的平衡浓度是 $a_{Al_2O_3} = 1$ 时的 0.464 ~ 0.670。

出钢过程中多采用沉淀脱氧，在合成渣脱氧时，局部氧在熔渣和钢液中的溶解是服从分配定律的。当还原性的合成渣与未脱氧（或脱氧不充分）的钢液接触时，钢中溶解的氧能通过扩散进入渣中，从而使钢液脱氧。其脱氧的限度可用热力学的方法估算。氧在熔渣和钢液中的分配可写成：

$$L_O = \frac{w[O]}{w(FeO) \cdot \gamma_{FeO}}$$

式中　L_O——氧在钢液与熔渣中的分配系数；

　　　γ_{FeO}——渣中 (FeO) 的活度系数。

当渣洗时，合成渣在钢液中乳化，使钢渣界面成千倍地增大，同时强烈地搅拌，都使扩散过程显著地加速。

（2）合成精炼渣的脱硫作用。在合成渣渣洗过程中，脱硫反应可写成：

$$[FeS] + (CaO) = (CaS) + (FeO)$$

渣的成分对硫的分配系数有很大的影响。炉渣中 (FeO) 值增加，L_S 值降低。当 (CaO) 与 (FeO) 的比值增加时，L_S 值提高。渣中的 MgO 在含量不高时，能起到与 CaO 类似的脱硫作用，但是当 (MgO) 达到 10% 时，随 (MgO) 含量增加，L_S 值下降。在钢包中用合成渣精炼钢液时，也存在着类似的关系。渣中 $(SiO_2 + Al_2O_3)$ 的总量对 L_S 也有明显的影响。表 3 – 48 说明了这种影响。由表可见，当 $w(SiO_2 + Al_2O_3) = 30\% \sim 34\%$、$w(FeO) < 0.5\%$、$w(MgO) < 12\%$

时，L_S 可达到较高值。表 3-49 说明在 $CaO - Al_2O_3$ 渣中，不同 $w(CaO)$ 对应的 L_S 值。

表 3-48 不同（$SiO_2 + Al_2O_3$）总量时钢包中 L_S 的值

$w(SiO_2 + Al_2O_3)/\%$		26.5	29	31	34.03
$w(MgO)/\%$	10.78	(80.6)	(86.6)	(107.3)	(120.0)
	17.0	(61.2)	(68.4)	(73.8)	(65.7)
$w(FeO)/\%$	0.38	(74)	(82)	(122)	(100)
	0.63	54	65	91	94

表 3-49 在 $CaO - Al_2O_3$ 渣中，不同 $w(CaO)$ 对应的 L_S 值

渣成分（质量分数）/%				$w(CaO)_u/\%$	L_S
CaO	Al_2O_3	MgO	SiO_2		
56.0	44.0	—	—	31.8	180
55.45	43.50	0.99	—	32.84	204
52.83	41.51	5.62	—	37.93	223
50.0	39.28	10.72	—	43.4	210
54.37	42.72	—	2.91	25.47	162
52.83	41.51	—	5.66	19.43	133
51.37	40.37	—	8.26	13.77	70
50.00	39.28	—	10.72	8.5	52

图 3-45a 给出在 $CaO - Al_2O_3$ 渣系中，游离氧化钙对硫分配系数的影响。在冶炼低硅钢时合成渣中尽量减少 SiO_2 和 FeO 的含量。要想取得良好的脱硫效果，必须先对钢液进行充分脱氧。图 3-45b 说明当 $w(CaO)$ 一定时，$w(FeO)$ 对 L_S 值的影响。从图可以看出，当 $w(FeO) \leqslant 0.7\%$ 和 $w(CaO)$ 含量为 25% ~ 40% 时，硫的分配系数最高（120 ~ 150）。随着 $w(FeO)$ 的增加，硫的分配系数大幅度降低。

除炉渣的成分影响 L_S 外，炉渣的流动性对实际所能达到的硫的分配系数也有影响。如向碱度为 3.4 ~ 3.6 的炉渣中加入 CaF_2，可将 L_S 值提高。

采用钢包吹氩能加强钢液与炉渣的混合，L_S 值会有明显地增加，可以增加到原来值的 1.5 倍。

如果在向钢包中加入合成渣的同时加入电石，其脱硫的效果更为显著，在生产低硫钢时，采用钢包合成精炼渣渣洗工艺可减轻 LF 炉的精炼负担，缩短精炼时间，减少电耗，降低成本。

（3）钢包合成精炼渣的去除夹杂物作用。在铝脱氧镇静钢的生产过程中，

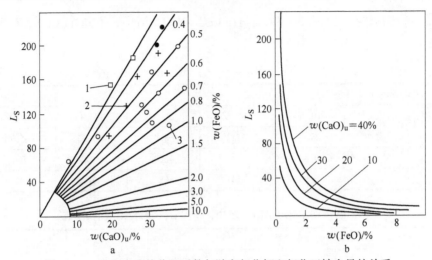

图 3 - 45　在包中硫的分配系数与游离氧化钙和氧化亚铁含量的关系

1—石灰 - 氧化铝渣系（$w(FeO) = 0.35\% \sim 0.4\%$）；2—石灰 - 硅酸盐渣系（$w(FeO) = 0.4\% \sim 0.6\%$）；
3—石灰 - 硅酸盐渣系（$w(FeO) = 0.37\% \sim 1.1\%$）

如何尽早、尽可能彻底地去除一次脱氧产物 Al_2O_3 是提高钢的洁净度、减少或杜绝水口结瘤、保证生产顺利进行的关键。

由 3.2.4 节的论述可知，每脱掉钢水中 100×10^{-6} 氧，必须消耗 0.1125kg/t 的金属铝，产生 0.213kg/t 的脱氧产物 Al_2O_3 夹杂；出钢下渣量每增加 1kg/t，脱掉渣中（FeO）必须消耗 0.05kg/t 的金属铝，产生约 0.1kg/t 的脱氧产物 Al_2O_3 夹杂；对于铝脱氧的一般钢种，一次脱氧铝用量为 0.5 ~ 1.0kg/t，故除增加钢中 [Al] 含量外，还要产生的脱氧产物 Al_2O_3 夹杂为 0.6 ~ 1.6kg/t。对于 100t 钢水的钢包，将产生 60 ~ 160kg 脱氧产物 Al_2O_3 夹杂，其数量是惊人的。在第 2 章中已做过介绍，Al_2O_3 夹杂对钢的质量危害性极大，类似汽车板、轴承钢、石油管线钢等高端产品，Al_2O_3 夹杂的含量、尺寸和分布是钢质量标准的主要指标。

这些一次脱氧产物 Al_2O_3 夹杂如果不能及时去除，将会导致钢材中夹杂物的含量增加，严重时可能使产品降级或报废。钢中的 Al_2O_3 夹杂在浇注过程中会黏附在钢包水口、塞棒头部或浸入式水口等铝质耐火材料上，造成结瘤现象，轻者在连铸过程中形成非稳态浇注，影响铸坯的质量并降低生产效率，重者会发生水口凝死的断浇、返炉事故，影响生产、增加消耗，增加生产成本。关于水口结瘤内容后续将有专门介绍。

脱氧产物的 Al_2O_3 在钢液中以 50μm 以下的固相颗粒状存在，熔点是 2303℃。由于是小颗粒固相，夹杂物不易相互吸附、絮凝和长大，故上浮速度很慢。

出钢过程中加入的合成精炼渣在钢流的巨大动力冲击下，与钢水迅速混合并进行充分的热交换而熔化，特别是以"钙渣"（$7Al_2O_3 \cdot 12CaO$）为主体的合成渣熔点低，熔化更快。这些熔化了的合成渣是含有大量 Al_2O_3 的铝酸钙，对固相

的脱氧产物 Al_2O_3 有较好的吸附能力，像"母液"一样将出钢时加入的石灰和产生的固相脱氧产物 Al_2O_3 吸附进来转变为液相的铝酸钙凝聚在一起长大，迅速上浮。

由于钢包吹氩、配加电石脱氧及合成渣中含有碳酸根等原因产生的气体动力条件更加促进了脱氧产物 Al_2O_3 的上浮。

大量的生产实践表明，在生产铝脱氧镇静钢出钢时加入上述合成精炼渣，对于解决连铸水口结瘤问题效果十分显著。这反过来证明了：出钢时合成精炼渣渣洗工艺可以促进钢中一次脱氧产物（Al_2O_3）的去除。

（4）改变钢包顶渣成分作用。出钢时加入合成渣对炼钢炉进入钢包的炉渣有稀释作用，降低顶渣中（FeO）、（MnO）、（P_2O_5）、（CaS）和（SiO_2）的含量，增加（CaO）和（Al_2O_3）的含量，从而降低了炉渣的氧化性，减少了钢水回磷的几率，有利于提高出钢时的脱硫效率，增加了顶渣的碱度，强化了顶渣吸附 Al_2O_3 夹杂的能力，为 LF 炉精炼创造了良好的条件。

（5）替代钢包覆盖剂的作用。进行合成渣渣洗之后，钢包中浮渣的厚度增加了，防止钢液辐射散热及避免钢液与大气接触，从而减少了钢水温降、二次氧化、增氮，起到了覆盖剂的作用。

　　d　钢包出钢渣洗时合成精炼渣的应用

渣洗合成精炼渣通过高位料仓随脱氧剂（金属铝）同时加入钢包中，在没有高位料仓时可通过溜槽手工投入钢包。

渣洗合成精炼渣的加入量根据出钢下渣量及初炼炉冶炼终点钢水含氧量来调整，一般为 $2 \sim 4kg/t$。下渣量大、初炼钢水含氧量高时增加投入量，反之减少。

　　B　顶渣改质剂

在初炼炉出钢过程中由于出钢带渣、耐火材料冲刷熔损或脱氧反应生成的脱氧产物等在钢包内形成了大量熔融状态的炉渣，浮在钢水上面被称为顶渣。顶渣中有大量对钢水有害的杂质处不稳定状态，随时有可能重新返回到钢水中而成为钢水中的夹杂物，如回磷、回硫、回硅、增氧等，从而导致钢水成分的偏离或含氧量增加，并最终对钢材质量产生不良影响。同时大量的熔渣还以多种方式消耗合金，大大地降低了后续精炼过程中合金的收得率，增加了生产成本。

控制初炼炉高氧化性炉渣进入钢包或降低钢包顶渣的氧化性及改变其化学组成，是提高钢水质量的关键环节之一。尤其是（FeO）、（MnO）、（SiO_2）等超含量的炉渣，会造成钢水洁净度降低，恶化后续精炼操作条件，延长工序时间，加剧钢包耐火材料侵蚀，增加生产成本。尽管有多种出钢挡渣工艺，但从目前各钢厂的操作条件看，无论是转炉还是电炉出钢，均不能完全消除出钢下渣的现象，就连最先进的滑板挡渣工艺出钢下渣量仍为 $4 \sim 5kg/t$。

出钢后钢包内加入钢包顶渣改质剂，不仅可以降低脱氧合金的消耗、缩短钢包精炼炉精炼时间、节约精炼炉电耗及电极消耗，而且可以实现精炼前移，对解决转炉—钢包精炼—连铸炉机匹配和提高生产效率具有重要意义。

　　a　顶渣改质剂的组成

　　顶渣改质剂分为稀释型和脱氧型两种。

　　稀释型顶渣改质剂通常采用活性石灰、铝钒土和萤石等原料配成混合稀释料，投放到钢包顶渣上，通过稀释的方法降低炉渣中（FeO）、（MnO）和（SiO₂）比例，提高（Al₂O₃）的比例。它又被称为石灰-萤石基稀释剂，是在生产一般钢种时普遍采用的方法。该方法操作简单，成本较低。其主要成分如表3-50所示。

表3-50　稀释型顶渣改质剂成分指标

成　分	CaO	Al₂O₃	MgO	CaF₂	SiO₂	P、S	水分
含量/%	30~40	20~30	7~9	4~6	6~8	≤0.05	≤0.5

　　脱氧型顶渣改质剂除对顶渣有稀释作用以外主要是对顶渣进行进一步脱氧，用化学方法调整其组成，使其达到理想状态。脱氧型顶渣改质剂是为了彻底改变顶渣的氧化性，对于普通钢种可与钢包精炼渣配合，替代LF炉精炼，对于特殊优质钢可以减轻LF炉的精炼负担。常规的脱氧型顶渣改质剂成分如表3-51所示。

表3-51　脱氧、脱硫型顶渣改质剂成分

成　分	CaO	Al₂O₃	MgO	SiO₂	CaF₂	烧减	Al	水分
含量/%	20~60	15~20	5~8	≤6	4~6	8~10	15~50	<0.5

　　注：融化时间25s，粒度不大于35mm，小于1mm的不大于5%。

　　顶渣改质剂原料的选择与钢包渣洗合成渣的原料选择原则相同。金属铝的加入量应根据钢种洁净度的要求进行调整。

　　在生产汽车板等超低碳钢种时出钢过程中基本不脱氧，利用钢中的氧在RH炉中进行深脱碳。此时必须在RH深脱碳前后分两次向钢包渣面加入强脱氧型（$w(Al) \geq 50\%$）顶渣改质剂对顶渣进行脱氧。日本JFE公司生产汽车表面板时应用的顶渣改质剂的成分为CaO 20%、CaCO₃ 30%、金属铝50%。

　　b　脱氧型顶渣改质剂的作用

　　(1) 对顶渣进行深脱氧。改质剂中含有大量的脱氧剂（Al），出钢后向钢包顶渣中加入顶渣改质剂后，脱氧剂与渣中的（FeO）、（MnO）反应，降低渣中（FeO）、（MnO）的含量，从而脱掉渣中氧。渣中氧的降低也导致钢中的氧含量降低，起到对钢水进一步精炼的作用。

　　(2) 改变顶渣的组成。由于加入的顶渣改质剂对顶渣有稀释和脱氧的作用，顶渣中的（FeO）、（MnO）、（SiO₂）浓度显著下降，（CaO）、（Al₂O₃）浓度显著增加，改善了顶渣的黏度和流动性。

（3）强化了顶渣吸附 Al_2O_3 等夹杂物的能力。多年来的研究表明：中性和酸性熔渣没有吸附 Al_2O_3 夹杂物的能力，普通的碱性渣也很难吸附 Al_2O_3 夹杂，只有渣中含（Al_2O_3）在 20% 以上的高碱性渣才具有较强的吸附 Al_2O_3 夹杂的能力。含 Al_2O_3 的顶渣能吸附 Al_2O_3 夹杂的现象可以用"同化作用"来解释。不对顶渣进行"改质"处理，吹氩也是白吹，上浮起来的夹杂物没有被吸附的条件，只好在钢包内做无休止的循环运动。

（4）减轻 LF 炉的精炼负担。经顶渣改质剂处理后的顶渣氧化性已经很低，一般情况下渣中 $w(TMnO + TFeO) \leqslant 5\%$，最低时钢渣中 $w(TMnO + TFeO) \leqslant 1\%$，钢中的氧和夹杂物大量被去除。对于普通钢种（热轧板低于或等于 SPHC 级别的钢种）可通过适当软吹氩后不经 LF 炉精炼处理直接送去连铸。对于一些必须经 LF 炉精炼处理的钢种，由于已经过合成精炼渣渣洗和顶渣改质处理，必然会缩短 LF 炉的精炼时间，减少电耗，降低生产成本，提高生产效率。

（5）提高钢包的使用寿命。顶渣改质后其碱度提高了，氧化性降低了，减缓了顶渣对钢包耐火材料的侵蚀，减少了耐火材料类夹杂，提高了钢包使用寿命，降低了生产成本。

c 顶渣改质剂的应用

初炼炉出完钢后，通过料仓或手工将顶渣改质剂尽量均匀地铺散在钢包渣面上。根据下渣量的多少调整顶渣改质剂的加入量，一般为 0.5 ~ 1.0kg/t。

d 利用铝灰进行顶渣改质

铝灰是用液态铝经氮气喷吹法生产铝粉时的副产物或生产回收铝时液态铝被空气氧化的浮渣。由于来源的不同，铝灰的成分也不同，但是，其基本组成是金属铝、氧化铝、氮化铝及少量其他盐类。铝灰根据产生的途径不同可以分为白铝灰、黑铝灰和盐渣。

铝灰中的金属铝、氧化铝、氮化铝都是可利用的资源，特别是在炼钢过程中，可适量加入作为辅助脱氧和改变渣的成分使用。但是铝灰中的盐渣含有易燃物，由于其可浸出性，与水反应产生有毒、有害气体，严重污染环境，同时氧化铝又是高熔点（2050℃）物质，氮化铝反应后也会产生氮气，污染钢液，故在使用过程中应综合考虑，认真对待。

李燕龙等利用铝灰（生产回收铝浮渣）进行了试验。试验在电阻炉 MgO 坩埚中进行，渣（转炉渣）钢比为 1:10，即钢 150g，渣 15g。试验所用铝灰的成分如表 3 - 52 所示。

表 3 - 52 试验用铝灰成分

成 分	Al_2O_3	Al	AlN	MgO	SiO_2	CaO	NaCl
含量/%	49.1	4.3	32	0.15	1.01	0.23	13.21

试验结果表明，顶渣中加入铝灰可以强化顶渣的脱氧和脱硫的作用。

铝灰中的金属铝、氮化铝有一定的脱氧能力。铝脱氧的原理早已介绍，氮化铝的脱氧反应如下：

$$3(FeO) + 2AlN \Longrightarrow Al_2O_3 + 3[Fe] + N_2, \Delta H^{\ominus} = -206858 + 110.6T$$

$$3(MnO) + 2AlN \Longrightarrow Al_2O_3 + 3[Mn] + N_2, \Delta H^{\ominus} = -185095 + 167.02T$$

如图 3-46 和图 3-47 所示，渣中 $w(FeO + MnO)$ 随铝灰加入量的增加而减少，当铝灰加入量为 11g 时，渣中 $w(FeO + MnO)$ 由 31.2% 降到 3.2%；钢中 $w[O]$ 随铝灰加入量的增加而减少，当铝灰加入量为 11g 时，钢中 $w[O]$ 由 480×10^{-6} 降到 17×10^{-6}；钢中氮含量随铝灰加入量的增加而增加，当铝灰加入量为 11g 时，钢中 $w[N]$ 由 52×10^{-6} 增到 129×10^{-6}。

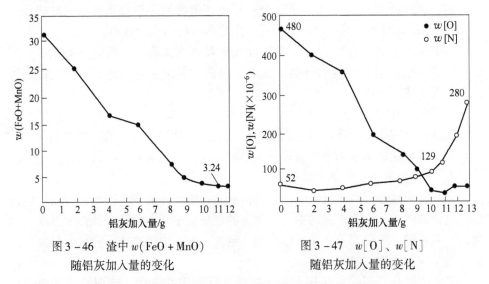

图 3-46　渣中 $w(FeO + MnO)$　　　　图 3-47　$w[O]$、$w[N]$
　　　随铝灰加入量的变化　　　　　　　　随铝灰加入量的变化

铝灰的加入降低了钢中的含氧量，故也能促进脱硫反应的进行。

但是，铝灰中的 Al_2O_3 熔点较高，加到渣面上熔化速度较慢，甚至有结壳现象。

综上所述，尽管铝灰有一定的脱氧能力，但是在使用中应该考虑钢液增氮及熔化速度等因素，对于不同钢种是否加入、加入量的多少以及加入的方式都必须认真研究。

C　钢包冲洗合成精炼渣和顶渣改质剂的工艺效果

一般情况下钢包冲洗合成精炼渣和顶渣改质剂是配合使用的。作者从 2005 年开始研究钢包冲洗合成精炼渣、顶渣改质剂。多年来在多个转炉（公称容量 100t、120t、150t 和 180t）炼钢厂和电弧炉（公称容量 40t、50t、100t）炼钢厂针对低碳（耐候钢、船板钢）、超低碳钢（家电板、汽车板、汽车表面板）、特殊钢（齿轮钢、车轴钢、高档轴承钢）等钢种上进行了试验和应用跟踪，总结其应用效果如下：

（1）顶渣成分的改变。应用钢包合成精炼渣及顶渣改质剂后，钢包顶渣成分发生很大变化，（TFeO）、（MnO）、（SiO$_2$）下降较多，（Al$_2$O$_3$）增长显著，如表 3-53 所示。

表 3-53 应用钢包冲洗精炼合成渣后，顶渣成分的变化 （平均值/范围）

渣样	成分 （质量分数）/%					
	CaO	SiO$_2$	Al$_2$O$_3$	MgO	TFeO	MnO
改前	48/(43~51)	14/(11~16)	1.1/(0.7~1.4)	10/(9~12)	19/(15~26)	2.0/(1.4~3.7)
改后	43/(36~53)	9.7/(3.0~18)	31.5/(18.7~38.8)	8.6/(5.7~13)	1.47/(0.49~2.75)	1.05/(0.15~2.67)

由表 3-53 可知，应用钢包冲洗精炼合成渣及顶渣改质剂后，渣中（TFeO）由平均 19% 脱到 1.47%，（MnO）由平均 2.0% 脱到 1.05%，几乎成为白渣，达到了精炼的效果。渣中（Al$_2$O$_3$）含量高达 30%，从熔点、黏度和成分上看，具有良好的吸附夹杂的能力。

（2）减少了 LF 炉的精炼负担。应用该工艺可显著减轻 LF 炉的精炼负担。对于 SPHC 级别以下的普通钢种，可不经过 LF 炉精炼就可以直接送去浇铸。对于需要进一步在 LF 炉进行精炼的钢种，精炼时间可缩短 25%~40%。这为没有 LF 炉或 LF 炉能力不足（其中包括应用 CAS 精炼升温工艺）的生产厂提供了一条保证连铸用合格钢水供应的新途径。

（3）出钢脱硫率。应用出钢冲洗合成精炼渣和顶渣改质工艺，在不配加电石脱氧时，渣洗脱硫率为 0~58%，平均为 17%；配加电石脱氧时渣洗脱硫率 15%~80%，平均为 37%。

（4）降低脱氧铝用量。应用出钢冲洗合成精炼渣和顶渣改质工艺，可减少出钢时沉淀脱氧用铝量约 10%，可减少精炼时扩散脱氧用铝量 30% 以上。

（5）减少水口结瘤现象。东北某具有 150t 转炉的大型炼钢厂在应用渣洗和顶渣改质工艺之前，经常因塞棒被侵蚀严重和水口结瘤而发生断浇事故。应用该工艺后，钙处理消耗钙线的量降低了 10%~30%，涮塞棒的事故减少了 80%，水口结瘤的现象急剧减少，因水口结瘤而断浇返炉的事故基本杜绝。大量的生产实践表明，只要各工序认真操作，特别是认真执行钢包合成渣渣洗和顶渣改质工艺，就能从根本上解决水口结瘤问题。

（6）提高钢材洁净度。在东北某 40t 电炉厂应用渣洗和顶渣改质工艺后，生产的高档轴承钢 A、B、C、D、DS 夹杂物检查不合格率降低了 76%。

某 100t 转炉特殊钢厂应用上述工艺生产 100Cr6、SKF 等高档次轴承钢，钢材夹杂物检查的合格率也有很大提高。夹杂物检验中单点超标率减少了 50%、B 粗单点超标率减少了 42%，D 粗单点超标率减少了 30%。

D　缓释脱氧剂

LF 炉精炼功能有脱氧、脱硫、精炼、去除夹杂等。为了满足脱氧的要求，需要向炉渣投放脱氧材料；为了吸附夹杂，需要熔渣有合适的黏度、流动性和组成；为了对钢液进行保温并与大气有效隔绝，要求熔渣有连续发泡的功能。因此，在 LF 炉精炼过程中往往要不断地加入脱氧剂、精炼渣、发泡渣、脱硫渣等多种材料。

LF 炉脱氧是扩散脱氧，加入的脱氧剂多为粉状，如碳粉、硅铁粉、金属铝粉等。当这些脱氧剂直接加入 LF 炉内时，脱氧剂的利用率低下。原因一是由于除尘系统巨大抽力作用，部分粉状脱氧剂将会被抽走；二是加入的粉状脱氧剂部分在电弧的高温区与进入 LF 炉系统的空气中的氧发生了氧化反应；三是加入的粉状脱氧剂落到渣面上时不均匀，成堆成块，反应不彻底、不均衡，漂浮在渣表面的脱氧剂也易被进入 LF 炉系统的空气中的氧氧化。总之，粉状脱氧剂的利用率低。

为了提高脱氧剂的利用率，人们试图通过强化 LF 炉系统的密封。但是在日常的大生产的条件下，钢包盖周围及电极孔处的密封很难达到理想状态，特别是由于厂房内烟气排放的严格限制，LF 炉除尘能力都很大，多为负压操作，大量空气进入 LF 炉系统是在所难免的。也就是说，在 LF 炉生产过程中提高粉状脱氧剂的利用率是极其困难的。

为此，也有人将铝粉改为铝粒（段），将硅铁粉改为较小硅铁块，但是块状的脱氧剂反应不均衡，还会使脱氧剂与钢液直接接触，甚至会造成钢液增硅等，因此块状脱氧剂满足不了扩散脱氧的需要。

为了造泡沫渣要加发泡渣料；为了脱氧脱硫要加石灰造高碱度渣；为了调整熔渣流动性、黏度要加入萤石；为了提高熔渣吸附（Al_2O_3）夹杂能力还要加入含 Al_2O_3 的渣料；等等。料仓需用量大，加料程序复杂、烦琐，熔渣调整困难，延长 LF 炉精炼时间。

针对 LF 炉精炼过程中炉料繁多、粉状脱氧剂利用率低的问题，作者从 2000 年开始研究、开发、推广应用 LF 炉精炼铝脱氧镇静钢使用的"缓释脱氧剂"。

a　缓释脱氧剂的开发理念

（1）提高脱氧剂的利用率。将较贵重的脱氧材料包裹在球形渣料之中，当这种渣球加入炉中的时候，脱氧剂既不能被除尘系统抽走，也不能在电极高温区被氧化燃烧，只有进入熔渣熔化时脱氧剂才缓慢地释放出来，对熔渣进行脱氧反应，故定名为"缓释脱氧剂"。这样，可以保证脱氧剂能全部熔化在炉渣中，与渣中的（FeO）、（MnO）等反应，脱氧剂的利用率会显著提高。

（2）集多种渣料为一体。根据 LF 炉精炼的要求将精炼渣、脱硫渣、发泡渣和含 Al_2O_3 料等各种渣料组合起来与脱氧剂一起制成上述球形预制料，简化了渣料的种类和加入程序。

小球中含有发泡材料，在熔渣的高温作用下分解出 CO_2 气体使小球自动炸裂，迅速熔化。

(3) 脱氧剂的使用量可以调节。根据不同钢种的不同精炼功能要求，可设计多种脱氧剂含量的缓释脱氧剂。

b 缓释脱氧剂成分的设计

根据 LF 炉造渣埋弧、脱氧、脱硫、吸附夹杂等不同处理目的的需要，按照金属铝含量的不同，缓释脱氧剂可分成强缓释脱氧剂和弱缓释脱氧剂，其典型成分如表 3-54 所示。

表 3-54 缓释脱氧剂的理化性能指标 (质量分数)　　　　　 (%)

种　类	金属 Al	CaO	Al_2O_3	SiO_2	CaF_2	MgO	C	烧减
强　缓	20~30	23~27	12~16	≤6	3~5	6~8	0~5	6~10
弱　缓	5~10	18~25	20~25	≤6	3~5	6~8	0~15	6~10

注：堆密度 $1.0g/cm^3$；粒度 5~25mm。

强缓释脱氧剂的主要功能是造渣深脱氧，以实现较好的脱硫效果及对钢液的净化作用。弱缓释脱氧剂的主要功能是造渣埋弧，满足升温的需要，同时可对炉渣有一定的脱氧作用，以提高其他合金的收得率。

制造缓释脱氧剂的原材料选择与合成精炼渣及顶渣改质剂的原料选择原则相同。所有材料必须是含磷、硫、二氧化硅、氧化铁及氧化锰量极低的。金属铝以铝屑的形式加入，铝屑的长度选择既要保证其在制造时有良好的成球性能，又要防止在造球过程中铝的损耗。

缓释脱氧剂中的 CaO 和 Al_2O_3 是以低熔点的 $12CaO \cdot 7Al_2O_3$ 为基料，以保证脱氧剂熔点低、熔化快、流动性好及对钢水中夹杂物的吸附作用。

根据所精炼钢中的碳含量决定精炼渣中的碳含量，以确保精炼过程中不增碳。

以碳酸根为发泡材料。

考虑成球性能及成球后的强度，加入少量轻烧白云石粉等做黏结剂。

缓释脱氧剂的制造工艺流程与钢包渣洗用精炼渣制造工艺流程类同，不再赘述。

c 缓释脱氧剂的使用效果

在某 150t LF 炉对应用缓释脱氧剂和铝屑脱氧做了对比试验，结果如下所述：

(1) 脱氧效果的对比。针对 BG510L、S290、S315、S360 这四种经 LF 炉进行造渣脱硫的钢种的生产过程，统计了 50 炉用铝屑做扩散脱氧剂和 49 炉用缓释脱氧剂的脱氧效果，即 LF 炉处理终点顶渣中（FeO + MnO）含量对比。

使用铝屑为扩散脱氧剂的炉次，铝屑的平均加入量为 295kg/炉，终点顶渣中（FeO + MnO）含量平均值为 3.02%；使用缓释脱氧剂的炉次，缓释脱氧剂的平均加入量为 541kg/炉（相当于纯铝 108kg/炉），终点顶渣中（FeO + MnO）含量平均值为 2.23%。可以看出，在缓释脱氧剂用铝量低于金属铝屑用量的情况下，使用缓释脱氧剂的脱氧效果优于使用铝屑，且缓释脱氧剂的脱氧效果比铝屑的脱氧效果更稳定，如图 3 - 48 所示。

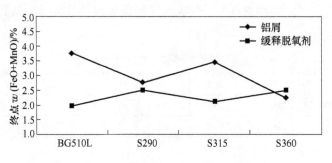

图 3 - 48　两种脱氧剂对不同钢种的脱氧效果

（2）脱硫效果的对比。LF 炉采用铝屑做扩散脱氧剂时，其平均脱硫率为 43.4%，最高脱硫率为 78.6%，脱硫率主要集中在 20% ~ 60% 范围内；采用缓释脱氧剂时，其平均脱硫率为 48%，最高脱硫率为 86.4%，脱硫率主要集中在 30% ~ 70% 范围内。

（3）电耗、埋弧及过程增氮量对比。缓释脱氧剂中含有碳酸盐及少量的碳粉，有利于顶渣的起泡埋弧。同时缓释脱氧剂中的轻烧镁粉等可以成为熔渣中的固相粒子，延长气泡在熔渣中的寿命，加强了顶渣的埋弧性能。从图 3 - 49 可看出，采用缓释脱氧剂和活性石灰造渣与使用铝屑相比，处理周期内的平均电耗值、埋弧不良时间及过程增氮量都有很大改善。

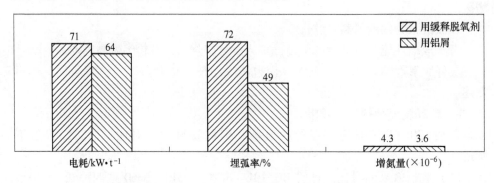

图 3 - 49　电耗、埋弧情况及增氮量比较

（4）精炼后顶渣成分及钢水成分变化的对比。采用铝屑和采用缓释脱氧剂两种工艺精炼后顶渣成分及钢水成分变化如表 3 - 55 所示。

表 3 - 55　不同造渣方法终渣主要成分变化比较（质量分数）　（%）

造渣方法	炉渣主要成分			回硅、回锰、回磷量		
	CaO	SiO$_2$	Al$_2$O$_3$	Δ[Si]	Δ[Mn]	Δ[P]
预熔渣、埋弧渣、铝屑	49.29	12.48	26.04	0.0311	0.0716	0.0023
活性石灰、缓释脱氧剂	51.51	8.9	25.78	0.0307	0.0669	0.0021

（5）吨钢成本对比。由于缓释脱氧剂不仅具有良好的扩散脱氧作用，而且还具有使炉渣发泡埋弧及对炉渣成分的调节作用，使其造渣材料成本、合金化及脱氧用铝成本及电耗、电极消耗等成本与加铝屑相比由平均 60 元/t 降到平均 47.4 元/t，吨钢成本平均降低 12.6 元/t，如图 3 - 50 所示。

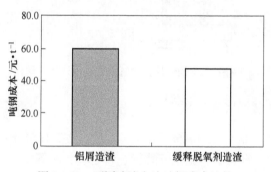

图 3 - 50　不同造渣方法吨钢成本比较

3.4.3　LT 钢包吹氩合成渣精炼工艺技术

LT 精炼工艺是近几年发展起来的一种简单易行、效果显著的炉外精炼方法，是钢包加盖顶吹氩与合成渣渣洗紧密结合的一种工艺。

从前面的介绍可以知道，吹氩是一种很好的精炼方法，但是必须严格控制吹入氩气的流量，因为流量过大会导致卷渣和钢水裸露，造成钢水夹杂物、氧、氮含量增加。但进行合成渣渣洗时还希望大的吹氩流量对钢液进行强烈的搅拌，促进钢、渣接触，改善反应的动力学条件。为了解决这个矛盾，开发了 LT 钢包加盖吹氩合成渣精炼工艺。该工艺的结构如图 3 - 51 所示，主要设备有喷粉罐系统、喷枪系统、钢包盖及钢包车系统。

以氩气为载体将粒度 1 ~ 3mm 的合成渣通过喷枪吹入钢包，由于氩气流量较大，钢、渣之间混合充分，精炼效果提高；由于钢包上面加了严密的顶盖，使钢包盖内的空间里充满了氩气，即使钢液面裸露也不可能与大气直接接触，不会使钢液增氧、增氮。该工艺在日本应用较多，我国国内正在开发之中。

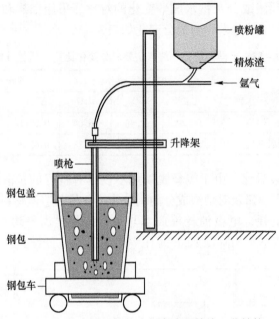

图 3 - 51 LT 钢包加盖吹氩合成渣精炼工艺结构

3.4.4 CAS - OB 精炼技术

CAS - OB 精炼方法如图 3 - 52 所示。其主要设备有浸渍罩、浸渍罩升降装置、测温取样装置、钢包底吹氩供气装置、料仓、台车等。

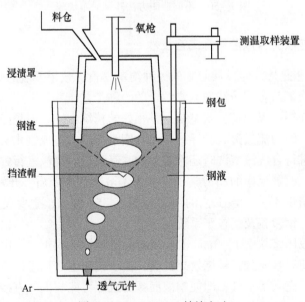

图 3 - 52 CAS - OB 精炼方法

CAS – OB 精炼方法于 20 世纪 70 年代起源于日本，是一种加铝吹氧升温，底吹氩搅，顶部加浸渍罩隔绝空气的精炼方法。它与钢包吹氩搅拌精炼工艺相比多了一个浸渍罩。CAS – OB 精炼方法能够较好地解决强烈搅拌钢水促进夹杂物上浮和防止钢液被炉渣和大气氧化的矛盾。这主要是因为，插入钢液内部的耐火材料浸渍罩前端有一个薄钢板制成的挡渣帽，浸渍罩下降时挡渣帽进入渣层可以将钢包渣排开到浸渍罩之外，当浸渍罩的耐火材料进入到钢液时挡渣帽熔化。此时浸渍罩内部基本没有钢包渣，能够将吹氩造成的钢水表面裸露部分与炉渣和大气分隔，并处于罩内 Ar 气氛保护下（见图 3 – 52）。

由于 CAS – OB 精炼方法具有这一特点，即便不对钢包渣进行还原改质，也可以采用强吹氩搅拌，而不必顾虑钢水被上表面的氧化性炉渣和空气氧化，从而能够促进脱氧产物碰撞、聚合、上浮、去除。CAS – OB 精炼工艺方法可以用于生产优质 LCAK 冷轧钢种，这一点已被日本的钢厂和我国宝钢、鞍钢等生产实践所证实。相对于 LF 炉，其生产成本低。

近年来随着钢包吹氩技术的发展及钢包渣改质技术的应用，CAS – OB 精炼方法的应用没有扩大，一些新上的生产线很少采用该精炼方法。

3.4.5 LF 炉精炼造渣技术

LF 炉精炼技术的研究始于 20 世纪 60 年代末期。为了替代电弧炉炼钢的还原期，开发了利用钢包电弧加热对钢进行精炼的技术，即 LF 炉精炼。其功能有加热、底吹氩功能、造还原渣。1971 年日本大同特殊钢厂第一台（LF）钢包精炼炉投入使用。

LF 精炼工艺问世后，它由于调整钢水温度和成分、造还原渣脱氧、脱硫、去除钢中非金属夹杂物等功能的开发和完善，极大地推动了电弧炉炼钢工艺的发展和进步，促进了大量优质钢和特殊钢的开发。

20 世纪 70 年代以后，全世界迎来了转炉炼钢技术和连铸技术的飞跃发展，LF 炉精炼工艺为转炉与连铸之间的工艺衔接起到了重要作用，为转炉流程生产特殊钢提供了质量系统的保证，从而在冶金行业确立了"初炼炉（电弧炉或转炉）—LF 精炼炉—RH（VD）真空处理—连铸"的多品种、高质量钢生产的基本工艺路线。这是冶金工业的一次革命，从此 LF 精炼炉迅速发展起来。其由于设备结构简单，具有多种冶金功能和使用中的灵活性，精炼效果显著，具有较高的经济效益，成为了钢铁生产工艺流程中不可缺少的重要组成部分。

LF 炉精炼装置如图 3 – 53 所示。

LF 炉的脱氧是扩散脱氧。扩散脱氧的特点是脱氧产物生成于渣中，不污染钢水，但需要时间较长。只有在充分脱氧的前提下才能深脱硫，所以 LF 炉脱硫

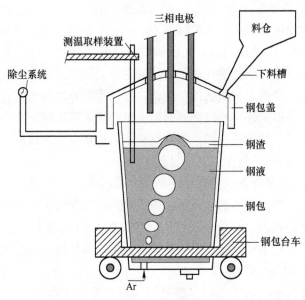

图 3 - 53　LF 炉精炼装置

及促进夹杂物上浮净化钢液时需要较长时间，如果初炼钢水条件不好，那么 LF 炉的精炼时间会更长。

LF 炉的电气功率匹配一般为 200kV · A/t，每延长 1min 的精炼时间将消耗约 3kV · A · h/t 的电能，增加生产成本约 1. 8 元/t。与转炉和电弧炉相比，在 LF 炉升温成本是高的。因此，绝不能将钢水升温作为 LF 炉的主要工作任务。

过长的精炼时间会给炼钢与连铸之间的生产衔接造成困难，降低工厂生产效率，增加电能、电极、原材料和耐火材料的消耗，使生产成本升高。

初炼炉应该为 LF 炉提供合格的钢水。合格钢水的表观特征是：合适的温度；出钢过程经过充分的沉淀脱氧；钢的成分满足标准的下限，特别是中高碳钢的含量一定要接近下限，避免 LF 炉过多增碳和加入过多的合金量；（冶炼铝脱氧镇静钢）合适的顶渣组成，$R \geqslant 3$，$w(Al_2O_3) \approx 20\%$，$w(FeO + MnO) \leqslant 5\%$；合适的钢中 [Al] 含量为 0. 030% ~ 0. 040%。

LF 炉的升温是依靠石墨电极与钢水之间产生的电弧为热源，将表面炉渣和钢水加热，钢包上部钢液的温度高，下部钢液的温度低，热量向下部传递。底吹氩的气泡泵作用可以使包中钢液进行有序的循环，能够促进钢包内钢液温度的均匀，调整合金时能够促进合金成分均匀。底吹氩流量太小时钢包内钢液不能形成良好的循环，太大时形成射流也不能使包中钢液形成良好的循环，还会使钢液降温并造成钢液裸露增氧、增氮。根据经验当底吹氩流量为 1. 2 ~ 2. 0L/(t · min) 时对包内钢液温度均匀效果较好。

关于 LF 炉精炼的设备、系统密封、升温制度及工艺操作等，已有许多资料和书籍做过详细的介绍，故不再赘述。本节重点介绍 LF 炉精炼过程中的造渣工艺。

生产不同的钢种，应造不同类型的 LF 炉精炼渣。

生产低氧、低硫铝脱氧镇静钢时应该造 $R = 4 \sim 6$ 的高碱度、高（Al_2O_3）含量的精炼渣；生产对钢中 Al_2O_3 和铝酸钙夹杂物要求严格的硅、锰脱氧钢（如帘线钢）应该造 $R = 0.7 \sim 1.0$ 的低碱度精炼渣。简而言之，大部分 LF 炉精炼渣应该具备埋弧、脱氧、脱硫、吸附夹杂物的功能。

3.4.5.1 LF 炉精炼渣的埋弧功能

埋弧渣也称发泡渣，因为渣中有大量的气泡使炉渣一直处于泡沫化状态，在相同渣量的条件下，泡沫化炉渣厚度较非泡沫化炉渣厚得多，更容易将钢液全覆盖，隔绝空气效果好，有利于钢液保温和防止因钢液裸露而造成的增氧、增氮。泡沫化炉渣能够将电弧全部埋在渣中，避免弧光外泄，减少弧光对钢包耐火材料的熔损，可以将绝大部分电弧的热能通过炉渣传递给钢水，提高了弧光热能的利用率。

在 LF 炉精炼条件下，能造成泡沫渣的因素有钢包底部吹入的氩气进入渣层、含碳脱氧剂（碳粉、电石、碳化硅等）与渣中 FeO 反应生成的 CO 或 CO_2、渣料中的碳酸根受热分解放出的 CO_2 等。

A 精炼渣的组成和性能对熔渣发泡效果的影响

没有气源不可能形成泡沫渣，但是熔渣泡沫化能否维持则取决于熔渣组成、表面张力和黏度。

（1）熔渣碱度对埋弧功能的影响。乐可襄等人通过试验研究，认为熔渣碱度低时发泡效果较好。在基础渣 $CaO - SiO_2 - MgO$ 碱度为 $1.0 \sim 2.0$ 范围内时表面张力值较低。熔渣起泡过程中，熔渣表面积增加，需要做功。表面张力值低，所做的功小，渣容易发泡。但是，如果 LF 炉要完成深脱氧和脱硫功能，需要熔渣的碱度在 3 以上，就必须通过其他手段来调整炉渣的表面张力。

（2）熔渣的黏度对埋弧功能的影响。通过计算可知，渣的黏度在一定范围内随碱度的降低而提高。渣的黏度适当，可以使渣在气膜上不易流失，气泡在渣中的运动速度变慢。渣黏度较高时可以使熔渣的泡沫化维持较长时间。因此，选择 $CaO - MgO - Al_2O_3$ 渣系作为泡沫渣是比较合适的。

理论计算和试验指出：具有良好发泡性能的精炼渣黏度为 $0.27 \sim 0.35 Pa \cdot s$，界面张力为 $0.492 \sim 0.569 N/m$，密度为 $(2.43 \sim 3.25) \times 10^3 kg/m^3$。不同成分炉渣其泡沫高度如表 3-56 所示。

表 3 – 56　不同炉渣组成时的泡沫高度

成分（质量分数）/%							泡沫高度/mm
CaO	SiO$_2$	Al$_2$O$_3$	MgO	CaF$_2$	FeO	MnO	
44. 6	19. 5	14. 3	10. 0	10. 0	0. 75	—	250 ~ 280
48. 8	21. 0	12. 9	8. 6	8. 4	0. 60	0. 17	300 ~ 350
51. 2	12. 2	14. 3	10. 0	10. 0	0. 80	0. 11	200 ~ 220
46. 9	15. 0	14. 7	13. 8	7. 4	0. 94	0. 06	250 ~ 300

（3）CaF$_2$ 对埋弧功能的影响。试验结果表明：对 CaO – SiO$_2$ – MgO – Al$_2$O$_3$ 渣而言，CaF$_2$ 是表面活性物质，适当配入一定量 CaF$_2$，渣容易起泡。$w(CaF_2)$ = 8% 时，熔渣发泡效果最好。但当 $w(CaF_2)$ 过高时，熔渣黏度降低，这不利于泡沫渣的稳定，使发泡持续时间减少。而且，CaF$_2$ 会加剧对钢包耐火材料的侵蚀，降低钢包的使用寿命。因此，在 LF 炉精炼中 CaF$_2$ 用量不大于 6%，或者不使用。

（4）MgO 对埋弧功能的影响。熔渣中（MgO）含量对低碱度精炼渣和高碱度精炼渣的影响情况并不完全相同。对低碱度精炼渣系（$R < 2.5$），$w(MgO)$ 在 11% 时，炉渣具有较好的发泡性能。主要原因是：当炉渣碱度较低时，提高（MgO）含量可以增加炉渣黏度，改善炉渣发泡性能，但当（MgO）含量过高时，炉渣的流动性变坏，气体在渣液内会变得不均匀和不稳定，从而影响了炉渣的发泡性能。对高碱度炉渣，碳酸盐与其他物质组成复合发泡剂发泡效果有所改善。高碱度精炼渣系（$R > 2.5$），随着 $w(MgO)$ 的增加，炉渣的发泡性能较为明显地降低。所以，当精炼渣系碱度较高时，（MgO）含量低一些对炉渣发泡有利，精炼渣系碱度低时，适当增加渣中（MgO）含量对炉渣发泡有利。

B　维持泡沫渣的方法

（1）调整精炼渣成分控制炉渣的黏度和表面张力。对于低碱度精炼渣，按如下成分组成调整可以获得好的发泡性能，即：$R = 1 \sim 2$，$w(CaO) = 35\% \sim 45\%$，$w(SiO_2) = 15\% \sim 25\%$，$w(MgO) = 7\% \sim 9\%$，$w(Al_2O_3) = 12\% \sim 16\%$，$w(CaF_2) = 5\% \sim 7\%$。

精炼铝脱氧镇静钢（如轴承钢）的精炼渣，按如下成分组成调整可以获得好的发泡性能，即：$R = 5 \sim 7$，$w(CaO) = 35\% \sim 45\%$，$w(SiO_2) = 6\% \sim 10\%$，$w(MgO) = 6\% \sim 8\%$，$w(Al_2O_3) = 25\% \sim 30\%$，$w(CaF_2) = 5\% \sim 7\%$。

（2）控制好底吹氩流量。控制好钢包底吹氩的流量，使氩气能连续、均匀地进入渣层，停留较长时间，缓慢地逸出渣面。吹氩强度表观现象为渣面微微翻滚。

（3）加入能产生气体的脱氧剂。在精炼过程中向渣面上加入碳粉、电石、碳化硅等含碳材料的脱氧剂，它们与（FeO）反应能够产生 CO 或 CO$_2$ 气体促使泡沫渣形成并维持。

由于钢水到达 LF 炉以前已经进行了深度不同的脱氧操作，钢中的氧含量都较低，脱氧反应产生的 CO 或 CO_2 气体的量有限，很难满足炉渣持续发泡的需要。特别是在精炼后期渣中 $w(TFeO) \leqslant 1\%$ 以后，脱氧反应进行得缓慢，产生的 CO 或 CO_2 极少，难以维持精炼渣的泡沫化。精炼低硅、低碳钢时为了防止增硅、增碳应慎用碳化物（SiC）、碳粉等，而且过量增加碳化物的含量对发泡高度作用不大，还容易生成黑色的电石渣。

为了保持精炼渣发泡的连续性，应用含有碳酸根的缓释脱氧剂，在脱氧的同时分解出 CO_2。也可以断续地向精炼渣面加入含碳酸根的物质（$CaCO_3$ 或 $MgCO_3$），保证精炼渣持续发泡。

各种发泡剂中，碳酸盐明显优于碳化物，碳酸钙是价格低廉、效果较好的发泡剂，所以主要的发泡材料是碳酸根。如何让 CO_2 持续地产生是连续发泡的根本。这在"缓释脱氧剂"中已进行了介绍。

3.4.5.2 LF 炉精炼渣的脱氧功能

LF 炉精炼过程中的脱氧是一个复杂的过程，是增氧和脱氧同时进行的过程，最后的脱氧效果实际上是扩散脱氧值与系统钢水进氧值之差。为了提高脱氧效果，首先必须尽可能减少系统向钢水增氧。

A LF 炉精炼过程中增氧的途径

LF 精炼过程溶解氧含量升高主要由于电弧区高温及大量补加合金或增碳等原因所致。LF 炉精炼过程中增氮是伴随增氧同时发生的，增氧的同时必然增氮。故本章不再讨论增氮问题。

a 电弧区高温为吸氧创造了条件

LF 精炼过程，钢液是靠电弧的高温来加热的。电弧是一种高温高速的气体射流，它对熔池的冲击作用和 LD 转炉中氧气流股的冲击作用在本质上是相似的，它们都能在冲击点处造成一个凹坑。凹坑深度与弧压、弧流有关。如某厂 60t 钢包炉操作弧流在 $20 \sim 28.8kA$ 之间，冲击凹坑深度可达 $60 \sim 90mm$。电极加热时，如果没有相应的炉渣保护或炉渣的发泡性能不好，凹坑处钢液会裸露，而这部分裸露的钢液温度远高于其他部位（当其为阴极时温度为 2127℃，为阳极时为 2300℃），这么高的温度会破坏钢中的铝－氧平衡，使其平衡常数 K 值很大，为了达到铝－氧平衡就必须产生增氧趋势，所以，此时有利于钢液从大气吸氧。

另外电弧强大的射流会将四周空气吸入弧柱中，多原子气体在电弧的高温下基本上会全部分解为单原子状态，为氧原子和氮原子在钢液中的溶解提供了条件。

采用泡沫渣技术，使渣层变厚，保证加热时液面不暴露，对减少钢液吸氧和吸氮极为有利。另外，泡沫渣还可以减少由电弧喷射而产生的空气吸入。

　　b　大量补加合金或增碳会加剧钢液增氧

　　LF 炉精炼操作一般是在强脱氧之后进行合金微调和增碳，这时钢液溶解的氧含量小于 5×10^{-6}（铝含量在 0.02% ~ 0.05% 之间），钢液温度较高（约 1600℃），为了保证成分和温度的均匀，还需要进行较大流量的吹氩。在这种情况下，如果钢液面裸露，极易产生钢液的二次氧化，且生成的夹杂物颗粒细小，不易上浮排出。

　　在溶解氧含量较低的情况下，钢液的再氧化率是很大的。如图 3 - 54 所示。酸溶铝含量大于 0.02% 时，钢液的再氧化率大于 0.001%/min，在现场大量增碳或补加合金后，一般大搅拌 5 ~ 6min，再氧化的铝量为 0.005% ~ 0.006%。

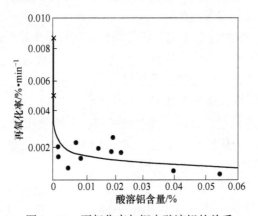

图 3 - 54　再氧化率与钢中酸溶铝的关系

　　炭粉加到大翻的钢液面上，部分炭粉会在钢液面上燃烧，造成钢液面的局部高温，也为钢液的吸氮及吸氧提供了条件。有人统计在 LF 炉增碳量为 0.13% ~ 0.38% 时钢水增氧量为 1.7×10^{-6} ~ 3.8×10^{-6}。

　　可以看出，钢液增碳后，溶解氧含量都有不同程度的增加。用生铁增碳时注意不要用带锈的生铁，这是因为带锈的生铁可使钢中的（FeO）含量升高。因此，应尽量避免在 LF 精炼过程中大量增碳和补加合金。这就要求初炼炉终点碳含量控制合适，LF 炉中只做合金微调。

　　B　LF 炉脱氧剂的选择

　　LF 炉的脱氧是采用扩散脱氧法。其原理是将粉状脱氧剂撒在渣面上，还原渣中的（FeO）和（MnO），降低其含氧量，促使钢中的氧化铁、氧化锰向渣中扩散，从而达到降低钢液氧含量的目的。由于这一脱氧过程是通过扩散完成的，所以也称为扩散脱氧法。

　　炉渣脱氧的基本原理是分配定律。氧既溶于钢液又能存在于炉渣中，一定温度下，氧在两相之间分配平衡时的浓度比是一个常数，这一关系可用下式表示：

$$L_0 = w(\mathrm{TFeO})/w[\mathrm{O}]$$

式中　　L_0——氧在炉渣和钢液间的分配系数；

$w(TFeO)$——炉渣中总氧化铁的质量分数，%；

　　$w[O]$——钢液中氧的质量分数，%。

由上式可见，只要设法降低渣中（FeO）含量，使其低于与钢液相平衡的氧量，则钢液中的氧必然要转移到炉渣中去，从而使钢中含氧量降低。也就是说，此时控制钢液中含氧量的主要因素已不是含碳量，而是炉渣中氧化铁的含量。

上述脱氧反应使渣中的（FeO）大幅度降低，破坏了氧在渣钢之间的浓度分配关系，钢中氧因此会不断地向炉渣扩散转移，实现新的平衡，从而达到脱氧目的。一般在熔渣中（FeO）小于 0.5% 情况下精炼 15~20min，从而降低了钢中的氧含量。

因为脱氧反应是在渣中进行的，其最大优点是钢液不会被脱氧产物所污染。但是，其脱氧过程依靠原子的扩散进行，速度极为缓慢。

LF 炉扩散脱氧用的脱氧剂主要有镁粉、金属铝粉、电石粉、硅铁粉、碳粉等。因为熔渣中的氧多以（FeO）形式存在，其反应式如下：

$$CaC_2 + 5(FeO) == 2CO_2 + CaO + 5Fe$$

$$C + 2(FeO) == CO_2 + 2Fe$$

$$Si + 2(FeO) == 2Fe + SiO_2$$

$$2Al + 3(FeO) == Al_2O_3 + 3Fe$$

$$Mg + (FeO) == MgO + Fe$$

$$[FeO] \longrightarrow (FeO)$$

$$[O] \longrightarrow (O)$$

镁粉的脱氧能力最强，但因其易于气化烧损，利用率太低且价格昂贵，基本不使用。

铝粉脱氧能力强、脱氧速度快，是被广泛采用的脱氧剂。

碳的脱氧能力一般，在常压下脱氧速度慢，精炼前期脱氧效果明显，随着钢中氧含量的降低，效果越来越差，不能满足超低氧钢生产及快节奏的生产要求。但是用碳粉进行脱氧时由于脱氧产物是 CO 或 CO_2，有助于泡沫渣的形成。

电石脱氧能力较强，且脱氧产物不会在钢中形成夹杂，脱氧反应生成 CO_2 气体，有助于泡沫渣的形成。电石的熔点是 1800℃ 左右，一般不会使钢液增碳。但电石加多了容易造成电石渣。

硅的脱氧能力介于碳和铝之间，冶炼螺纹钢、帘线钢及其他非低硅钢时，可用硅铁粉作为扩散脱氧剂。但是，硅脱氧会产生大量的 SiO_2，降低了炉渣的碱度，不利于深脱氧、深脱硫，而且硅的脱氧的能力较差，单纯用硅脱氧不能精炼含氧量很低的高端产品。

近年来，一些性能要求比较高的钢的精炼脱氧全采用铝基脱氧剂。使用金属铝进行扩散脱氧时，存在一系列缺点，因此开发了新型的 LF 精炼脱氧材料——缓释脱氧剂（详见 3.4.2.3 节）。

C　精炼渣对 LF 炉脱氧效果的影响

精炼渣的熔点、熔速、黏度、流动性、碱度及各组元等都对 LF 炉的脱氧效果有直接影响。组元对精炼渣熔点、熔速、精度和流动性的影响在"合成渣渣洗"一节中已经详细介绍过，在此不再赘述。本处重点介绍精炼渣的碱度和组成对 LF 脱氧效果的影响。

a　精炼渣碱度对 LF 炉脱氧效果的影响

众所周知，碱性炉渣对脱氧有利。也就是说在加入相同脱氧剂的情况下，随着碱度的增大，炉渣的脱氧效果越高。但碱度太高时，因为有 $2CaO \cdot SiO_2$ 和 $3CaO \cdot SiO_2$ 析出，炉渣黏度增加，流动性变差，恶化了脱氧反应的动力学条件，降低脱氧效率。但是如果能用其他组元的变化来降低炉渣的黏度，改善其流动性，应该说碱度越高脱氧效果越好。

李阳、姜周华等人做过关于精炼渣的碱度对脱氧效果影响的试验，得出的结论是，高碱度渣对脱氧和吸附夹杂（脱氧产物）是有利的。精炼渣的光学碱度（一种利用探针离子信息表达炉渣碱度方法）越高，脱氧效果越好。精炼渣的光学碱度与钢中全氧含量的关系如图 3 - 55 所示。

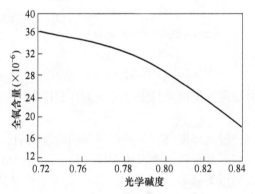

图 3 - 55　光学碱度与全氧含量的关系

某厂 LF 炉采用 $CaO - Al_2O_3$ 系精炼渣生产 20CrMnTiH 钢，通过实际生产数据统计出精炼渣不同碱度与钢中氧含量的关系，如图 3 - 56 所示。

L_0 的值与熔池温度及炉渣成分有关，有人通过试验得出渣、钢之间氧的分配系数与渣碱度、温度的关系如图 3 - 57 所示。

由图 3 - 57 可见，当碱度为 3.0、温度为 1600℃ 时，$L_0 \approx 400$；若使还原渣中（TFeO）的含量降低到 0.5%，与之平衡的钢液的氧含量应为 $w[O] = 0.5/400 = 0.00125\%$。进一步提高炉渣碱度，使用与氧亲和力强的脱氧元素，白渣时渣中 $w(FeO + MnO) \leqslant 0.5\%$ 以下，可以将钢中氧降到 5×10^{-6} 的水平。

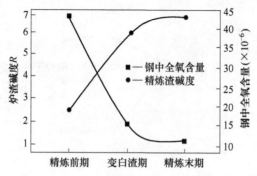

图 3 – 56 精炼渣碱度与钢中含氧量关系

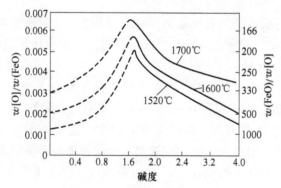

图 3 – 57 氧的分配系数与渣碱度、温度的关系

b 精炼渣中（Al_2O_3）含量对脱氧效果的影响

精炼渣中（Al_2O_3）的含量对脱氧效果的影响主要表现在改变精炼渣的熔点、黏度，改变脱氧反应的动力学条件，特别是在低（SiO_2）含量的精炼渣中效果更佳。渣中（SiO_2）含量低且（Al_2O_3）含量高时增加了精炼渣吸附脱氧产物 Al_2O_3 的能力。

某厂通过总结生产 20CrMnTiH 钢时在 LF 炉加入 CaO – Al_2O_3 精炼渣的生产数据，得出 $w(CaO)/w(Al_2O_3)$ 对脱氧效果的影响，认为 $w(CaO)/w(Al_2O_3)$ 在 2.0～3.0 时钢中 $w[TO]$ 有下降趋势，如图 3 – 58 所示。

虽然在 $w(CaO)/w(Al_2O_3)$ 为 2～3 时能降低钢液中 $w[TO]$，但此时渣的熔点较高，在 LF 炉精炼温度下是固相，对夹杂物控制不利，因此综合考虑，在渣中（SiO_2）含量为 10% 左右时，将精炼渣中 $w(CaO)/w(Al_2O_3)$ 控制在 1.5～2 时，炉渣成分处于液相区内，此时 $a_{Al_2O_3}$ 最小，a_{CaO} 最大，有利于 Al_2O_3 夹杂物的吸附和去除。

c 精炼渣中（SiO_2）含量对脱氧效果的影响

SiO_2 能显著改变熔渣的熔点、黏度和流动性。但是在 LF 炉精炼渣中，SiO_2

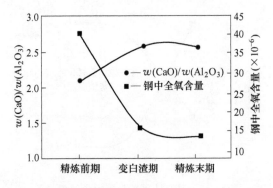

图 3-58　LF 炉精炼过程中 $w(CaO)/w(Al_2O_3)$ 与 $w[TO]$ 关系

的存在会显著降低精炼渣的脱氧能力。特别是因为在 LF 精炼渣的还原气氛中，(SiO_2) 是极不稳定的物质，当与脱氧剂结合时，会发生还原反应，增加钢液的 $[Si]$ 含量和 $[O]$ 含量。

当渣中 (SiO_2) 含量很低时，可以通过调整 (Al_2O_3) 的含量来改变精炼渣的熔点、黏度和流动性，保证精炼渣中脱氧反应的动力学条件。

由于 SiO_2 多伴生与石灰、铝矾土等矿物中，为把渣中 (SiO_2) 降得很低，势必给原料选择带来困难，增加生产成本，故综合考虑各种因素，一般把 LF 炉精炼渣中 (SiO_2) 的含量控制在 8% ±2% 范围内。这在工艺上和成本上都是可以接受的。

d　精炼渣中 CaF_2 含量对脱氧效果的影响

精炼渣中 (CaF_2) 可以显著改变终渣的熔点、黏度和流动性，改善脱氧反应的动力学条件。

但是李阳等人在实验室实验中得出渣中 (CaF_2) 含量对钢中 $w[TO]$ 的影响的关系如图 3-59 所示。

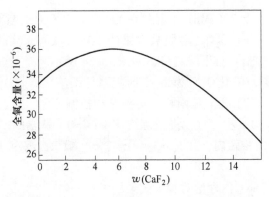

图 3-59　CaF_2 含量与钢中全氧含量的关系

由图 3 - 59 可见，在精炼渣中 CaF_2 含量由 0 增到 6% 时，钢中 $w[TO]$ 呈增加趋势，以后再增加 CaF_2 含量，钢中 $w[TO]$ 呈下降趋势。在实际生产中很少有人将精炼渣中的（CaF_2）含量增加到 6% 以上。因为精炼渣过稀时对钢包渣线冲刷极为严重，降低钢包寿命，甚至发生漏包事故。由于资源的缺乏和环保上的要求，现阶段的炼钢工艺中都建议尽量少使用或不使用萤石造渣。

3.4.5.3　LF 炉精炼渣的脱硫功能

LF 炉精炼过程中可以创造极为优越的脱硫热力学和动力学条件，适合于生产低硫、超低硫钢。从热力学角度，电弧加热熔渣温度高、渣量也可以大一些；从动力学角度，吹氩搅拌促进了钢与渣的接触。尽管已有多种铁水预处理脱硫工艺，但是生产极低硫和超低硫钢（$w[S] < 0.001\%$）还必须通过 LF 炉精炼实现。

LF 炉的脱硫能力和许多因素有关，如精炼渣的成分、温度、数量及流动性和渣量，入 LF 炉前的钢中 [S] 含量等。

A　精炼渣的组成对脱硫率的影响

a　精炼渣碱度对脱硫率的影响

精炼渣的碱度是脱硫的基本条件，一般来讲，当碱度升高时，随着精炼渣中的游离氧化钙的增加脱硫率上升。但不能无限制地增加碱度，否则会使炉渣的流动性变差不利于脱硫反应进行。有人认为，碱度为 5 时，脱硫率达到 85% 以上，如果炉渣的碱度在 2.5 以上时，只要保证白渣，钢液脱氧良好（钢液中溶解氧小于 5×10^{-6}），控制氩气搅拌功率钢液中的硫含量可控制在 0.004% 左右。炉渣碱度对脱硫率的影响如图 3 - 60 所示。

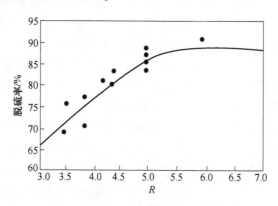

图 3 - 60　炉渣碱度与脱硫率的关系

也有人在试验室做过如下试验，保持精炼渣中 $w(CaF_2) = 6\%$、$w(MgO) = 6\%$、$w(Al_2O_3) = 15\%$ 不变，改变精炼渣的碱度，其对脱硫率的影响如图 3 - 61 所示。

随着精炼渣碱度的提高，脱硫率呈现先增大后减小的趋势。精炼碱度为 2.2

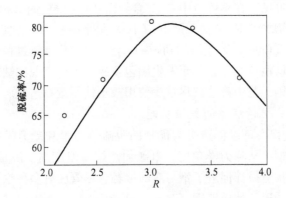

图 3 – 61　精炼渣的碱度对脱硫率的影响

时，脱硫率相对较低，精炼碱度增加到 3.0 ~ 3.5 时，脱硫率增大到 83.6%，进一步增大碱度时，脱硫率开始下降。精炼渣碱度在 2.85 ~ 3.45 变化时，脱硫率在 80% 以上。精炼渣脱硫率 η_S 与其碱度 R 的关系为：

$$\eta_S = -123.09 + 130.53R - 20.76R^2$$

脱硫反应的离子方程式为：

$$[S] + [O^{2-}] =\!=\!= [O] + [S^{2-}]$$

随着精炼渣碱度的提高，$a_{O^{2-}}$ 增大，从而提高 L_S，进而使脱硫率增大；O^{2-} 的半径为 0.132mm，S^{2-} 的半径为 0.174mm，S^{2-} 的半径大于 O^{2-} 的半径，随着精炼渣碱度的提高，渣中 Ca^{2+} 量增大，而 Ca^{2+} 集中在 S^{2-} 周围形成弱电子对，降低了 $r_{S^{2-}}$，从而使脱硫率增大。但是根据 $CaO - SiO_2 - MgO - Al_2O_3$ 相图，$w(Al_2O_3) = 15\%$，当精炼渣碱度高到 3.0 ~ 3.5 以上并进一步提高时，炉渣中有高熔点 $2CaO \cdot SiO_2$（熔点 2120℃）物质析出，精炼渣进入 $2CaO \cdot SiO_2 - 3CaO \cdot SiO_2$ 固液二相区，使精炼渣的黏度增大，流动性降低，脱硫反应的动力学条件变差，不利于钢渣向脱硫反应的进行，使脱硫率呈现下降趋势。

在实际生产中，为了提高 LF 炉的脱氧能力，都将精炼渣中的（SiO_2）降到 10% 以下，甚至达到 6%，通过提高（Al_2O_3）含量的方法来改变精炼渣的黏度和流动性，以保证在精炼渣碱度在 4 以上时仍能获得较高的脱硫率。因此尽管 $w(CaO)/w(SiO_2)$ 高达 6 ~ 9，但是由于渣中 Al_2O_3 的含量一般在 25% 以上，因此炉渣的流动性也很好，脱硫效率也较高。

炉渣中（Al_2O_3）含量较高时，要综合考虑（Al_2O_3）对炉渣脱硫能力和对吸收 Al_2O_3 夹杂物的影响，故引入曼内斯曼指数 MI，此指数表征炉渣的流动性。在 $CaO - SiO_2 - Al_2O_3$ 渣系中，当 Al_2O_3 含量小于 30% 时，增加渣中（Al_2O_3）的含量，可以降低渣的熔点提高渣的流动性，但是渣中（Al_2O_3）含量过高，即 $w(Al_2O_3) > 30\%$，对吸收 Al_2O_3 夹杂有不利的影响，渣系中（Al_2O_3）含量在

20%~30%之间较好。MI 计算式如下：

$$MI = \frac{w(\mathrm{CaO})}{w(\mathrm{Al_2O_3}) \cdot w(\mathrm{SiO_2})}$$

图 3-62 所示为 150t LF 的试验结果。随着 MI 值增加，L_S 上升，试验炉次的炉渣 MI 值小于 0.25。文献推荐值为 0.25~0.35。

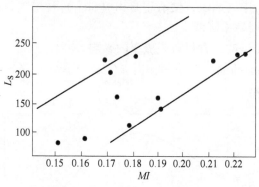

图 3-62　MI 对 L_S 的影响

b　精炼渣中（Al_2O_3）含量对脱硫率的影响

固定精炼渣 $R = 3.0$，保持精炼渣中 $w(\mathrm{CaF_2}) = 6\%$，$w(\mathrm{MgO}) = 6\%$，改变渣中（Al_2O_3）的含量，其对脱硫率的影响如图 3-63 所示。

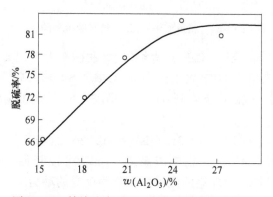

图 3-63　精炼渣中 Al_2O_3 含量对脱硫率的影响

图 3-63 的回归方程为：

$$\eta_S = -9.53 + 6.89w(\mathrm{Al_2O_3}) - 0.129\left[w(\mathrm{Al_2O_3})\right]^2$$

在精炼渣中配加 15% Al_2O_3 时，脱硫率为 65.3%，随着（Al_2O_3）含量的增加，其脱硫率逐渐增高，当精炼渣中（Al_2O_3）含量达到 24% 时，其脱硫率达到 83.7%，进一步增加（Al_2O_3）含量，其脱硫率有所下降。

渣中（Al_2O_3）本身并不具备脱硫的能力，主要起助溶剂作用，能显著地降低渣中（CaO）的熔点，促进溶液中（CaO）的熔化。随着精炼渣中（Al_2O_3）

含量的增加，渣中自由（CaO）含量不断增加，精炼渣中低熔点化合物 CaO·Al$_2$O$_3$.SiO$_2$ 或 2CaO·Al$_2$O$_3$·SiO$_2$ 不断析出，精炼渣在相图中进入了液相区，流动性较好，参入脱硫反应的 CaO 可以迅速通过熔渣、钢 – 渣界面进入溶液中，从而改善了脱硫反应的条件，使脱硫率提高。

　　但是精炼渣中（Al$_2$O$_3$）含量过高时，它将置换低熔点化合物 CaO·Al$_2$O$_3$·SiO$_2$ 或 2CaO·SiO$_2$ 中的 SiO$_2$，使渣中自由（SiO$_2$）量增大，不利于脱硫反应的进行，使精炼渣的脱硫率降低。

　　c　精炼渣中（CaF$_2$）含量对脱硫率的影响

　　CaF$_2$ 作为精炼渣的助溶剂使用，当 $w(CaF_2)$ = 4% ~ 6% 时，其对脱硫率的影响如图 3 – 64 所示。

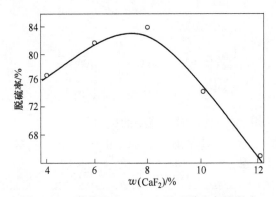

图 3 – 64　精炼渣中 CaF$_2$ 含量对脱硫率的影响

　　由图 3 – 64 可知，当 $w(CaF_2)$ 为 4% 时，脱硫率为 76.4%；当 $w(CaF_2)$ 为 5% ~ 8% 时，脱硫率在 80% 以上；当 $w(CaF_2)$ > 8% 以后，脱硫率下降；当 $w(CaF_2)$ = 12% 时，脱硫率下降到 65.2%。图 3 – 64 给出的 $w(CaF_2)$ 含量与脱硫率的回归方程为：

$$\eta_S = 47.7 + 10.21w(CaF_2) - 0.736\left[w(CaF_2)\right]^2$$

　　在 CaO – SiO$_2$ – Al$_2$O$_3$ – MgO 渣系中，CaF$_2$ 可以降低 CaO、SiO$_2$、Al$_2$O$_3$、MgO 的熔化温度，增加精炼渣的流动性，改善反应的动力学条件，提高脱硫率。另外，CaF$_2$ 的存在可以破坏在钢渣界面上脱硫反应生成的固相 CaS，改善脱硫条件。CaF$_2$ 还能与 S 生成易挥发物，有间接脱硫的作用。

　　当 CaF$_2$ 含量过高时，精炼渣中的 CaO 被稀释，降低了 CaO 的有效浓度，影响脱硫效果，降低脱硫率。过稀的炉渣会严重地侵蚀钢包的耐火材料，轻者降低钢包的使用寿命，重者会造成漏包事故。

　　渣中（CaF$_2$）含量过高时还会发生如下反应：

$$(SiO_2) + 2CaF_2 =\!=\!= 2(CaO) + SiF_4$$

四氟化硅是有毒气体，影响操作者身体健康，所以要控制精炼渣中（CaF$_2$）的含量。一般在6%以下。

d 精炼渣中（MgO）含量对脱硫效率的影响

在精炼渣的碱度不变时，随着渣中（MgO）含量的增加，渣、钢之间硫分配系数降低。郝宁、王新华等对此做过研究，在 $CaO - SiO_2 - Al_2O_3 - MgO$ 精炼渣系中，改变 MgO 及其他含量，得出结果如表 3 - 57 所示。

表 3 - 57 $CaO - SiO_2 - Al_2O_3 - MgO$ 渣系中不同 L_S 下各组分的质量分数

L_S	组成（质量分数）/%			
	MgO	CaO	Al_2O_3	SiO_2
800	5	54	28	9
800	5	59	26	10
800	8	54	32	6
800	10	49	37	4
500	5	58	2	14
500	5	57	26	12
500	8	54	30	8
500	10	51	33	6
300	5	57	19	19
300	5	56	22	17
300	5	55	15	15
300	5	54	28	13
300	8	54	26	12
300	8	55	24	13
300	10	52	29	9
300	10	51	31	8

从表 3 - 57 可以看出，要想使在（MgO）含量达到10%时能得到 L_S 为 800 的硫分配系数，就需要将渣中 $w(Al_2O_3)$ 调到35%以上，$w(SiO_2)$ 控制在5%以下，这实际上是很困难的。但是，将精炼渣中 $w(MgO)$ 控制在8%时想得到 L_S 为 800 的硫分配系数，需将 $w(CaO)$ 控制在 54% ~ 59%，$w(Al_2O_3)$ 控制在 25% ~ 30%，$w(SiO_2)$ 控制在 6% ~ 10%，这是完全可以做到的。

将渣中 $w(MgO)$ 控制在8%以下，$w(CaO)$ 控制在 54% ~ 58%，$w(Al_2O_3)$ 控制在20% ~ 30%，$w(SiO_2)$ 控制在 8% ~ 15%。渣钢间硫分配比只能达到500。

将精炼渣中 $w(MgO)$ 控制在 8% ~ 10%，$w(CaO)$ 控制在 51% ~ 58%，$w(Al_2O_3)$ 控制在 20% ~ 30%，$w(SiO_2)$ 控制在 8% ~ 20%，硫在钢渣分配系数仅仅能达到300。

因为在这种精炼渣中（MgO）的存在降低了渣中（CaO）的活度，提高了渣的黏度，恶化了流动性，影响了脱硫反应的动力学条件，使硫在渣中的扩散速度减慢，因而影响脱硫反应速度。在增加渣中（MgO）含量的同时，也增加（SiO₂）含量可以适当减轻这些不良影响。但是过多地增加（SiO₂）的含量，又急剧地降低了精炼渣的碱度，降低了硫在钢渣中的分配系数。

综合考虑脱氧、脱硫、生产成本及保护耐火材料的需要，精炼渣中的（MgO）含量控制在 6% ~ 8%，（SiO₂）的含量控制在 6% ~ 8% 为宜。

e　渣中的（TFeO）含量对脱硫率的影响

脱硫必须先脱氧，精炼渣中（TFeO）含量越低脱硫效果越好。降低炉渣氧化性，有利于脱硫。碱度大于 4 时，渣中氧化铁与氧化锰的含量之和与脱硫关系如图 3 - 65 所示。当渣中的氧化铁与氧化锰的含量之和小于 0.2 时，硫在渣钢间的分配系数 L_S 值明显增加，可见炉内气氛和炉渣的氧化性是影响精炼脱硫效果的一个重要因素。也有生产统计资料表明，当渣中的氧化铁含量小于 0.6 时，硫的分配系数在 50 以上。

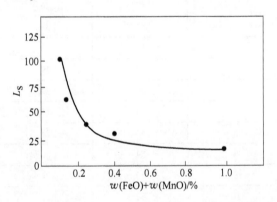

图 3 - 65　精炼渣 $w(\text{FeO}) + w(\text{MnO})$ 与硫分配系数的关系

向渣中加入铝基脱氧剂使炉渣的（FeO）含量降低，对脱氧、脱硫都极为有利的。只有当精炼渣中 $w(\text{FeO}) + w(\text{MnO}) < 0.5\%$ 时，渣钢中硫的分配系数才有可能达到 50 以上。

f　精炼渣中（SiO₂）含量对脱硫率的影响

在 CaO - SiO₂ - Al₂O₃ - MgO 渣系中的（SiO₂）可以改变精炼渣的熔点、黏度和流动性，改善脱硫反应的动力学条件。但是，高含量的（SiO₂）会导致精炼渣的碱度降低，氧化钙的活度降低，对脱硫不利。

B　渣量对脱硫率的影响

LF 炉精炼渣的量越大，其硫容量也就越大。渣量过大时不但增加了生产成本，还降低了炉渣温度，增加了电耗。一般 LF 炉用精炼渣量为 10 ~ 15kg/t。

C 精炼时间对钢液硫含量的影响

精炼时间越长，钢液与渣接触的机会就多，就越有利于脱硫。某150t钢包精炼29CrMo44T时钢液中的硫含量随时间的变化如下：

出钢过程由于脱氧良好且加强了搅拌，白渣形成后的前15min内脱硫迅速，硫含量从最高0.11%左右，降到最低0.01%以下。以后，脱硫速度减慢。

LF炉精炼白渣后15min时脱硫基本完成。考虑到生产效率和成本的因素，精炼时间不宜过长，一般白渣后再精炼15~20min即可。

D 初炼钢水含硫量对LF炉脱硫率的影响

初炼钢水的含硫量会影响LF炉精炼后钢中的含硫量。一般说来，初炼钢液含硫量高，则精炼后的含硫量也高。因此，要炼低硫钢则应要求初炼钢水的含硫量也低些，并强化出钢过程中的合成渣渣洗脱硫，以减轻LF炉的脱硫负担，缩短精炼时间，节约能源，提高生产效率。

3.4.5.4 LF炉精炼渣吸附夹杂物（Al_2O_3）的能力

精炼铝脱氧镇静钢时有效地吸附Al_2O_3夹杂是精炼渣应该具备的重要功能之一。精炼渣吸附Al_2O_3能力主要与渣系中（Al_2O_3）和（CaO）的活度有较大关系。由铝氧平衡可知，（Al_2O_3）活度降低将有利于铝氧平衡正方向进行，从而促进钢液中生成的Al_2O_3穿过渣钢界面进入渣中。而CaO能与Al_2O_3形成多种钙铝酸盐，CaO活度的增加将有利于渣系吸附Al_2O_3夹杂，提高渣系脱氧能力。

影响精炼渣吸附Al_2O_3夹杂能力的因素有精炼渣的碱度、（Al_2O_3）含量等。

（1）碱度对吸附Al_2O_3夹杂能力的影响。在一定渣中（Al_2O_3）含量条件下，随着精炼渣碱度的增加，（Al_2O_3）活度逐渐减小，（CaO）活度逐渐增加。当碱度在4~6时，（Al_2O_3）活度最小，（CaO）活度最大，最有利于精炼渣吸附从钢液中上浮起的Al_2O_3夹杂，从而有利于提高钢液洁净度水平。

（2）$w(CaO)/w(Al_2O_3)$对吸附Al_2O_3夹杂能力的影响。精炼渣中（Al_2O_3）的含量在很大程度上影响了$CaO - SiO_2 - Al_2O_3 - MgO(5\%)$四元系的熔化温度，因此，适当控制（$Al_2O_3$）含量能够得到流动性良好的精炼渣，增强精炼渣对$Al_2O_3$夹杂的吸附能力。当$w(CaO)/w(Al_2O_3)$在1.5~2时，$CaO - SiO_2 - Al_2O_3 - MgO(5\%)$渣系中（CaO）活度最大，（$Al_2O_3$）活度最小，此时最有利于渣系吸附$Al_2O_3$夹杂。

（3）MI对吸附Al_2O_3能力影响。有人由$CaO - SiO_2 - Al_2O_3 - MgO(5\%)$四元渣中$MI$对渣中（$Al_2O_3$）活度的影响，认为在渣中$w(SiO_2) < 20\%$时，随着$MI$增加，（$Al_2O_3$）活度逐渐降低，（CaO）活度逐渐增加。当$MI = 0.1 ~ 0.2$时最有利于渣系吸附$Al_2O_3$夹杂。

大量的生产实践证明，酸性、中性熔渣根本不具备吸附夹杂物的能力，只有碱度超过2.5、（Al_2O_3）含量为25%~30%、有良好的流动性、合适的黏度的熔渣才具备较强的吸附 Al_2O_3 夹杂物的能力。

3.4.5.5　典型 LF 炉精炼渣终点成分

上述的 LF 炉精炼功能决定了对精炼渣组成的要求。设计 LF 炉精炼渣组成时必须全面考虑其保温、发泡、脱氧、脱硫及吸附夹杂物能力。同时更要针对不同钢种对洁净度的要求、对钢中夹杂物种类和形态的要求，进行特殊的设计。

如生产帘线钢时，为了降低钢中夹杂物的"硬性"，要求钢中夹杂物中 $w(Al_2O_3) \leqslant 20\%$、精炼渣中 $w(Al_2O_3) \leqslant 10\%$、$R \leqslant 1.5$。

精炼铝脱氧的镇静钢时，为了大量吸附钢中的脱氧产物 Al_2O_3 夹杂，要求精炼渣中（Al_2O_3）含量为 25% ~ 30%。精炼低氧低硫钢时，必须把碱度提高到 4 ~ 7。

日本住友和川崎生产帘线钢 LF 炉精炼终点炉渣组成为：46% CaO – 2% Al_2O_3 – 47% SiO_2 – 5% CaF_2；45% CaO – 10% Al_2O_3 – 45% SiO_2。

国内某两厂生产 82B 帘线钢的 LF 炉精炼终点炉渣组成为：56.70% CaO – 13.50% Al_2O_3 – 18.15% SiO_2 – 5.58% MgO；43.99% CaO – 9.75% Al_2O_3 – 31.92% SiO_2 – 9.13% MgO。

国内精炼铝脱氧镇静钢（包括低氧、低硫钢）LF 炉精炼渣的组成也非绝对相同，常见的如表 3 – 58 所示。

表 3 –58　典型 LF 炉精炼渣终点成分（质量分数）　　　　　（%）

序号	CaO	Al_2O_3	MgO	SiO_2	CaF_2
1	52 ~ 55	22 ~ 26	6 ~ 8	11 ~ 12	
2	50 ~ 55	30 ~ 35	6 ~ 8	5 ~ 7	≤6
3	42 ~ 52	35 ~ 45	≤6	≤5	
4	53 ~ 59	25 ~ 30	5 ~ 10	约8	≤8
5	60 ~ 80	5 ~ 15		≤10	

根据多年的生产实践，对于要求含氧量较低的深冲钢、管线钢、轴承钢、齿轮钢、车轴钢等铝脱氧镇静钢，推荐 LF 炉精炼终点时渣的成分为：$w(CaO) = 50\%$ ~ 55%，$w(SiO_2) = 5\%$ ~ 10%，$w(Al_2O_3) = 25\%$ ~ 30%，$w(MgO) = 6\%$ ~ 8%，$w(CaF_2) \leqslant 6\%$，$w(FeO) + w(MnO) \leqslant 0.5\%$。

对钢中纯 Al_2O_3 及铝酸钙等不变形夹杂物有极特殊要求的钢种（如帘线钢、高速铁轨钢等），LF 炉精炼时一般采用中性精炼渣，故其精炼终点的炉渣的典型成分为：$w(CaO) = 40\%$ ~ 43%，$w(SiO_2) = 45\%$ ~ 50%，$w(MgO) = 6\%$ ~ 8%，$w(Al_2O_3) < 8\%$，$w(CaO)/w(SiO_2) = 0.71$ ~ 1.00。

3.4.5.6　LF 炉精炼后炉渣碱度的调整

精炼渣分为酸性和碱性两种，过去在使用酸性炼钢衬的时候都是采用酸性渣对钢水进行精炼的，如早年 SKF 就是用酸性渣精炼方法生产轴承钢。用酸性渣精炼的钢水最大的优点是 B 类（Al_2O_3）夹杂很少，几乎没有球状不变形的 D 类（Ca、Mg）夹杂。但是酸性渣精炼的钢水氧含量高，可变形的氧化物夹杂数量多；由于酸性精炼渣不能脱硫，A 类（硫化物）夹杂多。

用碱性精炼渣精炼的钢水脱氧、脱硫去除 A 类夹杂效果好，但是由于精炼渣的碱度太高，成品钢中 D 类不变形夹杂物量较大，直接影响钢的质量和合格率。

为此人们在生产某些特殊钢种（如高档轴承钢）时开发应用了 LF 炉精炼后的调整炉渣碱度的工艺。

LF 炉精炼采用高碱度渣精炼，当精炼即将结束时，高碱度精炼渣的脱氧、脱硫和吸附夹杂的任务已基本完成。此时采用添加硅石（SiO_2）的方法将炉渣的碱度调整到 3～3.5 之后再进行真空处理、浇注。应用实践表明，调整炉渣碱度的工艺可显著减少钢种的 D 类夹杂物。

但是，人们对高碱度渣精炼之后调整为低碱度渣浇注的调整炉渣碱度的工艺也有不同的看法。有人认为，解决 DS 夹杂问题关键在于努力降低钢中的含氧量，而降低精炼渣碱度不利于降低钢中的含氧量的问题，可以通过延长 RH 精炼时间来解决，这些观点有待于在今后的生产实践中认证。

3.4.6 钙处理对非金属夹杂物变性的技术

钢中的氧化物、硫化物的性状和数量对钢的力学和物理化学性能产生很大的影响，而钢液氧与硫的含量、脱氧剂的种类以及脱氧脱硫工艺因素都将使最终残存在钢中的氧化物、硫化物发生变化。研究表明：铝脱氧产物的数量和性状是连铸中间包水口堵塞的主要原因。因此，通过选择合适的变性剂，有效地控制钢中的氧、硫含量，控制氧化物和硫化物的形态，既可以减少非金属夹杂物的含量，从而减少水口结瘤，保证连铸机正常运转，又可以改变它们的性质和形状，减轻夹杂物对钢性能的影响。

针对上述问题，人们开发应用了钙处理工艺。钙处理是向钢水中加入钙从而对钢水进一步脱氧、脱硫、控制钢中夹杂物形态的技术，是炉外精炼的一种方式。钙可以以金属钙或钙合金的形态加入。加入的方法有喷射法和喂线法两种。喂线法由于其合金收得率高、加入量准确、操作安全可靠、对环境污染小及处理成本低等优点而成为钙处理的主流工艺。

3.4.6.1 钙处理的功能

铝脱氧的钢中存在的 Al_2O_3 夹杂物熔点很高，在连铸温度下呈固态，很容易在中间包高铝质塞棒头、浸入式水口内壁聚积引起水口堵塞。而且残留在钢中的 Al_2O_3 夹杂物与钢的基体相比呈硬脆性，在轧制过程很容易被破碎并且延轧制方向连续分布，从而造成严重的缺陷。Al_2O_3 系夹杂物的密度比钢液密度小，如果能够控制铝脱氧产物的形态使其在炼钢连铸温度下呈液态，就可以使这类脱氧产物在进入中间包之前尽可能从钢液中上浮去除。这不仅可以减少中间包水口堵塞现象保证连铸顺利进行，而且可以提高钢的洁净度、改善钢的质量。

在钢水中加入钙元素，使其与钢中的 Al_2O_3 夹杂能生成低熔点的铝酸钙，从而使钢中的高熔点固相 Al_2O_3 夹杂转变为低熔点液相的铝酸钙夹杂，最理想的状态是转变为低熔点球形的 $12CaO \cdot 7Al_2O_3$，并使一些硫化物（CaS、MnS）黏附于球形的夹杂之上，相互絮凝、长大、上浮和去除。从而减少连铸时的水口结瘤现象发生。

因为钢中脆性 Al_2O_3 夹杂已转变为塑性的 $12CaO \cdot 7Al_2O_3$，其表面吸附 MnS 等夹杂形成球状的塑性夹杂，即使有少量留在钢材中，由于轧制过程中可以发生形变，对钢的性能影响较小。

当然，如果钢液的硫含量比较高，钙处理时钙有可能同时与氧、硫发生作用，所生成的反应产物中（CaS、$CaO \cdot 2Al_2O_3$、$12CaO \cdot 7Al_2O_3$）铝和硫的含量取决于钢液的硫和铝的含量。当钢液的硫和铝含量比较高时只能生成熔点较高的 $CaO \cdot 2Al_2O_3$，只有当铝和硫含量都低于 $7Al_2O_3 \cdot 12CaO$ 平衡线时才会有完全液态的夹杂物出现。不同夹杂物的形态如图 3-66 所示。

3.4.6.2　加入钙量的确定

钙处理时，要根据钢中 Al_2O_3 夹杂的量来决定添加钙的量。因为夹杂物中 CaO 和 Al_2O_3 钙比例不同，形成的铝酸钙的种类不同，其熔点也不一样。图 3-67 给出了钢液中不同 [Ca] 含量对铝酸钙夹杂物中（CaO）含量及铝酸钙种类的影响。

由图 3-67 可见，随着钢中 [Ca] 含量的增加，夹杂物中（CaO）含量也在增加，生成铝酸钙的种类依次为 $CaO \cdot 6Al_2O_3$、$CaO \cdot 2Al_2O_3$、$CaO \cdot Al_2O_3$、$12CaO \cdot 7Al_2O_3$、$3CaO \cdot Al_2O_3$。其中 $CaO \cdot 6Al_2O_3$、$CaO \cdot 2Al_2O_3$ 的熔点在 1700℃以上，$CaO \cdot Al_2O_3$ 的熔点高于 1600℃，这三种铝酸钙在浇钢温度下呈固相，而 $12CaO \cdot 7Al_2O_3$、$3CaO \cdot Al_2O_3$ 在浇钢温度下呈液相。也就是说，随着加入钙量的增加。生产的铝酸钙的熔点逐渐降低。因此，在钙处理时，如果加入的钙量不足，将会生成高熔点的铝酸盐夹杂物，不但不能达到改变夹杂物形态的目的，反而会造成坏的影响。

从图 3-67 可知，当钢中 [Ca] 含量超过 0.0025% 时，生成的铝酸钙多为低熔点的 $12CaO \cdot 7Al_2O_3$，钙含量过多或有部分生成 $3CaO \cdot Al_2O_3$。所以，钙处理时的钙量必须达到标准，如果加少就不如不加。因此有人推荐钙处理时的最佳为钙量为 0.0025% ~ 0.0050%，如图 3-68 所示。

如果钙处理的强度太大，由于钙的蒸气压很大，将会造成钢液表面翻腾引起二次氧化。搅拌强度过大，可能引起钢液与钢包渣之间的反应，导致渣中或者耐火材料中的 Ca 和 Mg 传递到钢液中，并将一些铝酸盐夹杂变性为富氧化铝的铝

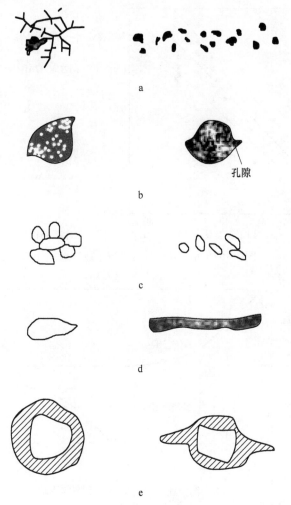

图 3 - 66　铝镇静钢中夹杂物的形态

a—Al_2O_3；b—$C_{12}A_7$；c—CA_2；d—MnS；e—$C_{12}A_7$（环状硫化物）

酸钙夹杂，或者形成 $MgO - Al_2O_3$ 尖晶石。

对于含硫量要求比较高的钢种，氧、硫和钙的反应是相互竞争的。从 Fe – Al – Ca – O – S 系统的相图可知，钢液中形成液态铝酸钙的能力主要是受到钢中硫含量的影响。当钢中 [Als] 含量为 0.05% 时，只有当钢中 [S] 含量不大于 0.006% 时可以形成含有 50%（CaO）的铝酸钙，当钢中 [S] 含量超过 0.02%、[Al] 含量在 0.02% ~ 0.04%，喂钙量多会生成大量（CaS），同样会增加水口结瘤的几率，如图 3 –68 和图 3 –69 所示。这就是含铝、硫钢经常发生水口结瘤的根本原因。

喂钙量大时，当钢水流经高铝质塞棒或浸入式水口时，钢中的（CaO）会与

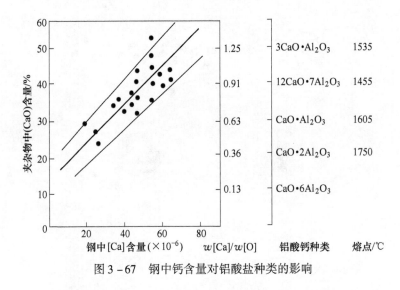

图 3 - 67　钢中钙含量对铝酸盐种类的影响

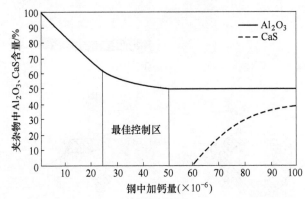

图 3 - 68　钢中加钙量对夹杂物形态的影响

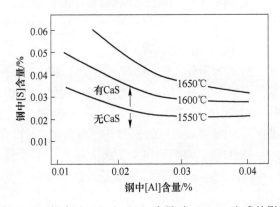

图 3 - 69　钢中［Al］和［S］含量对（CaS）生成的影响

塞棒头和水口中的 Al_2O_3 生成低熔点的 $12CaO \cdot 7Al_2O_3$ 或 $3CaO \cdot Al_2O_3$，造成塞棒头和浸入式水口熔损，严重时会发生塞棒头熔掉或水口熔穿等恶性事故。

综上所述，喂钙量的确定原则上是使钢中 $[Ca]$ 含量达到 $0.0025\% \sim 0.0050\%$，但必须根据钢中的 $[Al]$、$[S]$ 含量进行适当调整。生产实践表明，铝脱氧镇静钢钙处理时，如果 $w[Ca]/w[Al]$ 控制在 $0.09 \sim 0.11$，就可以大量减少浇注时发生水口结瘤的几率，钢中夹杂物的形态也能得到很好的控制。

3.4.6.3 钙处理工艺的注意事项

钙处理是一个成本高、工艺要求严格的炉外精炼工艺，效果和风险同时并存，在应用时必须慎重。

（1）根据钢种的特点选择性应用钙处理工艺。管线钢、耐候钢等结构钢可应用钙处理工艺。而对成型性要求较高的钢种如汽车板等就不适于应用钙处理工艺，因为钙处理生成的铝酸钙较硬，会影响薄板的质量。生产含硫（$w[S] \geqslant 0.030\%$）易切削钢时用钙处理时会生成大量的（CaS），导致严重的水口结瘤，故应少用或不用钙处理工艺。

（2）明确钙处理的目的。对于改变夹杂物的形态，钙处理是一个可取的工艺，是值得提倡的。

但是如果将钙处理作为解决水口结瘤问题的必要措施是不正确的。实际上用钙处理来解决水口结瘤只能是一种弥补前期钢水净化不好及钢中夹杂物特别是铝脱氧镇静钢一次脱氧产物没能去除的挽救措施。因此，解决水口结瘤的工作重点应该放在出钢过程中一次脱氧产物的去除，而不是完全依赖钙处理。减少钙处理的量可以降低生产成本、减少工序麻烦、避免副作用的产生。

（3）注意钙线的质量。钙线由铁皮和包覆料组成。包覆料有多种，如硅钙合金、钙铁合金、金属钙与铁屑混合物、金属钙与钙渣混合物等，应根据钢种对硅的要求等进行选择。制作含金属钙的包覆线的生产过程中必须有严密的氩气保护措施，以免金属钙氧化失效。作者推荐采用金属钙与钙渣混合物作为包覆料使用，钙的利用率更高。

3.4.7 钢中铝含量的控制

3.4.7.1 铝在钢中的作用

向钢中加入铝有两个目的，一是对钢水进行深度脱氧，二是改善钢的性能。

根据钢中铝、氧平衡理论可知，铝脱氧镇静钢 $[Al]$ 含量达到 0.015% 时，钢中的 $[O]$ 含量约为 0.0005%，当钢中 $[Al]$ 含量大于 0.030% 时，钢中的铝将会与钢中的 MnO、SiO_2、耐火材料中的 MgO 发生置换反应增加钢中的 Al_2O_3 夹杂物含量。所以，作为脱氧剂加入钢中的铝，脱氧之后钢中的 $[Al]$ 和 $[Al_2O_3]$ 处于动平衡状态。钢中 $[Al_2O_3]$ 含量在某种意义上反应钢中氧的含量，也就是预示着钢中氧化物夹杂的量，钢中过多的［Al］也会给钢的质量带来影响。

钢中［Al］含量在0.02%~0.08%时，钢的晶粒度可达6~8级，最高可达9级。但当钢中［Al］含量大于0.08%时因奥氏体析出温度增高，失去细化晶粒的作用。

铝在钢中还是定氮剂，它与氮形成氮化铝，能抑制低碳钢的时效作用，能降低低温脆性转变温度，提高钢在低温下的韧性。

在生产双相钢时，铝能替代硅稳定铁素体，抑制碳化物的析出，强化强度和塑性的匹配，增加钢的耐热性能等。

铝在钢中有细化晶粒的作用，铝的固溶强化作用大，可以提高渗碳钢的耐磨性、疲劳强度和芯部力学性能。某些含铝量较高的钢有较好的抗腐蚀性能和耐热性能。

本节重点讨论作为脱氧剂加入的铝的残留量的合理值。

3.4.7.2 钢中铝含量的选择

不同的钢种成品钢中的铝含量要求不同，下面介绍帘线钢、深冲钢及某些特殊钢（管线钢、齿轮钢及轴承钢等）成品［Al］的控制。

A 帘线钢钢中［Al］含量的控制

帘线钢加工过程中往往要经过多次冷拔，最后拔成直径很小的钢丝。因此，要求钢中的夹杂物，特别是不变形的点状夹杂（D类）都要小于0.5级，不希望出现纯 Al_2O_3（B类）和铝酸钙不变形夹杂，要求夹杂物的硬性度很低，在夹杂物中 Al_2O_3 的比例要低于50%，因此要求精炼渣中 Al_2O_3 含量不大于10%，所以要求钢中［Al］含量在0.0010%以下，最好是0.0005%以下。试验认为，钢中夹杂物个数随钢中［Al］含量的增加而增加，如图3-70所示。

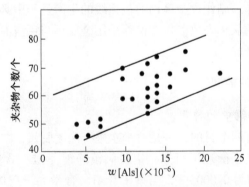

图3-70　帘线钢中酸溶铝含量对夹杂物的影响

这类钢种多是采取硅锰脱氧的钢种，虽然不加铝脱氧，但是将钢中铝含量控制在0.0005%~0.0010%也是很难的。必须严格控制锰铁合金、硅铁合金（或硅锰合金）、增碳剂、中包覆盖剂和保护渣等原材料中的铝或三氧化二铝的含量。

B　对于铝脱氧镇静钢中［Al］含量的控制

铝脱氧镇静钢中的铝主要是对钢水进行脱氧，特别是低碳或超低碳钢由于初炼炉出钢时钢中的氧含量很高，只有使用足够数量的脱氧剂金属铝（或铝基合金）才能将钢中的氧脱到位。

铝基脱氧剂（铝）加入量少，钢中的氧脱得不彻底，对于钢的质量影响极大。钢中氧含量高，浇注时结晶器中钢水易发生沸腾现象，导致结晶器卷渣，影响钢的洁净度；钢中氧含量高，使铸坯中氧含量高，产生针孔、气泡等质量缺陷；在铸坯凝固过程中钢中多余的氧易和钢中易氧化元素生成 SiO_2、MnO、FeO 等非金属夹杂物，严重地影响钢的洁净度。

铝基脱氧剂加入过多，钢中［Al］含量过多，多余的［Al］将与钢中［O］生成 Al_2O_3 增加钢中夹杂含量。同时，过多的钢中［Al］还会与耐火材料中的 MgO 和钢中的 CaO 反应置换出镁和钙，增加钢中［Mg］、［Ca］含量，增加钢中 $Al_2O_3 \cdot CaO \cdot MgO$ 不变形点状夹杂的数量，严重影响钢的质量。钢中过多的［Al］还会增加钢中 AlN 夹杂的量。当钢中 w［Als］>0.030% 时，钢中的 CaO - SiO_2 - Al_2O_3 类夹杂物由低熔点区域向高熔点区域偏离。

一般认为，钢中的［Al］含量为 0.015% ~ 0.20% 时，［O］含量已达到 0.0005%，钢中［Al］含量高于 0.020% 以后，随着钢中［Al］含量的增加，钢中夹杂物的量将逐渐增加，如图 3-71 所示。由图可见，铝脱氧镇静钢的成品钢中［Als］含量控制在 0.015% ~ 0.020% 为宜。

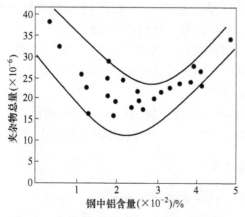

图 3-71　中高碳钢中［Als］含量对夹杂物量的影响

大量生产实践证明，低碳铝镇静钢成品钢中［Als］含量在 0.015% 为最佳，但考虑到低碳钢的生产难度和生产实际，一般控制在 0.010% ~ 0.020% 范围之内；中高碳铝脱氧镇静钢成品钢中［Als］最佳含量为 0.020%，在生产实际中控制在0.015%~0.025%为宜；合金化程度较高的钢种或含钒的合金结构钢成品钢中 [Als] 含量最佳值为0.015%，生产实际中控制在0.010%~0.020%为宜。

3.4.7.3 铝脱氧镇静钢中 [Als] 含量的调整

出钢后，随着钢水温度的下降，氧在钢中的溶解度降低，自由氧不断析出并与钢中的铝反应生成三氧化二铝，使钢中 [Al] 含量不断降低。为了保证成品钢中 [Als] 含量达到理想目标，应注意以下几点：

(1) 一次脱氧要彻底。初炼炉出钢时进行集中沉淀脱氧，计算脱氧剂加入量时要考虑钢中 [Als] 含量为0.030%~0.040%。在做好出钢挡渣的基础上，加入合成精炼渣及顶渣改质剂，力求一次沉淀脱氧彻底。出钢时不建议采用喂铝线脱氧工艺。一次脱氧效果的好坏是控制钢中 [Als] 含量和去除钢中脱氧产物 Al_2O_3 夹杂最关键的一步操作。

(2) 调整钢中 [Al] 含量。钢水进 LF 炉工位后必须取样分析钢中 [Als] 含量。当钢中 w[Als]≤0.030%时，可通过喂铝线方法将钢中 w[Als] 调整到0.035%~0.040%。

(3) 减少钢水二次氧化。在后续的精炼及浇注过程中做好系统密封、控制钢包底吹氩的流量、造好 LF 炉精炼时的埋弧渣等工作，避免钢液与大气接触而增氧。

(4) LF 炉精炼后调整钢中 [Als] 含量。LF 炉精炼脱氧、脱硫结束时取样分析钢中 [Als] 含量。对于钢中 [Als] 含量没有特殊要求的钢种，当钢中 w[Als]≤0.020%时，通过喂铝线方法将钢中 [Als] 含量调整到0.020%。对于钢中 [Als] 含量有特殊要求的钢种，也要在 LF 炉精炼后（或 RH 精炼后）通过喂铝线方法将钢中 [Als] 含量调整到要求范围。

为解决细化晶粒和抑制时效作用，钢中 [Al] 含量一般需为0.004%~0.008%，某些双相钢中 [Al] 含量需为0.09%~0.40%，此时可采用喂铝线方法调整钢中的 [Als] 含量。

铝作为合金成分的特殊钢种，如38CrMoAl钢的成品铝含量为0.7%~1.1%，应该在精炼后采用沉降工艺加入，以保证成品钢的铝含量。

3.4.8 RH 真空精炼技术

3.4.8.1 RH 真空精炼装置的设备组成

RH 真空精炼技术于20世纪50年代后期开发成功，最初主要用于少数钢种（大锻件厚板等）的脱氢处理，发展较慢。80年代后，随着超低碳钢和特殊钢产量的增加，RH 装置数量增长很快，功能也由主要用于脱氢转向兼顾用于深脱碳和脱氧、去除夹杂物等。目前 RH 真空精炼设备已发展成为炼钢厂必备的精炼装备，广泛应用于超低碳钢及各种特殊钢的生产。

RH真空精炼系统主要设备组成有钢包运输系统，钢包升降系统，真空槽系统，真空槽运输系统，真空泵系统，铁合金添加系统，多功能顶枪系统，真空槽预热烧嘴系统，测温、定氧、取样系统，喂线系统，浸渍管维修喷补系统，真空槽系统的修砌和干燥设施等，如图3-72所示。

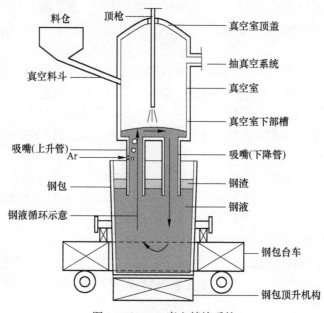

图3-72 RH真空精炼系统

（1）真空泵系统。RH用真空系统分为机械泵与蒸汽泵两种，多数炼钢厂采用蒸汽泵。

RH精炼炉的真空系统由管路、真空泵、冷凝水排放装置等组成。真空泵是由若干个（三个、四或五个）蒸汽喷射泵串联组成。真空泵运行的好坏直接影响系统的真空度。

近期，机械泵抽真空的方法逐渐在RH真空处理的工艺中采用。重庆钢铁公司的应用实践表明：采用机械泵抽真空的方法虽然一次性投资额较大，但可以节省大量的蒸汽管路，抽真空过程中可以节约80%的能源，运行费用低。特别是对于一些蒸汽不富余的炼钢厂，在建设RH真空处理装置时，机械泵抽真空的方法是一个可选的方案。

（2）钢包升降系统。RH真空精炼系统中，吸嘴的插入方式有三种，即真空室旋转升降方式；真空室上下升降方式；真空室不动，钢包升降方式。目前采用最多的是真空室不动，钢包升降方式。

钢包经台车运至真空室下方，利用液压缸将钢包顶起，使浸渍管插入钢水内部。

为了保证顶升系统能正常运转，必须经常检查、维护顶升液压系统。

为防止钢包漏钢发生爆炸事故，必须保持顶升坑内干燥。

（3）顶枪系统。有顶枪的 RH 精炼系统被称为 RH - TB。顶枪又称多功能顶枪。多功能顶枪系统的主要作用有：实现煤、氧烧嘴的标准加热，化渣及吹氧强制脱碳，化学升温等。具体作用是：非处理期间大气下真空槽耐材加热升温；真空槽内壁耐材除瘤化渣；处理期间真空下吹氧强制脱碳；钢水铝化学加热升温等。

顶枪通过密封圈插入真空室内。密封圈的密封效果对系统的真空度有很大影响。因此必须经常检查密封圈的密封状态，必要时予以更换。

（4）吹氩系统。氩气是穿过上升管下部 1/3 处进入上升管的，如图 3 - 72 所示。氩气是否流畅及其流量大小对于真空精炼系统的钢水提升能力和工艺效果是至关重要的。

（5）真空料仓系统。现代 RH 真空精炼系统均设有一套适合于生产工艺需要的真空合金加料系统，一般采用高架料仓布料方式。其主要设备有旋转给料器、真空料斗、称量装置及真空电磁振动给料器等。

3.4.8.2　RH 真空处理的基本原理

RH 精炼的基本原理如图 3 - 72 所示，钢液脱气是在砌有耐火材料内衬的真空室内进行的。脱气时，将浸入管（上升管、下降管）插入钢液中。当真空室抽真空后，钢液从两个浸渍管内上升到压差高度。从上升管下部约 1/3 处向钢液吹入氩气，根据气力提升泵的原理，上升管内的钢液向上运动，而下降管内的钢液，为了补充上升钢液的空位而下降，这样就形成钢液在钢包和真空室之间的连续循环。吹氩使上升管的钢液内产生大量气泡核，钢液中的气体向氩气泡内扩散，同时气泡在高温与低压的作用下迅速膨胀，使其密度下降。于是钢液溅成极细微粒呈喷泉状并以约 5m/s 的速度喷入真空室。在真空（67Pa）状态下，钢液得到充分脱气。脱气后，钢液由于密度相对较大，沿下降管流回钢包。即钢液实现了钢包—上升管—真空室—下降管—钢包的连续循环处理过程。

RH 装置的精炼效率主要取决于真空度和钢水循环速率，其中钢水循环速率 Q_m 可由下式计算：

$$Q_m = 11.4 G^{\frac{1}{3}} \cdot D^{\frac{4}{3}} \left(\ln \frac{p_1}{p_2} \right)^{\frac{1}{3}}$$

式中，G 为提升气体流量；D 为浸渍管内径；p_1 为提升气体吹入压力；p_2 为真空槽内压力。

国内宝钢、武钢、首钢京唐、马钢等企业近年来新建和改建 RH 装置均采用了强大真空抽气系统、增大浸渍管内径和提升气体流量的方法（见表 3 - 59），获得了很好的精炼效果。

表 3－59　国内近年来新建、改建的几台典型 RH 装置的设备参数

设 备 参 数	宝钢 2 号 RH	宝钢 4 号 RH	武钢三炼钢厂 2 号 RH	马钢四钢轧厂	首钢京唐
钢水包容量/t	300	300	250	300	300
真空抽气能力（67Pa）/kg·h⁻¹	1100	1500	1200	1250	1250
上升、下降管直径/mm	750	750	750	750	750
提升气体流量（标态）/L·min⁻¹	约4000	约4000	约5800	约4000	约4000
钢水环流速率/t·min⁻¹	239.5	239.5	271.1	239.5	239.5

需要在 RH 进行深脱氧的钢，在初炼炉出钢时不脱氧或少脱氧，只加顶渣改质剂对顶渣进行脱氧。由于在真空状态下氧在钢中的溶解度极低，钢液中大部分氧都变成自由氧，在真空室的钢液中碳氧积远远大于在真空（67Pa）状态下的平衡值，故碳氧反应激烈进行，可以将 [C] 脱得很低。如果要生产含碳量为 0.003% 超低碳钢，可向真空室中吹氧进行强制脱碳。RH 精炼装置用于超低碳钢深脱碳和厚板、管线、重轨等钢种脱氢，工艺技术已很成熟。

值得关注的是，目前以生产热轧、冷轧带钢为主的钢厂都在不断地增设 RH 装置，并有意识地在普通热轧低碳钢种、冷轧钢种的生产中增加 RH 的真空处理的比例，以图降低生产成本，提高钢材的内部质量。

RH 的主要工艺参数包括处理容量、脱气时间、循环量、循环系数、真空度等。在 RH 处理过程中，为了减小温降，处理容量一般较大（大于30t），以获得较好的热稳定性。国外由于转炉或电炉容量较大，基本上没有很小的 RH 设备，RH 处理容量一般都在 70t 以上。大量生产经验表明，钢包容量增加，钢液温降速度降低，但随着脱气时间的增加，钢液温度损失增大。

抽真空的关键是要在短时间内（3～5min）使真空室的真空度达到所要求的数值。为保证精炼效果，脱气时间必须得到保证，其长短主要取决于精炼要求、钢液温度和温降速度。

3.4.8.3　RH 真空精炼的冶金功能与冶金效果

现代 RH 的冶金功能已发展到十余项冶金功能，如图 3－73 所示，有脱氢、脱碳、脱氮、脱硫、添加钙、成分控制、升温和脱氧等。

早期 RH 以脱氢为主，开始时能使钢中的氢降低到 0.00015% 以下。现代 RH 精炼术通过提高钢水的循环速度，可使钢水中的氢降至 0.0001% 以下。RH 真空脱碳能使钢中的含碳量降到 0.0015% 以下。RH 真空精炼后（有渣精炼），钢水中总氧含量可脱到 0.002% 以下，如和 LF 炉配合，钢水中氧含量可以脱到 0.0005%。RH 真空精炼脱氮一般效果不明显，在钢中氮含量较高（$\geq 40 \times 10^{-6}$）、强脱氧、大氩气流量、确保真空度的条件下，能使钢水中的氮降低 20%～30%。向真空室内

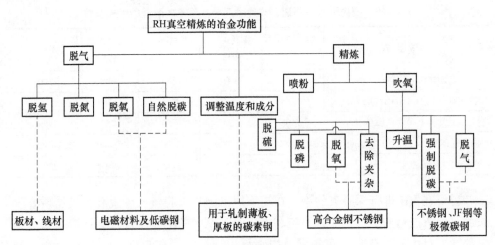

图 3 - 73　现代 RH 的冶金功能

添加脱硫剂，RH 真空精炼能使钢水的含硫量降到 0.0015% 以下。如采用 RH 内喷射法和 RH – PB 法，能保证稳定地冶炼 $w[S] \leqslant 0.001\%$ 的钢，某些钢种 $w[S]$ 甚至可以降到 0.0005% 以下。向 RH 真空室内添加钙合金，其收得率能达到 16%，钢水的 $w[Ca]$ 可达到 0.001% 左右；向真空室内多次加入合金，可将碳、锰、硅的成分精度控制在 ±0.015% 水平；RH 真空吹氧时，由于铝的放热，能使钢水获得 4℃/min 的升温速度。

3.4.8.4　RH 技术特点

RH 法利用气泡将钢水不断地提升到真空室内进行脱气、脱碳等反应，然后回流到钢包中。和其他各种真空处理工艺相比，RH 精炼的优点是反应速度快，表观脱碳速度常数可达到 3.5/min；反应效率高，钢水直接在真空室内进行反应，所以处理周期短，一般一次完整的处理需约 15min，即 10min 的处理时间，5min 的合金化及混匀时间；可进行吹氧脱碳生产超低碳钢；可以二次燃烧进行热补偿，减少处理温降；可进行喷粉脱硫，生产超低硫钢。

3.4.8.5　RH 真空精炼的工艺

首先确定精炼的目的。针对不同的目的（如脱气、脱氧、脱硫、脱碳等）采用不同的工艺模式。RH 真空精炼一般分为本处理、脱碳处理、轻处理、升温吹氧处理。不同的处理模式有不同的真空度要求、不同的吹氩强度、不同的处理时间等。为了得到良好的处理效果，全系统的各项工艺参数必须满足要求。关于 RH 真空处理工艺将在后续的分钢种讨论时予以介绍。

3.4.8.6　影响 RH 精炼系统真空度的因素

（1）真空泵系统。影响 RH 精炼系统真空度的因素有系统管路结垢、喷射管偏移、喷射管破损、喷射管结垢、排水系统堵塞等。为了保持真空系统的抽真空能力，必须对上述部分执行巡检制度，定期检查、定期维护。

（2）真空泵抽气能力。根据不同的精炼模式确定不同的真空度要求，开启不同数量的泵。真空泵开得少，就达不到所要求的真空度。现代的 RH 精炼系统设计都提倡加大系统抽真空的能力，以图缩短达到真空度所需要的时间。

（3）蒸汽源的压力和温度。RH 真空系统的动力来自于蒸汽。工艺要求蒸汽清洁，压力、流量和温度要稳定且合适。压力不小于 1.5MPa，温度为 210~225℃。如果气源波动或压力、温度下降，将导致真空度达不到要求。如果冷凝水排放系统堵塞，也将影响系统的真空度。

（4）系统密闭性。系统的密闭性是保证真空度的首要条件，一旦系统发生泄漏现象，就无法使真空度达到要求。必须采用排除法逐一地检查易发生泄漏的点，如顶枪口密封件、高位料仓密封件、真空室与顶盖之间的密封、真空室与吸嘴之间法兰的密封、管路连接法兰的密封等。检查方法有蜡烛法、肥皂泡法等。

3.4.8.7 RH 精炼技术的发展趋势

近年来国际 RH 精炼技术的发展趋势为：努力提高真空泵的抽气能力，使 RH 达到极限真空（66.7Pa）的抽气时间缩短至 2min；尽可能扩大 RH 下降管直径、提高氩气的供气强度及提高真空度等有利于提高 RH 的钢水循环流量；研发向 RH 内吹入纯氧工艺，以提高 RH 在高碳低氧区内的脱碳速度，有利于提高 RH 的原始含碳量，减轻炼钢炉的负担；将脱硫粉剂中 CaF_2 的配比提高，增加脱硫粉剂用量，有利于提高 RH 脱硫的效率，适宜冶炼 $w[S] \leqslant 0.001\%$ 的超低硫钢。

3.4.9　VD 精炼技术

图 3-74 所示为 VD 真空处理原理。

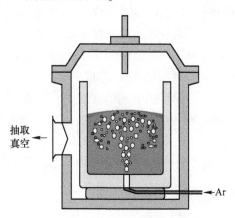

图 3-74　VD 真空处理原理

VD 真空精炼工艺起源于真空条件下钢包吹氩处理工艺（VAC），与 RH 开发成功几乎同步，在 20 世纪 70 ~ 90 年代逐步发展完善。采用 VD 精炼工艺能够对钢水进行脱氢、脱氮、深脱硫、脱碳处理等。与 RH 真空精炼相比，VD 设备投资低 30% 以上，故在欧、美钢厂（特别是电炉流程钢厂）应用较广泛。

根据气体的等温方程式：

$$V = V_0 \cdot p_0 / p$$

式中，p_0 和 V_0 分别为常压下气体的压强和体积；p 为 VD 真空室内气体的压强；V 为真空室内气体的体积。

钢包底部吹入钢液的氩气体积要膨胀 100 倍以上，由此形成对钢液的强烈搅拌。溶解于钢液的 [N]、[H]，除由于压力降低而直接逸出钢液外，还会被钢液中大量的氩气泡带出钢液。当然，在 VD 装置内也可以加入造渣剂进行深度脱硫处理。

VD 与 RH 真空精炼相比，在对炉渣搅拌混合方面存在重要的不同。在 VD 真空精炼中，吹入钢液内部的氩气流在对钢液进行强烈搅拌的同时，钢液上面的炉渣也经受强烈搅拌，渣钢间反应增强，但大量渣滴、渣粒也会由此进入钢液，有时会成为钢中大型夹杂物重要来源。

由于 VD 投资少，20 世纪 90 年代国内许多钢厂选用了 VD 精炼工艺。近年来，许多钢厂认识到 VD 精炼在超低碳钢深脱碳效率和在非金属夹杂物控制方面的不足，在新建真空精炼装置时多选择了 RH。这对以生产超低碳钢、特殊钢棒线材为主的钢厂是有益的。但是，对以生产厚板为主的钢厂，仍然应该采用具有更高效率脱硫并可以同时进行脱氢的 VD 精炼工艺。在精炼过程中通过大流量气体搅拌（标态下约 1800L/min），可以将 [S] 含量由 0.01% 左右脱除至 0.0010% 以下。

已经有了 VD 精炼设施，又要生产低碳、低硅并需要脱气处理的铝镇静钢时，为了解决钢的洁净度和因 Al_2O_3 夹杂物导致连铸水口结瘤等问题，可采取在 LF 炉"二次造渣"工艺。二次造渣工艺，就是在 LF 炉造成还原渣以后，将顶渣全部扒去，重新在 LF 炉造渣，降低新渣中（Al_2O_3）、（MnO）、（SiO_2）的含量，从而减轻 VD 精炼期间由于钢、渣混合造成的钢中 Al_2O_3 含量的增加，减少（MnO）、（SiO_2）进入钢液与铝反应生成的 Al_2O_3。也可以在 VD 处理前倒出部分顶渣，严格控制 VD 处理时钢包底吹氩的流量，减缓钢渣搅拌，减少进入钢水中的炉渣量。

在生产含稀土、硼、硫等钢种时慎用 VD 处理工艺，避免浇注时发生水口结瘤。

3.4.10　精炼工艺的选择

精炼工艺的选择要遵循立足产品、合理选择、系统配套、强调在线的四项原则。

立足产品是指选择炉外处理方法时，最根本的是以企业生产的产品种类和质量要求（主要是用户要求）为基本出发点，确定哪些产品需要哪些炉外处理技术，同时认真分析工艺特点，明确基本工艺流程。

合理选择是指在选择炉外处理方法时，首先要明确各种炉外处理方法所具备的功能，结合产品要求，做到功能对口；其次是要考虑企业炼钢生产工艺方式与生产规模、衔接匹配的合理性、经济性；还要根据产品要求和工艺特点分层次地选择相应的炉外处理方法，并合理地搞好工艺布置（平面图布置）。

系统配套是指严格按照系统工程的要求，确保设计和施工中，主体设备配套齐全，装备水平符合要求，严格符合各工序间的配套要求，使前后工序配套完善，保证炉外处理功能充分发挥。一定要重视相关技术和原料的配套要求，确保炉外处理工序的生产过程能正常、持续地进行。

强调在线是指在合理选择炉外处理工艺方法的前提下，一定要从加强经营管理入手，把炉外处理技术纳入分品种的生产工艺规范中，保证在生产中正常运行；也是指在加强设备维修的前提下，确保设备完好，保证设计规定的功能要求，确保作业率。

主要钢类合理炉外精炼工艺选择与分析如下。

3.4.10.1 适用于建筑用普通长材的精炼工艺

建筑用热轧圆钢、螺纹钢筋等长型材主要为普碳钢和低合金钢，发达国家主要采用电弧炉—LF 炉工艺生产此类钢材。在这种情况采用 LF 作为精炼工序，主要是为了加快电炉冶炼周期，使之控制在 $60 \sim 70min$，适合连铸多炉连浇，而不是为了冶炼低硫钢。

国内主要采用转炉流程生产建筑用普通长材，主要用于钢筋混凝土结构，对钢材性能的要求主要为轧制方向（长度方向）的常规力学性能（强度、伸长率、面缩率等），对钢中硫、磷、非金属夹杂物等控制要求相对较宽松，一般［S］含量低于 0.035% 能够满足性能控制要求。

目前国内钢厂生产建筑用普通长型材，多采用小方坯连铸，为了防止水口黏结、堵塞，采用 Si - Mn 脱氧工艺，脱氧产物主要为 SiO_2 - MnO - FeO 系复合氧化物，在钢液温度下大多呈液态，较容易聚合长大而上浮去除。

建筑用普通长材钢类的炉外精炼任务主要为脱氧、夹杂物上浮、成分控制、温度调整等，基本没有脱硫任务，采用钢包吹氩合成渣渣洗、顶渣改质或 LT 精炼或 CAS 精炼工艺均能满足精炼任务要求。应该指出，尽管普通长型材对［S］、T［O］、非金属夹杂物等控制要求不如薄板、无缝管等严格，但并不意味着可以"随意操作"，为了保证钢材良好性能，在转炉终点控制、出钢防下渣、钢包吹氩或 CAS 精炼、保护浇铸等方面，仍需要严格操作，确保低成本、高效率地提高钢的洁净度。

3.4.10.2　适用于热轧带钢的精炼工艺

热轧带钢根据化学成分和性能主要分为三类，即碳钢、低合金钢和微合金化钢。与冷轧带钢钢类相比，热轧带钢对 [S] 含量控制要求要严格得多，碳钢大多数要求 $w[S]$ 低于 0.012%，低合金钢和微合金钢绝大多数要求 $w[S]$ 低于 0.006%，管线钢等产品甚至要求 $w[S]$ 低于 0.0010%。

由于铁水脱硫预处理、转炉炼钢抑制增硫等技术的进步，炉外精炼脱硫的任务减轻，一些炼钢厂仅对要求 $w[S]$ 低于 0.0020% 的钢种采用 LF 精炼，其他低硫、超低硫含量钢种则采用钢包合成渣渣洗、顶渣改质及 LT（吹氩 + 造顶渣）处理等较低成本工艺方法。这样，可在保证产品洁净度的前提下，显著地减低生产成本。

根据国内钢厂的生产条件，热轧带钢钢类炉外精炼工艺可根据产品 [O]、[S] 含量控制要求做如下选择：

对要求 [S] 含量低于 0.012% 的普碳钢种，采用钢包吹氩搅拌或 CAS 精炼工艺；

对要求 [S] 含量低于 0.006% 低合金钢、微合金化钢，采用钢包吹氩搅拌（或 CAS 精炼）+ RH（或 VD）工艺，高水平钢厂也可采用转炉炼钢、严格控制下渣量直接进行 RH（或 VD）精炼的工艺；

对要求 [S] 含量低于 0.003% 低合金钢、微合金化钢产品，采用 LF 精炼 + RH（或 VD）工艺。

目前国内仍有许多钢厂在转炉钢水硫含量控制、钢水温度稳定控制等方面下的工夫不够，存在较多问题，在生产热轧带钢钢类时采用 LF 精炼工艺来协调生产中转炉操作不规范的问题。应该在认真做好各项基本操作的基础上调整思路，不能在转炉炼钢厂生产过程中，滥用 LF 炉精炼。

3.4.10.3　适用于中厚板的精炼工艺

中厚板广泛用于造船板、桥梁、容器、管线、工程机械、海洋平台、高层建筑等，对强度、延性、低温韧性、焊接、抗 HIC 等性能有很高要求，对钢中硫、磷、氢等杂质的控制要求十分严格。重要用途的中厚板，$w[S]$ 大多数要求低于 0.003%，$w[H]$ 要求低于 0.00015% ~ 0.00020%，管线钢、海洋平台用厚板等，$w[S]$ 甚至要求低于 0.0005% ~ 0.0010%。

中厚板钢类炉外精炼的主要任务为脱硫、脱氢和夹杂物控制，其合理的炉外精炼工艺应为 LF + VD（或 RH）精炼工艺。由于 VD 在真空精炼脱氢同时，还能够进行高效脱硫，因此以生产中厚板为主的钢厂，如新建真空精炼装置，建议采用 VD 精炼工艺。选用 VD 工艺进行厚板生产工艺的另一原因是厚板铸机拉速很慢，一般为 0.2 ~ 0.3m/min，浇注周期长，VD 可以与之适应。

3.4.10.4　适用于冷轧带钢的精炼工艺

冷轧薄板主要用于汽车、家电、建筑、食品罐、日用品等。根据碳含量，冷轧带钢产品可分为三类：低碳铝镇静钢（LCAK），碳含量在 0.02% ~ 0.06%；微碳钢（ELC），碳含量在 0.008% ~ 0.020%；超低碳钢（ULC），碳含量不大于 0.0035%。

冷轧带钢类钢种化学成分的特点为：为获得良好冲压和涂镀性能要求，要求 [C]、[N]、[Si] 含量很低；均为铝脱氧钢；对 [P] 和 [S] 控制要求与热轧板比相对较宽松；为了保证良好表面质量，对非金属夹杂物要求严格控制，如汽车钢板中的夹杂物须小于 100μm，DI 罐用钢板中夹杂物须小于 40μm。

对于 ELC 和 ULC 钢类，由于须进行精炼脱碳，因此必须采用 RH 精炼工艺，这已无多议。

对于 LCAK 钢，目前可采用的炉外精炼工艺较多，如 RH、CAS、钢包吹氩、LF 精炼工艺等，国内钢厂对适用于 LCAK 钢类的炉外精炼工艺也存在较多争议。

LCAK 钢为低碳铝脱氧钢，向钢液中加入铝后，脱氧反应迅即发生，在 2 ~ 3min 之内，钢液溶解 [O] 降低至 0.0001% ~ 0.0003%，绝大多数溶解氧转变为 Al_2O_3 夹杂物，而此后 Al_2O_3 夹杂物的聚合、上浮、去除即成为提高钢水洁净度的关键。转炉吹炼 LCAK 冷轧薄板类钢种，终点 [C] 含量一般在 0.025% ~ 0.05%，炉渣（FeO）含量在 15% ~ 25%。出钢过程会有部分转炉渣进入钢包，钢包渣中（FeO）含量大致在 10% ~ 20%。经过"三脱"预处理后经脱碳炉的出钢，由于渣量少，且较黏，易于控制进入钢包的渣量，更适合与 RH 匹配运行。

在炉外精炼过程中加强对钢水的搅拌，能够促进夹杂物的聚合、上浮、去除，但当钢包渣为氧化性渣时，搅拌会造成钢液中 [Al] 被渣中（FeO）氧化，反而造成钢中 Al_2O_3 夹杂物量增多。此外，如对钢液搅拌过强，造成钢液上表面部分"裸露"，也会使 [Al] 氧化，Al_2O_3 夹杂物含量增加。对于冷轧薄板钢种，如何既能强烈搅拌钢水，尽量去除钢中非金属夹杂物，同时又能避免由于搅拌过强造成钢液被氧化性炉渣和炉气"二次氧化"，是一个需要工艺技术诀窍加以解决的问题。而采用 LT 精炼工艺应该是一种不错的方案。

采用 LF 工艺对 LCAK 钢种进行精炼，不能很好地解决强烈搅拌钢水促进夹杂物上浮和防止钢液被炉渣或炉气二次氧化的矛盾，此外，还存在易发生钢液增碳、增氮、增硅以及成本较高的问题。因此，LF 炉不宜用于生产冷轧钢类。

采用钢包吹氩搅拌对 LCAK 钢进行精炼，需要加入钢包精炼渣或顶渣改质剂对包内炉渣进行还原改质，否则在吹氩搅拌时会发生钢液二次氧化。另外，搅拌用氩气流量也要合理控制，避免钢水"裸露"被二次氧化。

与 LF 和钢包吹氩搅拌工艺相比，CAS 工艺由于采用浸渍罩，罩内渣量很少并为保护气氛，因此能够较好地解决强烈搅拌钢水促进夹杂物上浮和防止钢液被炉渣和炉气氧化的矛盾，获得促进脱氧产物 Al_2O_3 聚合、上浮、去除效果，适合用于 LCAK 钢类的炉外精炼。

RH 用于 LCAK 钢精炼，钢包内绝大部分炉渣在真空室外，基本不参加钢水的循环流动和真空室内的反应，因此能很好地解决搅拌钢水促进夹杂物上浮和防止钢液被炉渣和炉气二次氧化的矛盾，因此，RH 也适合用于 LCAK 钢类的炉外精炼。

3.4.10.5　适用于特殊钢棒线材的精炼工艺

特殊钢棒线材主要用于制作机械设备中的轴件、齿轮、弹簧、轴承、紧固件等。这些工件大多在交变载荷下工作，钢中夹杂物往往成为工件疲劳破坏的起源。为了保证钢材的抗疲劳破坏性能，必须对夹杂物进行严格控制，特殊钢棒线材钢类的 T[O] 含量绝大多数要求低于 0.0012%，轴承钢 T[O] 甚至在 0.0005% 以下。

特殊钢棒线材钢类可采用电炉或转炉冶炼，由于特殊钢棒/线用连铸机一般拉速较慢，可以允许大多数钢种采用 LF 精炼，通过造渣和较长时间的渣 – 钢间精炼反应，降低钢液 T[O] 含量并对夹杂物进行控制。此外，特殊钢棒线材要求窄成分控制，采用 LF 有利于对钢液成分、温度等进行更精确控制。

LF 精炼后的真空处理对于进一步降低特殊钢 T[O] 含量、去除夹杂物具有重要作用。特殊钢棒线材钢类的真空精炼主要有 RH 和 VD 两种工艺方法。当采用 VD 工艺时，由于钢液与炉渣的强烈混合搅动，会造成炉渣混入钢水的夹杂物数量增多，特别是大颗粒夹杂增多，严重地影响钢材的性能。因此 RH 精炼更适合于优质特殊钢棒线材，特别是轴承钢之类对夹杂物要求严格的钢。

3.5　洁净钢连铸新技术

连铸是炼钢生产中液态钢水转变为固态钢坯的关键工序，生产工艺、原材料的应用及操作水平将对钢的洁净度、铸坯的质量、生产效率和生产成本产生直接影响。钢水在连铸中间包中停留的时间较长，是促进钢中非金属夹杂物有效上浮的最好时机，为此，人们开发了挡渣堰、挡渣坝、冲击槽、气幕挡墙等通过改变中间包内钢液流场和延长钢流路径的方法促进钢中非金属夹杂物上浮的新工艺，在提高钢的洁净度方面取得了可喜的效果。

在系统密封上应用了长水口保护套管、钢包下水口与长水口之间的石棉垫（氩气）密封、中间包与包盖之间的密封、浇注前中间包内预充氩气、中间包滑板与浸入式水口之间的氩气密封等技术，减少了钢液增氧和增氮，减少了钢液的二次氧化，显著地减少了钢中非金属夹杂物的含量。

大容量、深熔池中间包的应用、中间包内衬耐火材料的改进（用浇筑料、涂抹料全部替代了绝热板），提高了中间包的使用寿命，降低了材料消耗，减少了耐火材料熔损，提高了生产效率。

下渣检测、中间包加热、结晶器液面控制、结晶器和凝固末端电磁搅拌、小辊密排、气雾冷却、轻压下、结晶器润滑等先进技术的推广应用，为提高铸坯质量做出了巨大贡献。

人们对上述新工艺和新技术的认识基本达成一致，并正在不断地推广应用，故本书中不再一一赘述。本节重点介绍中间包覆盖剂的优化、离心流动中间包技术、中间包加热技术、减少水口结瘤的技术、电磁搅拌技术和防止结晶器卷渣技术。

3.5.1 中间包覆盖剂的优化

中间包覆盖剂的冶金功能有保温、隔绝空气（防止大气与钢水接触而增氧、增氮）、不污染钢水（回硫、回硅等）吸附钢水中上浮夹杂物。实际上，中间包覆盖剂已经担负起精炼功能，因此，人们也把中间包覆盖剂称为中包精炼渣。在使用过程中还要求中间包覆盖剂不污染环境、少侵蚀中包衬、使用方便、价格合理。

3.5.1.1 中包覆盖剂的功能

（1）保温和隔绝空气功能。连铸工艺对钢水温度的要求十分苛刻，一般为高于该生产钢种液相线的 15～30℃。浇注温度过高会使铸坯产生中心疏松缺陷甚至发生漏钢事故；浇注温度过低会在浇注后期由于钢水温度接近凝固点而注速下降，形成非稳态浇注而严重影响钢的质量；温度再低就会造成水口凝死的断浇事故。

尽管中间包在使用前已经进行了认真的烘烤，但因包内钢水表面积太大，钢水还是会因为其表面的热辐射造成温度急剧下降。此时为了保证连铸生产势必要提高开浇温度，其结果是影响了铸坯的质量。显然，中间包的液面保温是十分重要的。

中间包内的高温钢水一旦与空气接触就会从空气中大量吸收氮气和氧气，增加钢中氮和氧的含量，引起钢水的二次氧化，增加钢中的夹杂物。此时的钢水已临近结晶器，钢中二次氧化生成的夹杂物上浮的机会不多，最终将会影响铸坯的洁净度。因此要求中间包覆盖剂要有合适的熔点和足够的厚度，有良好的隔绝空气和保温性能。

（2）吸附夹杂物功能。钢水在中间包中停留时间为一炉钢浇铸时间的 1/5～1/3，被认为是促进钢中非金属夹杂物上浮、去除的最好机会。前面已经介绍了很多促进中间包中夹杂物上浮的工艺，但上浮起来的夹杂物必须被顶渣捕捉、吸附，才能有效地去除，从而净化钢液。如果覆盖剂不能捕捉吸附上浮起来的夹杂物，那么这些夹杂物将做无休止的上下往复运动，最终无法去除，不能使钢水得到净化。对于采用不同脱氧剂的钢种，应该根据吸附不同脱氧产物的要求使用不同的中包覆盖剂。

（3）对中间包耐火材料侵蚀较小。中间包覆盖剂所接触到的中间包耐火材料有中间包内衬和塞棒的渣线部位。

目前国内外中间包内衬材质为镁质或镁钙质两种。因此，中包覆盖剂的组成不应该对这两种材料造成严重侵蚀。

由炉渣性质可知，在碱性 $CaO-MgO-SiO_2-Al_2O_3$ 渣系中，当渣中（MgO）含量为 7%~9% 时基本处于饱和状态，与镁质材料接触时不再与其反应。显然，酸性和中性覆盖剂对镁质中间包内衬的侵蚀就比较严重。当然为改善覆盖剂的流动性而加入较多的萤石，也会加重对中间包内衬耐火材料的侵蚀。侵蚀越严重，耐火材料进入钢液的量就越大，越影响铸坯的洁净度。

塞棒多为镁质和高铝质，且高铝质偏多。为了提高塞棒的使用寿命、增大安全系数和降低生产成本，塞棒的头部、棒身和渣洗部位都采用不同的材质。当使用碱度低或 CaF_2 含量较高的中间包覆盖剂时对镁质和高铝质塞棒渣线部位侵蚀严重，会降低塞棒的使用寿命或发生断棒事故。应用极高碱度覆盖剂（$w(CaO) \geq$ 70% 或 $w(MgO) \geq 30\%$）时，由于覆盖剂熔点高，其熔化部分可能凝固在塞棒渣线部位，将塞棒"抱死"而无法动作。因此，塞棒的渣线部位多采用特殊材料（如锆质）制作。

由上可见，在努力提高中间包内衬耐火材料的质量的同时，必须不断调整、优化中间包覆盖剂的性能。

3.5.1.2　中包覆盖剂的特点

A　酸、中性中包覆盖剂

2005 年以前，我国的大多数炼钢厂连铸中间包普遍采用酸性（$R \approx 0.7$）和中性（$R = 0.9~1.2$）中包覆盖剂。这些覆盖剂碱度低、熔点低，在中包表面呈熔融状态。其优点是不结壳，隔绝空气较好，但熔点低，在钢液面上成熔融状态，辐射散热大，影响保温效果。

酸、中性中包覆盖剂中含有较多的（SiO_2）和（CaF_2），对中间包衬和塞棒侵蚀严重，浇注中断棒事故时有发生。覆盖剂中的（SiO_2）可能被铝还原，使钢中硅含量超标，不适用于生产低硅钢。

酸、中性中包覆盖剂黏度低，没有吸附夹杂物的能力，特别是没有吸附 Al_2O_3 夹杂的能力。使用酸性覆盖剂不可能实现去除 Al_2O_3 夹杂净化钢液的目的。

酸、中性中包覆盖剂含有大量不稳定的氧化物（如 SiO_2），覆盖在脱氧良好的钢液时会使钢液中氧含量增加。

稻壳焦是低氧加热碳化后的稻壳，也算是酸性中包覆盖剂。它的主要组成是碳化硅，由于其本身性状决定内部空隙较多，故保温效果良好；自身密度较小，易漂浮，污染环境，铺展性差，隔绝空气能力不好，不具备吸附 Al_2O_3 夹杂物的能力。

酸、中性覆盖剂不适用于生产铝脱氧镇静钢，适用于生产硅、锰脱氧并对钢中酸溶铝含量要求很低的镇静钢，如高速铁轨钢、帘线钢等特殊钢种。

B　普通碱性覆盖剂

在生产铝脱氧镇静钢时，碱性中间包覆盖剂与酸性相比，吸附 Al_2O_3 夹杂物的能力有很大提高，钢液中增氧的现象有所减轻，铸坯的质量缺陷率明显降低，精炼效果随着覆盖剂碱度的增加而改善，如图 3-75 所示。用碱性覆盖剂替代稻壳焦后的情况如图 3-76 所示。

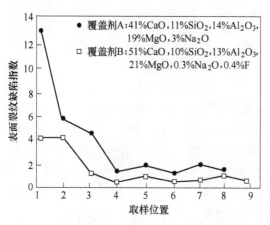

图 3-75　覆盖剂碱度对铸坯
表面裂纹缺陷指数的影响

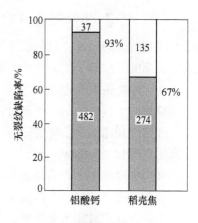

图 3-76　用碱性覆盖剂替代稻壳焦后
钢板表面裂纹缺陷率降低

碱性中包覆盖剂虽然解决了吸附夹杂、钢水回硅的问题，但是普通碱性覆盖剂熔点高，表面结壳严重，有时渣壳将塞棒抱死，使塞棒无法升降，甚至升降机构将塞棒拉断，结壳后的渣面在空气的冷却下开裂，使钢液面裸露，从而减弱了覆盖剂保温和隔绝空气的功能。

C　双层中包覆盖剂

为了既利用酸性覆盖剂保温和隔绝空气功能又利用碱性覆盖剂吸附脱氧产物 Al_2O_3 夹杂物的功能而采用双层覆盖剂法，此法又称为双渣法，即下层用碱性渣，上层用酸性渣。

荷兰霍高文公司应用双渣法后钢中 $w[TO]$ 降低了 10×10^{-6}，阿姆柯公司应用双层覆盖剂后钢中 $w[TO]$ 含量降低了 8×10^{-6}（见图 3-77）。

国内某厂在生产普碳钢时应用碱性（$R=4$）和酸化石墨组成的双渣中包覆盖剂也取得了吸附夹杂物能力提高 33% 的效果。

双渣法虽然在浇铸初期效果较好，但随着连浇炉数越来越高，下层的碱性渣

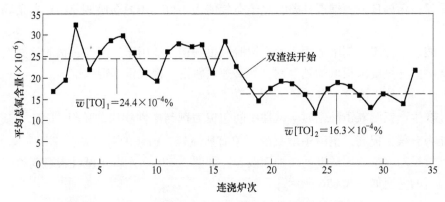

图 3 - 77　阿姆柯公司应用双渣法中间包覆盖剂的效果

随着盛钢时间的延长，成分逐渐发生变化，吸附夹杂物的能力越来越低，而吸附大量夹杂的下层渣无法更换或添加，故该法未得到广泛推广。

D　铝酸钙中包覆盖剂

理想的中包覆盖剂在使用过程中应是四层结构，自下而上是熔融层、半熔融层、烧结层和原始层，每层厚度为 4 ~ 5cm。为保证四层结构，中包覆盖剂必须是高熔点（1400 ~ 1500℃）；为提高吸附脱氧产物 Al_2O_3 夹杂物能力，中包覆盖剂必须是高碱度并含有适量的 Al_2O_3。实践证明，添加 Al_2O_3（25% ~ 35%）后中包覆盖剂吸附夹杂物能力提高了 5 倍左右。为此，冶金工作者们从 20 世纪末开始着力开发以铝酸盐为基体的高碱度中间包覆盖剂。日本新日铁公司对不同中包覆盖剂进行了对比试验，其结果如图 3 - 78 所示。

由图 3 - 78 可见，覆盖剂中 $w(SiO_2) \geqslant 10\%$ 时钢液增硅严重，最大增硅量可达 0.012%。随着覆盖剂中（SiO_2）含量的增加，钢中 [Al] 含量降低的幅度增加，这说明覆盖剂中（SiO_2）含量越高铝还原氧量越多，也可以说钢液增氧越严重。

纯 MgO 中包覆盖剂熔点高（2850℃ ±13℃），在钢液面上基本不熔化。该中包覆盖剂使用过程中易烧结和表面开裂。使用该种中包覆盖剂保温和隔绝空气能力极差，钢中增 [N]、[O] 严重，[Al] 耗损量很大，开浇 16min 时，钢中 [N] 含量增加 20×10^{-6}，[Al] 含量下降很多，钢中 Al_2O_3 夹杂物的量将增加。这种覆盖剂没有吸附夹杂物能力。当钢中铝含量较高时，易增加钢中 [Mg] 含量，冶炼轴承钢时增加产生 D 类、DS 类夹杂的几率。但使用这种覆盖剂钢液不增硅；对中包耐火材料基本不侵蚀。

为能满足大多数铝脱氧低碳钢、超低碳钢、特殊钢生产的要求，特别是满足吸附钢中 Al_2O_3 夹杂的需要，新型铝酸钙中包覆盖剂中（SiO_2）、（FeO）、（MnO）的含量要尽可能低，适当加入 CaF_2 以调整其熔点。为了改善中间包覆盖

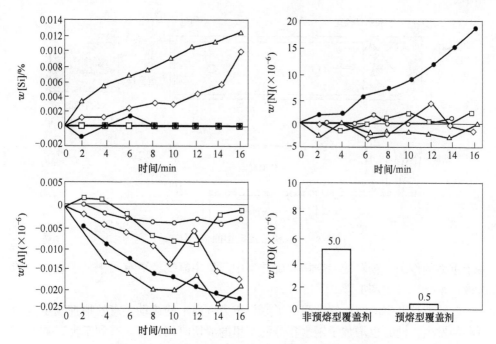

图 3-78 新日铁 Yawata 厂不同覆盖剂应用效果对比

○—50% CaO-50% Al$_2$O$_3$；□—47.5% CaO-47.5% Al$_2$O$_3$-5% SiO$_2$；

◇—45% CaO-45% Al$_2$O$_3$-10% SiO$_2$；△—40% CaO-40% Al$_2$O$_3$-20% SiO$_2$；●—100% MgO

剂的功能，应以预熔的 7Al$_2$O$_3$·12CaO 为基体配加 8% 左右的 MgO 造空心球。应用预熔型覆盖剂时的钢液增 [O] 量仅为应用非预熔型中包覆盖剂的 10%。

作者经过多年实践，推荐下述的中间包覆盖剂成分，如表 3-60 所示。

表 3-60 推荐新型中包覆盖剂成分

组　成	CaO	SiO$_2$	Al$_2$O$_3$	MgO	CaF$_2$	FeO+MnO	H$_2$O	烧减
含量/%	40~50	≤8	20~30	7~9	4~6	≤1	≤0.5	6~8

3.5.2 离心流动中间包技术

日本川崎钢铁公司开发的电磁驱动离心流动中间包，简称为"CF 中间包"。离心流动中间包由圆筒形旋转室和矩形分配室组成，其容积比约为 1:4，其结构如图 3-79 所示。

3.5.2.1 离心流动中间包的工作原理

浇注时钢水由长水口进入旋转室，旋转室内的钢水受电磁力驱动做离心流动，然后从旋转室底部进入矩形分配室进行浇注。离心运动的中间包中钢水的混合能量是普通中间包的 100 倍。钢水受到电磁力作用在旋转室内做旋转运动时，

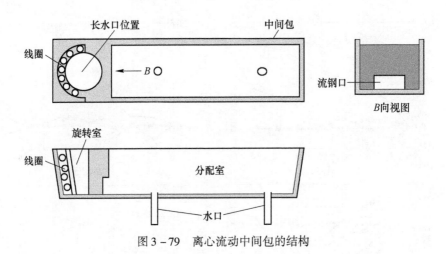

图 3 - 79　离心流动中间包的结构

由于重力的作用，较轻的夹杂物向旋转室中心集中靠拢，更有利于夹杂物之间的碰撞、絮凝、长大和上浮。

旋转搅拌产生的二次流动阻碍了原料重力方向上的流动，有效地抑制了流动短路的发生；同时也增加了钢水在分配室里的滞留时间分布，有利于夹杂物的上浮和分离。

3.5.2.2　离心流动中间包的应用效果

日本川崎钢铁公司在千叶厂 160t 钢包的生产线上应用了离心流动中间包（旋转室容量 7t，分配室容量 23t），与传统工艺相比，工艺效果显著。钢中总氧含量由 $(20 \sim 40) \times 10^{-6}$ 降至约 10×10^{-6}；夹杂物的氧含量由 $(10 \sim 20) \times 10^{-6}$ 降至 $(5 \sim 10) \times 10^{-6}$；大、小颗粒夹杂物都有明显减少；特别是在非稳态浇注（开浇或换包）时效果更加显著。

3.5.3　中间包加热技术

浇注时钢水的过热度对连铸坯的表面和内部质量有直接影响，因此，要求连铸时中间包钢水的过热度越低越好，理想状态是控制在 0 ~ 15℃。但是，由于钢水的自然降温、生产钢种的不同、生产条件的变化及生产组织和协调等原因，在整个浇注过程中钢水的温度不可能始终维持在 0 ~ 15℃ 这样理想的范围内。为此开发了中间包加热技术，以图在浇注过程中中间包钢水温度一直维持在理想的状态。

中间包的钢水加热技术自 20 世纪 80 年代以来也得到了迅速的发展。这项技术的发展可以减轻炼钢炉的热负荷，满足连铸钢水温度的苛刻要求，弥补过程中的温度损失，保证连铸机的稳态浇注，改善连铸坯的质量，提高连铸机的生产率。同时采用中间包加热技术还能缩短冶炼时间，减轻操作强度，实现等温、低过热度浇铸，并为多炉连浇创造良好的外部条件。

此外，中间包钢水加热技术由于转炉出钢温度可适当降低，减少了高温对炉衬的不利影响，提高了转炉的寿命，降低了钢的成本。

目前已开发出多种形式的中间包加热方法，包括电弧、电渣、等离子和感应加热等。在生产上使用的主要是等离子加热法和感应加热法。

等离子加热法是在中间包采用专门的电弧发射器产生高温等离子体来加热钢水。此法的优点是：等离子体发生器可安装在中间包上方，使用调节方便；在加热过程中，可通过检测钢水温度、液面高度、拉速等参数来调节输入功率，精确地控制钢水温度达到目标温度值。但是等离子加热法也存在难以克服的弊端，如：起弧困难；中间包液面控制不稳，离子体弧难以维持，有时导致灭弧；等离子产生的辐射对弱电系统有干扰；噪声污染严重；加热效率较低。因此中间包等离子加热发展较慢，应用不多。

感应加热法的感应加热器安装在中间包底部，既可加热钢水，也可借助于电磁力搅拌钢水促进夹杂物上浮。此法具有设备结构简单、加热速度快且均匀、热效率高、有助于改善钢水的洁净度、成本低、操作方便等优点。世界上多采用中间包感应加热技术，其中绝大部分是通道式感应加热，我国也有炼钢厂采用该技术。下面对中间包通道式感应加热技术进行介绍。

3.5.3.1 通道式中间包感应加热的原理

中间包分为注入室和分配室两个部分，注入室用于接受来自于钢包的钢水，分配室将钢水分配到各个结晶器。两室之间通过埋有通电线圈磁铁芯的通道相连。磁铁芯用镶有通风不锈钢桶及耐火材料保护。

线圈通电后铁芯产生交变磁场，由注入室流向分配室的钢水通过通道时产生感应电流，感应电流在钢水中组成回路，将钢水加热，如图3-80所示。

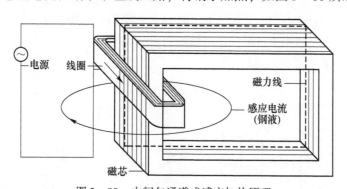

图3-80 中间包通道式感应加热原理

3.5.3.2 通道式感应加热中间包结构

通道式感应加热中间包主要由注入室、隔离挡墙、磁芯、线圈、通道、分配室、不锈钢保护桶等部分组成，磁芯、不锈钢保护桶埋设在挡墙之内。通道在铁芯中央通过，通道个数根据中包的容量和铸机流数的不同有 1、2、3 个不等，如图 3 – 81 所示。

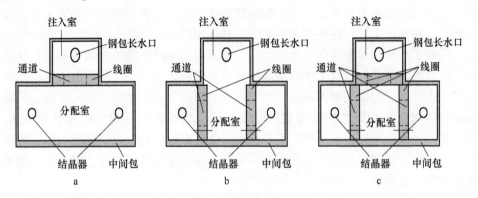

图 3 – 81　通道式感应加热中间包结构
a——一通道；b—二通道；c—三通道

3.5.3.3　通道式中间包感应加热效果

据有关资料介绍：日本川崎采用该技术，中间包内钢水温降由 10 ~ 20℃减少到 0 ~ 5℃，温控精度为目标温度 ± 2.5℃，SUS304 钢皮下（0 ~ 20mm）大型夹杂物减少 25% ~ 50%。

日本大同钢厂采用该技术，温控精度为目标温度 ± 3℃，升温速度为1.7℃/min。

日本住友公司应用该技术，温控精度为 ± 2℃；与 M – EMS 并用时，$w[C] <$ 0.1% 钢种在过热度为 10℃ 时铸坯无中心偏析和中心疏松；与 M – EMS 并用时，$w[C] > 0.45\%$ 钢种在过热度为 20℃ 时铸坯无中心偏析和中心疏松。

日本八幡钢厂利用该技术，温控精度为目标温度 ± 2℃，升温速度为 2℃/min，钢水洁净度的变化如图 3 – 82 所示。

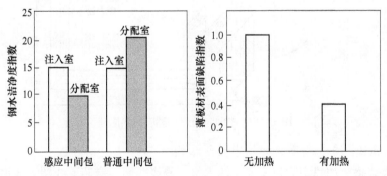

图 3 – 82　日本八幡厂应用中间包通道式感应加热效果

3.5.4 减少水口结瘤的技术

水口结瘤是非金属夹杂物在浇注过程中堆积在塞棒的头部、中间包水口或浸入式水口的内表面,缩小了钢流的通道,影响钢水流通量,造成非稳态浇注。水口结瘤是高效、低成本生产洁净钢的大敌,冶金工作者为解决连铸水口结瘤做了大量工作,但是至今在连铸过程中仍然经常发生不同程度的水口结瘤。

3.5.4.1 水口结瘤形成的过程

铝脱氧镇静钢中 Al_2O_3 夹杂、含硫钢中的 CaS 夹杂、稀土钢中的稀土氧化物夹杂及含硼钢的氧化物夹杂等都可能成为水口结瘤的原因。

水口等浇钢耐火材料的内壁及塞棒的头部经过烘烤或钢液的侵蚀、冲刷,表面形成粗糙的脱碳层及很薄且很致密的反应层。当夹杂物含量较高的钢液流经塞棒头、入水口和出水口处的时候,由流体力学可知,钢液流速和流动截面积的突然改变将产生紊流、回流和死区。这些紊流、回流和死区的形成增加了耐火材料表面的粗糙度,也增加了钢中夹杂物横向运动的分量。

由于水口、塞棒等耐火材料表面的温度低于钢液的温度,含有夹杂物较多的钢液流经此处时温度降低,夹杂物容易析出,再由于紊流、回流和死区中横向力的作用,夹杂物就容易沉淀在粗糙的耐火材料表面。沉积物一旦生根将改变钢液与耐火材料壁之间的流体动力学条件,加速夹杂物的黏结,沉积物会越来越多。越是紊流、回流和死区的位置,越容易沉积夹杂物,越容易形成结瘤,如图3-83所示。

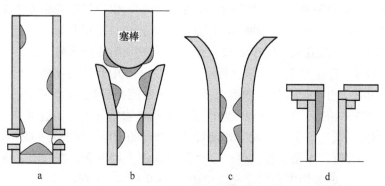

图 3-83 中间包水口结瘤易发生位置

a—浸入式水口;b—中包上水口及塞棒;c—圆柱型水口;d—滑动水口

可见形成水口结瘤,必须具备三个条件:一是接触钢流的耐火材料表面形成了粗糙层或反应层;二是钢水流经回流区、稳流区或死区;三是钢中非金属夹杂物较多。其中钢中夹杂物含量是形成水口结瘤的必要条件,因此,解决水口结瘤的关键是提高钢水的洁净度。

3.5.4.2　水口结瘤的危害

（1）影响生产效率。结瘤的出现会减少进入结晶器钢水的流量，降低浇注的速度，形成非稳态浇注，严重影响铸坯的质量。当水口结瘤严重时，因浇注时间长而钢水温降大，水口凝死或因结瘤将水口堵死产生断浇事故，不仅因返炉给生产组织带来困难，还会严重影响铸坯质量并造成钢铁料消耗和中间包耐火材料消耗升高，增加生产成本，降低生产效率。

（2）增加结晶器卷渣的概率。由于水口结瘤造成水口内腔形状呈不均匀态，钢水在结晶器出口处形成卡门旋涡，影响结晶器内钢液的流场，导致保护渣被卷入结晶器，增加钢坯中的夹杂物特别是大型夹杂物的含量，降低钢的洁净度。

关于水口结瘤对结晶器内流场的影响将在3.5.6节中详细介绍。

（3）增加钢中大颗粒夹杂物。形成结瘤的夹杂物有时会在钢流冲击力的作用下脱落进入结晶器，其中肯定的有被坯壳捕捉，有的来不及上浮而留在钢坯中，成为夹杂物，很有可能是大颗粒夹杂物。这些夹杂降低了钢的洁净度，严重者使钢坯报废。

3.5.4.3　减少水口结瘤的措施

下面以铝脱氧钢为例介绍减少水口结瘤的措施。

（1）控制夹杂物的含量。通过镧对脱氧产生的夹杂物进行示踪试验，钢水中夹杂物与结瘤之间的关系已经很明确。因钢中夹杂物而发生的结瘤主要是由一次脱氧产物及炉外精炼过程中形成的固态夹杂物沉积在耐火材料上引起的。由于钢水温度下降而产生的二次氧化产物（夹杂）是第二因素。因此消除水口结瘤的要害是减少钢中脱氧产物，特别是一次脱氧产物。铝脱氧镇静钢发生水口结瘤现象较多。因此，一次脱氧产物 Al_2O_3 是水口结瘤的主要原因。

1）尽可能降低脱氧前钢中的氧含量，减少脱氧剂的加入量，从源头上减少脱氧产物的量。在生产铝脱氧镇静钢时应按3.2.4节中介绍的那样，出钢时采用集中沉淀脱氧，力争一次将氧脱到理想值，尽可能减少在 LF 炉喂线脱氧的量，采取出钢合成渣精炼、加入钢包顶渣改质剂及钢包吹氩等工艺促进钢中脱氧产物 Al_2O_3 的絮凝、长大、上浮。此时处理就给夹杂物的上浮留出充足的时间。

2）合理控制钢中铝含量。生产中严格控制钢中铝含量，在没有特殊铝含量要求的情况下，成品钢中的铝含量以 0.015% ~ 0.020% 为宜。

3）强化 LF 炉精炼。除特殊的钢种（如帘线钢）以外，LF 炉要采用高碱度精炼渣，精炼渣要有较强的吸附夹杂物的能力。渣中 $w(FeO) \leq 0.5\%$ 以后还要精炼 15 ~ 20min，保证钢水脱氧彻底。

4）强化浇注系统密封。强化从钢包到结晶器全系统的密封，减少由于钢水二次氧化形成的非金属夹杂物的数量。

5）控制钢中氮含量。生产含钛不锈钢时一定要强化生产全过程的系统密封，严格控制钢水含氮量的增加，避免因生成太多的 AlN 而造成水口结瘤。

（2）钙处理。钙处理可以使钢中固相的 Al_2O_3 与 CaO 生成低熔点的 $7Al_2O_3 \cdot 12CaO$，可以减少或避免水口结瘤现象的发生。这在 3.4.6 节中已经进行了较详细的介绍。应该强调的是，钙处理对于水口结瘤只是一个在钢中夹杂物较多时的补救措施，关键还是要努力减少钢中夹杂物的量。

钙处理时的钙加入量是个很棘手的问题，它应该按照钢中 Al_2O_3 夹杂含量来确定，因为只有钙量适中才能生成 $7Al_2O_3 \cdot 12CaO$，喂钙量过少会生成比 Al_2O_3 熔点还高的 CA_6 或 CA_2，加重了水口结瘤。

生产含硫较高的钢种时，有人为了防止水口结瘤，对钢水采用喂硅钙线的方式。采用此方式进行钙处理时必须适量，因为往往喂线越多，产生的 CaS 也较多，使水口结瘤现象越严重。

现场工艺试验表明，在生产含硫 0.040% ~ 0.070% 的 S40CVS 钢种时，钙处理喂硅钙线 4m/t 时水口结瘤极为严重，喂硅钙线量按 3m/t、2m/t、1m/t 依次减少时，水口结瘤也就依次减轻，到喂硅钙线量为 0.5m/t 时，基本消除了水口结瘤现象。这是因为对于含硫量要求比较高的钢种，硫、钙相互竞争与氧的反应，钢液中形成液态铝酸钙的能力受到硫含量的影响，在钢中 $w[Al] = 0.05\%$、$w[S] \leqslant 0.006\%$ 可以生成含 CaO 50% 的铝酸钙（$7Al_2O_3 \cdot 12CaO$），而不生成 CaS；当钢中 $w[S] \geqslant 0.035\%$ 时则要生成 CaS 和含 CaO 不大于 40% 的高熔点的铝酸钙，CaS 和含 CaO 不大于 40% 的高熔点的铝酸钙的共同作用，造成严重的水口结瘤。

（3）吹氩搅拌有助于减轻水口结瘤。从上水口、塞棒头、滑板间或浸入式水口上沿等部位吹入适量的氩气可以减轻水口结瘤。吹入的氩气能够增加水口内的压力，防止空气渗入，减少水口处的局部二次氧化，从而减少在水口壁上形成的夹杂物。

吹入的氩气通过降低氧化性气体分压，从而减缓了钢液与耐火材料之间的反应。

吹氩时在水口壁上形成一层氩气薄膜，阻止夹杂物与水口壁等耐火材料表面的接触，降低夹杂物与水口等耐火材料表面的接触时间，这种对水口等耐火材料表面的清理有助于降低夹杂物与水口壁等耐火材料表面的吸附力。

氩气泡在上升过程中能吸附夹杂物，促进夹杂物的上浮、去除。

但是，必须严格控制吹氩强度。当吹氩量大时，氩气将从水口进入结晶器产生强烈搅动，干扰结晶器内的流场，造成结晶器卷渣。进入结晶器的氩气泡也可能被坯壳的凝固前沿捕捉而形成皮下气泡。

（4）优化水口等耐火材料。采用提高耐火材料的纯度、在与钢水接触的部位使用低碳材料、提高水口内表面及塞棒头的表面光洁度等措施来改善耐火材料质量。在水口设计时应尽量减少水口入口处多余的形状改变，以减少回流区和死区，可以考虑在水口内壁设置稳定钢流的环形梯阶以减少氧化铝的沉积。

推荐采用低碳或无碳内衬的氧化铝水口。与传统浇注用耐火材料相比，它可以减少从耐火材料内部产生的氧化性气体数量，提高绝热性能，并具有较低的表面粗糙度。

采用无氧化烧嘴烘烤中间包，在保护气氛下进行水口烘烤，减轻水口内壁和塞棒头产生脱碳层，保证其表面的光滑度。

（5）强化工序操作。控制好钢包和中间包的注余量，避免钢包渣进入中间包，避免中间包渣进入水口。力争100%自动开浇，避免烧氧开浇时钢水增氧而增加钢中的夹杂物含量。尽量用无硅引流砂，减少引流砂与钢液之间的反应。

对于含硼钢和含稀土钢，LF炉精炼后尽量不要进入VD炉进行脱气处理。因为在VD炉处理过程中由于底吹氩气的强烈搅拌作用，顶渣进入钢液增加钢中稀土氧化物夹杂或含硼的夹杂，容易造成水口结瘤。

3.5.5　电磁搅拌技术

电磁搅拌技术就是借助在铸坯液相穴内感生的电磁力强化液相穴内钢水的运动，由此强化钢水的对流、传热和传质过程，从而控制铸坯的凝固过程。它对改善铸坯内部质量起重要的作用，成为连铸特别是高品质钢连铸的重要技术手段。该技术已在方坯、圆坯和板坯上得到广泛应用，在改善铸坯表面、皮下和内部质量，特别是在解决连铸坯的中心疏松、中心缩孔和减少偏析等方面取得了显著的工艺效果。

3.5.5.1　电磁搅拌的原理

在电磁力的驱动下，结晶器（或铸坯）内的钢水产生轴向和径向两种力。轴向力使钢水进行上下旋转，径向力使钢水进行水平旋转，如图3-84所示。

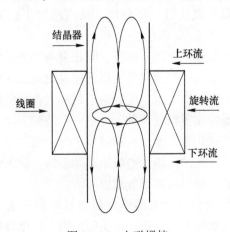

图3-84　电磁搅拌

钢水的旋转运动，导致从浸入式水口吐出的钢水改变流动方向，从垂直向下改变为水平旋转，即阻碍了从浸入式水口吐出的过热钢水，使其浸入深度变浅。由于搅拌器铁芯的有效长度，磁场在上下两个端部向外弥散，导致磁感应强度由铁芯向上、下端部逐渐衰减。由此产生的电磁力的轴向分布也相应地由中心向上、下逐渐减小，因此它们的轴向梯度的量值基本相同，而方向相反。上述两个电磁力的作用机制在结晶器内形成上下两个环流、中间一个水平流。其工艺作用如下：

（1）降低钢液的温度梯度。钢流的搅拌作用，加速凝固传热，降低固液界面大容量钢水的温度梯度，有利于等轴晶成核、生存和生长。

（2）增加等轴晶区。旋转的钢流能够依靠其旋转的动能将枝晶梢打碎，被打碎的枝晶梢成为新的等轴晶核，增加等轴晶区的面积。

3.5.5.2 电磁搅拌的分类

电磁搅拌按其搅拌线圈安放位置的不同可分为结晶器电磁搅拌（M－EMS）、二冷区电磁搅拌（S－EMS）和凝固末端电磁搅拌（F－EMS）。

（1）结晶器电磁搅拌。结晶器电磁搅拌的搅拌器安装在结晶器位置，通过清洗凝固面、切断枝晶梢和降低过热度的功能，实现减少表面和皮下夹杂物、减少表面和皮下针孔和气孔、扩大等轴区并使坯壳均匀化的冶金效果。

据有关资料介绍，应用 M－EMS 后，铸坯中心等轴晶率可达40%；中高碳钢的等轴晶率由25%增加到65%。陈永、杨素波等对某厂大方坯（280mm×380mm）结晶器使用 EMS 的冶金效果做了系统研究，其结果是：使用 EMS 后，高碳钢（$w[C]$ 为 0.6% ~ 0.7%）铸坯中心等轴晶率平均由 18.8% 增加到 36.24%，中心疏松缩孔、偏析、裂纹等评级小于1.0级的比例平均达到95.3%，铸坯中心碳偏析比由 1.17 ~ 1.22 降到 1.03 ~ 1.06；中碳钢（$w[C]$ 为 0.3% ~ 0.4%）铸坯中心等轴晶率平均由 24.38% 提高到 30.80%，中心疏松、缩孔、偏析、裂纹等无明显的改善；低碳钢（$w[C]$ 为 0.10% ~ 0.20%）铸坯中心等轴晶率平均由 21.2% 增加到 26.5%，且 280mm×380mm 和 280mm×325mm 断面中心偏析、疏松、缩孔、裂纹等评级小于1.0级的比例分别由 66.7%、31.3% 增至 77.15%、90.2%。由此也可以看出：钢中 [C] 含量对铸坯中心等轴晶率有明显影响。

（2）二冷区电磁搅拌。搅拌器安装在二冷区，通过降低钢水过热度、打碎枝晶梢、阻止凝固桥形成的功能，实现增大等轴晶区、消除"亮带"、减少中心偏析和疏松的冶金效果。对于板坯其中心等轴晶率可高达40%，可以减少铁素体不锈钢由于等轴率低下而产生的"瓦楞"缺陷。

（3）凝固末端电磁搅拌。搅拌器安装在连铸机的凝固末端。利用其分散浓化钢水、打断柱状晶搭桥的功能，实现细化等轴晶、扩大等轴晶区、有效地改进铸坯的内部结构（减少中心 V 形偏析、中心偏析和中心疏松）的冶金效果。

3.5.5.3 组合搅拌的选择

实践表明，E – EMS 搅拌虽可以达到一定的等轴晶率，但对减少中心偏析的作用是不充分的，因此，对中、高碳钢及难以连铸的钢种或者在一些特殊的浇注条件（如高浇注速度、高过热度、小断面或抑制白亮带形成所要求的弱搅拌等）下，希望产生充分大的等轴晶区或尽可能减少中心偏析和中心缩孔，需要采用二段或三段组合搅拌。采用多段组合搅拌的目的就是要使钢水在冶金长度上不停地搅拌，使其中的晶核、合金元素和夹杂物等均匀游离而不聚集，从而较好地控制凝固过程。

采用多段组合搅拌，由于搅拌时间延长，相对地提高有效搅拌功率的范围。这样不仅改善表面质量和内部质量，也抑制白亮带的形成。选择多段组合搅拌技术，既要考虑铸机工艺和钢种，又要考虑冶金目标，特别是等轴晶区或中心偏析等。

不同含碳量的钢种根据不同的冶金目的采用不同组合的选择，如图 3 – 85 所示。不同搅拌组合对偏析度的影响如图 3 – 86 所示。不同搅拌组合的细等轴晶率如图 3 – 87 所示。

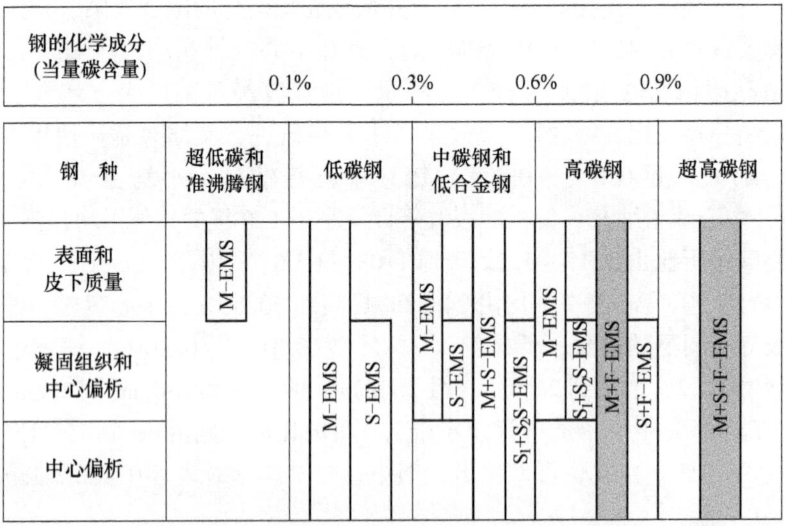

钢的化学成分 （当量碳含量）					
	0.1%	0.3%	0.6%	0.9%	
钢 种	超低碳和 准沸腾钢	低碳钢	中碳钢和 低合金钢	高碳钢	超高碳钢
表面和 皮下质量	M–EMS		M–EMS	M–EMS	
凝固组织和 中心偏析		M–EMS　S–EMS	M–EMS S–EMS M+S–EMS	S$_1$+S$_2$S–EMS M+F–EMS	S+F–EMS　M+S+F–EMS
中心偏析			S$_1$+S$_2$S–EMS		

图 3 – 85 不同含碳量钢种电磁搅拌技术的选择

为了减少中心偏析和疏松多采用（M – EMS）+（F – EMS）组合。

3.5.5.4 电磁搅拌主要参数的确定

应该根据钢种、坯型、注速等确定电磁搅拌的电流强度、频率、搅拌模式。东北某特殊钢厂在浇注直径 650mm（35 号钢）圆坯时利用（M – EMS）+（F – EMS）组合筛选的搅拌方案及试验结果如表 3 – 61 所示。

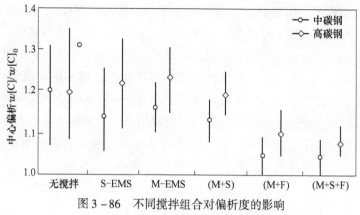

图 3-86　不同搅拌组合对偏析度的影响

（无括号为一点单搅，有括号为多点复合搅拌）

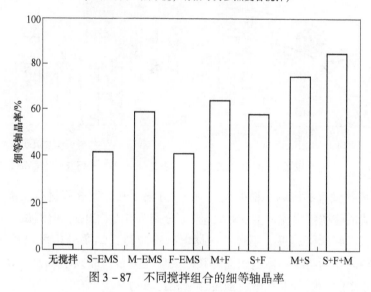

图 3-87　不同搅拌组合的细等轴晶率

表 3-61　某厂试验方案及结果

| 方案 | M-EMS | | | F-EMS | | 等轴晶区 | 等轴晶 |
	电流/A	频率/Hz	扭矩/kgf·cm	电流/A	频率/Hz	直径/mm	比例/%
1	200	3	0.1			320	24.2
2	300	3	0.26			350	29
3	400	3	0.48			410	39.8
4	450	3	0.62			490	56.8
5	300	2	0.21	450	3	450	47.9
6	300	2	0.21			600	
7	400	3	0.48			480	54.5

注：1N·m=10.2kgf·cm；方案 6 因故未做出试验结果；方案 7 进行正、反向交替搅拌，变向时间
　　为：（正）10s—（停）5s—（反）10s。

（1）电流强度。实践表明，为了减少中心偏析，必须确保 M－EMS 的高等轴晶率，为此，M－EMS 的强搅拌是有效的，见图 3－88。由图可见，随着电磁搅拌电流强度的增大，等轴晶率增加，当搅拌强度超过某个值时，等轴晶率增加效果饱和。M－EMS 电流强度的选择应满足以下条件：尽可能提供大的搅拌能；保证弯月面下钢液有合适的水平流动速度，有助于保护渣熔化并强化钢中非金属夹杂物被保护渣吸附；不能造成结晶器液面波动，以防止结晶器卷渣。

根据表 3－60 做出试验 M－EMS 电流与等轴晶比例的关系如图 3－89 所示。此图与图 3－88 的规律基本相同。

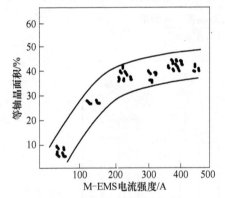

图 3－88　M－EMS 电流与等轴晶比例的关系　　　图 3－89　M－EMS 电流对等轴晶比例的影响

（2）搅拌频率的影响。根据表 3－60，方案 2 和方案 6 只进行结晶器电磁搅拌，结晶器电磁搅拌电流均为 300A，频率分别为 3Hz、2Hz，但因试验过程中出现故障没得到低倍结果。不过，根据电磁感应特征结果分析可以得出，35 号钢铸坯等轴晶比例与结晶器电磁搅拌频率成反比关系，即频率越大，等轴晶比例越小，但频率的影响程度和电流强度影响相比较为平缓。

（3）施加末端电磁搅拌对等轴晶比例的影响。根据表 3－60，方案 5 电流强度 300A，频率为 2Hz，进行末端电磁搅拌，而方案 2 电流也为 300A、频率为 3Hz，进行末端电磁搅拌。对比方案 5 与方案 2，可以得出加凝固末端电磁搅拌后对 35 号钢铸坯等轴晶率提高明显的结果，如图 3－90 所示。

（4）结晶器电磁搅拌方式对等轴晶比例的影响。根据表 3－60，方案 3 与方案 7 结晶器电磁搅拌电流均为 400A，频率均为 3Hz，但方案 7 采用间隔变向（正转 10s、间歇 5s、反转 10s）搅拌方式，而方案 3 一直采用正向的方式。对比方案 3 与方案 7 的试验结果可知，变向搅拌可以提高铸坯的等轴晶比率，如图 3－91 所示。可见，采用 M－EMS 间歇变向搅拌方式为解决大圆坯的中心疏松、在减少光亮带和减少连续缩孔方面提供了有益的借鉴。

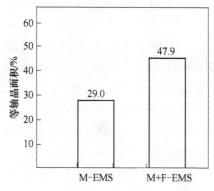

图3-90 F-EMS对等轴晶比例的影响

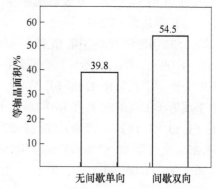

图3-91 电磁搅拌方式对等轴晶比例的影响

3.5.5.5 电磁搅拌应用效果

采用电磁搅拌工艺对于改善铸坯质量的作用很多，如减少针孔、减少夹杂、增大等轴晶面积、减少亮带、减少中心疏松和偏析。

宝钢连铸板坯应用电磁搅拌工艺以后，如图3-92所示，在距铸坯表面1.5mm和2.5mm处，针孔指数分别降低了60%和40%，夹杂物指数降低了40%（尺寸53μm以下）、25%（尺寸53~106μm），表面气泡降低了57%，纵裂纹指数降低了55%。

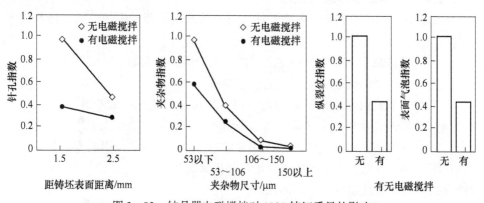

图3-92 结晶器电磁搅拌对1930铸坯质量的影响

攀钢在生产钢轨大方坯上进行了将结晶器电磁搅拌电流由250A调整到500A的工艺试验，结果如下：

连铸的大方坯的中心偏析全部小于1.5级；2.0级偏析评级比例由8.33%下降到0%；1.5级偏析评级比例由25%下降到4.17%；1.0级以上偏析评级比例由66.67%上升到95.83%；0.5级偏析评级比例由16.67%上升到62.5%。

连铸的大方坯的中心疏松全部小于1.5级；2.0级疏松评级比例由12.5%下降到0%；1.5级疏松评级比例由54.17%下降到12.5%；1.0级疏松评级比例由

33.33%上升到54.17%；0.5级疏松评级比例由0%上升到33.33%；1.0级以上疏松评级比例达到87.5%。

YQ450NQRI钢铸坯中心碳偏析指数由1.10/(1.04~1.14)下降到1.05/(1.02~1.09)，中心疏松小于或等于1.0的比例由89.74%上升到90%；45号钢铸坯中心碳偏析指数由1.15/(1.05~1.22)下降到1.06/(1.02~1.09)，中心疏松小于或等于1.0的比例由96.87%上升到100%；BI钢铸坯中心碳偏析指数由1.16/(1.13~1.19)下降到1.08/(1.07~1.09)，中心疏松小于或等于1.0的比例由95.31%上升到96.87%；37Mn2钢铸坯中心碳偏析指数1.12/(1.06~1.19)下降到1.07/(1.04~1.09)，中心疏松小于或等于1.0的比例由93.33%上升到100%。

45号钢160mm×200mm连铸坯采用结晶器电磁搅拌工艺，连铸坯的等轴晶比率提高了30%，大于或等于1级的疏松和偏析评级比例降低了40%。

莱钢采用结晶器电磁搅拌工艺，连铸坯的等轴晶比率提高了20%~25%。

北满钢厂采用结晶器、凝固末端间歇变向电磁搅拌工艺后，直径600mm 35号钢连铸坯的等轴晶比率提高到54.5%。

3.5.6　防止结晶器卷渣技术

3.5.6.1　结晶器卷渣的原理

迄今为止，对卷渣机理的研究很多，普遍认为结晶器卷渣的原因可能是以下5种：

(1) 钢液回流在钢液和保护渣之间产生剪切流，导致静态下的卷渣。

(2) 由于流场的快速变化导致的动态卷渣。

(3) 由于偏流引起的SEN附近的卡门（Kalman）旋涡导致卷渣。

(4) 由浸入式水口出来的氩气泡上升到液面处破裂将渣带入钢液。

(5) 当钢流以固定速度流经浸入式水口时，由于回压降低引起卷渣等。

从图3-93可见，当浸入式水口出口的钢流速度很大时，(1)~(3)和(5)可能发生，且在出现偏流时还会加强。

当一定量的Al_2O_3粒子黏附在水口内壁时，流动的阻力增加，使得浸入式水口两个出口的钢流不相同，产生偏流。

当采用吹入氩气来减少黏附的Al_2O_3粒子时，氩气就沿着水口内壁向下运动，从浸入式水口一侧的水口流出，且在钢液中上升并形成大气泡，同时，浸入式水口另一侧出口流出的钢液增加。因此，在某种程度上，吹入浸入式水口内的氩气会引起偏流。当大氩气泡到达弯月面，同保护渣接触，就会产生(4)中描述的卷渣。

结晶器卷渣的形式可能是，浸入式水口流出的注流向上回流过强，穿透渣层

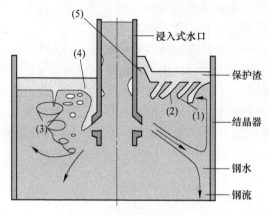

图 3 – 93　结晶器卷渣机理

而把渣子卷入液体中；靠近水口周围的涡流把渣子卷入；沿水口周围上浮的气泡过强，搅动钢渣界面把渣子卷入；钢水温度低，保护渣结壳或未熔融渣卷入；中间包液位太浅（≤600mm）中间包内的浮渣或夹渣被水口涡流抽引进入结晶器，未来得及上浮而留在坯中；浸入式水口插入深度太浅时从浸入式水口出来的上升钢流距离保护渣太近，搅动保护渣层而造成卷渣。

3.5.6.2　结晶器内流场对卷渣的影响

铸坯的洁净度是由从浸入式水口流出进入结晶器内的钢液洁净度、结晶器内钢液的污染、凝固坯壳对夹杂物的捕捉以及结晶器内非金属夹杂物的碰撞凝聚和上浮来决定的。

结晶器内钢液的流动对钢液的污染和凝固坯壳对夹杂物的捕捉影响很大。也就是说，从浸入式水口流出的钢液冲击结晶器（方坯或板坯）窄面的凝固坯壳，产生向下、向上两股分流。其中向上分流流向弯月面，会引起湍流，如弯月面处液面波动、保护渣卷渣。而向下的分流则会阻碍夹杂物的上浮。产生这种现象的本质原因是从浸入式水口流出的钢流不稳定以及流场的不对称。另外，为了防止凝固坯壳对夹杂物的捕捉，还要求在弯月面附近的钢液有一定的流速。

A　弯月面处液面控制对钢液洁净度的影响

弯月面处的液面波动不仅影响操作，还会对铸坯质量产生很大影响。也就是说，随着弯月面处液面波动的加剧，铸坯皮下非金属夹杂物的含量会增加，进而增加了最终产品的表面缺陷。表面有缺陷的产品中有 1/3 是因为结晶器卷渣造成的。

B　弯月面处液面波动的原因

弯月面处液面的位置宏观上是由水口流出钢液的速度和拉坯速度决定的，微观上是由结晶器内钢液的流动决定的。因此，弯月面处液面波动的原因有：湍动的注流引起结晶器内钢液流速、流场的变化；浇注速度波动时产生湍流；夹辊对铸坯的压力引起的铸坯中未凝固的钢液流动（鼓肚）。其中，湍动的注流引起结晶器内钢液流速、流场的变化的影响最大。

　　总之，拉速增加时，弯月面处液面波动加剧，因为浇注速度变大使得弯月面处的湍流运动加剧。也就是说，从流出浸入式水口的钢液碰撞到结晶器窄面的凝固坯壳，产生向上的分流和窄面附近弯月面向上涌动，还产生了从结晶器边缘向中心的表面流。这些都引起弯月面处的波动和液面位置的变化。

　　Teshima 等人定量地分析了这种现象，指出弯月面处液面波动可以用下式表示：

$$F = \frac{\rho Q_\mathrm{L} v_\mathrm{e}(1 - \sin\theta)}{4D}$$

式中　F——液面波动值，mm；

　　　ρ——钢液密度，kg/m^3；

　　　Q_L——浇注速度，m^3/s；

　　　v_e——钢流碰撞速度，m/s；

　　　θ——碰撞角度，(°)；

　　　D——碰撞位置和弯月面的距离，m。

　　其他各种因素，如吹入浸入式水口的氩气速率、浸入式水口插入深度的变化、水口内壁上的 Al_2O_3 的沉积和浇注设备耐火材料的侵蚀都会加剧弯月面处液面波动，因为这些因素不仅能改变结晶器内流场还会减弱对注流控制的准确性。

3.5.6.3　结晶器卷渣的预防措施

　　预防卷渣的措施主要是控制结晶器内的流场。然而，值得注意的是，保护渣的物理性能对卷渣也有较大的影响，连铸时吹入较小的氩气量可以有效防止卷渣。

　　(1) 结晶器内流场控制。确定合理的浸入式水口出口倾角。浸入式水口出口倾角以出口流股不搅动弯月面渣层为原则。

　　改变结晶器内流场的因素很多，但归根结底是由于注速和注流的改变，即非稳态浇注所致。应该逐一排除这些造成非稳态浇注的因素。例如：水口扩大和结瘤堵塞或塞棒失灵等因素导致控流不稳而引起结晶器内液面波动；中间包液位过低等原因引起结晶器液体流的搅动，导致结晶器液面波动；拉速突然改变时，会引起结晶器液面的激烈变化；钢水过热度过小，易发生水口凝钢，水口内通钢截面积减小，注速降低，造成液面波动；过热度大，坯壳薄，拉坯过程中易发生鼓肚现象也会导致结晶器液面波动；二冷强度不足以及对弧不准或扇形段开口度不对，铸坯在拉坯过程中反复出现鼓肚，导致周期性结晶器液面波动；有些连铸机为了强调扇形段的互换性，弯曲或矫直区几个相邻的扇形段采用相同的开口度，造成拉坯过程中铸坯周期性出现鼓肚，导致结晶器液面波动；由于驱动辊变形或粘有异物造成对铸坯拉拔力不均，浇注过程中铸坯抖动造成液位波动等。

（2）选择最佳浸入式水口的插入深度。根据坯型和注速选择合理的浸入式水口插入深度。水口插入深度太浅时由于从结晶器流出钢水的上升流股到液渣层处冲力太大而搅动液渣层会造成结晶器卷渣；水口插入深度太深时，保护渣熔化不均匀。如浇注 250mm × 280mm 轴承钢时，结晶器插入深度选择为 110 ~ 130mm。根据不同的坯型和钢种浸入式水口插入深度选择 120 ~ 150mm，可减少表面卷渣，但纵裂指数有所增加。

（3）选择灵敏可靠的液面控制系统。控制结晶器液面波动在允许范围内。过去控制的标准为 ±10mm，但是生产实际中发现，结晶器液面波动在 ±(5 ~ 10)mm 时出现夹杂物稳态的几率为 8% ~ 10%。一般要求结晶器钢水液面波动不超过 ±5mm，生产高品质钢时甚至要求结晶器液面波动不超过 ±3mm。这对防止表面夹渣是非常重要的。

弯月面液面控制的准确性是由液面传感器检测的准确性、浇注设备的反应速度和控制系统的性能决定的。结晶器液面控制的原理是通过液面传感器将测得的液面位置反馈给塞棒升降机构或滑板开闭机构的控制系统，根据传感器测得的液面低和高来调整塞棒和滑动水口的开大或关小。以此系统的运作来控制弯月面液面的高度波动在 ±(3 ~ 5)mm 之间，保持结晶器液面相对稳定。

（4）中间包水口、塞棒吹入氩气的流量合适。塞棒吹氩量大，气泡上浮增强钢渣界面的搅动，引起结晶器液面波动，易发生卷渣，同时还会造成铸坯表面气泡的缺陷。

（5）选择合适的保护渣。确定合适的保护渣黏度、渣中 Al_2O_3 含量和液渣层厚度。结晶器 1/4 宽度处液渣层 8 ~ 12mm，可避免未熔化渣卷入。

（6）换包时要保证中间包液面有一定高度。中间包液面太低时，由钢包进入中间包的钢流的强烈冲击会导致结晶器内钢水液面波动，同时由于水口处的旋涡作用，可能将中间包渣卷入结晶器。在更换钢包时最低中间包液面深度不低于 600mm。

（7）电磁搅拌。利用电磁搅拌技术可以强制弯月面处钢液以水平方向运动，阻碍卷渣；还可以将坯壳洁净前沿的夹杂物去除，减少被凝固壳捕捉的机会。特别是采用交替改变方向和间歇式的结晶器电磁搅拌对减少钢坯夹杂物和改善偏析有显著的效果。

（8）减少水口结瘤。发生水口结瘤以后，必将导致非稳态浇注，引起结晶器的流场改变，造成结晶器卷渣。水口结瘤物脱落后进入结晶器，会造成严重的结晶器卷渣。应该在钢液净化上严格操作，尽可能避免水口结瘤现象发生。

参 考 文 献

[1] 殷瑞钰. 合理选择二次精炼技术，推进高效低成本"洁净钢平台建设"[J]. 炼钢，

2010, 2: 1~9.

[2] 孙中强. 铁水预处理工艺及理论研究 [D]. 沈阳: 东北大学, 2006.

[3] 王炜. KR 预处理的工艺参数对脱硫效率的影响 [J]. 特殊钢, 2006, 7.

[4] 马春生. 镁基脱硫粉剂在铁水预处理中应用 [J]. 钢铁, 2003, 3: 15~17.

[5] 杨树森. KR 搅拌法铁水预处理工艺简介 [J]. 包钢科技, 2009, 2.

[6] 雷亚, 氧治立, 南晓波, 等. 炼钢学 [M]. 北京: 冶金工业出版社, 2010.

[7] 李自权, 李宏, 郭洛方, 等. 石灰石加入转炉造渣的行为探讨 [J]. 炼钢, 2011, 2: 33~35.

[8] 程晓利, 何维祥. 石灰石替代部分石灰炼钢的时间 [R]. 第四届 (成都) 转炉炼钢年会, 2013.

[9] 李海波, 吕延春, 南晓东, 等. 首钢转炉 "留渣 + 双渣" 工艺技术开发与应用 [N]. 世界金属导报, 2014 - 7 - 29.

[10] 王新华. 优质高效低成本炼钢工艺技术进展 [R]. 高效低成本生产洁净钢 (大连) 研讨会, 2013.

[11] 张海龙, 赵海东, 塑荣芳, 等. 西宁特钢 Consteel 电弧炉高比例铁水冶炼工艺研究 [N]. 世界金属导报, 2013 - 11 - 19.

[12] 徐曾启. 炉外精炼 [M]. 北京: 冶金工业出版社, 2002.

[13] 胡方年. 钢包吹氩技术的试验研究 [J]. 试验研究, 2003, 6.

[14] 时东生, 刘立英. 钢包吹氩工艺的优化与完善 [J]. 炼钢, 2001, 1: 31~34.

[15] 王文军, 刘金刚, 李战俊, 等. 钢包软吹氩对钢中夹杂物去除效果的研究 [J]. 钢铁, 2010, 9: 28~31.

[16] Beisser R. Die RH - OB Anlage in Stahlwerk Zvon Hoogovens Steel [J]. Stahl and Eisen, 1998, 118 (8): 67.

[17] 李燕龙, 张立峰, 杨温, 等. 铝灰用于钢包渣改质剂试验 [J]. 钢铁, 2014, 3: 19~23.

[18] 乐可襄, 董元篪, 王世俊, 等. 精炼渣发泡性能的试验研究和渣发泡条件的理论分析 [J]. 钢铁, 1998, 7: 18~21.

[19] 马廷温. 电炉炼钢学 [M]. 北京: 冶金工业出版社, 1990.

[20] Patsiogiannis F, Pal U B, Bogan R S. Kinetec studies on the geoxidation and desulfurization of aluminum killed low carbon steels using synthetic fluxes [C]. 1993 Steelmaking Conference Proceedings, 1993: 697~710.

[21] 李晶, 傅杰, 王平. 轴承钢生产过程增氧 [J]. 特殊钢, 1998, 19 (4): 39~40.

[22] 李阳, 姜周华, 姜茂发, 等. 精炼渣对钢水脱氧效果影响的实验研究 [C]. 十二届全国炼钢学术会议论文集: 267~271.

[23] 葛允宗, 颜慧成. 生产 20CrMnTiH 钢的最佳 CaO - Al$_2$O$_3$ 渣系成分 [J]. 钢铁, 2013, 48 (10): 22~27.

[24] 刘根来. 炼钢原理与工艺 [M]. 北京: 冶金工业出版社, 2008.

[25] 李晶. LF 精炼技术 [M]. 北京: 冶金工业出版社, 2009.

[26] 李杰, 荣光平, 王晓兰, 等. CaO - Al$_2$O$_3$ - SiO$_2$ 基精炼渣 LF 脱硫的试验研究 [J]. 钢铁, 2013, 29 (10): 48~51.

[27] 林纲, 徐匡迪. 喷粉精炼超低硫钢工艺的试验研究 [J]. 化工冶金, 1990, 11 (4):

289 ~ 295.

[28] 郝宁, 王新华, 刘金刚, 等. MgO 含量对 CaO – SiO$_2$ – Al$_2$O$_3$ – MgO 精炼渣脱硫能力的影响 [J]. 炼钢, 2009, 25: 16 ~ 19.

[29] 王忠英, 王重海. 钢包埋弧精炼渣优化研究 [J]. 钢铁, 2003, 19 (3): 30 ~ 33.

[30] 林腾昌, 朱荣, 杨凌志, 等. 大管坯精炼渣研究及优化 [J]. 炼钢, 2013, 29 (2): 12 ~ 18.

[31] 陈书浩, 王新华. 帘线钢中酸溶铝含量的变化及其对夹杂物的影响 [J]. 钢铁, 2011, 10: 42 ~ 47.

[32] 川上公成. 提高连铸坯质量扩大连铸钢种 [G]. 国外连铸技术, 55 ~ 83.

[33] 职建军. 钙处理对浇注性能的影响 [J]. 钢铁研究, 2004, 4 (137): 19 ~ 21.

[34] Chouduary S K, Khan A J. Nozzie clogging during continuous siab casting at Tata steel [J]. Steel times international, 2001, 5: 24 ~ 28.

[35] 高海潮. LF 炉精炼钢中铝含量对夹杂物总量的影响 [J]. 马钢技术, 2000, 4.

[36] Alavanja M, Glass R T, Kittridge R W, et al. Continuous improvement of practices to reduce tundish nozzle clogging [C]. 1995 Steelmaking Conference Proceedings, 513 ~ 519.

[37] Messrs, Steffen (VDEh), Richter (TKS), et al. Improvement of metal macro cleanliness on continuous cast slabs for high product demands. Final report of ECSC C3, 7210 – CC/112/113, 2000.

[38] 廖光权, 屈毅. 复合型碱性中包覆盖剂的研制及其冶金效果 [J]. 特殊钢, 2009, 8.

[39] Tanaka H, Nishihara R, Miura R, et al. Technology for cleaning molten steel in the tundish [J]. ISIJ International, 1994, 34 (11): 868 ~ 875.

[40] 毛斌, 陶金明. 离心流动中间包 [J]. 连铸, 2008, 2.

[41] 毛斌, 陶金明, 蒋桃仙, 等. 连铸中间包通道式感应加热技术 [J]. 连铸, 2008, 5.

[42] 蔡开科. 连铸坯质量控制 [M]. 北京: 冶金工业出版社, 2010.

[43] 毛斌, 张桂芳, 李爱武. 连续铸钢用电磁搅拌的理论与技术 [M]. 北京: 冶金工业出版社, 2012.

[44] 康建国. 结晶器电磁搅拌技术在宝钢 1930 连铸机上的应用 [J]. 钢铁, 2006, 12 (S2): 283 ~ 286.

[45] 于艳, 刘俊江. 结晶器电磁搅拌对连铸坯质量的影响 [J]. 钢铁, 2005, 2.

[46] 张桂芳, 陈永. 结晶器电磁搅拌对重轨钢大方坯内部质量的影响 [J]. 炼钢, 2008, 8: 21 ~ 25.

[47] 张桂芳, 杨素波. 结晶器电磁搅拌对大方坯内部质量的影响 [J]. 钢铁钒钛, 2007, 3.

[48] 吴华杰, 魏宁, 包燕平. 结晶器电磁搅拌对 45#钢凝固结构的影响研究 [J]. 铸造技术, 2011, 3.

4 提高连铸坯质量

连铸是一个复杂的工序，如图 4-1 所示。钢水由钢包通过长水口进入中间包，经过冲击槽、挡渣堰、挡渣坝等一系列净化措施后，通过中间包下水口、浸入式水口进入结晶器，在结晶器内形成坯壳，经二冷区一系列冷却措施，最后凝固成铸坯。

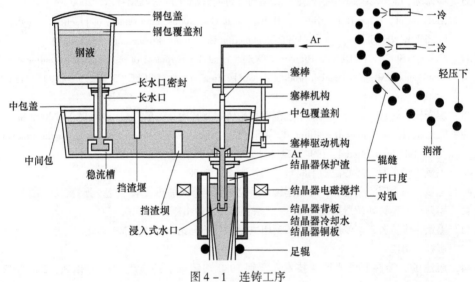

图 4-1 连铸工序

由图 4-1 可知，连续铸钢工序大致可分为四个组成部分，即：钢水包部分、中间包部分、结晶器部分和铸坯冷却部分。每一部分影响连铸坯质量的因素很多，如：钢水包钢水的成分、温度、洁净度；中间包的稳流槽、挡渣堰、挡渣坝的应用效果，中间包覆盖剂的组成和性能，是否应用中间包加热技术；结晶器的锥度、铜板质量、冷却水的质量和冷却强度、注温（过热度）、注速、保护渣的性能以及应用电磁搅拌的方式；铸机辊列的结构、冷却喷嘴的结构和排列、冷却水的质量及冷却强度；从钢包到结晶器全系统的密封方式和效果；系统所用耐火材料的质量等。

连铸坯某种缺陷的出现都和多种因素有关，每一个因素又影响铸坯质量的多个方面。因此在论述各种铸坯缺陷所产生的原因时就会显得非常絮叨、重复。但是，为了说清问题还必须重复。

在研究铸坯的质量时必须以基本理论为基础，以工艺规程为镜子，以实物的分析检验数据为依据，全面进行科学分析，逐一排查，逐个解决。也就是说，解决连铸坯的质量首先必须从连铸的钢水质量抓起，不能迁就；使用的原材料品质不能降低；形成的工艺制度不能随意改动；各种操作规程不允许违反；设备的巡检不能放松；设备的带病作业不能容忍。只有从全系统着眼，在钢水净化、原材料质量、工艺控制、设备维护等诸方面做好工作，才能实现铸坯质量长期稳定在优秀的水平，才能不断地降低生产成本，稳定钢材质量。可以说，提高铸坯质量是一个系统工程。

4.1 连铸坯质量

所谓连铸坯质量是指得到合格产品所允许的铸坯缺陷严重程度。铸坯缺陷包括铸坯的洁净度（夹杂物数量、形态、分布）缺陷、铸坯表面缺陷（裂纹、夹渣、气孔等）、铸坯内部缺陷（裂纹、偏析、缩孔、夹杂）和铸坯的形状缺陷（鼓肚、菱形），如图4-2和图4-3所示。

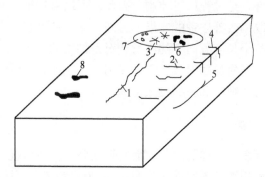

图4-2 连铸坯的表面缺陷

1—表面纵裂纹；2—表面横裂纹；3—网状裂纹；4—角部横裂纹；
5—边部纵裂纹；6—表面夹杂；7—皮下针孔；8—深振痕

4.1.1 连铸坯质量特征

与传统模铸-开坯方式生产的产品相比，连铸产品更接近于最终产品的尺寸，因此，不允许在进一步加工之前有更多的精整，如表面清理等。另外，连铸坯内部组织的均匀性和致密性虽较钢锭为好，但却不如初轧坯。连铸坯在凝固过程中受到冷却、弯曲、矫直、拉引等，故薄弱的坯壳要经受热的、机械的应力作用，很容易产生各种裂纹缺陷。

从内部质量看，连铸坯的凝固特点决定了其易出现中心偏析和缩孔等缺陷。加上钢水中的夹杂物在结晶器内上浮分离的条件不如模铸那么充分，特别是连铸

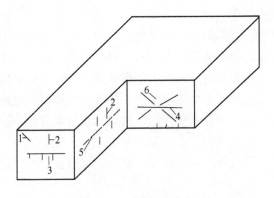

图 4 - 3　连铸坯的内部缺陷

1—角裂；2—中间裂纹；3—矫直裂纹；4—皮下裂纹；

5—中心裂纹；6—星状裂纹

操作过程中造成钢质污染的因素也较模铸时复杂得多，因此夹杂物，特别是大型夹杂物便成了铸坯质量上的重要问题。

但连铸的突出特点是过程可以控制。因此，可以直接采取某些保证产品质量的有效方法，以便取得改善质量的效果。另外，连铸坯是在一个基本相同的条件下凝固的，因此，整个长度方向上的质量相对是均匀的。

我们在研究连铸坯质量的时候，就是要针对上述特点，将其长处尽力发挥，而把与连铸特点有关的缺陷和弊病设法消除或减轻。

4.1.2　连铸坯缺陷分类

连铸坯上可见到多种多样的缺陷，而铸坯缺陷的发生状况也因机型、铸坯断面尺寸和形状以及操作条件不同而异。图 4 - 4 为连铸坯主要缺陷系统图。

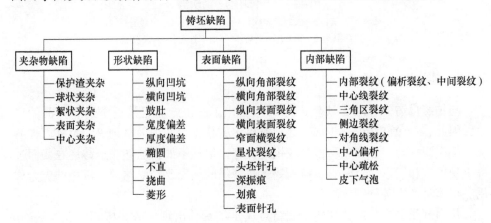

图 4 - 4　连铸坯常见缺陷系统图

连铸坯质量根据连铸坯的洁净度、连铸坯表面和内部质量以及连铸坯的断面形状（几何尺寸）来判定。应当指出，这些质量表现和连铸的工艺过程有一定的对应关系。如连铸坯的洁净度，主要应着眼于未进入结晶器前钢水洁净度的控制（当然也有结晶器卷渣）；铸坯的表面质量主要受结晶器内钢水凝固过程所影响；铸坯的内部致密度是由结晶器以下的凝固过程所决定的；铸坯的断面形状和尺寸和铸坯冷却以及设备状态有关。连铸坯的质量控制区域如图4-5所示。

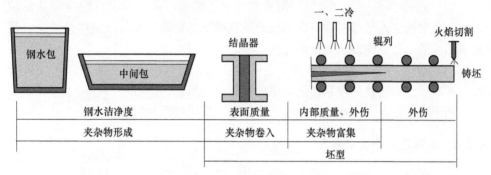

图4-5 连铸坯质量控制

4.2 连铸坯洁净度

连铸坯洁净度是指钢中非金属夹杂物的数量、形态和分布。要根据钢种和产品的要求，把钢中夹杂物降低到所要求的水平。

4.2.1 连铸坯洁净度与产品质量

考虑夹杂物对钢质量影响时，应从夹杂物的组成、形态、大小、聚集状态、存在部位及其含量等方面来分析钢质量。这在第2章中已经详细地介绍过，故不再赘述。

4.2.1.1 夹杂物分布

一般来说，夹杂物在铸坯中的聚集位置、数量以及尺寸分布是受钢流带入结晶器内的夹杂物数量、注流在液相穴内的浸入深度和运动状态以及铸机形式等支配的。大量研究和实际测量发现，弯曲型铸机在铸坯内弧侧厚度的1/5~1/4的位置上有个大型夹杂物聚集带；而在立弯式和立式铸机，即使是直线段只有1.8m的立弯式铸机也没发现大型夹杂物在内弧侧有明显聚集的问题，只是在铸坯厚度的中心部位发现有夹杂物聚集的现象。

微观夹杂物主要指悬浮在钢中的脱氧产物，其分布大部分是均匀分散在钢中的，但也有聚集的问题，如水口结瘤物被冲入结晶器、钢坯中心位置夹杂物的富聚等。即使存在着小的夹杂物聚集，也有可能使钢材产生分层。钢材表面附近的夹杂物不仅影响钢材表面质量，而且影响加工时应力的大小。一般来说，在钢材中间有夹杂物时对表面质量和加工应力影响较小。

4.2.1.2　连铸过程夹杂物的形成特征

连铸和模铸比较，钢中夹杂物的形成具有显著特征。

(1) 连铸时由于钢液凝固速度快，其夹杂物集聚长大机会少，因而尺寸较小，不易从钢液中上浮。

(2) 连铸多了一个中间包，钢液和大气、熔渣、耐火材料接触时间长易被污染。在钢液进入结晶器后，在钢液流股影响下，夹杂物难以从钢中分离，必须采取相应的工艺措施促使其上浮分离。

(3) 模铸钢锭的夹杂物多集中在钢锭头部和尾部，通过切头切尾可使夹杂物危害减轻，而连铸坯仅靠切头切尾则难以解决问题。

基于这些特点，连铸坯中的夹杂物问题比模铸要严峻得多。

4.2.2　连铸坯夹杂物的来源

连铸坯中的夹杂物大致可以分为三类：第一类为钢水进入结晶器前已经存在的夹杂物，如一次脱氧产物、二次脱氧产物、硫化物、卷入钢液的炉渣以及熔融并进入钢中的耐火材料；第二类是由于结晶器卷渣使结晶器保护渣或水口结瘤物进入钢液中未上浮而凝固在铸坯中；第三类是在铸坯凝固过程中产生的夹杂物，如氮化物、氧化物等。

在钢冶炼过程中，由于钢液要进行脱氧和合金化，因此必然要产生脱氧产物，如 MnO、Al_2O_3、TiO_2、SiO_2 等。这些脱氧产物如果不能及时排除，留在钢中就形成夹杂物。

随着钢液温度不断下降，氧在钢中的溶解度不断降低，钢中的溶解 [O] 不断析出，与钢中的 [Al]、[Si] 等元素反应，同样会继续产生氧化物夹杂。如果从出钢到结晶器这一段时间内高温钢水直接与大气接触，就会大量吸氧吸氮，造成钢水的二次氧化，也会产生氧化物夹杂。

因为低碳铝镇静钢是采用铝基脱氧剂进行脱氧，脱氧产物 Al_2O_3 夹杂在钢中的分布有两种模式：一种是呈悬浮状、尺寸小于 $50\mu m$ 的单相 Al_2O_3；另一种是尺寸在 $100\sim1300\mu m$ 的簇状 Al_2O_3。前者尺寸小，数量多，不易上浮，后者因尺寸大较易上浮。

硅酸盐夹杂是呈球状存在的，其化学组成为 $CaO-Al_2O_3-SiO_2$ 系或 $Al_2O_3-MnO-SiO_2$ 系，尺寸多在 $100\mu m$ 以上。铝酸盐夹杂也呈球状，其组成为 $CaO-Al_2O_3$ 系，含 SiO_2 较少。这些夹杂物若不设法从钢液中去除，就有可能使中间包水口堵塞或遗留在铸坯中，恶化铸坯质量。

当钢中硫含量较高时，就要产生较多的硫化物夹杂，如 CaS、MnS、FeS 等。

硫化物夹杂熔点低，在钢坯凝固过程中易富聚在最后凝固的钢坯中心部位，危害极大。硫化物夹杂是以中心偏析和枝晶偏析，或固溶于氧化物夹杂的各种形态存在的。

钢液在高温下和耐火材料接触，熔化的部分及耐火材料与钢液中成分反应的产物会进入钢液，若不能上浮，会在钢液中生成一定数量的夹杂物。

在钢包吹氩强度过大时，钢包浮渣进入钢液，在钢液紊流的状态下（如浇注末期的水口附近）借助水口的旋涡作用，炉渣进入结晶器形成钢中的夹杂。

当处于非稳态浇注时，结晶器内的流场发生变化，就会将保护渣卷入钢中，形成结晶器卷渣，最后凝固在钢坯中，形成夹杂。

当出现水口结瘤时，一旦结瘤物脱落被钢流带入结晶器，也会成为钢中夹杂，而且往往是大颗粒夹杂。

在铸坯凝固过程中随着钢水温度的下降，钢中氧的溶解度也在下降，不断有自由氧析出，还会产生 Al_2O_3、SiO_2 等氧化物。如果钢中氮含量较高，铸坯凝固后析出的氮会生成 AlN、TiN 等，成为钢中的夹杂物。

4.2.3 影响铸坯夹杂物的因素

（1）钢包钢水中夹杂物的含量的影响。钢包钢水中非金属夹杂物的数量、组成、形态和大小直接影响铸坯中非金属夹杂物的数量、组成、形态和大小，一般情况下二者成正比例关系。因此，提高铸坯洁净度的关键是努力提高精炼后钢水的洁净度、强化连铸系统的密封。

（2）连铸机机型对铸坯夹杂物的影响。连铸机机型对铸坯夹杂物的影响主要表现铸坯中宏观夹杂物的分布。弧形连铸机和其他机型比较，夹杂物在结晶器中的上浮受到内弧侧的阻碍，因而在铸坯厚度上，距内弧表面 1/5 ~ 1/4 处有一夹杂物集聚带。这是弧形连铸机的主要缺点。目前有些连铸机采用直结晶器，或者在结晶器下部有 2m 左右的直线段，就是为了减少夹杂物在内弧的集聚。但是随着钢液净化技术的完善，已能为连铸提供具有高纯净度的钢液，显然连铸机类型已不再是制约连铸坯纯净度的主要因素。不过世界上也已经没人再生产弧形连铸机了。

（3）连铸操作对铸坯中夹杂物的影响。连铸操作有正常（稳态）浇注和非正常（非稳态）浇注两种情况。在正常浇注情况下，浇注过程比较稳定，铸坯中夹杂物数量主要是由钢液的洁净度所决定的。而在非正常浇注情况下，如浇注初期、浇注末期、因过热度或水口结瘤造成注速频繁变化时期和多炉连浇的换包期间，铸坯中夹杂物往往有所增加。

在浇注初期钢液被中间包耐火材料污染较严重；在浇注末期随着中间包液面的降低，因涡流作用会把中间包渣吸入到结晶器中；因结晶器液面波动太大造成结晶器卷渣；注速的频繁变化破坏结晶器内的正常流场引起结晶器卷渣；在换包期间由于上述原因也常使钢中夹杂物增多等。因而，有必要采取相应措施（如提高耐火材料质量，主要是提高耐火材料中 MgO 的含量，减少 Al_2O_3 和 SiO_2 的含量，恒拉速浇注，避免下渣等）提高铸坯洁净度。

注温和注速对铸坯中夹杂物有影响，当钢液温度降低时，夹杂物指数升高。显然这是因为在低温状态下，钢液黏度增加，夹杂物不易上浮的缘故。注温较高时，钢液黏度较小，钢中非金属夹杂物上浮阻力小，故改善了铸坯的洁净度。注温过高，钢中溶解氧多，随着凝固过程中钢液温度下降，析出自由氧增多，钢中氧化物夹杂量增加。

随着拉速的提高，铸坯中夹杂物有增多趋势，这是因为拉速增大时，一方面水口熔损加剧，另一方面钢液下降流股浸入深度增加，钢中夹杂物难以上浮。

拉坯速度频繁变化就会形成非稳态浇注，而非稳态浇注又是引起结晶器卷渣的主要因素。

（4）耐火材料质量对铸坯夹杂物的影响。耐火材料中 SiO_2 是不稳定氧化物，易与钢中的 [Mn]、[Al] 发生如下反应：

$$2[Mn] + (SiO_2) = 2(MnO) + [Si]$$
$$4[Al] + 3(SiO_2) = 2(Al_2O_3) + 3[Si]$$

所生成的 MnO 可在耐火材料表面形成 $MnO \cdot SiO_2$ 的低熔点渣层，随后进入钢液中，当其不能上浮时就留在铸坯中。当生成 Al_2O_3 时，可与 MnO 和 SiO_2 结合生成锰铝硅酸盐夹杂物。

为了避免上述反应的发生，连铸用钢包耐火材料应选择 SiO_2 低、溶蚀性好、致密度高的碱性或中性材料，即镁质或高铝质耐火材料。

中间包内衬的熔损是铸坯中大型耐火材料夹杂物主要来源之一。理想的中间包内衬应避免耐火材料表面残留渣（富氧相）的影响。中间包使用后未进行内表面的更新时，将会污染钢液。

由于熔融石英水口易被钢中的锰所熔蚀，因而使用这种水口浇注锰钢时，将使钢中夹杂物增多；与之相反，当使用氧化铝 - 石墨质水口时，则钢中夹杂物较少。但是值得注意的是使用氧化铝 - 石墨质水口时，夹杂物聚集易使水口堵塞，同时在水口和保护渣接触部分易被熔蚀。

为了防止这些情况的发生，可以采用塞棒吹氩，或采用透气水口吹氩以及渣线部分使用锆质材料的复合水口等措施。

4.2.4　减少夹杂物的方法

根据钢种和产品质量的要求，把钢中夹杂物降到所要求的水平，应尽可能降低钢中 [O] 含量；采用精炼技术；防止钢液与空气接触；减少钢液与耐火材料的相互作用；减少渣子卷入钢液内；改善中间包内钢液的流动状况促进钢液中夹杂物上浮。这些内容在前面的章节中已经详细的介绍过，故不赘述。

4.2.5　连铸坯表面夹杂

结晶器中钢液面上的浮渣或上浮的夹杂物被卷入铸坯内，在连铸坯表面形成的斑点称为表面夹杂（渣）。由于夹渣的导热性能不好，下面的坯壳凝固缓慢，故常伴生有细裂纹和气泡。实际生产中产生表面夹杂（渣）常见原因主要有捞渣不及时、结晶液面不稳定等。

4.2.5.1　表面夹杂（渣）的危害

铸坯表面夹杂或夹渣是铸坯表面的一个重要缺陷。夹杂（渣）嵌入表面深度达 $2 \sim 10mm$。从外观看，硅酸盐夹杂颗粒大而浅，而 Al_2O_3 夹杂轧薄板时呈条状分布的黑线镀锡板上的 $Ca - Al - Na$ 氧化物夹杂，是冲压裂纹的根源。另外结晶器初生坯壳卷入了夹渣，在坯壳上形成一个"热点"，此处渣子导热性不好，凝固壳薄，出结晶器后容易造成漏钢事故。

4.2.5.2　表面夹杂的来源

铸坯表面夹杂来源有：卷入的钢渣和耐火材料、保护渣中未溶解的组分、上浮到钢液面未被液渣吸收的 Al_2O_3 夹杂、被冲刷掉的结瘤物（富集的 Al_2O_3）的高黏度的渣子。究竟是什么物质，需对表面夹渣进行成分分析。

4.2.5.3　影响表面夹渣的因素

（1）浇注时二次氧化对表面夹渣的影响。由于浇注时二次氧化，在结晶器钢水面上生成浮渣。结晶器液面的波动，浮渣可能卷入到初生坯壳表面而残留下来形成夹渣。

（2）$w[Mn]/w[Si]$ 对表面夹渣的影响。对于硅镇静钢，铸坯中的夹渣与钢中 $w[Mn]/w[Si]$ 有关。随着钢中 $w[Mn]/w[Si]$ 降低，渣中的 $w(Mn)/w(Si)$ 也降低。

$w[Mn]/w[Si] < 4$，形成 SiO_2 浮渣容易在结晶器弯月面处冷凝结壳。$w[Mn]/w[Si] > 4$，形成液态 $MnO \cdot SiO_2$ 流动性好，浮渣也呈液态。随钢中 $w[Mn]/w[Si]$ 降低，生成浮渣 $MnO \cdot SiO_2$ 熔点升高，流动性不好，容易卷入坯壳。为保持流动性良好的浮渣，综合考虑应保持钢中 $w[Mn]/w[Si] \geqslant 2.5$ 为宜。

（3）控制脱氧剂的用量。对于铝脱氧钢，应适当控制脱氧剂铝的加入量，避免钢中铝含量对表面夹渣的影响，既可防止定径水口堵塞，也可防止因 Al_2O_3 析出使浮渣变黏，增加表面夹渣。

（4）结晶器卷渣。结晶器内卷渣和水口结瘤物脱落是在结晶器工位影响铸坯洁净度的主要因素。源于结晶器卷渣的内容在 3.5.6 节中已经详细论述了，故不再赘述。

4.3　连铸坯表面缺陷

连铸坯表面缺陷形成原因复杂，但主要与钢液在结晶器中的凝固密切相关。轻微表面缺陷可以通过精整处理后轧制，对质量基本无影响，严重表面缺陷将使废品增多，收得率下降。

4.3.1　振动痕迹

为了避免坯壳与结晶器壁之间黏结，人们很早就提出了结晶器振动的概念。但结晶器上下运动的结果在铸坯表面上造成了周期性的沿整个周边的横纹模样的痕迹，称之为振动痕迹。它被认为是周期性的弯月面的作用、坯壳拉破和重新焊合过程造成的。若振痕很浅，而且又很规则的话，在后续加工时不会引起什么缺陷。但若结晶器振动状况不佳、钢液面波动剧烈或保护渣选择不当等使振痕加深，或在振痕处潜伏横裂纹、夹渣和针孔等缺陷时，这种振痕实际上就是一种对后续加工及成品的潜在危害了。

为了减小振痕深度，现在很多铸机上采用"小幅高频"振动模式。此外，对裂纹敏感的钢种，有的在结晶器液面附近加有导热性差的材料做的插件，即所谓"热顶结晶器"的办法，也对减轻振痕深度有效。振痕深度与钢中碳含量也有很大关系。一般来说，低碳钢振痕较深，而高碳钢振痕较浅。

4.3.2　表面裂纹

铸坯表面裂纹是生产过程中一种常见的铸坯表面缺陷。它分为纵向裂纹、横向裂纹、角部裂纹和网状裂纹。存在表面裂纹缺陷的连铸坯在热加工之前需要进行精整，增加了工作量、降低了金属的收得率。连铸坯表面无裂纹缺陷是热装热送的先决条件。本节从力学和冶金学方面分析其产生原因、机理及工艺因素并提出减少铸坯裂纹的措施。

4.3.2.1　表面裂纹的产生

结晶器内坯壳受到的应力包括铸坯拉应力、热应力、钢水静压力、摩擦力和由于宽窄面收缩差异导致的拉伸力等。表面裂纹的产生是由于结晶器弯月面区初生坯壳厚度不均匀，作用于坯壳上的拉应力超过钢的高温允许强度，应变时在坯壳的薄弱处产生应力集中导致。这种裂纹在出结晶器后在二冷区内继续扩展。

当微量裂纹产生后在外部因素作用下，造成凝固壳局部过热，从而导致裂纹的形成和发展。这些外部因素包括工艺操作、在线设备、保护渣行为、结晶器传热状态、结晶器振动条件、结晶器锥度、二冷设备的布置和状态等。

　　A　弯月面区坯壳厚度生长不均匀的主要原因

引起结晶器内坯壳厚度生长不均匀的主要原因有很多，如包晶转变、钢液成分、保护渣性能、结晶器状态及连铸操作等。

（1）相变的影响。包晶（L+δ→γ）收缩特征，气隙过早形成，造成坯壳生长不均。钢在凝固过程中必然要发生（L+δ→γ）相变，Al、Nb、V等的碳、氮化物会在晶界析出。由于这些碳、氮化物与钢的收缩系数不同，冷却过程中形成空隙，成为微裂纹。

（2）钢液成分的影响。钢中含碳量在0.07%~0.15%范围内凝固时将发生包晶反应，体积收缩严重，可能在铸坯表面产生微裂纹。图4-6所示为钢中[C]含量对铸坯裂纹指数的影响。

当钢中[S]含量高时，会以FeS的形式存在于钢中。FeS与FeO能够生成低熔点的热脆共晶体，成为微裂纹。钢中[S]含量越高，铸坯的裂纹指数越高，如图4-7所示。为了减轻钢中[S]含量对铸坯裂纹的影响，希望将钢中$w[Mn]/w[S]$控制在25以上。

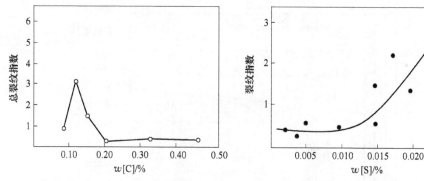

图4-6 钢中[C]含量对铸坯裂纹的影响　　图4-7 钢中[S]含量对铸坯裂纹的影响

钢中[Al]、[Cu]的含量对铸坯的表面星状裂纹影响较大。钢中[Cu]优先在奥氏体晶界扩散，导致星状裂纹产生。当钢中[Al]含量大于0.04%时就容易产生星状裂纹。钢中[Al]、[Cu]的含量对铸坯的表面星状裂纹影响如图4-8所示。

（3）保护渣的影响。保护渣的熔点熔速不同，其液态渣层厚度也不同，直接影响结晶器与坯壳之间液态渣膜的厚度，也就影响结晶器传热的稳定性，最终影响初生坯壳的厚度。结晶器内保护渣的状态如图4-9所示。宝钢采用增加结晶器铜板上的涂层厚度方法来降低热流，配合二冷工艺优化解决耐候钢的铸坯裂纹，取得了较好的效果。

如果保护渣的熔化性能不好，可能有固相渣随液态渣流入结晶器与坯壳之间，影响结晶器的传热效应。有固相保护渣的地方热传导率小，凝固的坯壳薄，在周围凝固坯壳收缩的拉力作用下，形成微裂纹。烧结成块的渣圈如果不及时挑出，也同样会使铸坯产生微裂纹。

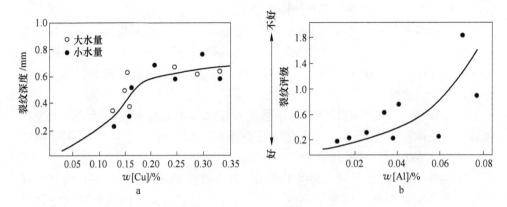

图 4 - 8   钢中铜、铝含量对铸坯裂纹的影响

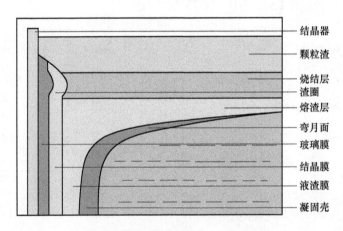

图 4 - 9   结晶器内保护渣状态

保护渣的熔点或熔速，都会影响结晶器内保护渣的液态渣层厚度。如果液态渣层厚度不均，流入结晶器与坯壳之间的液渣膜厚度也在变化，导致结晶器的传热不均匀，会使局部坯壳变薄，易产生微裂纹。一般认为结晶器内保护渣的液态渣层厚度在 10～15mm 为宜。当液态渣层厚度小于 10mm 时裂纹指数明显上升，如图 4 - 10 所示。

（4）液面波动的影响。结晶器内液面波动容易造成保护渣卷入的同时，还改变了浸入式水口出口与液面的相对位置，等于改变了浸入式水口的深度，引起结晶器内流场的变化。两个条件都将影响初生坯壳的均匀性，导致微裂纹产生。液位波动越大，纵向裂纹指数越高，如图 4 - 11 所示。

当然，影响液位波动的因素很多，如浇注温度、钢水流量、水口结构、水口堵塞、水口插入深度等。

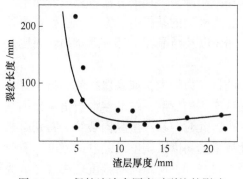

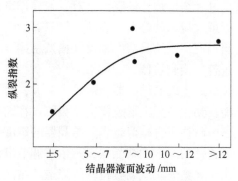

图 4-10 保护渣液态厚度对裂纹的影响　　图 4-11 液面波动对裂纹的影响

（5）注速与注温的影响。钢水过热度增加，保护渣熔化速度快，液渣层过厚在气隙内流失过快，造成结晶器内热流分布不均匀，坯壳凝固不均匀，表面纵裂纹趋势增大。

浇注速度快时，结晶器与坯壳之间渣膜厚度变薄，初生坯壳薄容易生成微裂纹。

B　影响裂纹长大的因素

在结晶器内的初生坯壳上形成的微裂纹，出结晶器后由于二冷强度的原因容易发展成大的裂纹。在钢坯凝固过程中的脆性区内进行弯曲和矫直也可能产生（横）裂纹。

（1）振痕的影响。铸坯横裂纹通常位于铸坯内弧表面振痕的波谷处。振痕是与横向裂纹共生的，而这种裂纹的形成与铸坯的高温力学性能密切相关，是铸坯在表面温度处于脆性温度范围内矫直而产生的。铸坯在矫直时，内弧受到张应力，外弧受到压应力，矫直过程中由于振痕的缺口效应而产生应力集中，加之矫直温度在铸坯脆化温度范围内，加速了振痕波谷处横裂纹的形成并沿奥氏体晶界扩散。若在钢的脆化温度（700~900℃）进行矫直就会因矫直力的作用使铸坯表面产生横向裂纹。

（2）二冷区冷却强度的影响。二冷区冷却强度过大，铸坯降温速度快，铸坯温度梯度大，使坯壳薄处产生应力集中，超过极限发生裂纹或已有的微裂纹发展为大裂纹。

如果二冷区的冷却水喷头状态不一，造成铸坯冷却强度不均，产生应力，也会出现裂纹。

（3）结晶器质量及磨损、变形。结晶器合适的倒锥度对减少热纵裂、提高拉速、避免漏钢起一定的作用。因为合适的倒锥度可以避免出现不均匀的气隙和不均匀的冷却。根据浇注板坯的实践，一般要使宽面相互平行或有较小的倒锥度，使窄面有 0.9%~1.3%/m 的倒锥度。方坯倒锥度取 0.6%~1.0%/m。倒锥度过大会增加拉坯阻力。对一般扁坯可采用减小圆角半径的方法，以改变角部附近最大应力的分布。为防止结晶器的变形，大断面的结晶器不宜过长，铜壁要适当加厚。当结晶器内型尺寸偏差 ± (2 ~ 4) mm 以及结晶器上部有严重损伤时则应进行更换和检修。

新上线的结晶器相对锥度较大，需要的拉坯力较大，如果保护渣润滑不好可能在初生坯壳上形成横向微裂纹。在结晶器应用的后期，结晶器铜板由于磨损减薄，越往下方减薄越多，结晶器的锥度变小，此时容易产生纵向裂纹。特别是板坯连铸的组合式结晶器，是依靠调节窄面铜板的斜度来调整结晶器的锥度。有时由于调整失误或调整机构故障造成结晶器下口张开，使结晶器锥度变小甚至成为负值。锥度极小或倒锥度的结晶器中生成的坯壳在向下运动的过程中温度逐渐降低，凝固层逐渐增厚，体积逐渐收缩。板坯边部位置冷却大、坯壳厚，而在对应三角区的位置冷却较弱、坯壳较薄，受两个边部收缩拉力作用，在坯壳对应三角区的纵向位置产生应力集中。由于又没有结晶器锥度的收缩限制，必然在对应三角区的纵向位置产生通长的裂纹（裂纹宽度 2 ~ 8mm），使全部板坯报废，如图 4 - 12 所示。

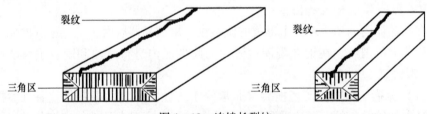

图 4 - 12　连续长裂纹

在生产中必须经常注意铜板（管）结晶器过钢量，观察其磨损情况，每个浇次要测量结晶器锥度。板坯的组合式结晶器要认真维护侧面铜板的锥度调节装置。

结晶器的偏振和浸入式水口不对中都会造成结晶器内流场和温度场不均衡，极易造成初生坯壳厚度不均，在铸坯表面产生微裂纹。

C　热脆区的探讨

从钢的熔点附近至 600℃ 温度区间，存在 3 个脆性区域：熔点 ~ 1200℃ 为第 I 脆性区；1200 ~ 900℃ 为第 II 脆性区；900 ~ 600℃ 为第 III 脆性区。第 III 脆性区主要在低应变速率（10^{-4} ~ 10^{-2}/s）下出现。连铸过程铸坯弯曲、矫直以及鼓肚变形等的应变速率在 10^{-4} ~ 10^{-3}/s，因此连铸坯弯曲和矫直时表面温度在第 III 脆性区时易于产生表面横裂纹。

第 III 脆性区的脆化可进一步分为 γ 单相区低温域（800 ~ 900℃）的脆化和（γ + α）两相区高温域（700 ~ 800℃）的脆化。γ 相低温域的脆化主要原因是高温下钢中固溶的 Nb、V、Ti 及 Al 等以氮化物或碳氮化物的形式或动态或静态析

出在 γ 晶界，晶界发生滑移时，在应力作用下，析出物与基体之间产生微小空洞，空洞发展聚合最后形成裂纹。在一定的形变促进下，微细的碳氮化物在 γ 晶界粒内动态析出，在晶界附近形成无析出带，应力作用下形变会集中在较软的无析出带而造成脆裂。另外，析出相粒子钉扎在 γ 晶界阻挠晶界流动，使再结晶温度向高温移动，降低钢的高温塑性，促使晶间裂纹的形核和长大。(γ+α) 两相区高温域产生脆化的原因在于沿 γ 晶界铁素体 α 相析出。在这一温度区域 α 相强度约为 γ 相的 1/4，应力作用下变形主要集中在沿 γ 晶界分布的 α 相中，α 相存在的空洞和微小裂纹聚合长大最后发展成裂纹。该区域钢的脆化与 γ 晶界析出的 α 相的形态、尺寸有关，α 相呈稀薄网膜状时脆化最为严重。

钢种不同，第Ⅲ脆性区的脆化机理不同，有的钢种只存在 γ 单相区低温域的脆化，如 X52 钢；有的钢种只存在 (γ+α) 两相区高温域的脆化，如 16Mn 钢；有的钢种则两种脆化机理都起作用，如 SS400 铝镇静钢。

横裂纹与第Ⅲ脆性区内 γ/α 转变导致的晶间脆裂有密切关系，因此，在实际连铸操作过程中，控制矫直点处铸坯表面温度高于 900℃ 或低于 700℃。

在第Ⅲ脆性区内 Al 及 Nb、V 的碳、氮化物的析出进一步恶化了铸坯的塑性，应严格控制钢中 Al、N、Nb 等元素的含量，向钢中添加 Ti、Ca、Zr 等元素抑制碳化物、氮化物在晶界析出。

4.3.2.2　减少铸坯表面裂纹的措施

（1）降低钢水过热和稳定钢水衔接和拉速。通过大包在线烘烤、红包出钢，加强大包的周转等措施减少、稳定大包过程温降；降低出钢温度，降低精炼后温度和平台温度；在无中间包加热条件时钢水过热度应控制在 15~30℃。

建立以连铸为中心的炉机匹配模式，将钢水"正点率"、镇静时间、中间包温度合格率纳入考核，稳定钢水的衔接，减少连铸拉速的波动。

确保换钢水包连浇时中间包液面高度变化不大，控制浸入式水口的插入深度，稳定拉速。

（2）根据拉速和钢种选用合适的保护渣。通过对比试验，确定不同钢种、拉速下的保护渣型号并严格执行。对第一炉钢水过热度较高且拉速低的炉次，选用熔点略高、熔速略慢、黏度略大的保护渣（或称开浇渣），稳定保护渣的渣层厚度和消耗量。

加强保护渣的管理，保证干燥，对开过包在当班未用完的保护渣严禁再次使用。

（3）利用新技术。采用中间包加热技术保证理想的过热度，采用电磁搅拌技术均匀结晶器内钢水的温度场和流场，均匀初生坯壳的厚度，减少微裂纹，减少裂纹发生率。

（4）加强铸机状态的监控。

1）保证结晶器锥度。设置结晶器液面自动控制装置；引进精密的结晶器锥度仪，进行结晶器锥度的在线监控，建立结晶器档案卡；要求生产班次在浇注前认真测量结晶器锥度，发现问题及时调整或更换结晶器铜板（管）。

一般方坯铜管结晶器的水缝为4mm，冷却水流量100～130m³/h，铜管材质为磷脱氧铜、HB>80、内腔镀铬层厚度为0.13mm。有资料表明当磷脱氧铜内缺少合金添加剂时，铜管易产生形变；保证外冷却水质，即使只有20μm厚的冷却水沉淀物，也会给铜管热交换造成极大的热阻，使铜管产生永久变形，这些变形造成水缝不均匀。

上装刚性引锭杆时若操作不当或在开浇和封顶时，由于冷料放置不当及残钢残渣未清理干净，都容易划伤结晶器下口。一般铜管下口向上20～120mm范围是划伤较严重的部位。铜管划伤严重时，会造成铸坯传热不均匀，摩擦阻力增大，易产生表面横裂纹。

2）防止结晶器振动台偏振。当采用短臂四连杆式正弦振动，漏钢清理不彻底，残钢残渣进入振动机械的板簧与台架之间时，会造成振动偏振，严重时导致板簧断裂。由于板簧一侧固定在大梁上，一侧吊挂台架及结晶器，当使用周期较长时，板簧产生线性塑性延伸，结晶器与足辊之间弧线不重合，造成拉钢阻力过大，振动不平稳易造成裂纹。因此，生产中必须随时强化振动台的监测、维护，防止发生偏振。

3）强化喷嘴维护。实际生产中喷嘴堵塞、喷淋集管安装不当、水质差、二冷水管道杂质沉积不及时冲洗等，都会造成冷却不均匀，使铸坯在结晶器内产生的小裂纹，并在二冷区得到扩展。因此应强化喷嘴的维护、检修和更换，加强二冷水管理，对二冷水进行多重过滤，及时更换过滤器，保证水质，防止喷嘴堵塞现象。

4）防止铸坯抖动。铸坯发生抖动是结晶器内弧周期变化的摩擦力大于弧形段铸坯重力所致。对不同的铸机分析发现，较大弧形半径的铸机发生抖动少于弧形半径较小的铸机；相同弧形半径的铸机，生产大断面铸坯的抖动较轻。从大量的生产记录发现，铸坯抖动现象严重时，一般伴随横裂坯出现，抖动较轻时，基本无横裂坯。

拉拔辊粘有异物或动力传输不好会造成转动不畅进而易造成铸坯抖动。这不仅会导致液面波动，还会由于拉力的突然变化使铸坯产生裂纹。

5）强化操作人员培训。加强培训，提高中间包浇钢工的操作技能。由操作工根据结晶器液面波动情况调整氩气量，确保保护渣铺展熔化均匀及时挑出渣圈；确保液面波动范围在±3mm；根据水口受侵蚀情况缓慢且少量调整水口的插入深度。

4.3.2.3　表面星状裂纹

呈星形分布在铸坯表面上的细小裂纹，称为星状裂纹（有称鸡爪子裂纹）。

其危害在于其铸坯轧制时，裂纹会扩展。

A 星状裂纹产生的原因

(1) 钢成分的影响。许多研究和无数生产实践表明，钢水中的 [Cu]、[Sn]、[Nb] 等元素在钢坯凝固过程中沿奥氏体晶界优先析出、扩散，形成星状裂纹。由于 [Sn]、[Nb] 在一般钢中含量较少，因此，经常是因为结晶器铜板无涂层或镀层脱落，造成铜向钢中渗透和富聚所致。

(2) 钢液中 [Al] 含量的影响。钢中 [N] 会与钢中的 [Al]、[Nb]、[Ti] 等生成相应的氮化物，在晶界析出、扩散，加剧星状裂纹的形成和发展。钢中铝含量对星状裂纹的影响如图 4-8b 所示。当钢中 $w[Al] > 0.04\%$ 时就容易产生星状裂纹。钢中的 [N] 含量越高，[Al]、[Nb]、[Ti] 等含量对星状裂纹的影响程度就越严重，会使图 4-8b 曲线上移。

(3) 保护渣的影响。保护渣的碱度和黏度对铸坯星状裂纹的影响较大。有人做过生产试验，应用高黏度、高熔点、低碱度保护渣时，星状裂纹有所减少。保护渣黏度 (1300℃/(Pa·s)) 由 0.104 提高到 0.392，碱度由 0.97~1.22 降低到 0.84~0.97，其板坯星状裂纹显著减少。故为防止 16Mn 板坯表面星状裂纹，推荐保护渣性能为：熔点 1200~1250℃；黏度 (1300℃/(Pa·s)) 0.22~0.28；碱度 0.90~0.95；渣层厚度大于 20mm。

(4) 冷却强度的影响。结晶器的冷却强度不适当会产生星状裂纹。图 4-13 所示为结晶器进水温度对星状裂纹级别的影响。二冷强度过大会使铸坯矫直发生在脆性区，易加剧星状裂纹。

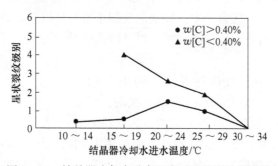

图 4-13 结晶器冷却水进水温度对星状裂纹的影响

B 防止星状裂纹产生的对策

星状裂纹也是表面裂纹的一种，其产生的原因既有表面裂纹的共性原因又有其特殊的原因，在防止星状裂纹产生的对策上也是既有防止表面裂纹的共性对策又有其特殊的对策。

(1) 防止结晶器铜板裸露。结晶器应该有较好的涂镀层，镀镍比镀铬好，钢中镍的存在可以减轻星状裂纹的产生。生产中应认真观察结晶器铜板镀层的完好程度，发现有铜板裸露时必须及时更换。

（2）选用合适的保护渣。从防止铸坯表面星状裂纹的目的出发，可以选择熔点较高、黏度较高、碱度较低的结晶器保护渣。渣层应有足够的厚度。

（3）保证稳态浇注。浇注过程中保证钢水过热度不大于 30℃，液面波动不超过 ±5mm，最好不超过 ±3mm，注速平稳，在易产生非稳态浇注的期间（更换钢包、更换水口等）更应严细操作。

（4）控制冷却强度。当表面或皮下裂纹比较严重时，可通过水量或进水温度调节的方式，将结晶器的冷却强度降低 10%。也可适当降低二冷强度使矫直温度超过脆性温度（Ⅲ）。

4.3.2.4　连铸坯角部裂纹

发生在铸坯角部的裂纹被称作角部裂纹。角部裂纹是铸坯常见的表面缺陷，轻者热加工前需清理，重者可能直接报废。角部裂纹有角部纵裂纹和角部横裂纹两种。角部裂纹产生的原因除与表面裂纹有共性的原因外，与其结晶器转角处的特殊冷却条件及结晶器振动参数也有较大的关系。

A　角部纵裂纹

a　角部纵裂纹产生的原因

（1）钢中成分对角部纵裂纹的影响。若生产的钢种为低碳钢，即 $w[C] = 0.06\% \sim 0.15\%$，此类钢在凝固时发生包晶反应（$L + \delta_{Fe} - \gamma_{Fe}$），并伴随较大的线收缩，坯壳与铜壁之间过早形成气隙，导致热流小，坯壳最薄，坯壳薄弱处结晶组织老化，裂纹敏感性强，同时作用于坯壳上的应力超过钢的高温允许强度，在角部坯壳薄弱处产生应力集中，导致出现细小裂纹。出结晶器后进入二冷区在表面强冷作用下，角部裂纹深入发展，严重时形成漏钢，钢中碳与裂纹敏感性的关系如图 4-14a 所示。

磷、硫均是钢中裂纹敏感元素，钢中 [S] 含量高，形成的 FeS（熔点 980℃）在凝固过程中以液态聚集在晶界之间，诱发晶间裂纹，而 $w[Mn]/w[S] > 30$ 时，硫与锰生成的 MnS 因其熔点较高（1600℃），可大大改善此种情况，如图 4-15 所示。钢中 $w[S]$ 对纵裂纹影响如图 4-14b 所示。当 $w[P] + w[S] > 0.050\%$ 时，铸坯角部纵裂明显增加。钢中 [Al]、[N] 含量的增加会导致铸坯角部纵向裂纹增多。

（2）工艺条件对角部纵裂的影响。钢水过热度增加，高温钢水在结晶器的对流运动对初凝坯壳的冲刷加剧，且过热度越高，柱状晶越发达。有资料显示，过热度增加 10℃，过热钢水强制对流会冲刷已凝固的坯壳，使坯壳重熔 2mm。且向连铸供应钢水时常出现紧张状况，温度波动较大。实际中间包温度往往高于要求的中间包浇注温度，据统计实际钢水过热度超出所浇钢种要求的情况很多，高过热度浇注加重了铸坯凝固时角部纵裂的倾向性。某厂统计的某钢种浇注温度

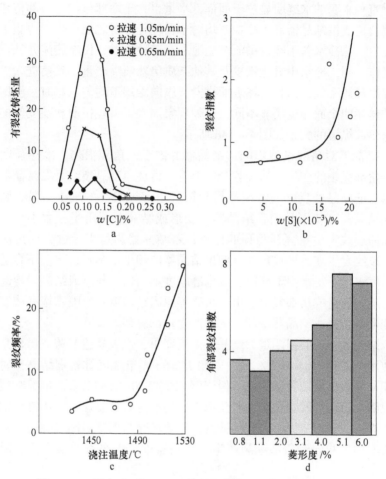

图 4 – 14　钢中 [C]、[S]、注温及菱形度和角部裂纹的关系

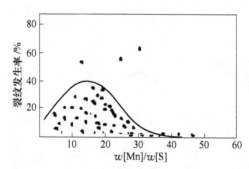

图 4 – 15　$w[\mathrm{Mn}]/w[\mathrm{S}]$ 对铸坯角部纵裂纹的影响

与纵裂纹率的关系如图 4 – 14c 所示。

　　冷却条件也对角部纵向裂纹有影响。若一冷能力低于正常值，初生坯壳较薄,同时直角水套的水缝明显宽于面部,水量也大于面部,加上角部传热为二维传热,就会造成沿结晶器周边冷却不均匀,在坯壳薄弱之处产生应力集中,诱发纵裂的发生。二冷水若不经过平流沉淀池和高速过滤器,仅靠旋流井和机械滤网过滤器工作,则二冷水中氧化铁皮及其他杂质堵塞喷嘴严重,致使进入二冷区的铸坯不仅冷却效率低,而且铸坯表面横向、纵向冷却不均匀,有时目测即可发现同一流的铸坯四个面亮度明显不同,这种现象加剧了铸坯扭曲和菱变倾向。方坯菱形度与角部纵裂的关系如图4-14d 所示。

(3) 结晶器对角部纵裂影响。结晶器的锥度、角部损伤、冷却强度等都会导致铸坯角部纵裂的产生。从金相分析上看,铸坯角部纵裂纹是在结晶器内产生的,所以保证结晶器良好的状况是控制铸坯角部纵裂纹的重要手段。调查中发现:如果结晶器(特别是铜管结晶器)变形或结晶器圆角半径太小,或锥度太小,则纵向裂纹发生在离开角顶的位置;若结晶器圆角半径过大或角部磨损严重,则纵裂纹发生在铸坯顶角处。如果结晶器冷却水量不足,水温不合适,或沿结晶器高度水量不足水温不合适,或水缝厚度不均匀,易形成结晶器冷却不良及坯壳厚薄不匀而造成角部裂纹。由于水质等原因结晶器水冷喷嘴堵塞或管式结晶器发生变形都会造成结晶器冷却不匀而产生角部纵裂。

由于结晶器下口磨损严重,结晶器锥度变小,也极易造成铸坯出现角部纵向裂纹。使用锥度 0.4% ~0.5%/m、圆角 $R = 8mm$ 单锥度管式铜结晶器时,铜管使用前期一般很少出现角部纵裂,但浇钢 700~800t 钢水以后,角部纵裂明显增加。这说明铜管锥度及圆角半径对角部纵裂的产生有重要影响。小锥度铜管若镀层薄,磨损快,会较早失去合理的锥度,导致坯壳与铜壁之间气隙的形成,带来坯壳生长不均匀并导致角部纵裂产生。结晶器锥度大小对裂纹指数的影响如图4-16 所示。

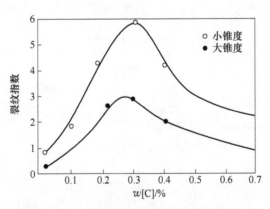

图4-16 结晶器锥度对裂纹指数的影响

铸坯变形造成结晶器传热不合理。菱形变形铸坯的钝角处坯壳属二维传热,冷却快坯壳收缩得早，因此结晶器壁与坯壳脱离接触或接触不良，从而抑制了坯壳的生长，造成在冷却弱处应力集中，这些裂纹都是在固－液界面上产生并指向铸坯表面的裂纹。

铜管角部划痕对角部纵裂也有影响。若炼钢炉向连铸供应钢水温度波动较大，加上二冷水质不佳，导致漏钢率较高。每次开浇和补漏所用短直钢筋对铜管内壁划伤严重，特别是经常的出现角部较深的纵向划痕，不仅增大了角部热阻，还加大了初生坯壳与铜壁的黏结，使拉应力更集中在黏结的较薄的坯壳上。当拉应力超出此处坯壳所受高温抗拉强度时，为坯壳被撕裂出现角部纵裂创造了条件。

（4）二冷水强度过大，使铸坯的弯曲矫直温度处于第Ⅲ脆性区，也容易产生铸坯角部纵向裂纹。图4－17所示为二冷水温度与铸坯角部纵向裂纹的关系。

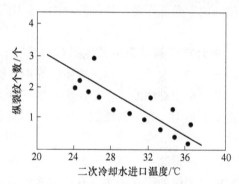

图4－17　二冷水温度与铸坯角部纵向裂纹的关系

二冷水的水质不好可能造成气雾喷嘴堵塞，引起冷却水量不均或水幕扩张角变化，造成铸坯角部冷却不均，极易产生角部裂纹。

（5）保护渣的影响。若保护渣质量不好，或添加保护渣不及时，导致结晶器润滑不连续、不均匀，也是角部纵裂产生的原因之一。

（6）浇钢操作对角部产生纵裂的影响。浇钢操作对结晶器传热均匀性影响很大，并带来坯壳生长的不均匀性。浇钢操作的影响主要是注速变动、液面波动及水口不对中等的影响。

注速频繁变动时，铸机一、二段的冷却强度不可能随机变化，实质上是坯壳受到的冷却强度在频繁变化，这导致坯壳厚度不均，产生角部纵向裂纹。

液面波动是产生铸坯缺陷的重点原因，几乎所有的铸坯缺陷都与结晶器液面波动有关，都是在弯月面钢水结晶过程中产生的。法国Solmer工厂试验表明，液面波动大于10mm，纵裂纹发生几率占产生量的30%。液面波动由±5mm增加至±20mm，纵裂指数由0增加至2.0。对于铸坯表面质量要求严格的钢种，液面波动都应该控制在±（3～5）mm。

中间包长期使用，包壳底部向下凸出严重，致使水口座砖难以安装正。振动台发生变形也会导致水口不对中。水口对中精度偏差较大时，从不对中水口流出的钢流冲刷邻近的初生坯壳，坯壳薄弱处常常是纵裂的发生处。

b　减少铸坯角部纵裂的措施

为减少铸坯角部裂纹，除4.3.2.2节所述减少铸坯表面裂纹措施以外，还应该注意以下事项：

(1) 淘汰直角导流水套，选用不锈钢圆角水套改善铜管参数。新水套水缝在周边和高度方向都很均匀，定位精度高，保证了水流的均匀性；调整铜管锥度，用0.5%~0.7%/m锥度铜管代替0.4%~0.5%/m的铜管，改善铜管工作时坯壳与铜壁的接触条件，减少坯壳与铜壁之间的气隙；同时调整铜管圆角半径，用$R6mm$铜管代替$R8mm$铜管，减少角部坯壳过早脱离铜壁而形成的气隙，改善角部冷却条件，使四面、角部接受较均匀的冷却；加强铜管使用管理，对角部划痕铜管及时更换。

(2) 对有脱方伴生的角部纵裂采取的控制措施。为防止铸坯脱方必须保证水口对中，采用过滤器净化二冷水质，加强二冷室的维护、清理工作，定期校正水管，确保水管对中，及时更换被堵喷嘴，确保喷嘴热态特性的最佳发挥，从而使高温铸坯在二冷区接受更均匀、充分的冷却，防止铸坯菱变的出现。

B　角部横向裂纹

发生在铸坯角部的表面横裂纹，被称为角部横裂纹。它是一种常见的铸坯表面缺陷。产生铸坯角部横向裂纹的因素较多，有些因素是金属凝固特征本身决定的，机理复杂，因此，防止铸坯角部裂纹产生的对策也比较复杂，是连铸工艺和操作系统优化的体现。与其他铸坯表面裂纹产生的共性原因，如钢成分（碳、磷、硫、氮含量）、结晶器冷却强度、二冷强度及工况、浇注速度变化、中间包过热度、液面波动、扇形段开口度等及相应的对策这里就不再赘述。重点介绍振痕、保护渣、结晶器工况对产生铸坯表面横裂纹的影响及其对策。

a　角部横向裂纹的产生原因

(1) 振痕的影响。铸坯角部低倍酸浸实验表明，角部横向裂纹与振痕存在明显的位置对应关系。在连铸过程中，弯月面位置发生周期性变化，是形成振痕的主要原因。振痕的存在造成振痕顶部与底部热传递的不均匀性，在底部会形成局部高温，导致振痕底部生成粗大奥氏体晶粒。奥氏体晶粒的边界处容易生成微观振痕，导致沿晶开裂。振痕底部的粗晶粒结构不仅有利于微观振痕的形成，而且也有利于微观振痕在外力作用下进一步扩展。

在振动期间的负滑脱使结晶器与坯壳分离，负滑脱的时间越长，振痕就越深，容易产生表面和角部裂纹。而负滑脱的时间长短由结晶器的振动模式、振动频率、振幅决定。结晶器振幅越大，频率越低，则振痕越深，造成铸坯角部横向裂纹的可能性越高。

（2）保护渣的影响。铸坯角部横向裂纹始于结晶器内，保护渣熔速、熔点等物理性质的不同均会导致不同化学成分的钢种浇注时保护渣传热及流入不均，凝固坯壳极易出现较大横向热梯度，导致坯壳凝固厚薄不均，在薄的部位易产生拉应力集中，加之振痕底部的凝固较迟，易产生热应力集中。这两种应力作用在凝固界面即成为角裂的起源点。在坯壳向结晶器下部移动过程中，当摩擦阻力较大时，即在起源点形成角裂。

如果保护渣的表面铺展性不好，结晶器角部保护渣熔融性能不好，有"渣条"出现，渣条吸收钢中的夹杂物（如 Al_2O_3）后，性能发生改变，容易被卷入弯月面，从而改变了结晶器角部的热流密度，不利于初生坯壳的冷却和润滑，导致应力集中而产生角部横向裂纹。保护渣对钢种的适应性是影响角横裂产生的主要原因。保护渣物理性能稳定，熔化均匀性良好，熔速控制在 50s 左右，能较好地控制铸坯角横裂缺陷。

（3）结晶器对铸坯角部横向裂纹的影响。当结晶器的锥度较大（如新上线结晶器）时，结晶器与铸坯之间的摩擦力大，拉坯的阻力大，坯壳所受纵向力大，容易在振痕等坯壳薄弱处产生应力集中，导致铸坯角部横向裂纹产生。同理，当结晶器内表面有划痕、结疤等现象时也使拉坯阻力增加，易产生铸坯角部横向裂纹。

（4）二冷强度对铸坯角部横向裂纹的影响。二冷强度过大，使铸坯在弯曲矫直区的温度处于脆性区，极易沿振痕产生角部横向裂纹。

b 防止铸坯角部横向裂纹的对策

在前面的章节中，对防止铸坯表面横向裂纹的共性对策已经进行了详细的介绍。防止产生铸坯角部横向裂纹的对策中，特别应提出的有保护渣质量、结晶器的振动模式、结晶器的锥度和二冷强度。

（1）优化保护渣性能。选择使用熔化均匀的预熔料，调整碱度，保持稳定的熔化速度，会降低铸坯角横裂的发生率。

（2）选择合理的结晶器振动工艺参数。选择合适的振动工艺参数、控制好结晶器液面等，可以减少铸坯振痕深度。采用液压非正弦振动技术可缩短负滑脱时间，减少铸坯的振痕深度。适当降低振幅、提高振动频率也可以减少铸坯角部横向裂纹率。

（3）结晶器保持良好工况。适当减弱结晶器冷却强度，保证结晶器的锥度合适，结晶器表面无划痕、无结疤、无变形。使用管式结晶器的时候要随时观察结晶器的工况，发现问题及时更换。

（4）控制二冷强度。保证二冷弱冷制度的根本目的是保证铸坯表面的矫直温度，从而减少铸坯横裂纹。采取恒拉速操作，保证铸坯表面冷却温度均匀。另外，二冷区喷嘴堵塞或出水不均也会造成铸坯表面冷却不均，为此，生产前对铸机各段喷嘴进行检查，生产时测量铸坯不同部位的温度。

当铸坯表面裂纹比较严重时，可将一冷水的强度降低6%～10%。

4.3.3　铸坯表面增碳和偏析

表面增碳是一种偏析。一般保护渣内含碳量为3%～5%。在浇注时，保护渣中大部分碳在熔化时被消耗掉了，但总有一些残留的碳聚集在液态渣和钢液的界面内，这个富碳层造成接近弯月面处的固态渣圈有碳的富集。当液面上升时，钢液就会与这个富碳渣圈接触并导致弯月面处增碳，特别是当渣粉中含碳量大于6%时更严重。

另外，当熔渣层很薄时，钢液很可能与富碳层直接接触而造成增碳，这种表面增碳对不锈钢是非常有害的，为此，浇注不锈钢时应使用无碳保护渣以避免表面增碳。一般表面增碳层的厚度为1～2mm。

另一种表面偏析现象是在振动痕迹的底部富集合金元素，而且表面偏析（如碳、硅、锰、镍、钼）的大小和深度随负滑脱时间增加而加重，亦即随振痕深度加深而增加。为此，采用高频小幅的非正弦振动方式及保证结晶器钢液面稳定对减轻上述增碳和表面偏析有效果。

4.3.4　铸坯表面凹坑和重皮

4.3.4.1　凹坑

在结晶器内钢液开始凝固时，坯壳厚度的增长是不均匀的，一般坯壳与结晶器壁之间是周期性接触和收缩的。观察坯子表面可以发现，其表面实际上是很粗糙的，轻者如皱纹，严重者呈山谷状的凹陷，这种凹陷也称作凹坑。在形成严重凹陷的部位，其冷却速度较低且凝固组织粗化，很容易造成显微偏析和裂纹。

凹陷有横向和纵向之分。在横向凹陷的情况下，由于沿拉坯方向的结晶器摩擦力的作用，容易产生横向裂纹。这时，钢液可能渗漏出来，一直到在结晶器壁上重新凝固为止，这就是所谓的"重皮"。若钢液渗漏出来又止不住，则将造成漏钢。因此，在有凹坑产生的情况下，长的结晶器可能对弥合这种漏钢是有利的。从这个意义上讲振痕也可看做是具有潜伏裂纹和渗漏的一种横向小型凹坑。

结晶器导出热流和结晶器壁温度是坯壳和结晶器壁接触状况非常敏感的标志。例如，高碳钢高的热流和结晶器壁温度使铸坯表面光滑且坯壳生长均匀。而低碳钢和奥氏体不锈钢铸坯表面就很粗糙，其坯壳生长不均匀，是这类钢易发生漏钢和裂纹的原因之一。

凹坑还有沿纵向分布的，如带菱形变形的方坯靠近钝角附近的纵向凹沟以及板坯宽面的两端形成的凹沟，两者都是在结晶器内冷却不均匀造成的。纵向凹坑往往与裂纹及漏钢相依，在实际生产中不能忽视。

由于凹坑是不均匀冷却引起局部收缩造成的，因此降低结晶器冷却强度，即采用弱冷方式来滞缓坯壳生长和收缩，可以抑制凹坑形成。但在实际生产中，降低结晶器冷却水速度可能会造成结晶器变形。于是，采用改善保护渣的润滑效果有益于改善坯壳生长的均匀性。提高坯壳生长均匀性的另一种办法是采用结晶器内壁镀层或所谓"热顶结晶器"等。

4.3.4.2 重皮

重皮是浇注易氧化钢时，注温注速偏低引起的。注温偏低时，钢液面上易形成半凝固状态的冷皮，随铸坯下降冷皮便留在铸坯表面而形成重皮。采用浸入式水口保护渣浇注，可减少钢液的二次氧化，减少钢液的冷皮。

4.3.5 气孔和气泡

在钢凝固过程中 C–O 反应生成的 CO 或 H_2 溢出，在柱状晶生长方向接近铸坯表面产生气泡，当铸坯表面（或在加热过程中）氧化，气泡与外界联通就形成气孔。细小的气孔又被称为针孔。在铸坯内部形成的气泡未与外界联通，称为气泡。距铸坯表面较近的气泡被称为"皮下气泡"。

导致表面气泡的原因很多，主要有钢液过热度大、二次氧化、空气中水汽被吸入、保护渣水分超标、结晶器上口渗水、中间包衬潮湿、塞棒及滑板间吹氩量过大等。

钢液凝固时 C–O 反应生成的 CO 或 H_2 逸出，在柱状晶成长方向上接近于铸坯表面形成的孔洞称为气孔。气孔直径一般为 1mm，深度为 10mm 左右。气孔裸露在表面的称为表面气孔，没有裸露的称为皮下气孔，气孔小而密集的称为皮下针孔。在加热炉内铸坯皮下气孔外露被氧化而形成脱碳层并有氧化铁，在轧材上会形成表面缺陷，深藏的气孔会在轧制产品上形成微细裂纹。皮下气泡在对铸坯修磨、酸洗时才能发现。

钢水脱氧不良是造成皮下气孔的重要原因之一。因为脱氧不良的钢液中氧含量较高，加之连铸过程中随着钢液温度的下降，氧在钢中的溶解度减低，自由氧含量增高，这些自由氧要和钢中碳发生反应生成 CO 气体，导致钢中气泡量增加。钢中 [Als] 含量可体现钢水的脱氧程度，经验表明，当钢中 $w[Al]$ > 0.008% 就可防止 CO 的生成。

当钢液中氧含量不低于 50×10^{-6} 时，铸坯的内部结构就近似于半镇静钢或沸腾钢，气泡相当严重。图 4–18 所示为某炼钢厂脱氧很不好的连铸坯表面气泡。

保护渣、钢包、中间包覆盖剂、绝热板等浇钢材料的干燥不良会导致钢中增氢，浇铸时 H_2 逸出会生成皮下气孔。不锈钢中 H_2 含量大于 6×10^{-6} 时，铸坯皮下气孔会骤然增加。

图 4-18　脱氧不好的铸坯气泡

对于含 Ti 不锈钢，钢中的 TiN 与保护渣中的 Fe_2O_3 会发生以下反应：

$$6TiN + 4Fe_2O_3 \Longrightarrow 6TiO_2 + 8Fe + 3N_2 \uparrow$$

$$2TiN + 2CaO + 2FeO + 2MnO \Longrightarrow 2(CaO \cdot TiO_2) + 2Fe + 2Mn + N_2 \uparrow$$

上述反应释放出来的 N_2 可能在凝固坯壳处形成皮下气孔。另外生成的 TiO_2 和 $CaO \cdot TiO_2$ 大大增加了渣子黏度，可能会在结晶器钢水面上形成由渣、钢和气体组成的硬壳，对不锈钢铸坯表面质量带来极大的危害。因此对含 Ti 不锈钢，应尽量降低钢中的 ［N］ 和 ［O］ 含量，降低保护渣的碱度以及采用最佳几何形状的浸入式水口（如出口倾角向上 15°）。

中间包塞棒及滑板间吹 Ar 流量过大或拉速过快，会引起结晶器液面钢水"沸腾"，增加了弯月面的搅动，导致卷渣或弯月面的钩形凝固壳会捕捉小于 2mm 的 Ar 气泡（与结晶器卷渣原理相同）。

含氮钢增氮量过大（$\geqslant 550 \times 10^{-6}$）时铸坯中会产生大量气泡，甚至报废。

4.3.6　表面划伤

4.3.6.1　产生划伤的原因

铸坯的划伤缺陷分为连续划伤和规律性划伤。当扇形段的辊子上粘有残钢或残渣、辊子表面堆焊层有脱落形成的凹坑、轴承座处有积渣等没有及时清理，拉坯时铸坯的表面就会被划伤。下部辊子粘钢划伤铸坯下表面，上部辊子粘钢划伤铸坯上表面。辊子正常旋转时划痕周期性出现，辊子不转时划痕则是连续地出现在整个坯身。有时辊身出现裂纹和掉肉，也会使铸坯产生划伤。

4.3.6.2　避免划伤的措施

为避免铸坯划伤，应该随时观察铸坯表面状态，一旦发现有划痕出现，立即检查辊列；发现辊子上有残钢和残渣等异物时立即清除，清理时切忌损伤辊身表面。

定期检查辊列的转动情况，保证油路通畅，轴承润滑系统良好，防止辊身冷却水外泄，发现问题及时处理，不允许有不转动的辊子。

定期检查辊子表面状态，裂纹长度大于 100mm、宽度大于 5mm、掉肉深度大于 5mm 者应立即更换；铸机扇形段辊子表面应采用 "414" 材料堆焊，增强高温下的耐磨能力；因磨损辊直径减少 5% 时就应该下线进行堆焊维修。

4.4 连铸坯内部缺陷

连铸坯的内部质量，主要取决于其中心致密度。而影响连铸坯中心致密度的缺陷是内部裂纹、中心偏析和疏松以及铸坯内部的宏观非金属夹杂物。非金属夹杂物问题已在铸坯纯净度部分作了阐述，下面只讨论连铸坯的内裂、中心偏析和疏松问题。这些内部缺陷的产生，在很大程度上和钢水成分和温度、铸坯的二次冷却以及二冷区至拉矫机的设备状态有关。

4.4.1 内部裂纹

各种应力（包括热应力、机械应力等）作用在脆弱的凝固界面上产生的裂纹称为内部裂纹。通常认为内裂纹是在凝固前沿发生的，大都伴有偏析存在，因而内裂纹也称为偏析裂纹。除了较大裂纹，一般内裂纹可在轧制中焊合。内裂纹按其发生部位可分为中间裂纹、挤压裂纹、角部裂纹、中心裂纹、三角区裂纹，如图 4 – 3 所示。

4.4.1.1 中间裂纹

中间裂纹发生在铸坯外侧和中心之间的某一位置，是在柱状晶间产生的裂纹。其因发生位置一般在中间而得名。这种裂纹的发生主要是因为铸坯表面的温度回升。此外当拉速过快、注温过高时也易形成中间裂纹。防止中间裂纹的措施如下：

（1）控制钢水磷、硫、碳含量及锰硫比。磷是裂纹敏感性元素，磷含量增加将显著增加磷在枝晶间的富集，枝晶间的偏析增加，容易产生裂纹。因成分产生中间裂纹的机理及为减少中间裂纹控制钢水中易偏析元素磷、硫、碳含量及锰硫比等已在 4.3.2 节中论述过，此处不再赘述。

（2）控制和稳定拉速。铸机拉速的高低及变化速率对铸坯的凝固壳厚度、凝固末端位置、凝固组织的构成和铸坯高温力学强度都有极大的影响。拉速频繁变化，凝固末端附近凝固前沿"搭桥"的概率相应增加，最终诱发中间裂纹。因此制定恒拉速考核奖励办法并全力推广恒拉速浇铸，可以保证生产组织和工艺以及二冷供水的稳定，使液相穴的变化小，有利于减少铸坯中间裂纹。

（3）对铸机辊缝进行收缩。对铸机辊缝进行收缩，形成一定的压下量，让枝晶间富集溶质的剩余液相仍保留在其原来的位置，不流到最后凝固的中心部位，从而减轻甚至消除中心偏析，明显降低中心裂纹的发生率。

（4）优化冷却系统提高冷却效果。二冷水状况对铸坯质量十分敏感，铸坯过冷将导致柱状晶发达，降低钢的高温强度；铸坯冷却不足，坯壳过薄易产生鼓肚。铸坯凝固过程中，横向各部位受到的冷却强度及散热量不同，导致横向的温度不一致。铸坯纵向冷却水量分布不当导致铸坯温度降低或回升过快，坯温不同，钢的收缩量不同，将在坯壳上产生热应力和相变应力，使铸坯中心部位撕开而形成中心裂纹。此外，铸坯表面温度回升应小于100℃/m，否则会使坯壳抵抗变形的能力下降，而且还因热胀作用使铸坯中心产生抽吸现象促使钢液流动，加剧中心偏析和中心裂纹。另外，设备冷却不良，如夹辊冷却不良导致弯曲变形，也会造成铸坯鼓肚、搭桥，产生中心偏析和中心裂纹。

4.4.1.2　挤压裂纹

挤压裂纹是连铸坯带液芯弯曲和矫直时，所受的压力超过铸坯本身的极限而产生。近年来开发了多点矫直、多点弯曲、压缩浇注、连续矫直及气水雾化新技术，使挤压裂纹显著减少。

4.4.1.3　中心裂纹

铸坯裂纹的形成是传热、传质和应力相互作用的结果。带液芯的高温铸坯在铸机内运行过程中，各种力的作用是产生裂纹的外因，而钢对裂纹的敏感性是产生裂纹的内因。

铸坯是否产生裂纹决定于钢高温力学性能、凝固冶金行为和铸机设备运行状态，如图4-19所示。铸坯中心裂纹是由于凝固末端铸坯鼓肚变形或中心偏析、中心凝固收缩产生的。为减少铸坯中心裂纹必须做到以下几点：

(1) 控制铸机设备运行状态。钢的高温力学性能与铸坯裂纹有直接关系。铸坯凝固过程固-液界面承受的应力（如热应力、鼓肚力、矫直力等）和由此产生的塑性变形超过允许的高温强度和临界应变值，就会形成树枝晶间裂纹。柱状晶越发达，越有利于裂纹的扩展。因此要减少铸坯发生裂纹的概率，就必须使作用于铸坯的应力总和最小，为此必须保证铸机的良好的运行状态。

1) 调整铸机传动段。调整传动段上框架的垫片，并对扇形段弹簧的预紧力进行检查和调整，保证传动辊辊缝正确、稳定，避免发生鼓肚及异常压下中心裂纹。

2) 加强弯曲拉矫段的检查和维护。辊道和框架在浇注过程中受较大的矫直

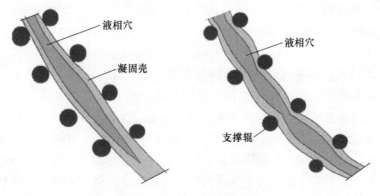

图4-19　铸坯凝固壳变形

力和钢水静压力的作用容易产生位移和变形，因此对弯曲拉矫段进行特护特检，确保铸机可靠的精度值。

3）保证连铸机流道质量。连铸机流道（简称铸流）质量主要包括扇形段开口度及对弧状况。在生产中，由于设备、工艺和技术方面的原因，可能会造成连铸机某处流道质量异常，这样就可能造成该处铸坯产生一定程度的鼓肚。如果鼓肚发生在铸坯凝固末端附近区域，就可能造成该区域钢液不能正常补缩，即使得到补缩，也会在随后流道质量恢复正常时将残余钢液挤压出去。此外，凝固末端铸坯直接受到挤压，造成该区域钢液补缩不足。这两种情况都会产生严重的中心偏析或中心裂纹。

4）建立完善的铸流质量保证体系。对扇形段检修备品的检查确认、辊子装配、铸机开口度、对弧调整、水压和油压试验等环节都由专人负责，并严格按标准进行作业，加强监督，严格考核。使用表面堆焊辊，提高辊子使用寿命，确保铸机流道的质量。同时定期采用辊缝仪对流道进行检测，发现问题及时处理。

（2）控制钢的凝固冶金行为。铸坯在凝固末期形成中心偏析、疏松和缩孔，如果此时钢水过热度过高，拉速与温度不匹配，辊子开口度扩大，就可能扩大为断续性的中心裂纹。裂纹附近夹杂物较多（主要是硫化物沿晶界分布），就会变成中心偏析和中心疏松。为防止中心偏析和中心疏松应采取以下措施：

1）保证良好的二冷状态。改善冷却水质量，保证喷嘴正常。优化二冷制度系统，全面地标定二冷系统的冷却能力和冷却特性。适当加强铸坯凝固末期的冷却，避免铸坯回热。

2）控制钢水过热度。铸坯柱状晶发达，使材料呈各相异性，裂纹容易扩展，且易出现"搭桥"现象。因此必须抑制柱状晶生长，扩大中心等轴晶区。柱状晶和等轴晶区的大小决定于浇注温度，注温高，钢中气体、夹杂也多，铸坯收缩量大，相同冷却强度时坯壳薄、高温力学强度低。另外，钢水温度高时拉速低，从而导致铸机夹持辊弯曲、变形或损坏。控制钢水过热度为 15 ~ 30℃。

掌握转炉出钢至连铸的钢水过程温降变化规律，配套应用红包出钢、钢包保温、LF 炉工位钢水调温、保温型中间包盖和中间包碱性覆盖剂等技术，完善中间包温度制度，适当降低出钢温度和钢水过热度，保证浇注温度合格率，钢水过热度合适。必要时可应用中间包加热工艺。

3）制定合理的操作制度。加强生产组织管理，突出向连铸供应钢水节奏的调控作用，推行恒速浇注，避免铸机拉速频繁波动；加强铸坯在线质量的监控，发现中心裂纹立即采用升速或降速的措施使铸坯凝固终点避开铸机流道质量异常区域；规定换包最后一炉不能采用快降拉速操作，持续降速时间不能超过 3 ~ 5min，在某一拉速水平稳定 3 ~ 5min 后再进行降速；严格执行高温慢拉操作，尽量降低高温钢水对铸坯中心偏析及中心裂纹的影响程度。

4.4.1.4 三角区裂纹

板坯出现的内部缺陷主要是三角区裂纹。在低倍状态下，从板坯窄面生长形成的三角形柱状晶区域称为三角区。凡在此区域内的裂纹通称三角区裂纹，其表现形式有以下三种：

第一种裂纹（见图 4 - 20 中的 1）是沿铸坯窄面和宽面生长的柱状晶的交界处裂开，与宽面成一定的夹角，裂纹距铸坯角部 60 ~ 80mm，长 20 ~ 40mm。

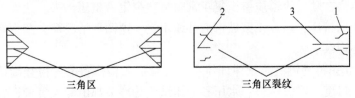

图 4 - 20 三角区裂纹

第二种裂纹（见图 4 - 20 中的 2）是在铸坯的中间裂开，与铸坯宽面平行，距铸坯侧边 40 ~ 60mm，长 20 ~ 40mm，完全在铸坯三角区内。

第三种和第二种相似，但裂纹已延伸到三角区以外（见图 4 - 20 中的 3），裂纹长度 60 ~ 100mm，部分裂纹长度大于 130mm，对铸坯质量影响较大。第一种裂纹少见，第二、三种裂纹常见。

A 三角区裂纹的产生原因

板坯出现第一种三角区裂纹缺陷是由于结晶器倒锥度较大。一般板坯结晶器倒锥度值控制在 0.75%/m，当数值过大时，便会出现此种缺陷，随着结晶器通钢量的增加，锥度值减小，这种缺陷会逐渐消失。

板坯出现最多的第二种三角区裂纹缺陷与钢水过热度、拉速、配水、浇注操作及扇形段辊缝开口度等因素有关，但主要是扇形段辊缝开口度和钢水过热度。如果辊缝开口度大小不一，即使上述条件都正常，也会产生三角区裂纹缺陷。

如果辊缝开口度较标准，而有钢水过热度高、拉速不稳定、配水量过大或过小等情况时，使铸坯不能在设计的凝固点处完全凝固，或者后部比前部先凝固，前部得不到补充钢液，由于铸坯凝固收缩，则在凝固末端出现中心裂纹。中心裂纹在中间部位的也称铸坯分层，在两侧的是三角区裂纹。

B 预防措施

（1）合适的钢水温度是连铸顺行的保证。合适的钢水过热度为 15 ~ 30℃。如温度过高，则使铸坯液芯长度（冶金长度）延长，出现后部比前部先凝固的现象，部分铸坯在凝固收缩时得不到补充钢液而形成中心裂纹。

（2）稳定拉速。如果拉速变动，配水参数也要随拉速变化，铸坯的冶金长度也随之改变，引起铸坯的完全凝固点提前或滞后，这都会造成铸坯中心疏松或裂纹现象。所以稳定拉速是提高铸坯质量的前提条件。

（3）稳定冷却水流量。三角区裂纹的形成与铸坯窄面冷却强度有关。三角区和铸坯中心的凝固同步，铸坯就不会产生三角区裂纹缺陷。如果铸坯窄面冷却强度小，三角区部位完全凝固时落后于铸坯中心，则三角区因凝固时的收缩间隙得不到中心钢液的补充而产生裂纹。为此应根据生产实践找出最佳的一冷配水参数。

严格执行操作规程是生产优质铸坯的保证，如拉速的提升和稳定程度、保护渣加入的方法、浸入式水口的插入深度、结晶器液面稳定程度等。

扇形段辊缝开口度、各段之间的对弧以及各辊之间的辊缝排列情况对铸坯的内部质量都有影响，其中辊缝开口度的影响最大。而每一处设备故障都可能改变辊缝的开口度，所以保持设备的完好是生产优质铸坯的前提。

（4）轻压下技术的应用。板坯生产采用收缩辊缝技术（轻压下技术），即在铸坯凝固末端辊缝逐渐缩小，对铸坯产生一定压力，以避免铸坯收缩时产生缩孔现象。

中心偏析的产生是由于铸坯在运行过程中，凝固壳鼓肚或凝固收缩引起富集溶质残余液体流动而使局部溶质聚集的结果。为此在凝固末期采用轻压缩技术来补偿最后凝固阶段的收缩，可以消除铸坯中心偏析。

由图 4 - 21 可见，扇形段辊距大时中心偏析严重（见图 4 - 21a）；扇形段辊距小时中心偏析中等（见图 4 - 21b）；应用轻压下以后，中心偏析基本消失（见图 4 - 21c）。

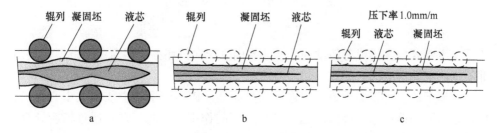

图 4 - 21 铸坯轻压下

a—大辊间距，坯壳鼓胀严重，中心偏析严重；b—小辊间距，坯壳鼓胀轻微，中心偏析中等；
c—小辊间距，加轻压下中心偏析消失

某厂大方坯连铸机生产断面 300mm × 400mm，辊间距为 420mm，在 4200mm 长度内布置 11 对辊子，每对辊子用液压控制均匀压下，当压缩速率为 0.7 ~ 0.9m/min，中心偏析减到最小。

平段辊子采用轻压下技术，压缩区长度 2 ~ 4m，试验结果表明，适度轻压缩对减少中心偏析极为有效，V 形偏析几乎消失，如图 4 - 22 和图 4 - 23 所示。

板坯连铸采用轻压下时角部区域中心偏析有所增大，这是因为：板坯宽度方向压缩不均匀；液相穴末端形状不规则；改变了板坯宽度方向压缩的均匀性。轻

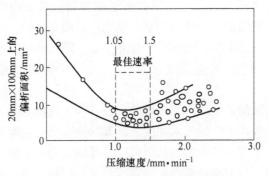

图 4 – 22　压缩率对偏析影响图

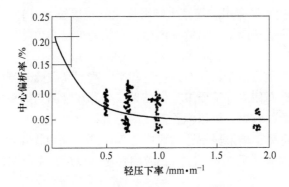

图 4 – 23　轻压下对中心偏析影响

（$\Delta T \geqslant 30℃$）

压下支承辊开口度排成有斜度的，铸坯导向系统在拉坯方向逐渐变窄，使铸坯内部凝固时互相压缩焊合不致引起内裂纹。

　　轻压下的位置至关重要，位置过前反而会使铸坯产生气囊或加大中心疏松，位置过后因为铸坯已经凝固而起不到轻压下的作用。因此，必须通过精密计算，针对不同铸机和钢种进行试验后确定。

　　有人采用故意鼓肚和轻压下相结合的技术（称 IBSR 法）来改善中心偏析。试验表明，故意鼓肚量 6mm，轻压下速率 0.75 ~ 0.9mm/m，中心偏析的改善优于普通的轻压下法。

4.4.1.5　断面裂纹和中心星状裂纹

　　断面裂纹是指在板坯厚度中心线上出现的裂纹，故也称中心线裂纹。板坯的这种裂纹由于在进一步加热时会氧化，因此会使板坯报废。特别是不锈钢板坯，若出现这种裂纹的话，即使冷轧成钢板也不能焊合。因此，断面裂纹虽出现少，但危害却很大。

　　断面裂纹的产生与操作条件有关。例如，在多炉连浇时往往在交换钢包和中间包等异常操作情况下易发生断面裂纹。特别是在液相穴末端附近,由于辊子不正和在该处受到强烈冷却,或中间包钢液过热度太高时都会出现断面裂纹。此外,有人认为接近窄面附近的断面裂纹与窄面凹坑有密切关系。由上面分析可认为,断面裂纹实际上和钢锭的二次缩孔相似。它是由于钢液补缩中断产生大量缩孔形成的,而不是在完全凝固之后产生的。因此,它是和树枝晶搭桥造成中心缩孔具有同样性质的缺陷。另外,钢中含氢量在 0.001% 以上时,凝固末期产生的氢气压力大于钢液的静压力,阻碍了钢水补缩而生成大量缩孔,导致断面裂纹。

在方坯断面上的中心星状裂纹是与板坯中心线裂纹生成原因类似的一种缺陷,也是由于钢液温度过高、浇注太快和一冷过激造成的。

根据以上分析,防止这类裂纹的最基本途径是设法保持平滑的液相穴形状。为此,应使坯壳均匀生长、调整辊列系统、防止凝固末期剧烈冷却、保持钢液适当过热度、降低钢中含氢量等。

4.4.2 中心偏析与中心疏松

4.4.2.1 中心偏析与中心疏松形成的原因

铸坯中心部位的易偏析元素碳、磷、硫、锰等含量高于铸坯边缘的现象称为中心偏析,中心偏析和疏松是连铸坯内部主要的质量缺陷。生产高碳钢的连铸坯出现中心偏析时,在加工过程中会发生断裂,而轧制厚板时钢的韧性下降。此外,中心偏析还往往伴有中心裂纹、中心疏松,进一步降低了铸坯的内部致密性和轧材的力学性能。

A 中心偏析与中心疏松形成原因

中心偏析是指钢液在凝固过程中,溶质元素在固液相中进行再分配时,表现为铸坯中元素分布不均匀,铸坯中心部位的碳、磷、硫、锰等元素含量明显高于其他部位。在铸坯厚度中心凝固末端区域常表现为 V 形偏析。

中心疏松是指钢液在凝固末期,在铸坯厚度中心的枝晶间产生微小空隙。

(1)溶质元素富集。钢液中易偏析溶质元素含量过高是中心偏析和中心疏松形成原因之一。铸坯从表壳往中心结晶的过程中,钢液中的溶质元素在固液相界上具有溶解平衡移动,易偏析元素以柱状晶粒析出,排到尚未凝固的金属液中,随结晶的继续进行,这些易偏析元素被富集到铸坯中心或凝固末端区域,由此产生中心偏析和中心疏松。

(2)凝固搭桥。中心偏析和中心疏松形成的另一个原因是"凝固晶桥",即铸坯凝固过程中,铸坯传热的不稳定性导致柱状晶生长速度快慢不一,优先生长的柱状晶在铸坯中心相遇形成搭桥,液相穴内钢液被凝固晶桥分开,晶桥下部钢液在凝固收缩时得不到上部钢液补充而形成疏松或缩孔,并伴随中心偏析。凝固组织中柱状晶越发达时,越容易形成凝固晶桥,铸坯中也越容易产生中心偏析和中心疏松。

（3）空穴抽吸。铸坯在凝固过程中若发生坯壳鼓胀，在铸坯中就会产生空穴，这些空穴具有负压抽吸作用，使富集了溶质元素的钢液被吸入铸坯中心而导致中心偏析；在凝固末期由于液体向固体转变发生体积收缩而产生一定空穴，也使凝固末端富集溶质元素的钢液被吸入铸坯中心，导致产生中心偏析。因此，铸坯鼓肚量越大，中心偏析就会越严重。

B　影响中心偏析和疏松的因素

在连铸坯剖面上可看到不同程度的分散的小空隙，称为疏松。疏松有三种情况，即分散在整个断面上的一般疏松、在树枝晶内的枝晶疏松和沿铸坯轴心产生的中心疏松。一般疏松和枝晶疏松在铸坯轧制时有可能焊合，而中心疏松在轧制过程中不太容易焊合，故明显影响铸坯质量。

钢液的成分（[C]、[S]、[P]的含量）、注温、注速、坯型、冷却强度等对连铸坯的偏析和疏松都有影响。

（1）成分对疏松的影响。碳、硫、磷都是易偏析元素，钢液[C]、[S]、[P]的含量越多，连铸坯的偏析程度越严重，由偏析导致的疏松就越严重，如图 4-24a、b、c 所示。

（2）注温对疏松的影响。由于连铸坯的中心偏析是发达的柱状晶所引起的，而注温的高低又是影响柱状晶生长的重要因素。当注温高，连铸坯柱状晶区发达时，其中心偏析和疏松就严重；当注温低，等轴晶区发达时，其中心偏析和疏松较轻微，如图 4-24d、e 所示。

（3）注速对疏松的影响。随着拉坯速度增大，铸坯在结晶器内的停留时间变短，从而使钢液凝固速度降低，增加因消除钢液过热度所需要的时间，其结果是铸坯液芯延长，这不但推迟了等轴晶的形核和长大，扩大了枝状晶区，而且增加发生铸坯鼓肚的危险。所以，随着拉速的增加，铸坯中心偏析和疏松的级别也随之增加，如图 4-24f 所示。

4.4.2.2　解决中心偏析与中心疏松的对策

由 4.4.2.1 节的论述可知，影响偏析和疏松的因素很多，其中，最根本是要控制柱状晶生长速度和减少易偏析元素的含量。凝固时树枝晶间富集溶质残余母液的流动是造成中心偏析的主要原因。为减少中心疏松、缩孔和偏析，要抑制柱状晶生长，扩大中心等轴晶区和抑制液相穴末端富集溶质的残余钢液的流动。

（1）钢液成分的控制。虽然碳是易偏析元素，但是钢中的碳含量是根据钢种性能的要求而确定的，因此不能用降低钢中碳含量的方法来减少连铸坯的偏析和疏松，特别是对于含碳量较高的特殊钢（如轴承钢）必须采取其他工艺来减轻钢中碳对偏析和疏松的影响。钢中的磷、硫不仅加剧连铸坯的偏析和疏松，而且还会影响钢的其他性能，所以应该采用铁水预处理、LF炉精炼（脱硫）、强化

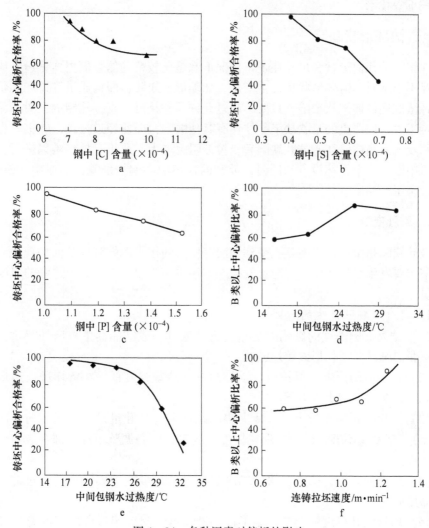

图 4-24 各种因素对偏析的影响

初炼炉脱磷等工艺，在综合考虑生产成本基础上，尽可能降低钢中的磷、硫含量。

（2）加强连铸工艺控制。降低中间包钢水过热度（15~30℃），减少浇注速度的变化，尽可能做到恒速浇注。适当提高二冷强度。

（3）保持铸流参数稳定。定期检查和调整结晶器的锥度、对弧、开口度、减少连铸坯鼓肚，详见 4.5.1.2 节。

（4）采用新技术。在生产某些钢种（如轴承钢）时由于受到浇注速度、铸坯形状、铸机流数等条件的限制，无法实现低过热度、恒拉速等条件。为此建议根据品种的需要，应用中间包加热、电磁搅拌（E-MES、S-MES、F-MES）

和轻压下等技术。

4.5　连铸坯形状缺陷

连铸坯的几何形状和尺寸在正常情况下都是比较精确的，但当连铸设备或工艺情况不正常时，铸坯形状将发生变化，如菱形、鼓肚，即构成了连铸坯形状缺陷。轻微的连铸坯形状缺陷，只要不超过允许误差是可以直接轧制的，对产品质量影响不大，但严重的形状缺陷往往伴有其他缺陷，即使经过处理，轧钢时也不能顺利咬入。当连铸坯有鼓肚缺陷后，拉坯阻力增大，严重时拉坯难以进行，生产被迫中断，甚至损坏设备。同时，鼓肚的板坯中心偏析加重，形成中心裂纹，严重危害了产品质量。

4.5.1　鼓肚变形

鼓肚缺陷是指铸坯表面凝壳受到钢液静压力的作用而鼓胀成凸面的现象。这种缺陷主要发生在板坯中，有时也发生在方坯中，其程度以中央与边缘的厚度差来衡量。

4.5.1.1　鼓肚产生的原因

（1）结晶器倒锥度的影响。结晶器倒锥度过小或结晶器下口磨损严重，铸坯过早脱离结晶器壁，形成铸坯鼓肚。

（2）保护渣的影响。保护渣流动性过好，冷却强度低，在铸坯进入扇形段后坯壳薄，在内部钢水压力下形成鼓肚。

（3）二冷夹辊间距过大。二冷夹辊间距过大（鼓肚量是与辊间距的4次方成正比），辊刚度不够，运行中形成挠度，或辊径中心调整不准，都会成为铸坯鼓肚的原因。

（4）拉速的影响。拉速过快，二冷强度过低，可能造成铸坯坯壳过薄，出结晶器后间断鼓肚。

（5）扇形段开口度的影响。扇形段的开口度不对或扇形段之间的开口度不协调，也可能使铸坯产生鼓肚。

4.5.1.2　减少鼓肚缺陷应采取的措施

确定合适的两对辊间距，间距越大越容易鼓肚；辊子要保持良好的刚性，防止变形；要有足够的二次冷却强度，以增加凝固壳厚度；拉速变化时，特别是由低变高时，二次冷却水量也相应增加；辊子对中要好，实行分解小辊密排；保证扇形段的开口度正确，各扇形段之间的开口度谐调、合理等措施都有利于减少或杜绝铸坯鼓肚。

4.5.2　菱形变形

在方坯横断面上两个对角线长度不相等，即断面上两对角度大于或小于90°

称为菱变,俗称脱方。它是方坯特有的缺陷。菱形变形往往伴有内裂。脱方形状有时双边,有时单边。菱变大小用 R 来表示:

$$R = \frac{a_1 - a_2}{0.5(a_1 + a_2)} \times 100\%$$

式中,a_1、a_2 分别为两条对角线长度。

当 $R > 3\%$,方坯钝角处导出热量少,角部温度高,坯壳较薄,在拉力的作用下会产生角部裂纹;当 $R > 6\%$ 时,在加热炉内推钢或轧制时会发生咬入孔型困难。因此应控制菱变在 3% 以下。

4.5.2.1 脱方成因分析

脱方发生的主要原因是在结晶器中坯壳冷却不均匀,厚度差别大,在结晶器和二冷区内,引起坯壳不均匀收缩,厚坯壳收缩量大,薄坯壳收缩量小;在冷却强度大的角部或两个面之间形成锐角,在冷却强度小的两个面之间形成钝角。

脱方初始形成在弯月面以下约 50mm 的范围内,脱方源于铸坯的 4 个面冷却不均匀。这也可以解释脱方为何会周期性地转换方向。脱方在弯月面处形成,但铸坯在出结晶器之前,受到结晶器的遏制,脱方不会有很大发展。出结晶器后,即便喷淋水在铸坯 4 个面上冷却均匀,脱方也会进一步发展。这是因为在结晶器出口处锐角的坯壳厚度大于钝角,因而锐角被水喷淋的冷却速度将大于钝角。

因此,如果小方坯在弯月面处的 4 个角和 4 个面都能均匀冷却,就可以消除脱方。

4.5.2.2 影响脱方的工艺因素

(1) 浇注温度和拉坯速度的影响。浇注温度高、拉速快容易引起结晶器内冷却水的间歇沸腾和坯壳变形,致使坯壳厚度减薄,坯壳的强度和刚度降低。这些都会使初生坯壳在不均衡力作用下产生变形,助长脱方的发生。

(2) 中间罐浸入式水口偏斜或注流不对中时的影响。当注流偏斜时,易使与水口相近区域坯壳减薄,而相对区域坯壳相应加厚,使坯壳的不均匀性加剧,在不均匀冷却应力作用下,坯形扭曲。

(3) 钢水脱氧程度的影响。钢水的洁净度及氧化性影响坯壳在结晶器内凝固的均匀性和坯壳厚度。水口结瘤会导致注流偏斜,使结晶器内坯壳的生长不均匀,可能造成铸坯脱方。

(4) 化学成分的影响。小方坯生产实践表明,当 $w[C] > 0.2\%$ 时最容易脱方。这是由于钢在此碳含量时,结晶器的热导出偏高、钢的凝固区间偏短。二者的共同影响使得这种碳含量的钢脱方最大。

钢中磷高时,可以减少坯壳在结晶器内的有效厚度,使弯月面以下 20 ~ 50mm 处的热流增加,容易产生间歇沸腾,也就容易脱方。低碳钢中与碳相比,磷更容易使高碳钢脱方。

钢中 $w[S]<0.025\%$、$w[P]<0.040\%$、$w[Mn]/w[S]>30$ 时，有利于减少脱方。

4.5.2.3　影响脱方的设备因素

（1）结晶器振动的影响。结晶器振动不平稳、液面起伏过大，使铸坯在结晶器内受力不均匀，增加铸坯与结晶器铜壁之间气隙的不均匀程度，导致不均匀传热，加剧坯壳厚度的不均匀性，加剧脱方。

（2）结晶器锥度的影响。结晶器锥度大，脱方程度减轻；锥度小，易产生脱方。

（3）结晶器工况的影响。铜管磨损严重、镀铬层不规则剥落及变形达到一定程度等因素，都可能造成结晶器内初生坯壳厚度不均匀，致使在拉坯过程中，因气隙较大、冷却不均匀而产生脱方。

（4）结晶器冷却水质的影响。结晶器冷却水质影响铜壁温度和铜管变形。沉积到铜管外壁侧的水垢会引起铜壁局部热阻升高，加剧间歇沸腾和铜管变形，促使铸坯脱方。

（5）结晶器水套的影响。如果结晶器铜管周边的冷却水流速不均匀，铜管四壁的热流密度不同，就会造成坯壳冷却不均匀，导致脱方。水套通常用软钢（08F）制造以降低成本，但软钢易受腐蚀并变形严重，影响水缝尺寸。若水套角部不是圆角，角部的水流间隙就比面部大，这就局部降低了水流阻力，使水优先流向角部，从而减少面部水流速度。一般来说，角部承受的冷却是足够的，而面部要求有高的水流速度来减小铜管变形。此外，在角部开口的水流间隙有把相邻两个面的水流隔开的作用，因此水流入口处的速度不均匀且不能调整。要保证均匀的水缝就必须要求水套的圆角与铜管的圆角同心。

（6）连铸机状态的影响。导向段磨损及变形可使铸坯偏离弧线，使坯壳与铜管之间的气隙不均匀，造成局部传热的不均匀，加剧脱方。另外，若结晶器和二冷段不对中，喷嘴有堵塞、脱落或喷嘴设计不当也将加剧脱方程度。

拉矫机压力过大，会造成铸坯变形；拉矫辊不平行也将造成脱方。

4.5.2.4　减少脱方的措施

（1）结晶器采用窄水缝、高水速。结晶器采用窄水缝、高水速可以使弯月面处的热面温度降低，减小液面波动对脱方的影响。

（2）减少液面波动。液面波动与铸流扰动有关。为了减少扰动，中间包应用流动控制装置。除开浇和更换钢包时外，拉速要稳定在一定范围。为此，应采用优质定径水口，钢水温度和脱氧程度都要控制在合适的范围内。中间包液位不宜过低，否则钢水注流冲击波将带入中间包注流，引起结晶器内液面波动；用塞棒控制液面优于用拉速控制液面，前者使液面波动减少。做好保护浇注，可以使液面波动减少。

（3）控制负滑动时间。负滑动时间 $t_n = 0.12 \sim 0.16s$ 为宜，当 $t_n > 0.16s$ 时，振痕深，对脱方有不利影响。

（4）保证中间包水口对中。中间包水口对准结晶器中心、液态保护渣流量合适且分布均匀、水缝均匀、结晶器壁厚度均匀且四面的锥度一致等措施都有利于减少脱方。

（5）正确对弧。结晶器以下的 600mm 距离要严格对弧，以确保二冷区的均匀冷却。

（6）确保结晶器冷却水水质。结晶器冷却水用软水，并定期检查水质的质量，避免结晶器内产生水垢。

（7）铸流设备稳定。在结晶器下口设足辊或冷却板，以加强对铸坯的支撑。加强设备的检查与管理，保证铸流设备部分不变形、不损伤。

参 考 文 献

[1] 冯捷，史学红. 连续铸钢生产 [M]. 北京：冶金工业出版社，2011.

[2] 蔡开科，程士富. 连续铸钢原理与工艺 [M]. 北京：冶金工业出版社，2005.

[3] 陈家祥. 连续铸钢手册 [M]. 北京：冶金工业出版社，1991.

[4] 胡洵濮. 连铸坯角部纵裂分析及对策 [J]. 钢铁研究，2002 (12)：4～7.

[5] 赵艳玲，王洪兴，王淑满，等. 连铸坯角部裂纹产生原因及改进 [J]. 河北冶金，2011 (9)：69～71.

[6] 孙群，张波，赵晨光，等. 连铸坯中心偏析的研究 [J]. 工业加热，2007 (6)：36～38.

[7] 张丽珠，刘新宇，王新华，等. 高洁净低合金钢 16MnR 连铸坯高温延塑性研究 [J]. 钢铁，2001 (12)：51～54.

5 炼钢用耐火材料

5.1 耐火材料的发展

钢铁工业的迅速发展对耐火材料提出更高、更新的要求，促进了耐火材料工业的飞速进步。而耐火材料的飞速进步保证了钢铁工业的发展和钢铁产品质量的提高。特别是近年来，我国耐火材料工业发展迅速，开发了大量高、精、尖的产品，基本满足了国内的需要，并在国际市场上占领了一席之地。应该说，我国耐火材料工业为中国成为世界钢铁工业强国做出了巨大贡献。

钢铁工业对耐火材料的要求是长寿命、低成本、少污染、净化金属液、易使用和价格合理。炼钢用的耐火材料从 20 世纪 70 年代开始发生了根本性的改变，如图 5-1 所示。

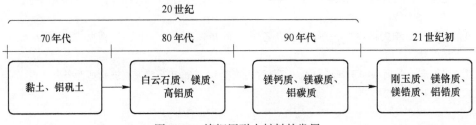

图 5-1 炼钢用耐火材料的发展

目前耐火材料发展最快的是铝质耐火材料（以 Al_2O_3 为主）和镁质耐火材料（以 MgO 为主），其发展趋势是高纯化、精密化、致密化。

5.2 耐火材料的基本知识

5.2.1 耐火材料的分类

耐火材料可按不同的标准进行分类。

（1）按化学性质分类。耐火材料按化学性质可分为酸性耐火材料、碱性耐火材料和中性耐火材料。

1）酸性耐火材料。酸性耐火材料通常是指耐火材料中 SiO_2 含量大于 93% 的氧化硅质耐火材料。它的主要特点是在高温抵抗酸性熔渣的侵蚀，易与碱性熔渣起反应。如石英玻璃制品、熔融石英制品、硅砖及硅质不定型耐火材料均属酸性耐火材料；黏土质耐火材料是属半酸性或弱酸性的耐火材料；锆英石质和碳化硅质作为特殊酸性耐火材料也归在此类之中。

2）碱性耐火材料。碱性耐火材料是指以 MgO 或 MgO 和 CaO 为主要成分的耐火材料。这类耐火材料的耐火度都很高，能够抵抗碱性熔渣的侵蚀。像镁砖、镁铝质、镁铬质、镁橄榄石质、白云石质耐火材料等均属此类耐火材料，其中镁质、白云石质属强碱性耐火材料，而镁铝质、镁铬质、镁橄榄石质及尖晶石类材料均属弱碱性耐火材料。

3）中性耐火材料。中性耐火材料在高温下，与碱性或酸性熔渣都不易起明显反应，如高铝质、铬质耐火材料均属此类。高铝质耐火材料是具有酸性倾向的中性耐火材料；而铬质耐火材料则是具有碱性倾向的中性耐火材料。

（2）按耐火度分类。耐火材料按耐火度的高低可分为普通级耐火材料、高级耐火材料、特级耐火材料和超级耐火材料。普通级耐火材料的耐火度在1480～1770℃；高级耐火材料的耐火度在 1770～2000℃；特级耐火材料的耐火度在2000℃以上；超级耐火材料的耐火度在3000℃以上。

（3）按化学矿物组成分类。耐火材料按化学矿物组成可分为硅酸铝质耐火材料、硅质耐火材料、镁质耐火材料、铝质耐火材料和炭质耐火材料等。

（4）按成型方法分类。耐火材料按成型方法可分为定型耐火材料、不定型耐火材料和纤维耐火材料，如图5－2所示。

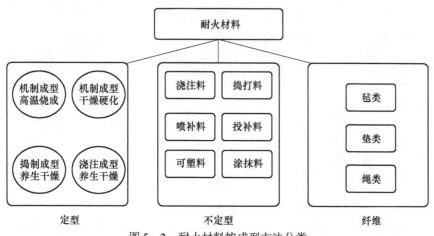

图5－2 耐火材料按成型方法分类

（5）按材料性质分类。耐火材料按材料性质可分为氧化物耐火材料、非氧化物耐火材料、氧化物耐火材料和非氧化物耐火材料结合的复合耐火材料，如图5－3所示。

（6）按用途分类。耐火材料按冶金工厂的使用场所可分为炼焦炉耐火材料、高炉耐火材料、混铁炉耐火材料、铁水预处理耐火材料、转炉耐火材料、钢包耐火材料、精炼炉耐火材料、连铸耐火材料、炉窑耐火材料等，如图5－4所示。

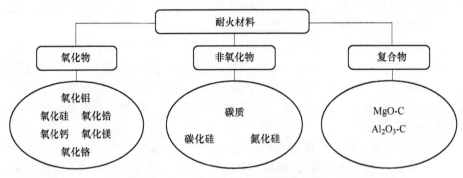

图 5 - 3　耐火材料按材料性质分类

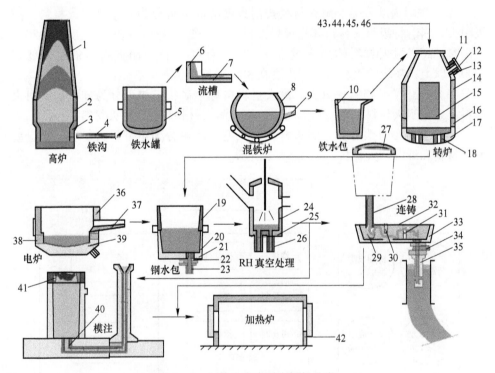

图 5 - 4　钢铁生产中耐火材料分类

1—高炉炉身砖；2—高炉炉腹砖；3—高炉炉缸砖；4—铁沟料；5—铁水罐砖；6—受铁斗；
7—流铁槽；8—混铁炉衬砖；9—出铁口；10—铁水包衬砖；11—出钢口外座砖；12—口套管砖；
13—出钢口内座砖；14—转炉炉身砖；15—转炉耳轴砖；16—转炉渣线砖；17—转炉炉底砖；
18—底枪保护砖；19—钢包渣线砖；20—钢包包壁砖；21—钢包包底砖（包括座砖、上水口砖）；
22—钢包滑动水口砖；23—钢包下水口砖；24—RH 真空室砖；25—RH 下部槽砖；
26—RH 吸嘴砖（包括喷补料）；27—包盖；28—长水口；29—冲击板；30—挡渣堰；
31—挡渣坝；32—中包盖；33—中包衬（包括座砖）；34—滑动水口；35—浸入式水口；
36—电炉挂渣炉壁；37—出钢口；38—渣线砖；39—电炉炉底；40—绝热板；
41—浇钢砖；42—加热炉衬砖；43—大面料；44—溅渣改渣剂；45—手投料；46—喷补料

5.2.2 耐火材料的主要性质

（1）耐火度。耐火度是指耐火材料在高温下不软化的性能。耐火材料是多种矿物的组合体，在受热过程中，熔点低的矿物首先软化进而熔化，随着温度的升高，高熔点矿物也逐渐软化进而熔化。因此，耐火材料没有固定的熔点。耐火材料受热软化到一定程度时的温度称为该材料的耐火度。

根据 YB 368—1975 规定，将耐火原料或制品做成上底边长为 2mm、下底边长为 8mm、高为 30mm、截面为等边的三棱锥台，称试样耐火锥。将试样耐火锥与标准锥同时加热，试样受高温作用软化弯倒，以同时弯倒的标准锥的序号来表示试样的耐火度。我国是以标准锥的序号再乘以 10 作为试样的耐火度。例如标准锥的序号是（W2）176，则试样耐火度为 1760℃。

耐火度不能代表耐火材料的实际使用温度，因为耐火材料在实际使用时都承受一定的载荷，所以耐火材料实际能够承受的温度比所测耐火度要低。耐火度越高，耐火材料越好，但其制造成本越高。应该根据不同的使用条件选择具有合适耐火度的耐火材料。

（2）耐压强度。耐火材料试样单位面积承受的极限载荷称为耐压强度，单位是 MPa。在室温下所测的耐压强度为耐火材料的常温耐压强度；在高温下所测的数值为高温耐压强度。试验规定，在耐火制品的一个角切取试样，试样不得有裂纹、缺边、掉角等缺陷，试验时试样受力方向与成型时的加压方向一致。测定耐压强度每组应 3 个试样，试验结果的平均值为试样耐压强度值。耐压强度越高表示耐火材料承受压力的能力越强。

（3）荷重软化温度。荷重软化温度也称荷重软化点。耐火制品在常温下耐压强度很高，但在高温下承受载荷后就会发生变形，耐压强度就显著降低。荷重软化温度就是耐火制品在高温条件下，承受恒定压力条件下发生一定变形的温度。荷重软化温度测定的方法是根据 YB 370—1995 规定，将待测耐火材料制作成高 50mm、直径为 30mm 的圆柱体试样，加 0.2MPa 的静压，按 4~5℃/min 的速度升温，试样受压变形，测出耐火材料的荷重软化温度。当试样压缩 0.6% 时的温度为荷重软化开始的温度；压缩变形至 20% 时的温度为荷重软化终了温度。

荷重软化温度也是衡量耐火制品高温结构强度的指标。耐火材料的实际使用温度比荷重软化温度可以稍高些，其原因一方面是由于材料实际荷重小于0.2MPa，另一方面是耐火材料在冶金炉窑内只是单面受热。

（4）抗热震性。耐火材料抵抗由于温度急剧变化而不开裂或不剥落的性能称为抗热震性，又称温度急变抵抗性或耐急冷急热性。耐火材料经常处于温度急剧变化状态下作业，由于导热性较差，材料内部会产生应力，当应力超过材料的结构强度极限时就会产生裂纹或剥落。因此，抗热震性也是耐火材料的重要性质之一。耐火材料的抗热震性是根据 YB 376 规定来测定的。将耐火材料制成试样，加热至1100℃后，马上置于冷水中，并反复进行，当其剥落部分的质量达到试样最初质量的20%时为止，在此期间经过急冷急热的次数作为该材料的抗热震性的量度。炼钢工序周期性使用的耐火材料需要有良好的抗热震性，如焦炉炉衬、铁水包衬、钢水包衬、电弧炉炉衬、转炉炉衬等。

（5）热膨胀性。耐火材料及其制品受热膨胀，遇冷收缩。这种热胀冷缩是可逆的变化过程，其热胀冷缩的程度取决于矿物组成和温度。耐火材料的热膨胀性可用线膨胀率或体积膨胀率来表示，以每升高1℃制品的长度或体积的相对增长率作为热胀性的量度，即用线膨胀系数或体积膨胀系数表示。

不同耐火材料的线膨胀系数也不一样。在砌筑时必须要考虑材料的线膨胀系数。经过测试得知，在1000℃以上时黏土质、刚玉质、镁质、氧化硅质耐火材料的线膨胀系数依次增大。在1000℃以上时四种材料中镁质耐火材料的线膨胀系数最大，如图5-5所示。

（6）导热性。耐火材料及其制品的导热能力用导热系数表示，即单位时间内，单位温度梯度、单位面积耐火材料试样所通过的热量称为导热系数，也称热导率，单位是 W/(m·K)。无论是从节约能源的观点出发，还是从保护耐火材料外面的钢结构角度出发，为了防止热量的传递和散失，一般都要求耐火材料的导热性要差。

（7）气孔率。气孔率是耐火材料制品中气体的体积占制品体积的百分比，是表示耐火材料或制品致密程度的指标。耐火材料内部与大气相通的气孔称为开口气孔（显气孔），其中贯穿的气孔称为连通气孔；不与大气相通的气孔称为闭口气孔，如图5-6所示。

除保温型的耐火材料以外，都要求成品耐火材料的气孔率要尽量低。

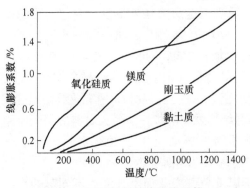

图5-5　四种材料的线膨胀系数

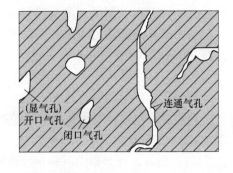

图5-6　耐火材料中气孔类型

（8）体积密度。单位体积（包括气孔体积在内）耐火材料的质量称为体积密度，其单位是 g/cm³ 或 t/m³。该指标表示原材料致密程度，成型过程中结合得是否紧凑,从而体现出耐火材料制品抵抗冲击的能力。以镁碳砖为例,一味追求体积密度,过分加大成型的力量,很可能导致大颗粒原料破碎,反而降低制品的强度。因此制造时应在保证原料颗粒不被破坏的前提下努力提高其体积密度。

(9) 抗渣性。耐火材料在高温下抵抗熔渣侵蚀的能力称为抗渣性,耐火材料的抗渣性与熔渣的化学性质、工作温度和耐火材料的致密程度有关。对耐火材料的侵蚀包括化学侵蚀、物理溶解和机械冲刷三个方面。

化学侵蚀是指熔渣与耐火材料发生化学反应,生成的产物进入熔渣,从而改变熔渣的化学成分,同时耐火材料遭受蚀损。

物理溶解是指由于化学侵蚀和耐火材料颗粒结合不牢固,固体颗粒脱落溶解于熔渣之中。

机械冲刷是指由于气流、原料及熔渣流动产生的冲击力将耐火材料中结合力差的固体颗粒冲刷掉而熔于熔渣中。

与钢液、氧化性炉渣、氧化铁皮接触的耐火材料,必须有良好的抗渣性,减少化学侵蚀,避免污染钢液及提高其使用寿命。

5.3　主要耐火制品原料的发展

5.3.1　镁砂

镁砂是生产镁质耐火材料的主要原料。世界上镁的资源有限,主要集中在我国和奥地利,而我国主要集中在山东、辽南及辽东(宽甸)一带。这些镁资源除少数用作为生产金属镁的原料以外,绝大部分用于生产耐火材料。镁砂按其制造工艺可分为轻烧镁砂、重烧镁砂、二步煅烧镁砂、电熔镁砂、海水电解镁砂。因为生产工艺不同,各种镁砂的内部结构、致密度、氧化镁含量、杂质含量及耐火度有很大差别。轻烧镁砂很少用来做耐火材料,多作为生产二步煅烧料的原料。海水电解镁砂也很少用于制造钢铁生产需要的耐火材料。

(1) 重烧镁砂。重烧镁砂是以菱镁石为原料,以煤或焦炭为燃料,用竖窑在1200℃以上高温烧结而成的氧化镁,简称重烧料,纯度为90%~93%(MgO含量)。其反应为:

$$MgCO_3 = MgO + CO_2$$

(2) 二步煅烧料。二步煅烧料是以轻烧(950~1050℃煅烧而成)镁粉为原料,压球后入竖窑在1200℃以上高温烧结而成的氧化镁,纯度为94%~95%。

(3) 电熔镁砂。电熔镁砂是以菱镁石为原料,用矿冶炉电熔而成的氧化镁,简称电熔镁。电熔过程中矿石由中心向边缘熔化逐渐结晶,矿石中SiO_2等低熔点物质逐渐向外扩散,熔融后凝固的坨由外向内氧化镁含量依次增加,其氧化镁含量为:最外层的皮砂93%~95%、二级砂96%、一级97%、特级98%。

中心区受到外部保温的作用温度下降得慢,结晶的粒度大,俗称为大结晶镁砂。

5.3.2　铝质材料

近年来，我国铝质耐火材料得到了迅速地发展，钢铁生产中铝质耐火材料应用的范围越来越广。浇钢系统大部分是应用铝质耐火材料。铝质耐火材料分为普通高铝料和刚玉质高铝料。

（1）普通高铝料。普通高铝料由铝矾土（高岭土）高温煅烧而成。它按其成品中 Al_2O_3 含量可分为特级（Al_2O_3 含量不小于 85%）、Ⅰ级（Al_2O_3 含量为 75%~85%）、Ⅱ级（Al_2O_3 含量为 60%~75%）、Ⅲ级（Al_2O_3 含量为 48%~60%）高铝料。

（2）刚玉。

1）轻烧刚玉。轻烧刚玉是用铝矾土经 1350~1550℃ 高温烧结而成的，它实现了 Al_2O_3 由 γ 晶向 α 晶的转变，致密度高、耐火度高。

2）烧结刚玉。烧结刚玉是用铝矾土经 1750~1950℃ 高温烧结而成的，它实现了 Al_2O_3 由 γ 晶向 α 晶的转变，致密度和耐火度比轻烧刚玉高。

3）电熔刚玉。电熔刚玉是用氧化铝粉或煅烧后的高铝料在电弧炉冶炼，去除杂质，重新结晶。其氧化铝含量高、结构致密、热稳定性好、耐火度高。电熔刚玉又分为棕刚玉、亚白刚玉、白刚玉、致密刚玉、板状刚玉，还有将氧化铝粉中加入铬、锆等元素电熔成的电熔铬刚玉、电熔锆刚玉等。

①电熔棕刚玉。电熔棕刚玉是用高铝矾土熟料＋炭素＋铁屑熔融而成，杂质还原成 Fe-Si 与刚玉溶液分离出来。棕刚玉中 Al_2O_3 含量大于 94.5%。由于熔融后再结晶，故电熔棕刚玉致密度好，但与上述的刚玉相比杂质多、呈褐色，故称棕刚玉。

②电熔亚白刚玉。电熔亚白刚玉是电熔过程中用碳还原高铝矾土熟料中的二氧化硅、氧化铁、二氧化钛等杂质后的产品，其指标如表 5-1 所示。

表 5-1　电熔亚白刚玉理化指标

成分/%						显气孔率/%	密度/g·cm⁻³
Al_2O_3	SiO_2	Fe_2O_3	TiO_2	C	R_2O		
≥98	≤0.15	≤0.12	≤1	≤0.15	0.07~0.25	≤3.5	≥3.8

③白刚玉。白刚玉是将工业氧化铝粉在电弧炉电熔化再结晶（不存在还原过程）的产品，其理化指标如表 5-2 所示。

表 5-2　白刚玉理化指标

成分/%		显气孔率/%	密度/g·cm⁻³
Al_2O_3	$\Sigma(Na_2O \cdot SiO_2, Fe_2O_3)$		
≥98.5	≤0.8	≤3	≥3.85

④电熔致密刚玉。电熔致密刚玉是将工业氧化铝粉加碳在电弧炉中熔化再结

晶后的产品。由于高温下及碳的还原作用，减少了低熔点物质，提高了 Al_2O_3 含量（>98.5%），减少 β 相 Al_2O_3，提高了致密度和耐火度。

⑤电熔板状刚玉。电熔板状刚玉是将氧化铝粉在电炉内 1900~2000℃ 熔融而成。其晶粒呈片状，由于在很高的熔融温度下，Na_2O 等物质相继挥发并排除，Al_2O_3 含量更高（>99%），致密度更高（3.89g/cm³）。

4）烧结刚玉。烧结刚玉是将工业氧化铝粉预烧、细磨、成球后在 1925~1950℃ 烧成。其 Al_2O_3 含量高（99.5%），晶粒大，致密，不规则多角晶体。与电熔刚玉相比，烧结刚玉表面凸凹不平，热稳定性好，软化温度高，成本较低。

5.4 转炉炉龄

从转炉炉衬修砌好冶炼第一炉钢开始到拆掉全部炉衬的前一炉称为一个炉役。一个炉役内的冶炼炉数称为炉龄。炉龄是转炉炼钢一个重要的技术经济指标，它直接影响转炉炼钢的作业率和耐火材料的成本。

转炉炉龄近年来得到了迅速提高。二十世纪七八十年代采用焦油白云石大砖达到二百多次；八九十年代采用镁碳质小砖达到一千多次；开发白云石造渣剂黏渣护炉工艺后达到了五千次；采用溅渣护炉工艺后转炉炉龄突破一万次甚至更高，如表 5-3 所示。

表 5-3 转炉炉龄发展轨迹

生产年份	转炉炉衬寿命/炉次		炉衬材质（国内）
	国 内	国 际	
1970~1984	200	5000	焦油白云面大砖
1984~1990	1000	5000	普通镁碳砖
1994~2000	5000	15000	（挂渣）高级镁碳砖
2000 至今	10000~15000	20000	（溅渣护炉）高级镁碳砖

5.4.1 镁碳砖

5.4.1.1 生产镁碳砖的主要原料

A 镁砂

电熔镁砂是生产镁碳砖的主要原料。其按 MgO 含量可分为特级（>98%）、一级（>97%）、二级（>96%）、皮砂（>94%）四种。生产镁碳砖时要将镁砂破碎成四个颗粒等级，即大颗粒（3~5mm）、中颗粒（1~3mm）、小颗粒（0.074~1mm）、细粉（<0.074mm）。将四种颗粒合理配比以保证成品砖的高密度和紧密的结合性。

特级镁砂多用于特殊耐火材料的生产，如复吹透气元件保护套砖等。制造镁碳砖时，大颗粒、中颗粒及小颗粒等骨料部分多采用二级镁砂，而细粉多采用一级镁砂。这是因为在镁碳砖中细粉是起黏结和支撑作用的（见图 5 - 7）。如果细粉（基质部分）先熔损掉，颗粒部分便失去支撑，再高的纯度镁砂颗粒也必然脱落，所以一般情况下细粉的 MgO 含量要比颗粒高一个级别。

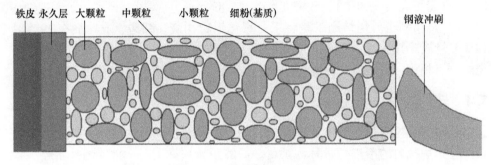

图 5 - 7　镁碳砖耐侵蚀示意图

　　镁砂的质量直接关系镁碳砖的性能。制造镁碳砖时要求镁砂中 $w(MgO)$ > 95%，杂质含量要低；氧化镁晶粒直径要大，这样，晶界数目少，晶界面积小，熔渣沿晶粒表面难以渗入。同时镁砂的体积密度要高（应大于 3.34mg/cm³），熔渣难以渗入。镁砂中 $w(CaO)/w(SiO_2)$ > 2，可形成高熔点的 C_2S（2CaO·SiO_2），液相数量少，不会降低砖及制品的高温性能和高温强度，有利于提高镁砂在高温下与石墨共存的稳定性。

　　B　石墨

用于制作镁碳砖的炭素原料是鳞片石墨，它的性能同样对砖和制品的耐蚀性、耐剥落性、高温强度和抗氧化性等有直接的影响。

石墨的特征是耐高温（3850℃ ±50℃，10s，失重 0.8%），线膨胀率小，弹性模量低（4900MPa）、热导率高（4.0W/(m·K)），与 MgO 共存有优势。在含碳 15% ~20% 的 MgO - C 砖中，形成连续的炭基质，高温下制品热导率增加，膨胀率显著下降，故可以发挥 MgO - C 砖耐热震的优势。石墨熔点高，表面能较低，不与其他材料发生反应，与 MgO（熔点 2800℃）间无共熔关系。石墨均匀分布在砖体中后，在高温下碳原子形成交错网络结构，使材料具有优良的高温强度等高温性能。石墨的表面张力大，与渣的润湿角大，能有效地阻止熔渣渗透。基于上述原因，MgO - C 砖用于冶金炉内衬，可显著提高其使用寿命。

生产镁碳砖所用石墨的固定碳含量应大于 95%，灰分含量要低，因为灰分的主要组成 SiO_2、Al_2O_3、Fe_2O_3，其三者之和占灰分质量的 82% ~88%，而 SiO_2 含量则占一半左右。如果配入的石墨原料纯度低，势必带入较多的 SiO_2，这样就会改变原料中 $w(CaO)$ 与 $w(SiO_2)$ 的比值，使高纯度镁砂的高耐火相 C_2S 降低，C_2S 有可能转变成低熔点相 CMS（CaO·MgO·SiO_2）和 C_2MS_2（2CaO·MgO·

$2SiO_2$），从而降低制品的高温性能和高温强度。此外，石墨为片状结构，其鳞片的大小和厚薄对砖体和制品的性能也有影响，鳞片尺寸应大于 0.105mm，最好大于 0.20mm，薄鳞片石墨的厚度应小于 0.2mm，最好小于 0.10mm。

不同用途的镁碳砖鳞片石墨的加入量也不一样。一般用石墨含量作为镁碳砖的牌号。例如，M18、M14、M12 等分别表示镁碳砖中鳞片石墨含量为 18%、14%、12%。

C 结合剂

结合剂在碳复合耐火材料中占有重要地位。它的质量对砖料的混炼、成型性能及砖和制品的显微结构都有很大影响，在很大程度上影响砖和制品的生产和质量。制造镁碳砖用的结合剂种类很多，如煤焦油、煤沥青、石油沥青及酚醛树脂等。

酚醛树脂的残碳率高，与镁砂和石墨有良好的润湿性，能够均匀地分布于镁砂和石墨的表面，碳化后可形成连续的碳网络，有利于提高砖和制品的强度和抗蚀性。因此，酚醛树脂被认为是制作镁碳砖最好的结合剂。

生产耐火材料用非水性无机结合剂酚醛树脂的优点是：碳化率（52%）高；黏结性好，成型砖坯的强度高；烧结的结合强度高；常温下硬化速度可控制；有害物质含量少，对环境污染程度小。热固性树脂的固化温度可分为常温（20~30℃）、中温（105~110℃）、高温（>130℃）。镁碳砖生产用高温固化酚醛树脂（固化32h）。

乌洛托品是使用热固性树脂时配加的常温固化剂。

D 抗氧化剂

石墨碳的存在，使镁碳砖具有优良的抗渣性和抗热震性能。但在冶炼过程中，砖体中的碳容易被钢液中的氧化剂所氧化，使砖脱碳而导致结构松散，熔渣沿缝隙浸入砖体，蚀损镁砂颗粒，降低镁碳砖的使用寿命。因此，抑制镁碳砖中碳的氧化是提高镁碳砖质量的关键之一。可以向原料中添加钙、硅、铝、镁、锆、SiC、B_4C 和 BN 等金属元素或化合物，这些材料被称为抗氧化添加剂。生产镁碳砖常用的抗氧化剂有金属铝粉、金属镁粉、硅微粉。

抗氧化剂的作用是在工作温度下，利用其与氧的亲和力比碳与氧的亲和力大，先于碳被氧化的特点，从而保护镁碳砖中碳。添加的抗氧化剂与氧、一氧化碳或碳反应生成的化合物可以改变碳复合耐火材料的显微结构，堵塞气孔增加致密度，阻碍氧及反应产物的渗入和扩散。

5.4.1.2 镁碳砖的生产工艺

生产镁碳砖必须有合理的工艺流程、精确的原料配比、严肃的工艺制度和严格的质量检验。

生产镁碳砖主要的工艺流程依次为选料、破碎（颚破、对辊、球磨）、配比、混匀、称量、成型、检验、硬化处理、成品质量检验、（预砌）、包装，如图 5 – 8 所示。

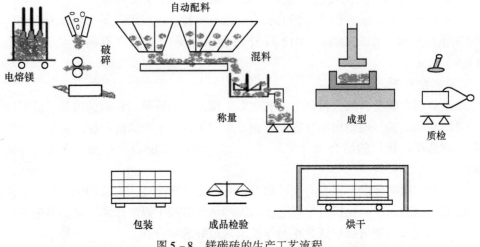

自动配料

破碎

电熔镁

混料

称量

成型

质检

包装　　成品检验　　烘干

图 5 – 8　镁碳砖的生产工艺流程

5.4.1.3　镁碳砖生产的原料配比

镁砂中大、中、小颗粒及细粉之间的比例称为颗粒配比。它对镁碳砖的质量有重大影响。原料配比应根据生产实际经过多次试验确定。常用的镁碳砖配方如下。

电熔镁砂粒度配比如下：

3 ~ 5mm：25% ~ 27%（镁砂中 MgO 含量为 96%）；

1 ~ 3mm：25% ~ 27%（镁砂中 MgO 含量为 96%）；

0 ~ 1mm：15% ~ 17%（镁砂中 MgO 含量为 96%）；

≤0.074mm：13% ~ 15%（镁砂中 MgO 含量为 97%）；

石墨（ – 198）添加量为 12% ~ 18%。

额外添加物的量如下：

酚醛树脂：3.5% ~ 4.0%；

热塑树脂粉：0.5%；

乌洛托品：0.05%；

Mg – Al 合金粉（或 Al 粉）：2% ~ 3%；

硅微粉：2%。

5.4.1.4　成型

镁碳砖的成型是通过压力机压制成型的。压力机分摩擦压力机、电动压力机、抽真空压力机等。

成型是提高砖体的填充密度，是砖组织结构致密化的重要环节。由于镁砂的临界颗粒小，石墨加入量多，成型较为困难，所以在制砖成型时应严格按照先轻后重、多次加压的操作规程进行压制，避免产生成型裂纹。压制过程中还要几次将砖体抬出模具进行排气。

真空抽气压砖机是将装有已配好原料的砖模置于真空状态下，边抽气边加压成型。由于加压过程中原料中的空气几乎被大量抽出，所以基本上不产生成型裂纹，提高砖的体积密度，特别适合于压制配加石墨比例较大的材料。

镁碳砖中石墨含量多，砖的外形表面非常光滑，这给搬运和砌筑带来一定的难度，因此需对成型后的砖进行防滑处理，即将砖坯浸渍在热硬性树脂中，或在砖的表面涂一层厚度为 0.1 ~ 0.2mm 特制的热硬性树脂。实践表明，经过这样处理的镁碳砖表面形成了一层树脂膜，不易滑动，便于操作。

镁碳砖的硬化处理是在温度能自动控制的窑中进行。试验表明，在使用高温热固型黏合剂生产镁碳砖时，在 180 ~ 250℃ 的温度下对镁碳砖进行固化处理，可以得到性能良好的成品。其升温过程为三个阶段：在 50 ~ 60℃ 阶段，因树脂软化，应保温；在 100 ~ 110℃ 阶段，溶剂大量排出，应保温；在 200℃ 或 250℃ 时，为使反应完全，应保温。

5.4.1.5 镁碳砖的质量指标

（1）几何尺寸。某厂制定的转炉镁碳砖几何尺寸误差标准如表 5 - 4 所示。

表 5 - 4 转炉镁碳砖几何尺寸允许公差范围

外形尺寸允许偏差	长 ±1.5mm；宽 ±1mm；高 ±1mm
弯 曲	允许 ±1mm
掉 角	掉角三边长度和小于 20mm
裂纹和层裂	不允许
相对边差（宽、厚）	<1mm
落 差	<1mm
对角线公差	<2mm
飞 边	不允许
杂 质	不允许
麻 面	不允许

（2）镁碳砖的理化指标。某厂制定的转炉各种镁碳砖理化指标如表 5 - 5 所示。

表 5 - 5 转炉镁碳砖理化指标

项 目	指标（≥）			
	耳轴砖（18A）	大面砖、炉帽砖、炉底砖（14A）	出钢口砖（14B）	透气砖（14C）
$w(MgO)/\%$	72	76	74	74

续表 5 − 5

项　　目	指标（≥）			
	耳轴砖 （18A）	大面砖、 炉帽砖、 炉底砖（14A）	出钢口砖 （14B）	透气砖 （14C）
$w(C)/\%$	18	14	14	14
显气孔率/%	3	4	5	6
体积密度/g·cm⁻³	2.90	2.90	2.82	2.77
常温耐压强度/MPa	40	40	35	25
高温抗折强度（1400℃×30min）/MPa	10	12	8	5
抗氧化性	根据用户要求添加，生产厂家提高实测数据			

注：18A、14A、14B、14C 中，数字表示镁碳砖中的碳含量；字母表示镁碳砖的等级。

5.4.2　转炉各部位的工作状态与砌筑

　　顶底复吹转炉的内衬是由绝热层、永久层和工作层组成。绝热层一般用石棉板或耐火纤维；永久层是用烧成镁砖砌筑；工作层都是用镁碳砖砌筑。工作层的镁碳砖分为炉帽砖、炉身砖、耳轴砖、渣线砖、炉底砖、底枪透气砖、内出钢口砖、外出钢口砖、出钢口袖砖等。图 5 − 9 所示为某厂 110t 转炉的砌筑。

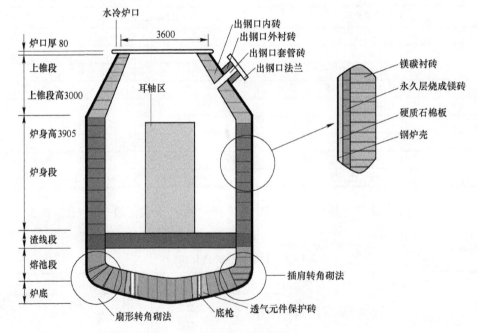

图 5 − 9　转炉砌筑

（内径 5760mm；钢板厚 70mm；球缺高 1395mm；内壁转角半径 800mm；
球缺内半径 6000mm；耳轴中心距炉口 4000mm；出钢口直径 160mm）

转炉的工作层与高温钢水和熔渣直接接触，受高温熔渣的化学侵蚀，受钢水、熔渣和炉气的冲刷，还受加废钢及兑铁水时的机械冲击等，工作环境十分恶劣。在冶炼过程中由于各个部位工作条件不同，因而工作层各部位的被蚀损情况也不一样。针对这一情况，视其损坏程度砌筑不同厚度和质量的镁碳砖。容易损坏的部位砌筑高档镁碳砖，损坏较轻的地方可以砌筑中档或低档镁碳砖。耳轴部分和渣线部位是受侵蚀最严重的部位，一般都使用高档次的镁碳砖，甚至加大该两部位工作层的厚度，从而保证在生产过程中整个炉衬的蚀损情况较为均匀，这就是所谓的综合砌炉，如图 5 - 10 所示。

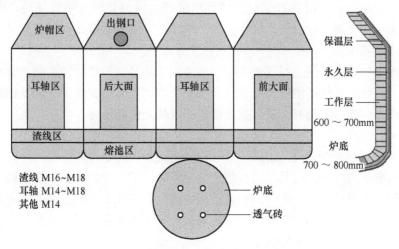

图 5 - 10 综合砌炉

5.4.2.1 转炉各部位的工作状态

（1）炉口部位。这个部位温度变化剧烈，熔渣和高温废气的冲刷比较厉害，在加料和清理残钢、残渣时，炉口受到撞击，因此用于炉口的镁碳砖必须具有较高的抗热震性和抗渣性，能耐熔渣和高温废气的冲刷，且不易黏钢，即便黏钢也易于清理。

（2）炉帽部位。这个部位是受熔渣侵蚀较严重的部位，同时还受温度急变的影响和含尘废气的冲刷，故需使用抗渣性强和抗热震性好的镁碳砖。此外，若炉帽部位不便砌筑绝热层时，可在永久层与炉壳钢板之间填筑镁砂树脂打结层。

（3）装料侧（前大面）。装料侧除受吹炼过程熔渣和钢水喷溅的冲刷、化学侵蚀外还要受到装入废钢和兑入铁水时的直接机械撞击与冲蚀，给炉衬带来严重的机械性损伤，因此应砌筑具有高抗渣性、高强度、高抗震性的镁碳砖。此部位极易发生漏钢事故，故在生产过程中必须认真观察，随时进行垫补或渣补。

（4）出钢侧（后大面）。出钢侧基本上不受装料时的机械冲撞损伤，热震影响也小，主要是出钢时受钢水的热冲击和出钢钢流旋涡的冲刷，此处有时也发生漏钢事故。但是，其损坏速度低于装料侧，若与装料侧砌筑同样材质的镁碳砖时，其砌筑厚度可稍薄些。

（5）渣线部位。渣线部位的炉衬，在吹炼过程中与熔渣长期接触，同时受到由于氧气流股冲击造成的炉渣和钢水的涌动的激烈冲刷，故损伤严重。在出钢侧，渣线的位置随出钢时间的变化而变化，大多情况下并不明显，但在排渣侧（前大面）就不同了，随着倒炉次数的增加，衬砖与强氧化性炉渣接触时间增长，损毁就愈加严重，故需要砌筑抗渣和抗冲击性能良好的优质镁碳砖。

（6）两侧耳轴部位。这部位炉衬除受吹炼过程的蚀损外，其表面又无渣层覆盖，砖体中的炭素极易被氧化，并难以修补，因而是炉衬中损坏最严重的部位。该部位的镁碳砖也受到耳轴扭力的作用，砖之间的结合性被破坏，常有剥落和掉砖现象发生。

倘若氧枪发生偏斜，氧气流股会严重冲刷耳轴某侧的炉衬，加剧该部位衬砖的损坏，往往该部位的使用寿命就决定了整个炉衬的寿命。由于耳轴处位置的特殊性，难以实施挂渣自补，所以此部位应砌筑抗渣性能良好、抗氧化性能强的高级镁碳砖。

（7）熔池和炉底部位。这部位炉衬在吹炼过程中受钢水强烈的冲蚀，但由于溅渣后残渣的堆积，与其他部位相比侵蚀较轻，甚至整炉役都不被侵蚀，因此可以砌筑含碳量较低的镁碳砖。若是采用顶底复合吹炼工艺时，炉底中心部位容易损毁，可以与装料侧砌筑相同材质的镁碳砖。由于普遍采用溅渣护炉工艺，转炉炉底基本不受损伤或损伤极小。

综合砌炉可以实现炉衬蚀损均衡，提高转炉内衬整体的使用寿命，有利于改善转炉的技术经济指标。

5.4.2.2　转炉砌筑的要求

（1）炉底砖预砌。镁碳砖生产厂家应根据用户转炉的炉底形状制作一个炉底的模型，生产出来的炉底镁碳砖应在炉底模型上预砌，并在砖上涂上标记。

（2）减少衬砖损坏。镁碳砖出厂前经检验合格后，必须按要求进行分类包装，砖间垫隔离纸板，外有防雨层，四周有防撞铁甲，外层有钢带捆绑。搬运中不能磕边掉角，砌前小心拆包，装卸小心，轻拿轻放，保持砖形完整。

（3）背紧靠实。砌筑时，砖与砖之间必须背紧靠实，以免砌后镁碳砖松动、抽签。

（4）合缝位置在耳轴。每一环的最终"合门"处必须在耳轴位置，如图 5-11a 所示。这样可防止开炉前摇炉过程中合门砖松动、"抽签"。

（5）不允许"倒插门"封环。每一环砌到最后的"合门"处，必须根据最后余缝的大小，切割合适尺寸的砖型进行合门。合门时，必须保证砖的小头在炉内的方向，也就是说不允许"倒插门"，如图 5-11a 所示，防止合门砖松动、

"抽签"。

（6）转角处砌法。炉壁和炉底结合处（又称转角处）应使用楔形砖过渡（如图5–11b所示），不应采用直缝式（如图5–11c所示）。

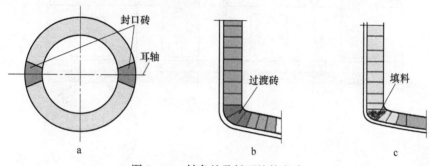

封口砖

耳轴

过渡砖

填料

a   b   c

图5–11 转角处及封环处的砌砖

（7）砌后细料扫填。每层炉底砖砌筑后，应撒镁砂面并用笤帚扫填砖间缝隙。

（8）封口。炉口砌砖后必须用耐火泥将镁碳砖与水冷炉口之间的缝隙填严、填实，待填料干后方可摇动转炉。

（9）开新炉。第一炉冶炼应适当降低供氧强度，将冶炼时间延长3~5min，便于衬砖烧结。

5.4.3　炉衬损坏机理及对策

炉衬耐火材料的损坏大致可以分为机械冲击、钢液及氧气流股的冲刷、化学侵蚀、高温熔损和结构剥落等几种原因。转炉炉衬各部位的易损坏情况如图5–12所示。渣线1处受氧气流股冲击，钢、渣冲刷，渣侵蚀，倒炉时挂渣。熔池2处受钢流冲刷、钢液浸泡、底吹气流冲刷，溅渣时有沉积。耳轴3处受扭力破坏、流股冲击和高温，溅渣难存，倒炉不挂渣。后大面4处受渣侵蚀、出钢冲刷和出钢口周围旋涡冲刷，倒炉挂渣，并可用垫料垫补。前大面5处受铁水、废钢冲击十分严重，易漏钢，但可挂渣，必须定期垫补。出钢口6被钢流冲刷变大，应定期更换，内出钢口随时垫补。炉帽7处受高温气流冲击。为了提高炉龄必须针对不同的损坏原因制定相应的对策。

5.4.3.1　减少机械冲击的措施

清理炉口残钢、残渣时可能造成炉口处镁碳砖的损坏。因此冶炼时应尽量避免喷溅，清理炉口操作时应该小心，一旦造成镁碳砖脱落必须马上用耐火材料填补。

加废钢、兑铁水时对转炉前大面的衬砖冲击和冲刷极为严重，严重者可能造成前大面漏钢等恶性事故。为此，应采取如下对策：控制废钢的块度，长度不大

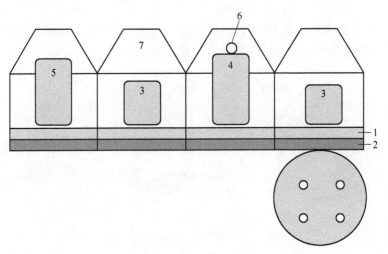

图 5 - 12　转炉炉衬各部位的易损坏情况

1—渣线；2—熔池；3—耳轴；4—后大面；5—前大面；6—出钢口；7—炉帽

于 800mm，单重不大于 1000kg；废钢内不允许有爆炸物、冰雪、密闭容器；先加废钢后兑铁；可通过造黏渣（高碱度炉渣）倒炉挂渣自补，也可用投入大面料的方法修补。大面料的质量保证如表 5 - 6 所示。

表 5 - 6　某厂前大面料的化学成分

成　分	MgO	CaO	SiO$_2$	Fe$_2$O$_3$	Al$_2$O$_3$	烧减
含量/%	≥82	<1.9	<2.0	<1.5	<0.9	<5

注：要求投放的大面料流动性好、烧结性能好、残存率高。烧结时间小于 1h，冶炼 12 炉后的残存量不小于 20%。

5.4.3.2　减少钢液、炉渣和氧气流股冲刷的措施

钢液、炉渣、炉气、氧气流股等在运动过程中对炉衬有机械冲刷作用，如图 5 - 13 所示。这种强烈的冲刷可使靠近炉膛在高温作用下已经软化的炉衬脱落，从而使炉衬减薄。为减少这种冲刷造成的危害可采取如下措施：

（1）正确操作氧枪。根据转炉的形状选择合适的氧气喷头的夹角和合理的供氧强度，必须保证氧枪中心和炉底中心对中，防止氧气流股冲刷耳轴两侧的炉衬耐火材料。禁止通过氧枪用氧气清除炉口残钢、残渣，以免损伤水冷炉口和炉帽衬砖。

（2）强化前后大面的维护。前大面炉衬因受加入废钢和铁水时的机械冲刷及反复倒炉时钢流的冲刷损伤最为严重，因此必须经常垫补，防止漏钢。出钢口侧的后大面由于出钢过程中钢水涡流的冲刷衬砖也受损严重，故需定期垫补。

5.4.3.3　减少化学侵蚀的措施

炉渣中的（FeO）、（SiO$_2$）对炉衬有严重的化学侵蚀作用，使炉衬氧化脱

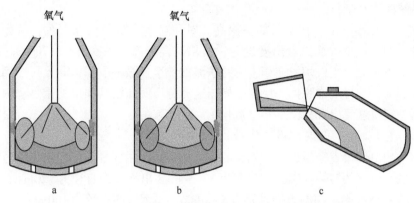

图 5 – 13 钢液、炉渣和氧气流股对炉衬的冲刷
a—氧气流股冲击；b—钢液及炉渣冲击；c—废钢及铁水冲击

碳，从而破坏了石墨在镁碳砖中的网状固化作用，导致镁碳砖的强度急剧降低。炉渣浸入砖中。

转炉吹炼前期，铁水中的硅大量氧化，炉渣中（SiO_2）含量剧增，只有渣中生成了大量的（FeO）才能促进石灰的熔化。而在石灰熔化之前，炉渣的碱度很低，炉衬中 MgO 在高（FeO）、低碱度的炉渣中溶解度高，在化学平衡的驱动下炉衬中的 MgO 必然向炉渣中移动，导致炉衬损坏。吹炼后期熔池温度高、渣中（FeO）含量高，同样对炉衬侵蚀严重。在高温状态下炉渣浸入脱碳层的气孔及低熔点化合物被熔化后形成的孔洞和由于热应力的变化而产生的裂纹之中。浸入的炉渣与 MgO 反应，生成低熔点化合物，致使表面层发生质变并造成强度下降，在强大的钢液、炉渣搅拌冲击力的作用下逐渐脱落，从而造成了镁碳砖的损坏。所以说，化学侵蚀最严重就是前期高（FeO）、低碱度的炉渣和出钢前低碳高（FeO）这两个时段。

为解决炉衬被化学侵蚀问题，应采取如下措施：

（1）采用轻烧白云石造渣工艺。采用轻烧白云石造渣工艺，提高吹炼前期渣中 MgO 含量，减少炉衬侵蚀。同时，在低碱度高（FeO）的炉渣中（MgO）含量的增加可降低炉渣的熔点，从而加速前期渣的形成，如 3.2.1.3 节所述。

（2）加入造渣剂。吹炼开始时向炉内加入人工合成的含有 CaO、FeO 等物质的造渣剂，人为地增加炉渣中的 FeO 含量，促进石灰等渣料的熔化，可以缩短单纯依靠吹氧与铁反应（$2Fe + O_2 = 2FeO$）生产（FeO）的时间，从而缩短石灰熔化的时间，降低铁耗，减轻对炉衬的侵蚀。

（3）控制好枪位。及时调整氧枪枪位，加速石灰熔化，避免返干和喷溅。

（4）减少铁水带渣。铁水渣为中性或酸性炉渣（碱度为 0.9 ~ 1.1），进入转炉后侵蚀炉衬，增加石灰消耗，铁渣中的石墨碳加重除尘系统的负担，威胁静电除尘系统的安全运行。

（5）避免高温钢。吹炼后期炉温高，对炉衬耐火材料熔损严重；从操作实践中体会到，凡是吹炼终点温度过高、氧化铁含量高的炉次（$t > 1700℃$，渣中 $w(FeO) > 20\%$），不仅炉衬表面上上一炉溅的渣全部被冲刷掉，而且侵蚀到炉衬的变质层上，炉衬就像脱掉一层皮一样。这充分说明高温熔损的严重性。因此转炉炼钢一定要避免出现高温钢和过氧化钢。

5.4.3.4　减少出钢口损坏的措施

转炉的出钢口直径根据其出钢量的多少而不同，主要是为了控制出钢过程的时间。120t 以下的转炉控制出钢时间为 3 ~ 5min，出钢口的直径为 120mm，外径为 240mm；180t 转炉控制出钢时间为 5 ~ 8min，出钢口的直径为 160mm，外径为 300mm。转炉的出钢量越大，其出钢口的内径越大。出钢时间过长，钢水降温值大，钢水吸氧、吸氮量多。出钢时间过短，合金化时间不充分，钢流难以控制。当出钢口内径扩大 80 ~ 100mm 时就应该考虑更换出钢口。

出钢口套管是由多节 M14 袖砖形镁碳砖黏结而成，内穿钢管，端部焊有钢板固定，如图 5 – 14 所示。某厂出钢口砖化学成分如表 5 – 7 所示。

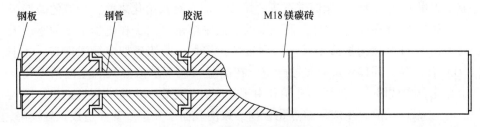

图 5 – 14　出钢口袖砖的组装

表 5 – 7　出钢口砖化学成分

成　分	MgO	CaO	SiO$_2$	Fe$_2$O$_3$	Al$_2$O$_3$	烧减
含量/%	≥89	1.05 ~ 2.45	< 2.05	0.6 ~ 1.5	< 0.85	1.0 ~ 1.8

更换出钢口时将外出钢口周围清理干净，用扩孔机对原出钢口扩孔，将组装好的出钢口套管砖整体插入并摆正，内外用填料填实。普通出钢口砖寿命为 180 ~ 300 次。

某厂出钢口填补料的理化指标如表 5 – 8 所示。

表 5 – 8　出钢口填补料理化指标

项　　目		指　标
110℃ ×24h 条件下	抗折强度/MPa	≥3.5
	体积密度/g·cm^{-3}	≥1.85
	常温耐压强度/MPa	≥40

项　目		指　标
1600℃×3h 条件下	烧后线变化率/%	≥ -1.4
	抗折强度/MPa	≥0.90
	体积密度/g·cm⁻³	≥10
	常温耐压强度/MPa	≥58

5.4.3.5 喷补

转炉炉衬发生局部侵蚀严重或少量掉砖时可用喷补的方法进行修补。喷补方法有湿法喷补（料与水先混合）、半干法喷补（料与水在喷枪出口处混合）和火焰喷补（料在喷枪出口处经火焰部分熔化）三种。目前普遍应用的是半干法喷补。

A　对喷补料的要求

喷补料应该有足够的耐火度和小的线膨胀率或线收缩率（最好接近于零），否则因膨胀或收缩产生应力致使喷补层剥落。喷补料与炉衬有良好的附着性（反弹和流落损失量少），喷补料附着层能与待喷补的红热炉衬表面很好地烧结、熔融在一起，并具有较高的力学强度。喷补料附着层应能够承受高温熔渣、钢水、炉气及金属氧化物蒸气的侵蚀。

我国制作的喷补料使用的耐火材料多为冶金镁砂，常用的结合剂有固体水玻璃（$Na_2O \cdot nSiO_2$）、铬酸盐、磷酸盐（三聚磷酸钠）等。

要求转炉喷补料附着率不小于85%，使用寿命大于5炉（残存率不小于20%）。

某厂常用喷补料镁砂的化学成分及物理性能如表5-9和表5-10所示。

表5-9　喷补料镁砂的化学成分

成　分	MgO	CaO	SiO_2	Fe_2O_3	Al_2O_3
含量/%	≥92	≤1.2	≤0.7	≤0.3	≤0.3

表5-10　喷补料镁砂的物理性能

物理性能	体积密度/g·cm⁻³	常温耐压强度/MPa	气孔率/%	高温抗折强度（1400℃×0.5h）/MPa	线收缩率/%
指　标	≥2.80	≥5	≤5	≥1.5	≤0.4

B　喷补方法简介

湿法喷补料的耐火材料为镁砂，结合剂三聚磷酸钠为4%，其他添加剂膨润土为4%，萤石粉为1%，羧甲基纤维素为0.3%，沥青粉为0.2%，水分为

20% ~30%。湿法喷补的附着率可达90%，喷补位置随意，操作简便，但是喷补层较薄，每次只有20 ~30mm。粒度构成较细，水分较多，耐用性差，准备泥浆工作也较复杂。

干法喷补料的耐火料中镁砂粉占70%，镁砂粒占30%，结合剂三聚磷酸钠为4% ~7%，其他添加剂膨润土为1% ~3%，消石灰为4% ~10%，铬矿粉为4%。干法喷补料的耐用性好，粒度较大，喷补层较致密，准备工作简单，但附着率低，喷补技术也难掌握。随着结合剂的改进以及多聚磷酸钠的采用，特别是速硬剂消石灰的应用，附着率明显改善。这种速硬的喷补料几乎不需烧结时间，补炉之后即可装料。

半干法喷补料中粒度小于4mm的镁砂占30%，小于0.1mm的镁砂粉占70%，结合剂三聚磷酸钠为4%，速硬剂消石灰为4%，其中水分为18% ~20%，在炉衬温度为900 ~1200℃时进行喷补。

火焰喷补是采用煤气－氧气喷枪，以镁砂粉和烧结白云石粉为基础原料，外加助熔剂三聚磷酸钠、氧化铁皮粉（粒度小于150μm），转炉渣料（粒度小于0.08mm），石英粉（粒度小于0.8mm）。将喷补料送入喷枪的火焰中，喷补料部分或大部分熔化，处于热塑状态或熔化状态喷补料，喷补到炉衬表面上很容易与炉衬烧结在一起。

5.4.3.6　炉衬抢修挖补

炉衬挖补是一种迫不得已的炉衬应急修补方法。因为漏钢、局部衬砖脱落或侵蚀严重而造成炉衬局部彻底损伤或损伤又处于两侧耳轴上下等无法实施垫补的部位时可以考虑进行挖补。

A　确认挖补的条件

决定实施转炉炉衬挖补之前应该首先确定以下条件：炉衬整体状态良好，残砖均匀且厚度不小于150mm，挖补后可继续冶炼1000炉以上；损伤面积小而集中（≤4 ~6m²）；确实无法采用垫补或喷补方法进行修补。

对于局部严重侵蚀或掉砖面积大于800mm×800mm，且周边工作层残砖厚度大于250mm时，可在严密的安全措施下进行挖补。

对于耳轴两侧衬砖，由于各种原因局部变薄又无法进行垫补和喷补的情况下，可以考虑挖补。

B　挖补程序

转炉炉衬挖补是一项严肃、危险及风险性较大的工作，必须按如下程序进行操作：

确认实施挖补的必要性和可能性；冷却炉衬到可以进入的温度；封闭烟罩口，防止烟罩内残钢、残渣坠落；根据挖补位置确定转炉倾斜角度并锁定驱动装置；在炉内搭设操作平台和防护架网，便于人员操作并防止炉内残钢、残渣坠落

伤人；清理挖补区域残渣、残砖，挖出立茬；如有转炉炉壳（钢甲）损坏，应
先修补炉壳，时间允许时挖补炉壳，时间不允许时可采用"垫补"方式处理；
按清理面的深度和形状切割镁碳砖背紧靠实地砌筑在需挖补处，再用细镁砂面填
缝（如图5-15所示）；挖补后尽量减少摇炉，防止新修砌的镁碳砖窜动。

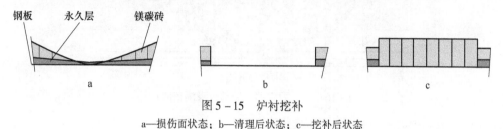

图5-15 炉衬挖补

a—损伤面状态；b—清理后状态；c—挖补后状态

挖补后第一炉按开新炉进行操作，吹炼时供氧量低一点，供氧时间延长2~
3min，造泡沫渣，要连续冶炼10炉以上，强化挖补部位烧结。

5.4.3.7 漏炉垫补抢修

A 垫补的条件

垫补抢修是在前后大面位置发生漏钢时采取的一种临时炉衬垫补抢修的方
法。可以垫补抢修的条件是漏钢处在转炉的前后大面上；炉壳钢甲烧损熔化面积
应小于500mm×500mm；其他部位炉衬残砖尚厚，具有维修价值；炉衬的温度比
较高（呈浅红色），垫补后容易烧结。

B 垫补程序

因为垫补抢修对炉衬温度有严格的要求，所以，如抢修垫补需迅速决策，及
时备料，立即修补炉壳损伤处。

备料方法如下：将废镁碳砖砸成大（150mm×150mm）、中（100mm×
100mm）、小（50mm×50mm）三种块度，配以焦油沥青、镁砂粉制成底层、中
层、表层垫补料。

底层垫补料的配比是：大块砖块50%、中块砖块20%、小块砖块10%、镁
砂粉10%、焦油沥青10%，搅拌均匀。中层垫补料的配比是：中块砖块50%、
小块砖块20%、镁砂粉20%；焦油沥青10%，搅拌均匀。表层垫补料的配比是：
小块砖块50%、镁砂粉30%、焦油沥青20%，搅拌均匀。

处理炉壳钢甲时，将炉体摇到可以修补炉壳的位置并锁定炉体倾动机构，按
图5-16所示贴上钢板，焊牢加固筋；确认炉壳处理的质量后将炉体摇到利于投
料的位置，依次将底层料、中层料、表面料投入垫补处。

每投入一层垫补料后要用氧气点火烘烤30min以上，待初步烧结之后，再投入
下一层料要继续用氧气点火烘烤促进垫补料烧结。全部垫完、烧结完之后至兑铁这
一段时间内合理控制转炉停放的位置，尽量避免垫补部位悬空，防止垫补料坠落。

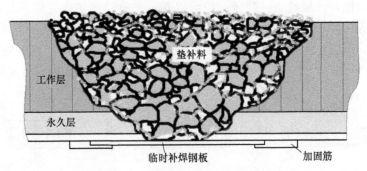

图 5 – 16　前、后大面及局部炉身漏钢的垫补

C　冶炼

垫补后的冶炼请参照挖补后的开炉程序。

5.4.3.8　溅渣护炉

溅渣护炉技术于 1980 年左右兴起，1995 年以后在我国推广。当时世界上对溅渣护炉有两种观点，以日本为代表的"炉渣污染钢水"论反对溅渣护炉工艺，以欧美为代表的"溅渣对钢水无害"论支持溅渣护炉，持后者观点的人多，故该工艺得以推广。溅渣护炉技术的应用使炉龄由 4000 ~ 5000 炉提高到 10000 ~ 20000 炉，降低了耐火材料成本，提高了转炉炼钢的生产效率，为钢铁工业的发展做出巨大贡献。

A　溅渣护炉原理

转炉出钢后余留部分终点炉渣并调整其成分，使其成为高碱度（$2CaO \cdot SiO_2$ 或 $3CaO \cdot SiO_2$）炉渣或使其（MgO）含量达到或超过饱和状态，然后通过氧枪向炉内吹入高压氮气，使调整成分后的炉渣飞溅并黏附在炉衬表面，形成一层均匀的"溅渣层"。这个溅渣层耐蚀性好，可减轻炼钢过程中对炉衬耐火材料的机械冲刷、化学侵蚀及高温熔损，从而保护炉衬砖，减缓其损坏程度，提高炉衬寿命。这就是溅渣护炉。

B　溅渣护炉对炉渣组成和性能的要求

溅渣护炉要求渣中的（FeO）要低。（FeO）是低熔点物质，溅渣层中的（FeO）含量高时，在下一炉冶炼过程中，（FeO）会提前从溅渣层中分熔出来，破坏溅渣层，因此应尽量降低炉渣中（FeO）含量。有时采用向炉渣中加入脱氧剂的方法降低炉渣中（FeO）含量。

加入调渣剂后要保证炉渣有良好的黏度和流动性。流动性差、黏度高的炉渣溅不起来，碰到炉衬会被弹回，黏不住；流动性强、黏度低的炉渣容易溅起来，黏到炉衬上后，黏不住，很快就流淌下来。黏度和流动性靠加入的调渣剂调整。

吹炼终点前调整炉渣的碱度，视（FeO）含量取碱度为 3 ~ 4。

出钢后倒渣时留一部分炉渣，然后加入调渣剂（又称改渣剂）。调渣剂中含有脱氧材料，对炉渣脱氧的同时增加炉渣中（MgO）的含量。不同的渣中（FeO）对应不同的（MgO）含量，如表5-11所示。

表5-11 渣中（FeO）与（MgO）的关系 （%）

$w(FeO)$	8 ~ 14	15 ~ 22	23 ~ 30
$w(MgO)$	8 ~ 10	19 ~ 12	12 ~ 14

调渣剂主要是由镁质材料和碳质材料组成，其中碳质材料起脱氧作用。调渣剂一般以具有活性的轻烧镁为原料（或添加碳粉、气煤），制成 $\phi 25mm$ 小球。无碳粉的称为白球，有碳粉的称为黑球。其 SiO_2、FeO 的含量尽量要低，理化指标如表5-12所示。

表5-12 添加碳粉的调渣剂理化指标 （%）

成　分	MgO	SiO_2	CaO	C	烧减	水分
含　量	≥55	≤2.5	≤15	10 ~ 15	15 ~ 25	≤1

C 溅渣用氮气

溅渣护炉工艺中，吹氮枪位很重要。如图5-17所示，枪位太高时炉渣飞溅得高，炉身部位溅渣少；枪位太低时只溅到炉身，炉帽部分溅渣少；只有枪位合适才能取得良好的溅渣效果。

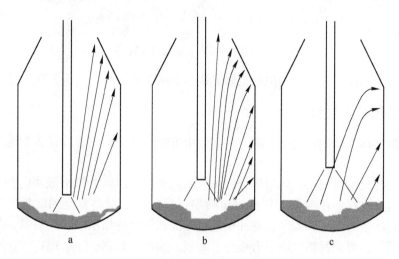

图5-17 吹氮枪位对溅渣效果的影响
a—枪位低；b—枪位合适；c—枪位高

溅渣后，应将余渣倒出，避免涨炉底，影响转炉底部供气元件的透气效果。

5.4.3.9　强化生产组织，减少炉衬剥落

镁碳砖受到激冷激热的作用时会发生结构性的剥落，因此应防止炉衬温度下降到 800℃ 以下再兑铁。

做好生产组织，避免钢水在炉内等待；均匀生产节奏，尽量避免热停时间太长；避免高温出钢等待浇注；留有转炉维护的时间，如喷补，溅渣等；强化吊车、台车的维护和保养，确保生产路径无障碍；对漏水的设备及时处理。设计好生产工艺流程的甘特图，按甘特图的规定组织生产。

5.4.4　常见的漏炉事故

常见的漏炉事故有前大面漏钢、出钢口根部漏钢、炉底转角处漏钢、底吹透气元件漏钢、炉口下沿漏钢等，如图 5-18 所示。

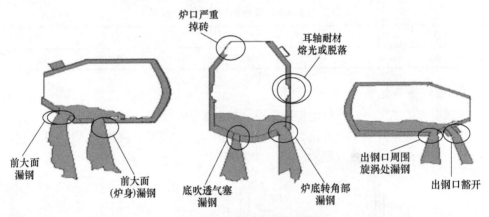

图 5-18　转炉常见漏钢事故

前后大面及局部炉身漏钢的抢修方法如 5.4.3.6 节和 5.4.3.7 节所述。

5.5　钢包耐火材料

钢包又称为盛钢桶或钢水罐，是盛装由炼钢炉倒出的钢水并送去精炼和浇注的容器。

钢包耐火材料的工作环境十分恶劣。炼钢炉出钢时巨大的钢流冲刷钢包的迎钢面的耐火材料；在钢包吹氩或钢包喷粉过程中耐火材料要受到吹氩气流的冲击；在底吹氩时氩气流股严重地冲刷钢包底部透气元件周围的耐火材料；从炼钢炉出钢开始，耐火材料经历了合金化、吹氩、精炼（CAS、LF、RH、VD 等）连铸（模铸）等工序，盛装高温（1600℃ 以上）钢水时间少则 120min，多则 200min，甚至更长；在 LF 炉精炼期间，耐火材料要较长时间承受高温弧光的辐射和炉渣涌动的冲击；钢包耐火材料要经受钢水表面炉渣的严重侵蚀，特别是渣线部位经受侵蚀的时间最长；浇注后翻渣时炉渣也会侵蚀钢包翻渣面的耐火材料。

钢包的寿命（包龄）是影响炼钢成本的重要因素。钢包内衬耐火材料质量的好坏关系到包龄的高低，关系到人身、设备安全，影响炼钢生产效率和钢水洁净度。

影响钢包寿命的因素较多，如耐火材料的质量、砌筑、烘烤和管理，盛钢的时间、盛装的钢种、精炼的工艺，钢包渣的状态、渣量的多少等。因此说，提高钢包寿命也是一个系统工程，必须经炼钢厂和耐火材料生产厂家共同努力才能收到良好的效果。

钢包内衬的材质和成型方法这些年来发生了巨大的变化，包龄也有了很大的进步，如图 5 – 19 所示。

图 5 – 19　近年来钢包耐火材料的变化

目前大部分炼钢厂均采用镁碳砖作为钢包内衬。因此本节重点讨论镁碳砖钢包衬的使用。

5.5.1　钢包的砌筑

目前多数的钢包砖都采用机制成型的镁碳砖。关于镁碳砖的原料选择、制造工艺在 5.4.1 节中已经做过详细介绍，在此不再赘述。某厂 110t 钢包的砌筑如图 5 – 20 所示。

钢包砖分为包沿砖、渣线砖、包身砖、包底砖、透气砖、浇钢砖六部分。其中渣线砖、透气砖、浇钢砖最为重要，往往是容易发生漏钢事故的部位，它们在使用中的状态有可能决定钢包的寿命。目前钢包内衬的耐火材料基本上都是采用各种型号的镁碳砖综合砌筑。

5.5.1.1　渣线砖

如前所述，钢包内衬的耐火材料经受钢水表面炉渣的严重侵蚀，特别是渣线部位受侵蚀的时间最长。

在转炉或电炉出钢时钢渣不可避免地要进入钢包里，浮在钢水表面，即使有出钢挡渣措施，也有 50 ~ 100mm 厚的渣层。这种高（FeO）、高（SiO_2）炉渣将会长时间严重地侵蚀渣线部位的镁碳砖，LF 炉精炼时弧光的高温辐射和渣线涌动的冲刷、VD 炉真空处理时大流量吹氩造成渣面激烈翻滚同样强烈地冲刷渣线砖等。这些因素造成渣线砖比其他部位的耐火材料受侵蚀速度快得多。因此除在

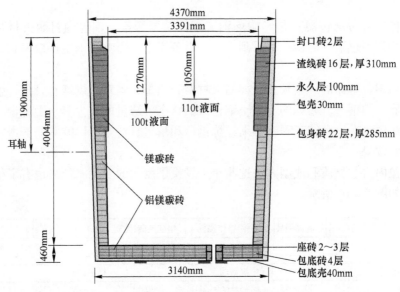

封口砖2层

渣线砖16层，厚310mm

永久层100mm

包壳30mm

包身砖22层，厚285mm

镁碳砖

铝镁碳砖

座砖2~3层
包底砖4层
包底壳40mm

图 5-20 110t 钢包的砌筑

钢包渣线部位采用抗氧化性强的镁碳砖以外，每个包役中还要更换渣线砖 2~4 次。渣线部位镁碳砖抗氧化剂量比包身部位镁碳砖多 1%~2%，如表 5-13 所示。

表 5-13 渣线部位与包身部位镁碳砖的比较 （%）

砖种	MgO 含量	C 含量	Al 含量	SiC 或 Si 含量	树脂含量
包壁	85（97% 电熔镁砂）	11	1~3		3~3.5
渣线	80（97% 电熔镁砂）	13	2~3	1~2	3~3.5

盛装低碳钢或超低碳钢用钢包衬砖为低碳、超低碳钢包砖，其镁碳砖中碳含量分别为不大于 5%、不大于 2%。

5.5.1.2 包底砖

由各厂情况不同，包底砖的砌法不一样，有一层、二层、二立一平包底。其材质与包壁砖基本相同。目前人们正在研究开发分体浇注包底工艺，这是提高包底寿命的一个新尝试。

5.5.1.3 透气砖

透气砖是钢包底吹氩的供气元件，它质量的好坏直接关系吹氩精炼效果、钢包使用寿命和生产安全。透气砖由透气塞和保护套砖两部分组成。透气塞有多种结构，常用的为狭缝式透气塞，其结构如图 5-21a 所示。

砌筑炉底时，先安装透气塞。应先用优质胶泥将座砖与透气塞两部分紧紧地黏合在一起，然后底部打满泥料，放正放实后再砌筑炉底砖。

透气砖下部打泥不实可能造成漏包事故，如果在精炼处理位置发生透气砖漏钢将会烧毁台车、RH 顶升机构等，造成恶性事故，甚至停产。所以，每次使用钢包之前必须认真检查透气塞和保护砖的熔损情况，及时修补或更换。透气砖砌筑如图 5 - 21b 所示。

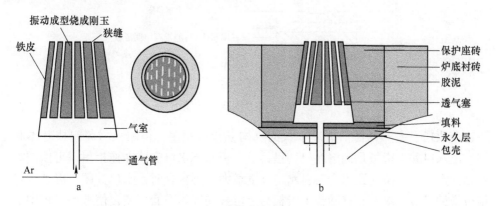

图 5 - 21　钢包透气砖的结构及安装
a—狭缝式透气塞的结构；b—透气砖的砌筑

透气砖的安装程序如下：

（1）安装透气砖前应将刚玉泥料拌好，加盖保存待用。

（2）检查透气砖。透气塞外壳应平整，高度小于 2mm，焊缝光洁无砂眼，通气连接部位螺纹无损坏，透气性良好。

（3）预装透气砖。将没有涂泥的透气塞放入座砖孔内，检查透气砖是否与座砖孔四周吻合。

（4）透气塞四周均匀涂上刚玉泥料，插入座砖孔内时，必须保持水平，防止透气塞插入座砖孔内时碰掉刚玉料。

（5）透气塞插入座砖孔内后轻轻敲击透气塞尾部操作棒，使透气塞与座砖四周吻合致密，透气塞垫片必须贴紧透气塞，锁紧机构，啮合部位必须大于 1/2。

（6）中途更换透气塞时必须检查座砖情况，如座砖发生纵向裂纹或残砖高度小于 200mm，则应更换。如无上述情况，透气砖调换时必须将座砖内残余泥料铲清。透气砖安装完毕，露出部分用浇注料补好，烘烤后方可使用。

5.5.1.4　浇钢砖

钢包浇钢砖由座砖（2～3 块）、上水口砖、滑板砖、下水口砖等部分组成，如图 5 - 22 所示。

A　滑动水口机构的安装

20 世纪 70 年代前，钢包的钢流控制几乎都用塞棒装置，70 年代后，滑动水

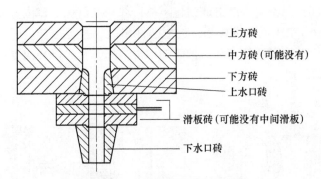

上方砖

中方砖(可能没有)

下方砖

上水口砖

滑板砖(可能没有中间滑板)

下水口砖

图 5 - 22　钢包浇钢砖系统装配

口逐渐取代了塞棒。目前滑动水口的机构形式有很多，但耐火材料组成基本相同。上水口和上滑板是固定在机构里，下滑板和下水口安装在拖板里，可以左右移动，上、下滑板内孔重合时，水口开度最大，不重合时，水口关闭。滑动水口拖板借助于液压缸左右移动，下滑板与上滑板用气体弹簧压紧，使移动过程中滑板间不产生间隙，防止发生滑板漏钢。

滑动水口机构在使用前应检查门架、拖板、弹簧架、球铰连杆、安全销等完好无损，液压站、油管、液压缸都能正常运转，液压油适量。

新机构用前要用模拟弹簧检查滑板的压紧程度。把 4 只高度大于 63.5mm 的模拟弹簧装在两端位置，在有滑板的情况下，关闭门架，锁紧弹簧后，立即松开弹簧架，取出模拟弹簧，测其高度。高度应在 56.0 ~ 58.5mm 范围内。只有在这个范围，说明弹簧的压缩量在规定的范围内，否则需要重新检查机构，找出原因，并调整到规定范围。

B　耐火材料的安装

安装上水口砖，一定要用专用工具，将上水口砖正确的定位在规定的位置上。

正确的方法是将上水口砖放入专用安装架后，涂好泥料，对准包底座砖砖孔，把上水口砖推进座砖内，在安装架底板缘都碰到安装板上、下月亮面后，上水口砖即已处在正确的位置上。

安装上滑板必须保证上滑板砖安装位置正确，只有这样才能保证气体弹簧的压缩量在规定的范围内。上滑板装上机构后，与上水口接缝应小于 1.5mm，同时又要使滑板铁壳紧贴安装板的月亮面。因此安装时，只有接口处涂适量的泥料，月亮面不允许有泥料，以免影响滑板位置。

上滑板装好后，还应检查长轴方向是否有滑动，如果有要转动顶紧螺栓，固定上滑板。装好上滑板要立即把装有下滑板的门框关上，这样可以利用弹簧的压力，把未结硬的泥料挤出接缝。

生产中要定期检查气体弹簧。气体弹簧是滑动水口的关键部件，内部是利用不锈钢波纹管制作的密闭容器，充有压力气体。每只弹簧的压力范围在出厂时经过检查，弹力小会使上、下滑板压紧力减小，容易发生滑板间漏钢，所以要定期用专用弹簧测量仪检查弹簧的压力。弹簧测量仪在测弹簧前，要先用标准柱体校正，否则测试结果不准确。弹簧标准高度有规定值，低于规定高度的弹簧不能使用。

5.5.2 钢包用耐火材料的技术质量标准

钢包用耐火材料不断地发展更新，生产的钢种不同，选择不同材质的耐火材料，因此国家没有制定钢包用耐火材料的统一标准，只有各使用厂家经过多年生产实践普遍认可的企业标准。下面列举某炼钢厂制定的有关钢包耐火材料的技术质量标准，供参考。

5.5.2.1 钢包衬砖的技术质量标准

经常使用的钢包衬砖分为无碳刚玉尖晶石质预制块、无碳砖、镁碳渣线砖、铝镁碳砖、铝－镁铝尖晶石砖和黏土砖。无碳刚玉尖晶石质预制块、无碳砖、镁碳渣线砖理化指标应符合表 5 - 14 ~ 表 5 - 16 的规定，铝镁碳砖、铝－镁铝尖晶石砖和黏土砖应符合引用标准要求，其尺寸允许偏差和外观要求应符合表 5 - 17 的规定。

表 5 - 14　无碳刚玉尖晶石质预制块理化指标

项　目	条　件	规格值
体积密度/g·cm^{-3}	110℃ ×24h	≥2.95
显气孔率/%	110℃ ×24h	≤20
耐压强度/MPa	110℃ ×24h	≥40
	1100℃ ×3h	≥40
	1600℃ ×3h	≥60
线变化率/%	1500℃ ×3h	0 ~ +1.0
化学成分/%	Al_2O_3	≥88
	MgO	≥3.5

表 5 - 15　无碳砖理化指标

项　目	条　件	包衬砖（渣线以下）	包衬渣线砖
体积密度/g·cm^{-3}		≥2.90	≥2.95
显气孔率/%	110℃ ×24h	≤17	≤17
耐压强度/MPa	110℃ ×24h	≥60	≥70

续表 5 – 15

项　目	条　件	包衬砖（渣线以下）	包衬渣线砖
重烧线变化率/%		+ 0.6	+ 0.8
耐火度/℃		≥1790	≥1790
化学成分/%	Al_2O_3	≥66	≥62
	$MgO + Cr_2O_3$	≥13	≥20

表 5 – 16　镁碳砖理化性能指标

项　目	条　件	规格值
体积密度/g·cm^{-3}		≥2.90
常温耐压强度/MPa		≥40
显气孔率/%		≤6
高温抗折/MPa	1400℃ ×3h	10 ~ 12
化学成分/%	MgO	≥74
	C	≥14

表 5 – 17　钢包衬砖尺寸允许偏差和外观要求　　　　　（mm）

项　　目		指　标
尺寸允许偏差		±1
扭曲	砖长不大于 250	≤1
	砖长不小于 250	≤2
缺角	工作面	≤5
	非工作面	≤8
缺棱	工作面	≤4
	非工作面	≤8
	缺棱长度	≤15
裂纹	纹宽不大于 0.25	不限制
	纹宽为 0.26 ~ 0.5	≤30
	纹宽大于 0.5	不准有
断面层裂		不准有

5.5.2.2　钢包滑动水口砖的技术质量指标

　　某厂制定的钢包滑动水口砖（包括滑板砖、上水口砖和座砖）的理化指标如表 5 – 18 所示。滑动水口砖的尺寸允许偏差和外观要求如表 5 – 19 所示。

表 5 – 18　滑动水口砖理化指标

项　目	滑板砖	上水口砖		座　砖	
		铝锆质	铝铬质	铝锆质	铝铬质
$w(Al_2O_3)/\%$	>75	>75		≥70	
$w(Cr_2O_3+Al_2O_3)/\%$			≥80		≥80
$w(ZrO_2)/\%$	≥6	≥6		≥6	
$w(MgO)/\%$					≤15
$w(C)/\%$	≥7	≥7		≥7	
显气孔率/%	≤10	≤10		≤10	
常温耐压强度/MPa	≥120	≥80		≥80	
体积密度/g·cm^{-3}	≥3	≥2.9		≥2.9	
高温抗折（1400℃×0.5h）/MPa	>20				

表 5 – 19　滑动水口砖尺寸允许偏差和外观要求

项　　目			滑板砖	水口砖	座　砖
尺寸允许偏差/mm	长度和宽度			—	±3
	厚度或高度		±2		
	内　径			±2	+4 −2
	外　径		—		
	子母口：直径、深度或高度		±1		±2
	厚度相对边差		≤1.5		—
	端头平面倾斜		—	≤2	—
缺棱、缺角深度/mm	工作面及接缝处		≤5		≤10
	其他面		≤8		≤15
裂纹长度/mm	宽度不大于0.10		①		不限制
	宽度 0.11~0.25	工作面	不准有		不限制
		非工作面	≤30		
	宽度 0.26~0.50	工作面	不准有		≤30
		非工作面	不准有	≤30	≤50
	宽度大于0.50		不准有		
滑动面平整度/mm			<0.05		—

①滑动面与钢水接触处不准有裂纹；滑动面铸孔处裂纹长度不准跨棱。滑板厚度精度误差为
$^{+0.8mm}_{-0.2mm}$，上下板面合起来不超过$^{+1.6mm}_{-0.4mm}$。下座砖下孔高度（安装上水口）精度误差为0~2mm，
确保上水口砖的安装。

5.5.2.3 钢包用整体透气砖理化指标

某厂制定的钢包用整体透气砖理化指标如表 5 – 20 和表 5 – 21 所示，整体透气砖的尺寸允许偏差和外观要求如表 5 – 22 所示。

表 5 – 20　A 种钢包用整体透气砖理化指标

项　目			砖芯	座砖
化学成分	$w(Al_2O_3 + Cr_2O_3)/\%$		>94	—
	$w(Al_2O_3)/\%$		—	>90
物理性能	耐压强度/MPa	1400℃ ×3h	>80	>60
	体积密度/g·cm^{-3}	1400℃ ×3h	>3.0	>3.1
	高温抗折/MPa	1400℃ ×3h	>12	>12

表 5 – 21　B 种钢包用整体透气砖理化指标

项　目			砖芯	座砖
化学成分	$w(Al_2O_3 + Cr_2O_3)/\%$		≥90	≥85
	$w(MgO)/\%$		≥6	≥6
物理性能	耐压强度/MPa		≥90	≥80
	体积密度/g·cm^{-3}	1600℃ ×3h	≥2.9	≥2.8
	高温抗折/MPa	1400℃ ×0.5h	≥5	≥5
	荷重软化温度/℃	0.2MPa×0.6% 形变	>170	>170
	透气流量（标态）/m^3·h^{-1}	0.1 ~1.0MPa 压力	15 ~45	—

表 5 – 22　钢包用整体透气砖尺寸允许偏差和外观要求　　　　　　　（mm）

项　目		指　标	
		砖　芯	座　砖
尺寸允许偏差	内　径	—	+3 0
	外　径	−3 0	—
	高　度	±5	±5
	长度和宽度	—	±4
缺棱、缺角部分三边长度之和		—	≤60
熔洞直径		≤3	≤3
裂纹长度	宽度小于 0.10	≤10	不限制
	宽度 0.11 ~0.25	不准有	≤50
	宽度 0.26 ~0.50	不准有	≤20
	宽度大于 0.50	不准有	不准有

5.5.3 影响钢包寿命的因素

影响钢包寿命的因素很多，如衬砖质量、砌筑质量、钢包烘烤、钢包维护、钢水温度、钢水成分、保温效果、吹氩量、精炼工艺、盛钢时间、钢渣成分等。

5.5.3.1 钢包衬砖的质量

影响钢包衬砖的质量的因素有原料、配方、抗氧化剂的种类和数量，成型的工艺，质量的检验，包装运输等。

（1）选择优质原料。要选择高档的电熔镁砂，其 MgO 的含量高（≥96%），密度要高。石墨中固定碳含量不小于 96%。采用热固性好含水分低的固体树脂作结合剂。渣线砖采用金属铝粉（$w(Al) \geqslant 98\%$）、金属镁粉（$w(Mg) \geqslant 98\%$）、硅微粉作为抗氧化剂使用，其加入量总和不小于 3%。

（2）精确的配方。选择好颗粒配比，基质部分使用高一个级别的原料。对于包底、壁、渣线等不同部位选用不同等级的原料。力求透气砖、水口方砖、渣线砖、包壁砖的使用寿命成倍数关系。

（3）合理的成型工艺。原料计量准确，搅拌均匀，困料时间充分，保证打击次数和排气次数（最好用抽真空压力机），定时更换模具，保证砖的几何形状和尺寸。固化的温度和时间必须符合工艺要求。确保砖的体积密度、常温耐压强度、高温抗折强度、气孔率等指标全部合格。

（4）包装和运输。包装时轻拿轻放，避免缺棱掉角，砖间隔纸板。包装箱外部用钢带捆绑，防止窜动伤砖。包装箱最外层用塑料布缠绕，防止砖受潮。运输和装卸中严禁碰撞。

5.5.3.2 钢包砌筑

根据不同的钢包内径设计不同的砖型，尽量减少砖缝，坚持平打立砌或立打平砌。砌筑时背紧靠实，合门在耳轴处。压底牢固，封口结实。胶泥耐火度要高，避免使用过程中包壁出现拉沟现象。为了减少烤包时表面氧化，可在包衬内壁涂抹低熔点的玻璃相涂料。为改善钢包的保温效果，可加隔热材料或永久层采用轻质、导热系数小的耐火材料。

5.5.3.3 钢包烘烤

A 新修砌钢包的烘烤

修砌后的钢包使用前必须进行认真烘烤以去除包衬中的水分。烘烤不到位的钢包装入钢水后会由于气体受热后膨胀分解生成氢和氧，使钢液中增氧增氢；分解的气体会促进耐火材料的氧化，气体的作用还会造成耐火材料表面剥落，降低使用寿命。所以钢包使用前必须按照严格的烘烤制度进行烘烤。下面以 120t 以下新钢包为例介绍烘烤制度。

　　钢包烘烤一般使用煤气烘烤，新砌钢包烘烤总时间为36h，可分为3个阶段。

　　第一阶段8h。以小火为主，不开风机。煤气火焰调整到钢包熔池部位即可，主要是将钢包在砌筑时各种耐火泥料中所加入的水分及耐火砖表面潮气烘干。此时如煤气火焰过大易发生耐火材料表面爆裂。

　　第二阶段16h。煤气火焰调整到钢包底部即可，不开风机，目的是使钢包中不同部位、不同耐火材料尽可能同步升温加热，并将浇注料底部水分烘干。

　　第三阶段12h。煤气火焰调整到打到包底，折回到渣线部位即可，此时需打开风机，目的是将钢包各种耐火材料中的结晶水全部烘干。但这一烘烤阶段时间不宜过长，如果时间过长，可能会造成耐火材料表面氧化脱碳，影响使用寿命。为了提高该区域耐火材料使用寿命，新钢包烘烤时，在该区域涂上一层保护层或用石棉板将该部位覆盖，烘烤时火焰不直接接触耐火砖表面。

　　钢包烘烤后的检查的内容如下：

　　观察钢包熔池、渣线等砌筑部位是否有砖缝冒黑烟的现象，如有冒黑烟现象则说明该部位烘烤未到位，如投入使用将影响寿命。

　　观察浇注料部位，若浇注料部位颜色为白色，表面无剥落现象，与其他耐火材料交接处无缝为正常，反之说明没有烘烤好，不得使用。

　　观察熔池、渣线耐火材料材质是否正常。

　　检查透气砖、透气塞座砖、水口座砖内腔，不能有变形，座砖位置定位应正确。

　　B　正常周转钢包烘烤

　　正常周转钢包烘烤也称红包受钢，即保证受钢时钢包内衬温度不低于800℃。这是降低炼钢炉出钢温度、节省能源、提高钢的质量、延长钢包使用寿命、降低生产成本的重大技术措施，能减少出钢时的温降，减少钢包受温度急剧变化或局部过热产生的应力引起砖体崩裂和剥落。

　　经过局部修砌的钢包更需进行烘烤，以消除水分提高衬砖的强度。烘烤时，既要保证烘烤效果，又必须注意衬砖内表面不被氧化。

　　常言道，"卧式烤底，立式烤帮"，也就是说卧式烤包器烘烤钢包底效果好，立式烤包器烘烤钢包壁效果好。对于细而高的钢包，最好采用卧式烤包器，使包底烘烤充分。

　　大修包和包底永久层采用浇注料的中修包，必须养生24h后方可烘烤，烘烤结束后必须在40min内投入在线烘烤，保证红包受钢。小修钢包、换方砖、换透气（座）砖、中修钢包、大修钢包的烘烤时间及升温曲线如表5－23所示。

表 5-23　180t 钢包烘烤时间

包　别	钢包状况	烘　烤　时　间	
		离线烘烤/h	在线烘烤/min
周转包	$t \leqslant 1.0h$	—	约 10
	$1.0h < t \leqslant 3h$	—	10~15
	$3h < t \leqslant 4h$	—	15~20
补烤包	$t > 4h$	$\geqslant 8$	$\geqslant 20$
小修、换方砖、换透气（座）砖		$\geqslant 12$	$\geqslant 25$
中修包		$\geqslant 6h$ 小火 + $\geqslant 18h$ 中火 + $\geqslant 12h$ 大火	$\geqslant 25$
大修包		$\geqslant 12h$ 小火 + $\geqslant 24h$ 中火 + $\geqslant 12h$ 大火	$\geqslant 25$

注：t 为上炉钢水浇铸完闭至下炉钢开吹时间间隔。

5.5.3.4　盛钢时间

钢包盛钢时间的长短对钢包寿命有直接影响。要求生产组织一定严密，炼钢、精炼、浇注各工序衔接紧凑，吊车、台车等设备运行良好，减少耽误。从开钢包车到出钢，这段时间不得大于 5min，尽可能缩短钢包在炉下等出钢时间。

5.5.3.5　钢包顶渣成分控制

炼钢炉避免出高温钢和过氧化钢。高温钢的高温对钢包耐火材料熔损严重。钢包顶渣成分是影响渣线砖使用寿命的关键，渣中的（FeO）、（SiO_2）、（CaF_2）含量严重影响渣线砖的使用寿命。为此，可采取以下措施：

认真做好挡渣出钢，尽最大努力减少炼钢炉渣进入钢包。

出钢后向顶渣中加入顶渣改质剂，调整顶渣成分，使（FeO）+（MnO）总含量小于 4%~5%，（SiO_2）含量小于 10%。

精炼渣料中尽量不使用 CaF_2，必须使用时，其用量要控制在 4% 以内。

5.5.4　引流剂的应用

钢包能否自动开浇是浇注工艺中的大事，不能自动开浇就必须烧氧开浇，这将破坏生产秩序，增加钢中的含氧量和含氮量。影响钢包自动开浇率的因素有引流剂的质量和填装引流剂的操作。

5.5.4.1　引流剂的质量

常用的引流剂有硅质、铬质和锆质三种，其特点如表 5-24 所示。

表 5-24　引流剂的性能

引流剂	硅　质	铬　质	锆　质
主要原料	石英砂 + 碱性长石	石英砂 + 铬铁矿	锆英石 + 长石/石英

引流剂	硅 质	铬 质	锆 质
化学成分	SiO_2、K_2O、Na_2O、Al_2O_3、Fe_2O_3	Cr_2O_3、MgO、C、SiO_2、Fe_2O_3	ZrO_2、K_2O、Na_2O、SiO_2、C
粒度/mm	0.5 ~ 2	0.1 ~ 1.8	0.1 ~ 1
烧结性	烧结层厚,强度低	烧结层薄,强度高	烧结层薄,强度高
热膨胀性	大	较低	低
钢液渗透率	低	低	低
自动开浇率	低	较高	高

使用好的引流剂时,钢水在包中停留时间不超过 2h,自动开浇率 99%。目前常用的铬质引流剂的理化指标如表 5 – 25 所示。

表 5 – 25　常用的铬质引流剂的理化指标

项　目	SiO_2	Al_2O_3	Cr_2O_3	Fe_2O_3	MgO	水分
成分/%	>20	10 ~ 15	>30	18 ~ 25	4 ~ 6	≤0.2
粒度及配比	1.8 ~ 0.1mm,其中大于 1.6mm 的占比不超过 2%,小于 0.10mm 的占比不超过 5%					

5.5.4.2　引流剂的填充

上滑板前必须将上水口及方砖内的残钢、残渣彻底清理干净,并将方砖周围的活动炉渣清除干净,以免立包时残钢、残渣进入方砖内。

填充引流剂时,一定要使用漏斗管,将水口内的引流剂填充成馒头形,如图 5 – 23 所示。

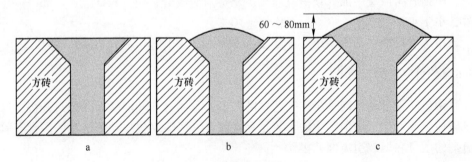

图 5 – 23　引流剂的填充标准
a,b—不合格;c—合格

5.5.5　造成钢包穿包事故的原因

钢包漏钢是炼钢厂经常发生的事故。

由图 5 - 24 可知，常发生的钢包漏钢事故有渣线侵蚀过重造成的渣线漏钢、滑板穿钢、上水口漏钢、透气砖漏钢等。关于透气砖出漏钢和渣线漏钢前面已经做了介绍。下面中的介绍滑动水口漏钢。

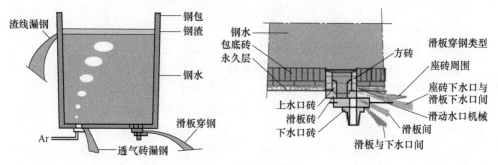

图 5 - 24　钢包漏钢

常见滑动水口穿漏钢部位有水口座砖周围砖缝穿钢、上水口砖与座砖之间砖缝穿钢、上水口砖与上滑板之间砖缝穿钢、滑板之间砖缝穿漏和下滑板与下水口接缝处穿钢等。

滑动水口穿漏事故的原因有以下几种：

(1) 滑动水口耐火材料质量影响。滑动水口耐火材料质量要求比较高，除通常的理化性能外，还对表面光洁度和平整度有要求。如果耐火材料质量不好，可能导致滑动水口穿钢。

(2) 滑动水口组装问题。滑动水口是一个精密的装置，安装时应做到：砖与砖之间的缝隙比较小，这些缝隙要求在滑板上均匀分布；水口座砖与包底内衬要紧密贴紧，要保证砖缝大小与滑板框架有一定距离；安装座砖时要注意与滑板框架有一定的平行距离；放水口砖时，水口砖四周泥料要涂抹均匀和丰满，不得有任何硬块；上滑板的上口泥料也要涂均匀和丰满，安装时要平，装紧；要正确使用安装工具，并用塞尺检查上滑板位置与框架的平行度；下滑板和下水口一般事前组装在一起，安装也要求平稳，框架与滑板框等机件安装应保证上、下滑板之间均匀贴紧。

(3) 水口与滑板接触不良。上滑板与上水口涂泥不均匀，火泥中有块状物造成公、母口深度不够而脱节，缝隙过大，容易引起上水口与上滑板间隙漏钢。所以，安装滑板时一定要选择干净的火泥，接口处要泥匀缝严。

下水口与下滑板预装后未进行烘烤；安装时火泥未涂均匀造成空隙，火泥中有硬块，使其接触不良等也容易引起下水口与下滑板间隙漏钢。为此，安装时火泥必须干净，接口处要泥匀缝严，并进行烘烤，保持下滑板与下水口接触良好。

(4) 安装后滑板动作调试不到位。滑板动作没有做到水口开度达标的状态就投入使用，这时就会造成水口漏钢。

（5）机械故障。滑动水口机构故障，如气体弹簧失灵、压板螺丝脱落等极容易造成滑板穿钢。

5.5.6　钢包管理

5.5.6.1　钢包定置管理

炼钢厂所用钢包必须逐一按需编号，实施定置管理。

建立钢包管理台账，每班下班时认真标注各钢包所处位置（待大修、待小修、拆包、修砌、待烤、烘烤、在线等）及工作状态（位置、包龄、包况等）。

根据炼钢炉座数及产量，确定对应每台炼钢炉的周转钢包数量。在正常生产条件下，对应一座转炉配备 3~4 个钢包，对应一座电弧炉配备 2~3 的钢包。

在冶炼对钢中成分有特殊要求的钢种时，注意前一、二炉钢液成分对本炉钢水成分的影响，应安排 1~2 炉过渡钢种进行"洗包"。

5.5.6.2　钢包日常清理

钢包是冶炼过程中的重要工具，冶炼后的钢液在钢包中停留的时间很长，钢包的状态和洁净程度直接关系生产安全和钢水洁净度和温度的变化，也就是直接影响钢锭（坯）的结构和洁净度。钢包的日常管理应注意以下工作：

（1）强化钢包清理。每次浇注之后，必须将钢包中残钢放净；翻净包中，特别是包底的液态或固态钢渣；用氧气熔化方砖及透气砖周围凝固的残钢；清除包沿的残钢、残渣；清除钢包耳轴周围的残钢、残渣。

（2）钢包检查。认真检查钢包内衬有无掉砖、拉沟及局部侵蚀严重部位；检查方砖、透气砖有无裂缝、与包底交界处有无深沟，以决定是否需要喷补或更换；检查包沿处有无掉砖，若有，需及时补砌；每年对钢包耳轴进行一次探伤检查，发现问题及时处理。

（3）确定最佳寿命匹配。根据钢包砖质量和生产钢的品种，通过实践基本确定透气砖、渣线砖、方砖、包底砖和包衬砖的使用寿命，并保证五个寿命为最小公倍数关系。在生产正常情况下，按此进行钢包的组织和调配。

如某厂钢包承包寿命不小于 100 次（无碳砖钢包承包寿命不小于 90 次）。透气砖寿命不小于 35 次，渣线砖寿命不小于 35 次，罐沿料寿命不小于 35 次，包底砖寿命不小于 70 次，座砖寿命不小于 35 次，包底浇注料寿命不小于 300 次、高强高隔热莫来石浇注料寿命不小于 300 次、轻质黏土砖寿命不小于 300 次。

（4）钢包判修标准。应根据本厂的生产实践及钢包砖的质量现状制定钢包的判修标准。其原则是避免漏包，但必须兼顾生产成本。某厂钢包判修标准如下：钢包包壁工作层（包括渣线）残厚小于或等于 70mm 时不准使用；包底上层底砖残厚小于或等于 40mm 时不准使用；透气砖不透气或残厚小于或等于 160mm 时不准使用；方砖孔径大于或等于 170mm 或浸蚀深度大于或等于 160mm 时不准使用。

6　高级别管线钢工艺控制技术

管线钢是典型的微合金钢，是制造石油、天然气、建材浆体等输送管道的主要材料。一般采用中厚板制成厚壁直缝焊管，用板卷生产直缝电阻焊管或大口径的埋弧螺旋焊管。管线钢按照屈服强度划分为 X42 ~ X120 钢级，其中"X"代表英制单位中强度级别"kpsi"，1kpsi = 6.895MPa。

石油和天然气已经成为当今世界的主要能源。随着石油、天然气输送工艺的迅速发展，为了提高输送的运营效率，降低输送成本，石油的管道运输向大口径、高压输送方向发展。这对管线钢的板幅、厚度、强度、洁净度、耐蚀性及焊接性能等提出了更高的要求。为此，冶金工作者在宽板幅、厚规格、高强度、高洁净度、高韧性、抗 HIC、抗 H_2S 腐蚀的高级别管线钢及特殊用途高级别管线钢的开发和应用上做了大量的研究工作，取得丰硕成果。国际上已经能够顺利地生产 X80、X100、X120 高级别管线钢，输油管直径已经超过 1300mm。

近年来，我国管线钢生产也有了迅速的发展，许多大型炼钢厂都可以生产出质量稳定的 X60、X70、X80 高级别管线钢，X100、X120 级别的管线钢也在开发和试验之中。虽然我国在 X60、X70、X80 管线钢的生产上已无重大技术障碍，但在钢的成分控制、钢的洁净度和性能指标上与世界上先进国家相比还有一定差距。由于高品质、宽幅、厚规格管线钢及耐酸管线钢等产品，对残余元素含量、洁净钢中夹杂物以及铸坯偏析等要求更加苛刻，我国在高级管线钢生产冶炼依然存在诸多技术难题。

6.1　高级别管线钢的发展历史和现状

从 19 世纪初建设第一条适于石油运输管道开始至今，经过 200 年的变迁，石油管道不论是在应用规模、运输效率上还是在管线钢的质量上都发生了天翻地覆的变化。从某种意义上讲，石油管线钢的发展是世界工业发展的缩影。其发展历程如下：

1806 年，英国伦敦安装了第一条铅制管道，其安全性极差；

1843 年，开始使用铸铁管建设天然气管道；

1925 年，美国建成第一条焊接钢管天然气管道；

1967 年，第一条高压、高钢级（X65）跨国天然气管道（伊朗至阿塞拜疆）

建成；

　　1970 年，北美开始将 X70 管线钢用于天然气管道建设；

　　1994 年，德国开始在天然气管道上使用 X80 钢级；

　　1995 年，加拿大开始使用 X80 钢级；

　　2002 年，TCPL 在加拿大建成了一条管径 1219mm、壁厚 14.3mm、X100 钢级试验段，长度 1km；

　　2004 年 2 月，Exxon Mobil 石油公司采用与日本新日铁合作研制的 X120 钢级焊管，在加拿大建成一条管径 914mm、壁厚 16mm、X120 钢级的试验段，长度 1.6km。

　　管道输送压力也随之增加，1870 年输送压力仅为 0.25MPa，如今新建管线的输送压力普遍达到 10MPa 以上（最高压力达 20MPa 左右）。

　　我国能源需求量总量庞大，且仍保持 3% 以上的速度持续增长。2010 年，我国能源消费总量超过美国，成为全球能源消费第一大国。但由于我国煤炭资源使用较多，因此也带来了巨大的环境问题，我国的能源结构正在持续改进。非煤资源的使用比重逐年增加，近些年来，国内持续推行诸如鼓励进一步用天然气发电取代火电等一系列环保政策，更加速了石油、天然气资源的用量。因此，石油和天然气工业中的管道运输发展迅速，已成为低合金高强度钢以及微合金化钢的主要用户之一。每年石油管（油井管和油气输送管）的投资占石油工业总投资的 1/5 左右，据不完全统计，全球每年输送石油和天然气管材消耗钢材高达 1000 万吨以上。

　　我国已经对石油和天然气的运输做出明确规划，即东西大干线（新疆 ~ 上海）和南北大干线（东北 ~ 上海）。2010 年我国原油输送管线已形成全国总里程为 1.7×10^4km 的南北和东西输油大动脉，如今，我国已经开始建设从俄罗斯、中亚各国通往我国境内的输气管道以引进天然气资源来弥补国内的空缺。

6.1.1　国外管线钢的发展

　　1964 年以前，管线钢还只有 A、B、X42、X46 和 X52 级别，通常以轧制或正火态供货。20 世纪 60 年代初，英国研究人员发现了控轧的好处，并在几年后大规模应用到 X52 和 X56 钢级。早期生产的管线钢韧性很差，主要原因是含碳量太高，提高韧性只能够通过细化铁素体晶粒和降低含碳量来获得，当时铁素体晶粒的细化主要是采用铝镇静细晶粒钢通过正火热处理。20 世纪 60 年代 X60 级管线钢开始大规模投入使用。1968 年日本三大钢铁公司为环阿拉斯加管线系统工程 TAPS 供应了 50 万吨 X65 钢级的 ϕ1219mm 钢管，此后，管线钢开发逐渐加快。

　　天然气高压输送有许多优点：高压输送使天然气密度增加，流速下降，降低了管道沿程摩擦损失，提高输送效率；天然气密度增加，将提高气体可压缩性，降低压缩能耗，提高压缩效率；管道能量消耗下降，可减少压缩站装机功率，加大站距，降低投资；高压输送要求使用强度更高、韧性更好的管线钢，高钢级减少了钢材消耗，降低材料费用。加拿大研究人员分析表明，每提高一个钢级可减少建设成本7%。一方面，提高钢级所需钢材量减少，输送成本降低，管线敷设成本降低，管壁厚度减小，所需的焊接量减少，同时又降低了焊接所需费用；另一方面，管线输送压力提高，降低了天然气输送成本。因此，随着输气管道输送压力的不断提高，对管线钢强度和韧性的要求也越来越高，制造输送钢管的材料也相应地迅速向更高钢级发展。

在20世纪70年代，管线钢生产的热轧加正火工艺被控制轧制技术所取代，利用Nb和V的微合金化技术可生产出X70管线钢。

1985年，德国Mannesmann公司成功研制了X80钢级管线钢，并铺设了第一条3.2km长的X80试验段，这为X80管线钢的使用奠定了基础。全世界第一条真正意义上成功应用X80级管线钢的大型高压输气管道是Ruhrgas公司的输气管道，在德国境内由Werne至Schlüchtern，全长259km，设计压力10MPa，管径1219mm，壁厚18.3mm及19.4mm，1993年投产至今没有出现使用问题，也未发现重大缺陷，近年对管道进行的初步智能内检测结果表明，管道的状况基本上良好，但出现了一些腐蚀现象。当时，X80是日本、欧洲、北美批量生产并正式投入使用的管道钢的最高钢级。与此同时，更高级别管线钢研发也从未间断。

1998年，Trans Canada开始着手X100管线钢开发及应用等方面的研究。2001年，英国BP公司与日本钢铁公司和德国的欧洲钢管进行合作，在美国阿拉斯加气田开发中试用X100钢管。2002年，TCPL在加拿大建成了一条管径1219mm、壁厚14.3mm的X100钢级管线钢试验段1km。同年，新版CSZ245-1—2002首次将Grad690（X100）列入了加拿大国家标准。此后不久，新日铁也成功地开发了具有划时代意义的热影响区细晶粒超高强韧技术（HTUFF），生产了具有高HAZ韧性型和高均匀伸长率型的X100钢管。欧洲钢管公司生产出了几百吨X100级管线钢，钢板厚度可达25.4mm，用来制造口径为914mm的钢管。

1996年，Exxon Mobil公司分别与新日铁和住友金属签订了联合开发X120管线钢的协议，日本新日铁公司采用低碳-高锰-钼-铌-钛-硼的成分设计、细晶贝氏体为主的组织结构，开发了X120级超高强度UOE钢管。这种管线钢具有良好的低温韧性和可焊性，并能保证热影响区具有良好的韧性。2004年2月在加拿大阿尔波特北部采用新日铁生产的外径914mm、壁厚16mm的X120钢管建设了世界上首条1.6km长的X120管线示范段。当时室外温度为-30℃，设定最小的道间预热温度为125℃，未发现裂纹。示范段提供了获得寒冷天气使用X120新材料现场建设经验的机会，成功地实施了包括现场弯曲和环焊等各种现场建设作业。

　　目前 X80、X100 和 X120 通称为高钢级管线钢。多数专家预测，这三种钢在未来 10 年内，在使用中处于齐头并进的状态。目前，尽管 X100 和 X120 的研究与开发已经获得了巨大突破，但依然处于评估阶段，X80 钢级依然是国际上应用最广泛的管线钢。

6.1.2　国内管线钢的发展

　　我国从 1958 年开始建设长距离原油输送管道（新疆），1965 年开始建设长距离天然气输送管道（四川）。当时管线钢生产技术比较落后，其数量、品种和质量都远远满足不了石油天然气工业发展的需要。20 世纪 70 年代以前管道钢主要采用鞍钢等厂家生产的 A3 和 16Mn。70 年代后期和 80 年代则采用从日本进口的 TS52K（相当于 X52），六五和七五期间（1980～1990 年），在管道钢方面进行了科技攻关，但由于各种条件的限制未批量使用。

　　宝钢和武钢是国内较早开发管线钢的企业。20 世纪 80 年代，宝钢从日本新日铁和德国蒂森钢厂引进了管线用钢的成分和生产工艺，具备生产 API 标准 X 系列管线钢的条件。但按外方提供的成分和工艺生产的钢板板卷，横向冲击韧性并不能达到使用标准。

　　八五期间（1990～1995 年），通过冶金和石油系统的联合攻关，我国成功研制和开发了 X52～X70 高韧性管线钢，并逐步得到广泛应用。20 世纪 90 年代，塔里木三条油气管线：鄯—乌输气管线、库—鄯输油管线和陕—京输气管线上应用的 X52、X60、X65 钢热轧板卷主要由上海宝钢和武钢生产供应。

　　西气东输工程最初选定钢级为 X60，最大工作压力为 6.4MPa。随着国内管线钢产量逐年大幅度提高，国产化率已经由原来不足 10% 上升到 1996 年的 50%、1997 年的 60%，至 2002 年国产化率已达 80%。到 2000 年，我国在宝钢、武钢、鞍钢、本钢、攀钢、首钢、包钢、重钢、天津钢管公司、邯钢（含舞钢）、上海浦钢、成都无缝和马钢等企业，完善和建立了低合金钢及微合金钢生产体系。当时国内对管线钢的需求以 X70 为主，新线目标定位在 X80 级热轧宽钢带和 X100 级宽厚板的生产，以适应目前 10MPa 和近期 14MPa 以上输送压力的设计。

　　在国家西气东输等重点工程立项后，石油系统和冶金系统联合开展了一系列相关的研究工作，如大口径输气管道工程用高钢级管材国产化、油气输送管道管材选用研究、高钢级管材组织性能及断裂控制研究等，取得重大进展。西气东输工程 X70 级用管 182 万吨，其中约 100 万吨为螺旋管，从热带到制管全部国产化。所需 82 万吨 LSAW 管中有 1/3 为国产 JCOE 钢管。我国的西气东输工程采用 X70 钢级，跟上了国外的发展水平。

国内 X80 钢级课题于 2000 年立项，宝钢根据管线的发展需求，先后进行了 X80 管线钢 7.9mm、14.6mm 和 15.3mm 厚规格热轧板卷的研制，产品满足 API 标准对 X80 强度等级的要求，冲击韧性和焊接性能优良。武钢采用控制轧制和强制加速冷却工艺生产了 15.3mm 和 17.5mm 厚度的 X80 热轧板卷，其成分设计以 API 标准为基础，符合国内对高钢级管线钢高纯净度、高韧性、低的脆性转变温度以及优良的焊接性和抗 HIC 能力等要求。此外，鞍钢和舞阳钢铁等一系列钢铁企业也相继开发出 X80 热轧钢板。

6.2 管线钢的性能要求及成分设计

6.2.1 管线钢的使用要求

石油、天然气资源通常位于边远和环境恶劣的地区，输送管线输送压力较大、介质复杂且有腐蚀性，并且管线的拼装环焊一般在野外进行。这不仅要求管线钢具有高的强度，而且要求应有好的韧性、抗疲劳性能、抗断裂特性和耐腐蚀性能，同时还要求力学性能的改善不应当恶化钢的焊接性能和加工性能。为此，管线钢材质已由最初的普碳钢发展到满足 API 标准的铌系微合金钢或铌、钒等复合微合金钢。多年来管线钢的进步与发展表明，合金成分设计、冶金技术和控轧控冷三者之间的最佳结合是决定管线钢综合性能的根本。本节针对近年来管线钢的生产实践，从管线钢的性能要求入手，综合评述管线钢的合金成分设计、典型生产工艺及相应的实物水平及我国管线钢进一步的发展方向。

管线工程发展趋势为大管径、高压富气输送、高寒和腐蚀的服役环境、海底管线的厚壁化。同时，高压输送天然气技术的发展导致管线钢对强度的要求也越来越高。然而强调高强度的同时也不能忽视冲击韧性，当冲击韧性低于某一最小值，就会发生韧性断裂。因此，管线钢标准对冲击韧性的要求非常苛刻，通常除需要进行 CVN 测试外，还需要进行更严格的 DWTT 测试。

以上这些性能均直接与洁净钢冶炼技术息息相关，特别是厚规格管线钢以及耐酸管线钢等高附加值产品，其生产的主要技术难点在于合理控制冶炼过程中残余元素总量、夹杂物含量和分布以及连铸坯偏析等。

当然，影响管线钢性能的因素很多，除炼钢工艺以外，轧钢工艺、热处理工艺、管线焊接材料及工艺都对管线钢的性能有影响，有的还是决定性的影响。陈玉珊在《现代管线钢生产工艺技术》一文中总结了管线钢基本性能与生产工艺的相关性，如表 6-1 所示。

表 6-1 管线钢基本性能与生产工艺的相关性

性　能	化学成分	夹杂物冶金	低磷、硫冶炼	热轧制度	轧后冷却
强　度	○			○	○

性　能	化学成分	夹杂物冶金	低磷、硫冶炼	热轧制度	轧后冷却
屈强比	○		○	○	○
冲击韧性	○	○	○	○	○
脆性转变温度	○	○	○	○	○
分离断口	○		○	○	○
动态撕裂剪切面积	○	○	○	○	○
抗腐蚀能力	○	○	○	○	○
焊接性能	○	○	○	○	○

因此，冶炼工艺的设计还必须充分考虑后续轧钢、热处理、焊接等因素的影响。本节仅对 X60 以上级别管线钢探讨影响其产品性能的冶炼因素。

目前对高级别管线钢的性能要求有高的强度和低的屈强比、高的韧性和低的脆性转变温度、高的动态撕裂剪切面积、高的抗 HIC 和 SCC 的能力、低的分离断口倾向和良好的焊接性能。

6.2.1.1　高强度

为了提高输送效率，就大型油、气田的输送和管线设计而言，倾向于提高工作压力和输送管径，因此，对管线钢的强度要求越来越高。现在服役管线钢的强度由最初的 $\sigma_s \geqslant 289MPa(X42)$，提高到 $\sigma_s \geqslant 482MPa(X70)$、$\sigma_s \geqslant 551MPa(X80)$，X100、X120 也相继开发成功。

管线钢的强度包括拉伸强度（σ_b）和屈服强度（σ_s）。强度随材料成分的不同变化很大，而且处理状态不同，强度变化也很大。一般来说，钢的屈服强度增加的同时，其塑性、夏比冲击功等将减小，这给输送高压介质并要求韧性、HIC 等性能良好的高强钢生产带来了矛盾，因此，促使人们通过固溶、晶粒细化等强化手段来使管线钢达到所要求的性能。采用不同的强度强化机制可以提高钢的强度，如图 6 - 1 所示。

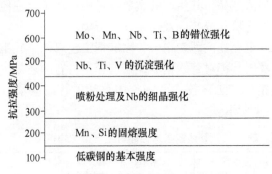

图 6 - 1　钢的强度强化机制

国家管线钢标准中对钢强度的要求如表 6-5 所示。

6.2.1.2 高韧性和低韧脆转变温度

高韧性是管线钢最重要的性能之一,它包括冲击韧性和断裂韧性等。由于韧性的提高受到强度的制约,因此管线钢生产常常采用晶粒细化这种唯一既可以提高强度又能提高韧性的强韧化手段。另外,夹杂物对于管线钢的韧性具有严重的危害性,因此降低钢中有害元素含量并进行夹杂物变性处理是提高韧性的有效手段。

为了预防管线脆性断裂,需要对管线钢韧性进行两方面测试,即夏比冲击试验和落锤撕裂试验。管子落锤撕裂试验得到断裂剪切面积百分比(根据管线级别的不同)大于50%、80%或90%,可以得到止裂效果。而对于韧性材料,则要求管子上平台 CVN 达到某一数值可以得到止裂。这样,随着管径和环向应力的增加,对材料的韧性要求越来越高。由于管道工程设计及应用地理气候环境不同,因此即使采用同一钢级管线钢对韧性也有不同要求。

"西气东输三线"工程中,夏比冲击试验取样位置规定为板卷切头 1m 后,在板卷宽度 1/4 处取一组试样,取样方向与板卷轧制方向成 30°,测试温度为 -20℃,试验结果应符合表 6-2 的要求。对韧性更苛刻的落锤撕裂试验(DWTT)在 -15℃进行试验,试验结果应符合表 6-3 的要求。此外,还要求按生产总量 5% 提交 1 熔炼炉次的板卷规定位置、方向的夏比冲击试验剪切面积和冲击功的韧脆转变曲线。韧脆转变曲线至少应包含20℃、0℃、-10℃、-20℃、-40℃、-60℃试验温度。

表6-2 夏比冲击韧性要求(10mm×10mm×55mm)

-20℃夏比冲击试验	单个试样最小值	三个试样平均值
夏比冲击功/J	≥210	≥280
剪切面积 S_A/%	≥80	≥90

表6-3 DWTT(落锤撕裂试验)剪切面积要求

试验温度	单个试样最小值	两个试样的最小平均值
-15℃	70%	85%

6.2.1.3 良好的焊接性能

钢的焊接性能是指材料对焊接加工的适应性,即在一定的焊接条件下获得优质焊接接头的难易程度。它包括结合性能(即在焊接加工时金属形成完整焊接接头的能力)和使用性能(已焊接成的焊接接头在使用条件下安全运行的能力)。管线钢制管时都采用直缝焊接或螺旋焊接,在管道施工过程中还要在各种复杂的地理和气候条件下进行,为了保证管线运行中的安全和提高使用寿命,要求管材必须有良好的焊接性能。为此必须保证母材和焊缝金属强度的匹配并解决母材与 HAZ 和焊缝金属的韧性之间的矛盾，使焊缝的冷裂纹系数尽量降低，提高夏比冲击功，确保动态止裂韧性。

改善高强度钢焊接性能的措施是多方面的。首先，钢的化学成分对高强度钢的焊接性能有直接的重大影响，提高焊接性能的有效措施是降低钢中碳、硫、磷的含量和选择适当的合金元素。其次，适当控制钛、铝等的氮化物和钛的氧化物对降低淬硬性和防止冷裂纹及提高韧性也有好处，加入适量钙或稀土等对防止冷裂纹和层状撕裂并提高韧性也有效果。

6.2.1.4　良好的耐蚀性能

除传统意义的耐大气腐蚀性能以外，由于管线钢特殊用途，还需要具备抗氢致裂纹（HIC）和应力腐蚀断裂（SCC）性能。管线钢主要是在高压状态下输送富含 H_2S 气体的石油或天然气，由于受管线环境的湿度、pH 值及被输送介质中 H_2S 气体浓度的影响，管线内易发生电化学反应而从阴极析出氢原子，氢原子在 H_2S 的催化下进入钢中，在夹杂物和钢机体界面析出变为氢分子时微区内形成极大的压力（约 300MPa），可以使钢产生两种类型的开裂，即氢致裂纹（HIC）和硫化物应力腐蚀开裂（SCC），如图 6-2 所示。

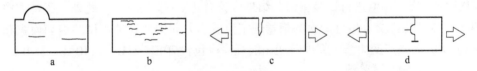

图 6-2　HIC 和 SCC 生成示意图

a，b—氢致裂纹；c，d—硫化物应力裂纹

硫化锰系夹杂物在轧制过程中会延伸，加之其线膨胀系数比钢机体线膨胀系数大得多，冷却后的硫化锰夹杂和钢机体间产生空隙，所以产生的氢原子最容易在这类夹杂的周围析出。特别是在低温组织转变后，最初裂纹就立即沿着碳、锰、磷和硫的偏析的异常组织扩展或沿带状珠光体和铁素体之间的相界扩展，在钢中产生平行于轧制面并沿轧制方向的裂纹。由于 HIC 的形成不需要外加应力，它生成的驱动力是进入钢中的氢原子变为氢分子时产生的氢气压，因此才把由氢气压导致的裂纹称为氢致裂纹。钢中条状的硫化锰和串状三氧化二铝是 HIC 的主要发生地。

硫化物应力腐蚀断裂是在 H_2S 和 CO_2 等腐蚀介质、土壤和地下水中碳酸、硝酸、氯、硫酸离子等作用下腐蚀生成的氢原子经钢表面进入钢内，向具有较高三向拉伸应力状态的区域富集，促使钢材脆化并沿垂直于拉伸力方向扩展而开裂。应力腐蚀断裂事先没有明显征兆，易造成突发性灾难事故。

由于 HIC 和 SCC 危害性极大，一旦发生往往导致灾难性后果，因此国内外冶金工作者十分重视管线钢抗 HIC 及抗 SCC 的研究。针对产生 HIC 的三个条件即氢侵入、氢产生、氢扩展应采取的防止措施如表 6 - 4 所示。

表 6 - 4　氢致裂纹的防止措施

因　素	防　止　措　施
氢侵入	添加 Cu、Cr、Ni、Mo、W 防止氢侵入，并稳定腐蚀产物： $w(Cu) = 0.20\% \sim 0.30\%$，pH = 5 $w(Cr) = 0.5\% \sim 0.6\%$，pH = 4.5 $w(Ni) \approx 0.2\%$，pH = 3.8
氢致裂纹产生	降低钢中 [S]、[O]，减少夹杂物的数量和大小，$w[S] < (10 \sim 30) \times 10^{-6}$，$w[O] < (30 \sim 40) \times 10^{-6}$，$w[Ca] = (15 \sim 35) \times 10^{-6}$，添加 RE、Ti 控制夹杂物形态。
氢致裂纹扩展	防止偏析：降低 [C]、[P] 含量，电磁搅拌，轻压下，低的焊接区硬化，减少局部硬化岛状马氏体带状组织

铜、铬、镍、钼、钨等能在钢的表面生成一层致密的保护膜，可有效地防止氢渗入钢中；降低钢中 [S]、[O] 含量就是减少钢中夹杂物的量，减少氢原子转变为氢分子的土壤；减少偏析就是堵死裂纹扩展的通道。

对于管线钢抗氢致裂纹性能尚无统一标准，一般是通过钢的成分、夹杂物的级别和偏析度来判断。

6.2.1.5　低的屈强比

随着管线钢性能、等级的提高，管线钢材料的屈服强度 $R_{t0.5}(\sigma_s)$ 和抗拉强度 $R_m(\sigma_b)$ 均有不同程度提高，而 $R_{t0.5}$ 增长较快，屈强比 $R_{t0.5}/R_m$ 呈明显升高趋势，高的屈强比表明钢的应变硬化能力降低，因此管道抗侧向弯曲能力降低。管线钢应变硬化能力对土质不稳定区、不连续区及地震带敷设的管道影响很大。近年来，我国石油、天然气开发及管道输送得到了迅速发展，管道的安全问题日显突出，而屈强比 $R_{t0.5}/R_m$ 升高意味着材料的形变强化幅度相对减小，形变强化指数也相应减小，这对于管线安全是有影响的，因此，在管道材料的选择上，应严格限制屈强比的范围。影响管线钢屈强比的因素很多，主要有钢的成分、轧制工艺、金相组织、卷板厚度等。

6.2.2　高级别管线钢的性能标准

国家 2013 年颁布的管线钢标准 GB/T 14164—2013 中 X60 以上级别的性能规定如表 6 - 5 所示。

表 6 – 5　GB/T 14164—2013 中 X60 以上级别的性能规定

级别	标准	$R_{t0.5}$/MPa	R_m/MPa	屈强比	伸长率/%	冷弯直径
X60	PSL1	≥415	≥520		17	2 倍钢板厚度
	PSL2	415 ~ 565	520 ~ 760	≤0.93	17	2 倍钢板厚度
X65	PSL1	≥450	≥535		17	2 倍钢板厚度
	PSL2	450 ~ 600	535 ~ 760	≤0.93	17	2 倍钢板厚度
X70	PSL1	≥485	≥570		16	2 倍钢板厚度
	PSL2	485 ~ 635	570 ~ 760	≤0.93	16	2 倍钢板厚度
X80	PSL2	555 ~ 705	625 ~ 825	≤0.93		
X90	PSL2	625 ~ 775	695 ~ 915	≤0.95	供需协商	
X100	PSL2	690 ~ 840	760 ~ 990	≤0.97		
X120	PSL2	830 ~ 1050	915 ~ 1145	≤0.99		

注：–10℃的条件下，X60、X65 的夏比冲击功为 80J，X70、X65 的夏比冲击功为 100J；X80 的夏比冲击功为 120J；X100、X120 的夏比冲击功以供需双方协商为准。X60 ~ X90 的断面均值为 85%，单值为 70%，–5℃时落锤撕裂试验（DWTT）的最小剪切面积均值为 80%，单值为 60%。X100 ~ X120 DWTT 项目均以供需双方协商为准。

　　输气管线钢夹杂物的标准（A 细、粗，B 细、粗，C 细、粗，D 细、粗）不大于 2.0 级，输油及其他介质管线钢夹杂物的标准（A 细、粗，B 细、粗，C 细、粗，D 细、粗）不大于 2.5 级。

　　由表 6 – 5 可见，我国生产 X100、X120 等高级别的管线钢目前还处于研究试验阶段，尽管已经有了屈服强度、抗拉强度、屈强比等性能指标要求，但是伸长率、落锤试验等指标还处于"协商"状态。当然，由于管线钢制管工艺、管径大小、输送压力、管线地理环境、气候及周边条件的不同，供需双方协商某些性能指标的量值也是常有的。

　　黄开文 2002 年统计的国内外高级别管线钢实物力学性能如表 6 – 6 所示。

表 6 – 6　国内外高级别管线钢实物力学性能

钢级	σ_s/MPa	σ_b/MPa	δ/%	温度/℃	夏比冲击功/J	BDWTT 最小剪切面积/%	生产厂家
X65	483	582	43	– 45	164	100	NSC
	445 ~ 530	535 ~ 615		– 30	200 ~ 480	100	SM
X70	518	621	44	– 60	159	100	NSC
	508	637	43	– 20	437	95	Europipe
	540	635	39.2	– 20	304	100	SM
	544	642	40	– 20	470	100	NKK
	522	632	43.5	0	206		ILVA
	537	663	35	– 20	383	100	POSCO
	532 ~ 601	626 ~ 698	36 ~ 46	– 20	197 ~ 400		Posteel

钢级	σ_s/MPa	σ_b/MPa	δ/%	温度/℃	夏比冲击功/J	BDWTT 最小剪切面积/%	生产厂家
	586	695	33	-20	334	100	NSC
	599	704	35	-20	210	97	SM3
	590~610	690~710		-30	180~300	78~93	NSC2
	607	716	23	-20	183		Europipe
X80	634	743	30.4	-20	107		SM1
	626	679	36.6	-20	210	97	SM3
	575	684					NKK
	>550	670	36	-5	180		IPSCO
	580	690	23	-20	220		ILVA
	701~776	706~807	18~23	-20	235~240		SM
	710	848	30	-20	133		NSC
X100	748	794					NKK
	727~770	852~917		0	320~330	96	KAWASAKI
	752	806	18	-20	270		Europipe

陈妍等提供的日本新日铁生产用于不同管径及壁厚的高级别管线钢的实物力学性能如表 6-7 所示。

表 6-7 新日铁生产用于不同管径及壁厚的高级别管线钢的实物力学性能

钢级	管径/mm	壁厚/mm	方向	σ_s/MPa	σ_b/MPa	δ/%	σ_s/σ_b	夏比冲击试验		BDWTT	
								温度/℃	冲击功/J	温度/℃	最小剪切面积/%
X80	610	13.9	纵向	567	730	33	0.78	0	210	0	100
			横向	592	758	33	0.78	-40	200	-20	94
	1067	19.1	纵向	539	650	39	0.83	-20	255	0	100
			横向	560	699	28	0.84	-40	232	-20	93
X100	762	19.1	纵向	696	820	20	0.85	-10	212	-10	96
			横向	799	856	19	0.93	-30	197	-20	844
	1312	14.3	纵向	623	785	19	0.81	-10	245	-10	100
			横向	694	794	21	0.87	-40	205	-20	100
	1219	14	纵向	632	785	23	0.82	-10	250	0	93
			横向	719	794	24	0.9	-30	222	-20	82
X120	1921	19	纵向	865	945	31	0.9	-30	335	-5	75

国内生产 X100、X120 管线钢的实物力学性能如表 6-8 所示。

表 6-8　国内生产 X100、X120 管线钢的实物力学性能

级别	σ_s/MPa	σ_b/MPa	δ/%	σ_s/σ_b	夏比冲击功/J	DWTT 最小剪切面积/%	生产厂家
X100	725	980	15	0.78	209(-20℃)		鞍钢
X120	940	1000	26	0.94	265(-0℃)	95(0℃)	宝钢

管线钢相关标准牌号的对照如表 6-9 所示。

表 6-9　管线钢相关标准牌号的对照

	GB/T 14164—2013	GB/T 14164—2005	API Spec 5L（第44版）、ISO 3183：2007
质量等级为 PSL1	L175/A25	S175Ⅰ	L175/A25
	L175P/A25P	S175Ⅱ	L175P/A25P
	L210/A	S210	L210/A
	L245/B	S245	L245/B
	L290/X42	S290	L290/X42
	L320/X46	S320	L320/X46
	L360/X52	S360	L360/X52
	L390/X56	S390	L390/X56
	L415/X60	S415	L415/X60
	L450/X65	S450	L450/X65
	L480/X70	S485	L480/X70
质量等级为 PSL2	L245R/BR、L245N/BN、L245M/BM	S245	L245R/BR、L245N/BN、L245M/BM
	L290R/X42R、L290N/X42N、L290M/X42M	S290	L290R/X42R、L290N/X42N、L290M/X42M
	L320N/X46N、L320M/X46M	S320	L320N/X46N、L320M/X46M
	L360N/X52N、L360M/X52M	S360	L360N/X52N、L360M/X52M
	L390N/X56N、L390M/X56M	S390	L390N/X56N、L390M/X56M
	L415N/X60N、L415M/X60M	S415	L415N/X60N、L415M/X60M
	L450M/X65M	S450	L450M/X65M
	L485M/X70M	S485	L485M/X70M
	L555M/X80M	S555	L555M/X80M
	L625M/X90M	—	L625M/X90M
	L690M/X100M	—	L690M/X100M
	L830M/X120M	—	L830M/X120M

这些标准是在大量的研究及生产和使用的基础上，根据不同条件下管道要求具备的各种性能而制定的。

6.2.3 管线钢成分设计

为满足管线钢高强度、高韧性、良好的焊接性能及抗 HIC、SCC 性能，通常采用降碳提锰及铌、钒、钛微合金化的合金成分设计方案，并与冶金技术和控轧控冷相结合。在进行成分设计之前，必须明确钢中各元素对管线钢性能的影响。

6.2.3.1 钢中成分对管线钢性能的影响

A　C、Si、Mn 元素

碳是低碳钢传统、经济的固溶强化最有效元素，但它对钢的焊接性能、力学性能即抗 HIC 性能影响很大。也就是说，随着 C 质量分数的增加，管线钢焊接性恶化，韧性下降，同时偏析加剧。此外研究结果表明：管线钢中 C 和 C_{eq}（碳当量）的增加会使钢在热轧状态下生成对氢鼓泡敏感性最为有害的马氏体组织，HIC 敏感性增加；降低 C 和 C_{eq} 可以提高管线钢的抗 HIC 及抗 H_2S 腐蚀性能。因此随着管线钢级别的提高，碳质量分数在逐渐降低。

从国际焊接学会（I.I.W）规定的碳当量 C_{eq} 和裂纹敏感指数 P_{cm} 可以看出碳是影响焊接性能最敏感的一个元素；钢的强度随碳含量的增加而增加，而冲击韧性则明显下降，因此，为满足高强度和高韧性的良好匹配，最根本的途径是降低碳含量，并通过其他手段来提高强度。对于抗 HIC 性能要求严格的输气管线，蔡开科等人的研究认为：当 $w(C) > 0.05\%$ 时，$w(Mn) > 1.10\%$ 的管线钢不具备抗 HIC 的腐蚀能力，其裂纹长度率（CLR）和裂纹敏感率（CTR）均随锰含量的提高而增大。当 $w(C) < 0.05\%$ 时，锰含量的变化不影响钢的 HIC 性能。同时，HIC 性能的恶化与钢中偏析带直接有关，将碳降到一定程度有利于碳偏析的改善。但碳质量分数过低也会给钢材带来不利影响，当碳质量分数低于 0.02% 时，晶界的结合强度极低，这不仅会降低钢材的韧性，而且会使焊接热影响区晶界呈现完全脆化状态。目前，管线钢特别是高级别的管线钢的含碳量趋于于向低碳或超低碳方向发展。

锰和硅在钢中主要起固溶强化作用，提高钢的强度。由于管线钢中碳质量分数降低而引起的强度下降，通常采用增加管线钢中的锰含量来进行补偿。在固溶强化中，Si 和 Mn 是强化作用较大的元素，为了提高固溶强化的效果，可以适当增加 Si 和 Mn 的质量分数，从而降低屈强比。锰能推迟铁素体—珠光体转变，降低 M_s 点，有利于形成细晶粒的针状铁素体。锰在钢中是作为铁素体固溶强化元素而存在的，也是提高低碳钢强化的最主要元素。近年来的研究工作表明，锰添加量在 1.1% ~ 2.0% 的范围，钢的强度随锰质量分数的增加而提高，而冲击韧性下降的趋势甚小。管线钢中加入适量的锰，可提高淬透性，起到固溶强化作用。

研究发现，碳的质量分数为 0.05% ~ 0.15% 的热轧钢，锰的质量分数超过 1.6% 以后，随着锰质量分数增加，HIC 长度增加。这归因于中、低强度铁素体–珠光体管线钢中，锰和磷的偏析产生的带状组织在热轧过程形成了对 HIC 敏感的低温转换硬组织带，HIC 经常沿珠光体带扩展，这也是管线钢的 HIC 多数出现在板厚中心的缘故。因此增加锰的质量分数，将导致更多的带状组织生成，从而使 HIC 敏感性增加，所以管线钢锰质量分数一般限定在 0.8% ~ 1.6%。碳质量分数低于 0.05% 的热轧钢中，锰质量分数可适当提高，但不宜超过 2.0%。对于抗硫化氢用管线钢，锰的含量应受到限制。

X60 ~ X70 级别的管线钢，锰的质量分数为 1.50% ~ 1.70%；X70 ~ X80 级别的管线钢，锰的质量分数为 1.55% ~ 1.80%；X80 ~ X100 级别的管线钢，锰的质量分数为 1.75% ~ 1.90%；X100 ~ X120 级别的管线钢，锰的质量分数为 1.90% ~ 2.00%。

B　Mo、Ni、Cu、Cr 元素

钼使铁素体析出线明显右移，但并不明确推移贝氏体转变，当钢中碳质量分数很低时，在轧后空冷过程中可避免形成马氏体，在较宽的冷速范围内过冷奥氏体直接发生针状铁素体和贝氏体转变，而没有或很少先共析铁素体析出，这同时保证了厚钢板的心部也能在较低的冷速下形成微细结构的贝氏体和针状铁素体，从而保证钢的良好延展性，提高钢的强度。

Mo 在钢中还具有提高 Nb(C, N) 在奥氏体中的溶度积的作用，使大量的 Nb 保持在固溶态，阻碍碳化物的形成，推迟碳化物的析出，以便在低温转变的铁素体中弥散析出，以产生较高的沉淀强化效果，并且 Mo 在钢中使碳化物的形核位置增加，形成的碳化物更细小弥散，提高管材屈服强度。

管线钢中添加微合金元素铜、铬和镍，可以使钢材的转变温度降低，起到细化晶粒的作用，同时可以提高铌和钒在铁素体中的沉淀强化效果。其中镍是唯一可以起到固溶强化作用而不损害钢材冲击韧性的元素。镍还能够改善铜在钢中引起的热脆性。研究发现，含 1% ~ 3% 的镍或钴元素的低合金钢在含盐大气中具有较好的抗腐蚀能力。镍能使钢的腐蚀电位正移，并主要以 $NiFe_2O_4$ 存在于尖晶石型氧化物中，促进了尖晶石向较细、致密结构的转变，细化内锈层晶粒，增加内锈层的致密性，并加速了内锈层的形成。因此对要求抗酸性腐蚀的管线钢，都加入一定量的镍。

在所有的合金元素中，铜对钢的耐候性能的影响最为显著。研究表明，铜可以延缓铁的阳极溶解或降低锈层的电子导电性，使电子流向阴极区的速率降低。铜能形成少量不溶的氢氧硫酸铜，提高腐蚀产物膜的阻挡作用。所以，钢中加入适量的铜、铬、镍等可以在钢材表面形成钝化膜，防止氢气进入钢中，能提高钢的抗 HIC 能力。在合金元素中，唯有铜对抗 HIC 的作用最为明显。研究表明，铜在管线钢中的含量范围一般控制在 0.40% 以内。

Kushida T. 等研究表明：管线钢中当铬的质量分数为 1% 时，钢材具有低屈服强度和高抗拉强度，使得酸性服役条件下的 X80 级 UOE 钢管对 HIC 和 SCC 的敏感性增加，因此，她认为 X80 管线钢中适宜的 Cr 质量分数为 0.25% ~ 0.50%。

C　Nb、V、Ti、Al、B 等元素

铌、钒、钛是作为提高低碳锰钢强度的微合金元素加入钢中，它们在钢中的作用是各不相同的，但都是通过晶粒细化和沉淀硬化（包括应变诱导析出）来影响钢的性能。它们的作用之一是阻止奥氏体晶粒的长大。在控轧过程中，在加热奥氏体化时，未溶解的微合金碳、氮化物将通过钉扎晶界机制起到阻止奥氏体晶粒的粗化的作用，提高钢的粗化温度。高温固溶于奥氏体中的微合金元素与位错相互作用阻止晶界或亚晶界的迁移，从而抑制奥氏体的再结晶。另一个作用是在奥氏体状态延迟再结晶转变。控制轧制过程中应变诱导沉淀析出的微合金碳、氮化物可通过质点钉扎晶界和亚晶界的作用而显著阻止再结晶，在 γ 未再结晶区控轧过程中，大量弥散细小析出的 Nb(C，N) 能为 γ-α 相变提供有利的形核位置，从而有效地起到细化晶粒的作用，获得细小的相变组织。充分发挥微合金元素的作用，可使管线钢获得最佳强韧性。

铌能产生非常显著的晶粒细化及中等程度的沉淀强化作用，并可改善低温韧性。因此铌是管线钢中唯一不可缺少的微合金元素。由于碳和氮含量的增加，都使奥氏体中的铌含量下降，因此，为了有效地发挥铌对抑制奥氏体再结晶的作用，应尽可能采用低的碳和氮含量。在 API 的标准中，铌的质量分数最低为 0.008%，但在生产实践中一般控制在 0.03% ~ 0.05%，为标准最低限制的 6 ~ 10 倍。

铌所具有的提高非再结晶温度的作用对控制轧制很有效，随着奥氏体状态下固溶的铌增加，再结晶的终止温度将升高，并可在比传统管线钢 TMCP 工艺高的轧制温度下进行精轧，有助于减少精轧阶段的轧机负荷。在超低碳钢中，1100 ~ 1150℃温度范围时，铌固溶质量分数为 0.08% ~ 0.12%，这样可以进行 HTP 高温轧制技术。由于 HTP 管线钢中碳的质量分数降低到 0.03% 左右，锰质量分数也显著降低，可以获得极好的韧性、塑性，易于焊接并且减少偏析。在我国的西气东输工程用 X70 管线钢和我国第一条 X80 管线应用工程中用的 X80 管线钢也体现了这种成分设计思想。

铌还具有促进针状铁素体形成的作用，在管线钢中加入铌、钒、钛等微合金化元素可有效阻止奥氏体晶粒的长大，细化晶粒，增强管线钢抗 H_2S 腐蚀性能，有效防止管线钢产生 HIC。研究表明，加入铌、钒、钛形成复合微合金化，它们在高温溶解、低温沉淀析出，成为氢的强陷阱，有助于提高抗 SCC 性能。

钛可产生强烈的沉淀强化及中等程度的晶粒细化作用。钛的化学活性很强，易与钢中的碳、氮、氧、硫形成化合物。为了降低钢中固溶氮含量，通常采用微钛处理使钢中的氮被钛固定，由于 Ti 与 N 的结合能力比 Nb 与 N 的结合能力强，可以有效阻止 Nb 与 N 的结合，间接提高铌的强化作用，从而提高 Nb 在奥氏体中的固溶度，进一步发挥 Nb 在控轧中的作用。同时氮化钛可有效阻止奥氏体晶粒在加热过程中的长大，起到直接强化作用。另外，钛还可以作为钢中硫化物变性元素使用，以改善钢的纵横向性能。此外 Ti 能提高材料的焊接性能，并能有效改善钢管焊接热影响区的低温冲击韧性。但 Ti 含量过高也是有害的。

钒的溶解度较低，与铌相比对奥氏体晶粒及阻止再结晶的作用很弱，主要是通过铁素体中碳、氮化合物的析出对强化起作用，此外，钒能产生中等程度沉淀强化作用。在轧后冷却过程中析出的 V（C，N）会产生沉淀强化，从而提高钢的强度，其中 VN 的作用大些。但是，V 的沉淀强化对焊接性能和韧性有负面的影响。国外实际管线钢中钒的质量分数一般控制在 0.05% ~ 0.10% 之间，为 API 标准中钒的下限值的 2.5 ~ 5.0 倍。

管线钢是低碳钢，在出钢过程中采用铝或铝基复合脱氧剂进行初脱氧，在后续的 LF 炉等精炼过程中也可应用含铝材料作为扩散脱氧剂使用，因此，合理地控制钢中酸溶铝含量可以直接影响钢的脱氧程度和钢中 Al_2O_3 夹杂物含量。一方面钢中 [Als] 含量的高低反映钢中脱氧程度的好坏，即钢中氧含量的低和高；同时钢中的 [Als] 含量与钢中 Al_2O_3 夹杂的关系又是开口向上的抛物线形，当钢中 [Als] 低于 0.015% 时，随着钢中 [Als] 含量的增加，钢中 Al_2O_3 夹杂量减少，当钢中 [Als] 含量高于 0.025% 以后，随着钢中 [Als] 含量的增加，钢中 Al_2O_3 夹杂量增加。在这种合金种类较多的管线钢中不应该过分依靠铝来细化晶粒。因此管线钢中 [Als] 的质量分数一般控制在 0.040% 以下，最好是控制在 0.015% ~ 0.025% 之间。

管线钢中加入微量的硼可以明显抑制铁素体在奥氏体晶界的形核，同时还使转变曲线变得扁平，从而即使在低碳情况下，在一个较大的冷却范围内也能获得贝氏体组织，使管线钢获得高的（X80 ~ X120）强度级别。但冶炼时必须严格精确地控制硼含量，因为硼的上述作用是基于它在奥氏体晶界的偏聚，从而阻止等轴铁素体在晶界上优先成核。如果硼以氧化物或氮化物形式存在于钢中，就丧失了抑制铁素体在晶界上形核的作用。为防止硼与氧和氮形成化合物，必须在钢中添加适量的铝来脱氧，并添加与氮亲和能力强的钛来固定钢中的氮。另外在超低碳贝氏体中由于碳含量低，如果工艺控制不当，易形成局部空隙自由区而促进晶内裂纹。贝氏体钢特别适用于高寒焊接、酸性环境中高强和厚壁钢管。

钢中加入钙、锆、稀土金属可以改变硫化物和氧化物的组成，使其塑性降低，造成夹杂物在轧制过程中保持球形而不至于延伸成带状或片状。采用该工艺可以使钢板的各向异性大大减轻，使横向夏比冲击功增加一倍，达到或接近纵向夏比冲击功数值。为了使钢板各向异性达到最小，稀土与硫的比例控制在2.0左右为适宜。

D　P、S、O、N、H等残余元素

磷、硫、氧、氮、氢等在管线钢中以残余元素形式存在，对钢性能具有严重的破坏作用。由于炼钢原料、设备水平、工艺路径等不同，这些残余元素含量也存在较大差异。为了保障管线钢性能，标准中一般对磷、硫和氮三种元素含量提出控制要求，而对于其他元素并未给出明确限制，需要各企业根据自身情况进行合理控制。实际使用过程中发现，管线钢失效主要由于在冶炼过程中这些残余元素控制不当。例如，氧含量超标引起夹杂物聚集，导致韧性降低；氮含量控制不当，高温析出相致使铸坯表面质量急剧恶化；由于氢超标，引起HIC裂纹；磷和硫等控制不当引发SCC裂纹缺陷等。

磷在钢中是一种易偏析元素，磷对偏析区的淬硬性的影响约是碳的2倍。尤其是当$w(P)>0.015\%$时磷的偏析急剧增加，并促使偏析带硬度增加，使抗HIC性能下降。同时，磷还会恶化管线钢的焊接性能，显著降低钢的低温冲击韧性，提高钢的脆性转变温度，使钢管发生冷脆。对于高质量的管线钢应严格控制钢中的磷含量，钢中磷含量越低越好。对于X70以上的管线钢磷的质量分数一般都控制在0.010%以下。

硫是管线钢中最为有害的元素之一，它严重地恶化管线钢的抗HIC能力和抗SCC能力。随着硫含量的增加，钢的裂纹敏感率显著增加，冲击韧性值急剧下降。硫还导致管线钢各向异性，在横向和厚度方向上韧性恶化。硫含量对裂纹敏感比值的影响如图6-3所示，对低温冲击韧性的影响如图6-4所示。

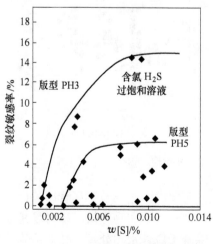

图6-3　硫含量对裂纹敏感比值的影响

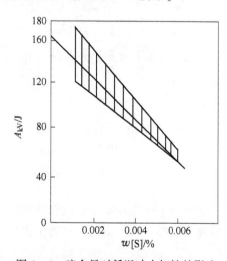

图6-4　硫含量对低温冲击韧性的影响

因此，硫含量是管线钢要求最为苛刻的指标。随着管线钢级别的提高，钢中硫质量分数的要求越来越高，一般管线钢要求钢中硫含量小于 50×10^{-6}、X65 级别以上的管线钢要求钢中硫质量分数小于 20×10^{-6} 甚至小于 10×10^{-6}。

钢中 P、S、O 对韧性影响异常明显，随着残余元素的增加，韧性严重降低。对部分质量异议样品检测分析同样发现残余元素含量相对较高问题。N 含量增加，管线钢冲击韧性也呈现降低趋势，相对其他残余元素对韧性的影响较小，但残余元素 N 的增加，铸坯表面质量下降明显，对管线钢质量控制同样不利。

综合分析，高钢级管线钢中残余元素控制理想水平应满足产品性能的要求，对于耐酸管线钢，要求应更加严格。

当 P、S、O、N 元素含量等相对较高时，易发生冲击韧性严重降低问题，如图 6-5 所示。

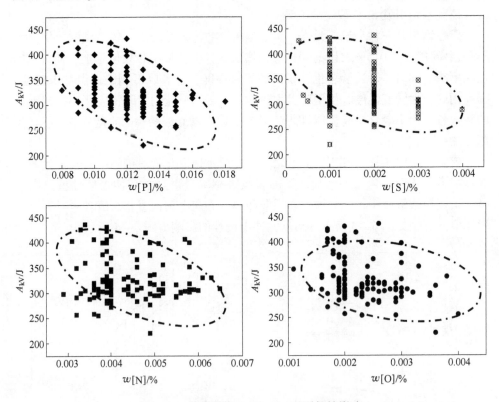

图 6-5　管线钢中 P、S、O、N 对韧性影响

管线钢中硫的控制是管线钢生产一个极其重要的工艺环节。尽管国外许多管线钢成分标准中磷、硫的含量看上去很宽松，但管线钢实物中磷、硫含量是非常低的。生产实践表明，钢中硫含量的控制要综合考虑铁水预处理、转炉冶炼、炉外精炼、钢包喷粉、合成渣渣洗及钙处理等工艺，根据本厂工艺装备实际合理选择。

氧在管线钢中溶解度很低，因此，管线钢中全氧含量基本可以代表钢中氧化物夹杂的数量。钢中氧化物夹杂是产生 HIC 和 SCC 的根源之一，并危害管线钢的各种性能。为减少氧化物夹杂物的数量，一般把铸坯中全氧含量值控制在$10 \times 10^{-6} \sim 20 \times 10^{-6}$。

氮对管线钢性能有两方面的影响：一方面钢中自由的氮形成固溶体，造成固溶强化，加上时效作用，使钢的塑性和韧性降低，冷加工性能下降；另一方面通过氮化物还可以防止奥氏体晶粒长大起到析出强化作用。国外高级别管线钢中的氮含量一般都控制在 40×10^{-6} 以下。钢中氮含量的控制是一个复杂的系统工程，仅靠真空处理工艺是不能完全实现的，应该在钢水进入钢包以后通过覆盖、密封、控制底吹氩气流量等措施减少钢水与大气接触等措施来控制钢中的氮含量。

氢是导致白点和发裂的主要原因，管线钢中的氢含量越高，HIC 产生的几率越大，腐蚀率越高，平均裂纹长度增加越显著。采用 RH、DH 或吹氩搅拌等均可控制 $w[H] \leqslant 1.5 \times 10^{-6}$。新日铁名古屋厂采用 RH 处理后，钢中 $w[H]$ 为 1.5×10^{-6}。日本鹿岛制铁所使用脱氢处理，氩气流量为 $3.0 \mathrm{m}^3/\mathrm{min}$（标态）时，成品中 $w[H]$ 为 1.1×10^{-6} 左右。

各种用途的管线钢对有害元素的要求如表 6-10 所示。

表 6-10 高级别管线钢对有害元素的要求

炼 钢		应 用		
		高强度厚壁管	低温管	传输腐蚀气体管
洁净度	$w[S] < 0.005\%$	必要	必要	
	$w[S] < 0.001\%$	理想的	理想的	必不可少
	$w[P] < 0.010\%$	理想的	理想的	必不可少
	$w[P] < 0.005\%$			理想的
	$w[H] < 0.00015\%$	必不可少	理想的	必要
	$w[N] < 0.004\%$	必要	必要	必要
钙处理	$w[Ca] = 0.001\% \sim 0.035\%$	理想的	理想的	必不可少
低碳钢	$w[C] < 0.005\%$	必不可少	必不可少	必不可少
	$w[C] < 0.005\%$	理想的	理想的	理想的
夹杂控制		必要	必要	必不可少
中心偏析控制		必要	必要	必要
化学成分精度控制		必不可少	必不可少	必不可少

管线钢之所以需要添加大量的合金元素也归因于实际冶炼过程中残余元素不能有效去除，而进行的一种弥补措施。通过细化晶粒、改善组织形态等方式，改善因夹杂物、偏析等炼钢缺陷导致的综合性能降低问题。不同企业采用自身技术

进行洁净钢生产，依据这些残余元素控制水平、夹杂物控制水平以及铸坯偏析情况，对添加的合金进行调整。

6.2.3.2　轧钢工艺对成分设计的影响

管线钢应用的地理环境和气候环境十分复杂，如地震侧滑、湿陷性黄土塌陷、沉降、陈胀、冻土融化、自由悬跨、海底变性等，都要求管线钢既要有足够的强度又要有足够的变性能力。其组织状态一般为包含硬相和软相的双相或多相组织，硬相为管线钢提供强度，软相保证足够塑性。所以，一般的控轧、控冷轧制工艺很难实现所要求的钢材性能。为此，在管线钢轧制方面开发了 TMCP 工艺、HTP 工艺和弛豫工艺。为适应不同的轧制工艺必须对钢的成分做适当调整。

（1）TMCP 工艺。TMCP 工艺的要点是控制轧制温度和冷却速度，通过冷却的开始温度和终止温度来控制钢材高温奥氏体组织形态及相变过程，最终控制钢材的组织类型、形态和分布，改善钢材的组织和提高其力学性能。通过 TMCP 工艺可替代正火处理，利用钢材余热进行在线淬火 - 回火处理，取代离线淬火 - 回火处理，改善钢材的力学性能，大幅度减少热处理能耗，提高生产效率。采用 TMCP 技术可以降低钢中的锰、铌、钒、钛的合金含量。

（2）HTP 工艺。HTP 工艺是通过增加钢中铌含量（0.08% ~ 0.10%）、提高终轧温度、轧后快速冷却等措施来得到细小的针状铁素体组织提高其力学性能。

铌含量的提高，可以提高钢的静态再结晶终止温度、抑制奥氏体的再结晶、促进针状铁素体的形成，可以降低钼的用量，降低生产成本。

由于 HTP 工艺轧制开始温度比 TMCP 工艺高，扩大精轧工艺的温度窗口，精轧终止温度也高于 A_{K3} 温度，因此，可以增加未再结晶区的累计压下量，并降低轧制负荷，使钢板板型控制更加容易。

（3）弛豫技术。弛豫技术的关键是将终轧后的钢板空冷一段时间，使钢板入水前温度降到 A_{K3} 温度以下 30 ~ 50℃，产生一定量的先共析铁素体，最后通过一定冷却速度的水冷得到先共析铁素体和贝氏体/MA 的双相组织，从而极大提高管线钢的强度、韧性和塑性。

表 6 - 11 和表 6 - 12 分别为采用上述三种轧制工艺的 X80 管线钢的成分及性能。

表 6 -11　采用 HTP、TMCP、弛豫工艺管线钢（X80）的成分

工　艺	C /%	Si /%	Mn /%	P ($\times 10^{-6}$)	S ($\times 10^{-6}$)	Cr /%	Mo /%	Ni /%	Nb /%	V /%	Ti /%	Cu /%
HTP	0.051	0.19	1.82	78	26	0.27		0.26	0.098	0.026	0.014	0.25
TMCP	0.075	0.21	1.75	86	22	0.14	0.15	0.13	0.038	0.005	0.015	0.01
弛豫	0.066	0.23	1.88	92	23	0.18	0.014	0.25	0.029	0.0032	0.016	0.26

表 6-12 采用 HTP、TMCP、弛豫工艺管线钢（X80）的性能

工艺	横向性能				纵向性能				
	R_m/MPa	$R_{10.5}$/MPa	$R_{10.5}/R_m$	A/%	R_m/MPa	$R_{10.5}$/MPa	$R_{10.5}/R_m$	A/%	$C_v(-10℃)$/J
HTP	698	647	0.93	24	660	564	0.85	23	281
TMCP	639	580	0.91	24	625	544	0.87	25	275
弛豫	781	681	0.87	25	727	557	0.77	25	230

6.2.3.3 管线钢成分标准

国际上管线钢生产多采用美国石油学会颁布的（API）标准，该标准与我国国家管线钢标准 GB/T 14164—2013 有对应关系。GB 14164—2013 石油天然气输送管用（高级别）热轧宽钢带成分标准如表 6-13 所示。X60～X80 管线钢 API 标准如表 6-14 所示。

表 6-13 GB 14164—2013 石油天然气输送管用（高级别）热轧宽钢带成分标准（PSL2）（%）

牌号	化学成分									碳当量（≤）	
	C(≤)	Si(≤)	Mn(≤)	P(≤)	S(≤)	V(≤)	Nb(≤)	Ti(≤)	其他	C_m	P_{cm}
L415M/X60	0.12	0.45	1.60	0.025	0.015	d	d	d	f		0.25
L450M/X65	0.12	0.45	1.60	0.025	0.015	d	d	d	f		0.25
L485M/X70	0.12	0.45	1.70	0.025	0.015	d	d	d	f		0.25
L555M/X80	0.12	0.45	1.85	0.025	0.015	d	d	d	g	—	0.25
L625M/X90	0.12	0.55	2.10	0.020	0.010	d	d	d	g		0.25
L690M/X100	0.10	0.55	2.10	0.020	0.010	d	d	d	g, h		0.25
L830M/X120	0.10	0.55	2.10	0.020	0.010	d	d	d	g, h		0.25

注：d—铌、钒、钛含量之和不大于 0.06%；f—铜含量不大于 0.50%，镍含量不大于 0.30%，铬含量不大于 0.50%，钼含量不大于 0.50%；g—铜含量不大于 0.50%，镍含量不大于 1.00%，铬含量不大于 0.50%，钼含量不大于 0.50%；h—一般情况下不得有意添加硼，残余硼不大于 0.001%。

表 6-14 X60～X80 管线钢 API 化学成分标准

钢级别	C/%	Mn/%	Si/%	P($\times 10^{-6}$)	S($\times 10^{-6}$)	Mo/%	Nb/%
X60	≤0.26	≤1.35		≤400	≤500		≥0.005
X65	≤0.26	≤1.5		≤400	≤500		≥0.005
X70	≤0.23	≤1.6		≤400	≤500		
X80	≤0.18	≤1.8		≤300	≤180		
X70^W	≤0.09	≤1.65	≤0.35	≤200	≤50	≤0.3	≤0.08
X80^A	≤0.05	≤1.85	≤0.45	≤150	≤50	≤0.3	≤0.05

钢级别	V/%	Ti/%	Al/%	B(×10⁻⁶)	N(×10⁻⁶)	Ni/Cu	Ceq[①]	Pcm[②]
X60	≥0.005	≥0.005						
X65	≥0.005	≥0.005						
X70								
X80								
X70^W	≤0.025	≤0.025				≤0.3/0.3	≤0.42	≤0.21
X80^A	≤0.025	≤0.020				≤0.25/—	≤0.43	≤0.21

注：W—WEGP 标准；A—Allaince 标准。

①$Ceq = w[C] + w[Mn]/6 + w[Ni + Cu]/15 + w[Cr + Mo + V]/5$；

②$Pcm = w[C] + w[Si]/30 + w[Mn + Cu + Cr]/20 + w[Ni]/60 + w[Mo]/15 + w[V]/10 + 5w[B]$。

国外知名厂家申请 X100、X120 管线钢的成分如表 6 – 15 所示。

表 6 – 15　国外知名厂家申请 X100、X120 管线钢的成分　　　　（%）

钢级别	C	Mn	Si	P	S	Ni	Nb	Als	Ti	N
X100	0.03 ~ 0.10	1.6 ~ 2.1	≤0.6	≤0.015	≤0.002	≤1.0	0.01 ~ 0.1	≤0.06	0.005 ~ 0.03	0.001 ~ 0.006
	0.01 ~ 0.10	1.0 ~ 1.9		≤0.02	≤0.015		0.03 ~ 0.1		0.008 ~ 0.03	≤0.015
	0.03 ~ 0.07	0.5 ~ 2.0	0.01 ~ 0.5			≤0.5	0.005 ~ 0.07	0.01 ~ 0.08	0.005 ~ 0.04	
	0.02 ~ 0.08	0.5 ~ 1.8	0.01 ~ 0.5	≤0.02	≤0.02	≤0.5	0.005 ~ 0.05	0.01 ~ 0.08	0.04 ~ 0.10	
	0.03 ~ 0.12	0.8 ~ 2.5	≤0.8	≤0.01	≤0.01	≤1.0	0.01 ~ 0.1	≤0.1	0.005 ~ 0.03	0.001 ~ 0.008
	0.05 ~ 0.07	1.4 ~ 1.5	≤0.3	≤0.03	≤0.005	0.5 ~ 0.7			0.01 ~ 0.02	
	0.01 ~ 0.10	1.0 ~ 2.5	≤0.3	≤0.03	≤0.0008	≤2.5	0.005 ~ 0.06	≤0.05	0.004 ~ 0.025	≤0.004
X120	0.03 ~ 0.121	0.4 ~ 2.0	0.1 ~ 0.5	≤0.01	≤0.01	0.5 ~ 2.0	0.03 ~ 0.12	0.01 ~ 0.05	0.005 ~ 0.03	0.001 ~ 0.01
	0.03 ~ 0.1	1.7 ~ 2.5	≤0.6	≤0.015	≤0.03	0.1 ~ 1.0	0.01 ~ 0.10	≤0.06	0.005 ~ 0.03	0.001 ~ 0.006
	0.01 ~ 0.1	1.0 ~ 2.5	≤0.3	≤0.01	≤0.0008	≤2.5	0.005 ~ 0.06	≤0.05	0.004 ~ 0.025	≤0.004
	0.03 ~ 0.1	1.6 ~ 2.1	≤0.6	≤0.02	≤0.05	≤1.0	0.02 ~ 0.06	0.012 ~ 0.06	0.005 ~ 0.03	0.001 ~ 0.006

钢级别	V	Mo	Cu	Cr	Ca	Mg	Rem	其他或 B	公司名称
X100	0.01 ~ 0.1	0.3 ~ 0.6	≤1.0	≤1.0	≤0.006	≤0.006	≤0.02	0.0005 ~ 0.002	Exxon Mobil
	0.12	0.1 ~ 0.5						Nb + N：0.03 ~ 0.2	Iposco
	0.005 ~ 0.01	0.1 ~ 0.5	≤0.5	≤0.5	0.0005 ~ 0.0035			微合金：≥0.14	JFE
	0.005 ~ 0.01	0.05 ~ 0.5	≤0.5	≤0.5	0.00035 ~ 0.0025			MoTiNbV0.5 ~ 3.0	NKK
	0.1	0.6	0.1 ~ 1.0	≤1.0	≤0.01	≤0.06	≤0.02		Nipon Steel
	0.04 ~ 0.05	0.5 ~ 0.7	0.2 ~ 0.3						Posco
	≤0.1	≤0.8	≤1.5	≤1.0	≤0.03			B：≤0.02	住友
X120	0.03 ~ 0.15	0.2 ~ 0.8	0.6 ~ 1.5	0.3 ~ 1.0				B：≤0.005	Exxon Mobil
	≤0.10	0.15 ~ 0.6	≤1.0	≤0.8	≤0.01	≤0.06		B：≤0.05	Nipon Steel
	≤0.10	0.8	≤1.5	≤1.0	≤0.03			B：≤0.02	住友
	≤0.10	0.01 ~ 0.15	≤1.5	≤1.0	≤0.06			B：0.0005 ~ 0.0025	Posco

6.2.3.4 管线钢实物成分

由表 6 - 13 和表 6 - 14 可见，这些标准对钢成分的要求都是"小于等于"或"大于等于"，应该认为是一个指导性的标准，具体生产时必须根据制管工艺、使用的地理及气候条件、管径及输送压力等因素综合考虑，与客户协商确认。对比表 6 - 16 和表 6 - 17 所示国内外各企业生产 X80 管线钢的实际成分可以发现，P、S 控制水平优秀的企业，其合金元素添加量就相对较少，而控制 P、S 含量较高时，其他合金就添加相对较多。这也是国内生产高级管线钢合金添加量普遍高于国外的一个根本因素。

表 6 - 16　国内部分生产商提供的 X80 管线钢成分　　　　（%）

成　分	C	Si	Mn	P	S	Ni	Cr	Cu	Mo	Nb	V	Ti
南　钢	0.05	0.21	1.58	0.007	0.005		0.26			0.096	0.012	
石油管线所	0.04	0.23	1.87	0.01	0.003	0.23	0.25	0.13	0.27	0.06	0.06	0.017
东大实验室	0.08	0.31	1.82	0.006	0.003	0.2		0.1	0.28			
太　钢	0.05	0.26	1.7	0.009	0.001		0.3		0.14	0.03	0.03	0.02
鞍　钢	0.03	0.23	1.84	0.011	0.003	0.27	0.3	0.15	0.25	0.06	0.06	
宝　钢	0.05	0.24	1.4	0.002	0.002	0.26		0.24	0.32	0.068	0.04	0.0151

表 6 - 17　国内外知名钢企高级别管线钢实物化学成分分析　　　　（%）

钢级别	C	Mn	Si	P	S	Mo	Nb	Ti	Cr	V
X60	0.14	1.28	0.3	0.024	0.022		0.03			
	0.07	1.29	0.27	0.011	0.005		0.04			0.04
X65	0.052	1.59	0.22	0.018	0.0046	0.27		0.015		0.069
	0.17	1.3	0.25				0.045			
	0.12	1.45	0.3			0.22	0.045			
	0.04	1.3	0.2	0.01	0.005		0.012			0.04
	0.15	1.3	0.23							0.13
X70	0.055	1.54	0.33	0.024	0.0036	0.27	0.044	0.014		0.068
	0.05	1.66	0.25	0.011	0.001	0.17	0.045	0.02	0.03	
	0.06	1.56	0.14	0.012	0.0015	0.043		0.019	0.03	0.05
	0.045	1.59	0.16	0.011	0.001	0.16	0.046	0.008	0.03	
	0.083	1.53	0.27	0.013	0.0012	0.23	0.03	0.021		
	0.05	1.47	0.21	0.01	0.002	0.06				
	0.045	1.89	0.1			0.25				0.077
	0.06	1.39	0.26	0.015	0.004	0.18				

钢级别	C	Mn	Si	P	S	Mo	Nb	Ti	Cr	V
	0.039	1.55	0.2	0.017	0.002		0.042	0.015		
	0.06	1.85	0.25	0.015	0.002	0.2	0.05	0.02		
	0.085	1.96	0.38	0.014	0.0017	0.01	0.044	0.19	0.05	
	0.08	1.86	0.28	0.009	0.001		0.047	0.015		
X80	0.06	1.79	0.07	0.009	0.003		0.043	0.015		0.07
	0.07	1.59	0.26	0.006	0.0016	0.01	0.042	0.017	0.18	
	0.05	1.85				0.03	0.04			0.067
	0.075	1.75			0.003	0.25	0.04		0.25	0.08
	0.04	1.75				0.25	0.115		0.05	
	0.06	1.96	0.22	0.006	0.0026	0.11	0.045	0.013		
X100	0.06	1.84	0.18	0.008	0.003	0.25	0.044	0.008		
	0.06	1.8	0.3	0.01	0.001		0.06	0.015		
	0.06	1.9	0.35			0.28	0.05	0.018		

钢级别	Ni/Cu	Al	B	N	Ceq	Pcm	厂　家
X60							SM
							宝钢
	Ni	0.021			0.415	0.171	NSC
							Unisor
X65							SM
	0.5						USSR
							SM
		0.025			0.4307	0.175	NSC
	1.5	0.0354		0.003	0.38	0.16	Europipo
	0.86	0.033	0.0001	0.004	0.38	0.17	SM
X70	0.46	0.03	0.0001	0.004	0.38	0.156	NKK
	0.25	0.029			0.4	0.193	ILAV
	0.21/—				0.38	0.15	Posco
							宝钢
	0.14				0.36	0.16	NSC1
		0.024	0.0013		0.311	0.133	NSC1
	0.20/—	0.003			0.42	0.18	NSC2
	0.03/0.03	0.03	0.006		0.409	0.197	Europipo
		0.037			0.45	0.19	SM1
X80		0.037			0.44	0.19	SM2
	0.46/0.27	0.025	0.0001	0.0023		0.22	SM3
							NKK
	0.25						ILAV
				0.004	0.42	0.17	Posco

续表 6 – 17

钢级别	Ni/Cu	Al	B	N	Ceq	Pcm	厂 家
X100	0.39/0.17				0.45	0.19	NSC
	0.42/0.17		0.0003		0.48	0.2	SM
		0.03				0.19	NKK
	0.25/—				0.46	0.19	Kawasaki

为了满足 X80 管线钢性能要求，高级别管线钢组织应以针状铁素体或者低碳贝氏体为主，为此，在成分设计上需要添加许多微合金元素。API 标准以及国标对 X80 管线钢成分也有相应的要求，但只规定了每种合金元素的上限，根据用户对 X80 管线钢性能的要求，有些客户也会提出更严格的要求，如"西气东输三线"工程就对合金成分进行了进一步限制，如表 6 – 18 所示。

表 6 – 18 "西气东输三线"工程管线钢化学成分标准 （%）

级 别	C(≤)	Si(≤)	Mn(≤)	P(≤)	S(≤)	其他
X60	0.26	0.4	1.4	0.03	0.03	①
X70	0.26	0.4	1.45	0.03	0.03	①
X80	0.26	0.4	1.6	0.03	0.03	①

①残余硼含量不大于 0.001%，铌、钒之和不大于 0.60%，铌、钒、钛之和不大于 0.15%，铜含量不大于 0.05%，镍含量不大于 0.5%，铬含量不大于 0.5%。

6.3 管线钢生产的关键技术

由于高级别管线钢应用的特殊性，其母材必须具有良好的抗 HIC 和抗 SCC 的性能、高的强度和好的韧性。为此，要求高级别管线钢在冶炼工序中必须保证有害元素（磷、硫、氮、氢、氧）含量低；夹杂物的数量要少、尺寸要小、分布均匀、形态理想；成分的偏析度小。本节重点讨论钢中硫含量的控制，氧、氮、氢、偏析元素碳和磷的控制及夹杂物（包括脱氧产物）的数量、分布和形态的控制等。

6.3.1 钢中硫含量的控制

高级别的管线钢对硫的要求十分严格。尽管各国管线钢成分标准中要求钢中硫含量小于 100×10^{-6}，但产品实物含硫量一般在 30×10^{-6} 以下，有的低于 10×10^{-6} 以下。当钢中硫含量很低时，为改善钢的强度和塑性而添加的合金元素量也就减少了。为减低钢中的硫含量，应该采用以下工艺：

（1）铁水预处理。根据本厂工艺装备实际情况，采用 KR 法石灰粉脱硫、喷吹镁基脱硫粉剂脱硫等工艺将铁水中硫含量脱至 0.002% ～0.005%，加入聚渣剂，彻底扒出脱硫渣。

（2）转炉脱硫。严格控制入转炉材料（废钢、石灰及其他造渣剂）的含硫量。马钢生产高级别管线钢时规定入炉料含硫量为：石灰，≤0.06%；废钢，≤0.015%；轻烧白云石，≤0.045%。特别是石灰中的硫含量受焙烧石灰的燃料影响较大，因此，在冶炼管线钢时要特别关注石灰中的硫含量。

转炉冶炼终点的碱度控制在 3.2 ~ 3.5，保证出钢时硫含量不大于 0.020%，出钢过程中认真挡渣，并向钢包加入配有电石的合成精炼渣及顶渣改质剂。

（3）LF 炉深脱硫。LF 炉纯精炼时间必须大于 30min，精炼终点的碱度为 4.5 ~ 6，$w(TFeO + TMnO) \leqslant 1\%$，保证钢水中 $w[S] \leqslant 0.002\%$。

（4）连铸工序避免增硫。严格控制中包覆盖剂和结晶器保护渣中的硫含量，避免浇注过程中钢水增硫。

6.3.2　钢中氧含量的控制

钢中的全氧含量包括钢中的溶解氧和钢中氧化物夹杂中的氧，由于铝脱氧镇静钢中溶解氧较少，因此全氧含量基本反映钢中氧化物夹杂的含量。控制钢中的全氧含量可以说是控制钢中的氧化物夹杂的量。对于铝脱氧镇静钢，氧化物夹杂主要是脱氧产物 Al_2O_3。钢中全氧含量的控制主要包括降低钢中的自由氧、避免大气的氧进入钢中，从而减少脱氧产物的生成量和强化钢中氧化物夹杂的去除。

（1）控制转炉冶炼终点的氧含量。高级别管线钢是典型的低碳铝镇静钢，转炉冶炼终点的碳含量应该是 0.03% ~ 0.04%，钢中的氧含量较高。为了减少脱氧剂的铝用量，减少脱氧产物（Al_2O_3）的生成量，应该尽量降低钢水中的氧含量。控制好转炉底吹气体流量，减少后吹，力争吹炼终点的钢中碳氧积小于或等于 0.0025，将钢中氧含量控制在 600×10^{-6} ~ 700×10^{-6}，渣中 $w(TFeO) \leqslant 20\%$。按钢中的氧含量添加脱氧用铝，保证进 LF 炉时钢中的铝含量为 0.030% ~ 0.040%，出 LF 炉时钢中铝含量为 0.020% ~ 0.030%，详见 3.2.4 节。

（2）促进钢中（脱氧产物）夹杂物上浮。钢中氧化物夹杂主要是脱氧产物 Al_2O_3。其熔点高，尺寸小，在炼钢温度下呈固相，絮凝上浮需要时间，如在出钢过程中尽早促进其从钢液中上浮去除，不仅减小了连铸絮水口的几率，还能真正地降低钢中脱氧产物的含量。这就是应用钢包合成精炼渣和顶渣改质剂的原因，详见 3.4.2.3 节。

（3）控制钢水增氧。从炼钢炉出钢开始直到连铸为止，强化系统密封，避免钢水与大气接触，避免钢水增氧增氮。做好出钢挡渣，避免强氧化性炉渣进入钢包；缩短出钢时间，减少钢水与大气的接触时间；控制底吹氩的流量，避免钢包液面大翻；钢包与长水口之间、滑板之间及中间包与浸入式水口之间要有有效的氩气密封；中间包覆盖剂应有较低的熔点（1400 ~ 1450℃）和良好的隔绝空气性能；选择合适的结晶器保护渣。

（4）强化 LF 炉精炼工艺。LF 炉精炼渣要有良好的埋弧性能，强化 LF 炉系统密封效果；控制钢包底吹氩流量，避免钢水大翻；造好 LF 炉精炼渣（CaO：50%～60%，SiO_2：≤10%，Al_2O_3：25%～30%，MgO：5%～7%，CaO/Al_2O_3：1.4～1.9，$\sum(FeO+MnO)$：≤1%），强化 LF 炉精炼的脱氧、脱硫及去除夹杂物的效果。LF 炉纯精炼时间为 35～40min。

（5）真空脱气处理。真空脱气处理的工艺主要有两种，即 VD 工艺和 RH 工艺。由于 VD 工艺在吹氩量控制不好时可能造成顶渣卷入而导致钢中非金属夹杂物量增加，因此最好是应用 RH 真空脱气工艺。通过 RH 真空脱气工艺可使钢中氮降低 18%～30%，可将钢中氢降到 1.5×10^{-6} 以下。显然，在控制钢中的氢含量时除降低原材料的含水量、强化冷却设备的管理防止水或水蒸气接触钢液以外，主要是依靠真空脱气处理。而钢中氮含量的控制依靠真空脱气处理的作用是有限的，主要还是依靠在全生产工艺流程中强化系统的密封，避免大气与钢液接触。生产管线钢时尽可能将钢中氮含量控制在 40×10^{-6} 以下。

6.3.3 减少钢的成分偏析

如 6.2.3.1 节所述，碳和磷在钢中都是易偏析元素，对管线钢的性能影响极大，因此，要减少管线钢的偏析，首先就必须严格控制管线钢中的碳、磷含量。

6.3.3.1 碳、磷成分的控制

（1）碳成分的控制。高级别管线钢是典型的低碳铝镇静钢，要求炼钢炉冶炼终点钢中碳含量小于 0.03%～0.04%，并严格控制后续工艺过程中的增碳行为。为此应该采取以下工艺措施：严格控制进入钢包合金、渣料的碳含量；采用无碳的钢包覆盖剂、中包覆盖剂和结晶器保护渣；采用无碳钢包砖和中间包内衬；使用低碳或超低碳钢专用钢包；出钢前及时清理炼钢炉出钢口周围及钢包沿，除去含碳漂浮物；在 LF 炉精炼过程中禁止使用含碳的脱氧材料，尽可能减少工艺过程中的增碳量。某厂生产 X80 管线钢时碳成分的控制为：（出钢）0.04%—（钢包）0.055%—（成品）0.065%。

（2）磷成分的控制。由于各炼钢厂少有铁水预处理脱磷设施，根据一般铁矿粉磷含量的现状，炼钢用铁水的含磷量一般为 0.10%～0.13%，而炼钢炉以后的工序又没有脱磷的功能，因此，脱磷的重任全部寄托在炼钢工序。为此，应该尽可能降低铁水、废钢及入炉原材料的含磷量；采用预置脱磷剂的脱磷工艺（详见 3.2.1.3 节）或二次造渣脱磷工艺（详见 3.2.1.4 节）；为避免出钢下渣回磷，认真做好挡渣出钢，控制出钢下渣量小于 5kg/t。建议转炉冶炼终点钢中磷含量控制在 70×10^{-6} 以下，后期回磷量控制在 30×10^{-6} 以下，确保成品磷含量低于 100×10^{-6}。国内某厂生产 X80 管线钢时成分的控制为：（出钢）0.0070%—（钢

包)0.00846%—(出 LF 炉)0.00915%—(出 RH)0.00943%—(成品)0.00945%。

6.3.3.2　采用连铸新工艺减少铸坯的偏析度

连铸钢水的过热度越高,铸坯的偏析度越大。为了降低连铸坯的偏析度,应该将连铸钢水过热度控制在30℃以内。如果有中间包加热设施,连铸钢水过热度控制在10℃以内,将会显著改善铸坯的偏析。采用结晶器和凝固末端的电磁搅拌以及轻压下工艺,其改善偏析的效果更好。

6.3.4　夹杂物变性处理

高级管线钢生产中对夹杂物变性处理要求比较严格,故应该在 RH 真空处理之后进行钙处理。与普通铝镇静钢钙处理不同,高级别管线钢钙处理不仅是为了防止连铸生产中钢水絮流,还需要对夹杂物进行变性处理以降低其对管线钢冲击韧性、断裂韧性、抗硫化氢腐蚀性能等方面的影响。

6.3.4.1　钙处理的主要目的

管线钢钙处理的目的有以下四点:

(1)控制铸坯中 MnS 夹杂的单独析出。因为管线钢中的硫化锰一般以条状夹杂物的形态存在于钢中,严重恶化管线钢抗 HIC 和 SCC 性能,并且降低钢的冲击性能和增加材料的各向异性。进行钙处理的目的之一就是尽可能将条状的硫化锰转变为球状的硫化钙,进而与 Al_2O_3、CaO 形成低熔点的复合夹杂物。有人认为钙处理成功的管线钢铸坯中应不出现单相 MnS 夹杂,同时钢水凝固前钢中夹杂物还应该控制为 $12CaO \cdot 7Al_2O_3$ 或 CaO 含量更高的 $CaO \cdot Al_2O_3$,因为这些夹杂的硫容量较大,有利于 CaS 在其表面的析出生成。$CaO \cdot Al_2O_3$ 夹杂的线膨胀系数一般比钢小,而 CaS 的线膨胀系数比钢大,因此生成的 $CaO \cdot Al_2O_3 \cdot CaS$ 复合夹杂还有利于防止管线钢凝固及热加工过程中夹杂物周围形成的缺陷和应力集中,有利于提高钢的韧性。

(2)防止连铸絮水口。管线钢夹杂物变性的第二个目的是防止连铸生产中出现水口絮流现象。钢中一次脱氧产物(Al_2O_3)和后续由于钢水二次氧化及钢水温降自由氧析出而产生的脱氧产物(Al_2O_3)在 RH 真空处理之后仍会有一部分以固相存在于钢液之中,在连铸时可能会造成水口结瘤。通过钙处理,可将固相 Al_2O_3 转变为液相的 $12CaO \cdot 7Al_2O_3$,降低絮水口的出现几率,提高成坯率,提高生产效率(详见3.5.4节)。

(3)改变铸坯中夹杂物的形态。管线钢夹杂物变性的第三个目的是将絮状的 Al_2O_3 夹杂变性为球状、低熔点的 $CaO \cdot Al_2O_3$ 夹杂,减轻铸坯轧制成板材过程中 Al_2O_3 附近出现细小的裂纹或应力集中。

但人们对于管线钢夹杂物变性处理的作用存在争议。部分文献认为:即使是低熔点的 $12CaO \cdot 7Al_2O_3$,在管线钢轧制过程中由于部分道次轧制温度低,也会在其周围出现裂纹或应力集中，$CaO \cdot Al_2O_3$ 夹杂对管线钢的危害程度与 Al_2O_3 相近。因此，管线钢铸坯中不应强制要求夹杂物的 n_{CaO/Al_2O_3} 接近 $12CaO \cdot 7Al_2O_3$ 的。而且最后铸坯中残留的变性夹杂物的尺寸对管线钢韧性的影响较大，希望在铸坯中形成细小弥散的 $CaO \cdot Al_2O_3 \cdot CaS$ 夹杂。

（4）促进精炼后期夹杂物进一步聚合长大和上浮去除。管线钢夹杂物变性还可以通过控制精炼后期和连铸过程中钢中夹杂物为液态夹杂，促进夹杂物的聚合长大和上浮去除。因此，管线钢及低碳铝镇静钢在钙处理后钢中夹杂物应该是 $12CaO \cdot 7Al_2O_3$ 与 CaS 的复合夹杂，但考虑到后续工序的二次氧化对夹杂物的影响，夹杂的 n_{CaO/Al_2O_3} 应稍高于 $12CaO \cdot 7Al_2O_3$ 的 n_{CaO/Al_2O_3}，即 1.71。

6.3.4.2 钙处理过程中夹杂物形态的变化

图 6-6 所示为钙处理时不同阶段的夹杂物变性效果，Al_2O_3 周围先形成 $Al_2O_3 \cdot xCaO$，然后逐步向内扩散反应，最终形成球形钙铝酸盐，反应过程如图 6-7 所示。

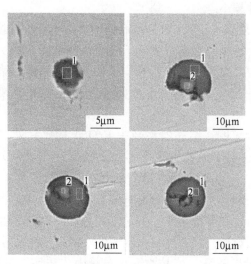

图 6-6 典型夹杂物的变性过程

1—$Al_2O_3 \cdot xCaO$；2—Al_2O_3

钙处理之前管线钢夹杂物主要为絮状 Al_2O_3 夹杂，尺寸较大。喂硅钙线后立即取样，可以发现钢中夹杂物发生了显著变化，绝大部分转化为 $CaO - CaS - Al_2O_3$ 夹杂，尺寸变细小，形状接近球形，但未完全球化。

某厂的试验得出以下结论：以 200m/min 速度喂入 500m 硅钙线后钢中部分夹杂物形貌和组成分析结果表明，这些夹杂中 n_{CaO/Al_2O_3} 很高，根据 $CaO - Al_2O_3$ 二元相图，它们的熔化温度非常高，在钢中夹杂物不能熔化，因此夹杂物未能球化。试验还表明，喂钙后钢中夹杂物尺寸和组成与钢中钙含量、氧含量及硫含量

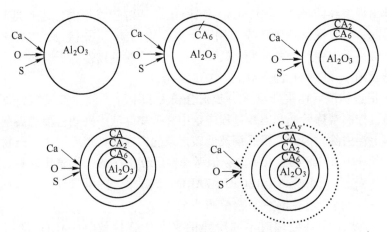

图 6-7　钙处理时夹杂物变性过程

有关；喂钙后钢中钙含量越高、氧含量越低、硫含量越高，则夹杂物中 CaO 和硫化钙含量越高、尺寸越小。

以 100m/min 速度喂入 500m 硅钙线后钢中夹杂物形貌和组成分析结果表明，由于喂钙速度较低，钢中钙含量明显低于同等条件下以 200m/min 喂入硅钙线时钢中钙含量，夹杂中 CaO 和 CaS 含量相应也较低。结晶器试样中夹杂则与喂钙后 1min 钢中夹杂存在一定差别：绝大部分夹杂为 CaO-Al$_2$O$_3$ 夹杂，呈球形，CaS 含量较低。

夹杂物组成分析表明，结晶器夹杂中 CaO 含量比钙处理后试样中夹杂低，n_{CaO/Al_2O_3} 明显降低，这与结晶器钢水中钙含量较低存在对应关系。同时也表明，结晶器中夹杂的 n_{CaO/Al_2O_3} 与钢中钙含量高低存在一定对应关系。结晶器钢水夹杂中 CaO 含量下降后，夹杂物的硫容量相应下降，故夹杂中 CaS 含量也显著降低。在铸坯中，夹杂物组成和类型又发生了变化，夹杂物又变成 CaO-Al$_2$O$_3$-CaS 夹杂，形状也不再是圆球形，尺寸比结晶器中尺寸稍大。结晶器中 CaS 较高的炉次铸坯夹杂中 CaS 含量也较高。结晶器钢水在凝固成铸坯的过程中，由于硫的偏析，钢中硫将析出。由于钢中存在大量细小 CaO-Al$_2$O$_3$ 夹杂，硫析出时将以这些夹杂物为形核核心，发生（CaO）、（Al$_2$O$_3$）与 [Al] 和 [S] 生成（Al$_2$O$_3$）和 CaS 的反应。随着反应的进行，夹杂物长大。同时，夹杂物中 CaO 降低，CaS 含量升高，夹杂物熔点升高，夹杂物形状也就由圆球形变成接近圆球形的块状。

5 个喂硅钙线炉次铸坯夹杂物的组成表明，夹杂中 CaO 和 Al$_2$O$_3$ 的分子比均接近 1，表明铸坯中夹杂物的组成接近于 CaO·Al$_2$O$_3$。以前多次工业试验的结果也与此相同，这可能与结晶器钢水中 CaO-Al$_2$O$_3$ 夹杂的 CaO 含量越高，则在钢水凝固过程中 CaS 和 Al$_2$O$_3$ 在其表面生成的倾向性越大，夹杂中 CaO 含量降低得越快有关。采用硅钙钡铁处理的第 1 炉 LF 钢样，结晶器钢样和铸坯中夹杂物的

CaO 含量一直比较低,表明硅钙钡铁对夹杂物的变性效果有限;但在这些试样中未见到单相 Al_2O_3 夹杂,表明硅钙钡铁有一定夹杂物变性处理效果。

6.3.4.3 钙处理的工艺要点

(1) 控制合理的喂钙线速度。喂钙线速度快时,由于大量钙瞬间汽化,易造成钢水大翻,降低钙的收得率,并容易使钢水与大气接触造成钢液增氮增氧;喂钙线速度小,则钙容易在钢水表面熔化,降低钙的回收率。因此应该根据钙线中钙的含量,通过试验确定合理的喂线速度。

(2) 喂钙量的控制。为了保证钢中 Al_2O_3 变性为 $12CaO \cdot 7Al_2O_3$,中间包和结晶器中夹杂的 n_{CaO/Al_2O_3} 应该与 $12CaO \cdot 7Al_2O_3$ 相近,可稍高于 $12CaO \cdot 7Al_2O_3$ 的 n_{CaO/Al_2O_3}。

随着喂入钢中钙含量的增加,铝酸钙夹杂物的转变次序为 Al_2O_3—$CaO \cdot 6Al_2O_3$—$CaO \cdot 2Al_2O_3$—$CaO \cdot Al_2O_3$—$12CaO \cdot 7Al_2O_3$—$3CaO \cdot Al_2O_3$—CaO;当钢中 [Al] 为 0.025% 时,$w(Ca)/w(Al)$ 高于 0.073、$w(Ca)$ 高于 18×10^{-6} 才能产生 $12CaO \cdot 7Al_2O_3$;当钢中 [Al] 为 0.025%,[S] 大于 0.011% 时易生产高熔点 $CaO \cdot Al_2O_3$,而且钢中的硫化锰夹杂也不可能全部转化为硫化钙。因此,降低钢中的硫含量(≤0.0008%),钢中 $w[Ca]/w[S]$ 为 2~5 时可使钙处理效果得到更大改善,能有效地控制 MnS、纯 CaO 或 CaS 夹杂。因为钢中 $w[Ca]/w[S]$ 小于 2 时仍有 MnS 产生;钢中 $w[Ca]/w[S]$ 大于 5 时会有纯 CaO、CaS 等高熔点夹杂物产生,同时由于钢中钙含量高,连铸时易发生涮水口现象。

钙处理后钢中夹杂物主要为细小的、非完全球化的 $CaO - Al_2O_3 - CaS$,结晶器中夹杂为细小、球形的 $CaO \cdot Al_2O_3$ 夹杂,夹杂的 n_{CaO/Al_2O_3} 应稍高于 $12CaO \cdot 7Al_2O_3$ 的夹杂。

(3) 钙处理后的软吹。为了促进钙处理后钢中夹杂物的进一步絮凝长大和上浮去除,一定要进行软吹,严格控制底吹氩气的流量,以钢液面不裸露为原则,软吹的时间为 10min 左右。钙处理应在最后精炼工序结束时进行,因此应尽力防止钢水的二次氧化。

6.4 高级别管线钢的冶炼工艺

全世界高级别管线钢的冶炼工艺流程很多,从炼钢炉来看,电弧炉和顶底复合吹炼转炉都能冶炼管线钢,但是由于目前绝大多数炼钢厂采用顶底复合吹炼转炉冶炼管线钢,因此,本书中不再讨论电弧炉冶炼管线钢的工艺。冶炼普通级别管线钢时所采用的精炼工艺五花八门,多采用 RH 或 LF 炉精炼并配有吹氩、钢包喷粉、钙处理等工艺措施。但是在冶炼 X60 以上高级别的管线钢时,其工艺基本上可以归纳成以下三种典型的工艺流程,即:

(1) 铁水预处理→顶底复吹转炉→LF 精炼→VD 真空处理→CC;

（2）铁水预处理→顶底复吹转炉→LF 精炼→RH 真空处理→CC；

（3）铁水预处理→顶底复吹转炉→RH 真空处理→LF 精炼→CC。

三种工艺流程的特点如下：

受到工艺装备的限制，没有 RH 真空处理装备只有 VD 脱气装置的炼钢厂在冶炼管线钢时只好采用工艺（1），但是，由于采用 VD 脱气处理时钢水的搅拌会导致顶渣进入钢中，严重影响钢的洁净度，因此，与采用工艺（2）生产的管线钢相比，钢的洁净度较差。尽管工艺（1）和工艺（2）中的 RH 与 VD 仅起脱气作用，但从钢的洁净度方面考虑采用工艺（2）为好。

工艺（1）和工艺（2）的特点是：转炉出钢过程钢液应保留一定的溶解氧，以防止钢液增氮，出钢过程中在钢包里进行终脱氧，真空处理前钢液的溶解氧小于 2×10^{-6}，钢中全氧基本以夹杂物形态存在。

整个流程氧的控制依赖于出钢终脱氧、软吹处理、真空处理、中间包流场促进钢中夹杂物上浮以及做好全流程系统密封和保护浇注；氮的控制依赖于全流程系统保护防止吸空气增氮；碳含量的控制依赖于炼钢炉冶炼终点严格控制，在全流程应用防止增碳的措施；磷的控制依赖于转炉脱硫剂出钢挡渣防止回磷；硫的控制依赖于铁水预处理脱硫、转炉脱硫和 LF 炉深脱硫。

工艺（3）的流程特点是利用 RH 装置进行脱碳生产超低碳钢，转炉终点平均保留了约 500×10^{-6} 的溶解氧。RH 处理过程中碳氧反应脱去一部分碳，同时碳氧反应对熔池的搅拌作用以及碳氧反应产物的生成与上浮都对钢液中氮与氢的去除有利，RH 出站前一次脱去钢中的溶解氧。依靠 LF 炉精炼、钙处理后的软吹、中间包流场作用及做好保护浇注等工艺措施进一步去除钢中的夹杂物。

应用该工艺的优点是能够很好地控制钢中碳含量，减轻转炉脱碳的负担；不足之处是在真空处理时有轻微的回硫，最后经 LF 炉精炼后钢中的氮和氢的含量有可能增加，钢的洁净度不如利用工艺（2）生产的钢的洁净度好。

随着转炉炼钢供氧强度的增大、顶部吹氧底部吹入惰性气体转炉复合吹炼技术的进步和无碳耐火材料的应用，炼钢终点低含碳量（0.03% ~ 0.04%）的控制技术已经成熟，综合对比，利用工艺（2）流程的优越性较大。本节将对工艺（2）（工艺路线：铁水预处理→转炉炼钢→合成渣精炼→LF 炉精炼→RH 炉精炼→钙处理→中包冶金→板坯浇注→钢坯精整→入库）的要点进行详细介绍。

6.4.1　高级别管线钢冶炼的生产准备

6.4.1.1　铁水的准备

冶炼高级别管线钢用铁水应该是低磷（≤0.1%）、低硫（≤0.05%）和合适的温度（≥1300℃）。炼钢前必须经过预处理脱硫，预处理脱硫后铁水硫含量应不大于 0.003%，最好不大于 0.002% 并扒掉脱硫渣（≥95%）。

6.4.1.2 铁合金的准备

炼钢前需要按钢种成分要求准备合金原料：脱氧剂（铝）；Cu 板；Ni 板；Nb – Fe；V – Fe；低碳 Cr – Fe；Mo – Fe；（极低碳）金属锰，LF 炉准备（极低碳）金属锰；Ti – Fe；Nb – Fe 砂；小块铜板；镍板；小袋钼铁合金。合金粒度合适（≤100mm）、无杂物、无灰尘。

6.4.1.3 渣料的准备

（1）钢包合成精炼渣。按 4kg/t 的量准备好钢包合成精炼渣，其成分组成为，CaO：50% ~ 55%；SiO_2：5% ~ 10%；MgO：6% ~ 8%；CaF_2：6% ~ 8%；Al_2O_3：20% ~ 25%；金属 Al：≤10%；烧减：8% ~ 10%；C：痕迹；含水量：≤0.5%。

（2）顶渣改质剂。按 0.5 ~ 1.0kg/t 的量准备好顶渣改质剂，其成分组成为，CaO：30% ~ 40%；SiO_2：≤6%；CaF_2：6% ~ 8%；Al_2O_3：15% ~ 20%；金属 Al：18% ~ 22%；MgO：6% ~ 8%；烧减：8% ~ 10%；C：痕迹；含水量：≤0.5%。

（3）炼钢石灰。按 80kg/t 的量准备好石灰，其成分组成为，CaO：≥80%；SiO_2：≤3%；S：≤0.045%；粒度：50 ~ 100mm。

（4）缓释脱氧剂。按 2.0 ~ 4.0kg/t 的量准备好缓释脱氧剂，其成分组成为，CaO：30% ~ 35%；SiO_2：5% ~ 10%；MgO：6% ~ 8%；CaF_2：6% ~ 8%；Al_2O_3：25% ~ 30%；金属 Al：25% ~ 30%；烧减：8% ~ 10%；C：微量；含水量：≤0.5%。

（5）脱磷剂。按 20kg/t 的量准备好预置脱磷剂，其成分组成为，石灰粉：50%；氧化铁皮：50%，搅拌均匀。

（6）中间包覆盖剂。按 1.0kg/t 的量准备好中包覆盖剂，其成分组成为，CaO：35% ~ 40%；SiO_2：5% ~ 10%；MgO：6% ~ 8%；CaF_2：6% ~ 8%；Al_2O_3：25% ~ 30%；$T(FeO + MnO)$：≤1.0%；烧减：5% ~ 8%；C：微量；含水量：≤0.5%；粒度：0 ~ 2mm；密度：0.6 ~ 0.8kg/L。

（7）结晶器保护渣。按 0.5 ~ 0.7kg/t 的量准备好结晶器保护渣。其成分组成为，CaO：35.0% ~ 42.0%；SiO_2：25.0% ~ 33.0%；MgO：1.5% ~ 3.5%；CaF_2：6.0% ~ 8.0%；Al_2O_3：3.5% ~ 4.5%；C：5.5% ~ 7.5%；含水量（105℃）：≤0.5%。

结晶器保护渣的物理指标为，密度约 0.60kg/L；黏度 1.60 ~ 1.80Pa·s；软化点（1152 ±50）℃；熔融点（1182 ±50）℃；流动点（1197 ±50）℃。

为了减少保护渣增碳的可能性，在生产高级别管线钢是应与保护渣生产商协商，尽可能减少渣中的碳含量，用 Li_2O 替代碳调整保护渣的流动性。

6.4.1.4 耐火材料的准备

高级别管线钢的冶炼过程中避免过程增碳是很重要的，因此要求钢包的内衬和中间包的工作层应采用无碳质的耐火材料，而且，钢包和 RH 必须在连续冶炼两炉低碳钢之后才能冶炼高级别管线钢，并及时清理钢包和 RH 吸嘴上的残钢、残渣，防止上炉次的残钢、残渣污染钢水。转炉冶炼管线钢的前一炉尽量不进行"溅渣护炉"操作，并倒出全部炉渣，避免钢水增硫。出钢时要保证出钢口形状完好、清洁，出钢时钢包内衬温度应不低于 750℃。

6.4.1.5　废钢的准备

必须选择优质废钢，长度和单重应符合标准要求，无铅锌等有害元素，不含高硫生铁、无冰雪及杂质。

6.4.2　转炉冶炼工艺

根据铁水温度确定废钢的加入量（10% ~ 12%）；

将预置脱磷剂（20kg/t）、铜板、镍板（收得率按 96% 计算）置于废钢斗内，先于铁水装入转炉，兑入铁水；

按转炉炼钢正常工艺操作，确保一次拉碳成功，避免二次吹炼；

终点控制：炉渣碱度 $R = 3.5 ~ 4.0$，温度 1650 ~ 1670℃，碳含量 0.02% ~ 0.03%，磷含量不大于 0.007%，硫含量不大于 0.01%，氧含量 500×10^{-6} ~ 700×10^{-6}；

出钢挡渣，要求钢包下渣量不大于 5kg/t；

出钢过程渣洗及合金化程序：出钢 1/5 时，根据钢中氧含量计算加入纯铝锭（或铝基复合脱氧剂），同时加入优质石灰（3 ~ 4kg/t）和钢包合成精炼渣（3 ~ 4kg/t），然后依次加入铬、钼、铌、锰、硅、钒等合金，在出钢 4/5 之前上述物质全部加完；出钢后，向钢包渣面投放顶渣改质剂（根据下渣量确定，0.5 ~ 1.0kg/t）；

控制钢包底吹氩流量，以钢液面不裸露为好。

6.4.3　LF 炉精炼工艺

到站后若顶渣熔化良好可吹氩 3min 后测温、取样，若顶渣熔化不良，可先送电 10min，待顶渣全部熔化后取样、测温；

钢的所有成分进规格下限，钢中铝含量为 0.030% ~ 0.040%，低于 0.030% 时通过喂线工艺将铝含量调整到 0.035%；顶渣 $w(\mathrm{FeO + MnO}) \leqslant 4\%$；钢水温度 1540 ~ 1580℃（根据地域、季节调整）；

LF 炉精炼工序时间为 50 ~ 55min。需严格控制底吹氩气流量，尽量避免钢水裸露。采用石灰（4 ~ 5kg/t）、缓释脱氧剂（2 ~ 3kg/t）、造埋弧精炼渣；

根据脱氧情况适当补加硅铁粉、铝粒进行扩散脱氧，铝粒加入量不大于 0.4kg/t；

精炼过程中控制除尘风机的流量，保持 LF 炉系统处于微正压状态；

随时调整精炼渣的发泡状态，保证埋弧效果；

LF 炉精炼终渣的成分控制，CaO：50% ~55%，SiO$_2$：≤8%，CaF$_2$：≤6%，MgO：6% ~9%，Al$_2$O$_3$：30% ~35%，T(MnO + FeO)：≤1.0%，钢中硫含量：≤0.0010%，钢水温度：1610 ~1630℃；

LF 精炼后进行合金调整时，应采用低碳金属锰或微碳锰铁、Si - Fe、Nb - Fe 砂、Ti - Fe、Cu、Ni、Mo 相应成分低于目标值 0.01% 以上时，按照目标值进行补调；

控制钢中铝含量为 0.025% ~0.030%。

6.4.4　RH 精炼工艺

RH 精炼周期一般比 LF 要短，通常可按照 45 ~50min 进行组织安排；

RH 处理必须是吸嘴插入钢水后再抽真空，抽真空期间禁止底吹氩操作，以防钢、渣飞溅到热弯管处；

纯 RH 处理时间为 20 ~25min，高真空度（≤100Pa）保持 15min 以上；

RH 精炼处理后钢中的氢含量不大于 1.5×10^{-6}，氮含量不大于 40×10^{-6}，全氧含量不大于 20×10^{-6}。

6.4.5　钙处理工艺

破真空至开始喂线期间，控制底吹氩气流量，避免钢水裸露，确保正常喂线；

喂线速度控制在 5m/s 左右，防止由于喂线速度过快引起钢水大翻，喂线量根据钢水中铝和硫的含量确定，力争 $w[Ca]/w[Al]$ 达到 0.073 ~0.1，$w[Ca]/w[S] = 2 ~4$；

喂线结束后软吹时间应保证不低于 10min，此时必须严格控制钢包底吹氩流量，以钢包顶渣表面微动为佳；

上连铸台时钢水温度为 1560 ~1580℃。

6.4.6　连铸工艺

在正常低碳钢板坯连铸的基础上应注意以下几点：

（1）强化浇注系统的密封。强化连铸系统的密封；中间覆盖剂首次足量添加和连续补加；塞棒适量吹氩、中间包滑板板间的适量吹氩密封、中包下水口与浸入式水口之间氩气适量密封；结晶器保护渣的定期添加等。

（2）控制钢水过热度。有中包加热设施时连铸钢水过热度控制在 5 ~10℃ 之间；没有中间包加热设施时，连铸钢水过热度控制在 15 ~30℃ 之间。为此应强化工艺系统的生产组织，精细工序之间协调，保证连铸钢水的准时供应。

（3）严格控制浇注速度和冷却强度。根据板坯尺寸和钢水过热度调整冷却强度；严格控制中间包液面深度、浸入式水口插入深度，结晶器液面波动不超过±3mm；保持匀速稳态浇注。

（4）采用新技术。为减低铸坯的偏析度，应采用中间包加热、轻压下和电磁搅拌等新技术。

参 考 文 献

[1] Mohipour M. High pressure pipelines – trends for the new millennium ［R］. 2000 International Pipeline Conference Proceedings, 2000.

[2] Chaudhari V. German gas pipeline first to use new generation linepipe ［J］. Oil & Gas J, 1995 (1).

[3] Janzen T S. The alliance pipeline a design shift in long distance gas transmission ［R］. Proceeding of International Pipeline Conference, ASME, 1998.

[4] 李鹤林, 吉玲康, 谢丽华. 中国石油钢管的发展前景展望 ［J］. 河北科技大学学报, 2006, 27 (2)：97～102.

[5] 李平全, 黄世宏, 李鹤林, 等. 石油工业发展对低合金及微合金化石油管的要求与对策 ［J］. 中国冶金, 2000 (2)：34～38.

[6] 李鹤林. 油气输送钢管的发展动向及国产化探讨 ［C］//螺旋焊管技术论文集. 北京：石油工业出版社, 1996, 9～19.

[7] 潘家华. 全球能源变换及管线钢的发展趋势 ［J］. 焊管, 2008, 31 (1)：9～13.

[8] 王晓香. 从 2006 年微合金钢应用国际研讨会看国际高钢级管线钢的发展动向 （一） ［J］. 焊管, 2006, 29 (4)：8～15.

[9] 焦百泉. 管线钢性能的发展 ［J］. 焊管, 1997, 22 (4)：1～7.

[10] 马秋荣, 霍春勇, 冯耀荣. 国外 X80 管道钢管的研究与应用现状 ［J］. 油气储运, 2000, 19 (11)：15～20.

[11] Moriyasu Nagae, Shigeru Endo, Noritsugu Mifuneetal. Development of X100 UOE Line Pine ［J］. NKKTECHNICAL REVIEW, 1992 (66)：17～24.

[12] 李鹤林. 天然气输送钢管研究与应用中的几个热点问题 ［J］. 中国机械工程, 2001, 12 (3)：349～352.

[13] Hillenbrandh G. Production and service behavior of high – strength large – diameter pipe ［C］//Yokohama. Pipe Dreamer's Conference. 2002：203～216.

[14] 孔君华, 郭斌, 刘昌明, 等. 高钢级管线钢 X80 的研制与发展 ［J］. 材料导报, 2004, 18 (4)：23～27.

[15] Steiner M. Experience of E. ON Ruhr gas with X80 ［R］. Proceedings of Symposium on X80 Grade Steel and Line – pipes. 2004.

[16] 冯耀荣, 李鹤林. 管道钢及管道钢管的研究进展及发展方向 （下） ［J］. 石油规划设计, 2006, 17 (1)：11～16.

［17］Fairchild D P，Macia M L，Papka S D，et al. High Strength Steels – Beyond X80［C］//Proceedings of International Conference on the Application and Evaluation of High – Grade Line – pipes in Hostile Environments. Yokohama，2002：307～321.

［18］Petersen C W，Corbett K T，Fairchild D P，et al. Improving Long – Distance Gas Transmission Economics：X120 Development Overview［C］//Ostend. Denys RedS. Proceedings of the 4th International Pipeline Technology Conference. Belgium：Scientific Surveys Ltd.，2004：3～30.

［19］江海涛，康永林，于浩，等. 国内外高钢级管线钢的开发与应用［J］. 管道技术与设备，2005（5）：21～24.

［20］冯耀荣，李鹤林. 管道钢及管道钢管的研究进展与发展方向（上）［J］. 石油规划设计，2005，16（5）：1～7.

［21］郑磊. 宝钢管线钢的发展回顾［J］. 中国冶金，2004（11）：24～29.

［22］彭在美. 论石油天热气输送钢管及其发展方向［J］. 冶金丛刊，2003（5）：41～44.

［23］George Ives Jr. A Review：Pipe Line Construction between 1948 and 1997［J］. Pipe Line & Gas Industry，1998（1）：59～63.

［24］Meyer L，De Boer H. Welding of HSLA Structural Steel［C］. ASM，Metals Park，Ohio，1978：42～62.

［25］Lis A K，Lis J，Jeziorski L. Advanced ultra – low carbon bainitic steels with high toughness［J］. Journal of Materials Processing Technology，1997，64：255～266.

［26］王仪康，杨柯. 我国高压输送管线钢的发展［M］. 北京：石油工业出版社，2002.

［27］Tadaaki Taira，Kazuaki Matsumoto，Yasuo Kobayashi，et al. 最佳碳铌含量的低碳、超韧性针状铁素体管线钢的研制［C］//鞍钢钢铁研究所高强度低合金钢工艺与应用国际会议论文集，1987.

［28］黄明浩，徐烽，黄国建. 影响管线钢屈强比的因素探讨［J］. 焊管，2008，31（3）：20～25.

［29］薛小怀，杨淑芳，吴鲁海，等. X80 管线钢的研究进展［J］. 上海金属，2004，26（2）：45～49.

［30］战东平，姜周华，王文忠，等. 高洁净度管线钢中元素的作用与控制［J］. 钢铁，2001，36（6）：67～70，78.

［31］郝瑞辉，高惠临，丛晖，等. 合金元素在管线钢中的作用与控制［J］. 上海金属，2006，28（1）：58～62.

［32］孔君华，郑琳，郭斌，等. 钼在高钢级管线钢中的作用研究［J］. 钢铁，2005，40（1）：66～69.

［33］于敬敦，吴幼林，崔秀岭，等. 08CuPVRE 钢耐大气腐蚀的机理［J］. 中国腐蚀与防护科学，1994，14（1）：82～87.

［34］亓伟伟，周平. 抗 HIC 管线钢性能影响因素分析［J］. 莱钢科技，2008（4）：43～46.

［35］Maruyama N，Uemori R，Sugiyama M. The role of niobium in the retardation of the early stage of austenite recovery in hot – deformed steels［J］. Materials Science and Engineering，1998，A250：2～7.

［36］Manohar P A，Chandra T，Killmore C R. Continuous cooling transformation behavior of microalloyed steels containing Ti, Nb, Mn and Mo ［J］. ISIJ International, 1996, 36（12）: 1486～1493.

［37］ Hong S G, Kang K B, Park C G. Strain‐induced precipitation of NbC in Nb and Nb‐Ti microalloyed HSLA steels ［J］. Scripta Materialia, 2002, 46: 163～168.

［38］ 王春明, 吴杏芳. X70针状铁素体管线钢析出相 ［J］. 北京科技大学学报, 2006, 28 （3）: 253.

［39］ 赵明纯, 单以银, 李玉梅, 等. 显微组织对管线钢硫化物应力腐蚀开裂的影响 ［J］. 金属学报, 2001, 37（10）: 1087.

［40］ 谢广宇, 唐荻, 武会宾, 等. X70级管线钢硫化物应力腐蚀开裂实验研究 ［J］. 物理测试, 2008, 26（1）: 26～30.

［41］ 李太全, 包燕平. RH生产管线钢的不同工艺研究 ［J］. 北京科技大学学报, 2007, 29 （增1）: 32～35.

［42］ 秦军. 120t转炉流程管线钢X70的生产实践 ［J］. 特殊钢, 2010, 31（4）: 40～42.

［43］ 安航航, 包燕平. X80高级别管线钢的洁净度 ［J］. 钢铁研究学报, 2010, 22（6）: 10～17.

［44］ 王敏, 包燕平, 崔衡, 等. 铝酸钙夹杂物的生成机理研究 ［J］. 钢铁, 2010, 45（4）: 31～33.

［45］ 黄开文. 高级别管线钢发展及其生产要点 ［R］. 加拿大、日本管线钢会议, 2002.

［46］ 陈妍, 牟昊, 齐殿成. 国外高级别管线钢专利技术研究进展 ［J］. 特殊钢, 2013, 6: 25～29.

［47］ 周平, 李辉. X100、X120高强韧性管线钢的研发和应用总数 ［J］. 莱钢科技, 2009, 12: 9～13.

［48］ 前田雅之, 芥屋敬二, 段上孝良, 等. 转炉‐RH‐板坯连铸工艺中的高纯净化技术 ［J］. CAMP‐ISIJ, 1993, 6（1）: 146.

［49］ 张彩军, 蔡开科, 袁伟霞, 等. 管线钢的性能要求与炼钢生产特点 ［J］. 炼钢, 2002, 10（5）: 40～46.

［50］ Stalheim D G. Theusc of High Temperature Processing Steel for High Strength Oil and Gas Transmisson Pipeline Applications ［J］. Iron and steel, 2005, 40: 699～704.

［51］ 张伟卫, 熊庆人, 吉玲康, 等. 国内管线钢现状 ［J］. 焊管, 2011, 1: 5～9.

［52］ 齐殿威, 周舒野. 国外X100及以上钢级管线钢专利技术简述 ［J］. 焊管, 2009, 5: 65～69.

［53］ 沈昶, 潘远望, 张晓峰, 等. 马钢超低硫钢的生产工艺研究 ［J］. 钢铁, 2010, 6: 41～43.

［54］ 李占军, 刘金刚, 郝宁, 等. X80管线钢冶炼工艺研究 ［C］//中国金属学会第九届中国钢铁年会论文集: 1～5.

［55］ 刘建华, 包燕平, 王敏, 等. X70管线钢钙处理研究 ［J］. 钢铁, 2010, 2: 40～44.

［56］ 贺庆, 姚同路, 杨立彬, 等. 管线钢冶炼过程夹杂物控制 ［J］. 炼钢, 2013, 1: 19～21.

7 轴承钢的生产工艺技术

7.1 概述

7.1.1 轴承钢的用途和分类

轴承钢是重要的冶金产品，是特殊钢中最著名、最典型的代表钢种之一，国际公认其是衡量企业技术水平和产品质量水平的重要标志。轴承钢被广泛应用于机械制造、铁道运输、汽车制造、国防工业等领域，主要是制造滚动轴承的滚动体和套圈。一些大断面轴承钢也被用来制造机械加工用的工、模具等。

轴承用钢包括高碳铬轴承钢、渗碳轴承钢、高温轴承钢、不锈轴承钢及特殊工况条件下应用的特种轴承钢等，其中尤以高碳铬轴承钢生产量为最多。在合金钢领域内，高碳铬轴承钢 GCr15 是世界上生产量最大的轴承钢，含碳量为 1% 左右，含铬量为 1.5% 左右，从 1901 年诞生至今 100 多年来，主要成分基本没有改变。随着科学技术的进步，高碳铬轴承钢的研究工作仍在继续，产品质量不断提高，占世界轴承钢生产总量的 80% 以上。以至于现在我们所说的轴承钢如果没有特殊的说明，那就是指 GCr15。轴承钢是检验项目最多、质量要求最严、生产难度最大的钢种之一。

目前，我国轴承钢主要钢种包括高碳铬轴承钢 GCr15、GCr15SiMn，渗碳轴承钢 G20CrMo、G20CrNiMo、G20CrNi4 以及中碳轴承钢 65Mn、50CrVA、50CrNi、55SiMoVA 等。其中，GCr15 消费量占轴承钢消费量的 95% 以上。

不同系列轴承钢的主要用途及代表钢种如表 7 - 1 所示。

表 7 - 1 我国轴承钢系列的特性、用途及代表钢种

轴承钢系列	特 性	用 途	代表钢种
高碳铬轴承钢	综合性能良好，生产量最多；球化退火后有良好的切削加工性能；淬火和回火后硬度高，耐磨性能和接触疲劳强度高	制作各种轴承套圈和滚动体	GCr15、GCr15SiMn、GCr4、GCr15SiMo、GCr18Mo

轴承钢系列	特　性	用　途	代表钢种
渗碳轴承钢	渗碳轴承钢属于低碳合金钢，表面经渗碳处理后具有高硬度和高耐磨性，而心部保持良好的韧性，可承受强烈的冲击载荷	制作大型机械承受冲击载荷较大的轴承	G20CrMo、　G20CrNiMo、G20CrNi2Mo、　　　G20Cr2Ni4、G10CrNi3Mo、G20Cr2Mn2Mo
中碳轴承钢	温加工、冷加工性能较好	制作轮毂和齿轮等部位具有多种功能的轴承部件或特大型轴承	我国没有专用的中碳轴承钢，常借用于中碳轴承的钢种有 37CrA、65Mn、50CrVA、50CrNi、55SiMoVA
不锈轴承钢	耐腐蚀、高温下抗氧化	制造在腐蚀环境下工作的轴承及某些部件，也可用于制造低摩擦、低扭矩仪器、仪表的微型精密轴承	9Cr18、9Cr18Mo
高温轴承钢	高的高温硬度、尺寸稳定性和耐高温氧化性，低的热膨胀性和高的抗蠕变强度	制造航空、航天工业喷气发动机、燃汽轮机和宇航飞行器等高温下工作的轴承	8Cr4Mo4V、　10Cr14Mo4、Cr4Mo4V、W18Cr4V

7.1.2　各典型轴承钢的特点

7.1.2.1　GCr15 钢的特点

GCr15 是高碳铬轴承钢的代表钢种。我国高碳铬轴承钢目前采用的标准为 GB/T 18254—2002，包括的钢种有 GCr15、GCr15SiMn、GCr4、GCr15SiMo、GCr18Mo。GCr15 的综合性能良好，淬火和回火后具有高且均匀的硬度、良好的耐磨性和高的接触疲劳寿命。该钢的热加工变形性能好，球化退火后有良好的可切削性能，是世界各国广泛应用的钢种之一，也是高碳铬轴承钢中产量最大的钢种。该钢的焊接性能较差，对白点形成敏感，有回火脆性倾向。

GCr15 钢经热轧和冷加工后可以供应棒材、冷拉圆钢、钢丝及制造轴承套圈的钢管，还可以生产锻造方坯、板坯等品种。

GCr15 钢适宜于制造壁厚不大于 12mm、外径不大于 250mm 的各种轴承套圈；也适宜于制造尺寸范围较宽的滚动体，如钢球直径不大于 50mm，圆锥、圆柱和球面辊子直径不大于 22mm，以及所有尺寸的滚针；还可用于制造模具、精密量具以及其他要求高耐磨性、高弹性极限和高接触疲劳强度的机械零件。

7.1.2.2 渗碳轴承钢的特点

渗碳轴承钢的表面经渗碳处理后具有高硬度和高耐磨性,而心部仍有良好的韧性,能承受较大的冲击。这类钢的最高使用温度一般在200℃以下。这类钢的产量在美国约占轴承钢总产量的30%,在我国仅占3%左右。我国的渗碳轴承钢标准GB 3203—1982中的钢种有G20CrMo、G20CrNiMo、G20CrNi2Mo、G20Cr2Ni4、G10CrNi3Mo、G20Cr2Mn2Mo。

7.1.2.3 不锈轴承钢的特点

不锈轴承钢是为适应化工、石油、造船、食品工业等的需要而发展起来的。它用于制造在腐蚀环境下工作的轴承及某些部件,也可用于制造低摩擦、低扭矩仪器、仪表的微型精密轴承。为满足轴承的硬度要求,多采用马氏体不锈钢。我国不锈轴承钢钢种为9Cr18(相当于ASTM 440C)和9Cr18Mo。

7.1.2.4 高温轴承钢的特点

高温轴承钢是随着航空、航天工业的发展而发展的。由于喷气发动机、燃汽轮机和宇航飞行器的制造要求越来越高,轴承的工作温度越来越高,甚至高于300℃,因此高温轴承钢具有高的高温硬度(大于50HRC)、尺寸稳定性和耐高温氧化性,低的热膨胀性和高的抗蠕变强度。其中前两项为选择高温轴承钢材料的主要指标。高温轴承钢可分为高温不锈轴承钢、高温高速工具钢和高温渗碳轴承钢。我国高温轴承钢钢种为:8Cr4Mo4V和10Cr14Mo4。我国高温轴承钢系中的高速工具钢的钢种有Cr4Mo4V和W18Cr4V。前者相当于美国的M50。

7.1.3 我国轴承钢发展的现状

7.1.3.1 轴承行业发展的趋势良好

轴承作为各类机电产品配套与维修的重要机械基础件,广泛应用于国民经济的各个领域。我国汽车、摩托车、家用电器、农用机械、冶金矿山机械以及高速铁路、风电、航空航天等行业持续发展,为轴承行业提供了较大的市场空间。

近年来,我国轴承行业产量增长显著,轴承产量仅次于日本、德国和瑞典,居世界第4位,已跻身世界轴承生产大国的行列。目前,我国已经形成以哈尔滨、瓦房店、洛阳三大轴承制造基地以及浙江、江苏地区民营轴承企业为主的产业结构。

从产品结构上,轴承可分为滚子轴承、球轴承、关节轴承、外球面轴承、直线运动轴承、汽车等速万向节和其他轴承。球轴承在整个轴承行业中所占比重较大,占75%左右。

我国轴承钢的产量已经名列世界第一,已是名副其实的轴承钢生产大国,并开始向世界顶级的跨国轴承公司(如NMB、SKF、TIMKEN、NSK等)

提供钢材。同时，钢的质量在不断提高，个别国产轴承钢氧含量能低至0.0003% ~ 0.0005%。

我国轴承行业"十二五"规划指出，以加快发展方式转变为主线，着力加强结构调整，大幅度提高战略性新兴产业和关键领域重大装备配套轴承的自主化率，力争到2015年重大装备轴承自主化率达80%以上；重点发展汽车轴承、大型清洁高效发电设备轴承、大型施工机械轴承等。由此可见，未来一段时间我国高速铁路、大型工程装备、风电、汽车等轴承市场的快速发展将给轴承钢的研发和生产创造良好的契机。

7.1.3.2　我国轴承钢生产中存在的问题

我国轴承钢虽然产量位居世界第一，但是在品种、质量、稳定性方面还存在很多问题。

我国轴承产品中高精度、高技术含量和高附加值产品比重偏低，高端轴承（如高速铁路列车轴承、高速高精密机床轴承、航空航天轴承、新能源行业用轴承等）仍主要依靠进口。

随着我国国民经济的快速发展，主机向高精度、高性能、高可靠性、高附加值发展，而作为主机配套的轴承发展相对滞后。例如，目前时速160km及以上用的铁路轴承全部进口；轿车主要部位用的轴承大部分进口；冶金矿山机械、工程机械，尤其是引进国外成套设备维修轴承大部分进口；机床，尤其是精密机床、数控机床等配套的轴承也大部分进口；家电、空调机配套轴承大部分进口。

国产轴承钢的产品质量与国外产品的差距较大，重点反映在钢的氧、氮、磷、硫等有害元素含量较高；金属夹杂物的量较多、分布集中、尺寸较大；碳化物、液析碳化物、网状碳化物、带状碳化物评级级别较高；外观质量欠佳，钢材表面处理工作量大。总体表现是钢的质量稳定性差，疲劳寿命相对较低。

国产轴承钢的质量与国际先进水平的比较如表7-2所示。

表7-2　国产轴承钢质量与国际先进水平的比较

指　标	国内现状	国外水平
$w[O](\times 10^{-6})$	3 ~ 12	3 ~ 8
$w[N](\times 10^{-6})$	40 ~ 80	<60
$w[S]/\%$	0.005 ~ 0.015	<0.005
$w[P]/\%$	0.010 ~ 0.020	<0.010
$w[Ti](\times 10^{-6})$	20 ~ 30	<10
夹杂物	颗粒大、集中、不合格率高	细小、弥散
碳化物	带状碳化物较明显，网状时有发生	细小、均匀、弥散
表面质量	表面裂纹严重，脱碳超标时有发生	表面质量洁净、无裂纹、划伤

我国在轴承钢的生产方面，冶炼工艺标准化工作较差，钢材冶炼过程中的炼成率和合格率较低，故生产成本居高不下，优质轴承钢生产效率低。轴承钢的专业化生产程度较低。轴承钢分散在几十个企业生产，大部分生产厂家的生产工艺装备不配套，特别是成品工序的装备及其相关在线检测手段落后，从而制约国产轴承钢总体质量的提高和性能的稳定。

7.1.3.3 我国轴承钢生产的发展趋势

我国的轴承钢生产将逐步由数量型向品种质量型转变，这也是解决目前国内轴承钢供大于求的关键。当前，轴承钢研发的主要任务如下：

（1）不断开发新品种。开发研制节能、节省资源、适应市场需求的品种。

（2）调整品种结构。我国轴承钢的产量已居世界前列，但品种结构仍需调整优化，高档次产品较少。产品中棒材比例很大，占绝大多数，其次为线材，板带材份额很少。调整品种结构，根据市场和社会的发展，逐步增加线、板带材的比重，提高材料利用率是今后不断发展的方向。

（3）优化工艺流程。全面优化工艺技术装备和生产流程，进一步提高和稳定质量水平，实现工艺流程向连续化发展，实现产品的高纯净化、高均匀性、高尺寸精度。进一步强化精炼，适当提高铸坯断面尺寸，提高轧制加工精度（包括温度、尺寸精度），采用定径机组，优化热处理工艺。

7.2 对轴承材料的性能要求

作为一台机械设备基础零件之一的轴承包括滚动体、支撑架和内外套，其工作环境决定它必须具有高的疲劳强度、弹性强度、屈服强度和韧性，高的耐磨性能，高且均匀的硬度，一定的抗腐蚀能力。对在特殊介质下工作的轴承，还应该具有相应的特殊性能。人们长期以来将上述要求归纳为两个与冶金因素有关的问题，即材料的纯洁度和均匀性。

纯洁度是指材料中夹杂物的含量、夹杂物的类型、气体含量及有害元素的种类及其含量。

均匀性是指材料的化学成分、内部组织，包括基体组织，特别是析出相碳化物颗粒度及其间距、夹杂物颗粒和分布等均匀程度。

7.2.1 轴承钢的洁净度

这里主要介绍材料中夹杂物的类型及其含量对轴承钢质量的影响。20世纪60年代以前，人们就已经认识到，轴承材料中的夹杂物破坏了钢的连续性并产生应力集中，成为轴承剥落的裂纹源。因此，尽可能降低轴承钢中的夹杂物含量，是理所当然的事。但是，要做到完全消除材料中的夹杂物是不可能的。因为钢中夹杂物一部分来自炉体耐火材料及渣料，另一部分来自未能完全排出的早期脱氧产物以及凝固结晶过程中溶解氧析出的脱氧产物（后者是完全没有条件排除），再加上冶炼过程中未能完全去除的有害杂质元素（包括气体）以及它们形成的夹杂物，如硫化物、氮化物等。

随着科研工作的深入开展，发现钢在压力加工过程中或零件热处理加热时，由于金属和夹杂物的线膨胀系数不同，在夹杂物和金属中产生符号相反的微观应力。英国 D. Brook Sbank 根据弹性理论的原理，假设金属基体被夹杂物质点分隔成若干碎块，这些碎块用半径相同的若干球代替，形成镶嵌结构。在夹杂物与金属基体结合处产生的微观应力称为镶嵌应力，形成初始裂纹，初始裂纹则是金属进一步疲劳破坏的疲劳源。不同类型的夹杂物，其线膨胀系数各不相同，因而对轴承疲劳破坏的危害程度也就各不相同。根据"镶嵌理论"，人们系统地测定了钢中各种类型夹杂物的线膨胀系数，并对嵌镶应力进行了计算，认为危害最大的是线膨胀系数小的夹杂物（氧化铝和尖晶石）。它们造成的应力最大，因而大大降低了钢的接触疲劳强度。GCr15 钢的线膨胀系数 $\alpha_2 = 12.5 \times 10^{-6}(0 \sim 800\,℃)$，钢中夹杂物线膨胀系数 α_1 值（平均值）如表 2 - 2 所示。从表 2 - 2 提供的数据，我们大致可以理解不同类型夹杂物的存在对轴承疲劳寿命有不同程度的影响，即当 $\alpha_1 < \alpha_2$ 时，夹杂物对疲劳寿命是有害的。因此，在努力提高钢的纯洁度、降低夹杂物含量的同时，还应该重视改善夹杂物的性质和形态。

夹杂物破坏了钢的连续性。在外加变形力（轧制、锻造、冲压变形、使用过程中的交变负荷）的作用下在非金属夹杂物处易产生应力集中。因而它的存在是一种危害。

各种非金属夹杂物对轴承钢疲劳寿命的影响如图 7 - 1 所示。由图 7 - 1 可

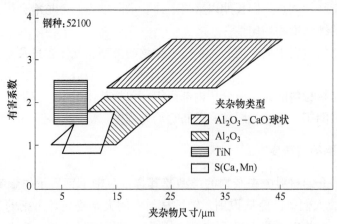

图 7 - 1　各类非金属夹杂物对轴承钢质量影响的程度

见，线膨胀系数较大的 MnS(18.1×10^{-6}) 和 CaS(14.7×10^{-6}) 对轴承钢性能的影响系数较小；Al_2O_3 和 TiN 对轴承钢性能危害系数较大；线膨胀系数小的球状夹杂（镁铝尖晶石、铝酸钙）对轴承钢的性能有害系数最大，严重地降低接触疲劳强度。当然，大颗粒（$\geqslant 13\mu m$）球状不变形夹杂对轴承钢性能的影响更为严重，这种夹杂物虽然数量少，但是尺寸大，危害性强。

轴承钢中的溶解氧含量很低，因此其全氧含量基本反映钢中氧化物夹杂的含量。日本山阳公司等钢厂曾做过全氧含量对轴承钢的疲劳寿命的影响的试验，结果如图 7-2 所示。

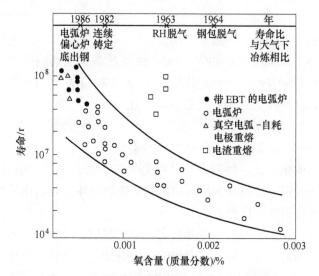

图 7-2　全氧含量对轴承钢疲劳寿命的影响

提高轴承钢的洁净度特别是降低钢中氧含量可以明显地延长轴承的寿命，氧含量由 0.0028% 降低到 0.0005% 时，钢的疲劳寿命可以提高一个数量级，近年来日本山阳特钢开发出超纯轴承钢，钢中氧含量最低降到 0.0003%，钢中夹杂物含量和尺寸减少到了极低的水平，疲劳寿命大大提高。

轴承钢中的非金属夹杂物主要有硫化物（A 类）、三氧化二铝（B 类）、硅酸盐（C 类）、镁铝尖晶石和铝酸钙（D 类）、大颗粒点状夹杂（DS 类、）氮化钛、氮、氢、氧等。由于在当今碱性转炉、电炉炼钢和 LF 炉精炼的工艺下，硅酸盐夹杂很少，故本书中不进行讨论。国外高级别轴承钢对钢中非金属夹杂物的要求都很严格。如瑞典 SKF 公司的高碳铬轴承钢标准代表着世界最先进水平，其对夹杂物有严格的要求，对宏观夹杂规定用发蓝断口实验法进行检验，对高倍夹杂的具体规定要求越来越严格，不同年代版本的夹杂物要求变化如表 7-3 所示。

表 7 – 3　SKF 公司对高倍夹杂物的要求（不大于）

标　准	夹杂物类型								
	A		B		C		D		DS
	细系	粗系	细系	粗系	细系	粗系	细系	粗系	
1988—08	2.0	1.5	1.5	0.5	0	0	0.5	0.5	—
1995—08	2.0	1.5	1.5	0.5	0	0	0.5	0.5	—
2005—06	2.0	1.5	1.5	0.5	0	0	1.0	0.5	1.0
2006—01	2.0	1.5	1.5	0.5	0	0	1.0	0.5	1.0
2007—06	2.0	1.5	1.5	0.5	0	0	1.0	0.5	1.5

该公司 1988 年和 1995 年版本采用 ASTM E45A 法（最恶劣视场法）进行检验，2005 年版本起则采用 ISO 4967：1998A 法（最恶劣视场法）检验夹杂物。与 ASTM E45 相比，ISO 4967：1998A 引入了 DS 夹杂物的概念。DS 夹杂物是指单独颗粒球类夹杂物，其形状为圆形或近似圆形且直径不大于 13μm，这说明该标准认识到 DS 夹杂物对轴承钢质量的危害。

7.2.1.1　硫化物夹杂对轴承钢性能的影响

众所周知，硫化物是一种钢中难以避免的夹杂物，当然，轴承钢也不例外。如 2.2.4 节所述，钢中的硫化物使钢的热加工性能变坏，影响钢的冲击性能和断面的收缩率，恶化钢的耐腐蚀性能等。

关于硫化物（A 类）夹杂对轴承疲劳寿命的影响，科学工作者在各自的试验条件下得出了不同的结论，即通常所说的"有益论、无害论、有害论"。

Fricot 认为，蝶形裂纹源总是以氧化物夹杂为核心。而单翼蝶形裂纹常伴生有硫化物包覆的氧化物。当氧化物夹杂全部为硫化物所包覆时，轴承钢的接触疲劳寿命最长。不同硫含量（0.017%、0.027%、0.055% 和 0.127%）对 GCr15 钢接触疲劳寿命试验结果表明，硫含量在 0.055% 以下时，接触疲劳寿命随钢中硫含量的增加而提高，含 0.055% 硫时达到最高值（L_{10} 是含 0.017% 硫钢的 3 倍），硫化物夹杂的级别和数量随钢中硫含量的提高而增加，而且往往以硫化物 – 氧化物共生夹杂的形式出现，减轻了脆性夹杂物（如氧化物等）对接触疲劳性能的不利影响；但当硫为 0.127% 时疲劳寿命又有所降低。上述试验是在氧含量较高的条件下进行的（氧含量在 0.0030% 左右）。

Cogen 认为，当钢中 $w[O] < 0.0005\%$ 时，硫化物的危害已显现出来。在 $w[O]/w[S]$ 比恒定时，$w[O]$ 越低疲劳寿命越高。日本学者峰公雄、吉田博对 MnS 夹杂的研究工作值得重视。峰公雄认为过高的硫含量产生大量单个的 MnS 夹杂，破坏了钢的连续性；而过低的硫含量，钢中则生成孤立的氧化物夹杂（如 Al_2O_3），线膨胀系数小，严重降低钢的疲劳寿命。因为，被 MnS 包围的复杂氧

化物比孤立的氧化物危害要小。硫化物形成缓冲层，从而使切向和径向应力大大减小，提高了轴承钢的疲劳强度。为了抵消氧化物对轴承钢疲劳强度的有害影响，可根据钢中氧含量来控制硫含量。

虽然有人认为依靠硫化物可以改善 Al_2O_3 夹杂物的膨胀系数，但是过度的硫化物存在，必然会影响钢的性能，而且近年来冶炼轴承钢过程中控制 Al_2O_3 夹杂的技术已经很成熟，因此，在轴承钢硫的含量都希望控制的低一些（≤0.01%）为好。日本山阳、爱知和神户等钢厂已把钢中硫降低到 0.002%；Ti 降低到 0.0014% ~0.0015%。

以 SKF 为代表的"硫无害论"的厂家，轴承钢中硫的含量一般控制在 0.015% ~0.025%，而以日本为代表的"硫有害论"的厂家则将轴承钢中硫含量控制在 0.005% ~0.010% 范围内。

7.2.1.2 Al_2O_3（B 类）夹杂对轴承钢性能的影响

现在全世界生产的轴承钢基本上是铝脱氧镇静钢，出钢时的铝脱氧会在钢中产生大量的脱氧产物 Al_2O_3，以后生产过程中由于钢水的二次氧化还会生成 Al_2O_3。这些脱氧产物 Al_2O_3 不可能全部上浮去除，特别是钢坯（锭）凝固期间生成的 Al_2O_3 必然留在钢中。这些滞留在钢中的 Al_2O_3 就形成了钢中的非金属夹杂物。出钢时钢中氧含量、铝基脱氧剂加入量、钢中铝含量、钢包吹氩强度、系统密封效果及顶渣成分性能等的不同导致最终钢中的 Al_2O_3 夹杂含量不同。

脱氧产物 Al_2O_3 是轴承钢中稳定氧化物夹杂的主要组成部分，它是以初晶态六角形 $\alpha - Al_2O_3$（刚玉）云团形态存在于钢中，熔点为 2050℃，轧制加工时不变形，沿轧制方向破碎成点链状。它的线膨胀系数小（8.0×10^{-6}），易引起镶嵌应力导致裂纹产生，严重地降低轴承使用寿命。

另外，钢中的 Al_2O_3 夹杂物也是点状夹杂（D 类）和大颗粒球状夹杂（DS 类）产生的基础。因此减少轴承钢中 Al_2O_3 夹杂物含量是提高轴承钢疲劳寿命的关键，也一直是炼钢工作者的重要使命。为此，人们采取了下述工艺措施。

（1）减低初炼炉出钢时钢水的氧含量。保证转炉顶底复吹效果，强化出钢前底吹气体的大气量搅拌，降低钢中的氧含量；应用铁水预处理及预置脱磷剂工艺，减少转炉的后吹；力争高拉碳（以 GCr15 为例，钢中 [C] 含量为 0.35% ~0.50%）出钢；控制吹炼终点钢水氧含量不大于 0.030%；出钢挡渣，控制出钢时下渣量不大于 4kg/t。在降低冶炼终点钢中氧含量的基础上才能减少脱氧剂铝的使用量，从源头上减少钢中脱氧产物 Al_2O_3 夹杂物的含量。根据有关统计，冶炼轴承钢炼钢炉出钢时钢水碳含量与 DS 夹杂（大于 1.5 级）所占比例的关系如表 7-4 所示。

表 7 - 4　钢水碳含量与 DS 夹杂（大于 1.5 级）**所占比例的关系**

炼钢炉出钢时碳含量/%	试样数/个	DS1.5 级所占比例/%
≤0.10	20	3.4
0.11 ~ 0.20	22	1.03
0.21 ~ 0.50	10	0.53
≥0.51	7	0.48

（2）促进脱氧产物上浮。出钢过程中控制钢包底吹氩流量，加入钢包精炼合成渣及顶渣改质剂，强化脱氧产物的改性、相互碰撞、凝聚、长大、上浮和去除。出钢脱氧产物的量很大，此时采用加入钢包合成精炼渣的工艺不仅有促进脱氧产物 Al_2O_3 上浮的效果显著，还有助于减少连铸时水口结瘤的几率。

（3）控制钢中的铝含量。在前面的章节中已经论述过钢中 [Al] 含量和钢中氧化物夹杂之间的关系。一般情况下，当钢中 [Al] 含量小于 0.015% 时，随钢中 [Al] 含量的减少，钢中氧化物夹杂（包括 Al_2O_3 夹杂）量增加；而当钢中 [Al] 含量大于 0.020% 时，随钢中 [Al] 含量的增加，钢中氧化物夹杂（包括 Al_2O_3 夹杂）量增加。因此对于钢中铝含量没有特殊要求的高碳铬轴承钢成品中，铝含量应控制在 0.015% ~ 0.020%。图 7 - 3 所示为某试验得出的钢中铝含量与钢中氧化物夹杂之间的关系。

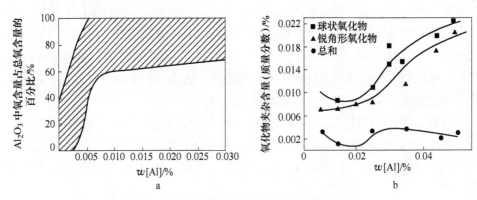

图 7 - 3　钢中残余铝与氧化物夹杂含量的关系

a—镇静钢；b—轴承钢

（4）强化精炼操作。强化精炼过程中的底吹氩流量控制、埋弧操作和系统密封，强化连铸过程中系统的密封，尽可能地减少钢水的二次氧化，减少后续二次脱氧产物 Al_2O_3 的生成量。

（5）提高铝质耐火材料质量。提高中间长水口、包塞棒、上水口、滑动水口及浸入式水口的耐火度和致密度，减少其被冲刷量，避免因铝质耐火材料的熔损导致钢中 Al_2O_3 夹杂物含量增加。

7.2.1.3 点状夹杂物对轴承钢质量的影响

点状态夹杂也称球形夹杂，在钢中呈球形或近似球形。铝酸钙是轴承钢中常见的氧化物夹杂。由 $CaO-Al_2O_3$ 的相图可知，$CaO-Al_2O_3$ 二元系存在着五种中间化合物，即随着夹杂物中 Al_2O_3 比例的增加依次为 $3CaO-Al_2O_3$、$12CaO-7Al_2O_3$、$CaO-Al_2O_3$、$CaO-2Al_2O_3$、$CaO-6Al_2O_3$，熔点依次为 1535℃、1455℃、1605℃、1750℃、1850℃。这些夹杂物的线膨胀系数均比钢机体的膨胀系数小得多，分别为 10×10^{-6}、7.6×10^{-6}、6.5×10^{-6}、5.0×10^{-6}、8.6×10^{-6}。在钢加工、热处理及使用时交变应力的作用下产生镶嵌应力，成为裂纹源，降低轴承的使用寿命。

可见，随着夹杂物中 Al_2O_3 比例的增加，铝酸钙夹杂物的熔点呈上升趋势，相应地颗粒度逐渐减小，如图 7-4 所示。

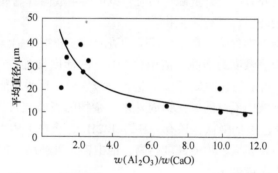

图 7-4 铝酸钙中 $w(Al_2O_3)/w(CaO)$ 和尺寸关系

$3CaO-Al_2O_3$、$12CaO-7Al_2O_3$、$CaO-Al_2O_3$ 等夹杂物熔点低于脱氧时钢液温度，有利于集聚、长大成球形。钢水处于结晶器以前位置时，这种低熔点的夹杂物易上浮去除，有利于提高轴承钢的洁净度，改善轴承钢的性能。但是，在结晶器以下位置存在或生成这种大尺寸球状夹杂物最后将会在钢中形成危害性极大的大颗粒球状（DS）夹杂，严重地破坏钢的性能。

$CaO-2Al_2O_3$、$CaO-6Al_2O_3$ 高熔点夹杂物在钢液中不易集聚、长大和上浮，钢坯（锭）凝固时成为钢中的不变性的球形夹杂物（D类夹杂），严重地影响钢的性能。

当钢中 [Mg] 含量多时，[Mg] 也会像钙一样在 Al_2O_3 等夹杂物的表面上析出 MgO，与 Al_2O_3 生成尖晶石（$MgO\cdot Al_2O_3$），熔点为 2135℃，线膨胀系数也小，为 8.4×10^{-6}，和铝酸钙一样，形成严重影响钢性能的不变性球状夹杂物（D类夹杂），减低轴承的使用寿命。

根据钢中 [Al]、[Ca]、[Mg]、[S] 含量的不同，点状夹杂的相貌大致有三种，如图 7-5 所示。

点状夹杂成因是钢中的 [Ca] 或 [Mg] 吸附在 Al_2O_3 夹杂的表面。当钢中

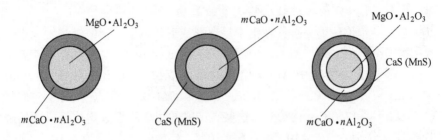

图 7-5   点状夹杂的形貌

硫化物含量较低时可能生成内部为镁铝尖晶石、外部为铝酸钙的点状夹杂；当钢中镁含量较低时就可能生成纯三氧化二铝或外表包裹硫化物的点状夹杂；当钢中镁和铝含量都合适并有一定含量硫化物时，就可能生成内部为镁铝尖晶石、次外层包裹铝酸钙、最外层包裹有硫化物。

研究表明，钢中钙含量的高低受控于炉渣的碱度和钢中铝含量。当炉渣碱度大于 3 时，随着炉渣碱度的增高，渣中（CaO）的活度增加，在强还原条件下，渣中部分（CaO）可能被还原成 [Ca] 进入钢液，由于钙脱氧能力强，将与氧反应生成氧化钙在钢液中残留的氧化铝或外来夹杂物的表面上析出，形成 mCaO·nAl$_2$O$_3$。随着钢液温度的降低，还有 [H]→1/2H$_2$ 也将在上述表面析出，强化了液态点状夹杂物集聚长大。炉渣碱度越高、钢中铝含量越高，钢中的钙含量就越高，铝酸钙点状夹杂就越多。

钢中 [Mg] 含量的高低受控于钢中 [Al] 含量和耐火材料的质量，钢中铝含量高时会将耐火材料氧化镁中的镁还原出来，增加钢中的 [Mg] 含量，如图 7-6 所示。同一研究表明，渣中（MgO）含量的变化对钢中 [Mg] 含量的影响不大。

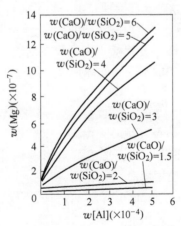

图 7-6   钢中铝含量与镁含量的关系

耐火材料质量不好或炉渣中（CaF_2）含量高也会使耐火材料在使用过程中熔损量大，增加钢中的氧化镁含量。钢中镁含量的增加强化了镁铝尖晶石的产生，抑制了铝酸钙的生成。

综上所述，产生点状夹杂的主要因素是钢中[Als]含量、炉渣碱度和组成及耐火材料质量。减少点状夹杂的对策如下：

（1）减少钢中 Al_2O_3 夹杂物含量。如7.2.1.2节所述，采取各种工艺措施降低钢中 Al_2O_3 夹杂物含量。

（2）控制和调整 LF 炉精炼时炉渣碱度。为了深脱氧和促进钢中非金属夹杂物的上浮去除，LF 炉精炼渣中（SiO_2）含量控制在10%以下，精炼终点炉渣碱度为 5~7。显然，这么高的炉渣碱度会使钢中生成大量的点状夹杂。炉渣碱度太低时，渣中不稳定的氧化物（SiO_2）会在精炼过程中分解，增加钢中[O]含量，同样增加钢中的氧化物夹杂。因此必须在完成 LF 炉精炼任务之后通过加入石英砂将炉渣碱度调整为 2.5~3.0，既能保证良好的脱氧状态又可有效地控制点状夹杂的产生。为了减轻炉渣对钢包耐火材料的侵蚀，渣中（CaF_2）的含量应小于6%。

（3）控制钢中铝含量。如7.2.1.2节所述，钢中 $w[Als] \geq 0.020\%$ 时，钢中 Al_2O_3 夹杂的量与钢中[Als]含量成正比。在保证钢水充分脱氧的前提下降低钢中的铝含量可以有效地降低钢中 Al_2O_3 夹杂含量；减少钢中铝对耐火材料中 MgO 的还原，降低钢中[Mg]含量；减少钢中铝对渣中（CaO）的还原，降低钢中[Ca]含量，从而减少钢中点状（D 类或 DS 类）夹杂。

试验表明，成品轴承钢中 $w[Als] \leq 0.011\%$ 时脱氧效果不好，钢中氧化物夹渣量高；当钢中 $0.020\% \geq w[Als] \geq 0.011\%$ 时点状夹杂物量最少；当钢中 $0.030\% \geq w[Als] \geq 0.020\%$ 时点状夹杂明显增加；当钢中 $w[Als] \geq 0.031\%$ 时点状夹杂成倍增加，如表 7-5 所示。因此，钢中 $w[Als]$ 应控制在 0.015%~0.020% 范围内。

表 7-5　钢中铝含量与大颗粒点状夹杂出现比率的关系

试样数/个	钢中 $w[Als]/\%$	DS 夹杂出现比率/%
120	≤0.010	8.33
246	0.011~0.020	4.47
126	0.021~0.030	6.35
24	≥0.031	12.5

7.2.1.4　大颗粒点状夹杂物对轴承钢质量的影响

轴承钢中大颗粒点状夹杂是尺寸大于 13μm 的不变形球状夹杂物，在我国被称为 DS 夹杂（SKF 公司近年来也有关于对 DS 夹杂的限制标准），其形状为圆形或近圆形。DS 夹杂虽然数量不多，但对轴承钢的性能，特别是对其疲劳寿命的影响是极其严重的。目前国内生产轴承钢的最大质量问题就是 DS 夹杂物超标。一些轴承钢使用厂家对 DS 夹杂提出零容忍的要求。

DS 夹杂可分为三种，即没有来得及上浮去除的脱氧产物 Al_2O_3 夹杂物、大尺寸的铝酸钙或镁铝尖晶石及硫化物组成的点状夹杂和外来的（炉渣或耐火材料）非金属夹杂物。其中 Al_2O_3 夹杂物和铝酸钙点状夹杂物的形成机理和减少对策在 7.2.1.3 节中已经进行了介绍，故在此不再赘述。下面仅介绍外来的 DS 夹杂物。

东北特殊钢有限公司采用示踪原子（$BaCO_3$、La_2O_3、Er_2O_3）方法对棒材轴承钢中外来的 DS 夹杂物的来源进行了仔细的研究，认为这些外来 DS 夹杂物主要来源于钢包渣和耐火材料。减少 DS 夹杂的对策如下：

（1）强化炼钢炉出钢脱氧合金化。通过出钢挡渣、钢包合成渣精炼等措施，减少钢中一次脱氧产物 Al_2O_3 夹杂物的量，减少或杜绝水口结瘤现象。

（2）严格控制钢包底吹氩流量。在出钢、LF 炉精炼及软吹过程中严格控制氩气流量，避免钢包渣面搅动，防止顶渣进入钢中，减轻对耐火材料的冲刷。钢包渣的卷入是大颗粒夹杂物的一个重要来源，VD 真空处理过程卷入比例最大，必须严格控制 VD 真空处理时底吹氩流量。

（3）选择合适的中间包耐材和中包覆盖剂。中间包工作层应有较高的耐火度，减少熔损脱落。中间包覆盖剂应有较好吸附 Al_2O_3 夹杂的能力。在生产轴承钢时不应该采用高氧化镁含量的中包覆盖剂，以免增加钢中的 [Mg] 含量。

（4）防止结晶器卷渣。如 3.5.6 节所述，浇注过程中要做到严格控制结晶器液面波动（不超过 ±3mm）、保持中间包液面一定高度、保证浸入式水口对中和插入深度、控制中间包滑板和浸入式水口的吹氩量、稳定拉速、有条件时应用电磁搅拌技术等，实现稳态浇铸，减少结晶器卷渣。

7.2.1.5 氮化物夹杂对轴承钢质量的影响

轴承钢中的氮化物夹杂主要是氮化钛和氮化铝。氮化物虽然在一定程度上起到细化晶粒的作用，对改善轴承钢的性能有一定好处，但是它是一种有规则外形（棱形）的硬而脆的夹杂物，对轴承钢的疲劳寿命影响较大，其影响程度高于 B 类夹杂，与 D 类夹杂相当，因此有人也将氮化物归入 D 类夹杂。因此，轴承钢中氮化钛等的产生、控制及去除条件一直是冶金工作者较为关心的问题。

根据钛氮反应的 $\Delta G^{\ominus}$ 计算可知，在液相线以上轴承钢中不可能生产 TiN。在钢的凝固过程中，随着温度的下降（1000℃左右），钛和氮在钢中的溶解度组逐渐降低，而且由于钢水凝固时存在选分结晶，在凝固前沿钛和氮的浓度比机体高，当浓度积达到一定值时即析出 TiN。如果此时析出 TiN，还存在凝聚长大的可能，若生成大颗粒的 TiN 夹杂则可能对成品钢的质量产生较大危害。各温度下 [Ti]、[N] 平衡关系如图 7-7 所示。

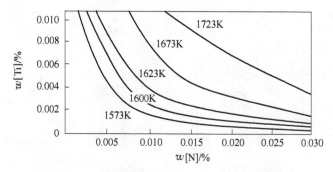

图 7-7　不同温度下 [Ti]、[N] 平衡示意图

因此，为了减少 TiN 析出，在尽量减少钢中钛和氮含量的同时应该采用快速凝固的方法，使温度迅速降低，避开二相区。

影响轴承氮化钛量的因素有很多，如铁水中的钛含量、转炉（电炉）出钢时的下渣量、原材料（铁合金及渣料）中的 TiO_2 含量、LF 精炼时炉渣的碱度及钢中 [Als] 含量等。

有人对轴承钢生产冶炼过程中钢中钛含量的变化做了标定：（铁水中）0.01% ~ 0.03%→（炼钢炉出钢）0.0006%→（入 LF 炉）0.0009%→（LF 炉 1 号样）0.0014%→（LF 炉 2 号样）0.0022%→（LF 炉 3 号样）0.0023%→（LF 炉 4 号样）0.0023%→（入 RH 炉）0.0025%→（RH 炉 1 号样）0.0022%→（出 RH 炉）0.0024%→（中间包样）0.0025%。

可见，炼钢炉出钢时钢中钛含量很低（6×10^{-6}），证明在氧化性炼钢过程中钛基本上被氧化掉，以（TiO_2）状态存在于炉渣中；出钢带出炉渣中部分（TiO_2）经出钢粗脱氧后被还原及铬铁等合金带入金属钛使钢中钛含量有所增加；LF 炉的强还原作用使顶渣中（TiO_2）大量被还原，导致钢中钛含量急剧增加（约 2 倍）；RH 炉精炼及后续过程中钢中的钛含量变化不大。试验表明，在原材料及工艺基本相同的条件下，钢中的 [Als] 含量及炉渣碱度对钢中 [Ti] 含量的影响如图 7-8 和图 7-9 所示。图 7-8 中的 m 表示 $a_{Al_2O_3}^{1/3}$ 与 $a_{TiO_2}^{1/2}$ 的比值。

可见，降低炉渣碱度、降低钢中铝含量有助于降低钢中的 [Ti] 含量，也就是有利于减少钢中的 TiN 夹杂物量，这一点与解决点状夹杂的道理类似。

综上所述，提出减少氮化钛夹杂的工艺措施如下：

（1）减少原材料的钛含量。冶炼高级轴承钢时要做到以下几点：

1）控制铁矿粉中的钛含量，以求减低铁水中的钛含量；

2）采用低钛铬铁；

3）因为铝矾土中钛含量高，故不用铝矾土作为精炼渣原料使用；

4）某些增碳剂中钛含量高达 0.45%，增碳量大时会造成钢液严重增钛，因此生产轴承钢时应选择低钛含量的增碳剂并控制增碳量。

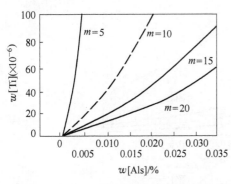 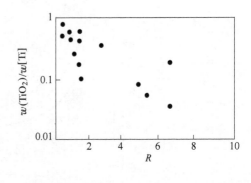

图 7 – 8　钢中［Als］与［Ti］含量的关系　图 7 – 9　渣碱度对（TiO₂）、［Ti］分配比的影响

（2）减少钢中氮含量。控制钢包底吹氩流量，做好全系统的密封，强化 RH 及 VD 脱气工艺，降低成品轴承钢氮含量（$\leqslant 40 \times 10^{-6}$）。

（3）减少出钢带渣。认真出钢挡渣操作，出钢时下渣量不大于 5kg/t。

（4）控制钢中铝含量。成品轴承钢铝含量控制在 0.015% ~ 0.020%。

（5）控制 LF 炉精炼渣碱度。LF 炉精炼后及时调整炉渣碱度为 2.5 ~ 3.0。

7.2.1.6　氢对轴承钢质量的影响

氢在钢液温度降低到结晶温度时，溶解度急剧降低，析出的氢在固态下扩散并聚集到非金属夹杂物等缺陷形成的孔洞、缝隙中。当聚集的氢原子结合成氢分子后产生极大的压力，该压力一旦超过钢的强度极限，就会产生内裂，形成白点。白点在任何钢中都是不允许存在的。降低氢的含量，是提高轴承钢纯洁度的重要一环。在普遍采用钢包二次精炼及真空处理的条件下，轴承钢中的氢含量已降到 0.0002% 以下，甚至 0.00015% 以下。

7.2.2　轴承钢的均匀性

轴承钢的均匀性是指化学成分的均匀性及碳化物的均匀性。化学成分的均匀性主要指钢中合金元系，特别是碳、硫、磷的宏观和微观偏析程度。碳化物均匀性包括碳化物颗粒大小、间距、形态分布等。影响均匀性的因素很多，如，易偏析元素的含量、钢坯（锭）结构、坯型（锭重）、浇铸温度（过热度）、浇注速度、铸坯冷却强度、是否采用相应的工艺措施（中包加热、电磁搅拌、轻压下）等。钢锭、钢坯在热加工前的加热工艺、钢材热加工终止温度及随后的冷却方法、球化、退火工艺等都会影响碳化物的均匀性。

液析碳化物、带状碳化物、网状碳化物评级的级别是衡量碳化物均匀性的指标。前人的研究工作认为：液析碳化物的危害性相当于钢中的夹杂物；带状碳化物评级达到 3 ~ 4 级可使钢材疲劳寿命降低 30%；网状碳化物升高 1 级，可使轴承寿命降低 1/3；碳化物颗粒大小，影响轴承寿命。

高碳铬轴承经淬回火处理，约有7%的残余粒状碳化物存在。残余碳化物的数量随钢的化学成分、碳化物颗粒的大小和形态不同而发生变化。即碳化物颗粒大小直接或间接影响轴承寿命。国内外研究工作者一致认为：马氏体基体组织中含碳量为一定值时（一般为0.4%~0.5%），碳化物平均粒度愈小则疲劳寿命愈高。具体数据见表7-6。甚至有的研究结果认为：碳化物直径为0.56μm比1μm的疲劳寿命提高2.5倍。

表7-6 碳化物平均粒度与疲劳寿命的关系

碳化物平均直径/μm	疲劳寿命	
	L_{10}/次	L_{50}/次
0.785	0.49×10^6	6.0×10^6
0.655	0.86×10^6	8.0×10^6
0.09	4.0×10^6	13×10^6

作为炼钢工艺中只能在易偏析元素的含量控制、浇铸过热度的控制、浇铸速度的控制采用中间包加热、电磁搅拌和轻压等方面做工作，从而提高轴承钢的均匀性。

7.3 轴承钢中元素的作用

7.3.1 轴承钢的成分标准

轴承钢性能除受钢的纯净度和均匀性的影响外主要取决于钢的化学成分，本节主要介绍高碳铬轴承钢中化学成分的含量要求和作用。我国高碳铬轴承钢的化学成分应符合表7-7的要求。

[C] 含量1.0%、[Gr] 含量1.5%的轴承钢在各国标准中主要成分相近，但在主要元素的控制范围及有害残余元素的要求上有差异。

ISO、瑞典SKF和目前日本标准中 [C] 含量均为0.95%~1.10%；德国标准中 [C] 含量为0.90%~1.05%；美国标准中 [C] 含量为0.98%~1.10%；我国和原苏联则要求 [C] 含量为0.95%~1.05%。

ISO 和原苏联的 [Cr] 含量要求为1.30%~1.65%；德国和瑞典SKF标准中 [Cr] 含量要求为1.35%~1.60%；美国和日本标准中 [Cr] 含量为1.30%~1.60%；我国标准则要求 [Cr] 含量为1.40%~1.65%。

ISO 和德国标准 [P] 含量要求不大于0.030%；瑞典SKF、美国、日本和我国标准要求 [P] 含量不大于0.025%；原苏联则要求 [P] 含量不大于0.027%。

关于 [S] 含量对轴承钢寿命影响有不同争议，但从目前趋势来看，普遍认为，影响轴承寿命的冶金因素是夹杂物，其中尤以氧化物危害最大，硫化物也影响轴承钢的使用寿命。ISO683/ⅩⅦ中规定为 [S] 含量不大于 0.025%；瑞典 SKF 规定 [S] 含量不大于 0.015%；我国、美国、法国及西德标准均要求 [S] 含量不大于 0.025%。

ISO 标准对残余元素及氧含量都未作明确规定；日本标准仅对 [Mo]、[Ni] 含量做了限制；原苏联和德国的标准列入了 [Ni]、[Cu] 和 [Ni] + [Cu] 含量的规定；美国标准 A295—79 规定 Ni、Mo、Cu 为残余元素，视用户要求而定，在 A295—84 和 A295—89 标准补充中要求，与生产厂商协商确定对残余元素钛、铝、氧的规定值。

我国 GB/T 18254—2002 对镍、锰、铜和氧的含量都做了要求，如表 7 - 7 所示。

表 7 - 7　我国标准中高碳铬轴承钢的化学成分

统一数字代号	牌号	C/%	Si/%	Mn/%	Cr/%	Mo/%	P/%	S/%	Ni/%	Cu/%	Ni + Cu/%	O(×10⁻⁶) 模注钢	O(×10⁻⁶) 连铸钢
B00040	GCr4	0.95 ~ 1.05	0.15 ~ 0.30	0.15 ~ 0.30	0.35 ~ 0.50	≤0.08	≤0.025	≤0.020	≤0.25	≤0.20		≤15	≤12
B00150	GCr15	0.95 ~ 1.05	0.15 ~ 0.35	0.25 ~ 0.45	1.40 ~ 1.65	≤0.10	≤0.025	≤0.025	≤0.30	≤0.25	≤0.50	≤15	≤12
B01150	GCr15SiMn	0.95 ~ 1.05	0.45 ~ 0.75	0.95 ~ 1.25	1.40 ~ 1.65	≤0.10	≤0.025	≤0.025	≤0.30	≤0.25	≤0.50	≤15	≤12
B03150	GCr15SiMo	0.95 ~ 1.05	0.65 ~ 0.85	0.20 ~ 0.40	1.40 ~ 1.70	0.30 ~ 0.40	≤0.027	≤0.020	≤0.30	≤0.25		≤15	≤12
B02180	GCr18Mo	0.95 ~ 1.05	0.20 ~ 0.40	0.25 ~ 0.40	1.65 ~ 1.95	0.15 ~ 0.25	≤0.025	≤0.020	≤0.25	≤0.25		≤15	≤12

7.3.2　轴承钢中各元素的作用

（1）碳。在高碳铬轴承钢中，碳的含量一般在 1.0% 左右，它是保证钢具有足够的淬透性、硬度值和耐磨性的最重要的元素之一。研究指出，为使淬回火后钢 HRC 大于 60，至少要加入 0.80% 以上的碳。但是再增加碳含量，硬度提高不多，反而会产生大块碳化物。近些年来的研究表明，从保证耐磨性、硬度，防止热处理晶粒粗化、碳化物偏析等几方面考虑，碳含量以不超过 0.95% ~ 1.00% 为宜。

（2）铬。铬是碳化物形成元素，主要作用是提高钢的淬透性和耐腐蚀性能，并可提高强度、硬度、耐磨性、弹性极限和屈服极限。

在高碳铬轴承钢中，铬能显著改变钢中碳化物的分布及其颗粒大小，使含铬的渗碳体型碳化物（Fe，Cr）$_3$C退火聚集的倾向性变小。铬使轴承钢碳化物变得细小、分布均匀，并扩大球化退火的温度范围，一部分铬溶于奥氏体中，提高马氏体回火稳定性。铬还能减小钢的过热倾向和表面脱碳速度。一般高碳铬轴承钢根据牌号的不同 [Cr] 含量在0.5%~1.95%之间，再高会因残余奥氏体量增加而降低硬度。同时过高的铬含量容易形成大块碳化物，如Cr$_7$C$_3$这种难熔碳化物使钢的韧性降低，轴承寿命下降。

（3）锰。锰和铬一样是碳化物形成元素，能代替部分铁原子形成（Fe，Mn）$_3$C型碳化物。但是这种碳化物与铬的碳化物（Fe，Cr）$_3$C不同，加热时易溶于奥氏体，回火时也易析出和聚集。

在GCr15中锰的重点是作为脱氧元素，而在GCr15SiMn中才是作为合金元素加入。锰能显著提高钢的淬透性，部分锰溶于铁素体中，提高铁素体的硬度和强度。锰能固定钢中硫的形态并形成对钢的性能危害较小的MnS，减少或抑制FeS的生成。因此，在高碳铬轴承钢中含少量的锰，能提高钢的性能和纯净度。

锰含量为0.10%~0.60%时对钢性能有良好的作用，当锰含量达1.0%~1.2%时，钢的强度随锰含量增加而继续提高，且塑性不受影响。若锰过高，会使钢中残余奥氏体量增加，钢的过热敏感性和裂纹倾向性增强，且尺寸稳定性降低。在高碳铬轴承钢中，普遍把Mn限制在0.25%~0.45%范围内或不大于0.35%。

（4）硅。钢中加入硅，可以强化铁素体，提高强度、弹性极限和淬透性，改善抗回火软化性能。

在高碳铬轴承钢中，硅使钢的过热敏感性、裂纹和脱碳倾向性增大。虽然有的研究认为，轴承钢马氏体中的硅含量达到1.50%时，对提高疲劳寿命作用较大，并能改善钢在淬回火状态下的韧性。但是，硅使钢在球化退火状态的切削和冷加工性能变坏。所以，一般应把硅控制在0.80%以下，不是特殊要求的钢种，最好不超过0.50%。

（5）镍。镍在高碳铬轴承钢中作为残余元素受到限制，它的存在主要是增加淬回火后残余奥氏体量，降低硬度。

（6）钼。钼是使奥氏体区域缩小的元素，在钢中固溶于基体或形成碳化物。在含量较低时形成（Fe，Mo）$_3$C，含量提高到大于1.8%时，出现Mo$_7$C、MoC、（Mo，Fe）$_{23}$C$_6$、（Mo，Fe）$_6$C、（Mo，Fe）$_a$C$_b$等类型的碳化物，这些碳化物在奥氏体中的溶解速度缓慢，推迟了奥氏体分解为珠光体的速度。钼与镍、锰并存时，能降低或抑制其他元素所引起的回火脆性。

通常，钼在高碳铬轴承钢中也是作为残余元素而存在，在此类钢中受到含量的限制。在标准中已列入两个含钼为0.20%~0.40%的高淬透性的高碳铬轴承钢，钼在此类钢中的作用是提高淬透性和抗回火稳定性、细化退火组织、减小淬火变形、提高疲劳强度、改善力学性能。

（7）铜。铜为低熔点有色金属，它的存在使钢加热时容易形成表面裂纹，同时也会引起钢的时效硬化，影响轴承精度。因此，一般轴承钢不希望有铜存在。

（8）铝。在高碳铬轴承钢中，铝是作为脱氧元素加入，除了可以降低钢液的溶解氧之外，铝与氮形成弥散细小的氮化铝夹杂可以细化晶粒。铝作为合金元素添加，到 20 世纪 70 年代初才逐渐被认识和重视。铝有较强的固溶强化作用，能提高钢的抗回火稳定性相高温硬度。但是钢中铝含量直接影响钢中的 Al_2O_3 的含量，而且在钢中 ［Al］含量小于 0.04% 的条件下细化晶粒的作用并不明显，综合考虑，轴承钢中 ［Al］含量控制在 0.015% ~ 0.020% 为好。

（9）有害元素。磷、硫、氧、氮、氢、钛等为轴承钢中的有害元素，综合考虑装备条件和成本压力应越低越好。砷、铅、锡、锑、等微量元素，均为低熔点有色金属，在轴承钢中会引起轴承零件表面出现软点，硬度不均，因此含量应越低越好。

瑞典 SKF 公司对轴承钢中残余元素的含量作出了更严格的要求，见表 7-8，明确规定 $w[Als] < 0.04\%$、$w[Sn] < 0.03\%$、$w[Sb] < 0.005\%$、$w[Pb] < 0.002\%$、$w[Ti] < 0.003\%$，从而保证了轴承钢的高品质。1995 年及以后的版本增添了 ［Ca］含量要求，均要求不大于 0.001%，2005 年及以后的版本增添了 ［As］+［Sn］+［Sb］总量要求，均要求不大于 0.075%。

表 7-8　SKF 公司对残余元素的要求（小于）

标　准	Ni	Mo	Cu	Als	Sn	Pb	Sb	Ti	Al	［O］
	%									×10⁻⁶
1981—01	0.20	0.10	0.30	0.04	0.03	0.002	0.005	0.005	—	20
1988—08	0.25	0.10	0.30	0.04	0.03	0.002	0.005	0.003	0.010 ~ 0.060	15
1995—08	0.25	0.10	0.30	0.04	0.03	0.002	0.005	0.003	0.010 ~ 0.050	15
2005—06	0.25	0.10	0.30	0.04		0.002		0.003	0.050	15
2006—01	0.25	0.10	0.30	0.04	—	0.002	—	0.003	0.050	15
2007—06	0.25	0.10	0.30	0.04		0.002		0.003	0.050	15

7.4　轴承钢冶炼的关键技术

如前所述，轴承对其材料的要求较高，必须具备高的硬度、耐磨性、接触疲劳强度、弹性极限，良好的冲击韧性、断裂韧性、尺寸稳定性、防锈性能和冷热加工等性能。为保证这些性能要求，轴承钢的冶金质量必须保证其严格的化学成分及化学成分均匀性，特别高的洁净度，极低的氧含量和残余元素含量，严格的低倍组织和高倍组织，严格的碳化物均匀性，严格的表面脱碳层和内部疏松、偏析、显微孔隙等，不允许存在裂纹、夹渣、毛刺、折叠、结疤、氧化皮、缩孔、气泡、白点和过烧等表面和内部缺陷。在轴承钢的冶炼工序其关键技术是在优化化学成分的基础上努力提高产品的洁净度和均匀性。

7.4.1 轴承钢冶炼工艺技术

7.4.1.1 降低炼钢炉冶炼终点钢水的氧含量

（1）控制出钢时钢水碳含量。采用预置脱磷剂工艺，保证一次倒炉时钢中 $w[P] \leqslant 0.010\%$，$w[S] \leqslant 0.020\%$，为冶炼终点钢水 [C] 含量达到 0.35% ~ 0.50% 创造良好的条件。减少后吹率，力争一次拉碳成功。

（2）保证转炉底吹元件的良好透气性，应在出钢前底吹大气量（$0.10m^3/(t \cdot min)$）后搅，尽可能降低钢中的氮含量和氧含量。

（3）出钢挡渣。出钢下渣率应小于 4kg/t。

（4）出钢脱氧合金化。出钢脱氧合金化后，钢中化学成分进入成分规格下限；钢中 [Als] 含量为 0.035% ~ 0.040%；顶渣（Al_2O_3）含量为 20% ~ 25%；（FeO + MnO）小于 5%。

7.4.1.2 提高原材料质量

控制铁水磷、硫、钛的含量，有条件的应对铁水进行预处理脱硫；使用含钛量低的铬铁等；炼钢炉必须使用一级石灰；选用钛含量低的增碳剂；精炼渣原料（铝矾土）含氧化钛小于 500×10^{-6}。

7.4.1.3 促进出钢过程中脱氧产物上浮

（1）采用集中脱氧工艺。出钢时集中加入铝锭（或铝基复合脱氧剂）进行沉淀脱氧，出钢后保证钢水铝含量控制在 0.035% ~ 0.040%，低于 0.035% 时采用喂铝线方式调整到 0.035% ~ 0.040%。

（2）出钢合成渣精炼。出钢过程中加入精炼合成渣，出钢后向渣面加入顶渣改质剂，促进脱氧产物（Al_2O_3）上浮。

（3）控制钢包底吹氩强度。出钢过程中可适当提高钢包底吹氩气体流量，强化脱氧产物之间的碰撞、絮凝、长大和上浮。出钢后降低钢包底吹氩气体流量，对于不同直径的钢包钢水裸露面直径小于 100 ~ 150mm 为好，防止钢水增氧、增氮和卷渣。

7.4.2 轴承钢 LF 炉精炼技术

7.4.2.1 强化系统密封

随时调整炉渣，保证炉渣有良好的发泡、埋弧功能。控制底吹氩流量，避免钢水裸露。及时清理钢包沿上的残钢、残渣以保证钢包盖落平盖严，控制除尘系统的吸力，减少空气进入系统。

7.4.2.2　LF 炉造渣制度

采用缓释脱氧剂作为主要造渣材料使用，适当配加铝粒、碳粉和硅铁粉进行扩散脱氧。要求精炼终渣碱度大于 6。终渣成分控制如下：$w(CaO) = 45\% \sim 55\%$，$w(SiO_2) \leqslant 8\%$，$w(Al_2O_3) = 25\% \sim 30\%$，$w(MgO) = 6\% \sim 8\%$，$w(FeO) \leqslant 0.5\%$，$w(MnO) \leqslant 0.5\%$。当渣中 $w(FeO) \leqslant 0.5\%$，继续精炼 $15 \sim 20min$，精炼结束。

7.4.2.3　炉渣碱度调整

为了减少点状夹杂生成的几率，精炼结束后加入适量石英砂（SiO_2）将顶渣碱度调整为 $2.5 \sim 3.0$。

7.4.3　轴承钢真空脱气技术

冶炼轴承钢多采用 VD 或 RH 真空处理工艺。由于 VD 脱气过程中钢、渣强烈混合容易使钢中夹杂物量增加，因此用 VD 炉处理轴承钢时必须严格控制底吹氩流量，处理后需经过较长时间的软吹促进钢中夹杂物上浮。本节重点讨论 RH 精炼工艺。

7.4.3.1　RH 的脱氧去夹杂能力

通过系统取样，利用金相法研究了某厂轴承钢生产过程中各工序夹杂物的变化规律，如图 7 - 10 所示。

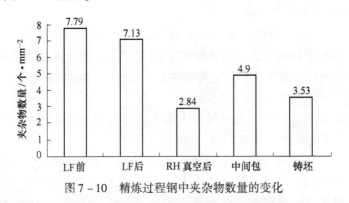

图 7 - 10　精炼过程钢中夹杂物数量的变化

由图 7 - 10 可见，LF 炉夹杂物去除率为 8.5%，而 RH 处理能显著降低显微夹杂物，去除率为 60.2%；大包到中间包过程中存在钢水二次氧化，故夹杂物增加 72.5%。

RH 过程脱氧、夹杂物去除与真空时间的关系，如图 7 - 11 和图 7 - 12 所示。

RH 精炼过程搅拌强烈，显微夹杂物容易碰撞长大，利于上浮去除。RH 处理后不仅钢中显微夹杂物的数量大为减少，而且尺寸也更为细小，小尺寸夹杂物

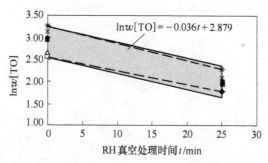

图 7 - 11 RH 精炼过程中 $\ln w[TO]$ 与真空处理时间 t 的关系

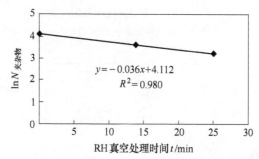

图 7 - 12 钢中显微夹杂物数量（$N_{夹杂物}$）的对数与 RH 真空处理时间的关系

的比例提高。RH 精炼初期钢中的显微夹杂数量相对较多，夹杂物碰撞长大的几率相对较大，夹杂物容易上浮去除；随着精炼时间的延长，显微夹杂物数量变少，相互间碰撞的几率也变小，夹杂物相对不容易去除，表现为氧含量下降较慢，脱氧速率变缓。因此，显微夹杂物的去除速度决定脱氧的速度，脱氧速度也反映显微夹杂物的去除速度。图 7 - 12 为钢中显微夹杂物数量的对数与 RH 真空处理时间的关系，其斜率与图 7 - 11 中 $\ln w[TO]$ 与 t 的关系的斜率相同，这进一步说明了 RH 过程显微夹杂物的去除速度与脱氧速度一致。

7.4.3.2 RH 处理时间的影响

RH 真空循环时间对轴承钢氧含量和夹杂物含量的影响如图 7 - 13 和图 7 - 14 所示。

试验结果表明纯脱气时间由 14min 延长到 25min 能够显著地降低 [TO]，而且脱氧的效果很稳定，应该在生产允许的情况下延长 RH 纯脱气时间。真空处理前 14min 夹杂物的数量急剧减少，真空处理 14 ~ 25min 夹杂物数量减小的速度比前 14min 慢。

RH 钢水中夹杂物的总数量和 [TO] 随着纯脱气时间变化的情况一致，这说明 RH 生产低氧钢过程中钢水 [TO] 的降低是由夹杂物的去除导致的，夹杂物的去除速度决定脱氧的速度，脱氧的速度也反映夹杂物的去除速度。

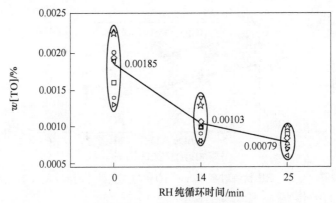

图 7 - 13　$w[TO]$ 与 RH 纯循环时间的关系

(图中符号表示不同炉次)

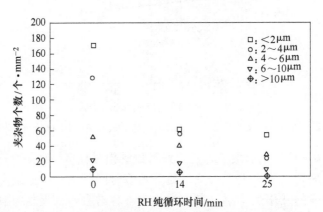

图 7 - 14　夹杂物数量与 RH 纯循环时间的关系

(图中符号表示夹杂物尺寸)

7.4.3.3　RH 吹氩量的影响

图 7 - 15 所示为 RH 处理 14min 时，吹氩量为 60m³/h 和 72m³/h 的钢中 [TO] 的对比的情况。

在试验的 RH 吹氩量范围内，增加吹氩量有利于加快氧化物夹杂的去除速度。增大 RH 的吹氩量，可以提高循环流量，加强对 RH 的搅拌，进而可以增加夹杂物的碰撞几率，加快夹杂物的絮凝、长大和去除，对降低钢中 [TO] 以及稳定 RH 处理后钢水中氧含量都有好处。

综上所述为了提高 RH 的精炼效果，应该适当延长纯脱气时间（20 ~ 25min），在温降允许的条件下增加 RH 吹氩量。

7.4.4　轴承钢的连铸技术

连铸工艺技术直接影响轴承钢的内部结构、均匀性和表面质量，除 6.4.6 节

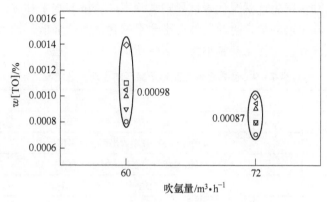

图 7 – 15　吹氩量与［TO］的关系
（图中符号表示不同炉次）

所述管线钢的连铸工艺中所述的注意事项外，应该在解决以下问题上下工夫。

（1）减少轴承钢偏析。在降低钢中磷含量和中下限控制碳含量的基础上，控制钢水过热度（无中间包加热时 15～30℃，有中间包加热时 5～15℃）、根据坯型控制注速（0.40～1.00m/min）并保持恒速、采用结晶器和凝固末端电磁搅拌技术和轻压下技术等来增加铸坯中等轴晶的比率，减少偏析和疏松。

（2）防止结晶器卷渣。如 3.5.6 节所述，生产中组织好炉机匹配，提高钢水洁净度避免水口结瘤，保证中间包液面高度，保证浸入式水口插入深度，选择合适的结晶器保护渣，稳定拉速，液面波动控制为 ±3mm，实现稳态浇铸，避免结晶器卷渣。

（3）提高铸坯表面质量。高档轴承钢连铸坯的表面质量不合格时就必须进行清理，这直接影响生产效率、合格率、生产成本。为此应采用如 4.3 节所述措施提高轴承钢连铸坯的表面质量。

7.5　轴承钢的冶炼工艺流程

高碳铬轴承钢的冶炼方法从 20 世纪 30～40 年代传统的冶炼方法发展到今天的综合炉外精炼法，生产工艺复杂，装备繁多，但归纳起来大致有以下三类：

电炉流程：电炉→二次精炼→连铸（或模铸）→轧制；

转炉流程：高炉→铁水预处理→转炉→二次精炼→连铸→轧制；

特种冶金：真空感应熔炼（VIM）、电渣重熔（ESR）→轧制或锻造。

一般生产普遍用途轴承钢采用电炉流程或转炉流程，对特殊用途轴承（如航空轴承、铁路轴承等），则采用特种冶金流程生产。

7.5.1　国外轴承钢的主要生产流程

发达国家对于轴承钢的生产及科研极为重视，其中以瑞典、日本、德国表现突出，它们的轴承钢生产状况代表世界轴承钢生产质量的水平和方向。由于不断采用新技术，轴承钢的氧含量及其他有害元素的含量不断降低，轴承钢的洁净度水平得到显著提高。世界主要轴承钢厂家生产工艺见表 7 - 9。

表 7 - 9　世界上各主要轴承钢厂的生产工艺流程

厂　名	生　产　工　艺
SKF	100t EAF→除渣→ASEA→SKF→IC
山　阳	90t EAF→倾动式出钢→LF→RH→IC
	90t EAF→偏心底出钢→LF→RH→CC
神　户	铁水预处理→转炉→LF→RH→CC
爱　知	80t EAF→真空除渣→LF→RH→CC
高周波	EAF→ASEA→SKF + 吹氩
浦　项	BOF→LF→RH→CC
蒂　森	高炉→140t 转炉→RH→IC
	高炉→140t 转炉→RH→CC

7.5.1.1　瑞典 SKF 的 Ovako 钢铁公司轴承钢冶炼特点

瑞典的 Ovako 钢铁公司隶属于 SKF 集团，其具有悠久的冶炼轴承钢的历史，工艺为：100t 电炉熔炼（100% 废钢）→OBT 出钢倒入钢包（同时预脱氧）→在扒渣工位最大限度扒渣→钢包到加热工位→添加合成渣→加热和感应搅拌，加入脱氧剂和合金→钢包到真空工位脱气→加铝和合金→浇铸成钢锭。

在钢包精炼过程中，对钢中夹杂的生成情况进行了测试。每炉钢取 4 个样，出钢后 15min 取一个样，在钢水脱氧后 3min 取一个样，真空脱气前后各取一个样。23 炉钢各个阶段的氧含量如表 7 - 10 所示。1996 年，平均氧含量已达到 0.0005，相对应的标准偏差为 0.000064%。

表 7 - 10　SKF 公司钢包精炼过程中氧含量的变化

取样时间	出钢后 15min	脱氧后 3min	真空脱气前	真空脱气后	成品
$w[\text{TO}](\times 10^{-6})$	20.4	19.2	16.4	10.5	5.0

真空处理前，钢中夹杂物数量多，成品钢中氧含量也高。随着钢包精炼的进行，钢中夹杂物数量与钢中氧含量同步下降。钢中大于 $5\mu m$ 的夹杂物在真空处理后大部分被去除。钢中夹杂物数量比真空前少 1/3。

SKF 发现，钢包精炼过程中，钢中夹杂物的组分会因脱氧剂的不同而发生变化。SKF 认为，出钢后 15min 夹杂主要由（Al_2O_3）和（$Al_2O_3 \cdot SiO_2 \cdot MnO$）组成，来自出钢预脱氧产物。真空脱气前则多了 $Al_2O_3 \cdot CaO$ 夹杂，这是 Al_2O_3 和铁合金中的钙的反应产物。真空脱气后夹杂中的 $Al_2O_3 \cdot CaO$ 往往包着一层 MgS，

Mg 来自于真空下的耐火材料，并与 Al_2O_3 生成 $Al_2O_3 \cdot MgO$。

7.5.1.2 日本山阳特钢轴承钢冶炼特点

日本山阳的轴承钢冶炼工艺为：90t 电炉熔炼（废钢 100%，预热，粗炼 75min）→EBT 出钢（同时预脱氧和加合成渣）→钢包到 LF（精炼 30～60min，温度 1570～1520℃）→添加合成渣→加热和吹氩，加入脱氧剂和合金→钢包到 RH 脱气（20min）→加铝和合金→浇铸成钢锭或钢坯（370mm×470mm）。

日本山阳的冶炼工艺特点是：采用高碱度渣系，确保钢中低氧量和低硫量。控制 LF 炉吹氩搅拌平均功率为 100W/t；严格控制有害元素含量；轴承钢连铸生产时，采用结晶器和凝固末端的电磁搅拌，使连铸坯的中心偏析得以分散。

为进一步提高轴承钢的冶金质量，近几年来山阳特钢开发出 SNRP（Sanyo New Refining Process）超纯净轴承钢生产工艺。该工艺的应用使钢中的氧含量降低到 0.0005% 以下，钢中氧化物夹杂的尺寸控制在 11μm 以下。

SNRP 超纯净轴承钢的生产工艺流程为：高功率电炉（90～150t）初炼→偏心炉底出钢→钢包炉精炼→RH 精炼→完全垂直连铸（CC、模铸、IC）→均热→初轧开坯→钢坯清理→行星轧机（连轧精轧）→无损在线检测→连续炉球化退火→检验入库。

SNRP 超纯净轴承钢的生产工艺的特点是：

（1）在电弧炉冶炼时出钢温度控制在 1670℃ 左右（为延长真空处理时间），偏心炉底出钢，防止氧化性渣进入钢包，精炼渣 $w(\text{FeO} + \text{MnO}) \leqslant 0.5\%$。

（2）在 LF 炉精炼过程中，采用低氧化性、高碱度的精炼渣，钢液温度控制在 1520～1570℃ 之间，LF 精炼时间控制 45min 以上，钢包底吹系统采用双透气砖底吹氩，通过合理的钢包底吹来强化钢液脱硫和脱氧及调整化学成分的效率，并促进夹杂物上浮。

（3）在 RH 真空精炼过程中，安装吸嘴前挡渣帽，保证真空室内不进渣，保证真空室压力降到 133.3Pa 以下，RH 真空脱气时间控制在 40min 以上，进一步脱氧、脱氮、脱氢和去夹杂。

（4）采用全封闭连铸，防止大气对钢液的污染，如中间包采用加盖和预吹氩保护，使中间包内气氛中氧含量小于 0.1%，并采用长水口浇铸。

（5）采用立式大方坯连铸技术，铸坯断面为 370mm×470mm，并采用结晶器液面控制技术和电磁搅拌技术。

7.5.1.3 日本大同知多厂的轴承钢冶炼特点

大同特殊钢知多厂超洁净轴承钢的工艺流程为：EAF→LF→RH→CC→方坯扩散退火→轧制→球化退火。

采用新开发的 MRAC – SSS（Multi – function Refining & Advanced Casting – Special & Soaking）工艺来生产轴承钢，该工艺具有如下几个特点：

（1）降低钢液中的氧含量。电弧炉在出钢过程中确保氧化性渣不进入钢包内，LF 钢包精炼炉内用 CaO、CaF_2 进行造渣，并采用铝终脱氧，经过 LF 精炼后钢液中的氧含量降到极低的状态。RH 炉中在极高的真空度下，进行长时间的脱气处理，进一步降低钢液中的氧，并严格防止钢液的二次氧化，浇注过程中采用氩气保护浇注，采用全封闭式的中间包进行连铸，最终使得铸坯全氧含量不大于 0.0005%。

（2）促进夹杂物上浮去除。通过促进夹杂物上浮去除工艺来降低钢中夹杂物含量。在整个冶炼过程中注重每个步骤对夹杂物上浮去除的影响，具体为：在 RH 炉中精炼时，通过保证足够循环时间使夹杂物充分地上浮去除；在连铸过程中通过优化中间包内流场，合理设置堰坝，促进夹杂物上浮去除；并采用圆形结晶器内的电磁搅拌技术、立弯式连铸机以及合适的拉速，也可以在结晶器内促进夹杂物上浮去除。

（3）减少 TiN(C) 类夹杂物的含量。选用钛含量低的废钢、合金及渣料，初炼炉冶炼过程中在氧化气氛下设法把钛氧化物去除，降低钢液中的钛的含量，防止炼钢炉渣进入钢包，在 LF 炉中通过适当的炉渣成分进行脱钛。此外，降低钢液中氮含量，在 LF 精炼过程中防止吸氮，在 RH 精炼过程中充分保证搅拌时间，有利于脱氮反应，最终确保钢液中的氮含量小于 0.0030%。通过严格控制钢液中钛和氮元素的含量，有效降低钢中钛系夹杂物含量。

大同特钢生产采用 MRAC – SSS 工艺生产的高质量轴承钢，其钢中氧含量不大于 0.0005%，可以低到 0.00034%；钛含量不大于 0.0005%；氮含量不大于 0.0030%，并且可以得到极细小的氧化物夹杂和钛系夹杂物。采用 MARC – SS 工艺后，钢中未发现大于或等于 7.5μm 的 Al_2O_3 氧化物夹杂，并且钢中几乎不存在 $CaO – Al_2O_3$ 系夹杂物。钢中钛的夹杂物含量少，尺寸细小。采用 MRAC – SS 工艺生产的超纯净轴承钢的接触疲劳寿命，较传统精炼工艺生产的轴承钢延长 25% 以上。

7.5.2　国内冶炼轴承钢的主要工艺

很长一段时间内，国内生产冶炼高碳铬轴承钢基本采用电炉四位一体的生产工艺流程，电炉容量一般在 80t 以上，精炼过程采用高碱度渣系，氧含量不大于 0.0010%，夹杂物满足 GB/T 18254—2002 要求；但随着转炉冶炼和二次精炼技术的进步，以及废钢、电价等市场因素影响，越来越多的企业采用转炉流程生产轴承钢，国内轴承钢生产的企业和工艺流程如表 7 – 11 所示。

表 7 – 11 国内轴承钢生产的企业和工艺流程

生产厂	工 艺 流 程	铸坯尺寸/mm × mm
上钢五厂	100t EAF→LF→VD→IC/CC	220 × 220
兴 澄	100t EAF→LF→VD→CC	300 × 340
	铁水预处理→BOF→LF→RH→CC	200 × 200
长城特钢	40t EAF→LF→VD→IC/CC	200 × 200
莱芜特钢	60t EAF→LF→VD→IC/CC	
大冶钢厂	60t EAF→VHD→IC/CC	350 × 470
西 宁	60t EAF→LF→VD→IC/CC	235 × 265
抚顺特钢	60t EAF→LF→VD→IC/CC	280 × 320
北满特钢	40t EAF→LF→VD→IC	250 × 280
	100t BOF→LF→VD/RH→CC	
淮 钢	EAF→LF→RH→CC	
石 钢	EAF→LF→VD→CC	
邢 钢	90t BOF→LF→RH→CC	280 × 325
宝钢股份	铁水预处理→150t EAF→LF→VD→CC	320 × 425
本 钢	铁水预处理→BOF→LF→RH→CC	350 × 470
韶 钢	120t BOF→LF→RH→CC	320 × 425

7.5.3 推荐高档轴承钢冶炼工艺

综合国内外冶炼高档轴承钢的工艺和国内工艺装备的现状，归纳并推荐其典型工艺如图7–16所示。

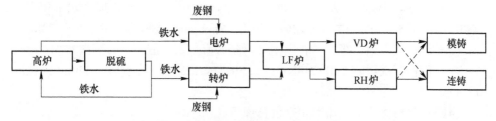

图 7 – 16 典型高档轴承钢冶炼工艺

下面以某180t转炉炼钢厂生产350mm×470mm轴承钢方坯为例对冶炼工艺进行解析。其工艺流程为：高炉铁水→预处理脱硫→复吹转炉→LF→RH→连铸。

7.5.3.1 生产准备

A 制定标准

制定高档轴承钢成分的内控标准及目标值、温度制度、运行时刻表，如表

7 - 12 ~ 表 7 - 14 所示。

表 7 - 12　某厂冶炼 GCr15 高档轴承钢内控标准及目标值　　　　（%）

成分	C	Si	Mn	P	S	Cr
标准	0.95 ~ 1.05	0.15 ~ 0.35	0.25 ~ 0.45	≤0.025	≤0.025	1.40 ~ 1.69
内控	0.96 ~ 1.04	0.17 ~ 0.30	0.27 ~ 0.37	≤0.020	≤0.020	1.42 ~ 1.52
目标	1	0.2	0.3	≤0.015	≤0.010	1.47
钢包	0.85 ~ 0.95	0.12 ~ 0.22	0.25 ~ 0.35	≤0.01	≤0.020	1.37 ~ 1.50
成分	Als	Cu	Mo	Ti	TO	N
标准		≤0.2	≤0.10	≤0.003	≤0.0012	
内控	0.015 ~ 0.025	≤0.2	≤0.10	≤0.0025	≤0.0010	≤0.006
目标	0.02	≤0.2	≤0.10	0.002	0.0008	≤0.005
钢包	0.030 ~ 0.040	0.5				

表 7 - 13　某厂冶炼 GCr15 高档轴承钢温度制度　　　　（℃）

工序节点	转炉出钢	钢包	LF 炉前	LF 后	RH 后	连铸平台	中间包
钢水温度	1690 ±7	1595 ±7	1560 ±7	1565 ±5	1510 ±5	1512 ±5	1476 ±5

注：液相线温度 1451℃；根据地域和季节的不同，调整温度制度。

表 7 - 14　某厂冶炼 GCr15 高档轴承钢时刻表

工序	炼钢	出钢	LF 炉精炼	RH 精炼	软吹	连铸
起—止	兑铁—吊包	吊包—坐入 LF 炉	坐入—吊出	坐入—吊出	吊出—铸台	转包—转包

B　原材料准备

按如下要求准备原材料：

(1) 铁水：要求 $w[P] ≤ 0.10\%$，$w[S] ≤ 0.050\%$（预处理铁水 $w[S] ≤ 0.020\%$），$w[Si] = 0.30\% ~ 0.60\%$，温度大于 1280℃，铁渣厚度不大于 20mm。

(2) 废钢：普通二级非精料废钢（严禁含有生铁、渣钢、海绵铁）。

(3) 活性石灰：$w(CaO) ≥ 85\%$；$w(SiO_2) ≤ 2\%$；活性不小于 320mL；粒度 50 ~ 80mm。

(4) 钢包精炼渣：使用专用钢包精炼渣（$w(TiO_2) ≤ 0.025\%$），成分组成如表 7 - 15 所示。

表 7 - 15　轴承钢用钢包精炼渣成分和粒度

组成（质量分数）/%									粒度/mm
CaO	SiO₂	MgO	Al₂O₃	CaF₂	金属 Al	C固	H₂O	烧减	
45 ±5	≤6	7 ±2	22 ±3	4 ±2	≤10	8 ±2	≤0.5	8 ±2	30 ±5

（5）顶渣改质剂：使用专用顶渣改质剂（$w(TiO_2) \leqslant 0.025\%$），其成分组成如表7-16所示。

表7-16 轴承钢用顶渣改质剂成分

组成（质量分数）/%									粒度/mm
CaO	SiO₂	MgO	Al₂O₃	CaF₂	金属Al	C固	烧减	H₂O	
35±5	≤6	6±2	18±2	5±2	20±2	6±2	6±2	≤0.5	30±5

（6）中包覆盖剂：使用专用中包覆盖剂，其成分组成如表7-17所示。

表7-17 轴承钢用中包覆盖剂成分

组成（质量分数）/%										粒度/mm
CaO	SiO₂	Al₂O₃	MgO	CaF₂	Na₂O	Fe₂O₃	C固	烧减	H₂O	
40±5	≤5	22±4	6±2	8±2	8±3	≤1	3±2	6±2	≤0.5	≤3

（7）结晶器保护渣：使用高碳保护渣，其理化性能如表7-18和表7-19所示。

表7-18 轴承钢用结晶器保护渣成分

组成（质量分数）/%								碱度
SiO₂	CaO	Al₂O₃	Fe₂O₃	MgO	F⁻	R₂O	C固	
40.5±5	23.5±5	≤8.0	≤5.0	≤5.0	3.3±2.5	5.5±1.5	12±2	0.59±0.2

表7-19 轴承钢用结晶器保护渣物理性能

熔点/℃	熔速（1350℃）/s	黏度（1300℃）/Pa·s	$w(H_2O)$/%	粒度（0.15~1mm）/%	体积密度/g·cm⁻³
1090±50	37±10	1.88±0.15	≤0.3	≥80	0.77±0.2

（8）铁合金：粒度合适并经800℃烘烤的低钛铬铁，高碳锰铁等。

7.5.3.2 转炉炼钢

（1）根据铁水硫含量决定预置脱磷剂的加入量（20~30kg/t）。根据铁水温度确定废钢比。

（2）全部采用活性石灰冶炼，轻烧加入量按15~20kg/t控制，炉渣（MgO）控制在7%~9%。注意化渣效果、防止返干及喷溅。炉渣终点碱度控制在3.5左右。

（3）转炉吹炼控制终点碳控制为0.35%~0.65%，磷含量不大于0.010%，钢中氧含量不大于0.030%，转炉终点温度按规程控制。

（4）维护好出钢口，做到规圆、不散流。控制出钢时间为5~7min。

（5）合金化及加料顺序为：铝锭、精炼渣（4~34kg/t）、石灰（2~3kg/t）、增碳剂、合金。出完钢加顶渣改制剂（1~1.5kg/t）。

（6）出钢采用挡渣标挡渣，严格控制转炉下渣量，要求钢包渣量不大于 4kg/t。

（7）出钢后要求：钢包钢液成分进入规定下限；钢中［Als］含量为 0.035%~0.040%；顶渣中（Al_2O_3）含量大于 20%，（FeO+MnO）含量小于 5%。

（8）保证钢包净空在 400~550mm。

7.5.3.3　LF 精炼

（1）在线钢包不能余渣、残钢，包沿清洁，上两炉未冶炼含钛钢种。

（2）出钢后钢中［Als］含量低于 0.035% 时，用喂铝线方法将钢中［Als］含量提升到 0.035% 以上。

（3）到位供电升温，通电 4min 补加石灰和复合精炼渣（缓释脱氧剂），分批、分散加入铝粒和碳粉（硅铁粉）进行扩散脱氧。精炼终渣成分控制值为：$w(CaO)=45\%~55\%$，$w(SiO_2)\leqslant8\%$，$w(Al_2O_3)=25\%~30\%$，$w(MgO)=6\%~8\%$，$w(FeO)\leqslant0.5\%$，$w(MnO)\leqslant0.5\%$。在该成分状态下保持精炼 15~20min。

（4）精炼过程氩气搅拌强度控制在搅动区 50~150mm。

（5）精炼末期钢中 $w[S]\leqslant0.008\%$，钢水温度 1565~1585℃。

（6）精炼结束时加入石英砂调整终渣碱度为 2.5~3，供电 3~4min。

7.5.3.4　RH 精炼

（1）生产轴承钢前、后采用 2 炉不含钛的普通钢种走 RH 路径，进行清洗 RH 真空罐。

（2）根据 LF 精炼终点样，在 RH 前使用碳线和合金一次性按内控标准调整成分。真空处理中不得补喂铝线、硅钡线，杜绝调合金。

（3）真空保证在不大于 67Pa 下保持 20min 以上。

（4）软吹时间不少于 18min，氩气流量控制以钢水不裸露、渣面微动为标准。

（5）过热度控制在 20~30℃ 之间，参考吊包温度为 1507~1523℃。

（6）离 RH 工位前加入钢包覆盖剂（1kg/t）。

7.5.3.5　连铸

（1）铸机状态确认。二冷水喷嘴检查，确保喷嘴不堵塞；铸机对弧、辊子开口度要满足设备要求；连铸确认好设备状态，保证四个流浇钢，若有问题及时通知厂调不要排产。

（2）连铸前准备。中包包盖要求进行密封（边部采取石棉密封）；采用中包预吹氩气保护浇铸；保护渣进行烘烤处理。

（3）做好全程保护浇注。

（4）中包钢水过热度20~30℃（液相线温度参考表7-20），结晶器液面波动±3mm，中间包液面深度800mm，浸入式水口插入深度120mm。

表7-20 轴承钢中碳含量与液相线温度的关系

序号	碳含量/%	液相线温度/℃	序号	碳含量/%	液相线温度/℃
1	0.93	1454	8	1.00	1449
2	0.94	1454	9	1.01	1449
3	0.95	1453	10	1.02	1448
4	0.96	1452	11	1.03	1447
5	0.97	1451	12	1.04	1447
6	0.98	1451	13	1.05	1446
7	0.99	1450			

（5）四流同时开浇，中间包钢水开浇吨位按15t控制；中包渣要勤加入，严禁钢液面裸露。

（6）电磁搅拌正常投入使用（按强度550mA·s），凝固末端可采用正、反向交变搅拌。

（7）按0.42m/min恒拉速控制。

（8）2~4号拉轿辊压下，压下量均为2mm。

参 考 文 献

[1] 虞明全. 轴承钢钢种系列的发展状况 [J]. 上海金属，2008，3：49~54.

[2] Toshikazu UESUG. Recent development of bearing steel in Japan [J]. Transactions of the iron and steel institute of Japan, 1988, 28 (11)：893~899.

[3] Kawakami K. Generation mechanisms of non-metallic inclusions in high-cleanliness steel [J]. Sanyo technical report, 2007, 14 (1)：21~35.

[4] 钟顺思，王昌生. 轴承钢 [M]. 北京：冶金工业出版社，2000.

[5] 周德光，傅杰，王平，等. 超纯轴承钢的生产工艺及质量进展 [J]. 钢铁，2000，35 (12)：19~37.

[6] Ovako Steel. Steels for bearing production from Ovako [R]. Hofors, Sweden：2006. http:// www. ovako. com/Data/r3249/v1/Steels_ for_ bearing_ production_ from_ Ovako. pdf

[7] Toshikazu UESUG. Product ion of high carbon chromium steel in vertical type continuous caster [J]. Transactions of the iron and steel institute of Japan. 1986, 26 (7)：614~620.

[8] Nasuda S, Nakayama M. The quality assurance process for special steel manufacturing in chita plant, Daido Steel [J]. Denki-Seiko, 1990, 61 (1)：55~60.

[9] Yamaguchi T, Shinkai M, Kano T, et al. Development of a new refining and casting process to manufacture ultra clean bearing steel [J]. Denki-Seiko, 2002, 73 (1)：61~66.

[10] 吴华杰，包燕平，岳峰，等. RH真空处理GCr15轴承钢中全氧及显微夹杂物的行为研

究 [J]. 北京科技大学学报, 2009, 31 (增1): 121~124.

[11] 艾新港, 包燕平, 吴华杰, 等. RH 工艺生产轴承钢脱氧和去除夹杂物研究 [J]. 钢铁, 2009, 44 (7): 43~46.

[12] Pikering F B. Production and application of clean steels. 1972, 75.

[13] 缪新德, 于春梅. 轴承钢中钙铝酸盐夹杂物形成与控制 [C]. 2007 年炉外精炼会议论文集, 200~206.

[14] 于春燕, 缪新德, 石超民, 等. 轴承钢中镁铝尖晶石夹杂物行为的研究 [J]. 北京科技大学学报, 2005, 27 (增刊): 37~40.

[15] 刘少康, 黄煌. 减少轴承钢和齿轮钢中大颗粒点状氧化物夹杂 (DS) 的工艺实践[J]. 特殊钢, 2008, 10: 41~42.

[16] 战东平, 姜周华, 龚伟, 等. 轴承钢中氮化钛的生成与控制 [J]. 过程工程学报, 2009, 6: 238~241.

8 IF 钢的冶炼

8.1 概述

IF 钢于 1949 年在欧洲、1960 年在日本被研制成功，其基本原理是在钢中加入一定比例的 Ti，使钢中固溶 C 和 N 的含量降到 0.01% 以下。

我国研制 IF 钢始于 1989 年，宝钢集团公司、鞍钢集团公司、武钢集团公司、攀钢集团公司、本钢集团公司等先后开展 IF 钢的研究开发工作，并大力发展 IF 钢生产。到 2009 年，我国的 IF 钢生产已具有一定规模，但仍处于初级发展阶段。以汽车板用 IF 钢为例，国产的 IF 钢仅可以满足中低档轿车和卡车用钢板的质量要求，中高档轿车用高品质钢板仍然需要大量进口，尤其是对于表面质量要求非常严格的汽车面板，与国外同类型 IF 钢产品的质量差距更大。

到 2010 年，我国的汽车产量达 800 万辆，其中轿车 600 万辆。可见我国对汽车板的需求量之大。2009 年我国宝钢生产的 IF 钢的成分已能控制在 $w[C] = 0.002\%$ 、$w[N] = 0.002\%$ 、$w[S] = 0.001\%$ 、$w[TO] = 0.002\%$ 的水平。本钢生产的 IF 钢的成分控制在 $w[C] = 0.003\%$ 、$w[N] = 0.004\%$ 、$w[S] = 0.005\%$ 的水平。武钢、鞍钢也已批量生产 IF 钢。

归根结底，IF 钢的迅速发展来自于市场需求的急剧增加和生产成本的降低。

8.1.1 IF 钢的特点

通常，添加于钢中的元素以两种方式溶于钢的晶格点阵中：一种方式是一个添加原子替代一个铁原子直接进入，这种方式进入的原子称为替代原子；另一种方式是碳原子进入原子之间的间隙，这种方式进入的原子称为间隙原子。间隙原子比铁原子体积小，因此它们在铁原子间易移动，同时间隙原子易集中在铁原子分布晶格缺陷——位错的位置。当加工发生变形时，铁原子会因为应力的作用发生位移，同时位错也会发生运动。如果位错处有间隙原子就需要有很大的能量才会发生位错移动，与没有间隙原子处的位错移动相比，变形较小，造成不均匀变形，使钢的塑性降低。

采用钛、铌等强碳氮化合物形成元素，将超低碳钢中微量的碳、氮等间隙原子完全固定为碳、氮化合物，从而得到无间隙原子的洁净铁素体钢，简称 IF 钢

（Interstitial Free Steel）。

　　Comstock 等人在 1949 年提出 IF 钢概念，但在随后的工业生产转化中发现，只有当钢中碳含量小于 50×10^{-6}，氮含量小于 50×10^{-6} 时，才能采用钛、铌固溶碳、氮，同时能够减少钛、铌等合金的消耗，从而实现 IF 钢的商业化生产。

　　IF 钢中存在微量的碳、氮化合物，避免了间隙固溶原子，从而获得具有优异深冲性能、高塑性应变比（r 值）、高伸长率、高加工硬化指数（n 值）、较低的屈强比和极好的非时效性。这些 IF 钢在以汽车（尤其是轿车）、家电为代表的现代工业中得到大量应用，高级别的深冲钢主要应用于汽车的深冲级（EDDQ）和超深冲级（SEDDQ）冲压件的生产。

　　IF 钢中碳含量极低，钢中难以出现渗碳体，保证了机体的单一铁素体，铁素体有很好的塑性，从而保证了其具有优良的深冲性能。IF 钢优异的深冲性能可以解释为主要来源于其具有的 {111} 织构。

　　所以从分类上说，IF 钢是微合金化超深冲钢。

8.1.2　成分对 IF 钢性能的影响

　　（1）碳对 IF 钢性能的影响。碳严重影响钢的深冲性能，必须尽可能去除。对于钢中残余的 C，采用加 Ti 的方式加以固定。

　　（2）氮对 IF 钢性能的影响。氮对钢的影响与碳类似，但因转炉炼钢一般能将氮控制在 30×10^{-6} 以下，而脱氧残留的 Al 能与 N 生产稳定的 AlN，能将氮完全固定，因此，N 对 IF 钢的有害作用基本可以得到控制。

　　（3）硅对 IF 钢性能的影响。硅虽增加钢的强度，但减少钢的延展性，对钢的深冲性能有害，影响钢的镀锌性能，故应尽可能减少钢中的硅含量。

　　（4）硫对 IF 钢性能的影响。硫在一定程度上（0.005% ~ 0.006%）有利于碳的析出，对提高钢的深冲性能有利。但是硫过高则对钢有害。

　　（5）磷对 IF 钢性能的影响。磷对 IF 钢的延性、低温塑性有很大影响，要求 IF 钢中磷含量越低越好。在某些高强 IF 钢中磷可作为强化元素提高钢的强度。

　　（6）夹杂物对 IF 钢性能的影响。夹杂物对钢的表面质量和深冲性能有很大影响，应使钢中夹杂物尽可能少，尺寸尽可能小。

　　总之，间隙原子碳、氮对 IF 钢的织构、r 值与时效特性有着十分重要的影响。固溶的碳、氮原子不利于 {111} 织构的形成，使 r 值急剧降低。此外，碳、氮含量高还将会明显增大 IF 钢的时效硬化倾向。Nb、Ti 等元素可以将碳、氮间隙原子从基体中清除出来，从而获得较纯净的铁素体钢，有利于 {111} 织构的发展和 r 值增大，并且保证了 IF 钢的非时效性。应尽可能降低钢中磷、硫和夹杂物的含量。

8.1.3 IF 钢的用途

IF 钢板具有良好的冲压性能, 厚度更薄, 精度更高, 平直度高, 表面光洁度高, 易于涂镀加工, 品种多, 所以 IF 钢冷轧板具广泛的用途, 主要应用于汽车、家电等行业, 同时还是生产有机涂层钢板的最佳选材。表 8 - 1 为 IF 钢的典型用途, 图 8 - 1 所示为应用于汽车不同部位覆盖件对 IF 钢板强度的要求。

表 8 - 1 IF 钢板的用途

汽车外板	汽车内板	其他用途
外车盖、后躯、车顶、前保护板、后保护板、外侧梁、正面板、外门、外挡板	横梁、加强板、侧梁、内热板、内门、内车盖、尾段板、侧梁、门枢、油底壳、内轮箱、燃料箱、挡泥板	冰箱、空调、洗衣机外板、电视后壳板、微波炉、音箱座架、发动机盖

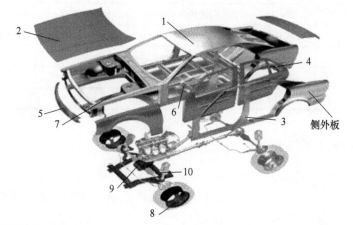

汽车外板		汽车内板	
序　号	强度/MPa	序　号	强度/MPa
1	（软钢）	6	400 ~ 440
2	340 ~ 370	7	490 ~ 540
3	390 ~ 440	8	590
4	590 ~ 780	9	690
5	980 ~ 1270	10	780

图 8 - 1 汽车不同部位覆盖件对 IF 钢板强度的要求

IF 钢根据最终产品状态不同分为非涂层产品和涂层产品; 根据最终产品强度不同分为超深冲软钢和高强度深冲钢; 根据表面级别要求不同分为高表面等级要

求产品（O5 板）、一般表面等级要求产品（O3 板）和普通表面等级要求产品。

8.2　IF 钢的标准、使用要求及成分设计

近些年来，由于 IF 钢具有的优良的深冲性能和无时效性，在国际范围内取得飞速发展，逐渐替代沸腾钢（08F）和铝镇静钢（08Al），成为了新一代冲压用钢，代表着当今世界深冲钢板生产的最高水平和发展方向。

8.2.1　IF 钢的标准

IF 钢用途广泛，品种繁杂，各国都对此类产品制定了相应标准以保证该产品的通用性使用，典型标准见表 8 - 2。

表 8 - 2　各国 IF 典型的执行标准

国　别	执 行 标 准
美　国	ASTM A1008—2000 Cold - Rolled Sheet Steel with Improved Formability
德　国	DIN 10130—1999 Cold Rolled Low Carbon Steel Sheets for Cold Forming
欧　洲	EN 10130—1998 Cold Rolled Low Carbon Steel Sheets for Cold Forming
日　本	IS G3141—1996 Cold Rolled Steel Sheets and Strip
中　国	GB/T 13237—2013 优质碳素结构钢冷轧钢板和钢带
	GB/T 5213—2008 冷轧低碳钢板及钢带

8.2.2　IF 钢的使用要求

对于 IF 钢生产企业，生产出的产品一定是面对具体的使用用户，因此在满足通用标准的同时，更需要满足具体用户在表面质量、加工性能、强度性能及成型性能等方面的具体要求。由于 IF 钢自身深冲性能和无时效性能的特点决定此类产品主要以深压件为主，因此 IF 钢产品特点为批量小、厚度薄、表面质量要求高、产品与模具配合好。不同的产品、不同的用途、不同的使用厂家其具体要求各不相同，对于 IF 钢生产厂家来说，当产品定位决定下来以后，必须要考虑所提供产品的具体用户使用要求。

（1）产品认证要求。IF 钢产品主要用途为家电和汽车，如为欧洲或日本等提供汽车用钢时，除 ISO9000、CE 基本认证外，必须通过 ISO/TS 16949 及具体的汽车厂认证。

（2）表面质量要求。IF 钢表面质量主要分为外用板（O5）及内用板（O3），但即使是同一级别，其最终产品越高端，对表面质量要求就越严格。

（3）冲压性能要求。冲压性能主要由所供产品的最终变形量决定，如典型牌号 DC06，其要求的加工硬化指数 $n > 0.22$、塑性应变比 $r > 1.8$；伸长率 A_{80}

>41%。

（4）强度性能要求。强度性能由所供产品的使用部位决定，如汽车产品由于受轻量化影响，对产品的强度性能要求越来越强烈。产品的强度性能与冲压性能本身是一对矛盾，提高产品的强度必须增加强化元素，而强化元素的增加就会造成产品的伸长率降低，因此针对具体产品，在设计时应综合考虑此两种性能要求，达到一定的平衡。

8.2.3 IF 钢的基本成分设计

由于 IF 钢从设计之初就是为了保证此类产品的超深冲性能，因此在成分设计上主要元素都要考虑其对钢材塑性的影响。碳、氮元素为间隙原子，对其要求是越低越好；而氧、硫、磷元素为杂质元素，在钢中形成主要的夹杂物，因此对其要求也是越低越好；铌、钛元素，主要作用是固溶碳、氮，因此其含量应考虑自身的碳、氮控制水平，同时其又是弥散强化元素，因此根据对产品强度要求可适当增加；锰与碳、氮原子的交互作用，对于 IF 钢的塑性应变比有不利影响，但当碳、氮等间隙原子完全固定后，这种不利影响可减少；由于硅元素对镀锌产品会产生红锈，但同时含有少量的硅夹杂物对产品可浇性有一定作用。目前典型的 IF 钢成分见表 8 - 3。

表 8 - 3　典型 IF 的主要成分范围（质量分数）　　　　（%）

成 分	新日铁公司	Armco 钢铁公司	浦项钢铁公司	宝钢集团公司
C	≤0.0025	0.002 ~ 0.005	0.002 ~ 0.005	0.002 ~ 0.005
Si	≤0.03	0.007 ~ 0.025	0.010 ~ 0.020	0.010 ~ 0.030
Mn	0.20 ~ 0.30	0.25 ~ 0.50	0.10 ~ 0.20	0.10 ~ 0.20
P	0.015 ~ 0.025	0.001 ~ 0.010	0.005 ~ 0.015	0.003 ~ 0.015
S	0.012 ~ 0.022	0.008 ~ 0.020	0.002 ~ 0.013	0.007 ~ 0.010
Ti	0.035 ~ 0.060	0.080 ~ 0.310	0.010 ~ 0.060	0.020 ~ 0.040
Nb	—	0.060 ~ 0.250	0.005 ~ 0.015	0.004 ~ 0.010
N	≤0.0030	0.004 ~ 0.005	0.001 ~ 0.004	0.001 ~ 0.004
Al		0.003 ~ 0.012	0.020 ~ 0.070	0.020 ~ 0.070

8.3 IF 钢生产的关键技术

综上所述，根据 IF 钢性能的要求，生产出低碳（≤0.0030%）、低氮（≤0.0030%）、低硫（≤0.010%）、低磷（≤0.015%）、低氧（≤0.0020%）、低夹杂物含量的 IF 钢是一套从原料选择到轧钢及热处理全系统的工艺技术组合。本节只讨论从原材料选择开始到连铸为止生产 IF 钢的关键技术。

8.3.1　RH 炉真空脱碳技术

8.3.1.1　RH 真空脱碳原理

RH 的脱碳原理是在高温、真空条件下，钢液中的碳与氧反应生成一氧化碳气体。根据热力学分析其反应平衡式进行钢中碳、氧反应的热力学分析：

$$C（石墨）== [C]，\Delta H^\ominus = 21318 - 41.8T$$

$$1/2O_2 == [O]，\Delta H^\ominus = -117040 - 2.88T$$

$$[C] + [O] == CO_{(g)}，\Delta H^\ominus = -20482 - 38.94T$$

$$\log K = \log \frac{p_{CO}}{w[C] \cdot w[O]} = \frac{1070}{T} + 2.036$$

在真空条件下反应达到平衡时，其理论 $w[C] \cdot w[O]$ 可由下式得出：

$$w[C] \cdot w[O] = p_{CO} \cdot 10^{-\frac{1070}{T} - 2.036}$$

从上式可看出，当真空度降低时，钢液中碳氧积在钢液温度固定的条件下，与一氧化碳的分压成正比。即 RH 处理过程中随着真空度的下降，$w[C] \cdot w[O]$ 积急剧下降。在不同真空度下的钢液中碳、氧含量的关系见图 8 – 2。可见，真空度越低，同样的脱碳终点氧条件下终点碳越低。

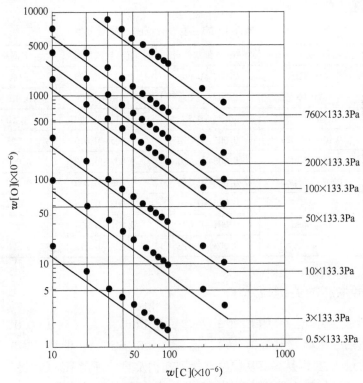

图 8 – 2　不同真空度下的钢液中碳、氧含量的关系

8.3.1.2 影响脱碳速度的因素

RH 的高效化体现在以最快的脱碳速率将碳降低到目标含量的同时，确保钢液中自由氧含量较低。这不仅可以降低脱氧用铝量且有助于提高钢水洁净度。影响 RH 真空脱碳速率的因素有预抽真空的时间、真空度、钢中氧含量、循环氩气流量、真空脱碳时间、反应界面面积等。

A 预抽真空的影响

预抽真空可以使真空槽内的真空度迅速下降，消除初始阶段脱碳速率的滞止，使脱碳速率在 RH 开始处理后迅速达到高的水平。

B 钢中氧含量的影响

RH 真空脱碳开始时钢中的氧含量是受钢中碳含量控制的。不同的初始碳含量有一个与之匹配的临界氧含量，使之脱碳速率达到最大。当钢中氧含量低于该临界值时将造成脱碳速率降低。也就是说，如果出钢碳含量高时氧含量就低，在 RH 炉需要强制吹氧脱碳，在 RH 炉进行一段时间脱碳以后，钢中的氧含量降低到临界氧含量以下时脱碳速率也降低，此时也要吹氧强制脱碳。当钢中氧含量高于该临界值时，氧含量对脱碳速率影响较小，相同处理时间终点碳含量变化不大。因此，只要确定合理的初始钢水碳含量就能保持最大的脱碳速率。一般进入 RH 时钢中的碳含量为 0.025% ~ 0.040%，其氧含量为 0.040% ~ 0.060%。

RH 真空脱碳包括强制脱碳和自然脱碳两部分。为了保证较高的脱碳速率，在真空槽内真空度较低（4000 ~ 6000Pa）初始阶段（抽真空开始 3 ~ 8min）需要供氧进行强制脱碳。供氧时间根据供氧量来确定，而供氧量则根据钢中的碳含量、氧含量、RH 真空脱碳终点钢中氧含量、系统密封程度以及系统抽真空能力来确定。

出钢后包中碳平均为 0.03%，氧为 0.050%，真实值应通过取样分析和定氧来确定。

确定 RH 脱碳终点时钢水含氧量，在能够保证稳定达到满足要求的碳含量条件下 RH 脱碳终点的氧越低则脱氧所消耗的铝量越少，钢水中产生的脱氧产物也越少，一般钢厂 RH 脱碳终点的氧按 0.020% ~ 0.030% 控制，平均为 0.025%。由于各厂设备状态和操作水平的不同，脱碳终点氧含量控制水平差别较大，有的可控制在 0.015% ~ 0.025% 之间（如图 8 – 3 所示），有的只能控制在 0.030% ~ 0.040% 之间。这是生产 IF 钢质量存在差别的重要原因之一。

供氧量按下式计算：

$$Q_{供} = K(Q_{脱碳} + Q_{余} - Q_{包})$$

式中　$Q_{供}$——强制脱碳吹氧量；

　　$Q_{脱碳}$——将钢中碳由 0.03% 脱到 0.0020% 所需氧气量；

　　$Q_{余}$——脱碳终点设定的钢中氧含量；

$Q_{包}$——测定出钢后包中钢水氧含量；

K——系统因密封不良导致进氧系数（经验值）。

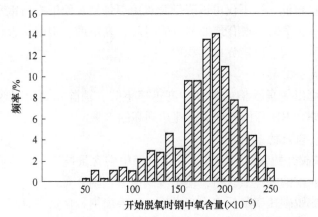

图 8 – 3　美国内陆脱碳终点氧含量分布

某 180t 转炉炼钢厂选择脱碳终点钢中氧含量设定为 $250 \times 10^{-6} \sim 350 \times 10^{-6}$ 之间；氧气利用系数为 0.55 ~ 0.65。氧气利用系数为 K 时，具体补氧量（标态）由下式计算：

$$Q = 需补氧量值 \times 10^{-6} \times 10^{3} kg \div 32 kg/mol \times 22.4 \times G \div K$$

式中　Q——标态下补氧量，m^3；

　　　G——钢水量，t；

　　　K——系统因密封不良导致进氧系数（经验值）。

补氧时由于真空室中大量进氧对真空度造成影响，对脱碳不利，因此补氧操作应在脱碳前期，一般在脱碳 2 ~ 5min 期间进行，典型的补氧时间见图 8 – 4。此外，RH 氧枪系统的密封十分重要，避免氧枪移动过程中真空度急剧降低，理想的氧枪密封可使 RH 在补氧过程中真空度保持在 200Pa 以下。

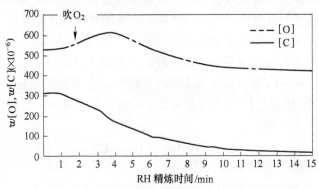

图 8 – 4　RH 补氧操作的时机

真空脱碳过程中［C］－［O］关系的变化如图 8 - 5 所示。

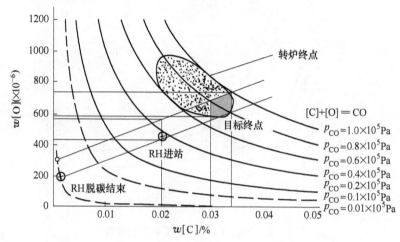

图 8 - 5　RH 精炼［C］－［O］关系

当 RH 前钢中氧含量高时，可根据不同的情况采取以下三种对策：一是氧高且温度也高时，适当加入高锰，利用高锰中的碳进行脱氧，因为脱氧产物为一氧化碳不会影响钢水质量，同时也对钢水进行了少量配锰；二是氧高且温度低时，采用加铝降低钢中氧，同时铝氧反应可对钢水进行升温；三是钢水中氧高且温度适合时，脱碳过程不对钢中氧进行调整，而是在脱氧时将氧脱除，此操作虽然脱碳终点氧略高，但整体操作简化，有利于工序操作稳定。

在脱碳过程中钢包顶渣的氧化性对钢中的氧含量影响较大。在转炉吹炼终点时，钢中的碳含量为 0.025% ~ 0.04%，炉渣中 T(FeO + MnO) 的含量为 16% ~ 20%。无论采用何种出钢挡渣工艺，总有 4 ~ 5kg/t 的转炉渣进入钢包，直接影响钢中的氧含量，为此，必须加入顶渣改制剂将顶渣中 T(FeO + MnO) 降到 5% 以下。同时，加入顶渣改质剂还能降低顶渣熔点，改善对钢水保温和隔绝空气的覆盖效果。

C　真空度对脱碳速率的影响

在不同气相压力的条件下碳氧平衡曲线如图 8 - 6 所示，真空度压力值越低，碳氧反应生成的一氧化碳分压就越低，有利于反应向产生一氧化碳的方向进行。通过强化 RH 系统的密封、加大真空系统的抽气能力等措施尽快达到所需要的真空度，增大脱碳速率，缩短脱碳时间。

D　吹氩流量对脱碳速率的影响

实践表明，适当增加提升氩气流量可以增加钢水环流量，而环流量增大时，钢液混合时间缩短，脱碳速率加快，如图 8 - 7 所示。同时脱碳后期增大吹氩流量有利于降低终点碳含量。

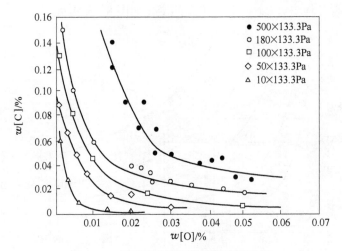

图 8 - 6　不同真空度下的碳氧平衡曲线

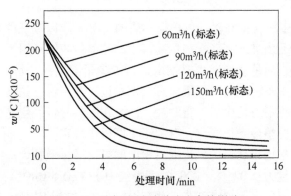

图 8 - 7　吹氩流量对脱碳速率的影响

　　提升气体是 RH 真空处理钢水循环的驱动因素。提升气体流量的大小直接影响钢液的循环状态和脱碳过程。提升气体对脱碳速度的影响是极为复杂的，在一定范围内，供气量越大，产生的气泡就越多，有利于更多的一氧化碳气体向气泡中扩散，同时喷溅越强烈，循环流量增大，钢流的线速度增大，从而对插入管和真空槽里的脱碳都有利。但是供气量增大到一定程度时，气泡压力远大于表面张力和钢水静压力，气体与钢液分离，在上升管中形成垂直气流通道，钢水循环量和喷溅量减少，上升管中相界面减少，脱碳速度减小。过度的供气量还有可能由于强烈的喷溅导致真空室结瘤。

　　在真空处理前期，由于碳氧浓度相对较高，气体发生量较大，供气流量应小些，随着脱碳的进行，气体发生量逐渐减少，需要供气量逐渐增大。

　　对于不同内径的插入管由于截面积的不同，可以通过的钢液量不同，因此，需要的驱动气体量也不同，内径越大需要的驱动气体量就越大。因此，对于每一个内径的插入管应有一个最佳的供气量。

E　插入管内径对脱碳速率的影响

增大插入管的内径就增加了插入管的截面积，增大钢液循环流量，即使在同样驱动气体流量的情况下，由于一氧化碳气体向气泡中扩散的作用，可以容纳和产生更多的气泡和钢液，增大了插入管内的相界面，同时也使喷溅到真空室的钢液量增加，增大了真空槽内相界面，增大循环流量必然能使脱碳速率加快。

增大插入管直径也就允许增大驱动气体流量，基于上节所述的道理，脱碳速率增加。图 8-8 所示为气体条件相同情况下，不同插入管内径对脱碳的影响。

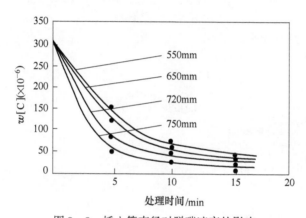

图 8-8　插入管直径对脱碳速率的影响

8.3.1.3　关于 RH 升温操作的探讨

RH 过程升温是采用铝和氧反应生成三氧化二铝，该放热反应可提高钢水温度。RH 过程升温对 IF 钢质量影响较大，首先升温铝是从真空罐加入，铝氧反应会使真空罐内钢水局部氧势低，局部脱碳不良；加氧过程会使真空度下降不利于脱碳；铝氧反应生成的三氧化二铝将增加钢中夹杂物含量，影响钢水洁净度。对于高品质 IF 钢的生产，RH 温度稳定是生产稳定及质量稳定重要影响因素之一，因此在生产过程中应尽可能避免不升温。RH 升温只是在 RH 前温度过低的情况下的一种补救手段。

为了减少升温过程对 IF 钢 RH 脱碳及钢水洁净度的影响，一般当需要小幅升温时，可在脱碳过程只进行补氧，不进行加铝，而是在脱氧合金化时一次将铝加入；当需较大幅度升温时，则不能等到脱碳结束时再加铝，因为这将造成脱碳终点氧过剩，此种情况应在进行补氧加铝升温，升温时尽可能一次将温度升到位，避免多次小幅升温。升温操作的控制要点是补氧加铝应在脱碳 5min 前完成，避免脱碳后期升温，严禁在脱氧后升温。

8.3.1.4 日本 JFE 工厂 IF 钢真空脱碳工艺

A 设备简况

容量：320t（双罐位）；

真空系统：6 级喷射泵、3 个增压泵；

吸嘴内径：750mm；

循环流量：180t/min；

最大氧气流量（标态）：3600m³/h。

B RH 脱碳过程工艺参数

（1）环流速度。环流速度与真空度及提升气体流量相关，它等于钢水流速与钢流有效面积的乘积。即吸嘴直径越大，钢流有效面积越大，环流速度也越大。

环流速度经验公式为：

$$Q = 1.14 \times G^{\frac{1}{3}} \times d^{\frac{4}{3}} \times \left(\ln \frac{p_1}{p_2} \right)^{\frac{1}{3}}$$

$$G_{\max} = 0.0388 \times (10 \times d)^{2.03}$$

式中　Q——环流量，t/min；

　　　　G——驱动气体流量（标态），m³/min；

　　　　d——吸嘴内径，m；

　　　　p_1——大气压力；

　　　　p_2——真空室压力；

　　$G_{\max}$——获得最大环流速度时的 G 值。

JFE 仓敷厂 4 号 RH 脱碳过程驱动气体流量控制如图 8-9 所示。

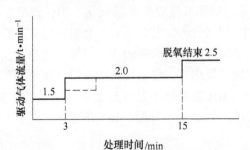

图 8-9　脱碳过程驱动气体流量控制

图 8-9 中虚线为个别炉次为了减少脱碳产生的喷溅而通过调整驱动气体流量来控制脱碳反应速度。

环流速度与提升气体流量的关系如图 8-10 所示。

从图 8-10 可以看出：提升气体流量越大，钢水的环流量越大，但达到一定

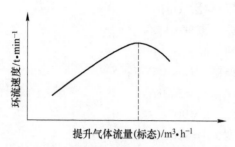

图 8 - 10 环流速度与提升气体流量的关系

值后，会呈下降趋势。所以要合理控制好提升气体流量，这也与钢水脱碳前的氧值有关系。

（2）钢水 ［O］ 含量控制。脱碳初期钢水 ［O］ 含量为 $450 \times 10^{-6} \sim 600 \times 10^{-6}$；脱碳终点钢水 ［O］ 含量为 $250 \times 10^{-6} \sim 300 \times 10^{-6}$。标态下补氧计算公式如下：

$$补氧量（m^3）= 需补氧量值（\times 10^{-6}）\times 10^3 kg \div 32 kg/mol \times$$
$$22.4 \times 出钢量 \div 氧气利用率$$

JFE 仓敷厂 4 号 RH 的氧气利用率为 0.6。

如果未进行改渣处理，在计算补氧量时要考虑顶渣自身补氧能力（JFE 的经验值为 150×10^{-6}）。

（3）TB 枪位控制。TB 枪位的控制原则是要保证顶吹氧气的利用率，避免产生大量喷溅。氧枪枪位经验公式为：

$$D_h = \frac{53 \times \zeta \times L_h \times \dfrac{I}{\rho g L_h^3} \times \sin\varphi}{1 + 19 \times \left(\dfrac{I}{\rho g L_h^3}\right)^{\frac{2}{3}}}$$

$$\zeta = 1.57 \times 10^{-3} \times T_X + 0.529$$

$$I = 13.92 \times d_t^2 \times p_0 \times \left[1 - \left(\frac{p_e}{p_0}\right)^{\frac{2}{7}}\right]^{\frac{1}{2}} = m_0 \times v_e$$

$$p_0 = \frac{Q \times T_0^{\frac{1}{2}}}{822 \times 0.95 \times d_t^2}$$

式中　D_h——冲击深度，m；

　　　L_h——枪位，m；

　　　I——气流能量；

　　　p_0——O_2 压力，kg/cm^2；

　　　p_e——真空罐压力，kg/cm^2；

　　　Q——标态下氧气流量，m^3/h；

d_t——氧枪喉口直径，cm；

m_0——分析仪废气重量，kg/s；

v_e——喷嘴流速，m/s；

T_X——真空罐温度，$T_X = 1800\text{K}$；

T_0——气体温度，$T_0 = 300\text{K}$；

φ——喷吹角度，$\varphi = 90°$；

ρ——钢水密度，$\rho = 7000\text{kg/m}^3$。

冲击深度 D_h 参考值：升温时为 100mm，脱碳时为 60mm。根据冲击深度反算枪位控制值。

仓敷厂 4 号 RH - KTB 顶枪枪位对 RH 真空罐底部槽钢水的冲击深度值及氧气利用率如表 8 - 4 所示。

表 8 - 4　钢水的冲击深度值及氧气利用率

TB 枪功能	冲击深度/m	氧气利用率/%	枪位/m
升　温	0.10	70	4.5
脱　碳	0.06	60	5.5

TB 枪位的控制直接影响脱碳反应时氧气的利用率及 CO 燃烧热效率。枪位越低，脱碳反应速度越快，燃烧热效率低；枪位越高，脱碳反应减弱，燃烧热效率提高。

（4）TB 补氧时机。脱碳前期补氧，一般在脱碳 2~5min 期间进行。如果 RH 脱碳前温度低，升温幅度大时，按照 JFE 的观点，将无法生产合格的 ULC。因为补氧将使钢水中的夹杂物 Al_2O_3 增加。如果要进行大幅度升温操作，只能采用脱碳前期分批量加入铝、TB 枪吹氧进行。JFE 典型炉次 RH 脱碳炉次补氧时机为真空后 2~3min。

各阶段钢水中 [C]、[O] 成分变化情况如表 8 - 5 所示。

表 8 - 5　JFE 生产 IF 钢各阶段钢水中 [C]、[O] 成分变化

工　位	$w[C]$（$\times 10^{-6}$）	$w[O]$（$\times 10^{-6}$）
转炉终点	400~600	400~600
钢包	比转炉终点略低	比转炉终点降 50
RH 前	400~600	400~600
RH 后	11	30~40
中包成品	12~13	20~35

（5）RH 脱碳终点判定。根据脱碳时间（仓敷厂脱碳时间控制为 15~18min），$CO + CO_2$ 体积百分比不大于 2%。

在确保 RH 真空罐的漏气稳定（仓敷厂为 50kg/h）及驱动气体流量保持一定值的条件下，可以应用废气流量值（废气量保持在 400~600kg/h）来判定 RH 脱碳终点。脱碳后期的脱碳速度为 $1 \times 10^{-6} \sim 2 \times 10^{-6}/\text{min}$。

（6）RH 处理后成分与中包成品成分变化。[C] 增加 0.0001%~0.0002%；[Al] 降低 0.003%~0.005%；[Ti] 降低 0.003%~0.005%；[Nb] 无变化。

8.3.2 控制钢水增碳技术

增 [C] 问题一直困扰 IF 钢的生产。尽管 RH 真空处理后钢中 [C] 已达到 $15 \times 10^{-6} \sim 20 \times 10^{-6}$，但由于过程增 [C]，成品钢 [C] 含量要小于 30×10^{-6}，仍需要做许多努力。IF 钢炉外精炼后的增碳较严重，钢水从真空处理结束到中间包、从中间包到浇铸成坯这两个阶段，平均增碳分别为 0.0008%~0.0010%。

8.3.2.1 增碳原因分析

（1）耐火材料及渣料增碳。经 RH 脱碳后钢水与含碳物的接触，由于钢中的碳含量已经很低，极易导致钢水增碳。与钢水接触的含碳物主要有钢包耐材、钢包覆盖剂、钢包滑板、引流砂、钢包长水口、中包涂料、中包挡板、中包覆盖剂、结晶器保护渣等，如表 8-6 所示。

表 8-6 日本新日铁八幡厂避免过程增碳的控制点

项 目	控 制 点
避免过程增碳	专用无碳钢包覆盖剂
	钢包无碳包衬砖
	无碳长水口
	专用新型无碳中间包覆盖剂
	低碳镁质中间包涂料
	无碳浸入式水口
	超低碳结晶器保护渣

如果这些材料中含碳量较高，就必然导致钢液增碳。从图 8-11 和图 8-12 中可以看出从 RH 脱碳结束到连铸坯过程中各工序的增碳情况，正常情况下增碳量为 0.0008%~0.0010%。

中包覆盖剂和结晶器保护渣引起增碳是特别应该引起重视的，人们习惯用碳来调整中包覆盖剂和结晶器保护渣的熔点，因此一般的中包覆盖剂和结晶器保护渣都有较高的碳含量。

钢水在中间包中停留的时间较长，如果含碳量极低的钢水与含碳量较高的覆盖剂较长时间接触，必然增碳。

钢水从中包到浇铸成坯的过程中，钢水与结晶器保护渣接触导致增碳，增碳量达到 0.0006%。保护渣利用碳作为阻隔层和骨架调节熔化速度，得到满意的渣层结构，从而实现其各项功能。碳作为熔速控制剂直接影响保护渣的熔化，但会增加铸坯表面和内部的碳含量。碳是高温下易溶于钢液中的元素，但在熔渣层中的溶解度却很小，为 0.1% ~ 0.2%，渣料中的碳粒会在固体粉渣的熔化过程中上浮到熔渣层与烧结层的界面上，形成一层 0.3 ~ 3.0mm 厚的富碳层，其中的碳含量最高可达保护渣原始碳含量的 6 倍，这是造成超低碳钢浇铸过程中增碳的最主要原因。

（2）合金增碳。如果 RH 脱碳后加入含碳量较高的锰铁合金、钛铁合金等，将会使钢液增碳。

（3）残钢、残渣增碳。盛装 IF 钢的钢包如果残留有盛装中高碳钢后的钢、渣可能造成钢液增碳。RH 插入管或真空室残留有中高碳钢后的钢、渣也可能造成钢液增碳。

8.3.2.2　减少 RH 脱碳后增碳量的对策

日本新日铁八幡厂曾经在这方面做了很多工作，如图 8 - 11 所示。从 RH 精炼后到成品铸坯的过程可细分成四个过程，分别为 RH 精炼结束后到钢包上回转台前（1 ~ 2）、钢包上回转台前到中间包长水口下方（2 ~ 3）、中间包长水口下方到中间包浸入式水口上方（3 ~ 4）、中间包浸入式水口上方到铸坯（4 ~ 5）。对这四个过程分别加以改进，包括采用专用长水口及浸入式水口；采用极低碳中间包覆盖剂和保护渣，其熔融层厚度增加到 30mm 等（控制点见表 8 - 6）。改进后与改进后相比过程增碳量明显降低，保证 RH 后至成品增碳量小于 0.0003%。

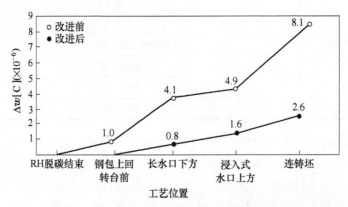

图 8 - 11　八幡厂改进前及改进后的过程增碳对比

图 8 - 12 所示是某炼钢厂因为采用了一系列工艺措施，如使用无碳钢包砖、无碳镁质中间包工作层、无碳长水口和浸入式水口、高碱度和低碳含量（≤0.5%）中包覆盖剂、高黏度和低碳含量（≤0.5%）及厚熔融层（≥30mm）结晶器保护渣等，使 IF 钢 RH 脱碳后增碳量由 0.00091% 降低到 0.00031%，降

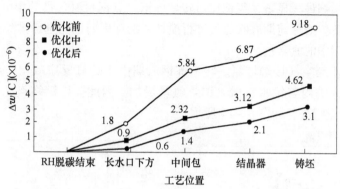

图 8-12 生产 IF 钢工艺优化前后 RH 脱碳后增碳情况

低了 65.93%。

综上所述，为减少 IF 钢 RH 脱碳后的增碳量，应采取以下对策，以求达到平均增碳率为 0.0003% ~0.0005%：

（1）采用无碳整体打结钢水罐，及时清理钢水罐中的残钢和残渣，盛装 IF 钢水前，应先盛装两炉低碳钢，防止生产 IF 钢时增碳。

（2）RH 处理后期，采用含碳低的 Ti-Fe 合金，减少钢水终点合金化的增碳现象。

（3）冷钢不仅对 RH 脱碳不利，而且引起 RH 脱碳后的钢水增碳。真空槽内的残钢及残渣等冷钢对脱碳速率，特别是终点碳含量有重要影响，必须采取减少 RH 真空槽的冷钢措施。

（4）中间包增碳要小于 0.0003%，应采用无碳覆盖剂以防止增碳，降低中间包覆盖渣碳含量是减少铸坯增碳的有效途径。

（5）钢水经过水口滑板等耐材时，因耐材含碳会增碳，采用无碳耐材会减少钢水增碳，钢水增碳小于 0.0002%。

（6）连铸保护浇铸过程中，采用低碳高黏度保护渣，使结晶器保护渣增碳小于 0.0002%。

8.3.3 氮含量控制技术

低氮含量是 IF 钢的重要特征，努力降低钢中的氮含量是生产 IF 钢的关键技术之一。

8.3.3.1 钢中氮的来源

转炉生产 IF 钢的工艺过程中，钢中的氮主要来源于以下几点：

（1）原材料带入。铁水、废钢、造渣材料都有一定的含氮量，在转炉炼钢过程中带入炉内，存在于钢水中。随着吹炼进行，氧化反应产生的大量一氧化碳气泡溢出，熔池激烈沸腾，大部分氮气溢出，但仍有部分氮留在钢中。其中废钢带入的氮量影响最为显著，废钢比对转炉炼钢终点钢水氮含量的影响如图 8 - 13 所示。复吹转炉冶炼前期底吹氮气进行搅拌，冶炼后期不能全部排除，将会留在钢中，增加钢中的氮含量。

（2）钢水与空气接触增氮。转炉炼钢后期由于碳氧反应减弱，炉内压力降低，空气进入炉内与钢水接触，钢含氮量增加。因此，炼钢终点 [C] 含量越低，[N] 含量越高，如图 8 - 14 所示。

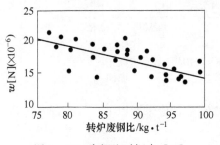

图 8 - 13　废钢比对钢水 [N]
含量的影响

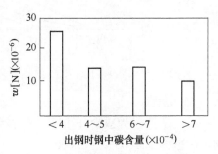

图 8 - 14　终点 [C] 含量对钢水
[N] 含量的影响

转炉冶炼终点提枪后又下枪吹炼被称为"后吹"，因为提枪后转炉内压力低又充满了空气，"再吹"时使大量空气与钢液接触，再次钢水严重增氮。后吹次数越多增氮量越大，如图 8 - 15 所示。后吹时间越长增氮量越大，如图 8 - 16 所示。

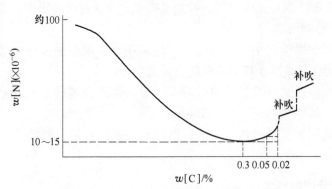

图 8 - 15　转炉各阶段的 [N] 含量变化情况

转炉出钢时钢流直接与空气接触，会造成钢水大量增氮，出钢时间越长增氮量越大。出钢过程中钢流越散增氮量越大，出钢口使用次数越多且形状维护不好增氮量越大，如图 8 - 17 所示。

在后续的工艺过程中仍有钢水与空气接触造成钢水增氮，如：钢包吹氩流量过大造成钢水翻动裸露引起钢水增氮；钢包顶渣、中包覆盖剂、结晶器保护渣隔绝空气效果不好，造成钢水增氮；长水口、浸入式水口密封效果不好，钢流与空气接触增氮等。

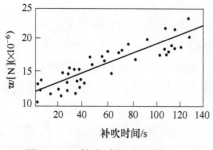

图 8 – 16 补吹时间对钢水 [N]
含量的影响

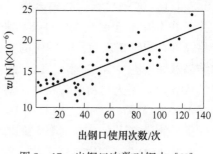

图 8 – 17 出钢口次数对钢水 [N]
含量的影响

8.3.3.2 IF 钢控制氮含量的措施

根据上述氮的来源，为降低钢中的氮含量应采取以下措施：

（1）控制入转炉的废钢比不大于 10%，禁用大块废钢。

（2）氧气纯度应控制含 N_2 小于 100×10^{-6}，一般在 $50 \times 10^{-6} \sim 60 \times 10^{-6}$。缩短底吹氮气的时间，吹炼后期加大底吹氩气的流量进行强搅，或加入矿石增加转炉内产气量，保证炉内的正压状态，减少空气进入量。

（3）执行一次拉碳工艺，避免后吹。终点 [C] 控制在 $0.02\% \sim 0.04\%$。

（4）及时维护和更换出钢口砖，出钢口内径标准和外形整洁，以保证标准的出钢时间和理想的钢流形状。

（5）及时添加熔点较低、黏度合适的钢包顶渣、中包覆盖剂、结晶器保护渣，防止钢液裸露。

（6）控制钢包吹氩流量，防止钢液裸露。

（7）RH 精炼装置脱氮能力有限，特别是在钢中 $w[N] \leqslant 40 \times 10^{-6}$ 时效果更差，甚至有增氮的可能，因此，应强化 RH 脱气操作和系统密封。

（8）强化连铸系统的密封。

8.3.4 净化钢液技术

生产表面无缺陷的汽车面板（O5 板），除必须精确控制 IF 钢中碳、氮及其他成分的含量以外，还必须严格控制钢中的夹杂物数量、类型、形态及其分布状况。IF 钢中非金属夹杂物虽然数量不多，但对钢的力学性能和使用性能的影响却是不可忽视的。IF 钢应具有优良的深冲性能，而钢中的非金属夹杂物恰恰是破坏钢基体的连续性和均匀性，造成应力集中，促使裂纹产生，并在一定条件下加速裂纹的扩展，从而对钢的塑性、韧性和疲劳性能产生不同程度的危害。特别是非金属夹杂物对钢板表面质量的影响是汽车表面板所不能容忍的。因此提高钢的洁净度是生产 IF 钢的关键技术之一。

8.3.4.1　IF 钢中夹杂物的来源

关于 IF 钢中非金属夹杂的种类和来源，人们做了大量的试验研究。

岳峰等人的研究认为，IF 钢中的主要大颗粒非金属夹杂物可分为四类，即卷入的结晶器保护渣（含 K、Na、Ca、Si、Al 等元素）、卷入的水口结瘤物（大颗粒簇状 Al_2O_3）、耐火材料脱落物（不规则形状大颗粒含 O、Al、Mg）、二次脱氧产物（Al_2O_3、$Al_2O_3 - CaO$、$Al_2O_3 - TiO_2$）。

任子平的研究认为，IF 钢中大颗粒非金属夹杂物也分为四类，即铝脱氧产物聚集（簇状 Al_2O_3）、二次脱氧产物（块状 Al_2O_3、$Al_2O_3 - CaO$）、卷入的结晶器保护渣（$Al_2O_3 - CaO - SiO_2$）、凝固时形成的非金属夹杂物（$Al_2O_3 - TiO_2$）。

除磷、硫以外，影响 IF 钢质量的夹杂物主要来自于 RH 真空脱碳后进行脱氧的产物 Al_2O_3 和结晶器卷入的保护渣（包括卷入的水口黏附物 Al_2O_3 和大颗粒的炉渣及脱落的耐火材料）。特别是脱氧产物 Al_2O_3 夹杂严重地影响 IF 钢的表面质量。

（1）脱氧产物 Al_2O_3 夹杂。IF 钢在合金化时只加入锰铁进行少量脱氧，主要的脱氧任务是 RH 真空脱碳结束后向 RH 内加入金属铝来完成。脱氧后到连铸的工序间隔时间很短，只有 10min 左右的静循环时间，给脱氧产物 Al_2O_3 留出的絮凝、长大、上浮的机会很少，增加了后续工序去除夹杂物的负担。与出钢时就进行沉淀脱氧的铝镇静钢相比，脱氧产物去除困难、易发生水口结瘤、钢的洁净度差。

（2）结晶器卷渣。由于结晶器水口结瘤物脱落、保护渣质量不好、结晶器液面波动较大、铸坯拉速突变及其非稳态浇注等原因造成结晶器卷渣，在铸坯中形成大颗粒夹杂。

研究表明，板坯中的大颗粒夹杂主要是卷渣造成。在板坯宽度方向，端部大颗粒夹杂的数量是宽度 1/4 处的 2.78 倍；在板坯的厚度方向，表面大颗粒夹杂的数量是 1/4 和 1/2 处的 4 倍和 2.84 倍。67.4% 的大颗粒夹杂中含有 K、Na 的成分，说明卷入的保护渣形成的大颗粒夹杂占一半以上，这些靠近铸坯表面的大颗粒夹杂势必严重危害 IF 钢的表面质量。

8.3.4.2　夹杂物造成 IF 钢表面缺陷

冷轧产品中由炼钢工序产生的缺陷主要包括线形及"带状"线形缺陷、带状隆起缺陷、边部翘皮缺陷及孔洞缺陷，具体在冷轧产品上的形貌如图 8-18 所示。

（1）线形缺陷。线形缺陷宽度一般小于 5mm，长度范围很大，短的只有几十毫米，长的可达数米。程度较轻的线形缺陷在卷板表面直观可见，无手感，分布位置不固定；程度较重的缺陷，直观可见，有明显手感，分布位置不固定。产生此种缺陷产生的主要原因是结晶器卷入保护渣，在冷轧板上取样分析可发现钾、钠、钙等保护渣组成元素，表现在冷轧板上的缺陷形貌及电镜分析结果如图 8-19 所示。

图 8-18 冷轧薄板的典型表面缺陷

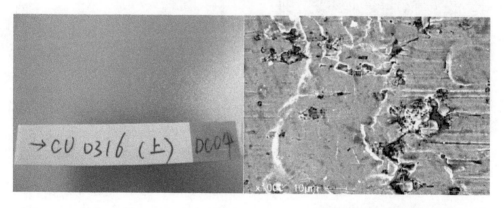

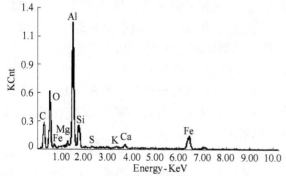

Element	Wt%	At%
CK	30.05	45.14
OK	26.82	30.25
MgK	0.81	0.60
AlK	23.82	15.93
SiK	5.69	3.66
SK	0.24	0.13
KK	0.51	0.24
CaK	1.15	0.52
FeK	10.91	3.53
Matrix	Correction	ZAF

图 8-19 卷渣引进的冷轧缺陷

　　有时钢中有大颗粒 Al_2O_3 夹杂，在轧制过程中露在钢板表面形成较明显的线状缺陷，用锐器划开时可见灰白色粉末。其冷轧板缺陷形貌及电镜分析结果如图 8 - 20 所示。

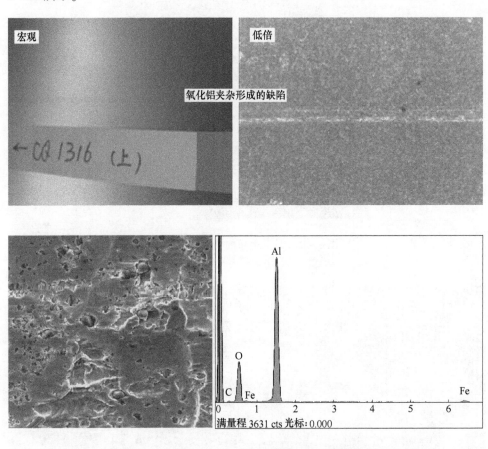

图 8 - 20　大颗粒 Al_2O_3 夹杂物造成的冷轧缺陷

　　(2) "带状"线形缺陷。"带状"线形缺陷宽度较大，呈"带状"。长度范围为数百毫米至数米。颜色有黑色、浅灰色、灰黄色等。这类缺陷也称为条状夹杂缺陷，其与线形缺陷非常类似，但比线形缺陷宽度大，同时缺陷也有一定手感。此类缺陷主要是含 Al_2O_3 的复合氧化物导致，冷轧取样的夹杂物组分较为复杂，同时变化也比较大。其冷轧板缺陷形貌及电镜分析结果如图 8 - 21 所示。此种缺陷产生的主要原因是钢水洁净度不好，钢中全氧较高，钢中的 Al_2O_3 与其他化合物产生较大尺寸的络合物，在结晶器内被坯壳捕捉。

　　(3) 带状隆起缺陷。带状隆起缺陷呈沟状隆起，对隆起部位轻压，隆起部位下陷，有时皮下会有少量黑色颗粒状物质和浅白色颗粒状物质，上下表面均会出现，缺陷较为宽大，有明显手感，缺陷一旦出现均存在起皮现象。宽 5 ~

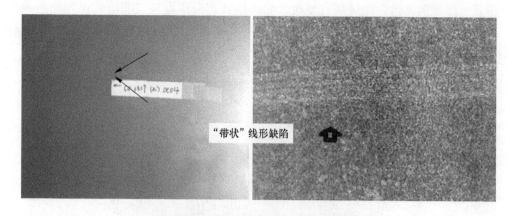

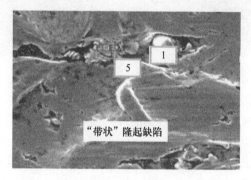

图 8-21 Al₂O₃ 络合物造成的冷轧缺陷

30mm，长度数百毫米至数米。此类缺陷对钢卷表面质量影响严重，一旦出现，对应钢卷直接判定为废品。其冷轧形貌如图 8-22 所示。

图 8-22 带状隆起缺陷的冷轧形貌

此类缺陷为气泡包裹夹杂缺陷，因为气泡本身尺寸大，同时包裹夹杂量大，气泡量较为集中，此外气泡在轧制过程暴露造成冷轧板缺陷部位起皮严重。

（4）孔洞缺陷。孔洞缺陷较多出现在卷头尾 10~100m 范围内，出现位置不固定，出现钢类包含冷轧所有钢类。它根据孔洞周围卷板表面质量可划分为两类：一类是孔洞形状较为规整，且孔洞周围表面质量较好；另一类是孔洞出现伴随卷板严重起皮，部分导致轧漏。具体实物照片如图 8 - 23 所示。

图 8 - 23   冷轧板的孔洞缺陷

孔洞缺陷产生原因较多，炼钢、热轧和热轧工序都有产生的可能。炼钢工序导致孔洞缺陷的原因主要是扇形段内集渣或其他异物压入钢坯、去毛刺不净或铸坯切割时反渣过多。

（5）边部翘皮缺陷。边部翘皮缺陷主要产生在低碳类及低碳合金类冷轧板，超低碳钢种一般不出现此类缺陷。缺陷产生位置固定在冷轧板距两侧边部 20 ~ 30mm，缺陷较轻时主要分布在上表面，较重时上、下表面都有。

此类缺陷产生原因是铸坯角部或铸坯在热轧过程中角部产生裂纹。

8.3.4.3   减少 IF 钢中夹杂物的措施

减少 IF 钢中夹杂物的措施主要有控制冶炼各阶段钢中的氧含量、减少原材料中夹杂物的带入量、强化钢中夹杂物（包括脱氧产物 Al_2O_3）的上浮和去除、避免结晶器卷渣、控制成品钢 ［Als］含量和提高耐火材料的质量。

A   控制钢中的氧含量

（1）控制转炉出钢终点碳含量。强化转炉操作，力争一次拉碳成功，碳含量、温度、氧含量同时命中，冶炼终点氧含量控制在 $400 \times 10^{-6} \sim 600 \times 10^{-6}$。

（2）挡渣出钢。认真进行出钢挡渣操作，控制出钢下渣量不大于 4kg/t，出钢后加入顶渣改质剂对顶渣进行改质处理，使渣中 $w(TFeO + TMnO) \leqslant 5\%$。

（3）控制钢包底吹氩流量。控制钢包底吹氩的气体流量，防止钢水裸露，避免钢水增氧、增氮。

（4）控制真空脱碳后氧含量。真空脱碳后，钢中氧含量控制在 $250 \times 10^{-6} \sim 300 \times 10^{-6}$。

（5）强化系统密封。保证钢包覆盖剂、中间包覆盖剂、结晶器保护渣的隔绝空气效果，强化长水口、滑动水口板间、浸入式水口等处的氩气密封，中间包密封及用前氩气吹赶，减少生产过程中钢水增氧，减少钢中氧化物夹杂的生成量。

（6）控制成品钢中［Al］含量。在确定 RH 脱碳结束后首先进行 RH 脱氧及铝的合金化。目前的 IF 钢脱氧材料为铝，脱氧铝的加入量根据 RH 脱碳终点［O］及钢中铝含量要求进行控制。研究发现脱氧及合金化铝一次性加入与多批加入相比，所形成的 Al_2O_3 夹杂颗粒大，因为在氧势高的情况下一次性加铝产生的 Al_2O_3 碰撞聚集的机会大。而 Al_2O_3 夹杂上浮速度与颗粒尺寸成正比，因此 IF 钢生产中脱氧及合金化铝应一次命中，不进行多次补加。

如 3.2.4 节所述，成品钢中［Al］含量控制过高与过低都会使钢中夹杂物增加，成品［Al］控制在 0.015% ~ 0.025% 比较合适。成品［Al］是在 RH 脱氧合金化时进行控制的。正常情况下精炼后的到成品［Al］都有一定降低，一般降低量为 0.003% ~ 0.005%，因此，计算脱氧加铝量是应设定钢中铝含量为 0.025% ~ 0.035%。

IF 钢其他成分的合金化在脱氧 3min 后进行，此时钢水中的氧势已经很低，可以有效保证合金的收得率。由于 IF 钢对钢水洁净度要求严格，因此合金要求杂质含量低，避免因合金的加入带来其他夹杂物。

B 促进钢中夹杂物的上浮及去除

脱氧后钢中产生大量的脱氧产物 Al_2O_3，若不采取有效措施让其及时上浮去除，不但会造成水口结瘤影响生产，还会严重影响钢的质量。常用的措施有 RH 脱氧后净循环、加精炼渣、强化中包冶金防止结晶器卷渣（见 3.5.6 节）、提高耐火材料质量等。

（1）净循环。由于 IF 钢在 RH 脱氧过程中产生大量的脱氧产物 Al_2O_3 夹杂物，因此在 RH 脱氧合金化后必须进行净循环。随着 RH 循环时间增加钢水内的脱氧产物上浮，钢中全氧降低。有研究表明，净循环时间过长反而使钢中［TO］增加，这主要是因为在一定时间内脱氧产生的大颗粒夹杂物已上浮，再增加净循环时间会使 RH 耐材熔损进入钢中使钢中［TO］增加。因此净循环时间应有适当的控制范围。一般净循环时间控制在 8 ~ 15min 之间，随着 RH 处理过程中加铝量的增加净循环时间适当增加。图 8 - 24 所示为美国内陆钢铁公司生产超深冲钢 RH 循环时间与钢中总氧量的关系。由于 IF 钢终脱氧时间较晚，因此，净循环工艺对于去除钢中的脱氧产物 Al_2O_3 夹杂至关重要。

但是，针对 RH 复压后是否应对钢水进行软吹氩目前观点还不一致：一方认为软吹氩可有效使钢中夹杂物上浮，对钢水洁净度有利；而另一方认为软吹氩会造成钢水与顶渣接触加大，使渣中的夹杂物重新进入钢中，对钢水洁净度不利。目前某些钢厂 IF 钢 RH 复压后都不进行软吹氩操作，如果采用软吹工艺，必须严

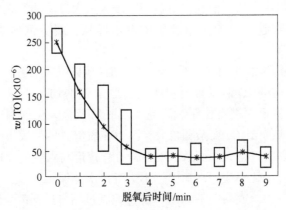

图 8 - 24   RH 脱氧后循环时间与钢中总氧量的关系

格控制底吹氩气的流量，在促进夹杂物絮凝、上浮的同时防止顶渣卷入和钢水裸露而导致钢水增氧、增氮。

IF 钢的钢水静置时间是 RH 处理结束后至钢包开始浇钢的时间，主要目的是保证较小尺寸的夹杂物上浮。静置时间应控制在 20 ~ 35min，不应小于 20min。

（2）渣洗。有人试验在 RH 炉脱氧后向真空室内加入精炼合成渣，在促进钢中脱氧产物絮凝、上浮，减少钢中 Al_2O_3 夹杂含量方面取得较好的效果。精炼合成渣的实物成分如表 8 - 7 所示，渣料是直径为 8 ~ 40mm 的造粒球形；精炼合成渣加入量为 0.1 ~ 1kg/t，加脱氧铝后加入，然后净循环 10 ~ 15min。试验结果表明，加入合成渣与原工艺相比：出 RH 时钢中 $w[TO]$ 平均值由 35×10^{-6} 降到 21×10^{-6}；中间包 $w[TO]$ 平均值由 21×10^{-6} 降到 13×10^{-6}；铸坯 $w[TO]$ 平均值由 14×10^{-6} 降到 5×10^{-6}。

表 8 - 7   IF 钢用精炼渣成分

成　分	CaO	Al_2O_3	SiO_2	TiO_2	P_2O_5	S	FeO	TFe
含量/%	50	33.9	5.47	7.35	≤0.01	0.29	0.36	0.27

渣洗原理可参阅"合成精炼渣"一节。

（3）中间包冶金。如前所述，IF 钢终脱氧较晚，强化中间包冶金对于减少钢中非金属夹杂物尤为重要，其主要内容有控制钢包下渣、应用大容量中间包、合理的中间包流场控制、应用对 Al_2O_3 夹杂吸附能力强的中间包覆盖剂等。

中间包仅是过渡性容器，去夹杂能力有限，因此 IF 钢生产应尽可能避免钢包下渣。目前 IF 钢生产企业主要采取安装钢包下渣检测装置和控制钢包剩钢两种手段来控制下渣量。下渣检测装置通过电磁感应判断钢包钢流中的带渣量，及时关闭滑动水口，从而减少下渣量，但仍会有少量大包渣进入中包；大包剩钢虽可避免大包下渣但会增加钢铁料消耗从而增加生产成本。因此，应该综合考虑来确定下渣量和钢包留钢量的控制。

大容量中间包可增加钢水在中间包的停留时间，中间包的容量应保证钢水在中间包内的平均理论停留时间大于 10min，以满足夹杂物上浮所需要的时间。钢水在中间包内的平均理论停留时间可通过中间包容量及浇铸通钢量进行计算，对于单流铸机中包容量应不小于 40t。

保证中间包的液面深度（800~1000mm），可减少水口处的旋涡卷渣。

除增加中间包容量外，可以通过在中间包中设置湍流控制器、挡渣堰（坝）、气幕挡墙及中间包上水口或塞棒吹氩等措施，控制合理的中间包流场，以减少中包内的死区，改变钢液的流向，增加钢流的流程，从而改变夹杂物的运动方向，促进夹杂物上浮。表 8-8 为某钢厂中间包湍流控制器对流动特征参数的影响；表 8-9 为该厂堰坝不同位置对流动特征参数的影响；表 8-10 为该厂有无气幕挡墙对流动特征参数的影响。从上述试验可以看出，相同的中包容量，合理的中间包布置可将钢水在中间包内的平均停留时间提高近 30%。

表 8-8 湍流控制器对中间包内流体流动特征参数的影响

湍流控制器	最小停留时间 t_{min}/s	峰值时间 t_{max}/s	平均停留时间 t_{av}/s	活塞流体积分率 $V_p/\%$	全混流体积分率 $V_m/\%$	死区体积分率 $V_d/\%$
无	42	70	258.3	13.5	69.6	16.9
有	45	122	253.8	14.5	67.1	18.4
有（实验室）	65	98	258.7	20.9	62.3	16.8

表 8-9 堰坝不同位置中间包内流体流动特征参数的影响

堰间距 /mm	堰坝中心距 /mm	最小停留时间 t_{min}/s	峰值时间 t_{max}/s	平均停留时间 t_{av}/s	活塞流体积分率 $V_p/\%$	全混流体积分率 $V_m/\%$	死区体积分率 $V_d/\%$
2310	450	39	99	244.915	12.544	66.230	21.226
2310	390	48	90	258.275	15.439	67.632	16.929
2310	336	66	110	270.768	21.228	65.861	12.911

表 8-10 有无气幕挡墙对中间包内流体流动特征参数的影响

透气砖有否与水口中心距/mm	最小停留时间 t_{min}/s	峰值时间 t_{max}/s	平均停留时间 t_{av}/s	活塞流体积分率 $V_p/\%$	全混流体积分率 $V_m/\%$	死区体积分率 $V_d/\%$
无	45	113	297.975	14.474	80.331	3.195
有（185）	45	180	299.499	14.474	81.856	3.670
有（305）	45	180	300.054	14.474	82.235	3.491
有（425）	50	170	298.532	16.082	79.864	4.054

中间包覆盖剂的作用是保证 IF 钢在浇钢过程中不能与空气接触产生二次氧化，同时具有较强的吸附从中间包钢水中析出的夹杂物特别是吸附 Al_2O_3 夹杂的能力。为避免钢中铝还原二氧化硅产生夹杂物，保证其熔化性能及铺展性，具有较强的吸附夹杂的能力，应选择高碱度、低二氧化硅含量、CaO/Al_2O_3 值在 1.5 左右的钙铝系中包覆盖剂，见 3.5.1.2 节。

8.4　IF 钢生产工艺

国内外先进钢厂 IF 钢的生产工艺流程一般为：铁水预处理→转炉冶炼→真空精炼→连铸→热轧→冷轧→退火→平整。该流程的前 4 道工序尤为重要。各厂的主要特点如下。

8.4.1　国内外主要厂家 IF 钢生产工艺

(1) 日本新日铁 IF 钢生产工艺。新日铁的 IF 钢生产水平领先世界，为了适应安全和轻量化的要求，开发了抗拉强度级别 340 ~ 1270MPa 的各类冷轧及镀锌高强度汽车板。

新日铁君津制铁所生产 IF 钢的工艺特点是：采用 KR 法脱硫，铁水硫含量 0.002% 以下；脱磷转炉废钢比通常为 9%，弱供氧，大渣量，碱度为 2.5 ~ 3.0，温度为 1320 ~ 1350℃，纯脱磷时间为 9 ~ 10min，经脱磷后铁水 $w[P] \leqslant$ 0.020%；脱碳转炉强供氧，少渣量；总冶炼周期为 28 ~ 30min，其 IF 钢的炼钢生产工艺及其控制措施见表 8 - 11。

表 8 - 11　日本新日铁公司 IF 钢的炼钢生产工艺及其控制措施

工　　序		预定目标	控制措施
铁水预处理	脱磷	减少转炉渣量和冶炼终点炉渣的氧化性	采用铁水包内喷粉脱磷
转炉冶炼	吹炼	减少钢液中 Al_2O_3 夹杂物生成量	转炉冶炼终点钢液中碳含量控制
	出钢	减少转炉的下渣量	采用挡渣器和挡渣球进行挡渣出钢
RH 真空精炼	RH	减少钢液中 Al_2O_3 夹杂物生成量	脱氧之前钢液中氧含量的控制
		减少钢液中 Al_2O_3 夹杂物的上浮	钢包内钢液循环时间的控制
	钢包	减少钢包渣的氧化	采用等离子装置
		防止耐火材料污染	采用非氧化性耐火材料
连铸	钢包	减少钢包的下渣量	采用钢包下渣滓洞监测
		减少钢包渣的卷入	采用浸入式长水口
	中间包	防止钢液二次氧化	采用中间包密封
		防止中间包覆盖剂污染钢液	采用低碳的 SiO_2 硅系列中间包覆盖剂
		防止中间包覆盖剂的卷入	优化中间包形状与结构

工 序		预定目标	控制措施
连 铸	中间包	促进钢液中夹杂物上浮	采用 H 型中间包
		稳定钢液温度	采用等离子或感应加热
	浸入式水口	防止夹杂物的卷入	控制水口吹氩的流量和压力
			优化水口形状和结构
		防止水口堵塞	采用 Zr-CaO、SiO$_2$ 质耐火材料
	结晶器	防止结晶器保护渣卷入	采用高黏度结晶器保护渣
			控制结晶器内液面波动
		防止连铸坯表层夹杂物富集	控制结晶器振动
			采用电磁搅拌
		防止连铸坯上 1/4 处夹杂物富集	采用立弯式连铸坯

(2) 日本 JFE 工厂 IF 钢生产工艺。JFE 川崎制钢生产超深冲 IF 钢所用铁水 100% 经三脱预处理,采用复吹转炉炼钢,增大吹炼后期底吹气体流量,加强熔池搅拌,将终点碳含量控制在 0.03% ~ 0.04%,提高终点命中率,减少补吹率。出钢后,立即向钢包内加入由 CaCO$_3$ 和金属铝组成的炉渣改性剂,其中金属铝比率为 30% ~50%,将 (TFe) 降低到 2% ~4%,再送入 RH 精炼。

(3) 德国蒂森工厂 IF 钢生产工艺。德国蒂森公司冶炼 IF 钢工艺为铁水脱硫→转炉炼钢→吹氩→RH 精炼→连铸生产流程,脱碳方法是首先在复吹转炉中脱碳至 0.03%,然后在 RH 中脱碳至 0.002%。脱氮采取两种工艺路线,铝和钛在 RH 工序加入。

(4) 美国内陆 IF 钢生产工艺。安赛乐米塔尔所属的美国内陆公司采用复吹转炉炼 IF 钢,RH-OB 工艺脱碳时,先吹氧强制脱碳不到 8min,将碳含量降到 0.008%,然后自然脱碳 4min,将碳含量降到 0.002%,RH-OB 工艺采用工艺控制模型,炉气在线分析,动态控制。

(5) 宝钢 IF 钢生产工艺。宝钢 IF 钢生产工艺流程为:铁水预处理→转炉双联法炼钢→RH 真空脱气→连铸 (中间包冶金,保护浇铸)→热轧→冷轧→退火→平整。宝钢主要通过铁水预处理工序降低铁水中的磷、硫含量,为转炉冶炼创造良好前提条件。三脱处理后,铁水中的硅、磷、硫含量分别可以达到 0.5%、0.025% 和 0.003% 以下。

宝钢开发了低磷、低氮转炉冶炼技术,通过采用三脱铁水、提高转炉吹炼的入炉铁水比、实现大渣量操作、复合吹炼等技术,对磷、氮的控制取得了较大的进步。IF 钢中氮的平均水平 19×10^{-6} 以下,磷可以控制在 0.010% 以下。通过钢包渣改质处理,提高渣的碱度、降低渣的氧化性,为钢中 [TO] 的合理控制创造条件。

宝钢研究开发的 RH 真空精炼过程脱碳动态模型，全面地描述了真空精炼过程中不同时刻钢液中的碳含量，示出了钢液循环流量、真空室真空度、提升气体吹入量、顶枪供氧等因素对 RH 脱碳过程的影响，为工艺优化、自动控制等提供了理论基础。

宝钢还开发了保护浇铸技术、中间包流场优化、高碱度中间包覆盖剂、超低碳保护渣技术、连铸板坯品质异常判定及处置模型等。

（6）鞍钢 IF 钢生产工艺。鞍钢 IF 钢炼钢流程为：铁水预处理→复吹转炉→RH – TB→板坯连铸。

铁水预处理采用复合脱硫剂，降低铁水中硫含量。

采用 180t 复吹转炉炼 IF 钢时，全程底吹氩气，吹炼后期加大供氧强度，以进一步降碳。冶炼过程顶吹氧枪枪位采取"高—低—高"模式操作，出钢过程采取"留氧"操作。此工序钢水 $w[C] \leqslant 0.05\%$，$w[O] = 0.04\% \sim 0.06\%$。

精炼采用 RH – TB 装置，如果转炉出钢后钢水中碳为 0.04%、氧为 0.05% 时，该工序深脱碳分为 3 个阶段：第一阶段碳由 0.04% 降至 0.02%；第二阶段碳由 0.02% 降至 0.003%；第三阶段碳由 0.003% 降至 0.001% 以下。如果转炉出钢后钢水中碳为 0.05% 以上，第一阶段则采取"强制脱碳"模式。如果转炉出钢后钢水中碳为 0.02% 左右，可直接进入第二阶段。

连铸 IF 钢采用立弯式板坯连铸机，采取了一系列防止增碳的措施，如及时清理真空室壁上的残留物，控制钢包、中间包、水口等用耐火材料和结晶器保护渣的碳含量等。

8.4.2 推荐 IF 钢生产工艺

综合 8.4.1 节所介绍的各厂情况，考虑低成本生产洁净 IF 钢诸因素，现推荐以某 180t 转炉炼钢厂为例的 IF 钢生产工艺。

8.4.2.1 生产准备

（1）工序设定。温度制度如表 8 – 12 所示，工序时间如表 8 – 13 所示。

表 8 – 12 某厂 IF 钢温度制度   （℃）

阶 段	铁水入转炉	转炉出钢	进 RH 站	出 RH 站	中间包
温 度	1280 ~ 1300	1680 ~ 1690	1610 ~ 1630	1580 ~ 1600	1550 ~ 1660

表 8 – 13 某厂 IF 钢工序时间   （min）

工 序	铁水预处理	转炉炼钢	（等待）	RH 精炼	（等待）	连铸	合计
时 间	40	30	(10)	40	(30)	40	190

（2）成分设定如表 8 - 14 所示。

表 8 - 14　某厂 IF 钢成分设定　　　　　　　　（%）

项　目	C	Si	Mn	P	S	Als	Ti	O	N
企业标准	≤0.003	≤0.03	0.10 ~ 0.20	≤0.006	≤0.007	0.02 ~ 0.05	0.04 ~ 0.08	≤0.0030	≤0.0040
内控标准	≤0.003	≤0.02	0.10 ~ 0.20	≤0.006	≤0.007	0.02 ~ 0.04	0.04 ~ 0.08	≤0.0030	≤0.0040
目标控制	≤0.003	≤0.02	0.15	≤0.005	≤0.006	0.03	0.06	≤0.0025	≤0.0030

（3）原料准备。

1）入炉铁水。预处理后硫含量小于 0.003%；预处理后磷含量小于 0.05%，无预处理时磷含量小于 0.075%，0.070% ~ 0.120% 之间时应准备预置脱磷剂；温度大于 1300℃；带渣量厚度小于 20mm；铁水入炉比例不小于 90%。

2）废钢。精料重废钢全部采用块度合乎标准（单重小于 1.5t）的中包块或铸坯切头、切尾、热板切边；无渣钢及生铁块；无耐候钢、易切削钢等硫磷含量高返回钢。废钢中含铜、铬、镍成分极低。

3）石灰。二级以上，其成分如表 8 - 15 所示。

表 8 - 15　冶炼 IF 钢石灰标准

项　目	化学成分（质量分数）/%				活性度/mL	烧减/%
	CaO	MgO	SiO₂	S		
国内东北某厂	90.59	3.19	2.26	0.04	336.26	2.7
日本 JFE	97.0	2.26	0.16	0.004		0.45

4）顶渣改质剂。冶炼 IF 钢时常用的顶渣改制剂为两种：一种是以日本 JFE 为代表的粒度 10 ~ 20mm 石灰石与金属铝各占 50% 的混合物；另一种是用石灰石粉、轻烧镁粉、石灰粉均匀混合制成直径 10 ~ 30mm 的球状物，其组成为石灰石粉 15% ~ 25%、石灰粉 15% ~ 25%、轻烧镁粉 8% ~ 10%、金属铝屑 50%。

5）中间包覆盖剂。冶炼 IF 钢应用无碳、高碱度、具有吸附能力 Al_2O_3 夹杂的中间包覆盖剂，其组成实例如表 8 - 16 所示。

表 8 - 16　生产 IF 钢用中间包成分组成　　　　　　　（%）

成分	CaO	SiO₂	Al₂O₃	Fe₂O₃	S + P	C
含量	40 ~ 55	5 ~ 13	≥20	≤3.0	≤0.03	<0.5

注：熔点 1200 ~ 1400℃，水分不大于 0.5%，熔重不大于 1.0kg/L，粒度 1700 ~ 8000μm。

结晶器保护渣：生产 IF 钢应用高黏度、低碳（≤3.0%）含量结晶器保护渣。表 8 - 17 和表 8 - 18 给出国内常用的两种生产 IF 钢用结晶器保护渣的成分和主要性能指标。

表 8-17　国内东北某厂生产 IF 钢用结晶器保护渣成分组成　　　　（%）

成分	CaO	SiO$_2$	Al$_2$O$_3$	MgO	Li$_2$O	F$^-$	Na$_2$O	CaO/SiO$_2$
含量	34.70 ± 5	39.1 ± 5	4.5 ± 2	2.6 ± 1	—	7.2 ± 2.5	7.5 ± 2.5	0.89 ± 0.1

注：水分不大于 0.5%，软化点 (11430 ± 30)℃，黏度 (0.45 ± 0.1) Pa·s，熔重 (0.65 ± 0.2) g/cm^3。

表 8-18　国内东北某厂生产 IF 钢用结晶器保护渣成分组成　　　　（%）

成分	CaO	SiO$_2$	Al$_2$O$_3$	MgO	Fe$_2$O$_3$	F$^-$	Na$_2$O + K$_2$O	CaO/SiO$_2$
含量	33.31	33.3	4.4	3.1	0.34	7.53	8.25	1.07

注：水分不大于 0.5%，熔点 1096℃，黏度 0.24Pa·s，熔重 (0.65 ± 0.2) g/cm^3，协议碳含量不大于 3.5%。

（4）工器具准备。

1）钢包。生产 IF 钢必须采用无碳钢包，该包前一炉次生产低碳或超低碳钢；钢包罐沿清洁，包内、包沿无残钢、残渣；使用专用无碳引流剂，保证自动开浇；底吹氩透气砖透气性良好；保证红罐受钢（钢包内衬温度不低于 800℃）。

2）RH 真空室。冶炼 IF 钢前应处理一个浇次的低碳钢进行洗罐，吸嘴及真空室内无残钢、残渣；真空室烘烤温度满足规程要求。

3）中间包。烘烤时间不小于 3h（不能急火烘烤）；中包包盖与包体要求进行密封，包盖上除浇注孔外的其他孔要求加盖；浇注前用氩气吹扫中间包内残余空气。

8.4.2.2　IF 钢的转炉炼钢工艺

合适的转炉冶炼工艺是生产 IF 钢的基础，它包括提供合理稳态的碳氧含量、满足要求的 P 和 S 含量、极低的氮含量、合适的出钢温度及低氧化铁含量的钢包顶渣。这些条件的满足会对后道工序的稳定生产有较大的影响。

（1）冶炼。没有铁水脱磷的条件，可采用预置脱磷剂工艺或二次造渣工艺。

保证复吹转炉底吹元件透气性良好，前期（1/3 时间）底吹氮气，后期（2/3 时间）底吹氩气，或全程吹氩。吹炼末期加大底吹气体流量，进行强搅操作，以降低钢中氮、氧含量。

必须确保一次拉碳成功，严格控制终点补吹或过吹。

（2）终点控制。转炉冶炼终点控制如下：终渣碱度为 3 ~ 5，$w(\text{TFeO}) = 16\% ~ 21\%$；钢中 $w[\text{C}] = 0.025\% ~ 0.04\%$；$w[\text{O}] = 500 \times 10^{-6} ~ 700 \times 10^{-6}$，生产 O5 产品时终点氧不允许大于 900×10^{-6}；$w[\text{P}] \leqslant 0.0040\%$；$w[\text{S}] \leqslant 0.0050\%$；$w[\text{N}] \leqslant 20 \times 10^{-6}$；钢水温度为 1680 ~ 1700℃（根据季节适当调整）。

（3）IF 钢的出钢控制。维护出钢口呈标准形状，出钢满流，出钢时间为 4 ~ 7min。及时启动挡渣设施，保证下渣量不大于 4kg/t。

（4）顶渣改质。出完钢后向渣面加入顶渣改质剂，加入量按下渣量调节。一般取下渣量为 4kg/t，渣中 $w(TFeO) \approx 20\%$，改质后渣中 $w(TFeO) \leqslant 4\%$，经计算顶渣改质剂的加入量为 0.2~0.4kg/t。

有些钢厂 IF 钢顶渣改质剂的加入分两步：第一步在出钢后加入改渣剂将顶渣的碱度值控制到 1.6 左右，渣中（TFe）控制到 8%；第二步在 RH 复压过程中改渣剂的加入将顶渣的碱度值控制到 1.4 左右，渣中（TFe）控制到 5% 以下。

出钢后控制钢包底吹氩流量，既要保证促进顶渣熔化，又要避免渣面大翻而造成液面裸露。

8.4.2.3　RH 精炼

（1）脱碳。进 RH 处理站时钢中氧含量控制为 400×10^{-6}~600×10^{-6}，抽真空 2~3min 后（真空度为 1~2kPa）开始吹氧强制脱碳，到第 8min 时结束，而后进行自然脱碳，到第 15~18min 时脱碳结束。脱碳终点钢中氧含量 250×10^{-6}~350×10^{-6}。

（2）脱氧合金化。脱碳结束后，进行脱氧合金化。脱氧铝一次加足，其加入量根据 RH 脱碳终点［O］及钢中铝含量要求进行控制，一般脱氧后钢中［Als］按 0.03%~0.04% 控制。合金化顺序为 Al 脱氧 3min 后，顺序加入 Mn—Nb—Ti。最后根据渣况决定是否补加及补加多少顶渣改质剂。

（3）净循环。脱氧合金化结束后要确保净循环时间大于 10min，以促进脱氧产物 Al_2O_3 等夹杂物上浮去除。

8.4.2.4　连铸工艺

（1）系统密封。做好中包盖密封。中包浇注前氩气吹扫，加长水口密封垫及开通密封氩气，开通塞棒或中包上水口氩气，开通并调整好滑动水口及浸入式水口密封氩气。

随时添加中包覆盖剂，保证覆盖效果良好，加入量为 0.6~0.8kg/t。

推入结晶器保护渣要按照少、匀、勤原则。浇注过程中结晶器不允许换渣、挑渣条、点液面操作，禁止塞棒"冲棒"操作。

（2）浇注工艺参数。

1）注速：根据坯型和工序时间安排，注速在 1.1~1.5m/min 之间选择，但是每炉都必须定速浇注，避免在一块铸坯上注速差大于 0.1m/min。

2）过热度：(25 ± 7)℃。

3）结晶器液面波动：±3mm。

（3）电磁搅拌。结晶器及凝固末端电磁搅拌投入使用，电流强度为 500mA。

（4）余钢量控制。生产高级别 IF 钢时，为避免钢包下渣，钢包余钢量控制为 3t，最末浇次中间包余钢量为 8t。

8.4.2.5　精整工艺

（1）角部清理要求。铸坯角部清理按打圆角处理，圆角半径不小于 20mm，铸坯边部清理宽度为上、下表面 60~120mm、侧面 60mm，清理深度为 3~5mm。

（2）扒皮清理要求。清理深度为 3~5mm，要求上、下表面及侧面全部进行清理。扒皮后局部有缺陷的地方进行局部清理。

（3）清理后表面要求。铸坯清理后表面（角部）的氧化铁皮必须清除干净；铸坯清理后如果坯号不清，必须在铸坯侧面将坯号重新标注。

（4）铸坯清理标准。单面清理深度不得大于厚度的 15%；两相对面清除深度之和不得大于厚度的 20%，清理的深、宽、长之比为 1:10:10，清理部分的倾斜角要求不大于 30°，必须圆滑无棱角；侧面清理部位的深度不大于 20mm，清理部位的深、宽、长之比为 1:5:10，清理部分的倾斜角要求不大于 30°，必须圆滑无棱角。

参 考 文 献

[1] 刘国勋. 金属原理 [M]. 北京：冶金工业出版社，1983.

[2] 杨觉先. 金属塑性物理变形基础 [M]. 北京：冶金工业出版社，1988.

[3] 崔德里，王先进，金山同. 超低碳钢的历史与发展 [J]. 钢铁研究，1994（5）：49~52.

[4] 赵辉，王先进. 无间隙原子钢的生产与发展 [J]. 钢铁研究，1993（1）：50~60.

[5] 潘秀兰，王艳红，梁慧智，等. 国内外超低碳 IF 钢炼钢工艺分析 [J]. 鞍钢技术，2009（1）：6~9.

[6] Reed Thomas. Free Energy of Formation of Binary Compounds [M]. MIT Press，1971.

[7] 黄希裕. 钢铁冶金原理 [M].3 版. 北京：冶金工业出版社，2005.

[8] 汪晓川. RH 真空处理脱碳速度研究 [J]. 河南冶金，2006（9）：117~120.

[9] 梅尺一诚，涂嘉夫. 中包吹氩的动力学研究 [J]. 铁与钢，1993（69）：989.

[10] 郭翔宇，王声齐. IF 钢连铸过程中增碳控制 [J]. 河北冶金，2013（8）：41~42.

[11] 李伟东，孙群，林洋. IF 钢氮含量控制技术 [J]. 钢铁，2010（7）：28~31.

[12] 岳峰，崔衡，包燕平，等. Ti – IF 钢中夹杂物行为 [J]. 炼钢，2009，8：9~11.

[13] 袁方明，王新华，李宏，等. 不同浇铸阶段 IF 钢连铸板坯洁净度 [J]. 北京科技大学学报，2005，27（4）：436~440.

[14] 任子平. IF 钢成分及夹杂物过程控制研究 [D]. 沈阳：东北大学，2006.

[15] 王俊凯. 极低碳 IF 钢 RH 处理方法 [C] //全国 RH 精炼技术研讨会论文集. 北京：冶金工业出版社，2007：103~106.

[16] 孙群，林洋. 鞍钢 RH 精炼工艺研究与实践 [C] //中国金属学会. 全国 RH 精炼技术研讨会论文集，2007：37~40.

9 帘线钢的生产

9.1 帘线钢的应用发展及国内外生产情况

钢帘线具有强度高、变形小、疲劳性能优异的特点，主要用于轮胎子午线增强用骨架，可以提高轮胎的耐磨性和轮胎尺寸的稳定性。它与尼龙帘线相比，强度为4∶1，耐疲劳性能为420∶10，耐冲击性能为330∶2，受温度影响极小，寿命长，耐磨程度可提高30%～50%，耐穿刺，耐冲击，耐湿滑。根据轮胎产品性能的发展需求和帘线钢生产企业的需求，帘线钢向着高强、超高强方向发展。帘线钢每提高一个等级，汽车轮胎就可相应减重10%。在生产帘线过程中，要将φ5.5mm盘条拉拔成φ0.15mm的细丝，线材长度增至原来的1345倍，截面积缩至0.07%，接近拉拔工艺的极限，之后还要经过高速双捻机合股成绳，要求断丝率极低。与汽车板、DI罐薄板等，同属于生产难度大、技术含量高、附加值大的典型钢种。帘线钢由于生产技术含量极高，又被誉为"钢铁皇冠上的明珠"、"线材中的极品"，是优质硬线钢的精品，是超洁净钢的代表产品和钢铁企业线材生产水平的标志性产品。

对于帘线钢的生产及质量控制，国外钢铁企业如日本的神户制钢、新日铁、住友以及德国萨斯特、法国梅森、韩国浦项等厂家经过多年的研制开发，积累了大量的经验，形成了比较成熟的工艺。共同特点是生产工艺完善、产品质量稳定、产品化学成分均匀、钢的洁净度高、钢坯质量高、盘条的组织性能均匀稳定、表面质量好等。

我国的帘线钢生产由于在"九五"期间国家将子午线轮胎列入国家重点开发产品和高新技术产品加以扶持，才得以快速发展。它以平均每年30%以上的速度增长，尤其是进入21世纪以后，我国的帘线钢更是发展迅猛。目前我国已成为亚洲最大的帘线钢生产集中地和消费市场。2010年我国帘线钢产能规模就超过170万吨，产量约138万吨。

我国目前主要盘条生产厂有宝钢、武钢、鞍钢、青钢、首钢、沙钢、本钢、邢钢、兴澄特钢等。随着高碳盘条制造技术和钢丝制造技术的同步提升，普通强度级帘线钢全面占据国内市场。

帘线钢丝级别主要有70级、80级，宝钢、武钢等少数国内厂家可以生产90

级帘线钢产品。国内帘线钢盘条拔丝直径基本在 0.22 ~ 0.38mm，宝钢、武钢等少数厂家能够拉拔到 0.175mm。国外的一些厂家能够拉到 0.15mm 以下。帘线钢产品由于技术含量较高、生产工艺复杂，保证质量的平稳比较困难。

9.2　帘线钢的成分及性能要求

9.2.1　帘线钢的成分

9.2.1.1　成分对帘线钢性能的影响

（1）钢中［C］含量的影响。因为［C］能提高帘线钢的强度，所以要求钢中［C］高于 0.4%，最好在 0.5% 以上。但［C］过剩易使帘线钢脆化，从而降低线材的拔丝性能，而且，碳含量越高，铸坯（锭）的偏析越严重，影响产品性能的均匀性。因此，根据帘线钢不同级别强度的要求，钢中碳含量的控制是不同的。72A、82B 等牌号前面的数值"72"、"82"就是代表该钢中要求［C］含量分别为 0.72%、0.82%。

（2）钢中［Si］含量的影响。由于帘线钢中是不允许存在纯 Al_2O_3 夹杂的，因此炼钢炉出钢过程中是不允许用铝脱氧的。一般在生产帘线钢时采用硅铁或硅锰进行脱氧。Si 具有脱氧功能，要想发挥 Si 的脱氧功能，其含量必须在 0.1% 以上，最好大于 0.2%。但是，如果 Si 过剩，就会生成大量的 SiO_2，从而降低线材的拔丝性能。一般将 Si 控制在 0.25% 以下，最好在 0.23% 以下。

（3）钢中［Mn］含量的影响。锰也具有脱氧功能。锰脱氧后生成的脱氧产物 MnO 有助于形成变形性较好的锰铝榴石（$3MnO \cdot Al_2O_3 \cdot SiO_2$），有利于降低生成纯不变形夹杂的可能性，具有控制夹杂物的作用。但 Mn 过剩也会使钢材脆化，降低其拔丝性能，因此根据钢种，帘线钢中［Mn］含量控制在 0.5% ~ 0.9% 之间。

（4）钢中［Al］含量的影响。为了减少钢中不变形夹杂物 Al_2O_3 的含量，钢中铝含量控制得越低越好，尽管国内外帘线钢标准中［Al］含量为小于 0.005%，但是实物的钢中［Al］含量一般都控制在小于 0.001%，国外一些高品质的帘线钢［Al］含量甚至于小于 0.0005%。

（5）钢中［Ni］、［Cr］、［Cu］含量的影响。镍、铬、铜在一定含量范围内对帘线钢有益。钢中镍可以提高拉拔材韧性。钢中铬可以硬化线材，即使拉拔量较小，也能确保线材的高强度，还能提高钢的耐腐蚀性能。钢中［Cr］含量过剩时，珠光体相变的淬火性能提高，铅浴淬火处理困难，二次氧化铁皮明显致密，机械除鳞性能和酸洗性能下降。铜通过析出硬化作用来提高线材强度，但钢中［Cu］含量过剩会形成晶界偏析。

国内非特殊外帘线钢成分标准中［Ni］、［Cr］、［Cu］含量均为小于

0.05%，但实物中［Ni］、［Cr］、［Cu］含量均为0.015% ~0.040%。

（6）钢中［P］含量的影响。对于帘线钢来说，钢中［P］的存在增加了钢中的夹杂和成分的偏析，因此希望帘线钢中［P］含量越低越好。考虑生产的难度和成本因素，国内外帘线钢标准中［P］含量要求小于0.02%或小于0.03%，但是成品实物中［P］含量全部小于0.015%，大部分小于0.010%。

（7）钢中［S］含量的影响。与其他普通钢种一样，钢中硫是有害夹杂的重要组成部分，它将导致热脆，影响坯和材的表面质量，钢中的硫化物夹杂还会影响钢的强度和韧性。因此希望帘线钢中的［S］含量越低越好。国内外帘线钢标准中要求钢中［S］含量小于0.03%或小于0.02%，但产品实物中［S］含量均低于0.02%。

（8）钢中［Li］含量的影响。钢中的［Li］、［Na］、［La］、［Ce］等均具有软化钢中夹杂物的作用。神户制钢采用向帘线钢中添加锂的方法控制帘线钢的化学成分，进而控制夹杂物和残余元素的类型、形状、大小和数量，使钢帘线的最大夹杂物尺寸明显减小，断线次数也明显减少。

（9）钢中［Ti］含量的影响。钢中钛将会在钢的凝固过程中与钢中氮反应析出TiN，形成脆性夹杂物，增加拔丝时断裂的几率，因此，帘线钢生产过程中应尽量避免钛含量的增加。

（10）钢中［N］含量的影响。钢中的氮在钢的凝固过程中在晶界上析出，与钢中的钛等生成氮化钛等氮化物，弱化晶界的强度使钢的脆性区发生变化，易产生铸坯裂纹，钢中氮化物的存在影响帘线钢的强度和韧性。一般帘线钢成分标准中对氮没有明确的要求，但要提高帘线钢的性能，降低钢中氮含量是一个重要条件。日本神户、韩国浦项帘线钢中的氮含量小于0.003%，而国内帘线钢的氮含量普遍为0.004% ~0.006%。

（11）钢中［TO］含量的影响。钢中全氧含量基本上反映出钢中氧化物夹杂的含量。为了减少钢中氧化物夹杂的量，帘线钢中全氧含量要求小于0.0030%，国外高品质帘线钢成品全氧控制在0.0020%以下。

（12）钢中［H］含量的影响。溶于钢中的氢会降低钢的塑性和韧性。氢从钢中析出，原子变为分子，体积增大、压力增大，将会成为裂纹源，因此，帘线钢中［H］含量要求小于0.00015%。

9.2.1.2 帘线钢的成分设计

目前生产量较多的帘线钢为72级别和82级别，也有少数90级别。72、82级别帘线钢用盘条的化学成分的国家标准（审定稿）如表9-1所示。

表9-1　帘线钢化学成分国家标准（审定稿）　　　　　（%）

牌号	化学成分（质量分数）						
	C	Si	Mn	P	S	P+S	Als
LX70A	0.70~0.74	0.15~0.35	0.30~0.60	≤0.02	≤0.015	≤0.03	
LX70B	0.70~0.74	0.15~0.30	0.45~0.60	≤0.02	≤0.015	≤0.03	≤0.003
LX70C	0.70~0.74	0.15~0.30	0.45~0.60	≤0.02	≤0.015	≤0.03	≤0.003
LX70D	0.70~0.74	0.15~0.30	0.45~0.60	≤0.02	≤0.015	≤0.03	≤0.003
LX80A	0.79~0.84	0.15~0.35	0.45~0.60	≤0.02	≤0.015	≤0.03	≤0.003
LX80B	0.79~0.84	0.15~0.30	0.45~0.60	≤0.02	≤0.010	≤0.025	≤0.003
LX80C	0.79~0.84	0.15~0.30	0.45~0.60	≤0.02	≤0.010	≤0.025	≤0.003
LX80D	0.79~0.84	0.15~0.30	0.45~0.60	≤0.015	≤0.010	≤0.020	≤0.003

牌号	化学成分（质量分数）						
	Cu	Cr	Ni	Cu+Cr+Ni	Sn	As	N
LX70A	≤0.02	≤0.10	≤0.15	≤0.30			
LX70B	≤0.08	≤0.08	≤0.10	≤0.15	≤0.01	≤0.03	≤0.008
LX70C	≤0.08	≤0.08	≤0.10	≤0.15	≤0.01	≤0.03	≤0.008
LX70D	≤0.08	≤0.08	≤0.10	≤0.15	≤0.01	≤0.03	≤0.008
LX80A	≤0.02	≤0.10	≤0.15	≤0.30	≤0.01		
LX80B	≤0.06	≤0.06	≤0.06	≤0.10	≤0.007	≤0.03	≤0.006
LX80C	≤0.06	≤0.06	≤0.06	≤0.10	≤0.007	≤0.03	≤0.006
LX80D	≤0.06	≤0.06	≤0.06	≤0.10	≤0.007	≤0.03	≤0.006

9.2.1.3　国内外帘线钢的实物成分

　　神户、新日铁、住友、浦项及蒂森是世界上著名的帘线钢生产厂家，他们帘线钢生产的化学成分标准和产品实物成分分析结果如表9-2和表9-3所示。

表9-2　世界著名帘线钢生产厂家帘线钢的化学成分标准及实物成分　　（%）

公司名称	钢　种	[C]		[Si]		[Mn]	
		标准	实物	标准	实物	标准	实物
神户	KSC72	0.70~0.75	0.72	0.15~0.30	0.19	0.4~0.6	0.54
新日铁	ALS11070MTS	0.70~0.75	0.72	0.15~0.30	0.2	0.4~0.6	0.5
住友	ALS110705	0.70~0.75	0.72	0.15~0.30	0.17	0.4~0.6	0.52
浦项	RD705	0.65~0.75	0.72	0.15~0.30	0.22	0.4~0.8	0.52
蒂森	SKD70	0.69~0.75	0.72	0.10~0.30	0.22	0.45~0.55	0.56

公司名称	钢　种	[P]		[S]		[Cu]	
		标准	实物	标准	实物	标准	实物
神户	KSC72	≤0.02	0.012	≤0.02	0.004	≤0.05	0.02
新日铁	ALS11070MTS	≤0.02	0.014	≤0.02	0.007	≤0.05	

续表 9 - 2

公司名称	钢　种	［P］		［S］		［Cu］	
		标准	实物	标准	实物	标准	实物
住友	ALS110705	≤0.02	0.009	≤0.02	0.005	≤0.05	
浦项	RD705	≤0.03	0.007	≤0.03	0.008	≤0.10	
蒂森	SKD70	≤0.02	0.007	≤0.025	0.005	≤0.08	0.009

公司名称	钢　种	［Ni］		［Cr］		［Al］	
		标准	实物	标准	实物	标准	实物
神户	KSC72	≤0.05	0.015	≤0.05	≤0.02	≤0.005	
新日铁	ALS11070MTS	≤0.05		≤0.05		≤0.005	
住友	ALS110705	≤0.05		≤0.05		≤0.005	
浦项	RD705	≤0.01		≤0.02			
蒂森	SKD70	≤0.10	0.038	≤0.05	0.019	≤0.005	

表9 - 3　神户制钢高强度帘线钢的化学成分　　　　（%）

成　分	C	Si	Mn	P	S	Cr	Cu
KSC97 - UH	0.97	0.15	0.38	0.004	0.003	0.23	0.12
KSC92 - E	0.91	0.15	0.37	0.005	0.004	0.21	0.11
KSC - 90	0.9	0.17	0.49	0.006	0.003	痕迹	痕迹

国内宝钢、武钢、鞍钢等厂家生产的帘线钢实物化学成分如表9 - 4和表9 - 5所示。

表9 - 4　宝钢、武钢、鞍钢 φ12.5mm 82 级帘线钢实物化学成分　　　（%）

厂　家	化　学　成　分					
	C	Si	Mn	P	S	Cr
宝　钢	0.81	0.28	0.74	0.0040	0.010	0.21
鞍　钢	0.81	0.27	0.74	0.0075	0.016	0.20
武　钢	0.81	0.25	0.71	0.0032	0.012	0.24

表9 - 5　武钢、鞍钢 φ12.5mm 72 级、82 级帘线钢实物化学成分　　（%）

牌　号	化　学　成　分									
	C	Si	Mn	P	S	Cu	Als	Ni	Cr	N
WLX72A	0.719	0.209	0.501	0.01	0.008	0.014	0.002	0.007	0.011	0.0044
WLX82A	0.821	0.211	0.492	0.01	0.008	0.014	0.003	0.008	0.010	0.0042

9.2.1.4　帘线钢成分控制分析

由表9 - 2～表9 - 5的数据可以看出帘线钢生产过程中成分控制有以下特点：

（1）成分控制范围较窄。钢中［C］含量控制范围为 ±0.01%；［Si］含量级别控制在 0.15% ~ 0.25%；[Mn] 含量随帘线钢级别的不同而不同，72 级高级别的控制在 0.40% ~ 0.50%，82 级的控制在 0.70% ~ 0.74%。当然，由于其他合金含量的不同，钢中 [Mn] 含量调整量较大，90 级高级别帘线钢控制在 0.35% ~ 0.55%。

（2）有害元素含量较低。尽管各标准中磷、硫、氮等有害元素的要求不是太严，但是一般情况下实物中的含量比标准中规定的数值低得多。如国标中帘线钢中 [P]、[S] 含量分别为不大于 0.02% 及不大于 0.015%，但过程实物中 [P]、[S] 含量分别低于 0.01%；国外帘线钢标准中 [S] 含量要求不大于 0.02%，但实物 [S] 含量均低于 0.01%，甚至于低于 0.005%。

（3）国内外产品成分差别。由表 9-2 ~ 表 9-5 的数据可以看出，在帘线钢生产过程中成分控制上，我国与国际上的主要差距是钢中 [P]、[S]、[N] 含量较高。

9.2.2　帘线钢的性能要求

帘线钢是要经过反复拔丝并进行合股成绳的，要求断丝率极低，故要求有良好的强度、塑性和韧性。国家标准中对帘线钢性能的要求如表 9-6 所示。武钢帘线钢力学性能内部标准如表 9-7 所示。

表 9-6　国家标准中对帘线钢性能的要求

帘线钢级别	抗拉强度 R_m/MPa	断面收缩率 A/%
72 级（A、B、C、D）	980 ~ 1120	≥40
82 级（A、B、C、D）	1080 ~ 1220	≥35

表 9-7　武钢帘线钢力学性能内部标准

牌　号	抗拉强度 R_m/MPa	断面伸长率 A/%	断面收缩率 Z/%
WLX72A	1050 ± 70	≥10	≥40
WLX82A	1120 ± 70	≥10	≥38

国内主要炼钢厂生产的帘线钢力学性能如表 9-8 和表 9-9 所示。

表 9-8　宝钢、鞍钢、武钢生产的 ϕ12.5mm 82 级帘线钢线材力学性能

厂　家	力　学　性　能	
	R_m/MPa	Z/%
宝　钢	1200	40
鞍　钢	1170	34
武　钢	1180	37

表9-9 宝钢采用不同工艺生产的 φ5.5mm 线材的力学性能

牌　号	工　艺	样本数	R_m/MPa	A/%	Z/%
B72LX	转炉模铸	80	1059	12.8	46.7
	电炉连铸	368	1034	12.7	44.3
B82LX	转炉模铸	120	1159	11.5	39.9
	电炉连铸	236	1142	11.3	38.1

日本神户制钢和韩国浦项厂帘线钢的力学性能指标如表9-10和表9-11所示。

表9-10 日本神户超高强度帘线钢线材的力学性能

直径/mm	真应变	抗拉强度/MPa	断后伸长率/%	断面收缩率/%	扭转次数 (200d)/次
1.29	3.73	4060	3.1	39	53
1.44	3.95	4150	2.9	37	48
1.58	4.13	4190	2.8	37	43

表9-11 韩国浦项帘线钢力学性能

牌　号	抗拉强度/MPa	
	φ5.5mm 线材	φ0.2mm 钢丝
POSCORD 70S	961～1108	2800
POSCORD 80S	1078～1216	3200
POSCORD 90 (CR)	1147～1274	3600

9.2.3　帘线钢洁净度的控制

如前所述，帘线钢要求断丝率极低。夹杂物尤其是变形性较差的脆性夹杂物是产生断丝的主要原因。

由于夹杂物的塑性较差，在拉拔或合股过程中，钢基体变形而夹杂物不变形，这样在钢和夹杂之间首先产生一个裂纹源，裂纹源沿钢基体扩展，使钢的抗拉强度降低，当外部拉力大于该缺陷处的抗拉强度时即发生断裂。因此，对于帘线钢来说，必须严格控制夹杂物的数量、形态及分布，使夹杂物总量减少，同时避免产生大颗粒脆性及不变形夹杂物。可见，帘线钢对夹杂物的尺寸、形状可变形性要求极高。

9.2.3.1　我国帘线钢的夹杂物国家标准

我国制定的帘线钢用盘条钢夹杂物的控制标准（讨论稿）如表9-12和表9-13所示。

表 9 – 12 帘线钢用盘条钢夹杂物的控制国家标准

帘线钢牌号	非金属夹杂物类型	夹杂物级别
LX70A、LX70B、LX80A、LX80B	A、C类	≤1.0 级
	B、D、DS类	≤0.5 级
LX70C、LX70D、LX80C、LX80D	A、C类	≤1.0 级
	B、D类	≤0.5 级

表 9 – 13 帘线钢用盘条夹杂物尺寸国家标准

牌　号	最大夹杂物宽度尺寸、最大横向夹杂物尺寸/μm	最大钛夹杂物宽度尺寸/μm
LX70A	≤35	≤15
LX80A	≤35	
LX70B、LX80B	≤35	≤10
LX70C、LX80C	≤20	≤8
LX70D、LX80D	≤15	≤5

在实际生产中，对于拔丝很细（0.15mm）的帘线钢夹杂物控制水平要求更高，主要体现在以下四个方面：

（1）要求夹杂物的类型应是可塑的（如铝锰榴石）。

（2）严格控制纯 Al_2O_3、铝酸钙、氮化物等不变形夹杂物的数量和尺寸，应该消除钢中纯 Al_2O_3 夹杂。

（3）对于 70 级的帘线钢夹杂物尺寸应不大于 10μm，80 级的帘线钢夹杂物尺寸应不大于 5μm。

（4）夹杂物中（Al_2O_3）的组分应不大于 50%，最好是 20% 左右。

为了控制钢中氮化钛夹杂，应努力降低钢中的 [N] 含量。国家标准中对帘线钢中 [N] 含量要求较松。但是，为了提高帘线钢的质量必须努力降低钢中的氮含量。

9.2.3.2 国外帘线钢的夹杂物控制标准

国际上对帘线钢洁净度要求常用意大利的皮拉利标准。该标准对夹杂物的要求如下：夹杂物总量一般要求 [TO] 不大于 0.0030%；要求夹杂物数量小于 1000 个/cm^2；一般夹杂物的尺寸应小于 15μm，高强度帘线钢要求夹杂物直径小于钢丝直径的 2%；不允许有纯 Al_2O_3 夹杂物存在，复合夹杂物中 Al_2O_3 含量不大于 50%，因为铝酸钙类夹杂物无可塑性，也不允许存在。

神户制钢对帘线钢中夹杂物的要求是：在包含线材轴线的任意断面内，与轧制方向垂直且宽度大于 2μm 的氧化物系夹杂物满足 $w(Al_2O_3 + MgO + CaO + SiO_2 + MnO) = 100\%$，且 $w(Al_2O_3 + CaO + SiO_2) \geqslant 70\%$。

采用该方法生产的线材具有拔丝性能和抗疲劳性能优良的特点。其中，满足下面 A 组成的上述氧化物系夹杂物，每 $100mm^2$ 的个数为 $1 \sim 20$ 个，而满足下面 B 组成的上述氧化物系夹杂物，每 $100mm^2$ 的个数不到 1 个。

A 组成：$w(Al_2O_3 + CaO + SiO_2) = 100\%$，且 $20\% \leqslant w(CaO) \leqslant 50\%$ 及 $w(Al_2O_3) = 30\%$。

B 组成：$w(Al_2O_3 + CaO + SiO_2) = 100\%$，且 $w(CaO) > 50\%$。

此外，为了软化线材中的非金属夹杂物，提高延性，2005 ~ 2007 年，神户制钢相继公开了 4 项添加锂冶炼高强度超细钢丝用纯净钢的专利。在冶炼超细钢丝用钢时，与添加钠、钾等碱金属相比，添加锂效果独特。锂不但在降低夹杂熔点方面与钠、钾等元素作用相同，而且还能明显减少钢中 CaO、Al_2O_3、SiO_2、MnO 和 MgO 等多种氧化物夹杂，从而显著提高钢的冷加工性能和抗疲劳性能。

9.3 生产帘线钢的关键技术

为了满足帘线钢生产过程中拉拔、捻股 1500m 不断丝的性能，要求生产帘线钢的原料（线材）必须具有高的洁净度、高的强度和韧性、均匀的索氏体组织和良好的表面质量。因此，生产帘线钢的关键技术就是努力提高钢的洁净度，控制钢中非金属夹杂物的数量、尺寸、分布和形状；改善帘线钢的的均匀性；提高帘线钢铸坯的表面质量。

9.3.1 帘线钢洁净度的控制

帘线钢冷拔和捻股过程中发生断丝的主要原因之一是钢中存在硬而不变形的脆性夹杂物。经验表明，钢中非金属夹杂物的尺寸只要大于被加工钢丝直径的 2%，即可导致钢丝在冷拔和捻股过程中发生脆性断裂。那些很细小的脆性夹杂物颗粒，虽然侥幸通过钢丝的拉拔和捻股关，但必然会在成品钢帘线的动态疲劳性能试验或和轮胎的实际应用中导致早期断裂。

因此，帘线钢中夹杂物的控制，主要是控制夹杂物的数量和尺寸，控制其氧化物夹杂物的变形能力。

和其他钢种的生产一样，为减少钢中夹杂物的数量必须从基本操作入手，控制钢中 [N] 含量（$\leqslant 40 \times 10^{-6}$）、全氧含量（$\leqslant 30 \times 10^{-6}$）、[H] 含量（$\leqslant 1.5 \times 10^{-6}$）、磷含量（$\leqslant 0.01\%$），硫含量（$\leqslant 0.005\%$）。为达到上述目的而应采用的工艺措施在前面的各章节中已经反复介绍过，故不再赘述。本节重点讨论帘线钢生产过程中夹杂物形态的控制。

9.3.1.1 氧化物夹杂物的变形能力

氧化物夹杂的变形能力决定于氧化物夹杂的组成，图 9-1 所示为 MnO_2 - Al_2O_3 - SiO_2 和 CaO - Al_2O_3 - SiO_2 三元氧化物夹杂的组成及其在热加工前后的形态。图 9-1 中区域①为不变形的均相夹杂物区；区域④为两相区，其

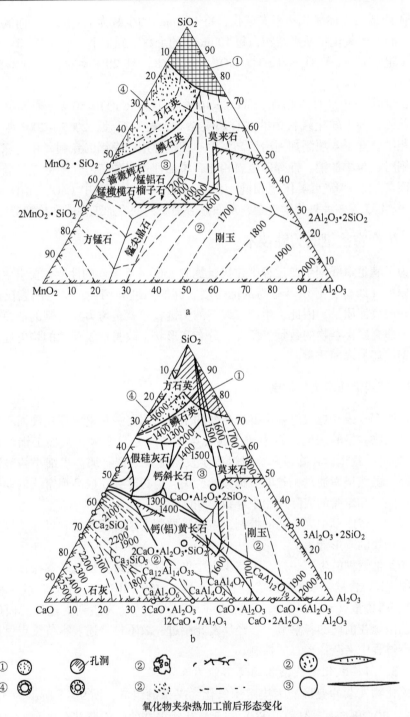

氧化物夹杂热加工前后形态变化

图 9 - 1　MnO$_2$ - Al$_2$O$_3$ - SiO$_2$ 渣系和 CaO - Al$_2$O$_3$ - SiO$_2$ 渣系相图

a—MnO$_2$ - Al$_2$O$_3$ - SiO$_2$ 渣系；b—CaO - Al$_2$O$_3$ - SiO$_2$ 渣系

中一相不能变形；在富含 CaO 和 Al_2O_3 的一侧，即区域②具有很强的结晶能力，因而是不能变形的；区域③是可变形的夹杂物区域，即对 $MnO_2 - Al_2O_3 - SiO_2$ 三元系夹杂具有良好变形能力的夹杂物组成分布在锰铝榴石（$3MnO \cdot Al_2O_3 \cdot SiO_2$）及其周围的低熔点区，在该区域内 $w(Al_2O_3)/w(MnO + Al_2O_3 + SiO_2)$ = 15% ~30%；而在 $CaO - Al_2O_3 - SiO_2$ 三元渣系中，钙斜长石（$CaO \cdot Al_2O_3 \cdot 2SiO_2$）及其周围低熔点区域具有良好的变形能力。

脱氧过程中一旦析出夹杂，精炼过程中是无法从钢液中彻底去除的，特别是那些尺寸小于 $50\mu m$ 的夹杂要通过常规的精炼工艺去除是十分困难的。帘线钢中不允许有纯 Al_2O_3 夹杂和不变形的铝酸钙夹杂物存在。而不变形的铝酸钙夹杂也是在 Al_2O_3 夹杂物与 CaO 夹杂物生成的，因此避免生成纯不变形 Al_2O_3 夹杂是关键。

9.3.1.2 帘线钢夹杂物变形能力的控制

（1）帘线钢夹杂物中（Al_2O_3）含量对夹杂物变形能力的影响。由图 9 - 2 可见，LF 炉精炼渣中 $w(Al_2O_3)$ 对帘线钢中不变形夹杂物指数的影响。在 LF 炉精炼渣中 $w(Al_2O_3)$ 为 15% ~ 20% 时，钢中不变形夹杂物的指数最低。当 $w(Al_2O_3)$ 低于 15% 或高于 25% 时不变形夹杂物指数升高。

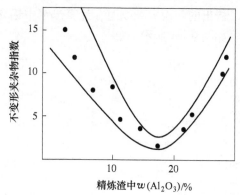

图 9 - 2　精炼渣中 $w(Al_2O_3)$ 对不可变夹杂物指数的影响

（2）钢中［Al］含量对夹杂物中 $w(Al_2O_3)$ 量的影响。研究表明，钢中［Al］含量对夹杂物中 $w(Al_2O_3)$ 的影响如图 9 - 3 所示。随着钢中铝含量的增加，夹杂物中 $w(Al_2O_3)$ 增加。当钢中铝含量增加到 0.0009% 时，夹杂物中 $w(Al_2O_3)$ 超过 20%。也就是说，随着钢中铝含量的增加，帘线钢中夹杂物由变形性良好的锰铝榴石（$3MnO \cdot Al_2O_3 \cdot SiO_2$）或钙斜长石（$CaO \cdot Al_2O_3 \cdot 2SiO_2$）向变形性不好的铝酸钙转变，再随着钢中铝含量的增加将会析出脆性的纯 Al_2O_3。

可见，要获得变形性良好的氧化物夹杂，就必须控制夹杂物中 $w(Al_2O_3)$ 为 15% ~25%。为此，必须将钢中［Al］含量控制在 0.0008% 以下，如果钢中

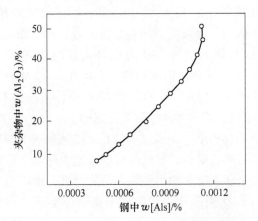

图 9 - 3　钢中 [Als] 与夹杂物中 Al_2O_3 含量的关系

[Al] 含量低于 0.0008% 就不会出现纯 Al_2O_3 夹杂。

　　薛正良等的研究认为：帘线钢中析出的脱氧产物主要包括两大部分：一部分是用硅铁和锰铁进行脱氧合金化时析出的一次脱氧产物；另一部分是钢液分别从精炼温度冷却至液相线温度和从液相线温度冷却到固相温度时析出的二次、三次脱氧产物。各次脱氧产物析出的比例决定于钢液中铝含量的高低。对于高碳钢，当忽略固相线温度以下析出的四次夹杂物时，计算出钢中铝含量对一、二、三次脱氧产物的比例的影响如图 9 - 4 所示。

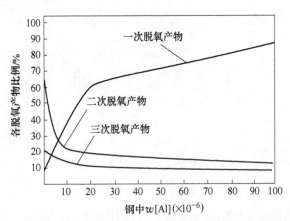

图 9 - 4　钢中 [Al] 含量对一、二、三次脱氧产物比例的影响

　　图 9 - 4 表明，一次脱氧产物的数量决定于钢中铝含量，当 $w[Al] \leqslant 3 \times 10^{-6}$ 时一次脱氧产物量小于 10%，一次脱氧产物（合金化时析出的脱氧产物）组成分布在具有良好变形能力的锰铝榴石范围内；若钢中 $w[Al] \geqslant 3 \times 10^{-6}$ 时，一次脱氧产物大 70%，此时的脱氧产物为 Al_2O_3。可见，为杜绝夹杂的产生，必须使钢中 $w[Al] \leqslant 3 \times 10^{-6}$。

（3）钢中［Al］含量的控制。在帘线钢生产过程中控制钢中［Al］含量的措施有：转炉出钢过程中采用硅铁或硅锰进行沉淀脱氧；严格控制原材料中的铝含量；控制硅铁合金中的铝含量不大于 0.05%。

硅铁中铝含量对钢中铝含量的影响如图 9-5 所示。控制硅铁中铝含量是控制钢中铝含量的重要环节。

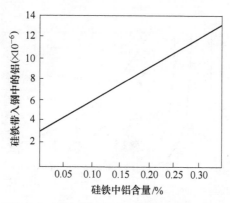

图 9-5 硅铁中铝含量对钢中铝含量的影响

图 9-6 给出在不同温度和碱度条件下，精炼渣中 $w(Al_2O_3)$ 对钢液平衡［Al］含量的影响。由图 9-6 可见，精炼渣中（Al_2O_3）含量对钢液平衡铝含量产生较大影响。精炼渣的碱度升高，渣中的（Al_2O_3）活度增高，不利于钢中铝含量的降低。精炼渣温度升高时对钢液平衡铝含量影响十分明显，且这种影响随渣中（Al_2O_3）含量的升高而增加。因此，采用低（Al_2O_3）含量和较低碱度的精炼渣精炼钢液对钢中铝含量的控制有重要意义。在工业生产的条件下，钢-渣之间的化学反应因受动力学的限制很难达到平衡状态，但选择适当的精炼渣组成可以降低钢中铝含量或至少可以避免精炼过程中钢液增铝。

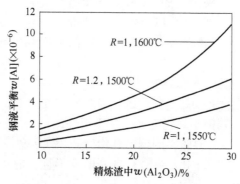

图 9-6 精炼渣成分和精炼温度对钢液平衡铝含量的影响

在对高碳钢进行真空脱气处理时，将发生精炼渣中（Al_2O_3）被钢液中碳还原使钢液增铝，即：

$$Al_2O_{3(s)} + 3[C] = 2[Al] + 3CO$$

根据有关文件，在 1550℃，渣中含量为 10% 的条件下，渣中的 Al_2O_3 活度 ($a_{Al_2O_3}$) 随炉渣碱度的增加而增加，碱度 R 为 1 时 $a_{Al_2O_3}$ 为 0.01，碱度 R 为 1.5 时 $a_{Al_2O_3}$ 为 0.03。不同真空度及不同精炼渣碱度情况下钢液平衡铝值如图 9-7 所示。

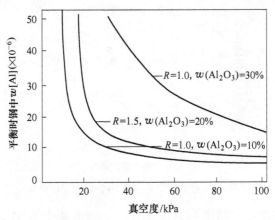

图 9-7　真空度、精炼渣碱度和 $w(Al_2O_3)$ 对钢中 [Al] 平衡值的影响

图 9-7 表明，高碳钢真空处理时，特别是真空度低于 20.265kPa 情况下，随着精炼渣碱度的升高，渣中的 Al_2O_3 活度增加，钢中铝含量增加。

（4）精炼渣碱度对夹杂物变形能力的影响。实验研究表明，不同精炼渣碱度（0.71 ~ 0.83、1.05 ~ 1.19、1.23 ~ 1.36）对应帘线钢中夹杂物 $w(Al_2O_3)$ 为 8% ~ 25% 时精炼渣中 $w(Al_2O_3)$ 分别为 2.6% ~ 8%、2.5% ~ 7.6%、2.4% ~ 7.0%。

碱度为 0.71 ~ 1.0，夹杂物中 $w(Al_2O_3)$ 低于 15.06%，酸性渣系夹杂物成分较为分散；当 $w(Al_2O_3)$ 低于 12.08% 时，夹杂物在塑性区范围内；对于碱度为 1.23 ~ 1.36 的低碱性渣系，渣中 $w(Al_2O_3)$ 低于 8.54% 时，夹杂物仍在塑性区内。

王立峰等人的研究认为，当炉渣碱度为 0.71 ~ 1.0 时，若渣中 $w(Al_2O_3) \leqslant$ 15.06%，则钢中氧化物夹杂处于塑性区；当炉渣碱度为 1.05 ~ 1.20 时，若渣中 $w(Al_2O_3) \leqslant 12.80\%$，则钢中氧化物夹杂处于塑性区；当炉渣碱度为 1.23 ~ 1.36 时，若渣中 $w(Al_2O_3) \leqslant 8.54\%$，则钢中氧化物夹杂处于塑性区。

因此，为了保证帘线钢中夹杂物有良好的变形性，应该控制精炼渣的碱度 0.71 ~ 1.0，渣中 $w(Al_2O_3) \leqslant 8\%$。

9.3.1.3　帘线钢精炼渣的选择

由上述可以看出，为了控制帘线钢中夹杂物的变形能力，精炼渣系应该是低碱度（0.7~1.0）、低 Al_2O_3 含量（≤8%）。当然，由于帘线钢直径、用途及工艺水平等的不同，也有采用低碱度碱性精炼渣的厂家。下面介绍常见的帘线钢精炼渣组成。

日本住友公司：$w(CaO)=46\%$，$w(SiO_2)=47\%$，$w(Al_2O_3)=2\%$；

日本川崎公司：$w(CaO)=45\%$，$w(SiO_2)=45\%$，$w(Al_2O_3)=10\%$；

罗建华等推荐：$w(CaO)=25\%~45\%$，$w(SiO_2)=35\%~45\%$，$w(Al_2O_3)=15\%~20\%$；

赵烁等推荐：$w(CaO)/w(SiO_2)=0.8~1.0$，$w(Al_2O_3)=0~10\%$，$w(MgO)=8\%$，$w(CaF_2)=5\%$；

魏福龙等推荐：$w(CaO)=58.3\%$，$w(SiO_2)=16.55\%$，$w(Al_2O_3)=12.8\%$，$w(MgO)=7.17\%$。

9.3.2 帘线钢偏析度的控制

中心偏析是影响帘线钢拉拔及合股断丝的一个重要因素，为了提高帘线钢的质量，必须严格控制铸坯和盘条的偏析。

9.3.2.1 偏析对帘线钢质量的危害

帘线钢钢坯偏析程度过高，会对轧制过程组织控制带来不利影响，同时使钢中夹杂物分布不均，在加工过程中易发生断丝。

中心偏析使帘线钢拔丝极限和延展性降低，尤其是明显降低韧性，影响帘线钢的拉拔性能。

中心偏析降低了钢的中心致密度，会引起氢脆，降低钢的耐腐蚀性，使该处成为疲劳裂纹的根源，增加拉拔和合股时发生断丝的可能性。

偏析处碳的浓度增加，在热轧或加工条件下，该处发生马氏体转变。由于碳的浓度差别导致相变温度偏差和淬透性不同，该处成为淬火开裂、软点和异常变形的根源，且在偏析带中磷、硫及非金属夹杂物越多，更可能成为钢缺陷的起源。

9.3.2.2 控制偏析的对策

（1）控制钢的成分。钢液在凝固过程中，先凝固的地方溶质较多，后凝固的地方溶质较少，先凝固的晶体将后凝固的溶质推向结晶前沿，后凝固的地方溶质杂质多、熔点低，称为选分结晶。钢的成分偏析主要原因是钢液在凝固过程中的选分结晶造成的。

成分偏析（特别是碳偏析）被公认为是影响帘线用钢质量的重要因素之一，它导致钢材韧性、疲劳性能等均有所下降。如果在轧制过程中控冷工艺不合理，碳偏析还能加剧盘条网状渗碳体的产生，芯部马氏体增加，这是导致盘条断丝的重要因素。

生产 LX72A 时要求碳的含量控制在 0.70%~0.75% 范围内，较窄的控制范围进一步加大了钢坯冶炼的难度。铸坯的最高碳偏析指数设定在 1.1 以下。基于钢水在连铸过程中的凝固机理，铸坯在凝固过程中钢水流动、传热和溶质的再分配，必然导致最终凝固的钢水中富集溶质元素，这种富含元素的钢水在铸坯中心附近富集形成中心偏析。对于高碳钢，碳的偏析更为明显。

除碳以外应尽量降低钢中易偏析元素磷、硫的含量。

（2）控制过热度。连铸时钢水过热度大，钢坯的疏松和偏析程度就严重，降低过热度可促使中心区域的钢液更早地具备形核凝固条件，缩短钢液中溶质的富集的时间，从而减轻碳偏析程度。在没有中包加热的条件下，通过合理生产组织和温度控制，过热度也可以控制在 25℃ 以下。

（3）控制连铸坯的拉速。连铸坯的拉速越快，铸坯的疏松和偏析就越严重。帘线钢连铸过程中根据铸坯规格的不同，一般拉速为 1.0 ~ 2.45m/min 不等。

（4）应用电磁搅拌技术。电磁搅拌技术已在大工业化的生产中等到了广泛的应用，结晶器电磁搅拌及凝固末端电磁搅拌为解决高碳钢的碳偏析问题提供了有效的解决途径。

（5）二冷段的强冷技术。二冷段强冷虽能缓解铸坯的碳偏析问题，但对铸坯的表面质量势必有直接的影响。因此浇铸帘线钢的生产过程中，在提高二冷强度的同时，一定要注意铸坯的表面质量，防止出现表面裂纹。

（6）采用凝固末端轻压下技术。如图 9 - 8 所示，采用凝固末端轻压下技术可以降低铸坯中心的偏析度，明显改善帘线钢的铸坯质量。

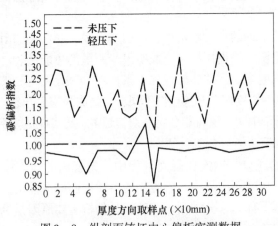

图 9 - 8　纵剖面铸坯中心偏析实测数据

9.3.3　帘线钢铸坯表面质量的控制

制作帘线钢的盘条，任何直观可见的表面缺陷（如椭圆、耳子、折叠、裂纹、结疤、轧痕、麻面、凹坑、机械划伤、厚度不均的氧化铁皮及严重锈蚀等）都会给随后的帘线钢的拉拔和合股工艺产生严重影响，增加断丝的几率。而盘条的部分表面缺陷是由铸坯带过来的，因此必须提高铸坯的表面质量。

生产帘线钢的铸坯表面质量要求十分严格，铸坯表面不能有针孔、凹坑、结疤、微小夹杂和裂纹。必要时还要对铸坯进行表面清理。关于改善铸坯表面质量的工艺措施在4.3节中已经做过详细介绍，故不再赘述。

9.4 帘线钢的生产工艺

9.4.1 国内外冶炼帘线钢的基本工艺

2011年有人汇总了国内外一些炼钢厂冶炼帘线钢的基本工艺，现将日本的神户制钢、新日铁，德国蒂森、鲁尔奥特，英国乔治敦、萨斯基特，韩国浦项，我国的宝钢、武钢及鞍钢等厂冶炼帘线钢的工艺列入表9-14。

表9-14 世界冶炼帘线钢的主要工艺

厂 别	工 艺	坯形/mm×mm
神户制钢	铁水预处理→转炉→钢包精炼→RH→CC	380×550
新日铁	转炉→钢包精炼→RH→大方坯连铸	350×560
蒂 森	高炉→铁水预处理→LD→RH→TN喷粉→CC	125×125
		140×140
		265×380
鲁尔奥特	BOF→LF+VD→CC（M-EMS，强制冷却）	130×130
乔治敦	EAF→LF→CC（强制冷却）	120×120
萨斯基特	BOF→RH→CC（S-EMS、F-EMS，强制冷却）	130×130
浦 项	铁水预处理→转炉→挡渣、合金化→RH精炼→大方坯连铸	
宝 钢	模铸工艺：脱硫铁水→300t转炉→精炼→模铸	
	连铸工艺：废钢+铁水→150t电炉→精炼→CC	160×160
		320×425
武 钢	LD→LF→VD→LF→CC（M-EMS）	200×200
鞍 钢	LD→LF→VD→CC	380×280
		410×380

9.4.2 帘线钢冶炼工艺解析

以某150t转炉冶炼LX82A为例解析帘线冶炼工艺。

9.4.2.1 工艺设计

工艺流程为：铁水预处理→BOF→LF→RH→CC（结晶器末端电磁搅拌、凝固末端轻压下）。

成分设计如表 9 – 15 所示。

表 9 – 15　某厂 LX82A 成分设计　　　　　　（%）

元素	C	Si	Mn	P(≤)	S(≤)	Ceq
标准	0.80 ~ 0.85	0.15 ~ 0.30	0.46 ~ 0.60	0.02	0.015	0.83 ~ 0.90
放行	0.80 ~ 0.83	0.18 ~ 0.30	0.48 ~ 0.58	0.018	0.012	0.83 ~ 0.90
内控	0.81 ~ 0.83	0.18 ~ 0.28	0.48 ~ 0.58	0.015	0.012	0.83 ~ 0.98
目标	0.82	0.23	0.53	0.015	0.01	0.86
钢包	0.69 ~ 0.78	0.16 ~ 0.22	0.42 ~ 0.50	0.014	0.011	
其他	Cu、Ni、Cr：≤0.05，Als：≤0.005，N：≤0.005%					

温度制度为：（液相线）1477℃ →（中间包）≥1482℃ →（连铸到站）≥1545℃ +5℃ →（LF 出站）1545℃ +5℃ →（LF 进站）1490℃ +5℃ →（氩站出站）≥1520℃ →（转炉出钢）1630℃ +10℃ →（铁水）≥1300℃。

9.4.2.2　生产准备

（1）设备准备。转炉（烟道、氧枪等）、LF 不得有漏水现象，铸机保护浇注（含氩气系统）、电磁搅拌、轻压下、液面控制等设备正常。

转炉出钢口形状标准，出钢流圆滑、规整，保证出钢时间 4 ~ 6min。

（2）原料准备。

1）铁水：经预处理后 $w[P] \leq 0.10\%$，$w[S] \leq 0.005\%$，$w[Ti] \leq 0.05\%$，表面无渣，温度不低于 1300℃。

2）废钢：采用精料重废钢（如切割坯头、坯尾、非定尺、切割废钢等），且清洁、干燥，不得含渣土等杂物，不得使用含镍、铜、钛较高的废钢。

3）石灰：$w(CaO) \geq 85\%$，$w(SiO_2) \leq 2\%$，$w(S) \leq 0.05\%$，粒度 30 ~ 80mm。

4）保护渣：帘线钢用结晶器保护渣的成分和性能如表 9 – 16 和表 9 – 17 所示。

表 9 – 16　帘线钢连铸保护渣成分　　　　　　（%）

成分	SiO₂	CaO	Al₂O₃	MgO	Fe₂O₃	F	C
含量	30 ±3	21 ±3	4 ~ 8	≤5	约3	3 ~ 9	14 ~ 20

表 9 – 17　帘线钢连铸保护渣物理性能

熔点/℃	熔速/s	黏度（1300℃）/Pa·s	容重/g·cm⁻³	水分/%	碱度
1100 ±30	40 ±5	0.6 ±0.05	0.7 ±0.15	≤0.5	0.70 ±0.05

5）中间包覆盖剂：帘线钢连铸用中间包覆盖剂的成分如下：$w(CaO) = 40\% ~ 44\%$；$w(MgO) = 12\% ~ 14\%$；$w(SiO_2) = 26\% ~ 29\%$；$w(Al_2O_3) \leq 4\%$；

$w(P_2O_5) \leq 0.2\%$；$w(S) \leq 0.5\%$；$w(FeO + MnO) \leq 1\%$。

（3）铁合金准备。硅铁、硅锰及锰铁应经干燥处理。合金中铝含量小于 0.05%。

9.4.2.3　转炉炼钢

（1）冶炼工艺。转炉冶炼采用恒氧压、变枪位操作，复吹采用底吹氩工艺；铁水磷大于 0.100% 时采用预装脱磷剂工艺，采用一次拉碳工艺。

（2）转炉吹炼终点控制：$w[C] = 0.50\% \sim 0.60\%$，$w[P] \leq 0.013\%$，$w[S] \leq 0.010\%$，$R = 3.5 \sim 4.0$，钢水温度 1610~1625℃

（3）清理出钢口；认真挡渣出钢；采用硅铁脱氧，同时加入硅灰石系合成渣（2kg/t）渣洗。

9.4.2.4　LF 炉精炼

LX72A 钢采用 LF 炉精炼，净化钢质、调整成分。精炼工艺包括如下几方面：

（1）选择优质造渣材料。使用质量好、活性度高、干燥的石灰、石英砂造渣，造渣剂用量为 6~10kg/t。

（2）扩散脱氧剂的使用。渣中脱氧采用硅铁粉、复合硅等，造低碱度（$R = 0.8 \sim 1.2$）埋弧性能好的精炼渣。禁止用含铝物料进行脱氧等，且使用低铝硅铁调硅。

（3）化渣后，吹氩 3min 以上，测温、取样，总周期控制约 60min（含软吹 15min 以上）。

（4）LF 炉炉盖漏水禁止冶炼，精炼全程除测温取样时炉门打开外，其余时间关闭炉门，防止钢水吸气，保证炉内微正压气氛（轻微冒烟为标准）。

（5）成分微调尽可能在冶炼中期完成，采用碳线进行成分微调，碳、锰含量按目标控制。

（6）精炼渣成分控制：$w(SiO_2) = 40\% \sim 45\%$，$w(CaO) = 35\% \sim 40\%$，$w(Al_2O_3) \leq 10\%$，$w(MgO) \leq 6\%$。

（7）离站加入碳化稻壳 20 袋（约 120kg/炉），且均匀覆盖，进行钢液面保温。

（8）帘线钢成分控制：目标范围 $w[Si] = 0.18\% \sim 0.25\%$、$w[Mn] = 0.52\% \sim 0.58\%$（目标值 0.55%）。

（9）保证软吹氩时间不少于 15min，全程控制吹氩量，以免吸氮；要求钢水微动且不得露出钢液面。

9.4.2.5　真空处理

LF 精炼后进行真空脱氢处理，将钢中 [H] 脱至 0.00015% 以下。具体操作请参照 7.5.3.4 节。

9.4.2.6 连铸

LX82A 方坯用六流方坯连铸机生产，方坯规格为 150mm×150mm×12000mm。连铸工艺要点及主要措施包括以下几方面：

（1）为了改善方坯的中心偏析，浇注过程中采用结晶器电磁搅拌及末端电磁搅拌，控制钢水过热度（目标达到 25℃ 以下）；合理控制拉速及二冷水冷却模式，拉速采用 2.3m/min，二冷采取较强的冷却制度。

（2）防止空气卷入、耐材脱落和卷渣等二次氧化，钢包采用长水口，中间包采用铝碳质浸入式水口（水口浸入深度 90~120mm），并进行氩封；中间包覆盖剂要均匀覆盖，保证钢水液面不裸露；稳定拉速，控制结晶器钢水液面波动，防止保护渣卷入（液面波动控制在 ±0.3mm 以内）；采用专用结晶器保护渣，以利于夹杂物的捕捉；为保证大型夹杂物的上浮时间，以及防止浇注末期中包下渣，要求中包钢水深度不得低于 700mm。

（3）某厂 LX82A 方坯实际连铸工艺参数和电磁搅拌工艺参数见表 9-18 和表 9-19。

表 9-18 部分炉次方坯连铸工艺参数

熔炼号	支数	镇静时间/min	平台温度/℃	平均拉速/m·min⁻¹	浇注周期/min	中包温度/℃						中包平均温度/℃	中包过热度/℃		
													高	低	均
2E27397	55	4	1554	2.3	56	1507	1500	1505	1516	1519	1515	1510	42	23	33
2E27398	66	10	1538	2.3	57	1508	1506	1504	1504	1503	1501	1504	31	24	27
2E27399	67	8	1530	2.3	57	1497	1501	1498	1497	1496	1493	1497	24	16	20
2E17660	70	9	1534	2.3	58	1502	1510	1504	1504	1499	1496	1503	33	19	26
2E17661	62	7	1535	2.3	52	1502	1506	1502	1506	1497	1496	1502	29	19	25
2E17662	57	11	1535	1.9	61	1505	1515	1507	1505	1506	1504	1507	38	27	30
2E17663	59	6	1529	2.2	68	1507	1508	1507	1502	1501	1493	1503	31	16	26
2E37153	32	12	1532	2.1	64	1488	1503	1498	1494	1493	1493	1495	26	11	18

表 9-19 电磁搅拌参数

铸机	电磁搅拌	电流/mA	频率/Hz	搅拌方式
六流	结晶器	300	5	正反转
	末端	320	8	连续

（4）轻压下的压下速率为 0.5~1.0mm/m。

9.4.2.7 铸坯的缓冷

LX82A 铸坯浇注完后需要将铸坯成品放置在相对封闭、无较大的空气对流产生的库房中紧凑堆垛进行缓冷，以促进铸坯内部氢元素的释放，改善盘条的力学性能指标；消除铸坯内部应力，降低由于铸坯内外冷却不均造成的裂纹缺陷；降低由于铸坯裂纹缺陷而导致的成品盘条表面结疤的产生，提高产品成材率。

9.4.2.8　铸坯的表面清理

铸坯发运前需要进行铸坯表面检查，对端部毛刺及少量结疤、裂纹等缺陷进行清理，保证铸坯表面质量，从而保证 LX82A 盘条的表面质量。

参 考 文 献

[1] 宁东，张晓军，杨辉. 帘线钢中氮的产生原因及对策 [J]. 鞍钢技术，2008，3：38~41.

[2] 潘秀兰，王艳红，梁惠娟，等. 帘线钢先进炼钢工艺技术 [J]. 世界钢铁，2011，2：13~18.

[3] 宋玉埼. 神户制钢帘线钢线材化学成分及力学性能 [EB/OL]. 国际钢铁情报网，2014 - 5 - 7.

[4] 国内外主要帘线钢生产企业现状及其工艺流程 [EB/OL]. 冶金信息网，2013 - 12 - 2.

[5] Bemard G, Riboud P V, Urbain G. Oxide Inchsions Plasticity [J]. Revde de Metallurgie - CTT, 1988 (5)：421~433.

[6] 薛正良，于学斌，刘振清，等. 钢帘线用高碳钢 (82B) 氧化物夹杂控制热力学 [J]. 炼钢，2002，4：31~35.

[7] 薛正良，李正邦，张家雯. 夹杂物控制技术在阀门弹簧钢生产中的应用 [J]. 钢铁研究，1999 (7)：10~14.

[8] 王勇，王合礼，陈明跃，等. 帘线钢质量影响因素及控制措施 [J]. 天津冶金，2005，6 (8)：36~39.

[9] 薛正良，胡子军，于学斌，等. 帘线钢 82B 精炼过程中酸溶铝控制 [J]. 炼钢，2003，2：22~25.

[10] 王立峰，张炯明，王新华，等. 低碱度顶渣控制帘线钢中 $CaO - SiO_2 - Al_2O_3 - MgO$ 类夹杂物成分的实验研究 [J]. 北京科技大学学报，2004，26 (1)：26~29.

[11] 罗建华，王宁，宁东，等. 帘线钢连铸坯氧化物夹杂分布规律研究 [J]. 鞍钢技术，2014 (5)：10~12，17.

[12] 赵烁. 精炼渣对帘线钢中非金属夹杂物形态的影响 [J]. 昆明理工大学学报，2009，4：24~26.

[13] 魏福龙，何生平，李正松，等. 82B 硬线钢 LF 精炼造渣优化 [J]. 炼钢，2011，10：20~22.

[14] 曹磊，祭程，杨吉林，等. 轻压下帘线钢大方坯成分偏析特征及形成机制 [J]. 钢铁，2008，45 (8)：44~47.

[15] 刘善喜，常全宝，项有兵，等. 硬线钢钢水可浇性工艺研究 [J]. 钢铁，2011，46 (4)：36~40.

10 炼钢主要成本

本章主要探讨从炼钢原料开始到生产出合格钢坯（锭）全过程的成本，这当然必须考虑由于炼钢原因造成的轧后废品及用户异议对生产成本的影响。

炼钢的总成本包括固定成本和变动成本两大部分。固定成本包括劳动工资、设备折旧、管理费用等。变动成本包括原燃材料、能源介质、备品备件等。本章中重点讨论原燃材料和能源介质两大方面，以探索在满足钢种对洁净度要求的前提下通过新工艺的开发、新材料的应用和科学的管理来降低炼钢生产成本的有效途径。

炼钢工艺不同，其变动成本的结构也不同。但是，宏观来看，基本的组成都由铁水预处理、炼钢、精炼和浇注这四大部分组成。其中的差别就是有无铁水预处理之分、转炉炼钢与电炉炼钢之分；而电炉炼钢中又有全部以废钢为原料和以部分铁水为原料之分；在精炼工序中根据产品的不同而应用不同的精炼工艺之分；模铸与连铸之分。影响炼钢生产成本的解析如图 10-1 所示。

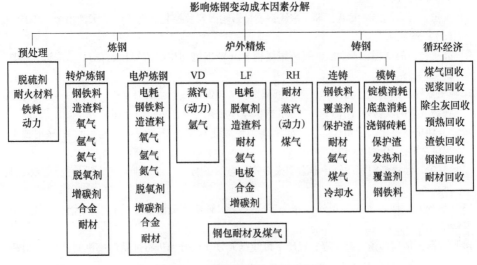

图 10-1 影响炼钢生产成本因素

10.1 钢铁料消耗

钢铁料主要是指装入炼钢炉的铁水和废钢，是构成炼钢成本的主要组成，约占钢坯（锭）总成本的80%。

钢铁料消耗是指每生产1t合格产品（钢坯或钢锭）所投入的铁水和废钢的总量，如生产1t合格钢水投入的铁水和废钢总和公斤数称为吨钢水钢铁料消耗；生产1t合格钢坯（锭）所投入的废钢、铁水总和公斤数称为吨坯（锭）钢铁料消耗；生产1t钢材所投入的废钢、铁水总和公斤数称为吨材钢铁料消耗。转（电）炉的连铸、模铸钢铁料消耗解析如图10-2和图10-3所示。

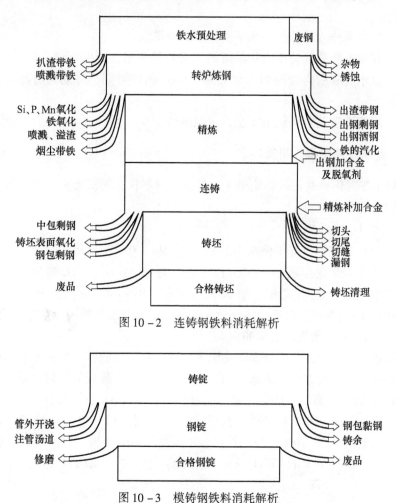

图10-2 连铸钢铁料消耗解析

图10-3 模铸钢铁料消耗解析

10.1.1 铁水预处理工序的钢铁料消耗

这一工序消耗主要是扒渣带铁、喷溅带铁及脱掉的化学成分。

铁水预处理的作用是脱硅、脱磷、脱硫。铁水在脱硫前后都要进行扒渣处理，由于铁、渣的混合，扒渣时必然要带出一部分铁。特别是采用镁基、氧化钙基脱硫粉剂时，浮渣黏度较高，带出来的铁量更大。另外预处理后扒渣时总是希望扒得越净越好，因此最后必将铁水扒出。渣量越大，铁损越多。

利用喷射冶金方法进行铁水预处理时，由于有喷溅发生，也会增加铁耗。一般情况下预处理工序铁耗在 0.5% ~ 1.5%。

为减少铁水预处理中的铁耗，可采取以下措施：

（1）预处理后，在时间允许的条件下，让铁水包镇静 5 ~ 8min，促进铁、渣分离。

（2）提高操作人员的扒渣水平，减少扒渣带铁。

（3）控制喷吹载气的压力和脱硫剂（镁）的流量，减少喷溅。

（4）铁水脱硫后向渣面加入含 CaF_2、SiO_2 的稀渣剂，降低渣的黏度，减少扒渣带铁。

（5）用捞渣工艺替代扒渣工艺，可减少铁损 50%。

10.1.2　炼钢工序的钢铁料消耗

炼钢工序对钢铁料消耗影响最大，包括元素氧化、喷溅溢渣、出渣带钢、出钢洒钢和出钢剩钢等。

10.1.2.1　元素氧化

转（电）炉炼钢过程中铁水中的 C、Si、Mn、P、Ti 等元素的大部分将被氧气（或氧化铁）氧化生成 CO（CO_2）、SiO_2、MnO、P_2O_5、TiO_2 等进入炉渣，减少了铁水的重量。铁水成分一般为 $w[C] = 4.0\%$ ~ 4.8%，$w[Si] \approx 0.5\%$，$w[P] \approx 0.10\%$，[Mn]、[Ti]、[S] 含量较少，出钢时氧化掉的元素总量为 5% ~ 6%。这一部分损耗是无法避免的。

炼钢炉冶炼前期，一部分铁氧化成氧化铁，氧化铁的存在加速了造渣料的熔化，促进脱磷反应的进行。冶炼后期，由于钢水中碳含量较低，氧含量较高，渣中（TFeO）含量增高。铁的氧化量可通过炉渣中（FeO）含量反算求得。

由于冶炼工艺、原材料条件、操作水平的不同，转（电）炉炼钢的渣量差别较大，一般为 7% ~ 10%，故冶炼过程中氧化掉铁的量为（以渣量 8% 为例）：

$$G = 8\% \times w(TFeO) \times w(Fe/FeO) = 0.0624 \times w(TFeO)$$

式中　　　G——铁耗，%；

$w(TFeO)$——渣中氧化铁含量，%；

$w(Fe/FeO)$——铁与氧化铁分子量比值，0.778。

由上述可知，铁氧化耗损占钢铁料消耗的比例较大，降低铁氧化耗损是降低炼钢生产成本的重要内容。为减少铁氧化耗损采取的主要措施如下：

（1）通过控制铁水中 [Si] 含量及根据本厂工艺和资源条件，采用合适的造渣工艺（适量石灰石造渣、二次造渣、预加合成造渣剂等），降低石灰消耗，减少渣量。

（2）预加铁皮球、烧结矿、脱磷剂等合成造渣材料，减少冶炼前期铁的氧化量。

（3）做好前期脱磷，避免吹炼后期高温、高氧化性渣脱磷；造好过程渣，保证冶炼终点温度，避免后期过氧化升温；按钢种成分要求确定冶炼终点碳，避免低碳出钢；高碳钢可高拉补吹，其他钢种避免后吹和过吹，以降低渣中（FeO）含量，减少铁的氧化。

（4）电炉炼钢原料配碳量应高于合理终点碳 1%。冶炼后期（出钢前 10 ~ 15min）应停止供氧，采用大电流升温，以避免终渣中（FeO）含量，减少铁的氧化。

（5）控制废钢块度，避免冶炼终点时因废钢不熔化而过度吹氧助熔造成渣中（FeO）含量增高。

（6）复吹可以优化熔池的化学反应的动力学条件，可以显著降低钢、渣中的含氧量，降低钢铁料消耗，因此必须保证复吹的工艺效果。

10. 1. 2. 2　减少喷溅和溢渣

溢渣、喷溅，特别是爆发性喷溅，将会有部分钢水随同炉渣一起喷向炉外，造成钢铁料耗损。故要求：

（1）强化造渣工艺。转炉炼钢头批料化透，躲过返干期，避免突然升温后脱碳反应激烈而造成喷溅。

（2）控制炉底上涨。控制转炉炉底上涨高度（≤300mm），防止因炉容变小而造成溢渣、喷溅。

（3）调整供氧制度。电炉低温时，控制供氧量，防止温升后脱碳反应突然加剧而造成爆发性喷溅。

10. 1. 2. 3　烟尘带铁

炼钢炉冶炼过程中部分铁汽化，部分铁粒随烟尘上升，这些铁在途中将与空气中的氧化合成为氧化铁（FeO、Fe_2O_3、Fe_3O_4）被除尘系统收集变为除尘灰。一般除尘灰中含铁为 40% ~ 60%，除尘灰量为钢水的 1% ~ 1.5%，这一部分的消耗为钢水量的 0.5% ~ 0.8%。除尘灰是无法避免的，但应该回收并充分利用。

10. 1. 2. 4　避免洒钢

洒钢是由于炉口形状不好（深沟状、黏渣过高）、出钢口黏有胡须状残钢、出钢时钢包对位不及时、倒炉过快等原因造成在倒渣或出钢时钢水进入渣罐或洒到包外。这种现象的出现不仅增加了钢铁料损耗，还容易引起生产事故。

（1）维护好炉口和出钢口。保持炉口有良好的形状，当发现拉沟或黏渣过多时应及时清理或垫补。保持出钢口有良好的形状，每次出钢后必须及时清理掉出钢口处的残钢，当出钢口扩大超过标准时必须更换。

（2）规范操作。强化操作培训，倒渣时"低挡慢速"，逐渐倾动，随时观察渣流中是否带钢，发现渣流发白或有火花飞出时及时回抬，避免钢水流出。

（3）保证炉下渣道通畅。每炉出钢后及时清理炉下钢、渣车轨道上的残渣、残钢、异物等，保持车辆畅通无阻、运行自如。在出钢过程中操作者应随时观察炉体的倾斜角度和钢包车的位置，确保钢流准确进入包中，避免钢水洒到包外。

10.1.2.5　减少出钢剩钢

防止初炼炉炉渣进入钢包是低成本生产洁净钢的重大工艺措施。为此，转炉开发了多种出钢挡渣工艺，电炉也应用了偏心底出钢的设施。但是，在出钢后期由于旋涡作用，总有钢水和炉渣混出的阶段，特别是由于电弧炉回倾速度较慢，钢、渣混出的时间更长，为此，确立了电弧炉留渣留钢出钢的工艺。

（1）电弧炉出钢留钢量的确定对钢铁料消耗的影响较大，应根据现场标定，以不出渣为原则，确定合理的留钢量。

（2）应根据连铸和模铸对钢水量的要求，确定钢铁料的装入量，避免因为计算不准造成炉内剩钢。特别是转炉炼钢时，发生炉内剩钢时不仅影响钢铁料消耗、浪费能源，而且还影响溅渣护炉效果。在不留渣操作的情况下，剩钢将随炉渣一起倒出，增加了钢铁料消耗。在采用留渣操作工艺时，剩钢会加剧再次兑铁时的喷溅。

（3）加强转炉出钢口内侧日常维护，防止因出钢口周围耐火材料出现凸起而导致出钢时剩钢。

10.1.2.6　降低脱氧剂及铁合金的消耗

炼钢厂的成本构成中脱氧剂和铁合金的消耗占有很大的比例。由于目前多以金属铝或铝基材料作为脱氧剂，铝的价格昂贵，因此其加入量的多少影响成本的变动量大。

合金钢，特别是高合金含量的特殊钢，其合金的加入量更大。合金价格昂贵，其加入量的微小变化都会给炼钢成本带来巨大的影响。因此，努力降低脱氧剂和铁合金的消耗在降低炼钢成本上有重大的意义。降低脱氧剂和铁合金消耗的措施如下所述：

（1）强化炼钢炉操作，避免出低碳钢、高氧化性钢、高温钢，尽可能减少初炼炉钢水的含氧量。

（2）加强（转炉）出钢挡渣、（电弧炉）出钢留渣操作，避免炼钢炉渣进入钢包。

（3）确定合理的出钢脱氧合金化工艺，按规定要求确定加入脱氧剂及合金的种类、数量、顺序和时机。在选择脱氧剂和合金的种类时必须同时兼顾质量和成本。

（4）合理控制钢中铝含量，对于钢中铝含量没有特殊要求的钢种，铝脱氧镇静钢成品中铝含量应尽量控制在 0.015% ~ 0.020%。

（5）控制钢中合金成分，坚持成品钢中合金元素中、下限控制的原则。

10.1.3　连铸工序的钢铁料消耗

连铸工序的工艺、操作对钢铁料消耗影响较大，主要是中包剩钢、钢包剩钢、切头切尾、铸坯表面氧化、切割、废品、连铸漏钢及铸坯清理等。

10.1.3.1　中包和钢包剩钢

为了防止浇注末期涡流卷渣，减少钢中的夹杂物含量，浇注完了时钢包和中间包内留有一定量的钢水。这一部分就成了钢铁料损耗。对于不同洁净度度要求的钢种，钢包和中间包浇注末期的剩钢量标准是不一样的。普通钢种钢包剩钢应为 1 ~ 1.5t/包、中间包剩钢为 3 ~ 4t/浇次；对钢中夹杂物含量要求严格的特殊钢种，钢包剩钢应为 2 ~ 4t/包、中间包剩钢为 6 ~ 8t/浇次。为了尽可能地减少剩钢应该增加连浇炉数，降低中间包剩钢比率；利用钢包和中间包电子秤控制剩钢量；减少水口结瘤，防止中途断浇。

10.1.3.2　减少漏钢事故

漏钢本身就造成钢铁料损耗，由于发生漏钢而停浇还会造成中包或钢包剩钢量增加，又造成了钢铁料损耗。

近年来，随着连铸工艺的完善和提高，连铸生产漏钢事故已经很少，但漏钢毕竟是连铸生产中的大事故，它不仅影响钢铁料消耗、损坏设备，还会打乱生产秩序。减少漏钢的主要措施有强化开浇前结晶器封闭、严格控制钢水过热度、改善保护渣熔化性能及提高铸坯的表面质量（减少结疤、重皮、裂纹等）。关于提高铸坯表面质量的措施在 4.3 节中已经阐述。

10.1.3.3　切头切尾

坯头、坯尾直接变为废钢，因此其量越少越好。减少措施如下：

（1）根据不同的钢种和坯形，对坯头、坯尾分段切片检验，确定合理的切头、切尾位置。

（2）提高连浇炉数，减少切头、切尾数量。

（3）认真计算，使规定的坯数与浇入钢水重量成倍数关系，减少半截坯。

10.1.3.4　切缝和氧化

铸坯切割时切缝的钢熔化成氧化渣，造成钢坯的损耗。切缝的数量根据要求的坯长不同而不同。但是切缝的宽度要尽可能窄，一般为 8mm 左右，当发现切缝超出规定范围时，应该及时清理火焰切割器的烧嘴，必要时更换。

从结晶器里出来的高温钢坯在水冷却的过程中，表面的钢氧化成氧化铁皮在后续的行进中脱落，成为铁的损耗。

10.1.3.5　铸坯质量的影响

铸坯质量直接影响钢铁料消耗，一部分因为表面有缺陷（结疤、裂纹、表面夹杂等）时，需进行扒皮，即修磨或火焰清理，造成钢的耗损。清理后仍不合格的就变成废品，增加了钢铁料耗损。铸坯内部疏松、偏析、夹杂等原因也可能造成铸坯或轧材局部或批量报废。钢坯的合格率对钢铁料消耗指标的影响极大。提高连铸坯质量的措施在 3.4 节中已经阐述。

10.1.3.6　模铸工序

模铸工序的影响钢铁料消耗的主要体现在以下环节：

（1）某些炼钢厂自动开浇率很低，为了避免引流砂剂进入中注管，就采用管外开浇的工艺。一次管外开浇，会将 300 ~ 500kg 钢水变为废钢，这是一种极不好的操作习惯。应该提高引流砂的质量、认真填装引流砂和缩短钢包盛钢时间来提高自动开浇率，采取中注管上放置挡渣纸帽的方法去除引流砂。

（2）如果出钢量和锭量匹配不好就可能没有余量甚至形成"短锭"，过多时将有大量铸余。出钢量的多和少都会增加了钢铁料消耗。因此按浇注钢锭量来确定出钢量是至关重要的。

（3）浇注后期钢液温度低时，就会有钢水凝固在包底，形成残钢，增加了钢铁料消耗。为此，必须保证开浇温度，以图浇注顺利，减少"包底"。

10.2　能源介质消耗

炼钢过程中的能源介质消耗内容很多，与生产工艺关系较为密切的有冶炼用电、煤气、氧气、氩气、氮气、蒸汽、压缩空气、水等，如图 10 - 4 所示。本节重点讨论电、煤气、氩气、氮气的消耗。

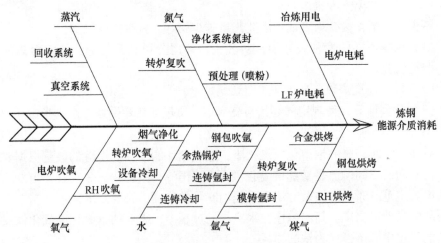

图 10 - 4　炼钢主要能源介质消耗

10.2.1　降低冶炼用电消耗

10.2.1.1　电弧炉炼钢的电耗

电耗是电炉炼钢的重要经济指标，费用的高低直接影响炼钢的成本。降低电耗的主要措施如下：

（1）合理装料制度。

1）严格限制重料的尺寸（≤1.5m）和重量（≤1.5t），避免延长熔化时间。

2）控制料型比例，重料、中料与轻料的比例为（35~45）:（40~45）:（15~25）。

3）按标准次序装料，如图10-5所示。

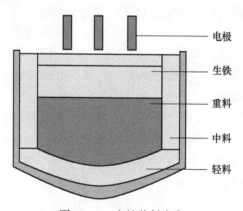

图10-5　电炉装料次序

（2）缩短熔化期。熔化期大约占整个冶炼时间的一半以上，因此缩短熔化期对于提高生产率、降低电耗、提高钢质量和延长炉衬寿命都具有十分重要的意义。多年来，我国炼钢工作者在这方面积累了丰富的经验，做出了一定的贡献。成熟的经验如下：

1）熔化期吹氧助熔可以使钢中Fe、Si、Mn、C等元素发生直接氧化，放出大量热，熔化炉料。

2）通过切割炉料，造成人工塌料，使远离高温区的冷料早些进入高温区，以加速熔化过程促进熔池均匀加热。

3）吹氧之所以能够助熔是因为金属中各种元素直接氧化时放出大量的热。因此只有在炉料已经具备了发生强烈氧化的条件时，才能开始吹氧助熔（通常是在炉门口的炉料已经发红并炉内已经形成熔池时开始吹氧为宜）。吹氧过早会增加氧气和吹氧管的消耗，吹氧过晚则不能充分发挥吹氧助熔的作用，不能显著缩短熔化时间。但也要考虑吹氧早晚对合金元素烧损量的影响。如用返回法冶炼高钨钢时，在熔化末期钢温偏高时开始吹氧，钨的回收率要高些（我国有些钢厂认为，采用吹氧助熔，可以使熔化时间缩短20~30min，每吨钢的电耗80~100度，钢的质量也有所提高）。

4）电炉氧气的压力应根据炉容的大小进行调整，一般为 0.6~0.8MPa。

5）为提高升温速度、减少铁的氧化、保证终点碳含量，装料时的配碳量应高于成品含碳量的 0.8%~1.0%。

6）除电能外，向炉内引入第二热源以加速炉料熔化已被应用。配加的燃料有油（重油或柴油）、煤气和煤粉等，普遍应用的是通过煤氧枪在向炉内吹入氧气的同时喷入无烟煤粉。

7）我国许多厂是采用扩大装入量的方法提高炼钢炉的吨位，因此造成变压器的能力过小（<200kV·A/t）。高功率、超高功率电炉的功率是普通电炉的 3 倍以上，冶炼时间缩短 1/2，吨钢电耗平均降低 80 度。

（3）避免高温脱磷。电炉钢多为特殊钢种，对磷的要求很严格，故应采取预加脱磷剂等方法，实现早期（低温）脱磷，避免后期高温脱磷，以降低电耗。

（4）造泡沫渣。熔化后造泡沫渣，可起到良好的埋弧作用，提高电弧的热效率，减少钢液的热量散失。

（5）提高电炉原料的铁水比率。铁水本身的物理热较高（1250~1350℃），含碳量也较高（4.2%~4.7%），在有铁水的条件下，利用一部分铁水作为电炉炼钢的原料可显著降低冶炼电耗，铁水的配比为 20%~80%。

10.2.1.2　LF 炉冶炼电耗

LF 炉精炼的主要成本就是电耗。LF 炉的功率约为 200kV·A/t，也就是说，每供电 1min 就耗电 3.3 度左右。因此缩短供电时间是降低生产成本的关键。可采取以下措施：

（1）为 LF 炉提供合格的初炼钢水。保证炼钢炉的出钢温度不低于 1620℃。为此，可采用红包受钢、铁合金预热等措施，减少出钢过程中的钢水温降。

钢水中各元素成分进入规格的下限，在 LF 炉中成分只做微调，减少 LF 炉的升温负担。

（2）良好的顶渣。做好出钢挡渣，沉淀脱氧彻底。通过加入合成渣和顶渣改质剂使顶渣的碱度高（$R \geqslant 4$），氧化性弱（渣中 $w(TFeO) + w(TMnO) \leqslant 5\%$），生产铝脱氧镇静钢时渣中 $w(Al_2O_3) \geqslant 20\%$。

（3）造好埋弧渣。LF 炉精炼时造好埋弧渣，埋弧渣作用是将电弧埋在渣中，使电弧的热量通过炉渣尽可能多地传导到钢液中去，减少钢液表面的热量散失，将钢液和大气充分隔离开减少增氮和增氧。

（4）严格控制渣量。加入 LF 炉的渣料越多，其熔化和升温所需要的热量越多，势必要增加电耗。一般 LF 炉的顶渣总量控制在 10~15kg/t 为宜。

（5）强化生产组织。按甘特图组织生产，协调好炼钢、精炼、浇注之间的时间匹配，避免因等待而降温，杜绝因低温返回再次精炼。

10.2.2　降低氧气消耗

根据铁水含碳量的不同，转炉炼钢的氧气消耗量也不同，标态下一般为50～55m³/t。制定合理的转炉炼钢供氧制度，采用预置脱磷剂、加入复合造渣剂、顶底复合吹炼、少渣吹炼等工艺可以降低氧气消耗。

在电弧炉炼钢中，炉内形成熔池后再供氧，钢液含碳量达到预定值后停止供氧。合理调配氧耗和电耗。

10.3　造渣材料消耗

电炉炼钢、转炉炼钢及炉外精炼的主要造渣材料是石灰、白云石和合成造渣剂等。关于石灰消耗及降低石灰消耗的措施在第 3 章中已论述过，在此不再赘述。

10.4　耐火材料消耗

由于生产品种、工艺路线、操作水平不同，各厂炼钢的耐火材料消耗所占成本的比例差距较大，为2%～6%。如图 10 - 6 所示，耐火材料消耗主要是转炉（电炉）炉衬及修补料、钢包内衬和耐火材料附件及修补料、真空处理装置的耐火材料、模铸浇钢系统耐火材料等。

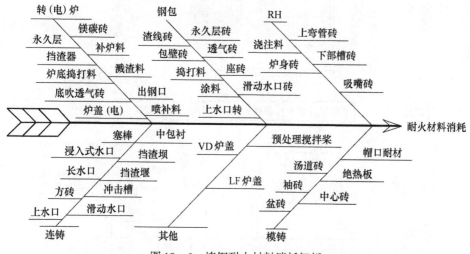

图 10 - 6　炼钢耐火材料消耗解析

影响耐火材料消耗的因素很多，有耐火材料的质量、砌筑的质量、钢包的烘烤、渣的成分、冶炼的时间、生产的组织等。耐火材料的质量好坏不仅影响炼钢成本，而且直接影响成品钢的质量、炼钢生产效率及生产安全。这些在第 5 章中已论述过，在此不再赘述。

11 炼钢厂循环经济

现代化炼钢厂的经营原则必须是高效、环保、优质、低耗。而循环经济又是直接关系炼钢生产能否做到环境友好、物质循环利用及降低消耗的大事。也就是说，炼钢生产过程中产生的固、液、气体必须进行有效的收集并充分地利用。本章详细介绍如图 11－1 所示的炉气、废水、废渣、废耐材、原料（铁合金、石灰、轻烧白云石、萤石等）筛下物及其他含铁废料等。

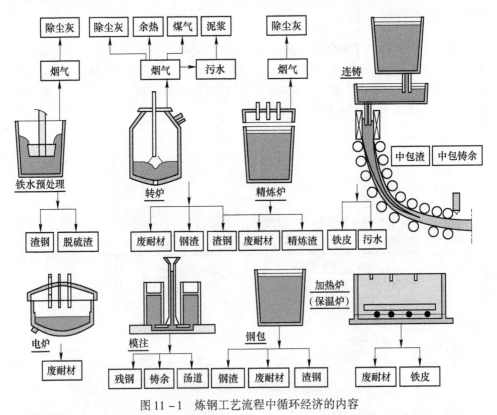

图 11－1　炼钢工艺流程中循环经济的内容

11.1　转炉炼钢烟气净化与回收

氧气顶吹转炉炼钢的主要化学反应，是由喷枪从顶部向熔池吹入的氧气与铁水中的碳、硅、锰、磷等进行氧化反应。其中氧与铁水中碳反应是最主要的反应。反应过程中产生大量含尘、含一氧化碳的高温气体。这些含尘高温烟气的收集、处理和利用的过程称为转炉烟气净化与回收工艺。

11.1.1　转炉炼钢烟气净化与回收的意义

应用转炉烟气净化与回收工艺的意义在于：保证转炉炼钢工艺设备的正常运行；烟气排放符合国家环保法规标准；废水净化循环使用；烟气中的热能、一氧化碳及含铁粉尘回收利用，从而实现环境友好、降低成本、变废为宝、循环经济。

（1）保证转炉炼钢工艺设备的正常运行。转炉炼钢过程中产生的含有大量一氧化碳、铁及其他氧化物等高温粉尘的烟气若不进行净化处理或处理得不好，不仅影响工艺设备的正常运行，还可能酿成设备和人身的安全事故甚至是恶性事故。

汽化冷却的漏水、系统的泄漏、系统管路的堵塞、煤气的燃爆、静电除尘器的泄爆等都会影响正常生产的进行，甚至造成停产。

烟气中的灰尘会加剧烟气管道的磨损，降低管道的使用寿命。灰尘过多时容易在管道的转弯处堆积，增加除尘系统的阻力，加大风机负荷，降低除尘效果，烧损设备。

温度和含尘量都高的烟气，长期磨损风机的机壳和叶片会缩短风机的使用寿命。当高速旋转的风机叶片积灰过多时将破坏其动平衡，造成叶片在旋转中摆动，形成所谓的"喘振"，喘振时就必须停机对叶片进行清扫，严重的喘振可能造成风机叶片撞击机壳，轻者损坏叶片，重者会酿成风机爆炸之类的恶性事故。

因此，要想转炉炼钢稳产、高产，首先必须保证其烟气净化与回收系统运行正常与平稳。

（2）净化处理与环境污染的关系。转炉炼钢过程中产生的大量含有一氧化碳、铁及其他氧化物的高温粉尘，经过净化处理后进行煤气回收，在非回收期间通过烟囱向大气中排放。排放的烟气可在大气中飘散 2~10km 远。烟气中所含粉尘不仅危害炼钢厂的工人健康，而且严重地污染厂区周围的环境，危害附近人们的身体健康和农作物的生长，成为一大社会公害。

随着工业和科学技术的发展，环境污染问题越来越引起人们的重视，从 1975 年开始，国家和各地陆续建立起环保监测机构，规定了一系列排放标准。

1979 年国家颁布了《环境保护法》，其中规定：防止污染和其他公害的设施，必须与主体工程同时设计、同时施工、同时投产；各项有害物质的排放必须遵守国家规定的标准。

1996 年《工业三废排放标准》规定，炼钢炉排放烟气的含尘量三级标准为不大于 $200mg/m^3$，二级标准为 $150mg/m^3$，一级标准为 $100mg/m^3$。

目前国家规定的炼钢烟气排放的含尘量标准已降到不大于 $80mg/m^3$，2015 年要求达到 $50mg/m^3$，某些一类地区要求 $20mg/m^3$。

（3）回收蒸汽和煤气降低炼钢能耗。高温的烟气中含有大量的物理热和化学热，转炉炉气的温度很高，一般在 1450 ~ 1800℃ 之间，平均为 1520℃。进入烟道时由于炉气中的部分一氧化碳与从炉口进入的空气中的氧进行反应，烟气温度又进一步升高。采用未燃烧法时为 1720 ~ 1800℃，而采用燃烧法可高达2300 ~ 2800℃。如能将这些热量有效地回收，将会节省大量的能源。

氧气顶吹转炉炼钢的特点之一是炉内反应激烈，产生的炉气量大，吹炼过程中铁水中的碳等元素发生激烈地氧化，生成大量的一氧化碳和少量的二氧化碳。

在目前绝大多数采用未燃法的工艺条件下，出炉口后的烟气中一氧化碳含量为 20% ~ 80%，平均为 60% 以上。如果将这些一氧化碳回收起来，将是一笔巨大的能源收获。

每炼 1t 钢可以回收含一氧化碳约 60% 的转炉煤气约 $100m^3$，年产 100 万吨钢的转炉炼钢厂年回收煤气约为 1 亿立方米一氧化碳含量为 60% 左右的煤气。这将节约大量能源，创造十分可观的财富。尤其在当前世界性能源紧张的形势下，搞好综合利用，节约能源更具有现实意义。搞好转炉炼钢的蒸汽和煤气回收是实现零能或负能炼钢的根本途径。

（4）回收烟气中的粉尘。转炉炼钢产生的烟气中含有大量的烟尘，其主要成分是氧化铁、氧化亚铁、氧化钙、二氧化硅、氧化镁及其他一些氧化物，其中以含铁料为主。

采用未燃法烟尘的大致成分如下：全铁 40% ~ 60%、氧化钙 12% ~ 15%、氧化镁 2% ~ 5%、二氧化硅 2% ~ 4%。

全铁含量 40% ~ 60% 的尘（或尘泥）和矿粉一样珍贵，是优秀的炼铁原料，而氧化钙、二氧化硅、氧化镁又是良好的造渣材料。这些都是可以充分利用的宝贵资源。

转炉炼钢过程中，吨钢产生尘量为 20 ~ 30kg，100 万吨的炼钢产量就会有 2 万 ~ 3 万吨的烟尘量，全部回收利用后可创造效益 15 ~ 20 元/t 以上。

11.1.2 转炉炼钢烟气净化与回收的基本工艺

11.1.2.1 转炉炼钢烟气余热回收工艺

在转炉烟气净化回收系统中，设置了汽化冷却烟罩和汽化冷却烟道，利用烟气的高温使汽化冷却烟道（罩）内的热水汽化转变为过热蒸汽，送到蓄汽器中储存备用。其工艺流程如图 11 −2 所示。温度为 1580 ~ 1800℃的烟气到汽化冷却烟道出口时降到 800 ~ 1000℃。可以实现回收过热蒸汽 90 ~ 110kg/t。

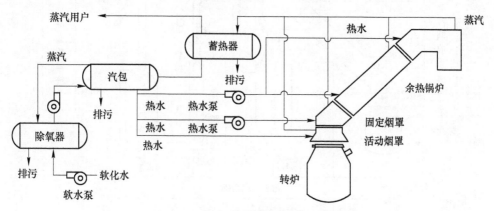

图 11 −2　转炉炼钢蒸汽回收工艺流程

转炉炼钢回收的蒸汽用途很广泛：可以并入厂区蒸汽管网，用于除尘系统蒸发冷却器、制冷设备、加热设施及生活取暖等设施的使用；可以转化成过热蒸汽，用于 RH、VD 等精炼设施的蒸汽真空泵上使用；更可以用于预热发电。

11.1.2.2　转炉炼钢氧气净化及煤气回收典型工艺

转炉烟气净化回收工艺很多，目前流行的有：早期建设的工厂多采用的湿法、近年发展起来的干式静电除尘法、由老 OG 法改造的新 OG 法和干湿结合法等。

（1）湿法转炉炼钢氧气净化及煤气回收工艺。湿法转炉烟气净化与回收工艺以日本发明的 OG 法为代表，即"两文一塔"式全湿法除尘。其工艺流程如图 11 −3 所示。

该工艺的特点是系统阻力损失大，以 120t 转炉为例，主风机电机容量 4000kW 以上；水处理占地面积大，约 6000m²；循环水量约为 1240t/h；除尘效率低，回收煤气和排放烟气含尘量不小于 100mg/m³。

（2）新 OG 法转炉炼钢氧气净化及煤气回收工艺。新 OG 法转炉炼钢氧气净化及煤气回收工艺是由原始 OG 法改造而成的，用高效冷却塔置换一级溢流饱和文氏管和重力脱水器，将二级可调喉口文氏管改为环缝可调喉口文氏管，如图 11 −4 所示。该工艺回收的粉尘为泥浆状态，需经过浓缩脱水后才能利用。

新 OG 法与原始 OG 法相比，除尘效率有所提高，回收煤气及排放烟气的含尘量为 40 ~ 70mg/m³。

（3）干式转炉炼钢氧气净化及煤气回收工艺。世界范围的能源紧张、土地和水资源的匮乏、环境保护的严格迫使人们不得不对 OG 法进行改造并研究开发

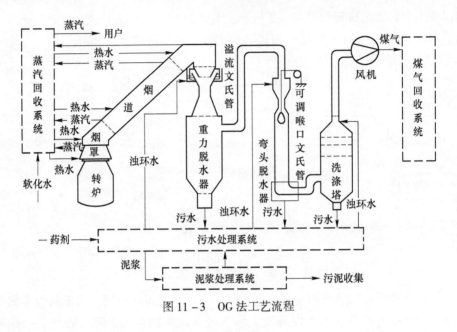

图 11 – 3   OG 法工艺流程

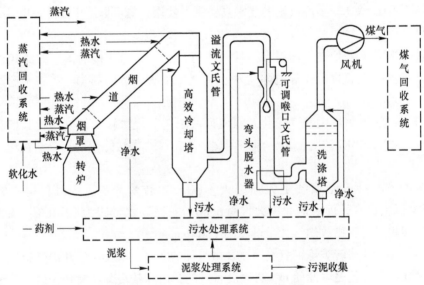

图 11 – 4   新 OG 法转炉炼钢氧气净化及煤气回收工艺

新的转炉烟气净化回收工艺。在这种形势下，干式转炉烟气净化回收工艺得到迅速的发展。现在流行的方法有鲁奇（LT）法、西门子（DDS）法、西马克第二代干式电除尘法等。应用较多的是由德国鲁奇和蒂森在 20 世纪 60 年代末联合开发的鲁奇法转炉煤气干法除尘工艺。近年来新建的转炉炼钢厂大多数都采用该工艺。

　　整个系统主要包括烟气收集、冷却系统（气动烟罩、汽化冷却烟道）、除尘系统（蒸发冷却器、静电除尘器）及回收系统（风机、煤气冷却器、切换站、煤气柜）。干法烟气净化系统的工艺流程如图 11－5 所示。

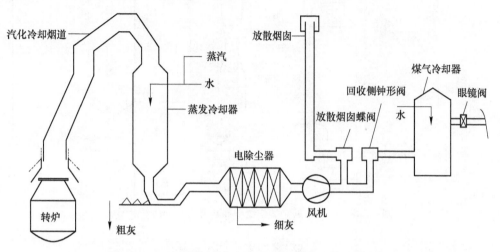

图 11－5　干式转炉炼钢氧气净化及煤气回收工艺流程

　　该工艺与湿法工艺相比，水处理占地面积减少了约90%；循环水量减少了约70%；系统阻力减小了约66%；主风机容量降低了约40%；除尘效率最高，回收煤气及排放烟气的含尘量为 10～20mg/m³ 或更低。该工艺存在问题是有时发生静电除尘器"泄爆"，影响生产效率。该工艺回收的粉尘为干燥状态，便于回收利用。

　　（4）半干法转炉炼钢氧气净化及煤气回收工艺。半干法转炉炼钢氧气净化及煤气回收工艺是采用"嫁接"方式，将湿法除尘系统中的二级可调喉口文氏管与干法除尘系统中的蒸发冷却器组合起来的新工艺，如图 11－6 所示。半干法多用于老式 OG 法转炉烟气净化与回收系统的改造。与 OG 法相比，浊环水的处理量显著减少；除尘效率有所提高，回收煤气和排放烟气含尘量可达到 20～50mg/m³；消除了"泄爆"的隐患，提高了生产效率。该工艺适用于老 OG 工艺的改造。

11.1.3　提高煤气回收量的措施

　　为了提高转炉回收煤气的总量，可以采取以下措施：

　　（1）确定最佳煤气回收时间。为了提高回收煤气的热值，应确定回收期间允许的最低定转炉烟气中一氧化碳的含量。也就是说，当烟气中转炉烟气中一氧化碳的含量达到该值时才可以开始回收，低于该值时就要停止回收。该临界值的

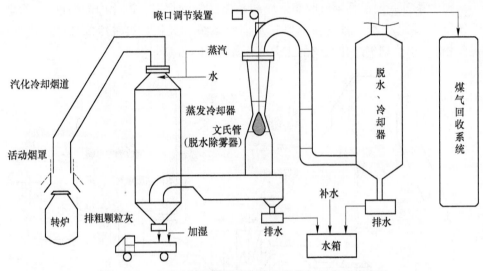

图 11 - 6　半干法转炉炼钢氧气净化及煤气回收工艺流程

确定要根据煤气用户对回收煤气热值的要求确定。显然，临界值越低，回收煤气的量越多，但热值越低。回收量与回收煤气的热值二者不可得兼。在目前能源紧张的情况下，回收煤气一氧化碳的含量一般定为 20% ~ 25%，这样可以保证煤气柜中煤气一氧化碳平均含量不低于 60%。

为了保证安全回收期间烟气中氧含量不大于 2%，因此吹炼前期只有烟气中氧含量低于 2% 时才可以开始回收，吹炼后期氧含量高于 2% 时必须停止回收。如果不是冶炼低碳钢，烟气中氧含量不会高于 2%，故可以回收到底。

（2）系统密封。活动烟罩与固定烟罩接缝处、固定烟罩与烟道接缝处、烟道与烟道接缝处、氧枪口、副枪口、下料口等部位密封不好，有空气进入，增加烟气中氧含量，影响煤气回收的时间。空气中的氧与部分一氧化碳反应生成二氧化碳，造成煤气热值下降。如果氧枪口、副枪口、下料口等部位氮封耗氮量太大，大量氮气进入系统稀释煤气，也会降低煤气热值。

（3）调整好炉口微差压。干法除尘系统风机转数调整过大或湿法除尘系统可调喉口文氏管的开度过大都会使炉口呈负压状态，大量空气从炉口进入烟道造成部分一氧化碳燃烧，降低煤气热值。活动烟罩升降不灵活，开度过大同样降低煤气热值。

（4）干法除尘系统减少泄爆。干法除尘系统发生泄爆恢复后，系统中有大量氧气，必须等这些氧气排除后才能重新开始回收，影响煤气回收量。故应尽可能减少泄爆。

（5）应用助燃工艺。转炉吹炼开始后，从炉口向系统中吹入煤粉，烟气中的氧和二氧化碳与碳反应，产生一氧化碳，既减少了烟气中氧和二氧化碳的含量又增加了一氧化碳的含量，可以增加煤气回收时间和煤气的热值。

11.2 炼钢污水的处理与利用

11.2.1 炼钢污水的分类

炼钢厂的用水可以分为两大类。

一类是冷却循环水，如转炉炉体、氧枪、连铸结晶器等设备的冷却水和预热回收系统的锅炉用软化水。这些多是对水质和温度有严格要求的专用水，往往是通过冷却降温后循环使用，并定期补充新水。只要减少系统的跑、冒、滴、漏，就不会有太大的浪费，且对环境没有危害。

另一类是清洗用的循环水，用后就变成"污水"，如湿法、半干法烟气净化系统的烟尘洗涤用水，干法除尘系统中蒸发冷却器和煤气冷却塔用水，连铸铸坯冷却水等，如图11-7和图11-8所示。这些污水中含有大量的铁、氧化铁、氧化钙、氧化镁等物质，必须进行充分地分离，使水得以循环使用，固态物质得以回收利用。

11.2.2 炼钢污水的处理

湿法、半干法转炉炼钢烟气净化系统产生的污水处理工艺有沉淀池法和斜管沉淀罐法，其工艺流程如图11-7和图11-8所示。

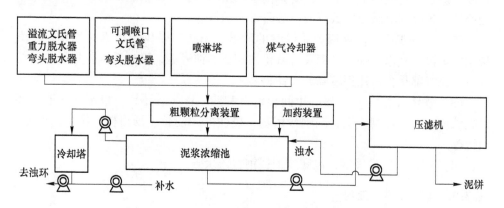

图11-7 沉淀池法转炉污水处理工艺流程

沉淀池法由于占地面积大，处理效果有限，正在被逐渐淘汰。

斜管沉淀罐法处理的污水悬浮物含量由3000~7000mg/L降到55mg/L以下，完全可以循环利用。污泥泥饼的含水量不大于30%。

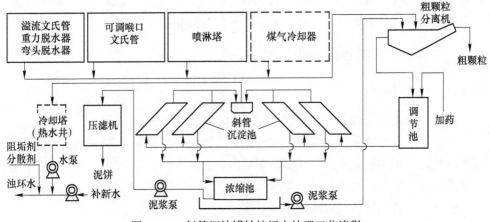

图 11 - 8　斜管沉淀罐转炉污水处理工艺流程

11.3　炼钢含铁废料的回收与利用

11.3.1　含铁废料的来源

炼钢含铁废料又称为渣钢，是炼钢各工序中产生的钢、渣混合物，含铁量不等，块度不一。由图 11 - 1 可知，从铁水预处理到连铸（模铸）各个生产环节都可能产生渣铁或渣钢。

（1）铁水预处理。设有混铁炉或倒罐站的炼钢厂，在向混铁炉兑铁时溅洒在混铁炉盖或受铁槽上的渣铁；受铁槽里积累的残铁；出铁时的洒铁；铁水包中的冷铁；预处理喷溅出的铁豆及扒渣时带出的铁等。

（2）炼钢工序。向炼钢炉兑铁时的洒铁；出渣时带钢；出钢时洒钢；喷溅带钢；炉口、氧枪、烟罩黏钢及含氧化铁较高的钢渣等。除尘系统收集的含铁粉尘或尘泥等都是含铁比例较高的含铁料。

（3）连铸（模注）工序。中间包铸余和残钢；头、尾坯；报废坯；连铸坯氧化铁皮；火焰切割渣钢；漏钢残留物；模注的中注管、汤道棒、帽口、跑钢、短锭等。

（4）钢包。包沿残钢；包底残钢；钢包铸余等。

11.3.2　含铁废料的应用

（1）直接作为废钢使用。上述的含铁废料中，除除尘灰、脱水泥饼、干法除尘灰和连铸尘泥外，都可以加工成一定块度后作为炼钢炉的原料使用。铁水预处理产生的渣铁由于含硫量较高应谨慎使用。

（2）加工后作为炉料使用。加热炉氧化铁皮、连铸泥浆、布袋除尘灰、干法转炉烟气净化除尘灰脱水泥浆和连铸尘泥都是含铁量较高的物质，其中还有氧化钙、氧化镁等造渣所需要的渣料，其组成如表11-1所示。而连铸尘泥的全铁量接近60%。其利用方式如下：

1）炼铁烧结原料。经脱锌处理后，直接送炼铁厂，参混到矿粉中作为炼铁烧结原料使用，既节省矿粉又节省石灰。

2）制作造渣剂。这些含铁粉料配加适量的石灰、轻烧白云石、萤石等筛下物，搅拌、压密、成球、干燥后加入炼钢炉，可加速化渣、减少炉中铁的氧化、减缓炉衬侵蚀、增加铁的回收、提高生产效率。造渣剂的制作工艺如图3-44所示。

3）制作脱磷剂。如4.5.3.2节所述可以将粉状含铁料干燥之后与石灰筛下物混合预装在炉底，强化炼钢前期脱磷，应用效果显著。

表11-1 某厂测定转炉泥浆的组成 （%）

成分 样号	CaO	MgO	SiO$_2$	TFe	P	S
1	16.41	3.61	2.47	51.32	0.654	0.137
2	16.41	3.4	2.4	51.36	0.664	0.136
3	16.59	3.54	2.5	51.32	0.662	0.136
4	16.03	3.36	2.27	51.17	0.632	0.148

11.4 炼钢炉渣的分类处理与应用

炼钢废渣可分为铁水预处理渣、炼钢炉钢渣、钢包终渣和中间包残渣四种。这些炉渣的处理工艺基本如图11-9所示。由于各生产厂的条件和装备的不同，炉渣的原始处理工艺也不同。铁水预处理渣、电炉钢渣、钢包终渣和中间包残渣等翻渣后基本是固相，第一步只能采用落锤、抓钩机等进行破损，而转炉终渣多成液态，有条件的情况下可采用水淬、蒸汽（水）闷渣、泼洒等工艺。后续的细化处理工艺基本相近，如图11-9所示。

11.4.1 铁水预处理废渣的处理

铁水预处理的废渣硫的含量很高，因此必须单独进行处理。最好是用重熔、脱硫、铸铁。如果用于炼钢原料，必须严格控制加入量，避免钢水增硫。处理后的细渣只能用作生产水泥的原料。

11.4.2 炼钢炉渣的处理和应用

炼钢炉渣中含铁量最高，一般渣中（TFeO）含量为15%~20%，渣中含钢

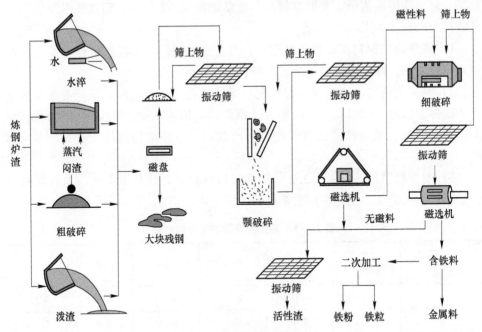

图 11 - 9　炉渣处理工艺流程

粒不小于 3%，还有出渣时带出的钢水 2.5% ~ 4%，每吨钢渣中的铁含量约为 20%，按吨钢渣量 10% ~ 13% 计算，相当于渣中含铁量为 2.0 ~ 2.4kg/t。年产 100 万吨钢，就要损失掉钢铁料 2 万 ~ 2.6 万吨。

其中炉渣中的（FeO）含量与冶炼钢种和操作水平有关，渣中钢粒的多少与炉渣的黏度和流动性有关，出渣带钢则与炉口（炉门槛）的维护和操作水平有关。这在 11.3 节中已经详细介绍过。

渣中所含钢粒及出渣带钢部分应全部回收，而渣中（FeO）只能部分回收。

根据炼钢操作水平的不同，炉渣中还有尚未参加反应的游离氧化钙，也同样具有回收价值。

如图 11 - 9 所示，炉渣处理回收工艺的第一步有四种方式：水淬、热泼、闷渣和机械破碎。这些处理方式的目的是将大块渣钢与炉渣分离并降低炉渣的块度以利于后续加工。

热泼和水淬方法适应于刚刚出炉的转炉液态渣，且处理位置在距离炼钢厂不远的地方，以保证处理时炉渣尚未凝固。

机械破碎法适用于结坨的钢渣，用落锤、抓钩机等设备将钢渣进行粗破碎，使较大的残钢与炉渣分离。

闷渣法是对炉渣进行"消化"处理，利用炉渣中游离氧化钙、碳酸氢镁等物质在蒸汽（水）的作用下分解体积膨胀使炉渣粒度细化，用炉渣和热泼处理以后的炉渣也可以再去闷渣处理。

电炉钢渣、中间包渣等断续收集的钢渣多为固相，翻渣后应用机械方法（落锤、抓钩机等）破碎。

参 考 文 献

[1] 马春生. 转炉烟气净化与回收工艺 [M]. 北京：冶金工业出版社，2014.